"2011计划""公民道德与社会风尚协同创新中心"成果
江苏高校哲学社会科学重点研究基地东南大学
"道德哲学与中国道德发展"研究所成果
国家"985"三期"哲学社会科学创新基地"研究成果
国家社会科学基金重大招标课题
"生命伦理的道德形态学研究"（13&ZD066）中期成果
江苏医学人文社会科学基金成果

基督教生命伦理学基础

[美] 祁斯特拉姆·恩格尔哈特　著
孙慕义　主译

中国社会科学出版社

图字:01-2014-6600

图书在版编目(CIP)数据

基督教生命伦理学基础/[美]祁斯特拉姆·恩格尔哈特著;孙慕义主译. —北京:中国社会科学出版社,2014.12

书名原文:The foundations of christian bioethics

ISBN 978-7-5161-5026-9

Ⅰ.①基… Ⅱ.①祁…②孙… Ⅲ.①生命伦理学—教材 Ⅳ.①B82-059

中国版本图书馆 CIP 数据核字(2014)第 247437 号

出 版 人	赵剑英
责任编辑	冯 斌
特约编辑	丁玉灵
责任校对	王兰馨
责任印制	戴 宽

出 版	中国社会科学出版社
社 址	北京鼓楼西大街甲 158 号(邮编100720)
网 址	http://www.csspw.cn
	中文域名:中国社科网 010-64070619
发 行 部	010-84083685
门 市 部	010-84029450
经 销	新华书店及其他书店
印刷装订	环球印刷(北京)有限公司
版 次	2014 年 12 月第 1 版
印 次	2014 年 12 月第 1 次印刷
开 本	710×1000 1/16
印 张	39
字 数	613 千字
定 价	89.00 元

凡购买中国社会科学出版社图书,如有质量问题请与本社联系调换
电话:010-64009791

版权所有 侵权必究

"2011计划""公民道德与社会风尚协同创新中心"成果
江苏高校哲学社会科学重点研究基地东南大学
"道德哲学与中国道德发展"研究所成果
国家"985"三期"哲学社会科学创新基地"研究成果
国家社会科学基金重大招标课题
"生命伦理的道德形态学研究"(13&ZD066)中期成果
江苏医学人文社会科学基金成果

基督教生命伦理学基础

[美] 祁斯特拉姆·恩格尔哈特 著
孙慕义 主译

中国社会科学出版社

图字:01-2014-6600

图书在版编目(CIP)数据

基督教生命伦理学基础/[美]祁斯特拉姆·恩格尔哈特著;孙慕义主译.
—北京:中国社会科学出版社,2014.12
书名原文:The foundations of christian bioethics
ISBN 978-7-5161-5026-9

Ⅰ.①基… Ⅱ.①祁…②孙… Ⅲ.①生命伦理学—教材 Ⅳ.①B82-059

中国版本图书馆 CIP 数据核字(2014)第 247437 号

出 版 人	赵剑英
责任编辑	冯 斌
特约编辑	丁玉灵
责任校对	王兰馨
责任印制	戴 宽

出 版	中国社会科学出版社
社 址	北京鼓楼西大街甲158号(邮编100720)
网 址	http://www.csspw.cn
	中文域名:中国社科网 010-64070619
发 行 部	010-84083685
门 市 部	010-84029450
经 销	新华书店及其他书店

印刷装订	环球印刷(北京)有限公司
版 次	2014年12月第1版
印 次	2014年12月第1次印刷

开 本	710×1000 1/16
印 张	39
字 数	613千字
定 价	89.00元

凡购买中国社会科学出版社图书,如有质量问题请与本社联系调换
电话:010-64009791

版权所有 侵权必究

本书作者与主译者合照

作者简介：

　　祁斯特拉姆·恩格尔哈特（H. Tristram Engelhardt, Jr.）1941 生，美国南方人，医学博士、哲学博士。早年曾执教于德州大学加尔维斯敦医学人文研究所，后担任美国莱斯大学哲学系教授和美国贝勒医学院医学系教授。并任贝勒医学院医学伦理与卫生政策研究中心研究员。现任职于莱斯大学，并任美国《医学与哲学》杂志和《基督教生命伦理学》杂志主编。发表学术论文 250 余篇，出版专著与著作 25 部，与他人共同主编临床医学伦理丛书等。其中，《生命伦理学基础》《生命伦理学与世俗人文主义》曾出版中文版。本书与其他几部专著，先后被译为意大利语、日语、葡萄牙语和西班牙语。其学术思想与理论已经成为当代生命伦理学基础的重要构成部分。

主译者简介：

　　孙慕义　1945 年生，哈尔滨人。从医 18 年后，1980 年代转向生命伦理学与医学人文学研究与教学，主要致力于生命伦理学的原理和原论以及基督教伦理神学的研究。为东南大学生命伦理学专业方向的硕士、博士学位点创办人；前东南大学人文学院副院长、前中华医学会医学伦理学会副会长。现任中国医学哲学学会副理事长、《医学与哲学》杂志编委会副主任；目前担任江苏省卫生法学会会长与江苏省医学伦理学会、医学哲学学会名誉会长；现为东南大学生命伦理学研究中心主任、首席教授；道德哲学与中国道德发展研究基地学术委员会主任。主编大型医学人文系列丛书，发表学术论文 200 余篇。出版《后现代卫生经济伦理学》《后现代生命神学》《医学伦理学》《医学大法学》《新生命伦理学》《自由与善》（与他人合著）等 20 余部专著与著作。

总　　序

　　东南大学的伦理学科起步于20世纪80年代前期，由著名哲学家、伦理学家萧焜焘教授、王育殊教授创立，90年代初开始组建一支由青年博士构成的年轻的学科梯队，至90年代中期，这个团队基本实现了博士化。在学界前辈和各界朋友的关爱与支持下，东南大学的伦理学科得到了较大的发展。自20世纪末以来，我本人和我们团队的同仁一直在思考和探索一个问题：我们这个团队应当和可能为中国伦理学事业的发展作出怎样的贡献？换言之，东南大学的伦理学科应当形成和建立什么样的特色？我们很明白，没有特色的学术，其贡献总是有限的。2005年，我们的伦理学科被批准为"985工程"国家哲学社会科学创新基地，这个历史性的跃进推动了我们对这个问题的思考。经过认真讨论并向学界前辈和同仁求教，我们将自己的学科特色和学术贡献点定位于三个方面：道德哲学；科技伦理；重大应用。

　　以道德哲学为第一建设方向的定位基于这样的认识：伦理学在一级学科上属于哲学，其研究及其成果必须具有充分的哲学基础和足够的哲学含量；当今中国伦理学和道德哲学的诸多理论和现实课题必须在道德哲学的层面探讨和解决。道德哲学研究立志并致力于道德哲学的一些重大乃至尖端性的理论课题的探讨。在这个被称为"后哲学"的时代，伦理学研究中这种对哲学的执著、眷念和回归，着实是一种"明知不可为而为之"之举，但我们坚信，它是我们这个时代稀缺的学术资源和学术努力。科技伦理的定位是依据我们这个团队的历史传统、东南大学的学科生态，以及对伦理道德发展的新前沿而作出的判断和谋划。东南大学最早的研究生培养方向就是"科学伦理学"，当年我本人就在这个方向下学习和研究；而东南大学以科学技术为主体、文管艺医综合发展的学科生态，也使我们这些 90 年代初成长起来的"新生代"再次认识到，选择科技伦理为学科生长点是明智之举。如果说道德哲学与科技伦理的定位与我们的学科传统有关，那么，重大应用的定位就是基于对伦理学的现实本性以及为中国伦理道德建设作出贡献的愿望和抱负而作出的选择。定位"重大应用"而不是一般的"应用伦理学"，昭明我们在这方面有所为也有所不为，只是试图在伦理学应用的某些重大方面和重大领域进行我们的努力。

基于以上定位，在"985 工程"建设中，我们决定进行系列研究并在长期积累的基础上严肃而审慎地推出以"东大伦理"为标识的学术成果。"东大伦理"取名于两种考虑：这些系列成果的作者主要是东南大学伦理学团队的成员，有的系列也包括东南大学培养的伦理学博士生的优秀博士论文；更深刻的原因是，我们希望并努力使这些成果具有某种特色，以为中国伦理学事业的发展作出自己的贡献。"东大伦理"由五个系列构成：道德哲学研究系列；科技伦理研究系列；重大应用研究系列；与以上三个结构相关的译著系列；还有以丛刊形式出现并在 20 世纪 90 年代已经创刊的《伦理研究》专辑系列，该丛刊同样围绕三大定位组稿和出版。

"道德哲学系列"的基本结构是"两史一论"。即道德哲学基本理论；中国道德哲学；西方道德哲学。道德哲学理论的研究基础，不仅在概念上将"伦理"与"道德"相区分，而且从一定意义上将伦理学、道德哲学、道德形而上学相区分。这些区分某种意义上回归到德国古典哲学的传统，但它更深刻地与中国道德哲学传统相契合。在这个被宣布"哲学终结"的时代，深入而细致、精致而宏大的哲学研究反倒是必须而稀缺的，虽然那个"致广大、尽精微、综罗百代"的"朱熹气象"在中国几乎已经一去不返，但这并不代表我们今天的学术已经不再需要深刻、精致和宏大气魄。中国道德哲学史、西方道德哲学史研究的理念基础，是将道德哲学史当作"哲学的历史"，而不只是道德哲学"原始的历史"、"反省的历史"，它致力探索和发现中西方道德哲学传统中那些具有"永远的现实性"的精神内涵，并在哲学的层面进行中西方道德传统的对话与互释。专门史与通史，将是道德哲学史研究的两个基本纬度，马克思主义的历史辩证法是其灵魂与方法。

"科技伦理系列"的学术风格与"道德哲学系列"相接并一致，它同样包括两个研究结构。第一个研究结构是科技道德哲学研究，它不是一般的科技伦理学，而是从哲学的层面、用哲学的方法进行科技伦理的理论建构和学术研究，故名之"科技道德哲学"而不是"科技伦理学"；第二个研究结构是当代科技前沿的伦理问题研究，如基因伦理研究、网络伦理研究、生命伦理研究等等。第一个结构的学术任务是理论建构，第二个结构的学术任务是问题探讨，由此形成理论研究与现实研究之间的互补与互动。

"重大应用系列"以目前我作为首席专家的国家哲学社会科学重大招标课题和江苏省哲学社会科学重大委托课题为起步，以调查研究和对策研究为重点。目前我们正组织四个方面的大调查，即当今中国社会的伦理关系大调查；道德生活大调查；伦理—道德素质大调查；伦理—道德发展状况及其趋向大调查。我们的目标和任务，是努力了解和把握当今中国伦理道德的真实状况，在此基础上进行理论推进和理论创新，为中国伦理道德建设提出具有战略意义和创新意义的对策思路。这就是我们对"重大应用"的诠释和理解，今后我们将沿着这个方向走下去，并贡献出团队和个人的研究成果。

"译著系列"、《伦理研究》丛刊，将围绕以上三个结构展开。我们试图进行的努力是：这两个系列将以学术交流，包括团队成员对国外著名大学、著名学术机构、著名学者的访问，以及高层次的国际国内学术会议为基础，以"我们正在做的事情"为主题和主线，由此凝聚自己的资源和努力。

马克思曾经说过，历史只能提出自己能够完成的任务，因为任务的提出表明完成任务的条件已经具备或正在具备。也许，我们提出的是一个自己难以完成或不能完成的任务，因为我们完成任务的条件尤其是我本人和我们这支团队的学术资质方面的条件还远没有具备。我们期图通过漫漫兮求索乃至几代人的努力，建立起以道德哲学、科技伦理、重大应用为三元色的"东大伦理"的学术标识。这个计划所展示的，与其说是某些学术成果，不如说是我们这个团队的成员为中国伦理学事业贡献自己努力的抱负和愿望。我们无法预测结果，因为哲人罗素早就告诫，没有发生的事情是无法预料的，我们甚至没有足够的信心展望未来，我们唯一可以昭告和承诺的是：

我们正在努力！

我们将永远努力！

樊　浩

谨识于东南大学"舌在谷"

2007年2月11日

译者序

生命伦理学,以圣言叙事与告诫

孙慕义

我们生活在人们对任何事物不再确信无疑的时刻,我们原本担忧的很多有关信仰的问题,真的全都发生了,所以,这个世界异常清醒,又异常困惑与混乱。因此,很多人幻想能够追回人类的那种虔诚与执着,逃离金钱与物质的桎梏,即使是游戏,也要有道义的限制;关于自由,不可以过度情感发泄,最危险的是,甚至使其成为我们身体存在的基础;因为毕竟,理性还静卧在我们身边喘息,并告慰或者警示我们:前面,可能就是生命的陷阱!

起初 神创造天地。地是空虚混沌,渊面黑暗;神的灵运行在水面上。
(创世记1:1-2)
无,名天地之始;有,名万物之母。故常无,欲以观其妙;常有,欲以观其徼。(道经 第一章)

事原本就是"空无",但正是这一段从未有的空无,给了我们万有和以我们理想化上帝赐予的万能,何以使我们人类欲望达至我们预想的"至圣至善",就是因我们所处的眼下这个人类世界,有时,太使我们失望和压抑,我们几乎没有在空无的时间与空间加添我们预想的物如与"自体",我们本当应该风华璀璨或者真善美的世界,显得如此遥不可及或几乎不可实现;我们本应该的振奋与高远的情志一直遭遇着阻遏或消解,超载的物质诱惑,为人类贪婪的本性或原始的罪性,浇注了燃点的油柱,星火来兮,无可常安。因此,被无神论者贬斥的宗教,竟然一时间，如普罗米修斯的火炬，点燃了人类又一种希望和期盼，那就是理性与信仰之火，这就是黑暗源面的万物之母，生命从来没有过的以其灵、其妙、其徼、其圣道，以及其伦理之大义，为我们所永恒之求索。我们以从没有过的信心，能够承继源于"信望爱"原初生命的招叫、附丽于这生命伦理的精灵。

在此，我并不想过多地叙述我和我的学生们制作这部译稿的心路经历，或是专事表白为什么我坚持把这部沉静、艰涩、厚重的思想巨作介绍给我们中国的学界和读者；但我还是要说，我们当前太需要生命政治和身体伦理的学术精品，在我们以往走过的这段医学人文学历史过程中，我们很少有机会邂逅针对能称其为人类文化心语、格调高蹈、思想深刻、视界开敞的文化巨制；在这潦草的年代，可以以此使我们育成能够鉴别那些仅仅引起文化快感的学术垃圾的能力，以此抵制那些市井有毒的快餐，它们已经侵蚀我们曾经充满清纯和本真情愫的灵性家园。

作为思想、学术与情志的朋友，祁斯特拉姆·恩格尔哈特，是我在西方世界少有的知音并能够进行思想与情感对话的友人，我们交往有限，但那种心怡相连与文化偏爱，几乎使我们一见而如故交，不能忽略的当然是信仰的原因和人生境遇，以及家族传习的背景，但更重要的是，学术观念和学科的追求和共同的道德共认意识，如此方成就我们今天这一具体的项目与合作。他的整全道德理想与真全生活的祈盼，唯有如此深刻理解他内在世界指向的人，才可真诚地透悟并宣表他的希冀和愿景。

恩格尔哈特教授是当代美国乃至世界上具有超凡学术功力的、卓越的生命伦理学与哲学学者，在某种意义上，也应该是东正教神学家。长期以来，他贡献给我们近 20 部生命伦理学与哲学专著、著作和 200 余篇学术文章。他的睿智与学术穿透力，在生命伦理学界很难有人与其相比，也因此赢得了学术界普遍的赞誉，并已经足以作为当代世界医学人文学领域的主角。夫有志，当孝其才。我们这一代学人，其实已经遗失了前辈许多优秀的传统，仅对照清末民初，或是五四前后的学界先锋，都可说是一种倒退。核心是因为如此误会的学术文化体制和人性逐利的风尚，挤压了学术责任与知识界的基本信仰，我们常常在"我非我"的冲突中被灵与肉绞杀和搏斗吞噬；而我们这些人，如何在通过痛苦的历练后回归于原初的那份天真和性本善的自我,可以学一下这部书,接受斯人的智慧和独到的点拨。我生自然还是我身自然,本为身自然、物自体,身物本色而人生可化之为超然。人应临世风道而勿戒本道,只有炼狱苦行后,才可皈依真理的本道,太多的诱惑与生命的杂陈,亚当之后漫长旅途的劳顿与怨怒,由此平息,圆我们最初的渺远的心愿,只是为,最后,无愧于我们的艰辛,无愧于我们的盼望,无愧于我们的信仰与圣爱。

现在我要说的是,本书显然深化了先在出版并已经在中国产生影响的那部《生命伦理学基础》,而且是一种智性的超越,那部书的开启是在20世纪70年代,写就于1995年;距离本书的写作整整跨越20余年,也就是说,作者从青年时期走过,随着世界后现代风云霍起,其学术和学科体系构思以及学术思想核心已经形成,并臻于成熟。因此,他以伦理神学(严格来说应为东方正教伦理神学)的角度,集合哲学、身体伦理、生命政治和医学的知识维度,对生命伦理问题,做了一个宏大的巡览与审视。与前一部书不同的是,他已经寻找到了俗世生命伦理学尝试"整全道德生活"失败的原因,他终于还没有放弃他和他的同伴对于信仰的追求,和对于灵性的敬拜;也就是说,在这部以基督教神学解读的生命伦理问题的长途远行中,他以最后的"上帝"信念保留了自己作为基督徒的思维逻辑根基,并且排除了所有世俗的干预,返回了最初出发时的耶路撒冷城墙,虔敬地聆听以斯拉的声音。

正如作者在"前言"中所指出的:"哲学的解决途径和神学真理是协调一致的:真理就是那人(a Who)。这时期的神学是人们在苦修过程中,通过在上帝面前祷告忏悔而获得的。在这样的神学理念中,生命伦理学就是生命存在的方式,只有接受邀请进入神的人才能获得生命伦理的知性。对于欲回应'我怎样才能获知真理?'的人,首先要接受的第一个命令就是:在禁欲苦修中转变。这就是'清心的人有福了!因为他们必得见 神'。"作者在书中特别强调:"最终,世俗道德无法解读明显自治的、唯一的以及为理性所确证的道德文本。"他在对康德哲学、黑格尔哲学以及克尔凯郭尔的主张的分析之后,认为:"世俗道德并不能替代宗教伦理去维持它自身不能维持的道德。世俗道德不能提供一种规范的世俗生命伦理学……"

鉴于如是，我们中国的读者就将遭遇一个难以回避的"上帝问题"。上帝的概念是基督教信仰的核心，如果我们从民俗学的角度来理解"上帝"，我们可能会获得一个"神仙"、"天"、"佛"或"道"的对应，但这与西方的上帝文化存在很大的差异，西方的上帝是与其民族血液成分融为一体，并不自觉地影响人们的世俗生活，比如对于疾病、医疗、生殖或死亡问题的态度和选择。上帝问题不在仅仅囿于教会的灵性生活，而且在阿奎那之后，就成为哲学的一个部分，并将人类各种处境，作为上帝某种方式的、有指向的有效言说。这在瑞士神学家海因里希·奥特（Heinrich Ott）汲取犹太思想家马丁·布伯（Martin Buber）的思想，创造了"位格有神论"的思辨语言之后，就使人们有了一个崭新的、富有存在哲学意蕴的关于上帝的理性认知，同时，对传统理智主义的自然神学与科学神学有了一个很好的接应；也针对后有神论、即"上帝已死"神学与"无神论宗教"，提出一种新的世界观和圣经观，这种既非自然科学又区别于历史学或社会科学的方法，解救了当代或后现代基督教的文化困境；建立在位格观念上的"对话神学"、"祈祷神学"，则帮助诸如恩格尔哈特这样的具有浓重宗教意识和情感的学者，厘清和梳理自己的学术思想和初步织筑体系化理论，并能够重新自如地游刃于哲学、宗教、科学和生命政治论之间，给我们以特殊的、合理的、自恰的理由，教我们无嫌疑地、睿智机敏地处理医学生活中诸多的复杂关系。尤其当我们深陷于两难的伦理窘境之中时，信仰和灵性就能够给我们以方向和解决具体伦理问题的美善、灵便的方法，我们则不必因认识的冲突，被仄逼进狭窄的悬崖幽谷，或承担道德的风险。

其次，本书的意义，我个人以为，不仅仅在于生命伦理学理论上的突破，开阔我们的学科视域，而且，将其理论和思想置于汉语文化语境中，可以使我们体味生命伦理学的神学核心本质和基督教转移基因的结构，帮助我们真实地进入西方生命伦理文化腹地，与西方学者进行深入的对话与交流。按照马克斯·韦伯的说法，中国文化中的神圣观念非常含糊和无力，表现在这种文化在历史中几乎从来无法感受到一种能与之进行真正对话的"他者"（见海因里希·奥特《上帝》，朱雁冰等译，辽宁人民出版社出版）。因此，作为中国的学者，特别是青年学者，就有必要理解上帝这个概念，并能够回答出为什么恩教授坚持，在临床治疗学中，宗教因素能够完成医疗技艺无法解决的难题，只有通过宗教的感悟和体验，疾病才能获得完整的"治愈"。同时，我也希望，本书中文版的问世，能够作为汉语文化圈一个新的生命伦理学时代的开始，并修正我们这些年来对西方生命伦理学思想的误读，改造我们的生命伦理学或医学伦理学教育教学与学术研究生活，澄清我们许多糊涂的学科观念，争取成为理智的、清明的学者；若能圆此愿，我想，这是最使人欣慰的结局。

具体说来，恩格尔哈特的基督教生命伦理学，是为了与世俗生命伦理学区别，提出这个用基督教神学解决生命科学技术难题的学科，它的两大部分构成是：基督教生命伦理学的形成，学科地位，与世俗生命伦理学的平行关系，信仰、上帝等道德神学概念对基督教生命伦理学的理论影响，传统宗教伦理学和基督教生命伦理学的关系；生命科学技术与基督教伦理学，用神学的视角研究生命、死亡以及生存状态等问题。当然，恩氏还没有与逻辑组合更加相关的全部理论，但他的思想已经臻于体系化，也建立了较为成熟的概念，除对于道德异乡人、允许原则等概念的续用外，他在本书中，还建立了道德共认意识、真全生活等；并对整全性道德予以极大的充实。

本书作者有渊博的知识背景，能够自如地驾驭经典的道德神学或伦理学语言，对于基督教思想历史和东北欧、南欧诸多民族的民俗与典故，信手拈来，令人折服。恩教授又是一位富有浪漫气质、翩翩风度的大学者，其文字与其演讲时激情四溢富有感召力的神采一样，每每冲击人的思想神经，尤其再加添东正教神学家传统的深邃冷寂的哲思，则更会给人以心灵的长久震撼。

普遍的哲思和把多态的世俗概念镶嵌在物质的世界中，并亲身参与凝视与反省；随后，冷静地思忖生命的基督教道德问题，概如此，我们可以更深入地理解祁斯特拉姆·恩格尔哈特；并且只有通过基督教的语言，我们才可以真正读懂他的思想与主张，以至于我们中国读者与生命伦理学界，将会通过此书，纠正视之为"极端的基督教伦理学成就"的观念。长期以来，对于汉语文化圈的生命伦理学者们来说，始终认为恩氏不过是带有基督教情结的美国另类生命伦理学家，他的情感冲击力不过来自他的宗教情结以及才思和睿智，很少有人沉入进深层研究他丰厚思想的成因。作为东正教虔诚的教徒，恩格尔哈特的生命伦理研究不过是他信德行为的一部分，处于一种转移的信仰，他在自己的作品中通过世俗的伦理学语言倾诉他对生命的爱和渴求；他爱这世上的人，他更爱他心中的那个"上帝"。因为没有基督化的语言训练，我们中国的学者、包括自认为他朋友的人，并不理解他的生命伦理学最后和道德神学本是同根生长的学问，那种内在的、隐藏的、压抑并随时等待释放的思想潮水本来源于他虔敬的基督教信仰，没有这种真诚的语言认知，将无法消化他的作品和演讲，尽管他到处受到很多人的奉迎。

译完此书，我更以为，用道德哲学和伦理神学的融合方法研究医学与生命科学问题的当代学者之中，应以恩格尔哈特为最重要的标识，他当之无愧为此领域的第一琴手。生命伦理学最后成形逾四十余年，极其缺乏毫无保留、勇往直前、同时不在意任何外在利益和权势威胁与诱惑的学者，没有基督教精神，这样的境界是不容易达到的。我们许多人在台上慷慨激昂，陈明自己通过舶来别人的思想与刚刚学到的观点，以为真的达到了生命伦理学的顶峰，并不允许不同意见的人提出与之不相符合的声音，那种霸道与幼稚，玷污了本属于基督神学的生命伦理学的圣洁与沉静。而恩氏的深邃的思想可以教诲这些人认真反省。健康保健，是当今时代人类社会最重要的命题。当人们去捕捉具有新闻价值和吸引公众眼球的克隆人伦理争议问题时，却没有意识到健康保健这个最普通但又最为重要的时代课题。我们生活在这个世界，我们的生命存在必须有一个好的医疗和保健作为前提；与平民和大众分离或远离的新异问题尽管带有刺激性和戏剧感，但它们却不应作为我们倍加关注的现实。医疗公平是生命伦理学需要研究或讨论的问题的中心。可以说，没有宗教情感的学者经不住世俗话题的诱惑，也不可能获得冷思之后的思想成果。当然，传统基督教在处理拒绝治疗、过度医疗、器官移植、堕胎、身体增强术、给病人提供医疗辅助自杀以及对病人实行安乐死等病例时，其在心理矛盾和宗教信仰冲突中所采用的方法，似与医疗保健政策具有同样重要的意义，但却和世俗伦理一贯所持有的观点形成了鲜明的对比。对此，恩格尔哈特做了杰出的理论开拓。

基督教有关流产、杀婴以及人对死亡的操作等问题的思考可以追溯到有关使徒的记载。罗马天主教对于健康保健的思想有着坚固的理论基础，我们可以回顾到几个世纪前。提涉此类问题，还有本书中其他的历史记载，都是从一个特别的视角展现出来的。如同所有的历史记录一样，这里提到的话题也承担着本书作者的责任。我们必须有一些关于现实的基本特征的假设或承诺才能从繁杂的事物中获得信息。每个人必须知道他大体要寻找些什么。任何一件事的确定都必须依赖人们从一个特殊的角度来看事物。恩氏的基督教生命伦理学，从自由意志世界主义（或自由论世界主义）过渡到自由世界主义，并以自由世界主义稀释原有的所谓"公共理性"。超越"自由意志"的传统，实际上，就是从对道德异乡人的简单允许，过渡到去神圣化的自我决定，以及一切生命的自主的和个人自由的价值观念，并彻底埋葬道德"帝国主义"，建立个性解放的伦理机制，最终回归或再造一真全的理想天国。他精致地审视了当代世俗化医学的发展趋势，以及现代人对于身体康健和幸福快乐的期盼，从大公主义传统引导我们的政策方向，最后具体关照身体的现实利益和基督徒式的灵性救赎，这种巧妙俊美的构思，确是令人惊叹。视角有时决定结论。一段历史对某人来说是道德颓废的历史，但对另一个人来说就是道德进步。关于生命技术和死亡问题的争论，如果用发展教义学的视角去判断和观察，我们也许就不再只知道指责和抵制；而会持一种平和的心理去考察问题：我们能不能接受这些技术和手段可以解救人的生命，并作为健康事业的一个部分。当不同的历史记录承担着不同的伦理神学义务时，这种不同就像是物理上具有分歧的记录。恩格尔哈特举例说："透过物理镜头，亚里士多德、牛顿和爱因斯坦眼中看到的宇宙是多么不同啊。"[①]

　　恩格尔哈特认为，19世纪末期出现并在20世纪50年代风靡罗马的天主教医学伦理手册和道德神学概略与罗马天主教的神学思想一脉相承，并延伸到16世纪初期和西方科学的繁荣时期，这时的西方科学的主要兴趣在于医学和它的基础科学。从16世纪向前看，文艺复兴后医学令人瞩目的进步，促动着道德神学也对医学产生了兴趣。鉴于对医学的信心，甚至连笛卡尔都相信他的生命能够延长。虽然医学带给人类的益处还没有所说的那么多，它也是非常重要的。即使人们稍后才能看到

---

① H. Tristram Engelhardt, Jr : *The Foundtions of Christian Bioethics*, p.8.

治疗效果，这种知识的进步也是惊人的。科学和医学研究对医学新的说明改变了医学知识本来所包括的含义。

恩氏追索历史认为，相比之下，人们仿效特伦多主教会议（1545—1563）成立了一个和罗马天主教神学思想一脉相承的组织，它一直完整地持续到20世纪60年代初期。从前经院时期到经院时期，罗马天主教道德思想在本质上发生了根本变化。前经院时期是田园风格的，它的神学精神更接近于教会的第一千禧年精神。经院时期以散在的理性思维和系统化为标志，开始于12世纪并延续到特伦多会议时期。始于特伦多时期的现代思想在很大程度上发扬了经院的传统，并使之得到了充分的发展。正是这个时期人们将所有工作都集中于对医学的思考，并形成了道德神学的子学科。特伦多主教会议以后的思想、医学伦理学的思想和道德神学的思想都非常具有洞察力。它远远不是对以往思想的机械应用。罗马天主教医学伦理学思想和学识的重要特征是形成了一个单一的连贯的研究团体。参与团体的人都要遵守一些共同的意见、假说、程序或法则。另外，他们对于谁具有道德权威去解决道德纷争有共同的理解。纷争时有发生，也的确在发生着，但多数情况下人们都能控制住自己。为了引用托马斯·库恩（Thomas Kuhn）有关科学革命的隐喻，罗马天主教医学道德神学家采用了共同的范例。他们不理睬道德思想的危机问题，而对世俗道德和神学思想的研究感兴趣，并因论争道德基础的不同而闻名。恩氏认为，我们不要害怕做出一些基本的假设，同时也要大胆自信地应用一些基本的原则。道德推理的大体框架和假设不但不会产生问题反而会激发人们去探询一些特殊问题，解决方法是基于对道德科学本质的理所当然的理解。我们会遇到问题，但是解决问题的方法不会引起危机感。直到20世纪60年代中期，罗马天主教才普遍开始了基督教医学伦理学或生命伦理学的研究。正如约翰·伯克曼（John Berkman）所说，从神学手册上我们清楚地可以看到道德神学的连贯性思想，1905年的手册上支持的基本思想结构和类型在1605年的手册上就出现了。道德神学的思想信心十足地足以回答新科技进步所提出的问题。如此透彻和具有穿透力的研究，在全球的生命伦理学界是罕有的；深思起来，这足使我们折服。

恩氏在独立的研究中注意到，其他一些因素也使得世俗生命伦理学比基督教生命伦理学更富有吸引力。文化的世俗化使人们失去了把基督教生命伦理学当作道德的指导来源的兴趣。对传统道德权威形象的依赖如果不是一种错误意识的表达则被认为是变坏的家长式作风。权威差等意识下传统基督教认为的社会应该是开放的、自由的、多元的这种思想是十分愚蠢的。认为宗教传统绝对应作为道德判断的来源的想法与新兴的自主性和个人权利的想法发生冲突。事实上，传统的基督教不仅等级森严而且家长制严重。它十分重视圣保罗的以下宣言，"男人是女人的领袖"① 和 "男人不是因为女人创生的，而女人则是因为男人创生的"②。即使基督教认为只有接受男女平等才能获得救赎，传统基督教仍为他们的等级制度感到是一种不可丢失的荣誉和威严所在。与20世纪60年代权利运动的背景和它们对社会权威的传统主张的反抗相反，传统基督教的对事物的理解既让人不可接受又让人觉得尴尬，甚至于被人们断然拒绝。这些观念表述在基督教界的道德观，并且直接控制和决定了生命伦理或性伦理意识。生命伦理学诞生后，人们开始认识到传统基督教的承诺是对人的自主权利和人性的压制，因此在传统基督教和后传统基督教之间出现了一个很深刻的道德沟壑与生命伦理研究的文化楔入点。传统和后传统基督教之间的这种割裂性的分离使基督教道德变得更加多元化。西方基督教改革的多中心和后现代化，形成了道德的多样性格局，这一点在基督教生命伦理学中长期得到了体现。传统和后传统基督教道德观点的差异使这种局面更加复杂。使一些后继基督教宗派定位和划界比分离这些宗教更加困难，传统的罗马天主教、主教派③和长老派④，发现他们对道德和生命伦理学的理解比他们对于自己宗教的更加开放的神学家和同行的理解更能取得一致。尽管一般人都鼓励对传统的叛逆，一个思维困惑的医生在寻求道德指向时依然会遇到诸如基督教

---

① 格林多前书 11：3。
② 格林多前书 11：9。
③ Episcopalians 即英格兰圣公会，在英格兰被定为国教，第二次世界大战后不再称为英国国教会，而改为某国安立甘教会。
④ Presbyterians 是英国清教徒派别之一。产生于16世纪下半叶，主张设立长老制管理教会，要求国教进行加尔文化的改造。17世纪英国资产阶级革命时期，该派别代表大资产阶级和新贵族的利益，主张与国王妥协。1640—1648 年曾一度构成国会中的多数派。后被独立派清洗出国会。

道德多元化理解的困扰。无人清楚哪些基督宗教派别能给予医学道德选择清晰的向导。例如，罗马天主教和新教在考虑到避孕法、绝育和辅助生殖等时，在什么行为和决策应该是道德的问题上产生了分歧。在西方文化日益世俗化的今天，我们也很难理解哪些选择符合自认为真理的教义。基督教生命伦理学的价值就在于对如此纷繁复杂的局面进行研究与清理，获得既尊重传统又尊重个性，也适应于文化背景、不伤害社会与人的尊严的结论与方案。这就需要从伦理神学的每一个细微的节点去深入探究，基督教生命伦理学即是最好的道德哲学、宗教学、文化人类学以及生命科学的集合。在多样化的年代，当考虑到信仰的不一致真正带来了危险时，基督教生命伦理学或至少说成是传统基督教生命伦理学，出现的差异是很发人深省的，这就产生了对我们这一学科理论构建的阻碍。西方宗教战争史和严酷的高压政策制约了基督教生命伦理学的发展，因为信仰与文化的原因，传统基督教生命伦理主张在当代面临质疑。在一个习惯于应对差异的成熟的社会，对待像堕胎、安乐死、克隆人、同性恋这类问题，基督教生命伦理学主张将基督徒和非基督徒、基督徒和另外各宗派、甚至异教徒都分开，各自评价取舍的道德理由，分成世俗与宗教两个序列，制定两个根本不同的选择标准和善恶评价体系。这显然是可笑的。这不仅不能达到顺应历史和人类进步的目的，而且会进一步扩大人类的分歧或冲突，在文化和市民生活中，甚至在家庭内，造成极大的混乱和不稳定。这样会危害到和平社会的构成。基督教生命伦理学的特殊内容使得它与容忍为敌、与冲突为友。曾经造成过去基督教战争的基督教在20世纪中期，正在形成未来的宗教战争或与宗教相连的文化战争。考虑到一些后传统基督徒的观点以及20世纪六七十年代的许多权利运动，传统基督教都表现得最为反动。它拒绝进步论者将人们和社会结构从旧的束缚中解放出来的自由主义的观念。他们认为流产、避孕、宽容同性恋的社会风气不是解放的方法而是通向诅咒之门。传统基督教并不欣赏那些似乎是从已经将女人屈从于男人的生物学力量中解放出来的价值选择，他们认为，"通奸的性革命"、避孕的世风、流产都只不过是他们带来的情欲宣泄和道德混乱的进一步发展。基督教内部对于这些问题的不同看法更加深那个时代的道德混乱。基督教生命伦理学不是提供一种解决生命伦理学争论的途径，而是在考虑到健康保健政策后听取大多数人的意见，引入更多的思考，并且创造出使医疗保健和生命科学事业如何为最大多数人实现最大幸福的理论。

恩氏认为，当基督教生命伦理学面对为新时代的高技术医学提供道德指引的挑战时，发现自己不能胜任这个任务。多重的困难深深地扎根于当代基督教。基督教被划分为多元的基督教；它无法提供确定的向导。一个人为了赞成他想要拥护的行为可以不选择束缚更多的宗教观点来进行解释。例如，有人想为有捐赠人的人工授精找到合理的宗教解释，他只需要选择一个合适的基督教神学家。一些主要的基督徒自己都不清楚什么是基督徒应该做的，基督教的信仰也不能够给予确定的指引，因为用数世纪前的老方法来解决道德纷争已经被放弃。比如，基督教生命伦理学曾有为当代健康保健政策提供指导的机遇，但是它似乎搞不清该提供什么样的道德规范。结果，现代社会的基督教的合理性只能引起人们的怀疑。如果这种情况还不算太糟，周遭的文化甚至有数条理由认为基督教是开放的民主政策的威胁。首先，传统基督教是在等级体制中寻找解决道德问题的答案，而不是从个人推理和摆脱过去的束缚无拘无束的选择中寻找解决方法。其次，基督教的等级体制是家长式的。再次，因为它在道德上的特别承诺，基督教强调差别而不去鼓励形成大家一致赞同的道德规范。最后，到目前为止，基督教提供的道德与世俗道德形成了对比，它不能为战后西方多元化的世俗社会的公共制度或政策提供指导。基督教生命伦理学的基督性质本身就是有问题的，它必须进行理论上的改造或者重新创制，如果不汲取哲学成就和后现代文化的营养，基督教生命伦理学是没有前途的。在此，也是恩氏基督教生命伦理学发轫的缘由。恩格尔哈特最先致力于消解基督教生命伦理学与世俗生命伦理学的差别。为了弥补基督教生命伦理学太过于基督化的困难，很多基督教道德神学家将注意力放在显示基督教生命伦理学和世俗生命伦理学在精神上不存在差别。耶稣会士道德神学家约瑟夫·福克斯（Joseph Fuchs）推论："……基督教和非基督教面对着同样的道德问题，而且……他们都要通过人类真实的思考和规范来寻求解决方法；比如，通奸和婚前性行为是否是道德的或者在道德上可以被允许，世界上富裕的国家是否应该帮助贫穷的国家以及帮助到怎样的程度，什么形式的生育控制才体现了人的尊严。这些问题是全人类的问题。因此，如果我们的教会和其它人类组织总是不能达成共识，这不能归结于基督教和非基督教之间存在的道德差异这个事实。"①

詹姆斯·瓦尔特（Jams Walter），另一位认为世俗的世界和基督教的本质一致的神学家也得出了相似的结论："我的论点是在道德规范这个基础上，基督教伦理既没有任何特色又没有特别之处。"以上二人的主张与西方基督教自然法导向、道德的神学思考大体一致，说明了基督教道德把自然法则显现和表述的原因。有了这些分析的基础，基督教道德神学和世俗道德哲学之间的道德差异消失了。基督教伦理，我们认为的（1）多元的，（2）与世俗伦理不同，（3）通过强调道德差别而产生使基督教的和非基督教的分离的危险，可以通过推理与世俗伦理的本质相同的认知结成一体，并证实了全人类的道德。正如查勒斯·科兰（Charles Curran）所指出："显然，一个人认为耶稣是上帝的认知至少影响了他的意识和他意识的主要思考，然而基督教的和明确的非基督教的能够并已经形成了相同的道德结论，能够并已经分享了大体上一致的道德态度、意向和目标。然而，明智的基督徒在近似的道德态度、目标和意向上不武断，这些包括自我牺牲的爱、自由、希望、关注邻人的需要或是认识到人只有在生命消失的过程中才发现自己的生命。明确的基督意识的确影响了基督徒的判断和他做出道德判断的方式，但是非基督徒同样也可以并已经获得了同样的道德结论，同样也可以赞成和珍视那些基督徒从前错误地认为只有自己才能做到的最崇高的动机、美德和目标。凭着这些准确的判断，我否认存在特殊的基督教；也就是说，非基督教的也可以而且已经得到了同样的道德结论和珍视基督徒同样珍视的意向、目标和态度。"②许多其他基督教道德家也详细阐述了基督教伦理和世俗伦理之间本质相同的观点。鉴于这样的理解，世俗不应该再认为基督教生命伦理学是困扰人心或者是分裂世俗社会之源。原则上他们都

---

① Joseph Fuchs," Is There a Christian Morality?" *in Readings in Moral Theology No. 2*：*The Distinctiveness of Christian Ethics*, eds. Chaeles Curran and Richard Mccormick（New York：Paulist Press, 1980），p. 11.

② Charles E. Chrran, *Catholic Moral Theology in Dialogue*（Notre Dame, IN：University of Notre Dame Press, 1976），p. 20.

应该遵循同样基本的前提，以及道德依据和推论的原则。如果我们正确的理解，如果世俗生命伦理学是单一的，基督教生命伦理学也不是多元的。一个能成功体现道德的自然法则应该去除道德多元化。这种方法不是研究基督教生命伦理学的有利基础，而是强调世俗生命伦理学存在的事实。因此，恩氏在本书中得出这样的论点①：世俗生命伦理学吸引人之处是（1）因为基督教生命伦理学是特定的，它是多元中的一元，决策者认为，世俗伦理因为能团结人民和避免分裂更加适合于社会，也可能是（2）因为基督教道德规范在本质上等同于世俗道德规范，因此可以由世俗哲学思想充分地表达出来。这样，基督教生命伦理学就既不会有分裂的危险又不会不切题意。不管哪一种可能，人们都会接受世俗的而不是特定的基督教道德规范。而且，世俗生命伦理学以它全球性宣言和普遍承诺成为最恰适的宗教选择。对基督教生命伦理学的这种说明似乎有利于通过瞄准从世俗道德哲学分析和争论中得到大家期望统一的目标，并使之从自身的分裂中摆脱出来。辩证思维与悲剧意识相反，虽然承认人类的种种辉煌的成就具有相对的价值，但是我们必须拒绝笛卡尔理性主义所一直主张的线性逻辑顺序。基督教给于人类的不仅是一种信仰，而更重要的是一种智慧的启示。在讨论生命问题时，只有基督教生命伦理意识可以摆脱由于浅俗而带来的茫然。人由于不能真正进入最后的精神世界，不能找回自己最后的家园，不能达到纯粹的道德准则以及实现真正合理的正义，因而人是渺小的、可怜的。然而，"人具有意识，使他能够觉察人类的一切缺欠，一切局限和物质世界的一切可能性……从不接受任何妥协，因而又是伟大的"。②我们是为思想而生的，我们的生命因为思想而变得有意义，我们全部的尊严和志趣，我们的生活动力，我们的义务都因此而发出光泽。生命不可完知，像不能理解死亡一样，我们常常充满了对宇宙的敬畏与恐惧；"耶稣在地上是孤独的，不仅没有人体会并分享他的痛苦，而且也没有人知道他的痛苦；只有上天和他自己才有这种知识"③。耶稣是在他的弟子们熟睡时，安排了他

---

① 请参阅英文版 *The Foundations of Christian Bioethics*, pp. 15–16。
② 吕西安·戈德曼：《隐蔽的上帝》，蔡鸿滨译，百花文艺出版社1998年版，第108页。
③ 同上书，原文出自帕斯卡尔《耶稣的神秘》。

们的得救，既考虑到他们生命的虚无，又看到他们的罪恶；耶稣认为精神是飘忽不定的而肉体又是软弱的，并且必须摆脱人以及自己往昔的朋友，才能进入真实的忧伤，这种忧伤是为生命所偿付的。我们对未来没有完整的信念，因为构成这个信念的因素许多都是我们所不可知的。生命伦理学应该使人类学会"称义"的知识，称义是学会善举之后完成救赎的成果，我们因此有权利分享公义，解除困惑，获得自由，这一切都是因为"基督"献上了自己。基督教的上帝观，首先并压倒一切的就是正义，正义给我们以生活的信心，正义给我们以无穷的力量；我们不惧怕失败，不惧怕困难，不惧怕邪恶；我们活着必须为正义而奋斗；因为我们不仅生物地生活，而且主要是思想地生活。对此，基督教生命伦理与世俗生命伦理是一致的。

　　中国的读者应该知道，在基督精神和基督教人文思想长期浸润和融染的西方社会，把宗教伦理和世俗伦理观念达成和谐或培育道德共认意识是何等有意义的事业；恩格尔哈特教授的研究，关系着普通民众的基本生活质量和整体幸福感，更涉及一个民族的文化境况、风貌和对未来发展的信心。同样，对于我们这样的历史悠久、文化传统深笃的中华民族，也面临这样的选择和危机，虽然我们没有那么明确的、理性的宗教情感和独一神祇崇拜对象，但我们从没有停止模糊地、朦胧地接受着"天道"或者"类如上帝"（As‑If God）的暗示与心理召唤，尽管我们的神权观念明显功利化与较为脆弱和淡漠，但是，恩教授的这一追求和提供给我们的成果，以及他的这种探索，对我们也是一种极有价值的提醒和启示。就是说，面对这部大书，我们特别是汉语生命伦理学者，临在我们信仰极度贫困和精神极度饥渴的民族，眼下，我们最应该做些什么！

　　关于恩氏的思想来源，也就是对其生命伦理观念形成产生重要影响的理性资源，我们分析有四个方面：（1）日耳曼古典哲学与近代哲学，除3H（黑格尔、胡塞尔、海德格尔）与康德哲学外，尼采的权威虚无化以及哈特曼哲学；（2）法国后现代主义和美国的新经济思潮以及新教伦理精神；（3）基督教神学、特别是东正教神哲学、加尔文主义和地中海、波罗的海文化圈（特别是巴尔干、亚平宁、伊比利亚三个半岛的文化）的文化传统与宗教神秘主义、诺斯替文化等；（4）欧洲与北美的医学人文主义与传统、生命科学知识和医学科学技术哲学。祁斯特拉姆·恩格尔哈特强调文化的多元性，意在建构有限的道德相对论（或次级相对主义），虽然他经常否认道德相对主义，但他不能回避他的"部分共认意识"（overlaping consensus）与"道德异乡人"（moral strangers）理论的后相对主义内核。异乡人理论其实来源于诺斯替主义传统、犹太民族情结与希伯来文化，埃及囚房和奴役、巴比伦之囚、筑棚与漂泊的境遇，以及地球在宇宙中悬置、生命寄居于肉身等文化人类学和心理印痕，构成了这种"道德异乡人"观念，这既解决了避免堕入令人恐怖的道德相对主义，又表示了一种对道德多元论的包容。

生活依然被我们过着——我们总是这样重复着活着，似乎没有什么今天、今生与明天、来世的差异，我们只是活，只是在过活。

人们依然按时间的序列，惯性地为那些古老的仪式——仅仅还是限于仪式，表浅的、浮躁的、俗化的、物质的、情感的、喧闹的、木讷的、无意识的节日，推动着我们的岁月；神秘主义立足于我们的生活世界，我们总是感受着一种来自于冥冥世界的压力，被挤压着生存，我知道，恩教授本人除了豪饮，几乎没有太多的爱好；此刻，我想，文本的书写是恩格尔哈特和我这样的人，在这个信仰和真理迷失的时代唯一的游戏，在这条件极其怪诞和夹带些滑稽成分的情境下，通过神秘的书写确实可以获得宗教的快乐。

加尔文跟随奥古斯丁把人类整体的心理上的事情和情感的来源归为：上帝的知识和我们自己的知识。自然界和社会从此被彻底世俗化了，就此，理性和语言也被世俗化了。要到达上帝的国度，必须通过人的内在的经验和神秘的感受，而不是直接的话语。上帝通过圣灵命令给予玛丽·韦林（Mary Waring）以生命的最后力量，那是一种精神的腾飞和信仰的最后皈依，在灵魂深处，长久隐藏的"单纯的词"附丽于"真实的物"的体上，物被圣化了。[①]

吕克·费里不同意康德把宗教说成是人的自然秉性（disposition na-

[①] 参见唐·库比特《后现代神秘主义》，王志成、郑斌译，中国人民大学出版社2005年版，第19页。

turelle），但是他又错误的诠释了没有宗教的极端价值，① II 不要极端的神圣化，也不可以极端的非威权主义。哲学的上帝和神学的上帝分离之后，为什么却给政治的或集权的、专制的上帝遗赠了绝好的制造灾难的空间和机会，依仗强力和严厉复仇的超越的上帝形象被统治者所替代，神灵化的人恰与人性化的神成为鲜明的对比，道成肉身反被肉身成"道"所替代，这也是宗教的大悲剧。

序之末，我要说的，就是恩格尔哈特隐藏的东方正教情感的力量和文化偏好，这对于我们中国的读者来说，是十分陌生的。恩氏习惯于或者喜欢引用圣·克利索斯托姆（St. John Chrysostom）、圣·巴西拉（St. Basil）、圣经的七十子希腊文本以及尼西亚与后尼西亚教父系列，还有大量的东正教神学文献。因此，有必要说明以下的这段历史断代。

欧洲历史上，最具政治神学意味的争议 就算是对于公元381年尼西亚-君士坦丁堡信经的希腊文原本的重大变动，其实这个变动是悄然的，至今还是一个谜。这也是造成东方与西方最后互相逐出教会的根源。希腊原本中在论及圣灵"从父"而出之后的部分，并没有包括"和子"（filioque）这个子句在内：

> 我信圣灵，赐生命的主，从父（和子）出来，与父、子同受敬拜同受尊荣，他曾借众先知说话。

公元850年，当东方的主教与神学家们听到这个更动后，大为恼火，以雷霆般的吼啸予以抗议，他们坚持西方的观念建立在奥古斯丁的思想上，这是非正统的异端的边缘的教义，迈仁多夫表述道：

> 拜占庭人认为，"和子"的问题是东西方产生摩擦的关键。在他们眼中，拉丁教会接受内有插入文字的信经，不但抵触基督教全体大会采用作为普世基督教信仰表达的文字，同时又赋予不正确的

---

① 吕克·费里在他的《宗教后的教徒》（*Le religieux apres la religion*）（周迈译，中国人民大学出版社2007年版，第10页）中发表了自己对于没有宗教的社会的免于集权制的统治，审视当代社会，极其复杂的政治伦理借用于宗教的遗存，作为高压统治的基础，造成与民主力量对抗的条件，可见此时何等需要去神圣化。

三位一体观以教条的权威。①

这个微细的但不寻常的更动,说明东西方对于民主的不同情感,反映了那种神秘的内在的情感体验。古代西方人在没有接受基督教之先,其惯有的多神主义传统其实是一种民主的文化根基,"和子"的争论恰好反映了这种分歧的民族心理差异,也可以从文化人类学去理解。古代东方却原本是一神论,尽管后来比如华夏民族由道释的多神崇拜所替代,但还顽固地惯于皇权的奴隶性,祈望于绝对的"上帝"至高无上;如果巴尔干、小亚细亚、波罗的海文化圈和斯拉夫人承认和接受了"和子"说,上帝的绝对威权将被打破,因为必然和人子基督共同分享这个权力,而就民主主义来解释,分权的意义深刻而远大。路德与加尔文的改教运动以及文艺复兴的基础,其实就源于这种争议,尽管路德反抗的也是拉丁教会,但深刻的历史哲学根源却是令人深省的。

1911年和1919年,其实与1571年一样,对中国来说,就是去神圣化的伟大运动,如果没有孙中山的神学伦理思想,没有辛亥革命和五四运动,中国还将是一片昏暗,没有民主的太阳照射,没有思想的解放,可怜的中国人还将在浩荡的"皇恩"下,跪着行走。非常态是为了我们民族的一种精神的常态,我们错在总用一种非常的仪式去替代生命的常态和生活的常态。或可以去偶像化不应该成为偶像的物如,我们被愚弄的心灵始终没有摆脱经意被愚弄的习性。亚伯拉罕·林肯并没有被后人作为神灵去纪念,而我们的现代所谓圣地却充斥着香火膜拜的亚宗教仪式。权威是为了维系国家秩序与公民的意志,以至于社群的向往与公益社会的权利,我们不应该被偶像所蒙蔽,我们的智慧与感悟应该在理性的制约之下,承认权威的价值,但绝不屈从于绝对的权威。上帝是西方人手中的一个概念,我们信仰主体的思想对象就是对于眼下庶民文化的一种背叛,不是对庶民本身,是对于他们精神的和信仰的拯救,使之最终寻找到心理的平静和灵性的安谧。

---

① 参阅奥尔森《基督教神学思想》,北京大学出版社2003年版,第327页。

在法语神学界，马里戎①（Jean-luc Marion）一直致力于表达，在上帝退出和人们不再需要敬拜偶像之后，思考作为基督人子耶稣的存在，那种贫民化和贫民的人格，并不需要海德格尔式地对基督教传统的复兴，基督是一位卓越的贫民领袖，他不是神，他值得人去纪念，是因为他离我们很近，他的崇高，不在于他的神圣，而是他只标识着人类和大自然中本应该有的本真的爱，那爱是说不尽的，是永恒的；我们到哪里去找寻没有任何利益驱动、没有任何功利的爱呢？其实，生命伦理学告诉我们，我们生活中就有，它本来不独存于天堂。

读罢这部译稿，我暗暗赞叹，被誉为人类文化心脏的地中海文化圈涌起的阵阵思想骇浪；其中，最先该记住589年托莱多（Toledo）的西班牙主教会议，他们把奥古斯丁在《三位一体论》一书中"圣灵从子而出"的断言，正式加在拉丁文信经中，我们这些21世纪的中国人，如何知道，去神圣化有何等意义，又是何等艰难，历史上，在"政治上帝"的暴力之下，人类曾遭遇过千百次灭顶灾祸；去神圣化要用鲜血与生命的代价去换取。但不要忘记，我们只是不要那种暴力的君王，我们更需要一位给予我们民主、智慧、幸福与自由的"上帝"。为此，我的这位朋友，恩格尔哈特教授，从青年时代开始，几乎倾尽一生的精力，心向往之，用"部分道德共认意识"、"允许原则"、"道德异乡人"、"伦理序列"等，去缓释或消解人类的纷争，用"整全道德"和"真全生活"来重新确立上帝的权威性。他祈盼在一尊至高无上的上帝之下，通过多元生命文化道路，通达或最终实现我们的身体自由广场，找到一幅美好的、最能体现公义的生命政治或卫生经济政策蓝图，以造就最和谐的、平和的、大同的整全道德原则、真全生活模式与新型人类关系，这也是所有宗教、宗教徒和非宗教徒的理想，也就是我们生命伦理学道德核心价值的图示，也是全人类共享的福祉，即应该通过我们艰苦奋斗赎回的，曾经被我们失去的、地上的伊甸乐园。

最后，我愿再次用贝多芬第九交响乐《欢乐颂》中德国诗人席勒的几句配词，结束我这篇有些冗长的序言：

---

① 参见刘小枫选编《海德格尔式的现代神学》，孙周兴等译，华夏出版社2008年版，第240页。此为《神学新杂志》中布里托的文章。

欢乐女神，圣洁美丽；
灿烂光芒照大地，
我们怀着火一样的热情来到你的圣殿里，
你的威力，
能把人类重新团结在一起；
在你温暖的羽翼之下，一切人类成兄弟。

2012 年 9 月 18 日 识于南京贰浸斋

目　　录

中文版序 ……………………………………………………………（1）
前言 …………………………………………………………………（1）
关于本书使用圣经的说明 …………………………………………（1）

第一章　从基督教生命伦理学到世俗生命伦理学：
　　　　全球化自由主义道德的建立 ……………………（1）

道德是否专属于某一宗教？ ………………………………………（1）
基督教生命伦理学：困惑与衰落 …………………………………（16）
基督教生命伦理学与世俗生命伦理学：差别的消弭 ……………（36）
道德危机以及中世纪理性的信仰 …………………………………（40）
从宗教改革、启蒙运动到世俗生命伦理学 ………………………（50）
启蒙运动及其晦昧的负面 …………………………………………（54）
对世俗理性信仰的忠诚：世俗的医学伦理和医学人文 …………（59）
为何一个规范的、内容整全的世俗生命伦理学不能为
　　一般世俗条款辩护：内容需要假设 …………………………（68）
从自由论世界主义到自由世界主义：后传统的基督教背景 ……（91）
重新审视基督教生命伦理学 ………………………………………（97）

第二章　生命伦理学根源：理性、信仰与道德的合一 ………（99）

宗教伦理与世俗伦理：对道德意向工程的反思 …………………（99）
多元主义与在伦理学和生命伦理学中的冲突：正当、善、
　　特殊性与上帝 …………………………………………………（103）
康德和他的类如上帝（As-If God） ………………………………（113）
应变的必要：黑格尔以及对道德个性的辩护 ……………………（133）

理性、信仰和克尔凯郭尔:作为一位后基督教时代的基督徒 … (146)
　　理性、信仰和生命伦理学 …………………………………… (166)

第三章　作为一项人权项目的基督教生命伦理学:
　　　　认真地内在性考量 ……………………………………… (169)
　　启蒙运动的遗产 ……………………………………………… (169)
　　知识、道德与宗教作为有限的人权项目 …………………… (172)
　　俗界三境:生活在一个无上帝话语的世界 ………………… (180)
　　作为一种框架的自由论世界主义 …………………………… (181)
　　作为一种生活方式的自由论世界主义 ……………………… (185)
　　作为一种生活方式的自由世界主义 ………………………… (187)
　　基督教的变革:通向祛魅的基督教生命伦理学 …………… (195)
　　对基督教生命伦理学的重新审视 …………………………… (203)

第四章　生命伦理学与超越:文化战争的核心 ……………… (207)
　　异端教派、邪教、原教旨主义和传统基督教生命伦理学 … (207)
　　从推断的根由到灵性的裂变 ………………………………… (217)
　　难以置信:一种道义选择,而非误读 ……………………… (219)
　　基督教生命伦理学:心灵知识与自然法 …………………… (228)
　　自然、自然法和人类的堕落 ………………………………… (237)
　　作为心路历程的道德与神学知识 …………………………… (245)
　　基督教生命伦理学和神学知识 ……………………………… (250)
　　道德神学、基督教生命伦理学和知识共同体 ……………… (261)
　　真知卓见:主教、大公会议、教皇与先知 ………………… (267)
　　神学的双重含义,基督教生命伦理学的双重含义 ………… (290)
　　嵌入时间以及人化的生命伦理学 …………………………… (298)

第五章　生育:生殖、克隆、流产和分娩 …………………… (304)
　　不和谐的节奏:传统基督教性生命伦理学与新兴
　　　世俗自由世界主义观念的共识 …………………………… (304)
　　生命伦理学,作为一门有生命的伦理学 …………………… (308)
　　婚姻的神秘性 ………………………………………………… (317)
　　性行为:正确与错误的指导 ………………………………… (329)

亚当和夏娃的成功结合：辅助生殖 …………………………… (339)
克隆、制造胚胎与胚胎利用 ……………………………………… (352)
避孕和一个适度人口的世界 ……………………………………… (355)
绝育、变性手术、性角色改变与遗传工程 …………………… (368)
婚前性行为、未婚避孕和艾滋病 ………………………………… (377)
堕胎、流产与生育 ………………………………………………… (379)
总结：有关生殖的基督教生命伦理学如此陌生的缘由 ………… (395)

第六章 痛苦、疾病、临终与死亡：意义诉求 …………………… (400)
诸义何谓？面对生命有限性 …………………………………… (400)
死亡、诱惑和罪恶：宇宙的叙事 ………………………………… (409)
将医学作为偶像：放弃与中止治疗 ……………………………… (416)
"为什么这一切竟如此不同" ……………………………………… (427)
自杀和安乐死 ……………………………………………………… (432)
死亡和器官移植 …………………………………………………… (442)
神迹、罪恶、魔鬼和宽恕 ………………………………………… (449)

第七章 提供卫生保健：同意、利益冲突、医疗资源配置
与宗教的整全性 …………………………………………… (458)
医学的定位：健康与寻求救助 ………………………………… (458)
同意、欺骗和医生：对自由与知情同意的反思 ……………… (460)
后基督时代的卫生保健 ………………………………………… (481)
被隔离的和世俗化的基督教：宗教作为一种私人活动 ……… (486)
基督教卫生保健制度的整全性 ………………………………… (498)

第八章 后基督教世界的基督教生命伦理学 ……………………… (505)
生活在后基督教世界 …………………………………………… (505)

索引 ……………………………………………………………………… (514)

致谢 ……………………………………………………………………… (560)

翻译琐记、出版的说明与致谢 ………………………………………… (563)

中文版序

基督教对于中国来说不是什么新异的事物。早在 5 世纪末基督教已经进入了神州大地。最先的基督徒从波斯沿着丝绸之路出发，并在 7 世纪中叶之前，塑造并获得了一个具有象征意义的形式；那时，在长安（今西安）至少建立了两个教堂，同时，其他的地区，也建立了教会和修道院。就在那个年代，1054 年，正值东西方教会大分裂之前，即罗马天主教从一个曾经被认为不可分离的正教当中分裂出来，基督教实际上已经在中国入驻并根植。如此，最先以基督教形式进入古老中华的更应该接近或属于东方正教，而不是后来才得以发展的罗马天主教，也不是在更晚些时传播的基督新教。实际上，我们有很充分的理由来认识这些基督教派别，尽管中国人在关涉西方问题上与东正教没有正式的联盟。我们可能仅仅通过一个有关"玛利亚"的术语争议中，则早已从所谓正统基督教中分离，即玛利亚，救世主的母亲，应该被称为基督之母（基督孕育者），还是被称之为天主之母（上帝孕育者）。尽管中国基督徒使用"基督之母"这一习语，他们也同意耶稣基督既是完美的神同时也是完美的人。至于其他问题，对东正教的认识，反映在他们关于医学伦理问题的观点之中，以及那些对此类大量问题进行研究的学者身上；比较起来，这一切与东正教的思想观念并不存在实质上的差异。眼下，就可利用的信息而言，有充分的理由认为，这些早期的中国基督徒们会从本书发现，它反映了他们对医学中存在的相应道德问题的认识。现实境况恰如其是，于我而言，基督教的所有基础是东方正教化的基督宗教，那些早期的中国基督徒，即使并非全部信仰东正教语汇的教义，也在实际上，分享了东方正教很多经典圣约内容。盖当如此，东方正教及其生命伦理学才得以使我们这部著作玉成与问世。

本书中，对道德神学的反思，大多是源自基督教前8个世纪的文学作品和教会圣典中汲取。通过这部作品，将使读者看到基督教所有教派在生命伦理学领域之观念的古代根源，尽管罗马天主教生发出它自己的观点；在此，当然不可忽视它建构了有关信仰和理性的强大辩证法，并在哲学上形成了巨大的影响力。显然，基督新教的观点繁复纷呈而百态多元。针对观点丰富多元的背景，本书呈示了成熟、统一的，并远在1世纪已经成型的、在所有这些基督教派思想中反映的基督教医学道德的最重要基础。我以为，《基督教生命伦理学基础》应该是一部这些中国先哲基督徒似曾应用过的文本。

《基督教生命伦理学基础》英文版于2000年出版发行，在此之前，《生命伦理学基础》于1986年出版，1996年再版。第二版于1996年被翻译成中文首次出版与中国读者见面，之后做了小小的校订后，于2006年再次出版。关于那次翻译，我必须表达我对我的学生范瑞平教授由衷的感谢。在《基督教生命伦理学基础》与《生命伦理学基础》间应该具有一种明显的、密切的内在性关联。围绕世俗道德哲学，以及其试图建立任何具有实质内容的道德作为标准，并以此祈望对人形成约束力，但最后以失败告终；《生命伦理学基础》由此引发思考，究其失败的原因，是所有的道德都应该具有的社会—历史条件，而如果阙如上帝的视域，没有环境和历史绝对至尚背景的角度，留给我们的只能是一个难以应对的道德多元主义。另外，在有限与内在的范围内，仿若所有事物呈现出没有终极目的、来去皆无影踪之景况。正如《生命伦理学基础》所阐明的，如此难题无法解决，除非认识者能够立刻知道本应明晰的根由，即是那些类似于神秘知识的物如。人需要了悟"上帝"的视角，东方正教将提供这样的内容。《基督教生命伦理学基础》呈示了解决道德真空的方法，这个道德真空起因于一种失败，一种理论上尝试的失败，即以俗世道德理性去构建任何具体的、具有实质内容的整全性道德或者以生命目的作为标准的尝试。《基督教生命伦理学》通过提供具有实质内容的整全性道德视角，而终结了始于《生命伦理学基础》的道德反思，在《基督教生命伦理学基础》里，人可以充分理解作为道德共同体内容的整全性道德。

在此，我祝贺《基督教生命伦理学基础》的中文版的出版，它将允许并给予我们一个对话和交流的机遇，从此，亦开启了中国和基督教（东方正教）在生命伦理学问题上的联系。在此，我谨向孙慕义教授表示由衷的感谢，他是令人钦服的，他和他的同事为了让《基督教生命伦理学基础》一书在中国和汉语文化界问世，付出了艰辛的劳动，他以非凡的耐心，向我展示了伟大的友情，在此我表示无比的感谢。

我同时相信，通过这部书，将呈现出一个让古老的基督教和当代中国再次关联的境遇，并得以思想和文化的融通、绵延与传承。

祁斯特拉姆·恩格尔哈特（H. Tristram Engelhardt, Jr.）
2012年11月14日，于圣·高利·帕拉玛斯节
得克萨斯，休斯敦

前　言

　　本书主要是关于生命伦理学的哲学难题，并且更多是专注于宗教的视角。以宗教角度的思考将通过哲学反思和分析被引导到哲学界域。什么是我们所关注的那个哲学难题呢？那就是：假如我们相信普世法则的存在，那么，是否还存在特定的道德准则？如果每个人的价值观不同，他们显然会尊崇不同的道德准则，也就是，他们对于什么是正当的这个问题将有不同的理解。对于公共政策上的争议表明，由于道德考量的多元性，道德准则的多样性通常就不可避免。究竟应该建立怎样的生命道德准则就不免在政治上产生争议（比如究竟是更多地从生命本身考虑还是从个人选择考虑）。各种道德准则在缺乏共同基本原则的情境下相互抵触。如果我们缺乏这样的普世准则的引导，我们就有可能因未知何种准则应该成为主导性原则从而迷失于众多道德准则之中。难道道德会简单地等同于品位、文化倾向与团体偏好？道德相对性是否会否定终极原则的存在而大行其道？这是否就是后现代社会理应所面临的道德处境呢？

　　我们的道德处境难道不是这样吗？——道德困境俯拾即是。我们不仅仅面对抽象理论上的争议，还面对各种现实问题的争议；从堕胎、克隆技术到医疗改革，从生育到平等权，等等，各种道德观点披挂着种种时髦的名义或者旗号显山露水。大家都试图用理想的、富有成效的辩论来解决他们之间的分歧。但争论背后是更深层的对基本道德原则、现实依据和推理上的认识差异，因此完全不可能解决他们所存在的根本性分歧。尽管大家对生命伦理问题上的纷争讨论得很畅快，最终却毫无结果。正如麦金太尔（Alasdair MacIntyre）所观察到的：

当前道德争议最显著的特征是：大家把更多的精力放在了说"不"上。而最不可思议的是这些争论将存留下去。我不是说这些争论水平将不断进步提升，而是说这原本就不可能有结果。似乎在我们的文化中缺乏理性的方法，最终来解决这种道德争议。[①]

尽管大家对建立普世的道德原则热情高涨，道德分歧依然将长久存在。即使自由主义者喊出的自由、平等和自我实现已经成为各种道德准则的标签，我们仍然将生活在充满争议的道德准则之中。

生命伦理学领域向来充满争议。这个学科关注的是：生育、病痛、恰适地治疗病人、医疗机构与医疗资源配置以及面对死亡时段的伦理问题。由于存在广泛的争议，世俗的生命伦理学在临床医疗上主要关注医疗程序问题，比如医疗费用、患者知情权和医疗步骤方面。在克隆和基因工程方面，生命伦理学要提供一些清晰的具有实质意义的原则还遥遥无期。特定的伦理法则依赖于特定的伦理假定。由于在生与死的问题上缺乏一个完整的哲学理论来充当道德原则的基石，当代人无法去回答他们所提出的问题。这些问题只有在存有一个完整的普世宗教观的前提下，才有可能存在具有实质含义的答案。我们毕竟生活在一个后基督教的文化中，我们现在所遇到的问题都是以往基督教所提出并试图回答的。但是传统的基督教并没有回答那些依然为我们所关注的问题，譬如，自愿的安乐死是否合理？[②] 基因工程是否值得提倡？来自第三者的

---

① 麦金太尔（Alasdair Macintyre）：《德性之后》，(*After Virtue*，印第安纳州，圣母院：圣母大学出版社1986年版）第6页。

② 麦金太尔认为：在一些社会实践问题上，传统道德观点，现在已是支离破碎，失去调节作用了。我文章中一个重要的部分就是，现代道德言论和实践只是过去传统道德的一些残留碎片，除非这种道德困境得到很好的理解，否则现代道德理论家们不能解决的问题将依然得不到解决。如果道德判断的本体论是远离现代性形而上学的神圣法律概念的宗旨，如果目的论同样是当代迷失的人性和人的行为宗旨，那么，这些大的困惑问题可获得理解，而且，能够为今后不断出现的新问题，以及证明那些道德言论和行为是违背哲学精神的，提供理路清晰的道德判断。同上书，第104—105页。

尽管存在着很多道德实践的混乱现象（如，负责任的父母行为，是否包括产前筛查和选择性终止妊娠？），以及文化框架的破溃（如，后基督教文化会给出一些交织的信号：一些人追溯到基督教的源头去倾听上帝的声音，而另些人急切地投入到完全世俗化的社会中）；但是社会上依然存在着具体道德指导标准的热切需求，唯有人们尚未发现的问题才会令人深感困惑，因此，对问题的深入探寻，虽然显示其热诚但却是在进行不断重复的工作。后传统基督教文化或许让人们心中留有一丝感念，认为在生殖技术选择上，代孕母亲和克隆技术是不合适的做法，但是这些做法为什么错了，他们并未具有一个清晰的认识。

人工授精是否道德？尽管这些问题很令人关注，具有很强的现实意义，但伦理学对此依然没有答案。世俗道德对于是否该拯救一个人的生命都很难下定论，对于如何定义一个人也缺乏标准，对于通过性来繁殖后代的神圣性也没有共识。这些来自伦理的困境构成了后传统社会的特点。在现代社会中，这些难题以新的面目重新出现。我们毕竟受到了基督教传统的影响。那些传统社会的基督教伦理依然或多或少地存在于我们的思维中。这些残存的影响不可能彻底消除，甚或以飘忽不定但潜移默化的方式影响着我们（比如把人工流产看成是一种杀婴并加以谴责）。①

基督教的伦理观和后基督教时代的伦理观当然是不一致的，它们的分歧是根本性的。现在没有人再遵从曾经具有洞见性的那些道德观念。就此而言，在后基督教的、新异教徒②的时代里，没有人清楚哪些基督教的道德内容要继续坚持，抑或哪些宗教知性内容需要与时俱进。由于

---

① 正如海德格尔所注意到的，当代西方，对很多不道德行为并没有明确认识，而是仍然保留着诸如18世纪末和19世纪初夏威夷风俗的禁忌中的那种既深沉又不合理的直觉特点（《德性之后》，第105页）。例如，库克船长的日记中有这样的记录：

"女人不能以任何借口和男人共餐，而总是女人们在一起共餐。是什么导致了这种令人匪夷所思的风俗，现在还不得而知。尤其是，在很多场合中，他们作为同族，热爱自己的集体，也喜欢他们族类中的大多数女人。他们自己也追问这么做的理由，但是他们只知道因为这样的风俗是对的，所以他们要这么做，此外给不出任何答案。同时表现出对男女共餐的做法非常厌恶……约有三分之一这样的居民都享有恋爱自由的生活，但是他们并未因此而破坏这一风俗……男女在谈话中毫不动情地说着下流的话语，但他们极其享受这种谈话内容。纯洁，的确毫无价值。"（库克（J. Cook）：《库克船长日记》（Captain Cook's Journal, 1758—1771），卡普特·华尔顿（Capt. W. S. L. Wharton）编（伦敦：Elliot Stock, 1893年版），第91—95页。

同样，在西方社会中，很多世俗的人对堕胎仍持犹豫不决的态度，尤其是诸如对堕胎犹豫不决者采取如此特殊做法（例如，对晚期妊娠的孕妇做堕胎手术时，由于婴儿的头部太大，而必须将子宫内的死胎的脑髓先抽吸出来，之后才可使整个死胎娩出），人们对于这些做法的指责，基本是基于道德直觉，或者他们对此感到极其厌恶，但是没有合理的理由。

② 新异教徒（neo-pagan）一词指，对宗教和灵性问题持调和的态度。无论是那些来自地中海地区、印度，还是日本的异教徒，他们都倾向于将所有神灵和宗教视为更真实的宗教体现。在此次观念的引导下，他们认为，尽管以多神论宣称的多样性视角看问题，但是宗教和精神情绪上的多样性仍然能够得到尊重和维护。为了照顾到病人的宗教信仰，异教医院设立了牧师程序来满足病人的"精神需求"。新异教徒通常具有相当明确的自我意识特征。例如，最近一本书，帕特里夏·特莱斯科（Patricia Telesco）著：《都市异教徒》（The Urban Pagan，明尼苏达，圣保罗：Llewellyn Publications, 1995年版），该书作者，受异教徒联合会（Universal Federation of Pagans）的委托，他建议，从工作到日常生活，今后合理的设想是，将每年举办的各种庆祝活动作为从不同方面向地球和女神（Goddess）致敬的机会。

缺乏经验性事实，一切问题都陷入了僵局。

一切伦理原则都取决于分析的前提条件，这就导致了对伦理原则在认识论上的怀疑主义态度。① 目前，尽管哲学和思辨神学运用预期理由（petitio principii②）同样会在理性上陷入类似的僵局，尽管许多哲学家和神学家借助于他们的直觉或者自身道德感悟的综合平衡来解决目前的道德难题，而最终和永恒的真理其实却原本存在于他们的思想之中。诚然，这样的真理被人类的有限性隐蔽了，即使我们的道德意识具有完整性和连贯性，且毋庸提及良心的深度命令，这一刻不过只是曾经造就西方世界的整体基督教文化的残存碎片而已。

现在，最主要的哲学和神学难题就是：人类能够突破内在性而达至真理么？如果能够，那么，何以到达？在追寻这一谜底的过程中，本书诚邀读者一起来了解第一个千禧年时的基督教。那时的基督教有着深厚的神秘主义背景，或者更确切地说，是一种灵性神学。③ 解决这个谜案的路径就在这里，我们在人类有限性的地平线上发现了这个路径的入口：基督教所展示给人类的是一个直接经验性的、没有创造力的而又具有完全超越性的、人格化的上帝。此时，哲学的解决途径和神学真理是协调一致的：真理就是那位"神"（a Who）。这时期的神学是人们在苦修过程中，通过在上帝面前祷告忏悔而获得的。在这样的神学理念中，生命伦理学就是生命存在的方式，只有接受邀请进入神的人，才能获得生命伦理的知性。对于欲回应"我怎样才能获知真理"的人，首先要接受的第一个命令就是：在禁欲苦修中转变。这就是"清心的人有福了！因为他们必得见神"（马太福音 5：8）。

---

① 道德怀疑论者也承认，通过合理的理性争论来解决道德纷争问题，当然很困难。对于是否存在道德真理，形而上道德怀疑论者认为也十分怀疑。他们怀疑，如果没有道德形而上的道德怀疑论者，人们能否通过文字推理的方式达到道德理性，建立一套权威的道德。

② "petitio principii"在书中原文系拉丁文，逻辑学词汇，意为预期理由，证明中把未经证明的判断或论断作为论据的一种错误。作者在此仅作为一种神哲学或思辨哲学现象，并无褒贬之意。——译者注

③ 对神秘性的认识，是本书的一个关键点，这是对神的体验，尤其是对全能上帝的体验。这种体验使人在肉体和精神方面都发生转变。这里所讲的神秘性，不是指在物质世界中体验到的纯粹柏拉图式的超验世界，也不是指对于将冷静恩逢上帝意念中的观念世界的体验。那么，这里的关键是，能够直接体验到上帝的一种纯理性认知。我将在本书的第四章具体谈到这个问题。

生命伦理学的发展取决于伦理学发展的水平。如果一个人不知道什么样的伦理和哪种道德是指导生活的准则，那么他不可能给出可信的生命伦理学建议。生命伦理学自身充满矛盾，它根本不清楚如何可靠地确定可信赖的生命伦理学内容。只是根据提问者而给予解答，诸如，并非告知堕胎是杀害胎儿的行为，而是以禁止堕胎的法律来强迫孕妇服从不准堕胎的律令，从而违犯了妇女的基本权利。由此，这又成为社会公正的问题。诸如此类，我们可以从警示社会凭借医疗卫生的单一支付人系统只能为所有违犯基本人权者提供平等的借口，到指明这一系统本身存在相互矛盾的内容。关于医生协助自杀和安乐死并没有给出更好的建议。有人将会说明这是谋杀和协助自杀的行为，也会有人解释这是对遭受病痛折磨的病人予以同情而采取的行动。生与死、正义和非正义的问题，总是长期存在着根本性的分歧。基督教生命伦理学取决于人们明确基督教的哪些成分，以及哪种派别的基督教是和/或应该指导我们的行为选择。本书开篇就在审查这些杂乱的问题，为此探讨了近期兴起的基督教生命伦理学，以及受全球范围内哲学和世俗生命伦理学的影响而日渐晦暗的生命伦理学部分内容。本书认为，基督教生命伦理学的兴起以及其后的再次被忽视，促使我们必须对一些更为基本的现象进行探讨。如基督教道德神学的社会边缘化，以及全球的、世俗的、国际都市文化。国际都市文化不仅在强势的、全球的以及世俗的文化思潮的压力下改变基督教情感，而且它还热切希望改变基督教自身。

一些主要的基督新教和一些罗马天主教，已经沉醉于天主教的现代化改革的热情中。我们发现这些热衷的改革者们，不仅在新兴的全球自由世界主义文化中—如他们所期望的那样将改革进行的轻松自如，而且他们还以双重文化身份著称。一方面，他们离开了基督教的道德框架，而这个框架是一些新教作者和教会牧师赖以生息之所。对他们来说，这个世界太过男性至上主义，他们对政治自由毫无关心，以致只有堕入严重的政治谬误。如果我们还不会深感窘迫，可以想象一下，在一种文化中，妻子非常诚恳地将自己交付给丈夫，被奴役的人认为从专制者那里获得自由首当其冲需要的是他们自己的激情。另一方面，当基督教向世俗文化献媚称臣时，它已不再是原来意义上的基督教文化了。他们再也不能提供属于自己的东西了。基督教和基督教伦理学要么守住其传统的形式扮演作世俗的小丑，要么进行彻底的世俗化改革产生新的基督教样本。无论哪种选择，都毫无号召力可言。毕竟，如果有人想要阐释社会正义，通过世俗语言当然也能获取答案，但是，别指望这种解读能超越基督教道德神学的阐明。基督教道德神学——是许许多多的基督教道德学家的智慧结晶。

　　写一本力挺传统基督教和它的生命伦理学的著作，的确有违社会主流文化。我们生活在一个强大的后传统时代里，上帝超越性的声明在人类的内在性中显得暗淡无光。我们发现自己站在时代的终点，同时又立于一个新纪元的起跑线，古典社会的期望已经成为今天的疑问。① 我们是基督教文化的后代，但是我们却站在了后传统的世俗化社会的起点上。例如，多数人依据生活经验，曾理所当然地把性道德理解成同性恋和父权主义。而另外一些人无法正确辨别医生协助死亡或安乐死中哪些行为是有违道德的。② 还有极少数人，被深深误导为追求人生更高的境界，模仿苦修者圣西蒙（St. Symeon the Stylite，1459年9月）③ 苦修。一年一度的圣日（9月1日）为纪念圣西蒙（St. Symeon the Stylitesh）而设。④ 曾为人们的生活方式、机构和法律的创立提供过滋养的基督教形而上的理论预设，如今已不再受到人们普遍认同。那些曾经对人们的

---

　　① 安·杰·孔耶尔斯（A. J. Conyers）：《天国消失》（Eclipse of Heaven，印第安纳州，南本德：圣八月出版社1999年版）。

　　② 到20世纪90年代中期，在美国的很多地方，至少在某些情况下的医生协助自杀，已经被很多人所接受。例如，可参见杰拉德·巴克曼（Jerald Bachman）、吉斯坦·奥尔柯瑟（Kirsten Alcser）、大卫·多卡斯（David Doukas）等《密歇根医生的观点和倾向合法化医生的看法：协助自杀与自愿安乐死》，原载《新英格兰医学杂志》，第334卷（1996年2月1日），第303—309页；梅琳达·李（Melinda Lee）、黑地·尼尔森（Heidi Nelson）、弗吉尼亚·蒂尔登（Virginia Tilden）等：《俄勒冈医生态度：合法的协助自杀》，原载《新英格兰医学杂志》，第334卷（1996年2月1日），第310—315页。

　　③ 如需进一步了解苦修者圣西蒙（St. Symeon the Stylite）的生活，可参见《圣徒生活文集》（The Great Collection of the Lives of the Saints），托马斯·马瑞塔（Thomas Marretta）译（春屋，密苏里州，克里索斯托姆出版社1994年版），第1卷，第20—42页。

　　④ 沃尔特·珀西（Walter Percy）对当代的苦修者灵修中颇具诱惑的遨游腾飞体验提供了一个探索性解释，《萨纳托斯征象》中的神性追求的解释含有些许蔑视性理解。参阅法拉尔、斯特劳斯、基洛克斯《萨纳托斯征象》（The Thanatos Syndrome），纽约1987年版。（本书中的The Thanatos是指希腊神话中的死神。——译者注）

日常生活产生过深刻影响力的基督教现在已被人们遗忘殆尽。① 那个时期人们的日常生活都蕴含着深笃的神圣性。由所有这些因素的综合作用导致了基督教改革的需要。罗马天主教道德神学家爱德华·施恩贝克（Edward Schillebeeckx）认为传统基督教毫无用处，② 他看到了道义与精神之间的巨大鸿沟。他追求传统基督教社会中的强势文化，对于后传统时代来说，这一传统毋宁说是误导。

传统文化精神的流逝，社会从超越走向混乱，传统信仰在当代全球化的世俗文化中分崩离析，基督教信徒从生活经验出发，并不认为这些现象显示了基督教在丧失其权威性。而事实恰恰相反，精神和道义期待所发生的这种变化，正揭示了在传统信仰之外不可能产生出基督教。这将传统基督教置于后传统时代的基督教的对立面了。传统基督教认为，它的生命伦理与世俗社会的强势道德有冲突，也会与后传统基督教有抵触。对于那些热衷于基督教改革的志士来说，正是传统基督教及其生命伦理学的坚持使得后传统基督教感到困惑。

根植于第一个千禧年的基督教生命伦理学，将会明晰各种旨在与上帝协和相处的纷呈各异的生活方式。无论多么细微的生活琐屑，所有决定都和这个目的相关联。结果是，在这样的传统基督教理想下产生的基督教生命伦理学很难接纳那些非传统基督教信仰者。

而其他宗教的道德理念则可以在道德神学的领域给生命伦理学提供学术性论证。与利益的概念里存在着最主要的领域一样，传统道德神学和生命伦理学也是人类整个救赎追求中的最主要的一个领域。由于当代生活中的道德所关心的是当下问题，因此传统的基督教生命伦理学揭示了与世俗社会的和谐并不能解决他们所关切的事端。在第一个千禧年基督教理念上育成的道德神学和基督教生命伦理学，将会成为以超越性为导向的各种色彩纷呈的生活世界中的一员。至于仅仅用于限定人们行为

---

① 皮特·伯杰（Peter L. Berger）：《宗教信仰者的社会生活》（*The Social Reality of Religion*），伦敦：企鹅出版社1969年版。

② 爱德华·施恩贝克（Edward Schillebeeckx）：《基督徒世俗生活里的凡界对上帝的默想和诉说》，见阿尔波尔特·斯克里策尔：《基督徒世俗生活》（*Christian Secularity*），印第安纳州，圣母院：圣母大学出版社1969年版，主要参见第156页。

选择的道德标准可以从传统基督教以外的方面获得。

世俗生命伦理学与之正好相反，人类的本性框定了它的内容。从追寻自我满足到自主的生活方式，到对社会正义的追求，这些价值关切无须依赖对超越上帝的确认，也不关涉耶稣基督复活的什么事。这些价值关切原初就存在其合理解决的途径。的确，我们这些生活在后现代的人既没有基督教的热情，也没有共产主义的激情，这两方面的强烈情感都已衰落了。生活在后基督教的、后社会主义时代的我们，没有什么形而上学急迫感。我们的关切只局限于可感知到的领域。在这种情况下，在新兴的世俗自由国际都市文化的背景下，20世纪的基督教世俗化改革，主要基督教宗派的分分合合，都给寻求基督教统一的泛基督教主义者以机遇。

更有利其生长的环境是，他们并不完全相信某一宗派的生命伦理观念。[①] 随着基督教的影响力逐渐减弱，各基督教宗派的信徒也在日趋减少，因此这些少数派们也越来越倾向于认为自己是与他人格格不入而陷入孤立。同时，各基督教宗派在与当代世俗力量对抗以维护基督教原教旨主义的过程中，又常发生相互对立的境况。这一现象，新教表现得尤为突出，他们已经分裂成保守派和自由派两个宗派，同时也产生了两个宗派的生命伦理学。各个自由派基督教团体已在寻求宗教间的沟通，因为保守派前辈们被分离出去，就是由于脱离普通信众而走向更加保守的传统基督教。基督徒有保守派和自由派两个派系之分，他们各自为政，而且他们常常发现，派系相同而宗教教宗不同的信徒的共同点，比相同宗教教宗而派系不同的信徒还要多。如大主教马塞尔·勒菲弗尔（Mar-

---

① 20世纪和21世纪初，泛基督教主义思潮起源的确很复杂，而且他们的目标不同（例如，大家就应该获得何种统一，并未达成一致），部分原因是，大家已对教派间的分歧感到厌倦。不仅圣公会教徒、卫理公会教徒，以及长老会教徒都已经忘却了他们当初发生教派分裂的原因，即使罗马天主教徒，往往也难以清楚他们何以离新教如此遥远，更毋庸说那些连主教都没有的教派了。当教义上的差异不再引起情绪反应，一般的宗教运动也就更无何说服力了。此外，有一种观点认为，基督教的多样性令人蒙羞，基督教应该普遍统一。的确，每一个虔诚的基督徒都会认为，不同宗派之间的差异只有回归到真正的信仰才可得以弥合。困难的是，要在宗教统一上获得一致同意，那必须先确定应该放弃哪些，又应该皈依于什么样的统一信念。当大家不再纠结于曾经导致彼此分离的分歧时，也不为彼此存在的分歧感到不安，那么宗教的统一就多了一份推动力量。

cel Lefebvre）和圣庇护十世学会（the Society of St. Pius X.）①的信徒所指出，新教和罗马天主教都存在着这样的问题。世俗主义者作出的反应是，将"原教旨主义"重塑，使之遭受宗教和政治的双重胁迫：世俗社会中的原教旨主义，就是让宗教的承诺从根本上置身于强势的、全球的、世俗的和谐伦理之外。

　　本书及其生命伦理学正是对抗这种精神责难的原教旨主义著作。它直指在第一个千禧年初期基督教的创立过程，即基督教的起源。这种背离的观点不同于在信仰上以理智凌驾于圣经的西方基督教②假如理智是神学的中心，人们就会按照世俗道德理性的想象和偏好去十分理性地重构任何基督教生命伦理学的内容。在净化那些看似非理性的道德体系时，一种更为世俗的、更易于被人接受的基督教生命伦理学应运而生，而传统的生命伦理学内容被消解殆尽。由于缺乏广延的理性证明，以后宗教体验为基础的论断将遭到排斥；如果圣经是神学的核心，它的权威性须要将通过对其进行文本批评和社会历史价值的重估而被解构，使之符合我们时代的冥想。然而，传统基督徒的生命伦理学建立在完整的真实的对上帝的体验上，这种基督教以其超过两千年的统一表明了其深厚的史实性。如果某人坚称它显示的真理独立于其诉求、渴盼以及特定时间与空间上的势力，那他就是个极端的反历史决定论者，并申明其拥有"从前一次交付圣徒的真道"（犹大书1：3）。

---

　　① 如要进一步了解传统罗马天主教对宗教礼拜改革所作出的反应，可参阅以下三部著作的研究结果：米盖尔·戴维的《圣礼仪式的革命》（*Liturgical Revolution by Michael Davies*），见格兰梅尔的《上帝引导》（*Cranmer's Godly Order*），（科罗拉多州，柯林斯堡：罗马天主教书社 1995 年版；《坡伯·约翰的会议》（*Pope John's Council*），堪萨斯市，密苏里州：安格鲁斯出版社 1992 年版；《坡伯·保罗的新弥撒》（*Pope Paul's New Mass*），得克萨斯州，迪肯森：安格鲁斯出版社 1980 年版。例如，传统的罗马天主教教皇会给出旨意，虔诚的教徒应遵循英国国教的祈祷书（Orthodox Liturgies）来做礼拜，而不是像 20 世纪 70 年代之后的信徒那样按照天主教的教会历书（Novus Ordo）来做礼拜。此参阅拉德考·詹斯基的《天主教圣传词典》（*Catholic Traditionalist Directory*），密苏里州，圣路易斯：SFIU - MvC, 1989 年版。为了对传统与后传统罗马天主教之间两极分化的趋势引起重视，编写礼拜书规则的作者谴责当代罗马天主教的礼拜仪式，以及对众多的天主教会历书（Novus Ordo）的信众（成立于 1970 年）。"当地大多数的天主教会历书信众（N.O.M.），以及他们的礼拜活动，都是愚蠢的、亵渎上帝的、该受天谴的，至少他们的礼拜仪式中含有异教的性质。他们歪曲耶稣的话，因此应该尽量避免参加那些贬损嘲弄圣神和侮辱上帝等任何活动。"

　　② sola scriptura, if not nuda scripura, 原文为罗马尼亚文，意为"独崇圣经，而不是伪经"。——译者注

本书中，奠定生命伦理学基础的基督教是一种很少被西方人遭遇、更不用说经历过的基督教。它的神学首先不是一种旨在提升其悟性的学术，它是一种通过苦行和对统一各地神学家逾两千年的上帝的体验而获得成功的知识体系。它深谙真正的理解不是散漫或者学究的理性所能达到的，而是通过转变智者观念并获得上帝的启示而实现的。尽管存在多种多样的基督教及其生命伦理学，我们这种神学不仅应该当作基督教生命伦理学的基础，而且还必须把它本身作为一种独特的、原创的和不能改变的；我们肩负的这份责任通过这种表达方式被真实地赋予了，正如它内容的真实性一样。不同于学究们自卫的论断，这种基督教存在于对真理的把握之中，毫不为其政治上的可能失误而悔悟，它将以全能上帝的权威而不是俗世权威教导世人。

关于悔悟，我以前的一部著作——《生命伦理学基础》（第二版）——的读者可能会想起我曾写道："毕竟，我在得克萨斯东正教里得到再生，通过历经选择和归信，在圣光的沐浴下，在对数罪的悔悟后终于皈依。"① 尽管在第二版中肯定仍然存在诸多为之悔悟的地方，我还是希望至少能把关键之处阐释得更加清晰：《生命伦理学基础》并不颂扬世俗道德的零星碎片，② 虽然它把那些没有共同道德愿景③的道德异乡人约束了起来。由此我曾注明"假如某人想得到比世俗理智能揭示的还多——他也应该想要更多——他就应该入教并且保持审慎以选择

---

① 恩格尔哈特：《生命伦理学基础》（第二版），纽约：牛津大学出版社1966年版，第 xi 页。

② 恩格尔哈特在其著作《生命伦理学和世俗人文主义》（*Philadelphia*：*Trinity Press International*, 1991）"寻求共同道德"中谈论了世俗道德及其文化现象、生物伦理学和世俗的人文主义。

③ 道德异乡人这一术语所确认的是，在缺乏共同的道德前提或者对道德生活的共同理解前提下，并且不存在既不能通过充分的理性争辩，也不能通过求助于与道德权威的联结来解决重大的道德争论这一可能性的情况下，不同的个人之间的相遇。当这些个人既不能共享道德前提也不能共享道德权威的时候，他们仍然能够在有限的领域内就如何做出共同行为而达成一致，即使他们不能明白他们是应该如何合作的。而道德朋友就是指这样一些人，他们能够持有同一种道德观念，以便能够解决他们之间的道德争论，或者通过充分的理性争辩，或者求助于一种大众的公认的道德权威。在我们这个破碎的世界，道德异乡人通常会成为挚友，即使不能成为配偶。参见恩格尔哈特《生命伦理学基础》（第二版），纽约：牛津大学出版社1966年版，特别是第6—7页。

正确的信仰"。① 甚至在第一版，我就强调"一些人可能希望把此卷当作对世俗多元论者的伦理辩护。那将是一种误解"。② 当我指出散见的世俗道德规范能够约束听不见上帝话语的道德异乡人时，两个版本都强调指出，应当有而且事实上也确实存在道德朋友的深厚道德修习，本书就是说明那些道德规范应该是什么。

为了至少避免开篇就引起混淆，本书的东正教是指把安提阿大主教（Antioch）、雅典和希腊大主教、莫斯科主教、乔治亚州主教、亚历山大和全非洲教皇和华盛顿主教（不包括达拉斯和南部的一些主教）一起团结在真正的神和信仰下的基督教。③ 一些人可能会认为这种信仰在众多伦理派别中，如捷克正教、日本正教、波兰正教和塞尔维亚正教教会，显得孤立。在西方，一些宗教团体的移民特征往往会使教理变得晦涩难解。然而，甚至在美国也有一个正教教会，在这个国家，安提阿正教教会的一位神职人员成功地融合了各种族的成员，他们主要都是以皈依者的身份步入圣坛。④ 正是这个教会让我意识到我是个罪人，我需要

---

① 道德异乡人这一术语所确认的是，在缺乏共同的道德前提或者对道德生活的共同理解前提下，并且在不存在既不能通过充分的理性争辩，也不能通过求助于与道德权威的联结来解决重大的道德争论这一可能性的情况下，不同的个人之间的相遇。当这些个人既不能共享道德前提也不能共享道德权威的时候，他们仍然能够在有限的领域内就如何做出共同行为而达成一致，即使他们不能明白他们是应该如何合作的。而道德朋友就是指这样一些人，他们能够持有同一种道德观念，以便能够解决他们之间的道德争论，或者通过充分的理性争辩，或者求助于一种大众的公认的道德权威。在我们这个破碎的世界，道德异乡人通常会成为挚友，即使不能成为配偶。参见恩格尔哈特《生命伦理学基础》（第二版），纽约：牛津大学出版社 1966 年版，特别是第 xi 页。

② 恩格尔哈特：《生命伦理学基础》，纽约：牛津大学出版社 1986 年版，第 viii 页。

③ 本书中的东仪天主教（Orthodox Catholicism）教会教义是指东正教会的信仰部分，传统上，罗马教会的主教要接受新罗马即君士坦丁堡牧首的集中领导。

④ 在很大程度上，美国大都会菲利普（Metropolitan Philip）的安蒂奥克东正教教会修正了正统基督教的基督实存的事实，以将所有人引向真正的崇拜和信仰，并且在新罗马遭遇伊斯兰教徒和莫斯科的布尔什维克夹击而衰落之后，艰难地履行这项职责（比如，赢得殉道的褒奖）。在莫斯科衰落之前的美国，人们会忆及宾夕法尼亚州威尔克斯－巴里的圣·亚历克西斯（St. Alexis，1854—1909 年）写给罗马天主教徒的传道书。20 世纪后半叶，转折点在于大都会菲利普（Metropolitan Philip），美国安蒂奥克东正教大主教区的大主教将自身的使命理解为引领所有人走向正教。东正教福音传播并复兴的结果就是形成了接受数以千计的人改变了教宗，甚至包括整个社区的信徒。参见皮特·E. 伊奎斯特（Peter E. Gillquist）《成为东正教徒》（*Becoming Orthodox*）（加利福尼亚州，本洛蒙德：大公出版社 1992 年版），以及伊尔奎斯特（Gillquist）《大都会菲利普》（*Metropolitan Philip*）（纳什维尔：托马斯纳尔逊出版社 1991 年版）。这次东正教的福音传播复兴运动在全世界范围内改变了正教。

全身心地奉献给信仰：真正不可思议的信仰，它展现出一个闪烁圣光奇景的世界、一个与恶魔彻底斗争的世界。使徒们的信仰不需要某人用其头颅去挽救基督，不需要哪一位对当代西方的信仰有感知的教皇，它仅需要一位某个穷困的君士坦丁堡角落里的大主教来主持大主教和主教会议，把他们团结并融入到唯一信仰体验之中。这个根源于第一个世纪的信仰，为本书提供了视角。

本书对生命伦理学的探讨依据修道者和礼拜仪式的神学，它的灵感源自创造了《圣经》和指引了使徒们的上帝。本书赞美《圣经》的伟大与神圣，但也承认它们并不是基督教的本质。书中的神学与西方基督徒的宗教从根本上来说并不一致，尽管它们的宗教渊源处处彰显这种神学中的基督教的光影。毕竟，基督教是一种发源于东方而不是西欧的信仰。这意味着本书的读者将看到诸如叙利亚的以色列民族（Sts. Ephraim the Syrian，公元306—373年）和叙利亚的艾萨克（Isaac the Syrian，公元613—?）等人作为主要的智者在阐释基督教的规范性道德和与之相对应的生命伦理学。即使我们不考虑其他功用，本书至少会让非基督徒读者和后基督徒生命伦理学者发现通往生命伦理思想考量下之世界的一部指南，其实，那个世界早在信仰时代的第一个千禧年就被清晰地绘制出来，它塑造出的道德实践后来逐渐育成了西方的基督教。

读者无须花费很长时间就会得出这样一种结论：在本书中，"传统基督教"普遍地被用作东正教的代名词，① 这很容易理解。现在我想解释一下我为何使用这个词，最后选择"传统基督教"这个术语，是用来特指支持了最早的第七次基督教大会（the first seven Councils）上教会期望的基督教，更具体地说，特指地中海东部附近诸岛及沿岸诸国、希腊的基督教，西方的基督教甚至西方的哲学从中汲取了无数营养的基督教。按照这种理解，传统基督教就不再等同于东正教，而至少应当被理解为仅仅是众多基督宗教中的一种。传统基督教是理解2000年前推动了宗教发展的形而上学与知识论的历史关键，更重要的是，它是理解

---

① 东正教通常被界定为引导正确的信仰以正确地崇拜上帝的宗教。更为根本的是，它是引向众望所归之荣耀（glory）并且以关于上帝圣父的荣耀（glory）教义为导向，"父啊，现在求你使我同你享荣耀，就是未有世界以先我同你所有的荣耀"（约翰福音17：5）。

它们的哲学关键。"传统基督教"这个术语让来自不同宗教的读者进入并活在文本里、祷告里、道德理解里和基督教首个千年的精神关切中的宗教体验里。一些人可能把这些文本和习惯仅仅当作历史遗迹。其他人则可能把这种回到本源的召唤首先当作一份去学习和重新定位一种学术上设计出的神学（academically framed theology）的邀请。这份邀请将带您进入这样一个世界，那里你将毫无疑问地明白为什么圣·巴西拉（St. Basil the Great, 329—379）、圣约翰·克里索斯托姆（St. John Chrysostom, 334—407）、神学家圣·格里高利（St. Gregory the Theologian, 329—390）和新神学家圣·西蒙（St. Symeon the New Theologian, 949-1022）是我们永恒的、真挚的伙伴。

后传统基督教远离了第一个千禧年时基督教的观念。这种与七次普世会议时的基督教（the Christianity of the seven Ecumenical Councils）的分离已经为西方中世纪时广泛的理性大开其道，同时这种与第一个千禧年的断裂最终又培育了宗教改革运动中的个人主义以及文艺复兴运动中再现的异教文化气息。当启蒙运动对理性个体的自信被后现代性思潮冲击得支离破碎后，① 一种多神论的道德景象诞生了。由于后传统文化不再具有一个统一的、关于家庭结构、性、禁欲和死亡的道德上的规范，

---

① 启蒙运动在许多国家都有许多内容，同时也存在诸多共性。作为苏格兰哲学家的百科全书的作者，与伊曼纽尔·康德（Immanuel Kant）都在按照不同的方式寻找道德和政治生活的向导，并且都基于这样的理念，即这种向导将"确定无疑地被所有理性的人发现"。参见阿拉斯代尔·麦金太尔（Alasdair MacIntyre）著《谁之正义？谁之合理性？》（印第安纳州，圣母院：圣母大学出版社1988年版，第6页）。就像麦金太尔在书中所认为的那样，启蒙运动的中心指向在于：

"如果能为公共领域的争论提供合理辩护的标准和方法就能够判别正义或非正义、理性或非理性、开明或不开明，而且这种标准和方法也是生活的各个领域中多种行为选择所依赖的。因此，正如被期望的那样，理性将取代权威和传统。合理的辩护所要诉诸的是任何有理性的人所确定无疑的那些原则，因此所有社会和文化特征的独立性就被启蒙思想家们认为仅仅是特定时空下的偶然的理性外衣。"

启蒙运动反对"道德由宗教解释"，见 J. B. 斯尼温（J. B. Schneewind）《自主的发明》（*The Invention of Autonomy*，纽约：剑桥大学出版社1998年版）第7页；提倡"自我管理的道德"这一道德观最终将被"诉诸理性而不是任何权威的哲学"（同上）证明为合理的。启蒙运动的统一之处正是基于这种理性逻辑的统一，是一种居于由个体构成的整体中倾向于合理的自我管理的信仰，尽管无论就理性本身还是在自我管理的偏好上，这个整体中的个体参与者都持有相当不同的理解。

道德观点的多元性就注定要把自由选择和自由的价值作为根据。我们当代世界的后传统生命伦理学是在道德多元论的基础上，膜拜于努力寻求和重新定义这种多元论自由世界主义思潮中的一种伦理学。它是一种与诸多道德愿景和道德认知和平共处的道德观点，这些道德观点没有任何可能握持真理的绝对权力。自由世界主义特质，通过宣称自治、平等和自我实现的权利，培育了道德多元性；从而，宽容的世界主义风气表达主导地位，为20世纪70年代生命伦理学的异常繁荣注入了活力。

生命伦理学作为一个术语可能是在20世纪70年代由凡·伦塞勒·波特（Van Rensselaer Potter）提出来的，[①]但它的当代意义是在同一年由安德里亚·赫里格尔斯（André Hellegers）非常明智地考虑到时代的需要而命名。[②] 波特希望把生命伦理学看成是一种全球的生活方式。赫里格尔斯则把生命伦理学变成一门学科，它旨在发挥一种在即将到来的高科技时代世俗神学的作用。通过密集的课程，赫里格尔斯建立了最早的"神学院（seminaries）"之一，以培养出伦理学家或生命伦理学家，他们将担任已经转换身份的医疗保健机构所需的世俗牧师。埃德蒙·佩里格雷诺（Edmund Pellegrino）发现了别人没有发现的：在对人文学科普遍关怀时，指明生命伦理学的重要性。[③] 他比任何人都更赞赏把古罗马人文学科与文艺复兴的情感结合起来所做出的努力。一种新的世俗道德框架表现出与欧洲异教历史与多元文化的再现越来越紧密的关联。与充满活力的世俗生命伦理学的诞生不同，基督教生命伦理学始终未显

[①] 凡·伦塞勒·波特（Van Rensselaer Potter）：《生命伦理学：生存的科学》，载《生物学与医学展望》（1970年第14卷，第127—153页）；"生物控制论与生存"，引自《融合》（Zygon），第5期（1970年），第229—246页；与《生命伦理学：通往未来的桥梁》（Bioethics, Bridge to the Future，恩格里夫德，新泽西州：Prentice-hall 出版社1971年版）。波特在《全球生命伦理学》（东兰辛：密歇根州立大学出版社1988年版）中进一步发展了他的思想。关于生命伦理学发展的概况，参见艾伯特·约恩森（Albert Jonsen）的《生命伦理学的诞生》（The Bieth of Bioethics，纽约：牛津大学出版社1998年版）。

[②] 瓦伦·雷茨（Warren Reich）认为："'生命伦理学'词义为：它的诞生与赋义者之传承。"载《肯尼迪伦理学研究所杂志》（Kennedy Institute of Ethics Journal）1994年第4期，第319—336页。

[③] 参见佩里格雷诺（Pellegrino）《对人文主义在生命伦理学诞生作用的早期具有重要影响力的评论》。此文引自《人文主义与医生》（Humanism and the Physician），请参见《佩里格雷诺论文集》，诺克斯维尔：田纳西州立大学出版社1979年版。

繁荣。经历过一段短暂的兴盛，基督教生命伦理学极大程度上变得与世俗生命伦理学并无二致。正如读者现在应当明确的，眼下在基督教生命伦理学学科内进行巡览将重新对这一学科予以定位。就像波特的著作一样。本书指出了在某种特定的道德体验的基础上，尽管依赖于超越一切的上帝，我们亦能够把生命伦理学当作我们的一种生活方式。本书的目的是将基督教生命伦理学导引到基督教徒通过反思回归自我的第一个千禧年。

祁斯特拉姆·恩格尔哈特
2000 年 3 月 12 日，
于休斯敦，得克萨斯州新修道家圣西蒙节

关于本书使用圣经的说明

新约圣经经文以及脚注，源自东正教圣经新约一卷，福音书，和第二卷，使徒行传与使徒书信，以及启示录，由圣使徒修院翻译（布埃纳文图拉，科罗拉多州：圣使徒修院，1999年版）。我个人很欣赏圣使徒修院的这个版本。要说明的是旧约，我选择的是兰斯洛特爵士李·布伦顿（Sir Lancelot Charles Lee Brenton）翻译的文本（英国，伦敦：塞缪尔·巴格斯特尔有限公司，1851年版）。这是目前可提供的希腊文圣经七十子译本（The Septuagint with Apocripha），译者为布伦顿（皮博迪，马萨诸塞：亨德里克松出版公司，1997年版）。诗篇的经文是根据七十子译本的诗篇（The Psalter According to the Seventy），由主显圣容修院（波士顿，马萨诸塞：圣主显圣容修院，1987年版）。

缩略语

AK　伊曼纽尔·康德（Immanuel Kant）：《康德作品》（Kants Werke，柏林，普鲁士科学院，1902年版）。

ANF《前尼西亚教父》（Ante–Nicene Fathers），亚历山大·罗伯特（Alexander Roberts）与詹姆斯·多纳尔森（James Donaldson）编（皮博迪，马萨诸塞：亨德里克松出版公司，1994年版）。

LXX　七十子译本希腊文旧约（Septuagint）。

NPNF 1 尼西亚与后尼西亚教父（Nicene and Post–Nicene Fathers）第一系列，菲利普·斯卡夫（Philip Schaff）编（皮博迪，马萨诸塞：亨德里克松出版公司，1994年版）。

NPNF2 尼西亚与后尼西亚教父（Nicene and Post–Nicene Fathers）第二系列，菲利普·斯卡夫（Philip Schaff）与亨利·维西（Henry Wace）编（皮博迪，马萨诸塞：亨德里克松出版公司，1994年版）。

第一章

从基督教生命伦理学到世俗生命伦理学：全球化自由主义道德的建立

道德是否专属于某一宗教？

"基督教生命伦理学"是一个大难题。就这个十分特别的称谓来说，就值得探究。假设有一种伦理学存在于人类一般伦理学之外，那么，是否存在某种仅仅属于某些特定人群的伦理学呢？是否像《摩西五经》专属于犹太人一样，[①] 也存在某种专属于基督徒的伦理学？或者，这虽然是一种属于所有人的伦理学，但只能够被一部分人理解或完全理解？基督教生命伦理学是否能够或是否应该区别于世俗生命伦理

---

① 正如布罗迪（Baruch Brody）曾经清楚地表示了对流产行为的尊重，犹太人与非犹太教徒对这个问题的生命伦理义务观之间的差异是十分明显的（例如：对圣约诺亚（bnai Noah））。

圣约诺亚（bnai Noah）的流产一经发生，就成为严重的罪孽，（除了解经学的分析以外）没有被给予任何理由。尽管如此，禁止堕胎的律令保存了下来。允许堕胎到底意味着什么，在胎儿成形之前，还是为了拯救母亲的生命？这一问题随着托萨福学者（Tosafot）的解释而引起关注，他说（59a s. v. leka）：

我们早就知道，在大脑成形之前，人们可以肢解胚胎，并且一块块地把它取出来以拯救母亲的生命。但这种行为对希伯来之子诺亚家族（a ben Noah）来说是被禁止的，因为他们被命令绝不许可毁坏胚胎……但是即使在希伯来之子诺亚的家族它也有可能被允许。

布罗迪（Brody）："医学伦理学讨论中的哈拉卡（犹太教律法中补充圣经法部分，特别指构成塔木德经的律法部分）文献（Halakhic Material）"，《医学与哲学杂志》（Journal of Medicine and Philosophy）第 8 期（1983 年 8 月），第 327 页。

译者注：bnai Noah 意为圣约诺亚或诺亚的后代，希伯来语言中的"BENE Noach"，指以塔木德的思维方式对全人类进行教育语境下的称谓，适用于所有非犹太人。

学?① 如果可以，又应该如何区分？基督教生命伦理学是否应该与其他宗教的生命伦理学有所区别？世俗道德与普世基督教道德反省之间的差异究竟隐含着什么深意？更具根本性的问题是，基督教生命伦理学与世俗生命伦理学之间的区别对于我们理解伦理学来说究竟有什么意义？例如，认为基督教生命伦理学与世俗生命伦理学之间不存在实质上的对应性的观点，看起来仿佛仅仅是一种个别的和某一宗派的观点，而非普遍立场。那么，宣称只有基督徒才能够全面理解道德律的观点究竟意味着什么？至少，我们应该认识到，这种观念只是在制造分歧而非促进和谐。如果将道德事件置于传统的基督教文化语境，基督教生命伦理学将会用特殊的基督教式的叙事方式——诸如对罪与拯救、救赎以及我们对上帝的信从等神学语言来解释人类的生殖、病痛、卫生资源分配和死亡。

所有这一切在很多方面都给世俗心理带来了特别的困扰。在攻击基督教普世精神方面它具有令人厌恶的宗派特征。基督教叙事的个性特征——这一特征对很多人都具有吸引力——也因为这个原因而饱受袭扰。传统的基督教承诺，关注所有的道德关系、关注道德与自然罪恶之间的一切冲突，并都将在通过特定的基督教创世、堕落和拯救的历史观中被接受。虽然这一宣召丝毫没有回避任何人类生命别样的戏剧性，但它毕竟还是排斥了所有非基督教的理解方式，这些方式尽管有可能与基督教的理解方式很相似，但绝不相同。基督教道德权力的历史绵延而厚重，这使其开始对自身的生态霸权尤生反感。在基督教

---

① 世俗用语是暧昧的。世俗的、世俗化以及相关的概念被至少有7个主要的词汇群释义：世间的（在世的），不属于宗教命令，在保留牧师的同时放松宗教团体成员作为成员所特有的义务的过程，剥夺教会拥有的财产，对现有宗教的敌视，对特定哲学宗派的信仰，以及淡化宗教意义或者至少对其保持中立。参见 H. T. 恩格尔哈特（Engelhardt, Jr.）《生命伦理学和世俗人文主义：对普遍道德的研究》（*Bioethics and Secular Humanism*：*The Search for a Common Morality*，费城：三一国际出版公司1991年版），第22—31页。在这些方面，世俗性被用来考量——除非被专门注明——那些对宗教保持中立的道德框架，包括特定的准宗教文化的观点。一种观点是世俗性的，意味着它不属于某种宗教或者特定世界观的道德，而是属于全人类的。世俗性在这个意义上倡导的是一种启蒙希望，至少是一种调整过的理想，即以一种观念对那种被野蛮的宗教信仰包围着的人给予启蒙。

第一章　从基督教生命伦理学到世俗生命伦理学：全球化自由主义道德的建立　　3

叙事中产生的生命伦理学，没有留下任何无法解决的问题，甚至也包括这种存在主义的呐喊："为什么这会发生在我身上？"即便如此，哲学家对其关注度依然持续增强。基督教生命伦理学如果是专属于特定宗教的，又如何能成为一种伦理学？并且，生命伦理学怎么会是专属于基督教的，除非它至少在某些方面有别于世俗生命伦理学，又或者它存在某种具有宗派主义特征的观点。如果基督教伦理学的观点与一般世俗伦理学一致，我们就会发现在世俗维度上人们到底需要什么。

　　对基督教生命伦理学在 21 世纪初期的探索，有可能被看作是一种对时代错误或是已经过去的事件的抚慰。首先，经过了文艺复兴和法国大革命，曾经的西方基督教世界已经进入了后基督时代。尽管在某些国家仍然存在特定的基督教文化传统——例如德国，但是，宗教对公共政治的权威和力量在法律和公共政治的框架之中已经日益边缘化了。西方的基督教世界已经变得世俗。更严重地说，基督教已经不存在了。已经没有一个社会，能够像佛朗哥（Francisco Franco）时期的西班牙和萨拉扎（António de Oliveira Salazar）时期的葡萄牙那样，坦然自若地承认自己是一个基督教的世界。① 基督教共同体的组织结构已经被引导成为一个巨大的世俗团队。正如健康政策已经不再有清晰的宗教定位，在这种态势之下，基督教生命伦理学可能仅仅具有历史上的重要性而已，而它之所以会在今天引起大家的兴趣，仅仅在于它曾经作为一种苦心经营出

---

① 佛朗哥（Franco）的西班牙和萨拉扎（Salazar）的葡萄牙，两者都以其与梵蒂冈的协议来指导自己的宗教生活，但是，就如同 20 世纪沙特阿拉伯的穆斯林从来不是基督徒一样。不过，罗马天主教有两个特殊的地域。例如，以下对萨拉扎的葡萄牙的研究，赞赏了他的天主教主义。见米盖尔·德里克（Michael Derrick）《萨拉扎的葡萄牙》(*The Portugal of Salazar*，纽约，麦瓶草书系 1939 年版）。以 20 世纪初罗马天主教视角理解何为正常的教会国家关系，掌握这一考察方法必须考虑以下几点：

本质上属于教会和国家联合体的组织应具有如下规定：国家应正式承认天主教为国教，因此在某些重要的公共仪式中应邀请教会的参与，举行祝福和宗教仪式，等等，国家官员和代表应出席教会的某些比较重要的节日庆祝活动；应该承认和批准教会的法律，并应维护教会的权利和信仰，以及教会成员的其他权利等。

见约翰·A. 赖安（John A. Ryan）、弗兰西·J. 伯兰德（Francis J. Boland）《天主教政治原则》(*Catholic Principles of Politics*，纽约：麦克米兰公司 1940 年版），第 316 页。

来的道德预设统领着西方的法律，并且目前还作为其根源而潜隐存续。基督教生命伦理学很可能还被看作是世俗卫生政策的一个令人头疼的障碍。基督教生命伦理学只有在以下两个方面还具有价值：一方面，它给我们提供了一种特定的观察视角，来审视当代卫生保健领域存在的争论——人工流产、由第三方供精/卵的异源人工辅助生殖、医助自杀、安乐死等问题。作为一种历史环境因素和当代西方残余的基督教文化影响力结构的前提预设，它已经通过欧美的文化、政治和经济强势传播到了全世界。另一方面，基督教结构的积极方面始终对当代卫生保健政策构成了一种挑战，当然，我们最好不要把这种挑战理解为贡献。这一卷书，通过探究基督教生命伦理学的基础，在这两个方面都进行了一些探讨：探讨了卫生保健政策中产生竞争和出现冲突的基督教文化根源；研究了基督教生命伦理学与世俗生命伦理学和卫生保健政策之间发生冲突的原因。而本章通过追究一个更具基础性的论题，即基督教生命伦理学何以可能，以求得上述两个问题的解决。

因为西方的哲学和伦理学已经渐渐被理解为世俗的和理性的，基督教生命伦理学之可能性必然需要通过对世俗生命伦理学之可能性的探究来加以确证：人们必须看到这两者之间是如何又是在何处发生分离的。通过确认世俗生命伦理学在何处成功，人们就能够确定基督教生命伦理学是否、何时以及在某种意义上成为世俗生命伦理学的补充，抑或恰恰相反。本书的探讨将会证明，世俗生命伦理学看来是企图通过基督教生命伦理学方能弥补自身所遭遇的难题。基督教生命伦理学因为具有以下几个方面的特征而面临着困难：（1）多样性，因为并不存在一种单一基督教而是存在很多不同的基督宗教，所以也就存在着很多种基督教生命伦理学；（2）特殊性，因为基督教生命伦理学与基督教一样，并非对所有人都开放，而是仅仅针对那些接受其前提、信奉并且怀有对它的信仰同时被其魅力所改变的人们。相反，世俗生命伦理学承诺，它会通过提供一种对所有人来说都可以接受的并更加适应世俗社会的普遍性道德观来克服基督教生命伦理学的困难。

如果基督教生命伦理学要重新论证自身的可能性，必须承诺自身能够克服世俗生命伦理学的挫折，在很多方面，这些挫折是基督教生命伦

第一章　从基督教生命伦理学到世俗生命伦理学：全球化自由主义道德的建立

理学产生困境的镜像：世俗生命伦理学是多元化的。① 原因很简单：当世俗生命伦理学确定内容之后，这个内容也总是特别的，它不可能创建一套像基督教教规一样的特定规范而无须苦苦追求以下的问题——何种价值序列或做出正确决断的条件可以是规范化的。（后面很快就会详细探讨这一难题）目前我们已经明确的是，这一难题并不仅仅是指在具体道德事件中的不确定性，而是指在不同道德义务体系之间存在的根本性分歧，特别是在其对生命伦理学的理解方面。人们因此面临着世俗生命伦理学关于各种可能性，即关于应该确认哪种生命伦理学以及遵循哪一种指导是不可信的意见（例如：诸如当有人追问是否应该进行人工流产或者是否可以寻求医助自杀这样的难题时，所有的问题都推给了提问者自己）。发生这种情况的原因是：在给予了一大堆皆具有可能前提预设，以及各种不同的关于依据和推论的规则之后，没有一种合乎理性的原则和方法可以使所有的人都能借此在争议的意见中作出抉择。任何对某一选择的论证企图都陷入了循环论证或者无限回溯的境遇。例如：如果任何人想要给自由、平等、繁荣和安定做一个排序，他将面对具有实质性不同的道德理解。确证某一价值秩序高于其他，需要一种有关恰适的价值序列的特定认知方式。但是，究竟哪一种价值序列是可以确证的？为了明确这一点，人们又需要一个更高层次的价值视角——这样的追逐所求是永无止境的。没有办法在此类不同等级和价值序列中间做出没有争议的选择。一种充满道德内容的世俗生命伦理学仅仅是众多伦

---

①　如何证明一门内容整全性世俗伦理学（content-full secular ethics），特别是一门内容整全性世俗生命伦理学（content-full secural bioethics）的问题，在恩格尔哈特（H. T. Engelhardt, Jr.）的《生命伦理学基础》一书中已经进行了详尽的探讨。因此本章中仅对此问题进行一个简单的回顾。参阅 H. T. 恩格尔哈特《生命伦理学基础》（第二版），纽约：牛津大学出版社 1996 年版。

译者注：内容整全伦理（content-full ethics）或内容整全道德（content-full moral），是经过充分讨论与论证，查阅相关翻译文献，采用"整全"为中心的意义对译；曾与恩格尔哈特教授交流，其意对中文读者来说，为最恰适的词汇，最后译为"整全伦理"或"整全道德"，旨在于以此译词，作为生命伦理学或汉语伦理学经典词语。实际上，就"整全"来说，英语语境下，"integrity"或"wholeness"、"full"等，都具有此意，如孙尚扬先生即把"integrity of life"译为"生命的整全性"（见《追寻生命的整全》，华东师范大学出版社 2011 年版），关键是，作者的内在意旨，是最重要的译解依据。

学选项之一，因此世俗伦理学也获得了我们通常用来形容宗教生命伦理学的那种多样性和复杂性等特征。借用阿拉斯太尔·麦金太尔的话说，人们必须质疑：何种道德，谁之生命伦理学？① 通过个人作出选择的行动，这种行动将使其获得具有本质区别的道德指导和建议。

在这样一种环境中，世俗生命伦理学仍然可以维持，但唯有当其权威性根植于从个人允诺中产生缺乏程序的内容（content－less procedures）时，才有可能建立一种可以使道德异乡人之间进行合作的道德权威。② 现在我们面临着一个两难窘境，如果人们通过世俗伦理学确定了一种道德普遍性，其中所有的人都以放弃他们的道德歧义进行合作，他们就必须抛弃具体道德内容。但如果一种道德具有具体特定内容，它就将丧失普遍性，如此，并非所有的人都会同意合作。一方面，世俗生命伦理学能够通过基于一种放弃特定道德内容的协作程序成功地实现普遍性。可是，如果世俗生命伦理学回避内容，它也就舍弃了对善、正当、责任、美德、品质以及好的生活等完整而又全面理解的必要性。另一方面，特定的、内容充实的，对善、正当、责任、美德、品质以及好的生活的世俗观念，无法在一般的世俗合理性中找到自己的辩护理由。③ 或更确切地说，一个人必须在许多相互竞争的道德理性之中做出择一选择，允许个人去选择他想要的道德律，以论证他想要采取的行动的正当性。一种最好的方法是，一种世俗生命伦理学——如罗蒂所

---

① 麦金太尔（Alasdair MacIntyre）：《谁之正义，何种合理性?》（*Whose Justice, Which Rationality*），印第安纳州，圣母院：圣母大学出版社 1988 年版。

② "道德异乡人"和"道德上的陌路"这两个术语并不是用来表示那些无法被理解的道德行为。正如已经说过的，这些词汇是用来表述那种使人们在其中无法彼此分享的境域。(1) 共同的道德前提、证据规则和推理规则，这可以使他们的道德争议通过健全的理性获得解决，或者 (2) 关于如果大家拥有道德的共同权威性理解，这就能使他们的道德争议通过最终裁决或程序得到解决。

③ "内容整全"（content－full）一词是用来表示一个为特定的道德价值观、善或原则提供详细的标准化规范序列的道德或评价范畴。这样的排名是一个可厚可薄的包罗万象的价值观和道德原则的序列。关于价值序列说明的简明版本，可以参照罗尔斯在《正义论》中提供的那个说法。参阅约翰·罗尔斯（John Rawls）《正义论》，马萨诸塞州，剑桥：哈佛大学出版社 1971 年版，第 395 页。

第一章 从基督教生命伦理学到世俗生命伦理学：全球化自由主义道德的建立

说——可以通过历史和地域的偶然性，论证其自身的根源。① 但这些偶然性因素缺乏宗教教规式规范标准的力量。此外，在我们日益全球化的文化环境中，给特定善的观念赋予内容的种族、历史和地域等方面的偶然因素，越来越不能产生动机驱力。全球化的自由主义话语已经盘踞了舞台中心。② 这种论述使道德进化论者逐步抛弃了任何不具有普遍合理性条件的道德内容。任何一种具体的道德律要求，已经被仅仅看作是历史中个别的偶然后果。具体道德内容不再拥有深层渊源和传统说服力。

在生命伦理学语境里，宗教生命伦理学处于对超验上帝的承认或体验以及我们对上帝的义务之中，这就给一种具有深厚渊源、内容充溢的道德提供了可能性。本章探讨了基督教伦理学提供这样一个根源之可能。这种可能性伴随着 20 世纪后半叶基督教生命伦理学的形成而凸显。本章特别关注罗马天主教的反应，不仅是关注它在 20 世纪的突出表现，而且还通过丰富的文献回溯到它在 16 世纪的极盛时期。③ 虽然生命伦理学这一术语晚近才出现（即 20 世纪 70 年代初），我们依然要将所有这一切探讨都置于生命伦理学醒目的标题之下。从许多方面来说，在 20 世纪 70 年代之前使用这个词是不合时宜的，因为生命伦理学现象的出现，在许多方面都与医学伦理学的非专业化及其概念化重构，并作为

---

① 对罗蒂（Rorty）来说，西方当代道德视角，根植于我们自身历史的偶然性所赋予的情感。罗蒂还认为，存在着一种自由主义民主的承诺："'我们 20 世纪的自由主义者'或'我们继承的是创造了越来越多的国际化和越来越多的民主政治体制的历史偶然性'。"理查德·罗蒂（Richard Rorty）：《偶然，反讽与团结》(Contingency, Irony, and Solidarity)，剑桥：剑桥大学出版社 1989 年版，第 196 页。

② 20 世纪证明了"现代性的国际化语言的"（第 384 页）卓越性，语言的家园是"无根的世界主义，这是那些渴望返乡者的境域，他们的家园可以是任何地方——当然，不包括他们认为是后退的、过时的、落后的传统文化"（第 388 页）。对这些"无家可归的公民"来说，理解来自历史和地域的道德合理性条件是有困难的。参见麦金太尔《谁之正义？何种合理性？》。

③ 16、17 世纪目睹了对作为道德神学一部分的医药学的浓厚兴趣，诸如弗兰西斯科·德·维多利亚（Francisco de Vitoria, 1480—1546）、多米尼克·索托（Dominic Soto, 1494—1560）、格里高利·塞洛斯（Gregory Sayrus, 1602）、多明戈·巴内茨（Domingo Baez, 1528—1604）、托马斯·桑切斯（Thomas Sanchez, 1550—1610）、弗朗西斯科·苏瓦雷斯（Francisco Suarez, 1548—1617）、保尔·莱曼（Paul Laymann, 1574—1635），以及约翰·鲁格红衣主教（John Cardinal de Lugo, 1583—1660）。

一门世俗的哲学学科从医疗保健行业中独立出来密切相关。[①]生命伦理学被用来处理一系列关于卫生保健和生物医学资源的道德问题，而这些道德问题已经超出了医疗卫生专业的内部关系范畴。

  基督教生命伦理学在60年代和70年代的短暂繁荣，是由于探索如何对抗西欧和北美社会世俗化背景思潮而出现的，这种混乱局面因梵蒂冈第二次大公会议而产生，并产生了道德哲学意义上的坚定信念，认为基督教生命伦理学的实质内容可以在世俗道德预设的范围内获得理解。正如本章所表明的，世俗生命伦理学显示出一种启蒙运动的希望，即揭示出一种可以超越基督教及其道德多样性世俗道德的可能。[②]尽管发生泼

---

  ① 正如在序言中指出的，"生命伦理学"一词很可能由凡·伦塞勒·波特（van Rensselaer Potter）在1971年创造，然后在同年被安德烈·赫里格斯（André Hellegers）彻底改写，以此命名一个新的、正在发展中的、从医疗卫生行业中独立出来的生物医学伦理学术领域，生命伦理学产生于并进一步推动了医学的非专业化。

  ② 启蒙（Enlightenment）的概念究竟是西方的一个历史阶段还是一个西方文化运动并非没有争议。毕竟，这是发生于不同国家的、复杂的运动而被赋予的专有名词，它不仅涉及哲学家，还包括文化批评家、散文作家和剧作家。在德国它以"启发"（Aufklärung）的术语出现，在法国通常被命名为"阐明"（siècle des lumières）。没有任何具有国际性的通用术语或有任何组织运动。细想一下，它可以作为一个明显的上升和扩延的、世俗化的、散漫的对西方基督教进行理性批判的时期，特别是其在指导道德发展和指导推崇"迷信活动"中所起到的作用。关于启蒙运动作为历史现象的价值与影响，在一些哲学家的讨论中，有很多互为冲突的意见。就此，彼得·盖伊曾经给予了有力的辩护：

  在18世纪有很多哲学家，但只有一次启蒙运动。这是一个松散的、非正式的、由一些毫无组织的文化批评家、宗教怀疑论者和政治改革家组成的联盟运动，覆盖了从那不勒斯、巴黎、柏林、波士顿直到费城的广大领域。启蒙主义者的联盟建立在一个野心勃勃的关于世俗化、人文主义和世界主义的宏大工程之上，首先，自由具有很多形式——不受强制权力摆布的自由，言论自由，贸易自由，发挥自身才能的自由，审美的自由等等，总之，是道德的人以其自己的方式生活在世界上的自由。

  参见彼得·盖伊（Peter Gay）《启蒙运动：一场表演》（The Enlightenment: An Interpretation, 纽约，诺顿出版社1995年版），第3页。

  启蒙运动将人类的精神之父放在一边，以便把那些遵循狄德罗（Denis Diderot, 1713—1784）道路的哲学家树立为人类新的导师。尽管很多人希望通过哲学探索的烛光继续坚持基督教改革，哪怕是使改革在批判中进行。这场启蒙运动以其各种形式、并在各个领域中，都坚定地反对迷信和蒙昧，阐扬科学和批判精神。哲学家和启蒙知识分子，在某种程度上都似若苏格拉底，苏格拉底与智者和医生们曾共同推动了雅典的世俗化运动，智者坚持所有的事物都应经过严格的批判和审查。

第一章 从基督教生命伦理学到世俗生命伦理学:全球化自由主义道德的建立

例如,同康德一样,苏格拉底试图将精神从神引导至人,从形而上学导向道德。色诺芬在《苏格拉底追思录》中说:"首先,他会询问,为何这些思想家会假设,对人类事务的认识竟然如此完整,以至于他们必须开拓适应其大脑活动的新领域,或者他们的责任就是忽视人的事务而只考虑神的事情?"见色诺芬《大事记》,转自埃·卡·迈克汉特(E. C. Marchant)《色诺芬》(*Xenophn*,马萨诸塞州,剑桥:哈佛大学出版社1997年版)第一部,第 i 卷第 12 章,第 9 页。这一道德议程在伊曼努尔·康德(Immanul Kant,1724—1804)对启蒙的评价中得到了很好的解释,他认为启蒙运动就是鼓励人敢于用自己的理性而不必理会别人的指使。又见康德《回答这个问题——什么是启蒙运动》,1784 年版。康德认为,阻碍一个人使用自己的批判能力的力量首先是宗教,其次是政治。对康德来说,启蒙时代的特点是道德解放、思想自由、自治、宽容、进步和世界性公民社会的显现。对康德来说启蒙运动带来了一场新的宗教改革,将宗教摆放在法官和统治者进行世俗道德审查的理性面前。一个(被启蒙的)开明的基督徒不应该受超越合理的世俗思想话语的见解的控制,也不必遵循所谓富有远见之长者或拥有特别恩典的那些人的引导。

斯尼温德(Schneewind)强调所有这些都并未包含于启蒙运动的那个"道德完全世俗化"的十字军运动之中。启蒙运动没有在大体上寻求一种世俗伦理,很多这种世俗伦理的参与者认为:(1)上帝存在,以及(2)关于上帝的观念是道德的本质。斯尼温德否认,这些启蒙思想是在用他们自己的方式来吁求宗教,而非遵循传统基督教自己的话语。

他们说,所追寻的道德来自传统基督教的世俗化道德视角,他们希望,建立的社会即使达到最好状况,也不过是一个虽然依旧承认上帝但已经失去了基督教特质的粗鄙社会。鉴于这些限定,斯尼温正确地指出,启蒙运动并不涉及放弃宗教或拒绝上帝观念这一重要问题。

被我称之为"自主"的道德概念,经常被认为受到了启蒙思想家们创建世俗社会之努力的影响。他们的行为是假设存在某种"启蒙工程",它显示出道德已经不再需要宗教,因为它已经拥有了它自己的完全理性的基础。现代道德观念已经被假定为这一努力的一部分。我在这一假设中发现了几个问题。

J. B. 斯尼温(J. B Schneewind):《自主的建立》(*The Invention of Autonomy*,纽约,剑桥大学出版社 1998 年版),第 8 页。

在某种程度上斯尼温德补上了一点,即我们需要改革有关上帝的观念,以便找到一个可以接受的道德和社会。

事实上,如果我是被迫确定诸如"道德启蒙工程"这样的东西,我应该说,这是为了既限制上帝对世俗生活的控制,同时又保持他同道德之间的必要联系。当然,这项工作所采取何种形式,取决于我们关于上帝与道德之关系的设想。

(同上)

一项关于启蒙运动及其与西欧宗教理解之间关系的不同角度的考察,可以参考盖伊(Peter Gay)的话:"我看到哲学家们在两个目标上的反抗获得成功:他们依靠古典的异教信仰背叛了自己的基督教传统,但是还存在一种异教信仰,即现代的尽可能地从基督教教义的经典思想中解放出来。"参阅盖伊《启蒙运动:一场表演》(*The Enlightenment: An Interpretation*),前言,第 6 页。

洒鲜血的法国大革命和十月革命，这种启蒙运动的希望却被一直坚持，这导致了很多其他事件的出现，其中包括医学人文学复兴以及当代来自世俗生命伦理学强烈的期望。尽管无法证明世俗生命伦理学中内容充实的道德规范的正确性，但在一种对全球化统治权威的热捧中，一种全球化自由主义伦理学还是逐渐成形了。它设计制定出道德文本（moral context）框架，并且为一种居于优势地位的标准生命伦理学体系提供了道德内容。这种取代了基督教世界中原有的道德霸权的全球化自由主义伦理学，将会在第三章进行详尽的探讨。本章的结论建立在这样的前提下，判断基督教生命伦理学面对世俗伦理学挑战时如何保持其教规内容，同时避免对生命伦理学多样性论证的毁损。对世俗生命伦理学特征和有限性的这种评估，被看作是一种辅助手段和内容充实的道德律似是而非的来源，以帮助我们探索基督教生命伦理学究竟应该是什么以及它必须提供何种承诺。

第二章探究世俗生命伦理学的根源，是为了明晰世俗道德律在吸收基督教道德曾经给予的思想资源时遭遇挫折的原因：权利与善的协调，对道德律的辩护，以及道德行为的动机和道德生活的规范内容。由于这些不可或缺营养的缺如、权利与善的冲突，欲过一种有道德的生活的意向被非道德的理由击溃，道德生活的规范内容与晦昧不清的东西混杂在一起。世俗的道德指导因此表现为相互矛盾、不充分和专断，并且事实上毫无益处，除非人们能够一心一意地接受某一道德共同体的某种特定的道德律要求。同样的问题又一次出现，到底是应该选择哪一个道德共同体以及为什么我们要接受它。康德建立"类上帝"（as if God）和"灵魂不朽"的世俗信仰，以及黑格尔对道德内容之偶然特征的理性必要性的保护，还有索伦·克尔凯郭尔（Søren Kierkegaard，1813—1855）关于意志行为之信仰基础的理论，都不过是企图重建中世纪以后（近代以来）西方已经失落的道德一致性和严格依照在教义的道德权威性的努力中比较明显的例子。无论康德还是黑格尔都没有成功地为道德生活的诸多维度提供一个统一的深层结构，克尔凯郭尔也没有给生发于信仰的基督教知识提供足够的说明，这种知识能够成功地引领个人超越那种上帝无处不在的视域,并最后将道德根植于一个完美的、先验的、个人的上帝。尽管黑格尔努力去维持社会和道德共同体两者之间道德等级的差别,而康德开始瓦解了它们,克尔凯郭尔也丢弃了两者所提供的精神支柱。作为一位反抗当时丹麦教会的护教者,尽管没有对实际存在的神圣共同体的直接感知,不管其美好理想是什么,克氏最后还是嬗变为一位身居无家可归的后现代个人处境的先知,这些个体丧失了被自己认同、超越一切并真实存在的具体社会或共同体。由是观之,克尔凯郭尔的故事成为一种个我化的叙事,它在后启蒙时代不断增强的噪音中与无数其他个人化叙事并置在一起。

这些试图维护指导生活能力观念的努力,受到后启蒙文化难题的困扰,由于不可能实现内在的超越,因此导致了一种规范的、内容充实的道德并实现了权利与善的和谐,这就足以成为建立道德共同体的基础。为实现这一先验性理念所作的哲学试验,终止于一种受境域所制御的内在真实性。上帝隐匿了,任何关于上帝的映像最多只是人类的自身投射。这些基本困难显表了一种统一的注解式权力,这种权力曾经镶嵌于一整套个我化上帝的道德基础上。被对综合的、规范的、内容充实的道德体系保护的失败,激发了对世俗生命伦理学和基督教生命伦理学的重新考量。

正如第三章所说,一种通常可以被证明具有合理性的世俗道德律实际上是一种不在场的自由主义:道德差异通过"允许原则"被嵌套于一种自由主义的全球化伦理中。在这种道德视野下,只有很少的道德权威网系是通过协约而确定下来。对更多的道德指导而非强调允许的伦理规范的渴求,逐步引导出一种全球化自由主义道德,它确信个人自主决定是最重要的价值,因此赞同以追求自我满足和自我实现来制约自由。虽然全球化自由主义伦理能够通过有限的义务去论证,对作为一种权威的"尊重允许"的尊重,但它培育了一种十分充溢的精神气质,一种包罗万象的生活方式。在这种道德视野下,基督教被改造了,与此同时生成了本已内存的基督教生命伦理学。这提供了一种可能性,即勇于对基督教道德和基督教生命伦理学进行重新构思、重新描绘以及使之民主化。一方面，基督教生命伦理学可以视自由为人类最重要的善；另一方面，过去被广泛认可的有关基督教的形象、叙述以及人神关系的内容，可以通过对自主和平等的断言来重溯以摆脱过去的束缚。这样的基督教生命伦理学，应该在协议过程中解放、支持并赋予个体以权力，这一要求源于被修正的基督教人道主义。这种将基督教生命伦理学重新概念化（reconceptualization）为一种个人内在本性的伦理活动，形成了一场渴望从传统基督教中分离出来的激进运动。这样，后传统（post-traditional）基督教及其生命伦理学与第一个千禧年时代的基督教精神发生了激烈冲突，与世俗道德的张力也无法消解，这种张力来自世俗道德的根源或对很多方面都无法熄灭的人类欲望的回应。

第四章重点探讨基督教及其生命伦理学根植于一种对超验的、个人化上帝的诗性体验的可能性。① 这一章描绘了第一个千禧年时期的基督教，以此展现它能够超越事物内在自然本性的视野。这个时期基督教思想真正的优势在以下几方面被验证：（1）认识论的承诺，（2）形而上学本质，（3）关于生活智慧和价值评估的社会环境，（4）哲学价值论理解，（5）记事与史录，以及最后的（6）可能引导出基督教生命伦理学的生活智慧和价值评估的典范。这一目录揭示了使基督教生命伦理学成为一种具有实在内容的规范伦理学所必需的基本要求：一种实际的和正在经历的对上帝的体验。这些可信的内容在第七次大公会议②上为基督教制定了框架。由于东正教坚持了这一基督教化的认识论和形而上学，其内容引导着东正教神学家们的著述，即使在9世纪这一教派产生和13世纪这一教派永久分裂出去以后，依然

---

① "纯粹理性经验"是用来表述对上帝赋予知识之精神力量的经验。这种对知识的理解方式将逐步参与到这项工作的过程中来。

② 尼西亚会议，公元787年，在小亚细亚的尼西亚由皇后伊丽娜召开的第二次宗教会议，与教会和解，宣布停止圣像破坏运动，恢复了圣像崇拜；会议还制定了32条教会法规，严禁异端书籍。——译者注

第一章 从基督教生命伦理学到世俗生命伦理学：全球化自由主义道德的建立

如此。① 在探索基督教生命伦理学的神学基础的过程中，对东正教偏爱有可能使人感到十分刺激。鉴于西方的基督教（相对于东正教）的认识论和形而上学的预设，只有在世俗化的情境下为道德提供基础才能成功。西方世俗道德就是在已经碎片化了的西方基督教的基础上建立起来的。作为对一种不统一和深度分裂的背景的反抗，它渴望建立一种建立

---

① 当然，不仅以弗所普教会议（公元431年由拜占庭皇帝狄奥多西斯二世在小亚细亚省的以弗所举行的第三次基督宗教大公会议，在以弗所则是第一次，约2000位主教出席。其主要议题是聂斯托利派关于玛利亚神性之争，确立了玛利亚为圣母即"Theotokos"的教义）。后聂斯托利派的分裂，还有迦克墩公会议（或称卡尔西顿会议，公元451年在迦克敦举行的第四次基督教大公会议。此会议产生了重要的基督论定义，界定了"基督的神人二性"。此会议将基督一性派定为异端。最后，会议制定了今天基督教著名的信经——迦克墩信经。同时，巩固了罗马主教优越的权威地位）。之后基督一性派的分裂，还有其他许多的教派分离出来，从阿里乌斯派、多西特派、多纳图派、一世纪的诺斯替派直到根据17世纪牧首尼康（俄罗斯东正教会宗主教，1605—1682年；1653年在尼康发动教会改革，目的在于将俄罗斯东正教与希腊正教区分开）率领的旧礼仪派的分裂。这些，毫无疑问是非常关键的争论，对于七次大公会议时期教会具有重要意义，但最后并没有获得与西欧新教改革同样重要的影响。对"七次大公会议教会"来说（东正教会常自称"七次大公会议的教会"）（它实际上是九次大公会议教会，第八次是879—882年间举办于君士坦丁堡的圣哲殿堂会议（the Council in the Temple of Holy Wisdom）；第九次在1341年、1347年和1351年同样于君士坦丁堡举行），如此，在超过一千年的时间内，其自身的发展未受干扰。此外，发生在东方教会的分裂，并没有给禁欲主义和独立崇拜留有余地，所以聂斯托利派以及所谓基督一性论派和旧礼仪派及其神职人员，仍通过对礼仪和禁欲主义的共同认识统一在东正教之中。相反，新教改革一方面给予西方世界一个革命的观念（可参见米尔文·J. 拉斯基《乌托邦与革命》（*Utopia and Revolution*，芝加哥：芝加哥大学出版社1976年版，特别参考第220—259页）；另一方面默许了一种自由的教会组织形式，这使得许多国家不可能形成一种统一的宗教。可参见G. W. F. 黑格尔《法哲学》（*Philosophy of Right*），第270节。必须指出的是，聂斯托利派和所谓的基督一性论者被认为是如此接近东正教，他们可以通过信仰宣告就完成身份转换，而不必进行专门的洗礼或涂圣油仪式。参见圣徒尼克蒂姆斯、阿卡皮乌斯（Nicodemus and Agapius）《东仪天主教会指导原则》（*The Rudder of the Orthodox Catholic Church*，芝加哥：东正教教育会社1957年版），第400—401页。五六会议（the Quinisext Council）（公元691—692年）制定的120条教会法规（Canon）中的第九十五条，出于这个原因，这一点是很明确的，即所谓的非查勒歇敦大公会议派（"non-Chalcedonians"——有时东方正统教派也被称为非查勒歇敦大公会议派，但东正教并不承认这一称谓——译者注）能够断言东正教会关于第4、5、6次大公会议的阐释总是与他们一样。托马斯·菲茨杰拉德（Thomas Fitzgerald）："完全共融团体的重建：东正教与东正教（Orthodox-Orthodox）之间的东方对话。"参阅《希腊东正教神学评论》（*Greek Orthodox Theological Review*）1991年第36期，第169—182页。

在理性基础之上的普适性。① 西方基督教的分裂和差异招致了一种世俗道德的形成，这种世俗道德可以超越西方基督教内部的分化，并且用一种单一的世俗道德将他们全部包容进来。东正教从来没有经历过这种分裂，它也从未假设过一种世俗道德，它首先将世俗道德理解为一种泛神论，因而认为它是多元化的，仅仅通过基督徒生活本身就能够提供统一的超越。这种基督教生存论实际上处于苦修主义的、注重神秘体验的和纯粹理论化的神学之中。

关于能够制造一个人类新生命的性和生殖活动的争论，包括避孕、绝育、流产、人工授精、试管婴儿以及胚胎移植、克隆和基因工程，是第五章的关注焦点。本章还关注了与流产相关的问题，例如胎儿试验。这一章及其后面的章节，不是将其视为孤立的道德挑战，而是在以一种与上帝之间建立完美联系的基督徒义务的层面上考察这些生命伦理学的主题。"使他们都合而为一。正如你父在我里面，我在你里面，使他们也在我们里面。"（约翰福音 17∶21）从而对神圣性予以关注，使得将单纯的生育选择方面的法律问题，转变为如何在一个道德破溃的世界上，寻找精神整体性的宗教任务的问题，究竟在多大程度上发生适应性转变。生殖道德的自由主义全球论者的多数意见是，强调个体从传统和自然的约束中解放出来获得选择自由；在反对这一意见的同时，第一个千禧年代中的教会对男性和女性的关系给出了一系列的描述，从伊甸园、原罪堕落一直到通过救赎重返天国。传统基督教引入了一个叙事模

---

① 在这一章，"西方基督徒"指的是西方9世纪以前形成的信仰团体。它们包括了罗马天主教及其后来分裂出来的诸多教派（例如，旧天主教），以及数千种新教团体，它们通过多重辩证的方法相互确认，结果这些教派之间的相互关系远比它们与传统基督教之间的关系更为紧密。这些基督徒以很多不同的推定理性，论证自己的认信，或者以对个人是否脱离基督教团体的精神保持独立作为判定标志，它们将自身都看作是大公教会。一方面，传统内容中的合理性丧失了，另一方面，传统退化为仅仅是个人的选择。在本章，"传统基督教"是在非常严格的意义上使用的，那是在第一个千禧年中的教会信仰，认为自己在数个世纪内通过对圣灵（Holy Spirit）的正确崇拜和正确信仰而联系在一起。在这个意义上的"传统基督教"等同于东正教的"传统基督教"。大体来说，区别于任何与教会议会（the Church the Councils）一致的基督教信仰活动。迈克尔·巴克利（Michael Buckley, S. J）认为，西方基督教的发展与信仰的理性论证方向是相反的。载《在现代无神论的源头》（*At the Origins of Modern Atheism*），纽黑文，耶鲁大学出版社1987年版。

式，每个人都被告知在其中他们可以找到终极价值。

所以，同样，苦难、疾病、伤残和死亡也被悬置于基督教关于罪、赎罪和恩典的宇宙论叙述中。在第六章，有限性与苦难宗教和道德意义，在有关亚当与夏娃之罪和所有人之罪的逻辑关系的推论中进行验证。传统基督教中，追求健康与延缓死亡，不是一个强烈的诉求，这就给予对世俗技术的欲求划出了重要的界限。在追求超越自身内在本性的生命运动（包括卫生保健活动）中定位痛苦与死亡，生存从根基上被相对化了。作为结果，传统基督教涉及这样一些问题，诸如姑息治疗（withholding treatment）、放弃治疗、生前预嘱、医助自杀以及安乐死等都具有有别于它们在固有世俗道德中所展示出的重要意义。本章还讨论了有关器官移植和死亡标准等方面的问题。

在第七章，根据第一个千禧年代的道德视域重新对知情同意进行伦理释义。儿童和代理人同意表达，被置放于基督徒和家庭、社群以及拯救的关系中重新考察，所以，家庭价值、社区自治以及讲真话就被放在有关对神圣性追求的语境中进行分析。于是这一章就转向了一种挑战：在后基督教时代如何作一名基督徒医生、卫生保健专家或病人。因为传统基督教不仅仅拒绝提供不道德的服务，甚至于拒斥提及它们，这种态度对于实现合适的世俗卫生保健是一种障碍。如果这种意见不进入公共讨论和公共空间，传统基督教或许就会被限制在私人信仰空间。但是，如果传统基督徒意见的影响，加大了世俗生命伦理学在选择病人恰适生活方面的交流成本，那么在那些已经与其自身所生存的世俗社会发生断裂甚或与之对抗者的偏见里，传统基督徒将被看作是一些宗教基要主义者。如果传统基督徒进一步利用他们与病人之间的联系，将他们引入基督教和可能的救赎当中，他们将冒犯世俗专业团体的道德中立性。世俗的、后传统和后基督教的世界，不仅仅为与罪恶为伍者提供数不清的机会，它还致力于整训宗教信仰，甚至干预基督徒的生活领域，即那种原本属于传统基督徒个人、旨在其中自由追寻自身精神承诺、平和融融的隐私领域。

最后一章再次评价了基督教和世俗之间的裂隙，以及传统的与后传统的基督教生命伦理学之间的差别。它看起来是一种发生在未来文化战争①中的生命伦理学争斗，以及一个身处后基督教和后传统世界中的基督教生命伦理学空间。这一章以对传统基督教生命伦理学的认识与赞誉而终结，传统基督教生命伦理学是一门在期盼之中并需要通过苦心修炼而教授的伦理学。

基督教生命伦理学：困惑与衰落

基督教关于堕胎、杀婴和满足死亡意愿的思考可以追溯到使徒年代的一些著述。② 关于医疗保健的领域中，存在着一种坚实的罗马天主教神学思想基础，它已经持续了几百年。为了论述这一点——以及本书中提到的其他历史事实，本书将用一种非常独特的视角审视这一事件。正如所有的历史一样，这一审视被限定在罗马天主教本身的神学观念内。如果想把有价值的信息从噪音之中分离出来，总是需要对现实的基本特征做出某种假定和承诺。要看到，人必须事先概略知晓自己想要寻找的是什么。人们要想接受任何事物，都必须通过一个特殊的视域来观测与审视，正如本书的视域是传统基督教的，虽然这一点已经遭到了质疑。

---

① 在谈到"文化战争"时，我使用的术语来自詹姆斯·戴维森·亨特（James Davison Hunter）《文化战争：以冲突去理解美国》（*Culture Wars: The Struggle to Define America*）（纽约：基础书系列1991年版）一书中。这一名词确定地反映了关于生命意义、人类昌荣的本质以及什么是正当行为等道德和宗教不同观念之间存在的冲突。

② 《十二使徒遗训》（英文为：*Didache*，亦译成《十二宗徒训言》；是早期教会编辑的使徒训诲集，有学者考证，此书约公元50—70年编写于安提阿，今土耳其安塔利亚。全书16章，大部分为希腊文，拉丁文占极少部分。书中引用了许多《圣经》的经文，对研究早期基督教和《圣经》的校勘有很重要价值。——译者注）记录了早期基督徒对流产和杀婴行为的谴责，"汝不可杀人，汝不可犯通奸，汝不可鸡奸，汝不可乱伦，汝不可偷盗，汝不可使用魔法，汝不可使用春药，汝不可堕胎，汝不可杀婴"。载《使徒后期教父》（*Apostolic Fathers*），第一卷，本书由基尔索普·雷卡（Kirsopp Lake）译，马萨诸塞州，剑桥：哈佛大学出版社1965年版，第二章第二节。相似的谴责也可以在《巴纳巴书信》（*Epistle of Barnabas*）中见到："汝不可堕胎，汝不可杀婴。"载《使徒后期教父》（*Apostolic Fathers*），第一卷，基尔索普·雷卡（Kirsopp Lake）译，马萨诸塞州，剑桥：哈佛大学出版社1965年版，第十九章第五节。

第一章 从基督教生命伦理学到世俗生命伦理学：全球化自由主义道德的建立

这里必须再一次强调，我们的所谓视域就是全部。那些在某些历史学家眼中的道德沦丧，在另一个历史学家眼中却可能是一种道德的进步。如果不同的历史学家始终坚持歧异的形而上学预设，历史学之间的差异就会与物理学一样巨大（想想看，在亚里士多德、牛顿和爱因斯坦的物理学视野中宇宙图景的差别是何等巨大）。

成形于19世纪末期并在20世纪50年代繁盛起来的罗马天主教医学伦理学手册（the Roman Catholic meidical - handbooks）和道德神学概要始终与罗马道德神学思想联系在一起，其渊源可以一直追溯到16世纪初西方对医学及其基础科学的兴趣突然爆发的时刻。① 站在16世纪往前后眺望，道德神学对医学的兴趣一直被文艺复兴之后医学自身显著的进步所不断驱动。连笛卡尔（1596—1650）都认为，随着医学知识的进展和承诺，我们可以延长寿命，② 其实，医学的重要性在其可以提供重大现实利益之前就被提出来了。尽管治疗上的成就还要再晚一些才能显现，医学理论和知识依然获得了巨大的突破性进步。从维萨里③到

---

① 丹尼尔·A. 克罗宁（Daniel A. Cronin）在其《道德律对于常规与特殊手段维护生命的指导》（*The Moral Law in Regard to the Ordinary and Extraordinary Means of Conserving Life*）一书中，对近500年以来罗马天主教生命伦理学思想进行了回顾。本书由罗马教皇格里高利大学1958年出版。

② "著名哲学家（勒内·笛卡尔，Rene Descartes）在54岁这样一个年龄的意外去世引起了广泛关注，众所周知他不仅希望能够通过促进医学科学发展来延长人类生命，而且还想通过恰当的手段延长自己的生命。……在他去世几个月后，一家比利时报纸这样报道说，在瑞典有一个傻子去世了，他曾经宣称自己想活多久就能活多久。"参阅格·阿·林德伯姆（G. A. Lindeboom）《笛卡尔与医学》（*Descartes and Medicine*），阿姆斯特丹：罗多皮出版社（Rodopi）1979年版，第93—94页。

③ 维萨里（Andreas Vesalius）是医学家，哥白尼（Nikolaus Copernicus）是天文学家。在哥白尼出版《天体运行论》（*De Revolutionibus orbium coelestium*，诺林姆伯格，约翰内斯堡，1573年版）的同一年，维萨里出版了《人体构造》（*De humani corporis fabrica*，巴塞尔，阿·欧坡利纳斯，1543年版），这本著作使欧洲医学从盖伦解剖学的错误中解脱出来。维萨里充满了文艺复兴时代的激情，用古典拉丁语写作，他的许多教育程度较低的同行根本无法读懂它。参见路德维格·埃德尔斯坦因（Ludwig Edelstein）《安德烈·维萨里，一位人道主义者》（*Andreas Vesalius, the Humanist*），载《历史与医学简报》第14卷，1943年9月号，第547—561页。

哈维①再到莫干尼,②经历了比沙③④和维尔啸,⑤以及19世纪医学科学的飞跃突进,对医学研究和科学的新解释改变了很多医学知识的含义和观念。

与之相对的,经过了特兰托公会议(Council of Trent,1545—1563)后的觉醒,罗马天主教道德神学思想持续发展一直延续到20世纪60年代初。⑥在其经历前经院哲学(pre - Scholastic)到经院哲学(Scholas

---

① 威廉·哈维(William Harvey, 1578—1657)1628年发表《关于动物心脏与血液运动的解剖研究》(Exercitatio anatomica de motu cordis et sanguinis,法兰克福曼/大陆版,格·费切里,1628年出版)一书,该书进一步背离了盖伦生理学和解剖学并进一步接近现代生理学和解剖学理论。

译者注:本书中译名称为《心血运动论》,已经为学界熟知。

② 尽管歇奥菲尔·博内特(Theophil Bonet, 1620—1689)在其《埋葬那些用于解剖课教学的尸体的坟场》(Sepulchretum sive anatomica practica ex cadaveribus morbo denatis,日内瓦,伦·考耶特,1679年版)一书在一些重要方面已经做出预测,但还是莫干尼(Giovanni Morgagni, 1786—1771)《论通过解剖发现病因与病灶》(De sedibus et causis morborum per anatomen indagatis,威尼斯,依埃克斯·泰伯格拉菲斯·罗曼蒂尼亚那,1761年版)一书推动了医学的科学革命,该书开启了因解剖学发现而形成的对临床诊查新观念的先河。

③ 比沙(Francois Xavier Bichat,1771—1802),法国病理学家。生于法国汝拉省图拉列特,就读于里昂和巴黎,生活于巴黎的特洛高地,1797年开始教授医学,并在巴黎主公医院工作。他的一部著作《膜的特征》(Traite des Membrannes)特别研究了疾病产生的组织学变化,提出身体的不同器官都会有它称为"膜"的特殊组织。他的工作为莫干尼的病理解剖学和维尔啸的细胞病理学架起了桥梁。——译者注

④ 福柯(Michel Foucault)在他描述的新的医学科学进展的一系列事件中,将比沙(Xavier Bichat, 1771—1802)置于中心地位。福柯没有充分体会到,在18、19世纪初确立的医学科学目的中心从临床转向基础科学研究的特性。参见《临床医学的诞生》(Naissance de la clinique,巴黎,法国出版社1963年版)与A.M. 塞利但·斯密斯的译本《临床医学的诞生》(The Birth of the Clinic,纽约,兰登出版社1973年版)。临床诊查、知识和临床实践的意义有助于基础科学的改变。正是它们的出现改变了医学:随着基础医学科学和实验医学的诞生,临床诊疗工作开始把基础医学作为基础。

⑤ 鲁道夫·维尔啸(Rudolf Virchow, 1821—1902)在细胞学研究方面,密切了基础医学和临床医学之间的联系,并且进一步推动了将临床医学依附于解剖学、生理学和病理学等基础科学之上的医学革命。

⑥ 怎样才算是表面的差别,怎样才算是根本性的变化,取决于对某种实践或制度的信任、风格和目标的整体理解。对于一般的科研项目或范式,尽管表面发生了改变但仍然可能遵守原有的规范,只要选择了(例如,研究、调查、试验,正如解剖研究之于临床观察)合

tic）的发展过程中，罗马天主教道德思想个性已经发生了一个实质性的转变。前经院哲学时期有一种田园牧歌式的情怀，神学精神与（第一个千禧年）早期教会之间非常接近。① 而到了经院哲学时期——从12世纪开始，到特兰托公会议为止——则以其完全推定式的理性反思和体系化为显著特征。从特兰托公会议开始的现代阶段，在很大程度上依然是属于经院哲学传统的，但是现在它已经实现了巨大的全面发展。就是在这个时期，对医学的反思成为整个哲学工作的焦点，并逐渐形成了

适的研究对象（例如，科学研究的对象，诸如病人的报告或细菌学的发现），以及模范的学者（例如：临床学者或病理学者）的观念保持不变。总之，只要科学家不把那些不能作为规范科学问题纳入在其工作领域，即关于什么是他们应该研究的或者谁应该算作模范带头人等问题，他们的争论都可以属于库恩（Thomas Kuhn）命名的"常规科学"（normal science）的范围内。《科学革命的结构》（*The Structure of Scientific Revolutions*，芝加哥：芝加哥大学出版社 1962 年版，1970 年第二版）。我使用库恩关于"常规科学"的概念，是为了标识那段对研究的基本理解方式以及解决争议的方法不产生疑问的时期。在"常规科学"中，被接受的基本范式可以使我们在不对基本方法产生质疑的情况下获得问题的答案，更不用说它的背景承诺。在科学危机的时期，对应该使用哪种方法以及解决争议的何种恰当范例作为引导并不清楚。实际上，这种危机，在科学家反思什么是科学、科学研究是什么以及谁是模范科学家等问题时就产生了。对于在特殊情况下的基督教信仰和天主教道德神学，可以获得一个与一般道德神学历史类似的诠释图景。只要神学家没有陷入什么是道德神学、什么是道德神学上的知识对象或者谁应该算作胜任的道德神学家等问题之中，在这个领域中，就不致发生相同的危机。

神学争端可以在常规道德神学研究的隐喻范围内获得理解。由于罗马天主教神学的道德存在于一个大的体制框架内，它的神学问题研究必须置于关于教会组织、礼仪实践和神学问题的广阔背景下。罗马天主教道德神学家与科学家不同，他们不仅仅面临那些自称是通晓真理的权威专家，还包括那些自称具有类似主审法官决定什么证据可以进入法庭以及决定谁能够在法庭上发言的权威人士。因此，如果转移到世俗的科学，以便让法官和政府官员解决科学争议作为对比，教会机构（例如，罗马教皇和主教的权威）宣称对罗马天主教道德神学实践具有合法控制权的方法，就不能说是适合的。与世俗科学不同，道德神学是发生在共同崇拜上帝的社群中的实践活动。因为教义和宗教信仰的特性是一个整体，所以宗教崇拜的特性会受到教义和教会机构的影响（用于广义的包括信仰论的道德神学问题），正如崇拜的特性也会对教会和信仰产生影响。

① 克莱尔沃克斯的伯纳德（Bernard of Clairvaux, 1090—1153）在其著作中，是最后一位具有未分裂时期教会特征的西方神学家。参见克里索斯托姆·弗兰克（Chrysostom Frank）《克莱尔沃克斯的圣伯纳德与东方基督教传统》（*St. Bernard of Clairvaux and the Eastern Christian Tradition*），载《圣弗拉基米尔神学季刊》（*St. Vladimir's Theological Quarterly*）1992 年第 36 卷第 4 期，第 315—328 页。

一个新的道德理论分支学科。① 这一后特兰托（post–Tridentine）时代的医学伦理学的道德神学著作是富有洞察力的，它绝非仅仅是对过去反思的生硬套用。罗马天主教医学伦理学的思想和学术，其最有意义的特点是形成了一个专门的、完整的学术研究团体，他们共享共同的理论预设和遵守一套研究程序。② 另外，他们对谁具有道德权威性并有资格澄清道德论战中的问题持有一致意见（例如：教权，或者更具体一点，就是教皇）。虽然道德论争可能出现并且确实已经出现了，但总体来说，论证的大致界限已经被划定。借用库恩（Thomas Kuhn）关于科学革命（scientific revolution）的说法，罗马天主教医学道德神学已经建立

---

① 参见如米盖尔·波多弗茵斯（Michael Boudewyns）所述：凭借这一颠覆一切的神学—医学簸箕（《马太福音3：12》），无论是医疗手段，还是各种疾病，以及其他混杂不清的医学范畴都得到了筛查整析。而和圣彼得与保罗协会（S.S.P.P）一样，只要在经院学说可证明的范围内，一切知识都是安全可靠的，即：无论是神学家和告白者的见证，还是最大限度的医学知识辅助，都是这一著作的必要部分。

（安特卫普：科尼利厄斯 Woons, 1666）；M. A. 阿尔伯特（M. A. Alberti）：《论神学应用中的医学惯例》（De convenientia medicinae ad theologiam practicam, 1732）和弗朗希斯科·伊曼纽尔·坎加米拉（Francesco Emanuello Cangiamila）：《论神圣受胎与论牧师、医生和其他一切为确保永恒圣婴胎期万福所应尽的义务》（Sacra embryologia sive de officio sacerdotum, medicorum, et aliorum circa aeternam parvulorum in utero existentium salutem，列佩尔，托马斯·弗·瓦尔维尼，1775年版）。

② 特兰托公会议（the Council of Trent, 1545—1563）在4个世纪的时间内持续带来了巨大的推动力，巩固了罗马天主教的教会结构、礼仪活动以及神学研究的特色。它在16世纪早期或更早一点的时期引发了一次关键的变革。尽管存在或然论者（probablist）、詹森主义者（Jansenist）和现代主义者（modernist）之间的辩论，神学的结构和理解方式大多完好无损地保留到梵二会议之前。作为结果，20世纪50年代人能随时调出一张长长的相关权威作者的名录，上面列举了很多对道德神学进行反思的学者，其中许多人都生活在特伦特（Trent）主教会议之前，包括托马斯·阿奎那（Thomas Aquinas, 1225—1274）、托马斯·科赫坦（Thomas de Vio Cajetan, 1469—1534）、弗拉西斯科·维多利亚（Francisco de Vitoria, 1480—1546）、多米尼克·索托（Dominic Soto, 1494—1560）、多明哥·巴内茨（Domingo Baez, 1528—1604）、弗朗西斯科·苏瓦雷斯（Francisco Suarez, 1548—1617）、约翰·鲁格红衣主教（John Cardinal de Lugo, 1583—1660），以及阿勒封苏斯·里果利（Alphonsus Liguori, 1696—1787）等人。尽管在不同时期，不同的学派或是占据优势地位，或是影响力下降，但是其基本分析框架大体保持了一致性，这一点教皇利奥十三世1879年8月4日在特尔尼曾经重申。在20世纪60年代中期，神学、教会机构和礼仪活动都陷入被质疑之境地。许多人忙于去关注基督教道德的一般反省，尤其是基督教生命伦理学，不再将其自身视为由传统所提供解决方案的简单发展。这就产生了一个激进的"重建"目标。

了一个共同范式。他们面对的不是危机性的道德反思,而是一般的道德和神学反思,并不以关于道德基础的论争为标志。① 道德和神学的基本预设并没有受到威胁,也可以放心使用基本原则,普通的道德框架和推论并不被看作是成问题的。相反,具体的道德难题是可以在一种被看作是理所当然的关于道德科学的本质的理解中获得阐明、探索和获得最终解决方案。的确有很多难题需要面对,但尚没有产生方法论上的危机感。直到20世纪60年代中期,都认为这样一种基督教医学伦理学和生命伦理学对罗马天主教来说都是有好处的。正如波尔克曼(John Berkman)所说:"从指南本身中可以清楚地看到道德理论概念上的延续性,1950年的道德指南使用的还是从1605年就已经开始使用的基本结构和范畴。"② 此时,人们对道德神学理论能够解答那些因新科学技术发展所引发的问题是充满信心的。

在19世纪末期,罗马天主教神学思想在医学方面的研究有一个非

---

① 库恩(Thomas Kuhn)很清楚,他作为一个范式所使用的"自然科学"这一术语的限制,这一术语与一系列明确的概念、理论、工具、方法论紧密相关。见托马斯·库恩《科学革命的结构》(*The Structure of Scientific Revolutions*),芝加哥:芝加哥大学出版社1962年版,1970年第二版。第一,必须注意到弗莱克(Ludwig Fleck)的工作得益于库恩。弗莱克关注医学领域:《形成与发展的科学现实》(*Entstehung und Entwicklung einer wissenschaftlichen Tatsache*,巴塞尔,本诺·斯瓦贝,1935年版);《创世记与科学发展的事实》(*Genesis and Development of a Scientific Fact*)作者特伦(T. J. Trenn)和米尔顿(R. K. Merton),译者是布兰德莱(F. Bradley)和特伦(T. J. Trenn)(芝加哥:芝加哥大学出版社1979年版);第二,必须承认库恩对范式的使用存在模棱两可的情况。马斯特曼(Margaret Masterman)表明,库恩使用了至少21种不同的术语。参阅《范式的性质——科学与知识的增长》("*The Nature of a Paradigm*," in *Criticism and the Growth of Knowledge*),作者是埃姆列·拉卡托斯(Imre Lakatos)和阿兰·马斯格拉夫(Alan Musgrave)(伦敦:剑桥大学出版社1970年版,第59—89页)。范式一词被基督教生命伦理学研究所接受,虽然其不接受库恩的基本理论。这个词是用来界定一个理解方式的集群,涉及谁掌握了解决争议的知识权力——例如何种争议的解决方案具有权威性,及其形而上学的基础预设。"范式"确定了科学研究群体的思考模式,我在这里使用"范式"是用来确定一组指导道德神学研究的认识论框架、形而上学,以及价值论前提。在这个意义上说,梵二会议标志着罗马天主教生命伦理学是对研究和宗教生活范式的扬弃以及神学开始出现危机。用路德维希·弗莱克的术语来说,就是"思想模式"的改变。

② 约翰·波尔克曼(John Berkman):《重要的是道德神学教义的双重功效如何?背景的争议》(*How Important is the Doctrine of Double Effect for Moral Theology? Contextualizing the Controversy*),《基督教生命伦理学》1997年第3期,第91页。

常重大的提升。道德神学手册的传统转向了医生、牧师和护士的需要。[①]就在同一时期，新的医学技术已经发展起来，有关病因、发病机理和治疗方法的新认识也发生了突飞猛进的变化。这时李斯特（Lister）的无菌技术和麻醉技术已经开始合作，为当代外科学的进步奠定了基础。在这一时期，病原微生物学说初步建立起来，并且开始了抗病毒血清治疗方法的最初尝试。现代医学的出现激发了神学的反思。那是一个各种理想同时发展、前进、世俗化、现代化并且质疑传统基督教承诺的时代。[②]第二次世界大战以后，科学和技术的发展节奏持续加快。对此

[①] 例如，参见阿尔封苏斯·伯纳尔（Alphonsus Bonnar）《天主教医生》(*The Catholic Doctor*，伦敦：巴恩斯·奥特斯与瓦斯保恩斯 1944 年版）；提摩太·林肯因·鲍思卡任（Timothy Lincoln Bouscaren）《异位手术伦理》(*Ethics of Ectopic Operatio* New Problems in Medical Ethics ns，芝加哥：罗耀拉大学出版社 1933 年版）；卡尔·卡佩尔曼（Carl Franz Nicolaus Capellmann）《教牧医学》(*Pastoral Medicine*)，威廉姆·达瑟尔（William Dassel）译，纽约：弗·普斯特特 1882 年初版，1877 年版；查尔雷斯·考本斯（Charles Coppens）《道德原则与医学实践》(*Moral Principles and Medical Practice*）第三版，纽约：本吉格尔 1897 年版；伯纳德·费卡拉（Bernard J. Ficarra）《医学与外科中新的伦理问题》(*Newer Ethical Problems in Medicine and Surgery*）,威斯敏斯特，马里兰州：纽曼出版社 1951 年版；帕特里克·芬尼（. Patrick A. Finney）《医院实践中的道德问题》(*Moral Problems in Hospital Practice*）第二版，圣路易斯，B. 赫德尔：1922 年版；彼得·弗拉德（Peter Flood）《医学伦理的新问题》(*New Problems in Medical Ethics*）第二卷，马拉奇·杰拉德·卡罗尔（Malachy Gerard Carroll）译，威斯敏斯特，马里兰州：纽曼出版社 1953 年版；爱德华·海耶斯（Edward Hayes）、海耶斯·保罗（Paul Hayes）、多萝西·凯利（Dorothy Kelly）《护理的道德原则》(*Moral Principles of Nursing*)，纽约：麦克米伦 1964 年版）；埃德·F. 夏利（Edwin F. Healy）《医学伦理》(*Medical Ethics*)，芝加哥：罗耀拉大学出版社 1956 年版）；杰拉尔德·凯利（Gerald Kelly）《医疗道德问题》(*Medico-Moral Problems*)，圣路易斯天主教医院协会 1958 年版；约翰·P. 肯尼（John P. Kenny）《医学伦理原则》(*Principles of Medical Ethics*)，威斯敏斯特，马里兰州：纽曼出版社 1952 年版；A. 拉·罗谢尔（A. La Rochelle)、查尔斯·T. 芬克（Charles T. Fink）《医学伦理手册》(*Handbook of Medical Ethics*)，M. E. 普帕尔（M. E. Poupore）译，威斯敏斯特，马里兰州：纽曼出版社 1944 年版；查尔斯·J. 麦克法登（Charles J. McFadden）《护理医学伦理学》(*Medical Ethics for Nurses*，费城：戴维斯，1946 年版）《医学伦理学》(*Medical Ethics*)，费城：戴维斯，1946 年版）；托马斯·J. 奥·唐奈（Thomas J. O' Donnell）《医学道德》(*Morals in Medicine*)，威斯敏斯特，马里兰州：纽曼出版社 1956 年版；亚历山大·桑福德（Alexander Sanford）《教牧医学——天主教神职人员手册》(*Pastoral Medicine: A Handbook for the Catholic Clergy*)，纽约：约瑟夫·瓦格纳，1905 年版。

[②] 18、19 世纪的西方，发见一系列新的宗教观点在很大程度上可以说，是对基督信仰的净化。这些观点逐步转变为一种非基督教的自然神论。例如，参见安索尼·科林斯（Antho

第一章 从基督教生命伦理学到世俗生命伦理学:全球化自由主义道德的建立

作出的反应,是宗教医学伦理学的进一步发展,在这一点上,不仅仅罗马天主教,新教和犹太教①都做出了很多贡献。②罗马天主教最初的反应既激烈但又延续了其道德指南的传统。

20世纪70年代成型的基督教生命伦理学,表现出一种与过去罗马天主教医学伦理学完全不同的特征。它并不为那些困惑的医生、护士或

---

ny Collins)的《自由思想演讲录》(*A Discourse of Free – thinking*,伦敦,1713年版),以及托马斯·潘恩(Thomas Paine)的《理性的时代》(*Age of Reason*)和保罗·亨利·德霍尔巴赫男爵(the Baron Paul Henri Thiry d'Holbach,1723—1789)的《耶稣基督的历史批判》(*Histoire critique de Jésus – Christ*,伦敦:D. I. 伊顿,1813年版)。自然神论者所关心的问题与逐渐兴起的后基督教上帝一位论(post – Christian unitarianism)浑然一体,这种论点强调进步、科学与宗教的统一性。它远离了自己的启示真理,尤其远离了传统基督教启示真理。这种观点的支持者都充满信心,渴望在未来的世俗世界中实现和平与进步。"兄弟姐妹们,我们要为人道主义而努力工作。我们有了一个新福音可以去传扬——宗教的福音与科学,二者实为一体——人类信仰的福音实现了它最终的结果……人类就此拥有了赐予我们佳音的新福音,那是一个激情喷发的、'积极人道主义'的福音……愿上帝赐给我们……一个充溢着勇气并忠诚于真理的、新的圣灵降临节(Pentecostal)的情感火花!"
参见阿博特(Francis Abbot)《对1867年5月30日在波士顿举行的会议的报道——关注境遇、需要和美国自由宗教的前景》(*Report of Addresses at Meeting Held in Boston*,May30,1867,*to Consider the Conditions*,*Wants*,*and Prospects of Free Religion in America*),波士顿,亚当斯公司1867年版,引自斯托夫·佩尔森(Stow Persons)的《自由宗教》(*Free Religion*,纽黑文,耶鲁大学出版社1947年版)一书,第47—48页。在德国,自然神论已经让位于泛神论(pantheism),它为当代德国的一些激进的深层生态学提供了根源。海因里希·海涅观察到:"在德国,泛神论是公开的秘密,实际上已经远远超越了自然神论。"参阅《德国的宗教与哲学》(*Religion and Philosophy in Germany*),约翰·斯诺道格拉斯译(John Snodgrass),波士顿,培根出版社1959年版,第79页。

② 犹太教的拉比(Rabbinical)对如何恰当使用医疗保健的探索性思考,已经持续了几百年。在大多情况下,这些反思局限在犹太人社群,并且只在20世纪50年代、60年代和70年代人的对话中有所凸显。

③ 约瑟夫·弗莱彻(Joseph Fletcher):《道德与医学》(*Morals and Medicine*),普林斯顿,新泽西州:普林斯顿大学出版社1954年版;伊萨克·雅克布维茨(Isaac Jakobowits):《耶稣基督的医学伦理学》(*Jewish Medical Ethics*),纽约:布洛克1959年版;保罗·拉姆塞(Paul Ramsey):《造人》(*Fabricated Man*),纽黑文:耶鲁大学出版社1970年版,和《作为人的病人》(*The Patient as Person*),纽黑文:耶鲁大学出版社1970年版;哈尔曼·斯密斯(Harmon Smith):《伦理学与新的医学》(*Ethics and the New Medicine*),纳什维尔:阿宾登出版社1970年版;肯尼斯·沃克斯(Kenneth Vaux):《创造一个全新的明天》(*To Create a Different Future*),纽约:良友出版社1972年版,和《是活,还是去死》(*Will to Live – Will to Die*),明尼阿波利斯:奥格斯堡1978年版。

信徒提供很多道德指南和建议,同时它还不断散播着神学上的困惑。指路人自身常常也找不到方向,生命伦理学家所求助的道德神学家们常常对自己是否能提供一种合适的道德建议感到不自信。天主教伦理学发生在道德科学的乱象之中,道德神学已经开始检视其自身的基础。作为天主教梵蒂冈第二次大公会议的结果,继续发扬那种形成于17世纪早期的医学伦理学传统已经不可能了。在罗马天主教生命伦理学思想传统中的深刻裂变,与梵二会议之后罗马天主教内部发生的宗教改革紧密相关。① 教皇约翰二十三世(Pope John XXIII;1958—1963年在位)开始

---

① 在梵二会议之后的一个时期,评论家们还是将罗马天主教道德神学看作是一种道德科学。例如,在1966年麦克考米克(Richard McCormick)指出:"大公会议坚持道德神学的复兴不能等同于放弃它的科学特征。"参阅理查德·麦克考米克(Richard McCormick)《关注道德神学》(*Notes on Moral Theology*),1965—1980年,华盛顿,哥伦比亚特区:美国大学出版社1981年版,第70页。到1973年,他的话语反映了根本性争论蜂起,"梵二会议,谈到了通过生动地与基督的奥秘和救赎的历史联系在一起实现的神学重建,简单地标识为:'需要特别重视道德神学的发展。'在过去的六七年间道德神学已经体验到了这种不懈的特别关注,有些人会说,基督教已粉碎了它自己的权利"(同上书,第423页)。不仅保守主义者将梵二会议视作宗教理解上的分水岭,那些经常表现为持不同政见者在随后的辩论中对这种变化的深度也很赞赏。柯伦(Charles Curran)在关于道德神学的新发展的总结中抓住了这一变化的意义,以及梵蒂冈宫廷政变对这种变化的支持。"在梵蒂冈第二次大公会议的光芒照耀下,天主教神学对自身的理解发生了改变,在梵二会议以前,流行的、充溢着学究气的经院哲学(manualistic neoscholasticism),倾向于将神学看做教皇和主教们的教导的扩延,以及对教义的解释和确认。然而,梵二会议上发生的普适性神学改革,特别是对历史意识的接受,造就了一种有关自身任务的神学意识,这一任务不仅仅是重复、解释以及保卫教会教义。梵二会议这一异乎寻常历史进程的经验显示了神学的创造性使命,以及在当代文化和信仰的历史背景中不断探索信仰意义的必要。"参见《天主教高级课程学习与学术自由》(*Academic Freedom and Catholic Institutions of Higher Learning*),载《道德神学读本》(*Readings in Moral Theology*)第6卷《教会争论》(*Dissent in the Church*),作者查尔斯·库兰(Charles Curran)和麦克考米克(Richard McCormick),纽约:珀李斯特出版社1988年版,第257页。随着梵二会议召开,有关谁是罗马天主教神学道德权威的观点改变了,罗马天主教生命伦理学也随之发生了改变。教权的观念和含义发生了如下变化:"梵二会议之前的模式是把教会分成教师——教皇和主教们——以及学生——我们这些余下的人。教师被假设拥有真理,他们的基本任务就是将这一教导传达给学生们,学生们的首要职责是驯服地接受教导。学习在事实上被理解为服从的训练,重点是接受那些教导给我们的东西。这就是为什么公众对教会的教导权威和教权的不同意见会被视为一种不可思议的公开反抗的原因……当主教在梵二会议上见面时,他们做的第一件事,几乎都是拒绝这一判断,并拒绝承认教阶模式是一种限制因素。"见科文·凯利(Kevin Kelly)《科伦案例评论——公关员》(*Comments on the Curran Case:PRO*),载《道德神

了一场革命,他寻求一种能够使我们这个时代的需要和状况与"教会纪律更密切吻合"的方式。①

梵蒂冈第二次大公会议受到了广泛的欢迎,它被看作是一次复兴和圣灵第二次降临的开始。随后发生了一系列重大的社会和制度改变,大批牧师和修女离开了。②这是对教会传统以及对从事神学行为方式的再

学导读》(Readings in Moral Theology)第 6 卷《教会的不同意见》(Dissent in the Church)第 473—474 页。从梵蒂冈第一次会议到第二次会议之间的时期,关于谁拥有权威来解决罗马天主教道德神学争议这一意见,发生了重大的改变或进展。关于教育指导权威或教权的概念具有不同的特点,它在梵蒂冈第一次大公会议时期,主要公认的是罗马教皇的权威,而梵二会议以后则转变为对多元权威中心的关注,它们不仅包括教皇和主教们,还包括神学理论家以及信众的灵性生活体验。

① 约翰二十三世(John XXIII):《在伯多禄的讲座》(Ad Petri Cathedram),1959 年 6 月 29 日。译者注:这是指教皇约翰二十三世在伯多禄的讲座,也即通谕,以牧灵关怀为核心颁布。1959 年《在伯多禄的讲座》(Ad cathedram Petri),强调人应在仁爱的上帝之中追求真理、人类和解及世界和平;此通谕对人类的发展与国际政治以及人类的进步有重要影响。

② 在对梵二会议影响的一个预测中,汉斯·昆(Hans Kung)强烈表达应部分修改教会现有戒律的愿望。他区别了革命和改革,即使被提出的改革并不被看作是革命的,它还是为改变教会试图通过传统提供的真理,从而将世界带入统一的关注焦点。拥有传统的社会生活,现在应被诠释为一种建立在一定历史条件、社会习俗和世代相传(口述历史)基础之上的特定生活类型,他提出的这种改革,目的是为了重塑当代现实社会。"涉及正在建设的委员会的改革设想,是教会和它的戒律对当今时代要求的适应和重建。"载《大公会议——改革与重新合作》(The Council, Reform and Reunion),第 52 页。梵二会议以后,被唤起的罗马天主教教义改革是很复杂的,和所有重大历史事件一样,任何一种说明都会受到他人用来解释变化的意见的左右。至少,在诸多因素之中有以下这样一些内容,彼此之间产生影响,包括:(1)对神学界知识阶层的理解;(2)对教会学或恰适的教会结构的理解;以及(3)对宗教生活(pious practices)——诸如参与圣餐仪式或斋戒活动——的理解。在梵二会议之后的五年内,伴随着由它引发的神学以及教会学的改革,所谓特伦托主教会议的所有意图和目的彻底边缘化了。西方宗教礼仪的特兰托弥撒形式,表明教皇庇护五世(1566—1572)试图在西方宗教中保留一个中世纪仪式变体,并在很大程度上,建立一个根源于第一个千禧年时期教会的形式。被确立的时间不少于 200 年的改革一律被废止。这种由庇护五世(Pius V)于 1570 年 7 月 14 日颁布的《首次宗座诏书》(Bull Quo Primum)认可的西方礼拜仪式都是在近 400 年内占有统治地位的仪式。1969 年之后西方礼拜仪式改革与所谓的大主教勒非甫尔(Archbishop Lefevre)及其追随者的分裂活动,罗马天主教神职人员人数显著减少显然与此有关。新的礼拜仪式制定后的 7 年内,人数从 410000 下降到 245000 人。在此期间,参加礼拜日弥撒的人数也有所下降。例如,从 1965 年到 1974 年间,在加拿大罗马天主教徒的出席数下降了 29%,相比而言新教徒只有 19% 的下降率。载《国际公众舆论》(Index to International Public Opinion),西方部分(1978—1979),康涅狄克州:格林福德出版社 1980 年版。罗马天主教徒中每

一次考验——其中也包括了对生命伦理学的考验。在虔敬、信仰和教会结构等方面都发生了改变。结果，罗马天主教道德神学和生命伦理学的反思都进入了一个危机时代。这一危机是另一个更深层次的危机——自我认同危机——的一个内在的组成部分，自我认同从罗马天主教徒礼拜生活方式的改变中表达出来并且从中获取力量。正如东正教神学家舒梅曼（Alexander Schmemann）所说，罗马天主教的礼仪学特征被标识为一种实验性和混乱的状态，这一特点来自"在其深处的一种真实的反传统的热情欲望"[①]。反对现代性[②]制度的学术机体，现在整体转向对它的拥护了。在天主教的现代化改革（aggiornamento）[③]要求下，天主教道德神学思考的重点，从接受这个世界、回避这个世界或者附魅这个世界，直到转为适应这个世界。尽管在许多层次上天主教都尽了最大努

周都参加弥撒的百分比开始显著下降的轨迹，从1958年的74%下降到1994年的26.6%。见肯·琼森（Ken Jones）《最新天主教指标指数》（*The Index of Leading Catholic Indicators*），载《拉丁集》第9卷（*The Latin Mass* 9），2000年冬季号，第93页。在阿姆斯特丹，经常去做礼拜的人数从1973年至1989年的45000人减少到10000人。见西吉·魏德曼（Siggi Weidemann）《神坛下的锤子》（*Altäre unter dem Hammer*），载《南德意志报》（*Süddeutsche Zeitung*），1989年4月18日。人们正在面临一个不寻常的改变，"六十年代后期和70年代初那种'一石激起千层波澜'的事（one shot），在教会的生活中几乎不可能再发生了"，这一点很可能与礼拜仪式的改变有联系。见安德鲁·M. 格里利（Andrew M. Greeley）《天主教世话》（*The Catholic Myth*），纽约：查尔斯·斯科利普纳尔的儿子，1990年版。对这些改变之根源的研究，参见 路易斯·拜耳（Louis Bouyer）：《天主教的衰落》（*Der Verfalldes Katholizismus*），慕尼黑：考瑟尔1970年版。美国主教区和神学院人员的数量比从1965年的5.86/100000下降为1995年的0.59/100000，而罗马天主教徒的数量比以从前的4.87/100000下降为晚些的0.26/100000。参见肯尼特·琼森（Kenneth Jones）《最新天主教指标指数II》（*Index of Leading Catholic Indicators II*），载《拉丁集》（*The Latin Mass*）1996年夏季号，第43—46页；和《30年的重建》（*Three Decades of Renewal*），载《拉丁集》（*The Latin Mass*）1996年冬季号，第32—35页。另见R. 鲍克（Bowker）主编《官方天主教目录》（*Official Catholic Directory*），新泽西州，新普罗维登斯：里德参考文献出版社1995年版。

① 阿里克塞德尔·思科门曼（Alexander Schmemann）：《礼仪和传统》（*Liturgy and Tradition*），作者托马斯·菲斯克（Thomas Fisch），纽约：圣弗拉基米尔学院出版社1990年版，第28页。

② 玛奇津·加布里埃尔（Gabriel Motzkin）：《时间与超越世俗历史，天主教回应以及重新发现未来》（*Time and Transcendence: Secular History, the Catholic Reaction, and the Rediscovery of the Future*），多德雷赫特：克伦威尔1992年版。

③ 汉斯·昆（Hans Küng）：《大公会议——改革与重新合作》（*The Council, Reform and Reunion*），纽约：Sheed和沃德公司1961年版。

力,但结果是造就了一个体制化的情境,由此,引发了针对罗马天主教至关重要的基础道德和神学使命(就是这些定义了天主教)的批评和责问。新的崇拜形式和神学反省开辟了一条即将通达的并与当代世俗文化及其各种技术相谐和的新径。这一改变深刻地影响了后来罗马天主教的道德思想,并在一般性意义上对基督教思想进行重构。这种对神学的再反省在两个方面做出了卓越的贡献,一是发生在20世纪60年代的文化巨变,二是在同一时代兴起的生命伦理学。随之而来的是一场西方基督教的文化革命,这绝不仅仅是某种改良。梵二会议不仅动摇了罗马天主教的教义核心,它还波及对其他基督宗教信仰的冲击。由于产生了巨大的影响力,梵二会议之后罗马天主教对教义改革做出的承诺,改变了这一时期公教内部文化争议的平静局面,破坏了罗马天主教与其他西方基督教信仰之间的平衡,使他们在同一时间内都感受到强大的文化压力。① 正如在同一历史时段,像中国红卫兵们寻求一种可从历史失误中解放出来的新社会制度一样,很多基督徒也尝试返回到他们所认为的基督教本源以求重新开始。梵二会议对于重现基督教景观具有充分的信心。这些改变进一步加深了西方文化的世俗化进程,以至于教皇约翰·保罗二世(Pope John Paul II)如此哀叹:"基督教特质的丧失,已经沉重地降临在所有原本持有坚定信仰和宗教生活的个人与团体之上,这种丧失不仅仅包括信仰的遗弃或者信仰与日常生活的分离,而且,必然表现为道德感知力方面的削弱和模糊。"② 新的道德意识占据了中心位置:这是一种有关道德危机的意识,是被彻底修正的道德意识。正是在这一过程中,道德理论家们转向了医学道德领域,20世纪70年代以来成型的基督教生命伦理学正是在这种新的道德语境中变得时髦起来。

很多人不无怀疑,梵二会议在20世纪60年代后期的宗教信仰和道德意识的广泛变革中是否扮演了如此重要的角色,它是否框定了此后出

---

① 到了80年代,英国圣公会的世俗化运动已经十分强劲。参阅艾伦·吉尔伯特(Alan D. Gilbert)《后基督教时期英国的选择》(*The Making of Post - Christian Britain*),伦敦:龙格曼1980年版。"新教教派的成员——直到最近都代表着绝大部分英国基督教教徒——从1900年占成人人口的22%下降到1990年只有7%。"见斯蒂夫·布鲁斯(Steve Bruce)《当代世界的宗教》(*Religion in the Modern World*),纽约:牛津大学出版社1996年版,第29页。

② 教皇约翰·保罗二世(John Paul II):《真理的光辉》(*Veritatis Splendor*),梵蒂冈:梵蒂冈出版社1993年版,第106节第158页。

现的基督教生命伦理学的特征。他们宁愿把梵二会议或其逻辑后果看作是一种文化变革的征兆，而非文化变革的主要原因之一。他们更愿意将这一转变归因于后传统全球化文化的出现、粗鄙的唯物主义市场经济或旧形而上学的崩溃。正如罗马天主教神学家爱德华·施恩贝克（Edward Schillebeeckx）所指出：

> 以其过去交给我们的方式而传递给我们的基督教启示，很明显已经不再能够为当代大多数人提出的关于上帝的问题提供有效的回答。它对于现代人如何理解自身在这个世界和人类历史中的存在都不再能作出任何贡献。已经很明显，对于传统基督教对他们问题的回应，越来越多的人已经越来越感到不满和愤懑。①

对于基督教的感觉和认知，在它各个宗派的许多人中间，导致了他们与传统神学承诺的疏离，正如布鲁斯（Steve Bruce）所说："基督教信仰的要素——圣迹、圣母诞生说、基督复活、基督再次降临、地狱永罚的真实性——已经悄悄地从主要的基督教派与教堂的教导中剔除了。"② 毫无疑问，一种关于道德、宗教以及形而上学意义的深刻改变决定了20世纪60年代自我认识的特征。这种新观念所激发的能量改变了西方人对宗教的理解。它框定了一种文化，使梵二会议在其中得以举行并发挥作用。彼得·伯杰（Peter Berger）在刻板的条款中看到了这一变化：

> 或许在历史上是第一次，不仅仅对于少数知识分子和其他边缘人群，而是同时对整个社会的大部分人来说，这个世界的宗教合理性都失语了。这开启了一个从大的社会制度到个别人的经验都广泛

---

① 埃德瓦尔德·斯切累布克斯（Edward Schillebeeckx）：《世俗世界里对上帝的陈述与静思》（*Silence and Speaking About God in a Secularized World*），载《现世基督教》（*Christian Secularity*），阿尔伯尔特·斯克里泽尔（Albert Schlitzer）著，印第安纳州，圣母院：圣母大学出版社1969年版，第156页。

② 斯蒂夫·布鲁斯（Steve Bruce）：《当代世界的宗教》（*Religion in the Modern World*），纽约：牛津大学出版社1996年版，第36页。

存在的剧烈争议。换句话来说，它造就了一个关于"意义"的难题，不仅仅涉及到国家和经济制度，也涉及到每一个人的日常生活。①

所有这些思考都充分证明，梵二会议本身就是这个大的文化变革导致的后果，而不是对于它们的贡献，也不是对于当代生命伦理学包括基督教生命伦理学的贡献。

大约 30 年以后，伯杰（Berger）评论了现代性的失败和传统宗教运动的力量，尤其是那些发生在西欧以外的情况。

> 从全球性的宗教视野来看，保守主义或东正教或传统主义者的运动几乎在每一个地方都兴盛起来。这些运动正是那个抵抗被进步知识分子称之为现代化进程的东西。与此相反，那些努力去适应这种已知的现代性的宗教运动和机构几乎到处都在衰落。②

传统宗教不仅能够生存而且能够繁荣的迹象表明，梵二会议与其说是被历史所推动，不如说，事实上是它推动了历史，并且同时对于传统宗教也是一种颠覆作用。一种宗教，如果有决心捍卫自己的品格和荣誉，就可以这样做。正统犹太教无差别地存在于基督教文化和世俗文化当中——如果对其不怀敌意的话。正统犹太教的成员可以在分享他们身边的科学、技术和经济领域的成果的同时，仍然坚持自己的宗教道德同一性，虽然他们常常需要为此付出巨大的个人代价。虽然，伊斯兰教世

---

① 彼得·博格（Peter Berger）：《宗教的社会现实》（*The Social Reality of Religion*），伦敦：企鹅出版集团 1969 年版，第 130 页。

② 彼得·博格（Peter Berger）：《概述——去世俗化的世界》（*The Descularization of the World: An Overview*），载《去世俗化世界》（*The Desecularization of the World*），华盛顿，哥伦比亚特区：伦理学与公共政策中心 1999 年版，第 6 页。博格承认在西欧的世俗化进程有一个飞速的发展，即使它不可能描述在世界其他地方宗教的发展。

在西欧，假设除此无他处，似乎仍然在坚持着旧的世俗化理论。随着现代化进程的发展，在世俗化方面也增加了一些关键性指标，在两个层面上表达着信仰（尤其是那些可以称为正统的基督教新教和天主教的教义），以及在教会相关的行为方面戏剧性的表现——服务于散拜又参与出席教会活动、坚持由教会支配个人行为（尤其是在性生活、生殖、婚姻等方面）的守则，招聘神职人员等。（同上书，第 10—11 页）

俗化的结局，已经因为很多传统社会消失殆尽的历史经验而被人们所预言，但它还始终坚守它的传统承诺。① 它并未因时代的强大压力而被迫世俗化。可是，人们仍然可以选择自己的道路与目标，像霍梅尼（Ayatollah Khomeini）这样的个人能够影响他们国家宗教的历史，使之走向一个完全不同的方向。个人和集体的选择推动着历史。梵二会议之后天主教义的戏剧性的变化，至少在其作为一个重大的基督教道德神学的思想转变因素的

意义上扮演了支持教会的角色，并因此在20世纪60年代晚期到70年代间形成了宗教的生命伦理学理念。主流基督徒开始重新思考道德律和道德反省的实质。

约瑟夫·弗莱彻（Joseph Fletcher），一位前英国圣公会②的牧师，在定义新道德语境并于1960年撰写生物医学伦理学等方面扮演了一个先知角色。1950年，弗莱彻就预言了在未来数十年中将会出现道德乱象的局面。③ 他预言危机的来临是道德混乱的开始，并且赋予其一种基督教道德神学的形式以应对这种情境变故，但其最后却蜕变成变成一

---

① 有理由认为，传统社会的城市化和工业化是一支不可阻挡的力量。参见丹尼尔·雷纳（Daniel Lerner）《传统社会的结束》（*The Passing of Traditional Society*），格兰克，伊利诺伊州：自由出版社1962年版。我们应该注意到，伊斯兰教还没有完成预想的改革，可以说，最近十年来，它是在政治强迫力量的频繁干预下复兴起来的。但不能就此得出结论，认为伊斯兰教只要能避开政治强迫就不会发生这种变化。

② 圣公会 Episcopal Church 为英国国教会和美国圣公会，在英国分为四个教会，与苏格兰、英格兰、威尔士和北爱尔兰四个地理分区趋向一致，为主教制教会。英格兰亦称安立甘宗。英国圣公会内部，因教义和仪式不同，又分为低教会（强调保守神学，教义与仪式简化）、福音派（强调《圣经》的重要性和福音的传播等）、广泛教派（崇拜《公祷书》和持有自由神学观点）、高教会或称英国天主教，强调"大公性"除不承认教皇的权威外，教义与仪式上与天主教和东正教接近。——译者注

③ 约瑟夫·弗莱彻（Joseph Fletcher）：《道德与医学》（*Morals and Medicine*），普林斯顿，新泽西州：普林斯顿大学出版社1954年版。弗莱彻的著作反映了那个时代很多重要的道德变革。另请参阅约瑟夫·弗莱彻（Joseph Fletcher）《现实伦理学》（*Situation Ethics*），费拉德拉菲亚，威斯敏斯特1966年版。弗莱彻认为这显示了对传统宗教信念的解构。在1952年9月18日的一个演说中，教皇庇护十二世提出了对境遇伦理学的关注，其中弗莱彻成为批评"还有什么能被称为'境遇论（Situationsethik）'言论的批评人，或'根据境遇的道德'"的拥护者。文森特·伊泽尔曼斯（Vincent Yzermans）主编：《教皇庇护十二世重要演讲集》（*The Major Addresses of Pope Pius XII*），圣保罗，明尼苏达州：北方中心出版公司1961年版，第1卷，第209页。

位寡廉鲜耻的世俗人道主义者。基督教道德神学著作以质问权威和与以往惯常无惊的道德传统为自身的标志。① 基督新教对传统基督教的批评，往往是非常本质地颠覆基督教教义遗存的真理性。例如，对古斯塔夫森（James Gustafson）关于"上帝缺乏行动的意图但却具有行动的意志"的观念的评价，斯都特（Jeffery Stout）总结说："古斯塔夫森的企图是避开神性（Deity）的人化观念，最后导致出一个推论：在某一重要的侧度上，神更像是一种动物②而不是一个人。"③ 确实，史都特假定古斯塔夫森的基督教神学功能就是反信仰的前言。④ "古斯塔夫森对传统宗教教条的批评制造了一种动力，仿佛要把我们挟持到超越他自身处境的无神论中去。"⑤ 面对充满对道德神学的宣战气息的氛围，基督教生命伦理学无法提供一种毫不含糊的明确指导，因此，基督教生命伦理学从一开始就注定是一个持续性的创新工程。

---

① 哈维·考克斯（Harvey Cox）：《庶民都市》（*The Secular City*），纽约：麦克米伦1966年版；约瑟夫·弗莱彻（Joseph Fletcher）、托马斯·瓦斯摩尔（Thomas Wassmer）：《你好，挚友们》（*Hello, Lovers*），华盛顿：考尔普斯书店1970年版；阿兰·D. 吉尔伯特（Alan D. Gilbert）：《创造后基督时代的不列颠》（*The Making of Post - Christian Britain*），伦敦：朗文1980年版；厄·杰·劳伦斯（R. J. Lawrence, Jr.）：《爱神中毒》（*The Poisoning of Eros*），纽约：奥古斯丁·穆尔1989年版；大卫·伦内尔（David Lerner）：《传统社会的逝去》（*The Passing of Traditional Society*），格兰克，伊利诺伊州：自由出版社1962年版。道格拉斯·莱莫斯（Douglas Rhymes）：《没有新的道德》（*No New Morality*），印第安纳波里斯：Bobbs - 美林公司1965年版；约翰·罗宾逊（John A. T. Robinson）：《今日的基督教道德》（*Christian Morals Today*），菲拉德尔菲亚：威斯特敏斯特1964年版；斯彭（J. S. Spong）：《活在罪中？》（*Living in Sin?*），圣弗兰西斯科：哈珀和行1988年版；斯特灵费劳（W. Stringfellow）、阿·汤（A. Towne）：《主教派克事件》（*The Bishop Pike Affair*），纽约：哈珀和行1967年版。

② 书中引用的原文为 to the view that in one important respect the Deity is more like a dog than-like a human being. 为在汉语神学语境中和民族俚语的理解上，表示对基督教情感的尊重，在此译为"动物"而不是"犬"。——译者注

③ 杰弗雷·斯都特（Jeffrey Stout）：《后巴贝尔伦理》（*Ethics After Babel*），波士顿：灯塔出版社1988年版，第171页。

④ 新教世俗化的根源常常被追溯到19世纪，但事实上应该追溯到18世纪和伊曼纽尔·康德的《关于宗教理性的界限》（*Die Religion innerhalb der Grenzen der blossen Vernunft*，1792）。哈特曼（von Hartmann）在19世纪末曾经评论说："自由主义的新教有必要成为一种无信仰的历史现象，因为新教已经把现代性文化的利益作为依据。"见爱德华·冯·哈特曼（Eduard von Hartmann）《自分解的宗教与基督教》（*Die Selbstzerset - zung des Christenthums*），柏林：登克尔1874年版，第87页。

⑤ 杰弗雷·斯都特（Jeffrey Stout）：《后巴贝尔伦理》（*Ethics After Babel*），第182页。

尽管存在着数量可观的困难，基督教生命伦理学作为生命伦理学的家族成员还是获得了一个简化但具有意义重大的诞生机遇。在大约 20 年的时间里，它在大众关于新医学的争论中取得了一个核心位置。然后它从公共政策论争中抽身出来。它并不否认，福音派和其他教宗的作者创作出的内容丰富、思想深刻的作品数量不断增加，① 基督教生命伦理学已经不再指令公共政策应该注意自己曾经关注的问题。伴随它的繁荣，新教生命伦理学家们，诸如保罗·拉姆塞（Paul Ramsey）和斯坦利·豪尔瓦斯（Stanley Hauerwas）主张基督教生命伦理学应该占据一

---

① 最近，福音主义者和其他新教教派都转向了生命伦理学，撰写了大批著作，包括：富兰克·E. 佩恩（Franklin E. Payne, Jr）：《圣经与医学伦理》（Biblical/Medical Ethics），《基督教和医学实践》（The Christian and the Practice of Medicine），米尔福德（Milford, MI：Mott Media），密歇根州：莫特媒体 1985 年版；赫塞尔·鲍马 Ⅲ（Hessel Bouma Ⅲ）等：《基督教信仰，健康和医疗实践》（Christian Faith, Health, and Medical Practice），大瀑布城，密歇根州：世界银行，德曼斯 1989 年版；约翰·基尔纳（John Kilner）、奈杰尔·卡梅伦（Nigel Cameron）、大卫·席德迈尔（David Schiedermayer）编：《生命伦理学与未来的医学》（Bioethics and the Future of Medicine），大瀑布城，马里兰州：世界银行，德曼斯 1995 年版；吉尔伯特·梅兰德（Gilbert Meilaender）：《身体，灵魂和生命伦理学》（Body, Soul, and Bioethics），圣母院，印第安纳州：圣母大学出版社 1995 年版；斯蒂芬·E. 拉默斯（Stephen E. Lammers）、阿伦·韦尔赫（Allen Verhey）编：《道德医学：医学伦理学的神学观点》（On Moral Medicine: Theological Perspectives in Medical Ethics），大瀑布城，马里兰州：世界银行，德曼斯 1998 年版；莫兰德（J. P. Moreland）、斯科特·赖（Scott B. Rae）：《身体和灵魂》（Body and Soul），答那格鲁，伊利诺伊州：大专出版社 1999 年版；以及斯科特·赖（Scott Rae）、大卫·考克斯（David Cox）：《生物伦理：基督徒在多元化时代的方法》（Bioethics: A Christian Approach in a Pluralistic Age），大瀑布城，马里兰州：世界银行，德曼斯 1999 年版。这些著作实质上具有基督教道德神学文献价值，这些作品旨在于解决生命伦理学的基础问题。还可以参阅阿尔文·普兰廷（Alvin Plantings）、尼古拉斯·沃尔特斯多夫：（Nicholas Wolterstorff）编《信仰与理性》（Faith and Rationality，圣母院，印第安纳州：圣母大学出版社 1983 年版；理查德·J. 莫弗（Richard J. Mouw）：《谁指挥的上帝》（The God Who Commands），圣母院，印第安纳州：圣母大学出版社 1990 年版；L. 格雷戈里·琼斯（L. Gregory Jones）：《改判》（Transformed Judgment），圣母院，印第安纳州：圣母大学出版社 1990 年版；尼古拉斯·沃尔特斯多夫：（Nicholas Wolterstorff）《神的话》（Divine Discourse），纽约：剑桥大学出版社 1995 年版；以及罗伯特·奥迪（Robert Audi）、尼古拉斯·沃尔特斯多夫：（Nicholas Wolterstorff）《宗教在市民广场》（Religion in the Public Square），兰哈姆，马里兰州：Rowman & 利特公司 1997 年版。意味深长的是，缪弗（Mouw）在他的著作中删去了他早先在《医学与哲学》（Medicine and Philosophy）杂志上发表的文章。

个更加显赫的位置,① 他们这一思想受到了广泛关注。最初,这些辩论的魅力来自其自身的鲜活性,甚至当基督教生命伦理学旧的范式瓦解以后,仍然有很多学者还在积极努力去创造一些新的范式。在整个20世纪60年代到70年代早期,生命伦理学科的创始阶段,各种不同的基督教生命伦理学获得了极大的繁荣,所以在这个时期,没有人能够越过诸如拉姆塞和豪尔瓦斯等基督教思想家的基础工作,为医学伦理学和生命伦理学提供一个真实完整的目录。然而,正因为世俗生命伦理学为公共政策设定了一个重要原则,基督教生命伦理学方得以回归到具有文化意义和文化力量的领域。基督教生命伦理学成为了世俗生命伦理学产生的一个中介环节,部分原因是由于基督教生命伦理学尝试着用世俗话语而非基督教术语来与世界对话。通过削弱自身的个性,使基督教生命伦理学游离于它自身所能够提供的重要价值的重要意义之外。正如豪尔瓦斯(Stanley Hauerwas)曾经说过的那样,这一点恰恰是导致近年来基督教生命伦理学地位下降最重要的原因。②

另一些因素也导致世俗生命伦理学比基督教生命伦理学看起来更具有吸引力。文化的世俗化也造成了将基督教生命伦理学视为已丧失其魅力的道德指导的根源。对传统权威身份的仰赖,即使不被看作是一种错误的意识,也被轻蔑地看作不过是一种家长主义作风。传统的基督教道德被认为是等级权威式的,与那种认为社会应该是开放、自由和多元化的观点是格格不入的。认为宗教传统是道德判断的源头之一的特殊观念,与一种正在日渐明显的关于个人自主和个人权利观念之间发生了激烈冲突。的确,传统基督教不仅仅是等级制的,还是非常粗暴的家长制。这一特征在圣保罗的言论中有充分的体现,他说"男人是女人的头"(哥林多前书11:3)以及"并且男人不是为女人造的,女人乃是为男人造的"(哥林多前书11:9)。虽然接受男子和妇女同样受到上帝

---

① 保罗·拉姆塞(Paul Ramsey):《被造的人》(*Fabricated Man*),纽黑文:耶鲁大学出版社1970年版;斯坦雷·豪尔瓦斯(Stanley Hauerwas):《愿景与德行》(*Vision and Virtue*),圣母院,印第安纳州:菲德斯天主教出版社1974年版;《真情与悲剧》(*Truthfulness and Tragedy*),圣母院,印第安纳州:圣母大学出版社1977年版。
② 斯坦雷·豪尔瓦斯(Stanley Hauerwas):《基督教伦理如何成为医学伦理——保罗·拉姆塞的案例》(*How Christian Ethics Became Medical Ethics: The Case of Paul Ramsey*),载《基督教生命伦理学》(*Christian Bioethics*)1995年第1期,第11—28页。

召唤得救的观念,但传统基督教还是认为他们具有不同的名誉和权利层次。面对20世纪60年代妇女权利运动以及反对传统社会权威主张的浪潮,传统基督教的观念不仅仅是无法接受和令人窘迫,还遭到彻底的拒绝。传统基督教的义务承诺被看作是一种剥削,因而在传统和后传统基督教之间深深地嵌入一块文化楔木。

随着传统和后传统基督教之间的分裂,基督教道德变得越来越多元化。因西方基督教改革暴露出来的道德差异性,已经通过不同的基督教生命伦理学得以表达。传统和后传统基督教之间在道德观念上的分裂进一步加大并更趋复杂化。通过区分一些特定的基督教可以看出,传统基督教和后传统基督教远比传统罗马天主教、美国圣公会和天主教长老会这些宗派之间的差异更大。传统罗马天主教、美国圣公会和天主教长老会发现,他们相互之间往往更多地共同坚守着同一道德律和生命伦理学知性,这种相似程度超过了他们和自由主义神学家以及与他们具有同一宗派的人们之间的共同之处。尽管如此,与强烈的普世愿望相反,困惑的医生在寻求道德指导时往往面临着西方基督教道德认识多元化的困境,不知道其中哪一个基督教信仰能够提供指导。例如,罗马天主教和新教在关于避孕、绝育和他源人工授精等技术是否符合道德等问题上具有分歧。也不清楚这样一种指导是否能够在这种已经日益世俗化的西方文化中获得认同。

在这个赞同多样性同时把信仰的真正差别视为威胁的时代,基督教生命伦理学或者至少是传统的基督教生命伦理学,找到了产生分歧的关键以及因此产生威胁的缘由。西方宗教战争以及异端裁判所强制行为的历史妨碍了基督教生命伦理学的发展,这个不光彩的过去使当代人对其保持怀疑。在一个遗存着用血与火的手段来回应纷争的不光彩历史的世界上,基督教生命伦理学却试图将基督徒与非基督徒、基督徒与其他基督徒区分开来,观此之态势,将会危及社会和平的基础结构。基督教生命伦理学具体的道德原则,很有可能是宽容敌人但与朋友发生冲突。曾经在过去发动宗教战争的基督教,在20世纪中期已经开始发动通向未来的文化战争。居于后传统基督教视域以及从20世纪60—70年代多次人权运动的立场来分析,即使从最好的方面说,传统基督教也只是起到了一个负性激励作用。它反对将人们和社会结构从过去专制之下解放出来的进步自由主义承诺。在它看来，流产和正在出现的避孕的风气是一条通往被咒骂而不是被解放的道路。它更不会接受，这种选择避孕的风气是将人们从生物学力量的专制暴力下解放出来——这种暴力强迫女人屈服于男人；在性解放运动中，传统基督教公认的观点是：在性革命中出现的性自由、避孕、流产仅仅是一种激情的后果，与此同时，由这一后果所带来的混乱会导致更严重的束缚和奴役。在基督教内部，关于这些问题的不同意见加剧了这一时期的道德争议。基督教生命伦理学进一步刺激了争议，而没有提供一种解决生命伦理学争议的方式，也没有促进在卫生保健政策等方面达成共识。

总之，当基督教生命伦理学面对为高新医学技术提供道德指导的挑战时，它发现自己并不能胜任。困难是多方面的，并且深深地根植于当代基督教文化精神内部。基督教已经被分裂成为不同的教派，不再能提供明确的指导。面对各种不同的观点时，人们可以在相当广泛的范围内，虚伪地选择某种特定宗教观，针对自身想要进行的活动进行辩护（例如：如果有人想要获得对他源人工授精的宗教支持，他只要找到合适的基督教神学家就可以实现）。主流的基督教在其自身关于基督教到底意味着什么的观念上陷入了混乱：很多从基督教内部往往难以获得明确指导，因为那些历史悠久的道德论争的解决方法已经被抛弃或拒斥了。正如基督教生命伦理学有机会为现代卫生保健政策提供指导时所遭遇到的情况一样，基督教似乎还不清楚自己应该提供何种伦理学。结果，基督教与现代世界的适应性只能遭到怀疑。但这还不是最糟糕的，还有几个原因使周围的文化已经有充分理由将基督教视为民主开放政体的一个威胁。第一，传统基督教追求的是在等级制的框架下解决道德难题，而非追求个人从过去的束缚下解放出来之后进行理性思考和选择；第二，基督教等级制度是家长主义的；第三，基督教基于其道德承诺上的特殊性，鼓励的是道德差异，而不是一种让所有人都可能赞同的道德共识；第四，基督教在其所提供的与世俗伦理学相对照的伦理学的范围内，无法为第二次世界大战之后在西方出现的世俗的多元化社会提供公共制度和政策上的建议。我们认为，基督教生命伦理学的基督教属性本身就是一个问题。

基督教生命伦理学与世俗生命伦理学：差别的消弭

好像为了解决基督教生命伦理学的难题一样，许多基督教道德神学家把更多的精力用在道德方面消除基督教与世俗的生命伦理学的差别。耶稣会信徒道德神学家约瑟芬·福科斯（Joseph Fuchs）便是这样考虑的：

> 基督徒和非基督徒面对同样的道德问题以及……两者必须按照相同的标准以及人的真实反应做出对问题的解释。通奸行为和婚前性行为在道德上是否合适或者可能合适？世界上的富裕国家是否必须帮助穷国以及帮助到什么程度？生育控制是否公正、是否应该提供生育控制技术？什么类型的生育控制技术可以显示人类的尊严价值？这些问题涉及到所有的人性问题。因此，如果我们的教会和其他社区并非总能达成一致，这也并非是由于在基督徒和非基督徒之间存在不同道德的缘故。[1]

神学家詹姆斯·瓦尔特（James Walter）根据世俗和基督教伦理大致相当的特点，得出了一个类似的结论："我的观点是，就伦理学的基础层面，基督教伦理既无任何差异也无任何独特之处。"[2] 福克斯和沃尔特斯的这些主张和许多西方基督教以自然法为导向、以道德神学为参照的观点是一致的，这些观点表明了基督教道德的内容与那些能够公开

---

[1] 约瑟夫·福克斯（Joseph Fuchs）：《基督教的道义是否存在？》（*Is There a Christian Morality?*），载 查尔斯·柯伦（Charles Curran）、理查德·麦克考密克（Richard McCormick）编著《道德神学读物（第二部）——基督教伦理学的特色》（*Readings in Moral Theology No. 2：The Distinctiveness of Christian Ethics*），纽约：保禄会会员出版社1980年版，第11页。

[2] 詹姆斯·沃特（James Walter）：《基督教伦理学：独特的还是具体的？》（*Christian Ethics—Distinctive and Specific?*），载《道德神学读物（第二部）》（*Readings in Moral Theology No. 2*），第107页。

的自然理性具有一致性。①

在这一框架内进行分析，基督教道德神学和世俗道德哲学间的伦理差异消失了。基督教伦理学是这样一门学科，它可能是多元化、不同于世俗伦理学、通过强调道德差异来把基督教徒和非基督教徒分裂开来。可以通过理性实现统一，事实上这就承认了与世俗伦理学的一致性，并确认了全人类的道德共同体。正如查尔斯·柯伦（Charles Curran）所指出：

> 很显然，个人如同对上帝般对耶稣的承认至少影响了个人的意识和他意识主体性的反映，但是基督徒和真正的非基督徒能够而且一定能够作出相同的结论，同时，一定能够共享统一的伦理态度、倾向和目标。因此，真正的基督徒并没有对以下采取独断的控制：像自我牺牲的爱情、自由、希望、对需要帮助的邻居的关心甚或是只有在失去自己生命的情况下才能表现出的这些相似的伦理态度、目标和性质。显明的基督教意识的确影响着基督徒的判断以及他采取何种道德判断方式，但是，非基督徒能够而且一定能够做出相同的结论，而且拥护和珍惜那些过去基督徒曾经错误地声称只为他们自己服务的那种最崇高的原动力、美德与目标。这就在确切意义上否认存在着一个不同的基督教伦理，即非基督徒也可以得出相同的结论，并且同样珍视与基督徒信奉的类似伦理倾向、目标和态度。②

这种基督教与世俗道德物质等同的观点被许多其他基督教道德家

---

① 自然法是用来解释由西方基督教发展而来的道德，其认为，即使没有基督教，人们也能在原则上确定自己的行为。例如，关于生命伦理问题，由此指出：

所有的人都被呼吁服从自然法则。因此，问题不在于他是一个罗马天主教徒，还是新教徒、犹太人、异教徒，或一个没有任何宗教信仰的人，但他却不得不熟悉并且遵守自然法则的观念。在本卷中所提到的所有的义务都是来源于自然法则，除非相反的方面，在文中有很明显的表述。

埃德温·希利：(Edwin F. Healy)：《医药伦理学》(Medical Ethics)，芝加哥：罗耀拉大学出版社1956年版，第7页。

② 查尔斯·柯伦（Charles E. Curran）：《天主教道德神学对话》(Catholic Moral Theology in Dialogue) 圣母院，印第安纳州：圣母大学出版社1976年版，第20页。

做了详尽阐释。① 鉴于这种认识，基督教生命伦理学不再受制于是不是世俗思想或者是不是来源于世俗思想。原则上，它们都将共享相同之基本前提，以及道德依据和推理的原则。应该正确理解基督教生命伦理学，它不会是多侧面的，一种能够有效解释道德的自然法则的伦理学，应该摒弃道德多元化的观点。

令人担忧的是，作为一位基督徒是否需要传达至少一种特定的、任

---

① 让·奥巴特（J.–M. Aubert）：《圣托马斯所提倡的基督教道德的特性》（*La spécificité de la morale chretitienne selon saint Thomas*），载《补编》（*Supplément*）1970年第92期，第55—73页；弗·博克勒（F. Böckle）：《基督教伦理何以正确？》（*Was ist das Proprium einer christlichen Ethik?*），载《Heythrop杂志》（*Heythrop Journal*）1972年第13期，第27—43页；詹姆斯·莱斯纳罕（James F. Bresnahan, S. J.）：《拉内的基督教伦理学》（*Rahner's Chtistian Ethics*），载《美国》（*America*）1970年第23期，第351—354页；约瑟夫·富克斯（Joseph Fuchs, S. J.）：《基督教道德是否有特殊性?》（*Gibt es eine spezifisch christliche Moral?*），载《时代之声》（*Stimmen der Zeit*）1970年第185卷，第99—112页；约翰·麦奎利（John Macquarrie）：《伦理学的三大问题》（*Three Issues in Ethics*），纽约：哈珀和行出版公司1970年版；理查德·西门（R. Simon）：《基督教伦理学的特性》（*Spécificité de l' éthique chrétienne*），载《补编》（*Supplément*）1970年第1992期，第74—104页。在对物质的追求方面，把基督教道德神学视同世俗道德的观点，很大程度上，是罗马天主教道德神学的显著趋势，即为它自己在自然法则和道德理性方面的认识奠定基础。这些在基督教道德方面的认识，遭到新教道德神学家的反对，他们是在原则上予以批驳，如卡尔巴特。20世纪60年代，研究生命伦理学的神学家如詹姆斯·古斯塔夫森（James M. Gustafson）采取的是类似巴特的立场，即拒绝减少基督教道德增加哲学道德的观点，参见《基督和道德生活》（*Christ and Moral Life*，纽约：哈珀和行1968年版）。罗马天主教道德神学家们，如伯纳德·哈林（Bernard Häring）也反对这种转变。伯纳德·哈林认为："一些人包括一些天主教神学家在内仍然持有那个令人难以置信的观点，他们认为新约不会增加新的自然法则的内容，它只是提供新的动力。这其实比贝拉基（Pelagius）的道德教义更加糟糕。"见《相关之途》（*Road to Relevance*），纽约：阿尔巴1970年版，第66页。然而，对詹姆斯·古斯塔夫森（James M. Gustafson）来说，他发展了一门后传统的基督神学，反对这样一些观点："上帝的无所不知和无所不在，反对上帝是有智慧的，它的智慧有点像我们人的，但又优于我们的，上帝有一种意志，并以一种能力来控制类似人类所提出的、更激进要求的能力。"见《从以上帝为中心视角的伦理学》（*Ethics from a Theocentric Perspective*），芝加哥：芝加哥大学出版社1981年版与1984年版，第1卷，第270页。此外，他的基督论不是肯定基督复活或身体复活的传统的基督中心论。伯纳德·哈林最近还呼吁，以罗马教会的重组来重新塑造传统天主教信仰。例如，伯纳德·哈林（Bernard Häring）的《我所见证的教会》（*My Witness for the Church*），伦纳德·斯威德勒（Leonard Swedler）译，马瓦，新泽西州：保禄会会员出版社1992年版。

何人和每一位生命伦理学家都不曾持有的道德生活方式。① 为了支持奥巴特（Aubert）提出的一系列观点，即使基督徒和非基督徒的道德基本上是相同的，② 他们仍然具有一定的差距。现存的基督教徒的信仰特征，使基督徒束缚于需要上帝指导的伦理要求上，这样的基督徒道德行为方式和意向将会与非教徒不同。为了基督的利益，非基督徒是不会服从这些道德规范的。此外，对基督教神学的理解会改变行动的意义。例如，基督徒会把破坏道德规范（例如故意伤害患者）看作是疏离基督。此外，按照定义，仍然会将某些道德规范和基督教联系起来，例如履行和其他教徒一起进行祈祷的义务。作为一名基督徒，也将因信仰影响个人的选择，如决定加入基督教团体以便为贫困者提供医疗卫生保健。这种个人的决定只有在基督徒信仰的情境下才能被充分理解。所有这一切都可以说明，只要仍然坚持基督教规范的基本主旨，基督教生命伦理学的基本主旨和非基督教的生命伦理学是相同的。③

---

① 理查德·麦克考密克（Richard mcCormick）：《1965—1980 道德神学笔记》（*Notes on Moral Theology, 1965 through 1980*），华盛顿：美国大学出版社 1981 年版，第 296—303、428—432 页。

② 让·奥巴特（J. - M. Aubert）：《圣人托马斯所提倡的基督教道德的特点》（*La spécificité de la morale chrétienne selon saint Thomas*），1970 年增刊第 92 期（*Supplément* 92），第 55—73 页。

③ 20 世纪，道德神学可以提供什么，而世俗道德可以证明什么，一些人并不能辨别二者之间的根本性差异，而这些人所提出的关于基督教道德神学的解释，在某些方面与罗马天主教会的传统观点截然不同。例如：1913 年版的《天主教百科全书》（*Catholic Encyclopedia*）表明："按正确的理解，道德神学应该是指，对道德科学超自然地予以揭示……很显然，虽然这一最高立法者可以通过自然理性来获知，但是不管是他还是他的法律，都可以被充分理解而不用通过自己的启示。因此，对道德的神学和神圣法律的研究，实际上，只有赖于那些诚信的、并信奉神启者以及那些已经断弃与教会关系的教派来挖掘，只要他们始终坚持耶稣基督的神圣启示即可以实现。"（纽约：大百科全书出版社 1914 年版，第 14 卷，第 604 页）这一观点依然受到诸如雅克·马里坦（Jacques Maritain）这样的传统罗马天主教思想家的支持。

"人类生活的规则是从上帝传授下来的。有关它们的知识是通过信仰而不是理性带给我们的。这是一种公开的知识，即使道德规则的知识，以或多或少模糊的、不完善或扭曲的方式，自然地为人类的灵性（《十诫》的戒律）所接受，人们基本上能以此作为揭示自然法则育成道德原则之基础。

人性本身就存在于启示伦理学（revealed ethics）之中，从本质上说，它是宗教伦理学的分支。"

雅克·马里坦：《道德哲学》（*Moral philosophy*），纽约：查尔斯·斯克里布纳之子公司 1964 年版，第 87 页。

由此可见，道德只有在正确的崇拜和信仰的情境下才能被充分理解。真正的道德就是基督教道德。

在这种情况下，基督教伦理学不应挑战世俗伦理道德与其共有的认识。与世俗伦理学大体相符的基督教伦理学，也不会提供有关第三方辅助生育、堕胎、医疗资源的分配和医生协助自杀或安乐死等问题的不同道德规范。正确的理解是，不应该存在特定教派的专有伦理规范。基督教伦理规范的多样性可以和世俗道德达成一致，而且能够给予足够的概念分析和充分的哲学审查。因而，可以把精力放在为社会正义的普遍服务上，而不是放在虚假的道德特殊性上。基督教伦理表面上的分歧，可以通过强调在所有人都参与的、开放的哲学审查和民主评议中得以解决。

这种方法进一步加强了世俗伦理学而不是过于强调基督教伦理学的优势。再者，一个世俗的伦理学是有吸引力的：（1）或因基督教伦理学的特殊性它所以是多元的，和世俗伦理（能起到联合民众避免宗教分歧的作用）相比它不太适合决策者；（2）或因基督教道德在实质上是和世俗道德等同的，因此能够恰当地通过世俗伦理思想表现出来。基督教伦理要么是引起分歧的、危险的，要么是无害和无伤大局的。无论是以上何种情况，世俗伦理学比特殊的基督教伦理学受人欢迎。对许多人来说，世俗伦理因为它的普遍要求和大公无私的承诺恰好成为一种宗教化选择。这种对基督教伦理的解释似乎已经具有一种说服力，即可以摆脱基督教伦理从世俗伦理中分裂出来，并可以通过世俗道德哲学的分析和论证来实现本身的宗旨。

道德危机以及中世纪理性的信仰

世俗生命伦理学作为一个学术领域和关注医疗保健政策原则的学科，是伴随着第二次世界大战之后美国迅疾的文化发展而出现的，并继而扩展到全世界。虽然生命伦理学这个术语在20世纪70年代早期才被提出，但是在40—60年代对生命伦理学的兴趣已经在医学伦理学和医学人文学领域显示出令人瞩目的萌动征象。正如与所有的历史现象一样，这种征象在医学人文学、医学伦理学和生命伦理学领域的萌发是与各种各样的文化变迁联系在一起的。如果不是真切地需要道德的解释和指导，对生命伦理学的兴趣也就不会在世界上传播的如此之快，生命伦理学也就不会在学术领域和医疗保健政策框架之中占有自己的一席之地。我们很容易把对这些问题的关注看作是对医疗科学技术迅猛发展的一种响应。这种发展伴随着第二次世界大战的硝烟，抑或对邪恶的民族社会主义者的反击。① 当然，这些解释难免过于简单化，并不仅仅是因为新技术的发展才产生新的道德，并使得传统道德受到挑战，或者是医生们煽动对民族社会主义的恐惧心理，以此激发各种反应，以及对各种暴行的强烈痛斥。更为重要的一点是，不切实际的传统的道德观念正在瓦解，一个道德真空产生了。

由于医学专业自身社会地位和角色的变化，以及自我价值认知正在发生改变。在治疗病人时，医生认识到，自己已经不再具有作出广泛决定的特权。传统医疗决策表现出家长制特征，并且知情同意是否有效的验证，从职业化医生决定标准转移到合理的、审慎的个人决定标准。② 20世纪见证了医疗保健职业的去专业化过程。由于这种准自我管理的行业协会仍未受到触动，医学握持着各种特权进入20世纪。美国的医学在联合中酝酿着一种独立的职业化（相对于无薪金的独立医师而

---

① 目前，关于在20世纪30年代到40年代之间在纳粹主义控制时期，什么才能更好地使德国医药业免于道德沦丧，对此，还没有正确的解决与评价。应该指出，在希特勒统治之前，德国颁布了科学研究中维护人体权利的完整的令人印象深刻的法律。参见汉斯-马丁·萨斯（Hans-Martin Sass）《帝国通讯，1931年（Reichsrundschreiben 1931）：前德国纽伦堡的新治疗和人体实验的管理规定》（Ore-Nuremberg German Regulations Concerning New Therapy and Human Experimentation），载《医学与哲学杂志》（Journal of Medicine and Philosophy）1983年第8期，第99—111页。实际上，在德国，有关保护囚犯和病人免于作为试验用人体，以及禁止进行未经许可的人体实验研究的规定，有着悠久的历史，这可以追溯到19世纪末。

② 参见举例，坎特伯雷诉斯彭斯（Canterbury v. Spence）的判决，464F.2d 772, 789（哥伦比亚特区巡回上诉法院，1972年）；考布诉格兰特（Coobs v. Grant），8 Cal. 3. d 229, 246；502p. 2d 1, 12；104cal. rptr. 505, 516（加利福尼亚州，1972年）；以及萨迪诉哈迪（sard v. Hardy），397A. 2d1014, 1020（马里兰州，1977年）。

言）运动,他们企及进行自我规范,并为病人和社会利益而服务。这种期望是指所有医疗服务必须受到医疗职业的直接控制和管理。在美国,随着医疗保险的出现和对医疗职业反垄断法的实行,医疗领域独立、自治的角色已经从根本上发生改变。在美国的法律体系下,医学行业不再被看成是具有指向性和自我规制的职业,当然,规制仍是一种趋势。① 那么,在一种特定的潮流中,医学行业试图对从业者进行规制,比如避免做商业性导向的广告,这是法律所明令禁止的。② 根据法律,医学行业屡发禁令,把医学伦理规制强加于它的会员,这样,在县、州等地方医学会吸纳会员变得日益困难,而美国国家医学会成员增加就更为有限。

医学行业的道德正在被边缘化,并且带来了很多问题。它被边缘化是因为几乎没有医生（接近千禧年的时候仅仅只有一半）依附于美国医学会,美国医学会是职业道德规范的制定方,这个医学会管理着美国的医生。③ 从根本上说,一个特殊的行业组织对道德背景进行审视和关注会带来许多问题,在一定程度上,个人渴望用伦理观念来指引整个社会的发展,但是这会受到公共政策的挑战。很自然地,在这种环境下,把关注医学伦理作为职业化承诺,将会在本质和命名上被生命伦理学遮蔽。"医学伦理"在反应内部问题时,它的重要性很有限,并且通常对某一职业来说,不会有一个强制性道德标准,这与对生命伦理学的普遍期望产生了鲜明的反差。这些变化是复杂结构发展的一部分,它包括医生和病人的二元关系转变成了医生、病人、承保人、买方（现在通常

---

① 美利坚合众国（上诉人）起诉美国医学会（法人）(The United of America, Appellants, v. The American Medical Association, A Corporation)；哥伦比亚地区的医学会（法人）(The Medical Society of the District of Columbia, A Corporation)，以及其他, 317U. S. 519（1943年）。

② 美国医学会诉联邦贸易委员会（American medicalAssoc. v. FederalTrade Comm'n), 638 F. 2d 443（2d 巡回上诉法院,1980年）。

③ 例如,参阅美国医学会的道德伦理委员会和司法委员会,载《医学伦理法规》(Code of Medical Ethics)，芝加哥：美国医学学会,1997年。

第一章　从基督教生命伦理学到世俗生命伦理学：全球化自由主义道德的建立

是病人的雇主或是一个官方机构）、体制提供方（比如医院）、政府监管机构等多元结合体。在这个时期，独立从业医生逐渐进行联合执业，管理保健计划和医护服务。大量的第三方机构不是凌驾于医生之上，就是凌驾于医生和病人的关系之上。很多非医学院出身的专家在医务管理方面发挥着核心作用。① 当西方的基督教生命伦理学在六七十年代面临社会、科技和经济的冲击，它开始发现，医生、牙医、护士和其他具有职业身份的人，要不就是面临棘手问题，要不就是正在发生改变。六七十年代的医学不仅变得后传统化，也变得后职业化了。在这种道德化、职业化和科技化不断变化的环境中，道德的不确定性也变得非常明显。科学技术的发展为责任和义务提供了强大的推动力，但是由于原则的不明确，对义务本质的讨论也还存在很多不同意见。正如所谓的西方基督教能够提供指导，而在某些方面还存在质疑，如它是一种什么样的道德指引和它如何提供道德指引。在这样的道德真空里，世俗道德提供了一种合理的选择，成为道德指向的来源。

关于生命伦理学和道德生活，西欧人期望实现中世纪的一个大胆尝试，就是力求把信仰与理性协调一致：两者相互支持，同时，允许理性独立于宗教，再去揭示一种普遍认可的道德。虽然西方相信宗教信仰，但逐渐认为只有理性功能的信仰才是可以明示，并且可以具有约制一

---

①　弗莱克斯纳（Flexner）的报告，强调了美国医学行业中的科学模型非常成功，以至于我们可以感受到，传统医学教育接受了一种科学领域的实质性原则的指导，并将其转化成基础科学，也就是科学的原则对当代医学的指导。参见亚伯拉罕—弗莱克丝纳（Abraham Flexner）所著的《美国和加拿大的医学教育，一份来自卡内基教育发展基金会的公报，第四卷》(*Medical Education in the United States and Canada, A Report to the Carnegie Foundation for the Advancement of Teaching, Bulletin No.*4)，纽约：卡耐基基金会 1910 年版。回顾当代医学管理保健医疗潮流的转型，参见弗兰克—戴维多夫（Frank Davidoff）《医学和商业 1：管理保健医疗是一个庞大的合成体吗？》(*Medicine and Commerce.* 1：*Is Managed Care a "Monstrous Hybrid"?*)，载《内科学年鉴 128》(*Annals of Intenal Medicine* 128) 1998 年，第 496—499 页；《医学和商业，2：礼物》(*Medicine and Commerce.* 2, *The gift*)，载《内科学年鉴 128》(*Annals of Internal Medicine* 128) 1998 年，第 572—575 页。

切、内容整全的道德。① 尽管对此休谟（Hume）持有怀疑态度，西方基督教依然坚持这一传统，并视其为对普遍人权的信仰，甚至可能成为全球生命伦理学的信仰。西方基督徒读过圣保罗在《罗马书》第二章第十二节"法律写在他们的心中"的话，可作为显表人类理性的能力，以其进一步演绎出独立于人类的道德真理。此外，西方基督教可能尝试履行一个由斯多葛学派学者在他们哲学思考中以及在罗马法中的承诺。② 这也并不是为了专事确定一部自然法作为一个独特的万民法的合理背景。另外他们还推测，基督教生命伦理学的实质内容应可通过自然理性获得。这并不是说，托马斯·阿奎那和其他人根本不承认任何腐败的文化和思想，以此无法充分理解自然法则。他们认为，情绪可以影响我们的思维。③ 他们也开始认识到，在所有认知中感化的角色作用。④ 但重点可以通过审视人性而推定的道德真理取代。结果是带来对道德解读的一系列转变，以至于道德的知识被理解为逻辑学的或经验主义的科学研究，带有典型的客观理性的色彩。重要的并非是理性主义者的特性而是思辨和分析的特性。

---

① 我在此指的是，罗马公教会试图巩固并加强他们已经发展一千余年的传统，那就是对自然理性（natural reason）作用的极力推崇。它已成为信仰问题，即有人认为，仅赖于自然理性，在没有信仰的情况下，上帝也是存在的。"同样圣母教会提出并教育我们，上帝是所有事物的来源和终点，这一点从人类理性的自然力量上加以对造物的考虑，是可以深信不疑的。自从创造世界以来，其本来晦昧莫测的本质已经被清晰地解构出来。"见《天主教信仰中教条主义式的章程》，载《梵蒂冈第一届大会会议——1869—1870》，诺尔曼·丹尼尔（Norman Tanner S. J.）编：《主教特别会议法令》（Decrees of the Ecumenical Councils），华盛顿，哥伦比亚：乔治城大学出版社 1990 年版，第二卷，第 806 页。除对理性深信不疑，教皇约翰—保罗二世（John Paul II）还鼓励哲学家"相信人类理性的力量，并且在进行哲学思考时不要把目标设定的过于保守"。参阅《信仰与理性》（Fides et Ratio），梵蒂冈城：梵蒂冈出版社 1998 年版，第 56 节，第 86 页。

② 关于斯多葛道德（Stoic Moral）和逻辑理性的基础，盖乌斯（Gaius）在他公元 2 世纪"法学概要"（Institutes）中称："人类通过自然理性建立起来的法律是体现所有人意志的，它被称为万民法（ius gentium）【国家法或是国际法】，这类法律被所有人所关注。"《盖乌斯法学概要》（Institutes of Gaius），弗朗西斯·德·祖略塔（Francis De Zulueta）译，伦敦：牛津大学出版社 1976 年版，卷 1，第 3 页。

③ 例如，参见托马斯—阿奎那（Thomas Aquinas）《神学大全》（Summa Theologica），I—II Q. 94，论文 . 6。

④ 托马斯·阿奎那同意优雅在人类知识中发挥作用的观点。参见《浅论优雅》（Treatise on Grace），Q. 109，论文 . 1。

第一章 从基督教生命伦理学到世俗生命伦理学:全球化自由主义道德的建立

正如一位从自身来说不喜欢逻辑和数学的逻辑学家或数学家，可能在理论上成功一样，伦理学者的成就被认为不依赖其生活方式，而依赖其辩论的特性。于是，道德真理能够通过发展更好的心智能力而不是通过发展更好的生活方式，从而被更好地探究与理解。甚至可以说，尽管某人是一个道德无赖和顽固不化的罪人，但他可能不仅成为很好的道德哲学家和生命伦理学家，还可能是一个不错的伦理神学家。这个人的道德和精神生活方式所表现出来的行为，与其研究道德哲学和神学的行为无关。进一步而言：通过道德上无私的、自由的世俗推理，一个人能树立现世道德的典型特征，这些特征在原则上与基督徒的道德神学是一致的。道德规范与道德生活不相干，但它已经作为一门科学被肯定，这种肯定，受到了源于中世纪自信的罗马天主教道德神学的支持，它强烈声明自己作为一门特殊科学在道德中的理性作用。

例如，其后的梵蒂冈第二次会议之前，受 20 世纪中叶罗马天主教神学家宽宏胸襟影响，道德和生命伦理学被作为一门科学赞誉，这说明，只要凭借并且去接近一切理性的原则即可背负任何重大责任。道德的成功并不直接取决调查研究者过理想的道德生活，而是取决于理性。

但是罗马天主教伦理学家确实做了一个公开客观的声明，声明关涉伦理科学的特殊功能、伦理科学的正确与否以及将这种道德规范如何作为科学应用于人类生活问题中。他们是在这个特殊领域里受过一系列训练而且经验丰富的人。他们为具备这种职业能力作了精心而全面的准备，历经数年，他们往往会去传授伦理科学，而且他们还不断把这门科学附丽于实践应用。除了某些宗教问题之外，罗马天主教伦理学者至今仍代表着世界伦理科学领域最大规模群体的专门家，并且他们科学性研究的传统已经延续了几个世纪。[①] 此外，这个声明不仅与推导的理性趋于一致，而且是一种明示的推理和秉承信仰的道德。这也暗示了，即使在没有宗教信仰的生活中人们也可以过有道德的生活。不仅如此，个人可以通过更多更好的方式成为一个成功的基督教生命伦理学者，无论你是否是基督徒，也不管你是否有道德的生活，抑或不管你是否有过宗教奉献。宗教生活、道德生活、伦理神学是彼此独立的。伦理神学依靠的是推理，而并不依赖于受个人生活影响的抽象知识。

对推导的道德合理性的自信支持了一种道德普救学说，在正确理论的基础上,这种普世说被宣称为世俗社会的根基。中世纪是信仰、推理和社会的统一体,正如中世纪历史显示:这个统一体需要强制力量和宗教裁判所的监督。西方基督教与西方基督王国是统一的,另外,散漫的说理能透露一个所有人甚至是异教徒都能接受的伦理建构。② 在推理基

---

① 杰拉德·凯利(Gerald Kelly):《医学道德问题》(*Medico—Moral Problems*),密苏里圣路易斯:天主教医院联合会 1958 年版,第 34 页。

② 西方中世纪,基督教面对道德多元性的威胁采取了极端的回应,即通过军事和政治行为来压制持不同道德观的人们。例如,第四届拉特兰理事会就鼓励镇压异教,对于那些极端异教徒和参与宗教改革的人同样处以流放的惩治。"天主教徒们举着十字架,将他们自己仄逼在驱逐异教徒的极权顶端,他们自认应该享受着这种对异己放逐刑罚,并且通过这种神圣的特权来使他们的地位得以加强,似乎这对那些试图拯救神圣土地的人来说是理所当然的。"参见诺尔曼·坦纳编《第四届拉特兰理事会——1215 年》(*Fourth Lteran Council* —1215)的"宪章:3. 关于异教徒"(*Constitutions*:3,*On heretics*),参阅《基督教议会法令》(*Decrees of Ecumenical Councils*),哥伦比亚特区,华盛顿:乔治城大学出版社 1990 年版,第 234 页。同样的宪章宣称:

我们谴责异教徒,不管他们打着什么旗号。事实上,他们有着不同的脸孔,但是他们因那些看起来似的荣誉之故而捆绑在一起。作为惩罚,让那些被诅咒的人转移到世俗权威手中,或是当权者的执行官手中。……不管它们采取怎样的机构设置,怎样深思熟虑,怎样迫切于这样做,就算是在传教士们责难的压力之下,就算是他们想拥有好名声并显得忠于教会,让这世俗权威公开发誓他们会为了所追求的效率而保卫他们的信仰,尽管到目前为止他们所能做的就是在有正确信仰的教会的指派之下利用自己的权威将异教徒从这片土地上驱逐出去。

摘自《第四次拉特兰会议》(*Fourth Lateran Council*),第 233 页。

在西方教会的基督教委员会权力的认可之下,对异教徒的审判开始形成。1232 年,马尔堡的康拉德成立了第一所异裁判所。接着 1252 年,教皇英诺森四世颁布了法令《异端审判法》,为裁判所的成立举行了官方仪式,1253 年,维罗纳的彼得(Peter of Verona)作为裁判者中的赞助人被追认为圣徒,而在 1254 年,意大利被分为两大裁判所的审判领地,一个归多明我派(Dominicans)审判,另一个归圣方济各会(Franciscans)。在这一时期,托马斯·阿奎那为判决不顺从的异教徒死刑提供了神学支持,他曾经说过:"我的回答是,考虑到这些异教徒……他们本身是有罪的,那为什么既要把他们逐出教会,使他们与教会相分离,又要严酷地剥夺他们的生命,使他们与这个世界相分离呢?因为使我们的信仰堕落是一件更为严肃和庄严的事情,相比伪造钱币这一类使人苟且偷生的行为,这种罪过加快了人类灵魂的堕落。因此,如果那些伪造货币的人以及其他坏人直接被世俗政权判处死刑的话,那么异教徒一旦被证明信仰异教,他们被判处死刑则有更多的理由,而不仅仅是被逐出教会,而是被处以死

刑。"参见《托马斯·阿奎那神学大全》(Summa Theologica of St. Thomas Aquenas) 第3卷，第220页；II-II, Q. 11，法学条文，第三章，马里兰州，威斯敏斯特：基督教经典1948年版。托马斯·阿奎那的约制异己的义务观念，导致了对不同的道德与宗教的长达几个世纪的共同压制。在裁判所时代，这种压制甚至被美名为被称为"信仰艺术"，即"auto-da-fé"。之所以有此称呼，是因为这种所谓艺术，是指对那些异教徒等叛逆者进行焚烧的刑罚；尤其是那些统治者，他们发誓为维护罗马教会和神圣裁判所的权威而利用他们手中的权力来清除异教徒。这些处决达到了他们的最终目的，也印证了裁判所的标识，即一面镶着象征主、教士、托马斯·阿奎那旨意的黑白纹章的深红色花缎旗帜。在旗帜的边缘上是："起来，主，法官和您的事业"(Exurg, Domine, et judica causam tuam) 等文字。见威廉·托马斯·威尔士（Williamns Thomas Walsh）：《宗教裁判所的角色》(Characters of the Inquisition)，纽约：P. J. 肯尼迪1940年版，第228页。以下这些目击者的描述则表明了这一事件的特征。

　　行刑地有许多树桩，上面坐着犯人……堆满用来焚烧他们的荆条。更正教徒的树桩大约有四码高，犯人的头顶上有一块半码高的小木板。已宣誓信奉更正教的教徒们上到一个梯子，站到两个在整个行刑日都将出席的祭司中间……祭司会用将近15分钟时间来规劝他们顺从罗马……教皇。当他们拒绝祭司的劝诫后，祭司们下来，由行刑者登梯，把更正教徒从梯子上带下来，并用铁链将其捆缚于树桩上，然后只有他们自己在树桩上。这时，祭司会第二次上前……如果他们仍然不听劝诫，通常会将他们分开，好"把他们留给魔鬼，它站在他们的肘部，准备着接受他们的灵魂，一旦它们离开自己的肉身，它将带它们进入地狱烈焰。"当祭司从梯子上下来的时候，全体同声的呼喊随之响起，他们喊着："让我们开始制作狗的胡须吧"（烧焦他的胡子）。这将由燃烧的荆条来完成，伴随之是用长杆戳他们的面部。这种暴行会一直持续到他们的脸被烧焦，暴行停止之后，他们会以欢呼来结束这次行刑仪式。荆条被点燃，罪人们也被烧成灰烬。

　　爱德华·伯曼（Edward Burman）：《宗教裁判所：异端之锤》(The Inquistition Hammer of heresy)，纽约：多西特1992年版，第154—155页。

　　译者注：auto-da-fé（自动德铁），原文为葡萄牙语"信仰行为"，出席自动 DA - FE，不仅是一个重大的社会活动和公民的场合，在中世纪，是一种宗教法律程式；也是一个宗教行为，是一项连国王都要服从的仪式；"自动 DE FE"是指发生谴责异教徒和变节者的公开忏悔的仪式时，西班牙宗教裁判所采取的酷刑决定。

础上的道德能保证一个四维的成功统一体。①首先，道德和理性在本质上同等重要，在声明不能被理性辩护的基础上，那些不同意伦理建构的人将会做出非理性的决定。其次，由于理性辩论有助于伦理建构，道德（包括生命伦理学）除了带有上帝权威外还具有理性权威。再次，与正确因素相反的强制力量（例如：强加一个理性公正的保健政策）和与之相关学科是不一致的，而且，这种强制力量将会使其恢复真正自治。虽然这种强制行为并不是他律的，但原则上却符合那些被改革群体的真正本质。最后，所有人都被发现与这种单一的道德共同体相联系，这个共同体不仅通过西方基督伦理学而定义，而且也通过理性反应而昭示。所有这些理性和道德的假设后来都被康德所概观，他提供了希望建立规范又完整的内容整全道德（content‐full marality），并将其作为一种普遍权威的生命伦理学和保健政策的基础，甚至不带有任何信仰。其重点在于推理，这个重点决定了对抽象性知识的排斥，而这种抽象性知识以前却是基督教所阐扬的核心所在。②

---

① 公元800年，在圣诞后的第三次群众集会中，教皇里昂三世（Pope Leo III）为查理曼大帝（Charles）举行的加冕礼是为数不多的深刻地改变人类历史的独特事件之一。从这次事件之后，西方开始有了新的独立的身份。从781年开始，罗马教皇终止了他们对君士坦丁堡皇帝所要求的年度政绩报告。800年，他们要求查理曼大帝递交政绩报告。一个新的时代开始了。参见伊维斯·康加（Yves Congar）《900年以后》（After Nine Hundred Years），福特汉姆大学出版社1959年版，第二章。"查理曼大帝的加冕礼不仅仅是中世纪时期的中心事件，也是那些为数不多的独立事件，这些事件可以这么说，如果它们没有发生，那么人类的历史将会被改写。"见詹姆斯·布瑞斯（James Bryce）《西方复兴罗马帝国的加冕活动》（The Coronation as a Revival of the Roman Empire in the West），载理查德·E·萨利文（Richard E. Sullivan）编《查理曼大帝的加冕礼》（The Coronation of Charlemagne），哥伦比亚特区，波士顿：健康出版社1959年版，第41页；另请参阅唐纳德·A. 巴罗夫（Donald A. Bullough）《查理曼大帝的年代》（The Age of Charlemagne），伦敦：保罗·埃里克出版社1973年版；以及罗伯特·弗尔兹（Robert Folz）《查理曼帝国的加冕》（Le couronnement imperial de Charlemagne），巴黎：加里玛德出版社1964年版；和弗朗希斯·甘索夫（François Ganshof）《查理曼大帝的皇权加冕礼》（The Imperial Coronation of charlemagne），格拉斯哥：杰克逊，1949年版。

② 西方中世纪曾产生一种新的观点，即关注究竟什么算是了悟上帝并成为一名神学论者；神学同时成为一专门学科。这一观点将会在第二章和第四章深入探讨。在此，对第一个千禧年的教会予以说明，足以完成本章的目标。本书将继续界定东正教和非东正教不同基督

第一章 从基督教生命伦理学到世俗生命伦理学:全球化自由主义道德的建立

教之间的区别,以此作为对照。例如,考虑到神学作为学科的普遍包容性:

> 与西方对比,东部拜占庭教会参拜圣徒和信仰的守卫者即那些神圣而隐居的僧侣,这种敬拜活动频度以及对上帝的笃信程度都比西方人要高、要强烈,相应的机构设置也完善。而且我们思想中始终有这样的信念:作为现代世俗权威的东欧,最伟大的圣徒和神学论者,过去一直是、将来也会是一个虔敬的祈祷者,一个充满修行者灵性的人,他们忠诚于为他们提供神圣的以及精神世界的丰富灵性体验的圣餐仪式,可以说,这一直是对所有人开放的、充溢着救赎性善举的仪式,并且我们应该满怀崇敬之心,郑重地揭示这一真相,拜占庭即是这样的。

康斯坦丁·塞潘里斯(Constantine Tsirpanlis):《东方教父思想与东正教神学导论》(*Introduction to Eastern Patristic Thought and Orthodox Theology*),明尼苏达州,考雷杰威尔乡:礼拜出版社1991年版,第89页。

这种对上帝的认识,在第一个千禧年里,使西方教会与东方的正教会区别开来。

1341年、1351年和1668年的君士坦丁堡委员会曾断言:毫无疑问,上帝本存在于其他事物的视觉无法达到的地方,因为上帝的精神核心只能被感知,而不能被当成一种客观存在的知识被世人观察,即便是那些被庇佑的人甚或天使,也无法见到他的真实面目,除上帝外,那些不是他创造的、又被世人奉为神加以崇拜的神圣存在物,都是可以被世人看见并认知的。在罗马,甚至是阿维尼翁,幸福的景象需要用不同的方式来得到升华。简单来说,它包括那些被上帝选择的信徒,他们可以在生命结束之后、最终审判之前,享受这一神赐的幸福景象和福地,或是说,这种极乐早已为复活之后的那些信仰者,预留曾接受祝福的最终福祉。教皇本笃十二世(Pope benedictus XII)在他1336年1月29日的《本笃教皇通谕:对上帝的祝福》(*Benedictus Deus*)中指责他的前任约翰二十二世(John XXII),后者认为耶稣只有在复活之后才可与上帝面对面领悟祂的旨意,这也就是说在其他的事情中:"……在经过热情追随和我主基督死亡之后,他们(那些被主选择的人)将会并且确实会通过直觉和面对面的方式见到神的旨意,而不需要任何上帝所创造的中介,尽管可能也是这种极乐世界的一部分,神的旨意和精髓会直接显现在他们面前,这一显现是没有任何遮掩地(赤裸的)、清晰地、开放地。如此,他们便可在极乐世界中自得其乐。"五年之后,也即1341年,同样是本笃十二世,在检查追随罗马教会联合起来的亚美尼亚人(Armenians)的教义时,批评他们——处于另外错误的观点中——他们竟然否认,受上帝庇佑的人可以通过直觉领悟上帝的旨意。

弗拉基米尔·洛斯基(Vladimir Lossky):《神的愿景》(*The Vision of God*),纽约,克雷斯伍德:圣·维拉迪米亚神学院出版社1983年版,第12—13页。

尽管西方这些对神学的不同研究步骤形成一道新的曙光,但有一种是最初学术研究的起点,并且有一种观点开始形成,即认为上帝并不是万能的。上帝的旨意成为神学这门学科的学术研究对象。神学不再是对上帝的体验与感知,而是对上帝的研究。也正因为如此,西方世界经历了发端于国家高于教会的学者观念所造成的痛苦,本来,他们试图掌控生存的权力以及永远指导人们神圣的精神世界。参见洛斯基著,同上书,第71—72页。

从宗教改革、启蒙运动到世俗生命伦理学

当宗教改革迫使西方经受多重经历的同时，西方伦理学也完成了一次重大的结构性重铸，这种重铸不管是对世俗生命伦理学还是基督教生命伦理学都具有重大意义。经过半个世纪的修正，西方道德已经成为意义断裂、破碎和具有特定风格的伦理观念。西方基督徒的祈祷、礼拜以及生活的统一体被许多具有竞争性的因素所粉碎，这些因素考虑到了人类遭受痛苦（关于赎罪与豁免的争执）的意义、人类拯救（例如信仰与灵性工作所起的作用）和正当的基督行为特征（如，牧师或神父的独身生活、基督徒生活中的斋戒地等）。而且，大多数基督教和受基督伦理影响的传统在处理一些医德问题上都彼此各自行事。生物医学伦理的重要内容就是起源于 16、17 世纪罗马天主教道德理论的生物医学的道德分析的核心部分，它对天主教而言更为至关重要。但这并非为其他基督宗教所用，这样的道德生活体验和体系化认识是多元的。

面对这种分裂，① 西方回归到了自我理解的定式：推理思考的角色。即使西方基督教分成了相互间充满争议的多个分支的教义伦理，世俗道德思想却通过理性道德的反思指明本身仍然是一个整体。宗教推理分成了充满竞争的不同理解方式，世俗道德理性的信仰方得以加强。宗教改革将欧洲宗教意识的统一性打破，而文艺复兴运动增强了世俗理性的力量。这些力量又被科学的胜利进一步增强。因为传统天文学、物理学和解剖学知识被新的科学研究获得的理论所取代，理性似乎可以解开自然的众多秘密；结果，世俗理性也有希望揭示普遍的道德观念。这种揭示受到 16、17 世纪宗教战争的欢迎。现代道德哲学课题更新了西方中世纪的一个哲学理想：一种有理性根据的道德观念阐释。但这次，这种理性阐释将从理性和对宗教激烈的争辩之中剥离出来。这种历史性的转变深刻地引导了道德思想的世俗化进程。世俗道德观不仅取代了宗教

---

① 指出中世纪的问题，其意不仅仅是为表面上的道德多样化，而是为不再屈从于罗马教皇和西方君主统治原则之下的政治和文化的多样性，这应是十分重要的。

道德观，而且有希望完成那些宗教道德无法做到的事情：即使宗教道德分成了多种形式，世俗道德仍浑然一体。

西方中世纪道德理性分裂成相互间充满竞争的多种宗教道德观（加之生命伦理观），这一过程由宗教通过一种西欧世俗道德思想导致了第三种分裂形式（第一种是第一个千禧年教会的分离体，第二种是新教徒的宗教改革）。作为一个对立的基础，现代理性道德哲学观削弱了现实存在的宗教道德观，进而超越了宗教的多样性，激发了启蒙运动充分世俗化的道德愿望，并最终导致了当代世俗生命伦理学的出现。下一章将会更加细致地讨论这些。这已充分说明：宗教混乱是16、17世纪西方世界的标志，人类的希望并没有因为宗教混乱的局面失去信心，而最后，终将这一信心赋予了世俗生命伦理观并使其超越了宗教生命伦理观。很多对西方基督教所造成的流血事件的道德反叛导致了这一变化。皮埃尔·拜尔（Pierre Bayle, 1647—1076）在一本1686年首版的书中写道：

> 对我而言，考虑到宗教在世界上所造成的浩劫和一种几乎不可避免的后果——所有珍稀物种的灭绝，我为人类当中没有更多这类人（如自由思想家和自然论者）而感到诧异；也为宗教的权力而感到震惊，为了宗教短暂的繁荣，所有可以想象的罪行，如：谋杀、抢劫、驱逐和强奸，以及由这些所导致的无数其他的罪行，如险恶、伪善和亵渎神灵都可以产生。①

与17世纪宗教战争中流血事件的背景相比，启蒙运动思想家们对人类社会奠基了一个普遍可行的、无须诉诸任何特定的宗教、文化和传统道德约束或省察的世俗道德基础，而这种世俗道德基础依赖于一种内在权力（如人类的理性、人类的同情和人类的情感等）而不是一种超感应的权力（如上帝的权柄）。17世纪末西欧思想经历了深刻的变化，

---

① 皮尔·贝利（Pierre Bayle）：《对路加福音14卷23章一些词语的哲学阐释》（*A Philosophical on These Woeds of the Gospel, Luke XIV. 23*），伦敦：F. 达拜1708年版，第1卷，第42页。

世俗文化顺势而生。正如巴特菲尔德（Butterfield）所说：

> 17世纪末期，我们西半球经历了自基督教产生以来人类文明史上最伟大的变革。这是人类思想世俗化时期。……①
>
> 世俗化标志着基督教世界的终结，标志着基督徒权力至上时代的结束。

启蒙运动在普遍事物的本身中寻找与基督教相对应但又超越基督教历史、信仰和仪式的道德参照体。救世主与基督教需要用理性道德术语来重新释义（如康德在《纯粹理性界限内的宗教》，*Riligion innerhalb der Grenzen der blossen Vernunft*［1792］所尝试的）。一个人可以信仰改良后的基督教，而这种改良的基督教没有耶稣却有其至关重要的历史和形而上学的主张。耶稣也不再被认为是以色列的救世主和死而复生的上帝之子，而最多被认为是一位具有杰出品德对人类历史产生决定性作用的世界历史伟人。对于神学和宗教仪式的关注，如果可以转变为一种道德意义或根本否定其存在，那么在宗教道德内人类则可以不受宗教冲突的干预而取得进步。对于宗教分裂的背景，人们可以确定普遍道德观念上的人性统一：所有人都可以与康德一起渴望一种人权的普遍世俗认同感。② 这个规则为20世纪70年代的世俗理想和生命伦理学提供了基础。世俗道德理性主义支持对基督教生命伦理学的批判性重估，如同20世纪60年代中期及之后对神学的批判性重估一样。20世纪70年代中期及之后的基督教生命伦理观是在世俗传统的影响下重新形成的。

20世纪60、70年代的世俗医学伦理学和生命伦理学无须借助于某

---

① 赫伯特·巴特菲尔德（Herbert Butterfield）：《欧洲历史中的天主教》（*Christianity in EuropeanHistory*），伦敦：柯林斯1952年版，第35页。

② 人类进步、统一与和平是启蒙运动的目标，这一理想的模式是由康德1795年在他的著作《论永久和平》（*Zum ewigen Frieden*）中提出的。

一特定的宗教信仰①（如基督教）或特定的文化视角（如希腊或西方），②而从现代哲学和启蒙运动的道德解释中获得信心。一方面，生命伦理学可以从启蒙运动的一个目标中获得信心——创立一个普遍有效的道德视角（即使当这种有效性只能通过消极词汇来言说时，如从一个传统暴君的蛮横手段中得到的自由），这一目标在伊曼努尔·康德（1724—1804）的著作和思想中得到了最好的阐释，也在1789年8月26日法国大革命中发表的独立宣言中有所表述。另一方面，生命伦理学也可以从启蒙运动的诸多方面获得信心，如建立人类自治的政府，但并非通过系统的哲学，而是通过基础性、对道德基础非理性的重塑和对传统基督教的教条主义束缚的批判，这在大卫·休谟（David Hume, 1711—1776）的反宗教观点中有强有力的阐述）。这些学者所关心的是

---

① 约翰·罗尔斯（John Rawls）将启蒙运动的特点归纳为：寻找"一个合理又全面的世俗哲学学说的项目。这个学说适用于现代世界，既然如此，宗教权威和基督教信仰的时代将被终止"。见《政治自由主义》（*Political Liberalism*），纽约：哥伦比亚大学出版社1993年版，p. xviii。

② 西方文化专制下，人们对于道德自由的企盼自有其渊源，这种渊源可追溯到康德的启蒙思想：为人类提供道德规约（如下文）。他的终极目标乃是建立一个不仅包含人类，还包括所有道德元素的广阔领域。

毋庸置疑，每一个理性动物都会将目标定位于自身，不论在何种法律看来，他可能是授施者，不论他们可能是什么，都适用于普遍法律。正是因为对所有法律的最大可能的适应才表明了人类的目标在于本身。他的那种超越其他生物的尊严（他的权利）表明他必须采纳这种立场——把自身以及其他理性动物看作是立法者（此处，这种理性生物被看作人类）。只有这样，理性生物的世界就有可能是各种目标的集合，因为立法属于所有的成员。

伊曼努尔·康德：《道德形而上学基础》（*Foundations of the Metaphysics of Morals*），刘易斯·怀特·贝克（Lewis White Beck）译，印第安纳波利斯：鲍勃斯—麦利尔1959年版，AK IV. 438—439，第56—57页。

正因为康德的形而上学的这一道德基础，他才能构思出在《世界性目的的普遍历史》（*Universal History with a Cosmopolitan Purpose*）（此书在《道德形而上学基础》出版前两年出版）中的观点，在这本书中，他用下面的主张作了总结："这样一种哲学创见很可能取得成功，甚至有能力将自然本身的目标进一步推进——以建立一个与人类完美文明世界相一致的适用于整个世界的历史。"汉斯·雷斯（Hans Reiss）编：《康德政论著作》（*Kant's Political Writings*）尼斯比特（H. B. Nisbet）译，纽约：剑桥大学出版社1970年版，AK VIII. 29，第51页。另见康德的《论永久和平》（*Zum ewigen Frieden*），1795年版。

建立这样一种假设：一个人可以在任何特定的宗教或文化传统范围之外，可以对世俗道德提出明晰的解释。

启蒙运动及其晦昧的负面

启蒙运动取得的初步成果不仅包括世俗的美国共和制，还包括法兰西第一共和国的流血事件；这一成果的基础则是对建立世俗化人权观念的政权的期望。其学术性目标是将道德脱离传统基督教和教会而重新定位，是后来的西方基督学世俗化的关键一步：法国大革命[1]和大屠杀，紧接着就是拿破仑的恐怖统治（the Reign of Terror）时期，[2] 虽然是通过了惨烈的大型战事，拿破仑却给欧洲带来了深远而又巨大的道德、法律和政治特质的变化。甚至战事的特点也因全民皆兵而改变。欧洲[3]的文化格局发生了改变。拿破仑战争期间的大屠杀对欧洲基督教世界产生

---

[1] 法国大革命一直将运动本身确立为欧洲历史的分界，同时又被认作与旧基督教的彻底决裂分界线。它开辟了新纪元，对时间、法律和宗教而言都是新的起点。1793年秋，在巴黎圣母院（11月9日）及其他的一些地方，法兰西共和国的非基督教本性在官方的理性崇拜中得以彰显。以往融于基督教内的无法完全剔除的遗存则得以传承。阿尔伯特·马迪厄（Albert Mathiez）：《宗教革命的起源》（*Les Origines des cultes revolutionnaires*），日内瓦：斯拉特金1977年版，1904年初版；安德鲁·拉彻勒（Andre Latreille）：《天主教教会和法国大革命》（*L' Eglise catbolique et la revolution francaise*），第2卷，巴黎：哈切特1948年版。

[2] 从拿破仑的第一共和国起，就有两宗臭名昭著的劫持罪行发生在罗马教皇身上。在法国1798年2月发表罗马共和声明的一年之后，罗马教皇庇护六世（Pius VI）就被挟持到法国并在那里去世。为了自身利益，拿破仑将继位者庇护七世（Pius VII）诱骗到法国给自己加冕皇位，结果，拿破仑又拒绝罗马教皇为其加冕，而在1804年12月2日自行加冕帝位。在教皇管辖州被划归法兰西帝国统治后，1809年7月5日，教皇统治区被强行闯入占领，教皇又一次被挟持到法兰西监禁。

[3] 19世纪欧洲的非基督教化进程仍在继续。这种非基督教化通常是通过反教权主义（anti-clericism）和使社会世俗化或俗民化来实现。从文化和社会中心清除基督教影响的思潮，可用法国学校的世俗化来作为例子，在法国学校的世俗化中朱尔·费（Jules Ferry, 1832—1893）扮演了举足轻重的角色。参见毛里斯·热克鲁斯（Maurice Reclus）《朱尔·费》（*Jules Ferry*），巴黎：弗拉马日恩1947年版。

第一章　从基督教生命伦理学到世俗生命伦理学：全球化自由主义道德的建立　　55

了一种持久的世俗化影响，虽然它只是 1803 年的中欧世俗化①运动之一，但却发挥了非常重要的作用。尽管，若不是因为这些发展，欧洲社会也会怀着对世俗化进程的信心和对和平的期望迎接 19 世纪，这种被世人企盼的和平，将所有世俗化运动框定在共同的世俗信念中。黑格尔这位名副其实的作为继康德之后与托马斯·阿奎那②相提并论的新教徒，因其通过理性思考对新教派基督教重新进行定位，从而不再承认基督教历史的特殊性，并将基督教历史重新纳入世界史，从而引导了 19 世纪早期的自由欧洲社会和当时除马克思（1818—1883）、恩格斯（1820—1895）③ 之外的形形色色的对于新千禧年憧憬的理论。其结果，随着 1870 年罗马教皇国的最终覆灭，进而重新诠释与界定西方世俗化的基督概念，同时还出现了一种与传统的基督教精神更为相悖的世俗精神意识，这种意识是同时代生命伦理学的主要根基。

---

①　拿破仑对于旧的神圣罗马帝国的侵犯，将罗马天主教的财产当作是 1801 年《洛林合约》（Peace of Lunéville）后，德国元首理应给予的赔偿和胜利品。1802 年 8 月 24 日，德国组成了阵容超强的代表团，就此结束了遗存的主教规约。这发生于 1803 年。请见《帝国议会会议》（Der Reichsdeputationshauptschluss），载汉斯·H. 霍夫曼（H. H. Hofmann）《源于神圣罗马帝国的德意志民族的宪法有机体》（Quellen zum Verfassungsorganismus des beiligen römischen Reiches deutscher Nation），达姆施塔特：科学图书公司 1976 年版，第 329—358 页。随之而来的是反对传统观念的浪潮，在这一过程中价值连城的艺术品被毁坏，众多图书馆被废弃。更重要的是，对于教育和福利而言，一种传统的独立于世俗范围的宗教源泉——罗马教会的习俗，遭到废弃。对穷人施予福利的提供者不再是教会而是警察，这种情况为德国诗人阿里斯多夫所哀痛。见约瑟夫·弗雷赫尔·冯·艾森多尔夫（Joseph Freiherr von Eichendorff）《关于对主教主权采取行动的后果，取消德国修道院》（Vber die Folgen von der Aufhebung der Landesheit der Bischofe und der Klöster in Deutschland），载《作品与著作》（Werke und Schriften），第 4 卷，斯图加特：格但斯克 1958 年版，第 1133—1184 页。

②　"并且我们或许会依赖于卡尔·巴特（Karl Barth）的灵动的构想，即托马斯·阿奎那（Thomas Aquinas）已经为天主教中世纪所做的而同时又是黑格尔为现代清教世界所孜孜以求的东西。"艾米尔·法肯黑姆（Emil Fackenheim）：《黑格尔思想的宗教向度》（The Religious Dimension in Hegel's Thought），布卢明顿：印第安纳大学出版社 1967 年版，第 10 页。

③　如果要了解有关精神必须参与历史并改变历史的争论的例子，请参阅奥古斯都·冯·契思考夫斯基（August von Cieszkowski）《历史哲学导论》（Prolegomena zur Historiosopbie，柏林：维特 1838 年版）研究契思考夫斯基的作用，并参考瓦尔特·昆尼（Walter Kuhne）《格拉夫·奥古斯都·契思考夫斯基—黑格尔的学生与德意志精神》（Graf August CIeszkowski: ein Schüler Hegels und des deutschen Geistes），列支敦士登：克劳斯 1968 年版；亦可阅克劳斯·哈特曼（Klaus Hartmann）《马克思主义理论》（Die marxsche Theorie，柏林：德古伊特 1970 年版），第 13—68 页。

20世纪，这种世俗化精神意识与传统基督教精神进一步分裂。第一，基于世俗理性生发的对永久和平的俗世期望，被埋葬在第一次世界大战的战壕之中。南方的小说家沃克·珀西（Walker Percy）将此描述得十分贴切：

> 20世纪的理论家所要面对的是当时那个时代接踵而来的出乎意料的灾难：经过300年的科技革命及欧洲基督教世界理性伦理学的出现，20世纪的西方人选择了无节制的战争，无尽的苦闷，种族灭绝，自杀，谋杀及历史上空前的劫掠，而不是选择和平与自由。
>
> 既古老又摩登的时代在1914年结束了。①

如同法国大革命寻求通过恐怖和血腥的方式来清除基督人性，从而建立公正、仁慈、和平的最终王朝一样，第一次世界大战之后出现了十月革命。接着又出现了斯大林式的表面上的公审制度、国际社会主义、纳粹主义的集中营、红色革命时期②的监狱和波尔布特的屠场。成千上万的人为了全新的、更加美好的理想化世俗未来而献出生命，这种所谓的世俗未来是以公平、公正和工人权力为名义的，或在后基督教的未来重新体验非基督徒的过去为旗号的。医学道德在遵从新的国家利益的情况下被扭曲了，这些在国家干预下的道德暴行成为左右医生们行为的新医学道德。所有这些都发生在两大反基督运动的保护之下，以求建立人间天堂和建立对世人有意义的国家制度，即国家社会主义和共产主义。并且其建立过程都是以武力为基础，因此从绝对意义上说，其间进行的世俗化道德运动陷入了比西欧的宗教运动更多更惨烈的杀戮。

在20世纪，不只是当时的西欧，而是全球都不得不承受以众多看起来相互矛盾的世俗道德名义而带来的流血事件。显然，世俗理性仅仅简单地通过合理论证，是无法超越以生命伦理学为基础的道德多视角的

---

① 沃克·珀西（Walker Percy）：《迷瓶通讯》（*The Message in the Bottle*），纽约：法拉尔、斯特劳斯与吉劳克斯1967年版，第27页。
② 此处删节一个因某种原因不便表述的姓氏。——译者注

第一章 从基督教生命伦理学到世俗生命伦理学:全球化自由主义道德的建立

多元性的。正如马克斯·霍克海默所言:"理性本身作为伦理、道德和宗教视野的中介已经终结。"① 21 世纪初,西方的道德思索回归到古代的多神论。尽管经历了 20 世纪的大屠杀,但对启蒙运动的渴望非常坚定,至少对一般意义上的公平与公正以其建立一种世界性道德伦理是满怀期待的。

同时代的世俗道德思想与它的生命伦理学,旨在于维持一种普适化道德的双重失败为背景:第一,是为了将中世纪②的西方基督教道德作为一种普适的道德而失败;第二,是为了建立一种可以与中世纪道德相媲美的世俗道德而失败。关于道德特征的实质性争议,仍然存在于希望建立一种自由的全球性伦理方面。当利奥塔指出这种普世的道德③并不可行时,我们必须认识到,渴望建立一种普世的道德——西方基督教和西方世俗的普救论。尽管在这些失败的背景下,我们看到了国际上以各种方式研究生命伦理学自发而起,正如一种自由的世界性伦理在寻求其霸主地位。考虑到区分亚洲和西方对生命伦理学理解的差异,我们一定会问:是谁家的道德传统?是哪一种生命伦理学?④ 后现代的经历使我们认识到,仅仅通过推定的世俗道德无法建立一种可以与经历宗教改革的基督教道德相媲美的完美的道德规范。经历了宗教改革的分裂和启蒙运动的世俗化之后,出现了后现代道德的多样化。道德的多样化确立了同时代生命伦理学的内容。尽管出现了多样化,同时代的世俗生命伦理学对基督教生命伦理学的多样性作出了强有力的回应。为了追求一种共同的权威的道德视角,生命伦理学在短时期内概括了启蒙运动对宗教多样性的回应。

---

① 马克斯·霍克海默(Max Horkheimer):《理性的日食》(Eclipse of Reason),纽约:连续出版公司 1974 年版,第 18 页。

② 尽管对西方基督教中世纪时期存在许多争议,但一般而言,有以下两种推断,关于自然法责任的争论会通过理性的辩论得以解决,另外,罗马教皇的权威可以使争论适时终结。宗教改革运动之后,再没有类似传统公认的道德理想可以整合西方社会了。

③ 让·弗朗西斯·利奥塔(Jean-François Lyotard):《后现代状况》(The Postmodern Condition),本宁顿(G. Bennington)、布利恩·马苏米(B. Massumi)译,曼彻斯特:曼彻斯特大学出版社 1984 年版,第 37 页。

④ 在和正星野(Kazumasa Hoshino)的《日本和西方生命伦理学》(Japanese and Western Bioethics,多德雷赫特:克伦威尔出版社 1997 年版)一书中,揭示出的美国、欧洲以及日本在生命伦理学特征上的差异。

第二次世界大战后对国家、国际社会主义发生的流血事件的反应，并不是为了肯定本质上的道德多样性，也不是为了给多数基础道德社区营造空间，而仍不过是为了寻求一种满意的、全球的、普适的道德。人们极力求证一种为世人满意的道德的期望并没有泯灭。在梵蒂冈二次会议之后，这样的期望与20世纪60年代后期的后传统运动相结合，导致了向世俗道德的明显转变。同时，西欧进一步与先在的、对事实存在和价值观念的一神论、单一文化及基督视域相背离。西方基督教，一度成为打败占西方统治地位的自我意识，这种意识源于查理曼大帝时期（742—814）之前①的地中海沿岸的基督教势力，并且，从某种程度上来说，除了启蒙运动外，直到宗教改革，它一直都是完整的，现在却出现了混乱。欧洲也许并没有出现去欧洲中心化②的危险。不管怎样，基

---

① 约翰·罗曼尼德斯（John S. Romanides）：《法兰克人、罗马、封建主义与学说》（*Franks, Romans, Feudalism, and Doctrine*），马萨诸塞州，布鲁克林：圣十字东正教出版社1981年版。

② 争论背后的真相是欧洲文化正在失去欧洲自己的特色。可以借鉴哈罗尔德·卢森堡（Harold Rosenberg）关于非欧艺术渗入欧洲美学的观点："在为了追求新的艺术和新的世界（FOR A NEW ART, FOR A NEW REALITY）的口号下，最古老的迷信崇拜被发掘，最原始的仪式被重新认定，为探寻生命的能量，把非洲的魔鬼面具装嵌于缪斯的神庙，将禅和哈西德主义（Hasidism）的寓言引入哲学语汇中。在经历了这种时空错乱的时期后，真正意义上的普适传统第一次呈现出一派光明，其以世界历史为时光沧海，并以世界为其复兴繁荣的舞台。"见《新的传统》（*Tradition of the New*，伦敦：泰晤士河和哈德逊河出版社1962年版）。当评价卢森堡的观点时，我们会发现兴起的全球文化其实是欧洲启蒙运动的延伸，尽管它反映了后现代主义，即对西方启蒙运动的解构。世界文化作为一种普适文化，当它被描述为一种自由的世界大同主义，并带有自己的价值等级时（例如：自由，平等，繁荣，安全），就显得自相矛盾了。因此，世界文化仍然是在欧洲人类学说的假定框架之内。此外，在基督教时代最早出现的三个世纪，通过对欧洲非基督教文化的吸收，融合了异质和异域元素而实现文化共生。世界文化在不同的和外来文化的融合中，以及在主历纪元前三个世纪欧洲类似的异教文化的共生中，得以发展。

译者注：哈西德主义指犹太教的一个虔修派和神秘运动，18世纪起源于波兰犹太族人。最初，大师托夫宣扬哈西德主义的教义，他认为上帝无所不在，对神虔敬比治学更为重要，他的门徒被称为哈西德派（即忠诚派）。约在1710年，多夫·波尔（Dov Baer）创立第一个哈西德教团，不久在波兰、俄罗斯、立陶宛和巴勒斯坦也纷纷成立了许多小社团，每个分社由一个义人（tzaddiq或zaddik）领导。其共同的礼拜仪式包括大声呼叫、纵情歌舞以达到狂

督教为欧洲古代的非宗教文化提供了源泉，使其在文艺复兴和启蒙运动①时期再度复兴，并且仍然希望将它们置于一种共同的世俗道德理性中。结果是导致了如同人类获得新的意义一样，世俗医学道德终于诞生。

对世俗理性信仰的忠诚：世俗的医学伦理和医学人文

启蒙运动之后，似乎有必要明确地阐明，医学伦理不依赖于传统的基督教道德或绅士行为遵循的各种形式的非正式规则。②18 世纪末和 19 世纪初，世俗性质的医学伦理学论著在著述界异军突起。其中，大部分是作为医学伦理或礼仪规则精心编撰成的医学文献。有人意识到需要正

喜入神状态。1772 年正统派犹太教把他们逐出教会，但哈西德派继续蓬勃发展。到 19 世纪，哈西德主义已变成一种极端保守的运动。在大屠杀中，大批哈西德派信徒罹难，但残存者在以色列和美国仍极活跃。卢巴维彻派以纽约布鲁克林为基地，信徒人数约有 20 万人。

① 有人发现了一个富有意味的现象，即欧洲异教信仰再度兴起："如果我们有足够的耐心，如果我们更贴近地聆听我们自身及社会的性情、情感、反常行为、梦魇和幻想，那么我们也许就能听到许多古老的歌谣，正从漂浮在莱斯伯斯群岛附近海域的俄尔浦斯（Orpheus）的被砍断的头颅传来。这些叙述和戏剧形式的歌谣，是上帝和女神在宣扬一种对生活的扩延意识，新的感悟、多神论和再生的神话化。"见戴维·米勒（David L. Miller）《新多神论：上帝与女神复生》（*The New Polytheism: Rebirth of the God and Goddesses*），纽约：哈珀和行 1974 年版，第 83 页。

② 我们必须注意到培育医生们正确的道德品性，使其具有绅士式的美德仍然是十分必要的。进入 20 世纪，至少在美国，有德性的医生是拥有基督教绅士的道德资源的人。参见切斯特·R. 伯恩斯（Chester R. Burns）《美国医学伦理学：一些历史根源》（*American Medical Ethics: Some Historigcal Roots*），载斯派克尔（S. F. Spicker）、H. T. 恩格尔哈特合编的《哲学的医学伦理学》（*Philosophical Medical Ethics*），多德瑞克：德·雷德尔 1977 年版，第 21—26 页。关于理性主义者关注的融会与欧洲大陆基督教情感，参见迪特里希·冯·恩格尔哈特（Dietrich von Engelhardt）《德国启蒙运动期间的美德和医学》（*Virtue and Medicine During the Enlightenment in Germany*），载厄尔·谢尔普（Earl E. Shelp）编《美德和医学》（*Virtue and Medicine*），多德瑞克：德·雷德尔 1985 年版，第 63—79 页。

式地和符合世俗社会需求地对医疗行为的道德性质予以确立。① 当人们

---

① 例如,参见约翰·格里高利(John Gregaory)《医生的责任与职务考察》(*Observations on the Duties and Offices of a Physician*,伦敦:斯特拉恩 1770 年版)和托马斯·珀西瓦尔(Thomas Percival)《医学伦理学》(*Medical Ethics*,曼彻斯特:罗素 1803 年版)。苏格兰是医学伦理准则真正的价值渊源;就此总体观点,请参阅杰奎琳·詹金森(Jacqueline Jenkinson)《苏格兰医学协会 1731—1939》(*Scottish Medical Societies 1731—1939*,爱丁堡:爱丁堡大学出版社 1993 年版,特别见第 53—67 页。至于对约翰·格里高利著作的研究,其中有劳伦斯·B. 麦卡洛(Laurence B. McCullough)《约翰·格里高利及其专业医学伦理学与医学职业的目的》(*John Gregory and the Intention of Professional Medical Ethics and the Profession of Medicine*,多德瑞克:克伦威尔 1998 年版)。此外,还有一个评论格里高利著作版本,也是由劳伦斯·B. 麦卡洛编的《约翰·格里高利关于医学伦理学和医学哲学作品》(*John Gregory's Writings on Medical Ethics and Philosophy of Medicine*,多德瑞克:克伦威尔 1998 年版)。

19 世纪初,在美国有一个颇具影响力的医学守则或伦理规范的法规,以指导医生的职业道德操守。例如,参见塞缪尔·A. 卡特赖特(Samuel A. Cartwright)《医学礼仪大纲》(*Synopsis of Medical Etiquette*),载《新奥尔良医学与外科杂志》(*New Orleans Medical and Surgical Journal*)1844 年第 1 卷第 2 期,第 101—104 页。肯塔基州东北的医学协会:《一个医学礼仪的系统》(*A System of Medical Etiquette*),肯塔基州,梅斯维尔:梅斯维尔鹰 1839 年版;《医学伦理学守则,美国医学协会于 1847 年 5 月在费城制定,纽约医学研究院于 1847 年 10 月制定》(*Code of Medical Ethics Adopted by the American Medical Association at Philadelphia in May, 1847, and by the New York Academy of Medicine in october, 1847*),纽约:H. 路德维格 1848 年版;唐纳德·E. 卡诺尔德(Donald E. Konold):《美国医学伦理史,1847—1912》(*A History of American Medical Ethics, 1847—1912*),麦迪逊:威斯康星州历史学会 1962 年版。这些发展源于历史悠久的反思,从最初的基督教性质,逐渐使用了更加世俗化的语言。见卡罗·奇波拉(Carlo Cipolla)《意大利文艺复兴时期的公共卫生和医学职业》(*Public Health and the Medical Profession in Renaissance Italy*),纽约:剑桥大学出版社 1976 年版。尽管最初着意保留基督教的品行,但很快就采取了更加世俗化的用语。在这个转变的时期,具代表性的参见乔万尼·科隆芝(Giovanni Codronchi)《基督教适应于医学需要的理由》(*De Christiana ac tuta medendi ratione libri duo*,费拉拉 1591 年版)和罗德林克斯·卡斯特罗(Rodericus Castro)《医疗政策——适合于诊所的医疗政策传统》(*Medicus - Politicus: sive de officiis medicopotiticis tractatus*,汉堡:弗罗本尼亚诺 1614 年版)。18 世纪的社区卫生服务,被置于医疗监察部门的名下,参阅沃尔夫冈·托马斯·劳(Wolfgang Thomas Rau,1721—1772)《思想的价值和一个完全标准化的医疗在国家主管警察条例制定中的重要意义》(*Gedanken von dem Nutzen und der Nothwendigkeit einer vollstandigen medicinischen Policeyordnung in eine m Staat*,沃尔姆,斯特汀 1764 年版)。这一变化最著名的综述,是由约翰·彼得·弗兰克(Johann Peter Frank,1745—1821)在《完整的医疗警察体系》(*System einer vollstandigen medicinischen Polizey*,梅尼黑姆:C. F. 思科万 1779 年版)一书中提供的;英文版,见约翰·弗兰克《完整的医疗警察部门系统》(*A System of Complete Medical Police*),威廉姆(E. Wilim)译,巴尔的摩:约翰·霍普金斯大学出版社 1976 年版。乔治·罗森(George Rosen)提供了当代医学的这些发展及其冲突的极好的概况资讯。见《从医疗警察部门到社会医学:卫生保健的历史文集》(*From Medical Police to Social Medicine: Essays on the History of Health Care*),纽约:科学史出版社 1974 年版。

第一章　从基督教生命伦理学到世俗生命伦理学：全球化自由主义道德的建立

进入20世纪，更加认识到过去的习承规范已经不能指导我们的行为，需要新的医学道德履行这一责任。① 例如，出版于1902年的英国世俗医学伦理学文本承认："正如一些人的做法，阐述医学伦理可以概括为黄金规则，或者说明一个人只需要表现得像一个绅士，都是不充分的。"② 作者认识到了，指引我们行为的习俗正在发生变化，以至于"几年前被视为惯常的、甚至适当的做法，现在则常常受到普遍谴责"③。作者似乎过分批判并否定了"我们业已形成的基督教精神和骑士精神的概念，而在同一时期内经历了一场彻底的革命"④。由此，文化、宗教、科学、技术和经济的发展重塑了医疗实践的未来。

在20世纪60—80年代，以哲学论证奠基的医疗保健体制已经在17、18世纪提供给了欧洲社会：一个合理的可辩护的道德，可以在包括人类的权利、义务、正当的品质、美德、情操等内容丰富的世俗方面对人类进行同一标准的和正当的约束。⑤

在20世纪60、70年代，医学人文学科重新燃起第一次、第二次和

---

① 桑德比（Saundby）在其医学伦理学专著的序言中指出：19世纪末以前，医学义务论教育已经成为法国医学教育的一部分。参阅·R. 桑德比（R. Saundby）《医学伦理学：职业行为指南》（*Medical Ethics: A Guide to Professional*），布里斯托尔：赖特1902年版，序言第5页。
② 同上书，第2页。
③ 同上书，第2—3页。
④ 同上书，第3页。
⑤ 相信理性将建立一种普遍有效的道德功能，这是由为生命伦理学做出贡献的伯纳德·哥特（Bernard Gert）提出的，他在对道德的说明中写道："合理的道德体系是对所有公正理性的人都适合的，也只适应于被所有理性的人分享的那种信仰，应该倡导大家共同接受一个公共系统，这个系统适合于一切有理性的人。我相信，任何符合道德定义的体系，都是一个合理的道德体系。我还相信，只有一个这样的体系，即本书所描述的。"见《道德——对道德规则的新辩护》（*Morality: A New Justification of the Moral Rules*），纽约：牛津大学出版社1988年版），第282—283页。正如罗伯特·威奇（Robert Veatch）所指出的：在西方理性主义者的渴求的映射之下，来自散漫而自由论证中的这些希望无处不在。

大多数人，甚至在那些宗派圈域内活动的人，往往认为重要的问题——在科学域或价值域内——不管是"是"或"原则上"，我们都应该保持意见一致。这些问题被视为真理问题，或至少，有理性的人应该能够同意的问题。可能最终我们无法达成这样一项协议，故我们必须恢复更多的宗派、小团体。但无论如何，一个更加普适的道德基础是值得我们争取的。

威奇：《医学伦理学理论》（*A Theory of Medical Ethics*），纽约：基本图书公司1981年版，第112页。

第三次人文主义运动的理想。① 第一次人文主义运动是在15世纪末和16世纪，在反对当时新显露的基督宗教分歧的基础上，确立了人类团结的基础。② 同时，它重申了古典希腊和罗马关于教育（paideia）、博爱（philanthropia）和人道（humanita）的非宗教思想。18世纪末、19世纪初的第二次人文主义运动，延续履行启蒙运动的诺言，主要是对人类进行必要的教化。第三次人文主义运动和所谓的新人文主义运动，它出现在19世纪末、20世纪初，③ 预见了20世纪60、70年代的医学人文运动。这次人文主义运动渴求新的科学和技术要以人本价值为背景，并为逐渐世俗的文化提供道德上的一致性。④ 20世纪60年代的医学人文主义和后来的生命伦理学具有同一愿望，即揭示人类特有的价值和高尚的目标，以持续发展方向正确的技术文化。

有一个附加的说明：应该认识到，医学和人文是相互依存相互支持的。医学作为一个人文关怀项目，其本身是一门人文科学，对它的全面的关注应该重点在人文学特性方面。另外，传统人文主义通过人与医学交融，使人类找到了与其生存条件的具体结合。医学可以激发、激励和振奋人文精神，人文学可以加强医学和人类价值之间的联系。就医学而言，它可以重新连接人文与人类生存条件，把它们的这种连接，从被分

---

① 人文一词至少包含四组主要的和完全不同的内涵：（1）作为风度举止优雅的人文主义；（2）作为一个学习主体的人文主义；（3）作为关心他人的人文主义；以及（4）作为哲学和道德理论的一个专门学派的人文主义。见恩格尔哈特（Engelhardt）《生命伦理学和俗世人文主义》（*Bioethics and Securar Humanism*），第43—52页。

② 弗雷德里克·I. 涅萨梅尔（Friedrich I. Niethammer）：《在我们的教育教学中，产生理论争议的人文主义和慈善事业》（*Der Streit des Humanismus und Philanthropismus in der Theorie des Erziehungsunterrichts unserer Zeit*），耶拿，1808年版。

③ 豪维勒尔（J. D. Hoeveler, Jr.）：《新人文主义》（*The New Humanism*），弗吉尼亚：夏洛茨维尔大学出版社1977年版；霍尔斯特·罗迪杰尔（Horst Rudiger）：《改造自然与人文》（*Wesen und Wandlung des Humanismus*），汉堡：霍夫曼与考比出版社1937年版。

④ 20世纪60年代，医学教育家开始乐于接受人文科学，这使人回忆起，20世纪初，美国医学教育改革的主要创始人亚伯拉罕·弗莱克斯纳（Abraham Flexner）。《在美国和加拿大的医学教育，卡内基基金会关于教学进展的报告》（*Medical Education in the United States and Canada, A Report to the Carnegie Foundation for the Advancement of Teaching*），公告第四号，纽约：卡耐基基金会1910年版。弗莱克斯纳遵循第三次人文主义运动的精神，发表演说，支持人文学科对人类价值具有重要意义的观点。《人文主义的使命》（*The Burden of Humanism*），牛津：克拉伦登出版社1928年版。

第一章 从基督教生命伦理学到世俗生命伦理学：全球化自由主义道德的建立

离的学术追求中显现出来。这一医学和人文的洞见，在埃德蒙·佩里格雷诺的洞察力和具有煽动性的战斗口号中获得领悟："医学是最人道的科学，最富经验的艺术，最科学的人文。"[①] 人文恢复与医学的关系，不仅要成为一种学术事业或文化成就，按照佩里格雷诺的说法，它们也构成了个人的道德诉求：

> 人道主义者还必须是"可信的"。医学环境要求人道主义纳入价值观念之中，这种含有人道主义的价值观念是他或她言称的内容以及大学文科教育表现的性格特征，实际上，如果失人道性转化如何为人……人道主义者必须"比他人神圣"。[②]

"神圣"要求的不是基督教那种高蹈至圣，这是一个世俗的"全血成分"：一个真正真实的、易于感受的并且以内在价值解读的道德综合体的世俗化实现。

世俗的道德和生命伦理学，需要满足社会需求，势必变得世俗化和多元化。社会的道德多元化，最初根植于宗教信仰的多样性，现在已经具有了世俗的表达。至于世俗化道德教育，为提供一个通识教育方案，有必要建立与学校教育同步的通用道德情感教育。佩里格雷诺再次指出：

> 随着伦理学和人文科学的发展，无疑提高了学生的敏感性和解决伦理和价值问题的能力。……因此，几乎每个地方，病人更好地

---

① 埃德蒙德·佩里格雷诺（Edmund D. Pellegrino）：《人文主义与医生》（*Humanism and the Physician*），诺克斯维尔：田纳西大学出版社1979年版。

② 埃德蒙德·佩里格雷诺（Edmund D. Pellegrino）、托马斯·麦克埃勒赫内（Thomas McElhinney）：《医学院校的教学伦理学，人文主义和人类价值》*Teaching Ethics, the Humanities, and Human Values in Medical Schools*，华盛顿，哥伦比亚特区：健康社会与人类价值出版社1982年版，第26页。佩莱格里诺进行的医学与人文结合的工作，使医生回归到了希波克拉底文集中的形象，他把既是哲学家同时又是医生的人比拟为神祇"一位作为爱智者的医生，与神是平等的。在智慧和医学之间不存在永远的隔栅；实际上医学中具有通往智慧彼岸的所有基质"。希波克拉底（Hippocrates）：《全集》（五）（*Decorum V*），载《希波克拉底》（*Hippocrates*），琼斯（W. H. S. Jones）译，剑桥，马萨诸塞州：哈佛大学出版社1959年版，第2卷，第287页。

被告知参与临床决定，价值和道德问题融入他们与医生的关系。在一个民主的、有教养的和多元化的价值体系的社会，这是一个理想的结果。无论如何，个性化和详细说明的治疗更为人性化。①

这种特别的治疗行为不是源自宗教共同体伦理，而是，这种特殊性是医者在处理个体特异体质的意义过程中的个性化，其个体特质表现在个人情感反应能力上。

哲学在20世纪70年代中期的转向，是显而易见的，但并无历史记载。生命伦理学和医学哲学忙碌着，这个领域就像雅典娜从宙斯的头部出生。② 几乎没有发现提及或叙事这一历史时段的连续分析和调查的信息资讯。学者转向创立生命伦理学的工作，若非因雄踞傲视而无任何批驳，那可能就是在很大程度上忽略了具有数百年传统的神学思想的差异。③ 关于医学的哲学思考的重要历史，④ 也普遍未受其青睐与重视。

---

① 佩里格雷诺（Pellegrino）和麦克埃勒赫内（McElhinney），第51页。
② 关于晚近对医学哲学关注的初步反省，请参阅恩格尔哈特（H. T. Engelhardt, Jr.）、斯图亚特·斯比克尔（Stuart F. Spicker）编《对生物医学科学的评价与解释》（*Evaluation and Explanation in the Biomedical Sciences*），多德雷赫特：雷德尔出版公司1975年版。
③ 在罗马天主教前400年，医学伦理学领域内，世俗文学很少反映有关限制治疗行为的明显的差异，尽管实际上，就此问题可能已被改写成世俗化术语。见丹尼尔·克朗宁（Daniel A. Cronin）《关于维护生命的一般与特殊的手段的道德法规》（*The Moral Law in Regard to the Ordinary and Extraordinary Means of Conserving Life*），意大利罗马：教皇格里高利大学1958年版。这些确实对世俗保健政策有一些影响力。另外，例如，请阅《萨斯诉珀尔穆特》（*Satz v. Perlmutter*，佛罗里达州应用程序，362so2d160，1978年）。又见《埃克内尔诉狄龙》（*Eichner v. Dillon*）（*Satz v. Perlmutter*，纽约最高法院应用程序，420 N. E. 2d 64，1981年）。
④ 例如具有代表性的医学哲学文献，见艾丽莎·巴尔特雷特（Elisha Bartleet）《医学科学哲学的相关论文》（*Essay on the Philosophy of Medical Science*）；费拉德尔菲亚（Philadelphia）：《李与布兰查德》（*Lee and Blanchard*，1844年）；弗兰西斯科·伯令黑利（Francesco Berlinghieri）：《医学中的哲学》（*La Filosofia della Medicina*，卢卡：作者基金会1801年版）；别甘斯基（W. Bieganski）：《医学逻辑》（*Logika Medyzyny*，华沙：卡瓦列夫斯基1894年版）；吉尔伯特·布兰尼（Gilbert Blane）：《医学逻辑原理》（*Elements of Medical Logic*），伦敦：T&G安德伍德1819年版；简·包埃劳德斯（Jean Bouillauds）：《普通门诊的医疗与论文写作的哲学》（*Essai sur la philosophie medicale et sur les generalites de la clinique medicale*，巴黎：洛夫威尔等与乐布威尔出版商1836年版）；奥斯特伦（F. Osterlen）：《医学逻辑》（*Medical Logic*），怀特尼（G. Whitney）编译，伦敦：希登纳姆协会1855年版。

第一章　从基督教生命伦理学到世俗生命伦理学：全球化自由主义道德的建立　65

只有一部关于医学哲学历史的不起眼的文学作品，却又很少受到关注。① 新的生命伦理学和医学哲学是作为应对新的文化、宗教、科学和技术等领域的挑战而被接受的，它们被看作具有一整套努力揭示和维持人类固有的首要义务的规范结构，这套人性固有的核心义务结构已经在第二次世界大战末期出现，且它本身是面向全人类共同未来的。世俗生命伦理学声称，一个普遍的人类道德义务可以从一系列这种人类固有的道德义务中得到辨识和辩护。

鉴于大量的各种各样的基督教伦理学说及理论的出现，神学内部的分歧与争执使基督教信仰衰减，迫切需要制定关于解决具体医学问题合理方法的政策，如器官移植、第三方辅助生殖，以及停止抢救治疗，作为世俗哲学的生命伦理学为我们提供了什么希望：那就是一个将一整套基本的道德义务结合为一体的道德承诺。

20 世纪 70 年代，随着正式的官僚或政府的生命伦理学发展，使世俗生命伦理学的要求被信任：世俗生命伦理学已实现制约所有共同道德的目的。在美国，保护生物医学与行为研究的人类受试者全国委员会（Protection of Human Subjects of Biomedical and Behavioral Research，成立于 1972 年），建议对涉及人类的、从使用胎儿到精神外科的研究行为进行管理。② 在委员会三位一体的道德原则中，自主、行善和公正，这个

---

① 朱莫夫斯基（W. Szumowski）：《医学哲学：它的历史、本质、命名和它的定义》(*La Philosophie de la medicine, son histoire, son essence, sa denomination et sa definition*)，载《国际科学史档案馆藏》(*Archives Internationales d'Histoire des Sciences*) 1949 年第 9 期，第 1138 页。

② 保护生物医学和行为研究的人类受试者的全国委员会：《胎儿研究》(*Research on the Fetus*)，华盛顿，哥伦比亚特区：卫生教育和福利部 1975 年版；《涉及犯人的研究》(*Research Involving Prisoners*)，华盛顿，哥伦比亚特区：卫生教育和福利部 1976 年版；《精神外科学报告和建议》(*Report and Recommendations on Psychosurgery*)，华盛顿，哥伦比亚特区：卫生教育和福利部 1977 年版；《精神外科学》（附录）(*Psychosurgery* [Appendix])，华盛顿，哥伦比亚特区：卫生教育和福利部 1977 年版；《涉及儿童的研究》(*Researc Involving children*)，华盛顿，哥伦比亚特区：卫生教育和福利部 1977 年版；《关于将智力障碍者送进专门机构的研究》(*Researc Involving Those Institutionalized as Mentally Infirm*)，华盛顿，哥伦比亚特区：卫生教育和福利部 1978 年版。

建议应该是正当的。① 这些原则远远超出仅限于允许的伦理设计，权利的界限在于不超出最大容忍度，未经允许显然就没有权利。世俗生命伦理学领域的动力，来自在弥合道德分歧中看似成功的全国委员会，他们曾经成功地提出谁都可以利用的内容丰富的基础道德。公众在生命伦理学方面的反思，产生了一个内容丰富多姿的道德神学相应效力的世俗化变体，为一种世俗的田园牧歌式的伦理提供了世俗化准则（就具体案例提供咨询方面，生命伦理学可以指导世俗"伦理学家"），以及一种世俗的教会法规（例如，世俗道德为以人为主题的科学研究项目予以伦理辩护）。这一成就实现了启蒙运动时期的理想，即发现和确立一个被人类共同道德准则约制的基础性世俗道德合作（foundational secular moral communality）。

比彻姆（Tom L. Beauchamp）和丘卓斯（James F. Childress）的《生物医学伦理学原则》（*The Principles of Biomedical Ethics*）的出版进

---

① 保护生物医学和行为研究的人类受试者全国委员会：《贝尔蒙报告：保护研究中的人类受试者的伦理原则和准则》（*The Belmont Report: Ethical Principles and Guidelines for the Protection of human Subjects* 偶发 *reseach*，华盛顿，哥伦比亚特区：卫生教育和福利部1978年版）。必须承认，该书作者由于年轻出现的偏颇，其中包括对原则主义的促成。阿尔伯特·琼森（Albert Jonsen）在他对贝尔蒙原则（Belmont priciples）发展的评述中，回顾了全国委员会的成员约瑟夫·V. 布雷迪（Joseph V. Brady）：

他声称只对三个原则感兴趣：行善，自由和正义。我支持布雷迪的观点，因为这三个原则似乎完全体现了伦理原则应该实践的——也就是，作为裁决与制定政策的合理理由。在我们哲学著作的文献收藏中，也有H. T. 恩格尔哈特的论文，该论文提出了三个基本原则："尊重作为自由道德成员的人；在研究中关注保障人体受试者的最佳利益；试图保障试验用人体受试者的权利，总体上将促进社会利益。"汤姆·比彻姆（Tom Beauchamp）也贡献了一份题为《分配的正义和道德上适当的差异》的论文。经过多次讨论，委员们用恩格尔哈特的前两个原则和比彻姆的公平分配原则，精心制作了"崭新的"原则：尊重、行善和正义。斯蒂芬·托尔敏（Stephen Toulmin）为在3月份会议上进行说明，被责成改写这份报告。

阿尔伯特·琼森（Albert Jonsen）：《生命伦理学的诞生》（*The Birth of Bioethics*），纽约：牛津大学出版社1998年版，第103页。

然而，这里要进行一点辩解，恩格尔哈特的第一项原则并不等同于自主原则。此外，他的目标一直是重建当时占主导地位的道德观点。恩格尔哈特（Engelhardt）：《含有人体实验的生物医学和行为的基本伦理原则》（*Basic Ethical Principles in the Conduct of Biomedical and Behavioral Research Involving Human Subjects*），见《贝尔蒙报告，附件第一卷，1》（*The Belmont Report, Appendix vol.1*，华盛顿，哥伦比亚特区：卫生教育和福利部1978年版），公布文号（#(12) 78—0013），第8节，第1—45页。这篇文章在《得克萨斯生物学与医学报告》（*Texas Reports on Biology and Medicine*）1979年第38期，第132—168页被收录。

一步支撑了世俗生命伦理学，通过其四原则：自主（autonomy）、行善（beneficence）、最小伤害（non-maleficence）和公平正义（justice），[①] 有效地指导了道德选择。[②]《原则》的作者以及接触不同的临床案例而应用这些原则的人，尽管存在着理论上的不同认识，但许多人还是应该采用公认的一致的决断。虽然宗教生命伦理学仍然多元，但世俗生命伦理学似乎是保持一致的，至少通常情境下，围绕一套统一的生命伦理原则。这个学术团体提出了可以指导公共政策和指导临床伦理决策的原则，当然，它是局限的和不完整的，这个原则框架使个别人自称，自己就是能够指导医生和患者做出道义上恰当保健服务决定的生命伦理学专家。从宗教生命伦理学到世俗生命伦理学的转变似乎充分证明：一个中立的、但依然内容整全（content-full）的伦理原则，就能够指导合理的道德行为；甚至它还声言，统治人类也不过如此。在这次成功的基础上，生命伦理学从业人员，现在称为"伦理学家"，可以如同世俗牧师（secular priests）般发挥作用。作为世俗道德神学家，他们可以指导世俗社会，尽管是启蒙运动遗留下来的难题，世俗理性似乎保护了生命伦理学，这是基督教生命伦理学不能提供的：经过理性考据并向所有人开放的、具有共同认识的道德集成，可以指导公共政策。

[①] 译者注：比彻姆（Tom L. Beauchamp）和丘卓斯（James F. Childress）的《生物医学伦理学原则》（*The Princibles of Biomedical Ethics*）的出版是生命伦理学诞生后的重要事件，本书及其理论，为国际生命伦理学界提出了四条基本原则，20世纪70年代后，被介绍入中国，一直被编入各种版本教科书中，对于国内的医学伦理学教学发生了重要影响，同时，也支撑了世俗生命伦理学的理论。但是，除此四原则存在很大争议外，语义、译介和理解上，也存在重要分歧。四原则本身重叠，级别倒错，比如"行善"应该与"爱"同为母体原则，而非基本原则；另外，如果没有"允许"和"宽容"这些原则的应用，无法解决临床和研究中具体大量的伦理难题；译者认为，四原则的标准译名应为：尊重自主（autonomy）、行善（beneficence）、最小伤害（non-maleficence）和公平正义（justice）。

[②] 比彻姆（Tom L. Beauchamp）、邱卓思（James F. Childress）：《生物医学伦理学原则》（*Principles of Biomedical Ethics*），纽约：牛津大学出版社1979年版；有关其对原则主义反思的回应，可参阅比彻姆（Tom L. Beauchamp）《原则主义及其持不同意见者》（*Principlism and Its Alleged Competitors*），《肯尼迪研究所杂志》1995年第5期，第181—198页。

为何一个规范的、内容整全的世俗生命伦理学不能为一般世俗条款辩护：内容需要假设

表面上取得成功的世俗生命伦理学其实是空乏的。有多少种宗教，有多少种道德、正义和公平，就可能存在多少种世俗的理解。对于医疗资源分配问题，没有任何权威的理论和恰当的说明，被普遍接受或予以明确论证。对于堕胎的道德性、保健分配和安乐死，没有固定的世俗通用的观点或协商一致的意见。关于多种形式的第三方辅助生育的合理性，甚至为希望获得通过婚外性交的个人提供医疗服务是否是正当的（例如，治疗阳痿），诸如此类问题，都存在严重的分歧。更值得注意的是，对良善生活和正当行为，没有一个内容整全（content‑full）的、普遍接受的界定。关于应该如何着手解决这一困难，并建立一个规范的内容整全的伦理学（content‑full ethics）和与之相适应的生命伦理学，也没有一致意见。此外，正因为如此，生命伦理学家面临应该提供可以信任的咨询意见的挑战。以不同的伦理学和生命伦理学选择为标准，明显不同的建议甚至均被完全接受。在一些生命伦理学委员会的建议中，出现道德表面上的一致局面，充其量只是一种政治建设需要。有人可能会特别认为，提及的"保护生物医学和行为研究的人类受试者全国委员会"表面上的成功，似乎既能够公布一套基本的道德原则，又能形成普遍接受的卫生保健政策。实际的公共政策讨论和政治运动，更不必说不间断的有关生命伦理理论和实践的争执，呈现出相互激烈冲突的道德气象，这种争论，凌驾于世界各地其他大多数生命伦理学委员会之上。甚至有关征税问题代表政府利益的合法研究，也远远没有引起如此争议。

第一章　从基督教生命伦理学到世俗生命伦理学：全球化自由主义道德的建立

生命伦理学领域不断发展，似乎存在一个被所有人接受的共同的道德背景（background morality）。①在这样一个宣扬文化多样性的时代，实质性的道德多样性却没有得到认可。②他们的战略是（1）否认或削弱分

---

①　读者可能会希望参考我在前言脚注中的想法，关于汤姆·L. 比彻姆"广义的"（in the broad sense）背景道德的立场。另见比彻姆《比较研究：美国与日本》（Comparative Studies：Japan and America），载和正星野（Kazumasa Hoshino）《日本与西方的生命伦理学》（Japanese and Western Bioethics），多德雷赫特：克伦威尔1997年版，第25—47页。必须区分下述两种不同的观点：一是主张有一个共同的背景道德，二是断言有一种我们一致同意的道德。也就是说，理论反省可能遮蔽或歪曲前理论（pre-theoretical）的道德认知。见斯蒂芬·托尔敏（Stephen Toulmin）《医学如何拯救道德生活》（How Medicine Saved the Life of Ethics），载德马尔考（J. P. DeMarco）、福克斯（R. M. Fox）《道德新方向》（New Directions in Ethics，纽约：劳特雷杰与克甘·保罗1986年版），第270—281页。鉴于卫生保健政策的集体性质，迫切需要制定统一的医疗决策。见彼得·卡弗斯（Peter Caws）《委员会与共识：多头领导胜于一人专权吗？》（Committees and Consensus：How Many Heads are Better than One？）载《医学与哲学杂志》（Journal of Medicine and Philosophy）1991年第16期，第375—391页。布洛克·詹宁斯（Bruce Jennings）："共识的可能性，迈向民主的道德话语"（Possibilities of Consensus：Toward Democratic Moral Discourse），载《医学与哲学杂志》（Journal of Medicine and Philosophy）1991年第16期，第447—463页，还可见乔纳森·莫雷诺（Jonathan D. Moreno）："共识、契约与委员会"（Consensus, Contracts, and Committees），载《医学与哲学杂志》（Journal of Medicine and Philosophy）1991年第16期，第393—408页；以上也都明确地说明了这一看法。亨克·腾·海夫（Henk ten Have）和汉斯—马丁·萨斯（Hans-Martin Sass）适当地论述了这个问题："道德代理人必须构建意见的共识性，因为无法获得道德诉求的其他权威性基础。"见亨克·腾·海夫（Henk ten Have）和汉斯—马丁·萨斯（Hans-Martin Sass）《导言》（Introduction），载《医疗事业伦理的共识构建》（Consensus Formation in Healthcare Ethics，多德雷赫特：克伦威尔1998年版）第6页。鉴于紧迫的行政和公共政策议程，积极鼓励重要道德问题的协议的出台，以便指导行动并提供普遍认为可靠的咨询意见。这类问题的一个有趣的探索，见布拉滕（J. Braaten）《合理化程序：论证与强化公平？》（Rational Consensual Procedure：Argumentation or Weighted Averaging？），载《融合》1987年第71期，第347—354页。又见库尔特·拜尔茨（Kurt Bayertz）《道德共识的概念》（The Concept of Moral Consensus），多德雷赫特：克伦威尔1994年版。在所有有关共识性的讨论中，必须区分（1）同意采取一致的行动，和（2）同意具有一个一般性的道德认识。第一点是以允许作为前提；第二点至少要求，处理处于危险中的道德问题时，认为（1）可以妥协，和（2）遇到公共监察和反省时，可以部分揭示。第一点是可能的，如果承认政治上的益处超过对原有道德上的考虑。第一点可行性理由还有，如果考虑对与道德无关的价值追求比对原有道德的追求更重要。

②值得注意的是，广泛共识和道德理性的承诺，如何致使基督教思想家都能赞同医学道

德传统不依赖于基督教真理。例如,尼格尔·卡梅隆(Nigel Cameron)把基督教—希波克拉底共认意识(Christian - Hippocratic consensus)说成是,构成了医学传统并且"不仅仅是传统,而是将基督教嵌入了医学内部"。见约翰·基尔尼(John Kilner)、尼格尔·卡梅隆(Nigel Cameron)、戴维·斯切德尔马耶尔(David Schiedermayer)《生命伦理学的基督教支柱——国家问题》(*The Christian Stake in Bioethics: The State of the Question*),载《生命伦理学与医学未来》(*Bioethics and the Future of Medicine*),大瀑布城,密歇根州:埃尔德玛斯1995年版,第4页。显而易见,除了认为涉及医学生活的基督教生物医学关怀,而不是关涉基督教医学,试图证明,求得希波克拉底异教思想与基督徒观念的医学能够取得极其一致的意见,是个失败。价值观似乎产生于价值和技术的特殊结合。"价值理性和技术的密切结合,产生了:第一,希波克拉底异教思想,并及时地发展成不朽的基督教—希波克拉底共认意识",这似乎为我们提供了一个纯粹的事实,即被作者赞美的犹太教—基督教共有的启示。有趣的是,17世纪的一些基督徒,用毕达哥拉斯判定,实际上是犹太人的方法,来解决这个问题。欲了解"毕达哥拉斯事迹"(the Pythagoras story),请阅斯克涅文德(J. B. Schneewind)《自主的发明》(*The Invention of Autonomy*),纽约:剑桥大学出版社1998年版,第536—543页。又见塞皮安·杜普莱克斯(Scipion Duplex)《伦理学或道德哲学》(*L'Ethique ou philosophie morale*【1610年】),巴黎:法亚尔德1994年版。比卡梅隆更明确的是,T. S. 艾略特(T. S. Eliot)推定,是基督教概括并给出了最终的医学传统地位。对他来说,作为一位基督徒,作为一位真正的、广泛意义上的天主教徒,是一名医生关注的核心和真正意义的来源。考虑以下由罗杰·巴格(Roger Bulger)记述的和艾略特的一次讨论:

　　在这次生动的交谈过程中,他发现我是一个罗马天主教徒,后来,在我表达了去医学院的一些矛盾情绪之后,他用我从未忘记的方式说:"世界需要好的天主教医生。"很多次,每当我回忆起这些话语,仍然好似聆听从山巅至圣所传来的雷声。他似乎只是很随意地说:"世界需要好的不可知论者医生"或"好的无神论者医生"或"好的佛教徒医生",其实他告诉我的就是,世界需要好的医生,且他认为我有做一个好医生的素质。艾略特先生的那种思想和他对我的信心,在罗杰·巴格(Roger J. Bulger):"细究新思"(The Search for a New Ideal)中一直非常重要。

　　载罗杰·巴格:《现代希波克拉底研究》(*Search of the Modern Hippocrates*),艾奥瓦城:艾奥瓦大学出版社1987年版,第19页。
　　译者注:基督教—希波克拉底共认意识(Christian - Hippocratic consensus):在探究医学伦理学传统精神渊源过程中,恩格尔哈特所具有的独特思考,这一"共认意识",实际上已经融进西方医学文化与医学人文精神之中,已经成为医学文化精神或思想的共同体,作为一种传统,是极其宝贵的;但是,西方学者对于这一点,存在很大的歧义和争论,因为就基督教伦理学来说,很长一段历史时段内,不承认作为异教的希波克拉底誓言崇奉希腊神祇的誓言,而对于汉语文化圈学者和医学界,对此已经在泛泛的语义上,接受了这种人文传统,并没有考量与关注西方思想界和神学界的这种精致、微细的争论。本书译者认为,恩格尔哈特的"基督教—希波克拉底共认意识"(Christian - Hippocratic consensus)作为一个富有意味的生命伦理学词汇,对于中国生命伦理学界的学者来说,值得我们深入思考与探究,可以帮助我们更好地、深刻而不是肤浅和表面化地理解西方医学人文精神。

歧的重要意义（例如，坚持认为分歧可以解释和解决，因此不会导致截然不同的保健政策主张），或（2）减少或排斥那些持不同政见者（例如，无视他们的道德观点，将其作为非主流、边缘或极端的代表），而不是（3）为有同样追求、但有不同道德信仰的人，提供空间（例如，为对道德和人类繁荣有不同理解的人，设立平行的医疗保健系统）。他们不承认道德多样性，不为追求道德、正义和人类繁荣的不同观点的人提供社会空间（如，或退之于次，有人可能会认为有平行的卫生保健系统，由对保健服务的道德适当性持有不同意见的人组成），以上情况，特别令人费解，但构成了19世纪的历史。20世纪，数百万人死于公正、公平、平等、人权和美好生活的根本性争端中。世俗道德的尖锐冲突，造成了人类历史上毁损生命最多的无与伦比的大屠杀。尤为甚之，只要世俗哲学触角伸延之地就充满恐怖行动。重温梅洛—庞蒂（Merleau‐Ponty）对恐怖角色的解释，恐怖行动是作为通往更人道的未来的一种手段：

> 可以肯定，布哈林、托洛茨基和斯大林都不会认为恐怖行径具有内在的宝贵价值。但他们每个人却都设想，以此来实现一个真正的人类历史，虽然，这个人类历史现在还没有真正开始，但它已经为革命的暴力提供了理由。换句话说，作为马克思主义者，他们三个都承认，这种暴力行为有一个意义——就是可能理解它，使其沿着合理的方向发展，利用它实现人道的未来。①

参入恐怖和酷刑的历史表明，人类考虑道德问题时，往往具有偏好与意向的多态性可能：对于重要的道德价值和原则，不同的人给予不同的次级排序。如果注意社会生物学的道德多样化现象，有人可能会推定这种多样性是由不同环境的选择压力造成的，这种行为倾向的多态性传

---

① 莫里斯·梅尔里奥—庞蒂（Maurice Merleau‐Ponty）：《人文主义与恐怖》（*Humanism and Terror*），约翰·奥尼尔（John O'neill）译，波士顿：培根出版社1969年版，第97页。

达了生物在特定情境下独特而广泛的适应能力。

当代,拒绝或不尊重道德选择的这一明显的多样性特性,不需要推诿于任何伪饰的动机或有意的作为。这可能反映了一种强烈的无须顾忌这一人类特性的一相意愿,尽管是无意识地为某一特定内容充分的道德前提辩护,以便为其所希望为主体的公共政策提供道德霸权。结果是建立一个作为一种意识形态的特殊的生命伦理学,一种伪造的意识(false consciousness):主张世俗道德共识,以使公共政策及临床生命伦理学家的临床角色合法化,以淡化真正和持续存有的道德分歧。这种伪造的意识,目的是遮蔽困扰生命伦理和卫生保健政策的明显的道德多样性,如对平等、自由、生命和死亡的本质和道德重要性的不同理解。他们必须否认这些差异,以便确立政府伦理委员会认可的结论,如此,就可以声称遵循了被所有人接受的共同道德,即所谓的道德共识。① 如果这种多样性得到承认,那么世俗伦理就只能被认为,打下了像不断遭到抨击的基督宗教生命伦理学那样深刻的多元化烙印。因为无法否认哲学家关于道德本质的争议,所以一个诱人的策略就是坚持强调,尽管理论不同,但依据它们推导出的道德前提是相同的。如果有一个世俗化的权威内容整全的道德(congtent-full morality),尽管存在理论上的道德分歧,也可以制定中性指导原则(middle-level principles)。然后可以达成严格的一致意见,并将与人类道德接受度相符合。或者如果这样的一致意见并不存在,适度道德共识可以被说成是足以符合人类道德接受度或人类共同具有的,以便选择一个足够充分的共同点来作为共同的道德

---

① 指导全国委员会和类似道德预设事业,是马克思主义意识形态的,利用虚假意识为政治权力服务:把某一道德作为典范,似乎这是人类本身的共同道德,因此,毫无疑问,标准化是否能够合法化,是正在讨论的公共政策问题。这当然更容易让人们服从某一项政策,如果他们相信它在道德上是正当的。关于在赋予统治阶级合法性这个方面中的思想家中,人们可能还会考虑到马克思、恩格斯的观点:"在这里,每一个阶级,都希望施行某一阶级的保健政策。生命伦理学家在这种情况下,应该担任'观念上的思想家',而实现并完善阶级关乎其自身主要生存之道的理想"。见卡尔·马克思(Karl Marx)、弗里德里希·恩格斯(Friedrich Engels)《德国思想家》(*The German Ideology*),纽约:国际出版社1960年版,第40页。

前提。① 由委员会制定的并且取得成效的指导临床决策的保健政策和原则，就可以作为共同道德的依据。

这种说法在许多方面都难以令人信服。第一，我们应当想到，为对实质问题的公共政策做出具体道德结论而组成委员会时，将避免任命与其道德观点存有真正分歧的人员。可以预期，也不会聘任自由主义者和社会主义者参加负责制定卫生保健改革政策专题讨论小组。这些人的不同之处，不仅在于他们坚持的理论，更在其强烈的道德责任感。

如果当"保护生物医学与行为研究的人类受试者全国委员会"讨论胎儿研究时，包括一个罗马教皇的代表，一个女性无神论者，一个浸礼会的原教旨主义者，一个×××主义的共产党员，一个自由主义者，和一个倡导在堕胎问题上可以自由选择的人，人们只能想象该委员会的讨论将会有何等的不同。② 比较好的政治策略是，事实上似乎已经在做

---

① 在此，应联想到约翰·罗尔斯（John Rawls）引据的一个"部分共认意识"（overlaping consensus）的概念，这就在不同的道德观点和哲学方法之间，设置了充分的部分重叠，以证明某一特定的政治观点，如果不属于道德范畴的，也是正当的。"我们希望这种政治化正义观，至少能被我们称为'部分共认意识'所论证，也就是说，用一个包括所有对立的哲学和宗教学说的部分重合的共认意识，能持续并获得或多或少恰好构成民主社会的多数拥护者。"见《司法公平——政治而不是形而上学》（Justice as Fairness: Political Not Metaphysical），载《哲学与公共事务》（Philosophy and Public Affairs），第14卷，1985年夏季号，第223—251页。确定正确的部分共认意识，罗尔斯把这个"拼接"限定为（1）这一共识（共认意识）来自于：那些他认为很可能不会改变的、并获得多数拥护者的对应的哲学和宗教理论，和（2）符合他"或多或少恰好构成民主社会"的观点。他阐释的"部分共认意识"的规范性概念，原载《政治自由主义》（Political Liberalism），纽约：剑桥大学出版社1993年版。

译者注："部分共认意识"（overlaping consensus）是指，在观点上相似、相近、甚至对立的道德指向，也存在部分甚至大部分意见的相同性和观念中的共有部分。此译为"部分共认意识"，意在道德异乡人或道德朋友之间，都能尽可能求得一种观点上的均衡，或者可以理解为"和而不同"。

② 这个例子，我借用了我和科文·乌姆·维德斯（Kevin Wm. Wildes, S. J）的讨论，我们一起详细地探讨了这些问题。他对这个问题的看法可以参阅科文·乌姆·维德斯（Kevin Wm. Wildes, S. J）《道德熟人》（Moral Acquaintances），印第安纳州，圣母院：圣母大学出版社2000年版。

了,就是任命具有类似背景道德承诺的人,而不是有一些理论分歧的人。① 他们用这种方式建立委员会,加入他们的人将被进一步灌输他们的道德通则,因为尽管有理论分歧,但分析和对话将确保实质性的结论。

通过世俗道德反思,支持一个共同可预知的背景道德存在,并认为,实际的道德分歧源于那个道德差异的理论重建,这也保证了如果两位作者有类似的思想观点,但有不同的理论视角,一起探讨同一个生命伦理问题。他们会发现,虽然以不同的理论方法着手,但将殊途同归。就是这样,只要他们的理性认知不给他们带来特殊的和不同的道德承诺,也就是说,共享相同道德预设观点的一个规则功利主义和一个义务论者(deontologist),能在其不同的理论框架内,重建他们的共同道德,达到相似的效果。一个功利主义者将用基于结果的行为规则表达他们共同道德的大体框架,另一个道义论者将基于对道德理性的特殊理解,用一系列正确的和错误的景况,表达同样的大体框架。只有在依靠对特殊情境理解的某些边界景况下,可能会发生一些分歧。例如,规则功利主义将坚持,由于规则是实现结果的基础,不应该违反指引正确行为的规则,即使是一个特殊的例外,也将避免很多不良后果。例如,即使在讲真话可能带来相当严重不利后果的特殊情况下,规则功利主义者仍然认为,从长远来看,总是该说真话,将超越出现的不良后果,以总体实现最好的积极的道德来平衡。

结果,拥有共同的道德但有不同道德理论承诺的人,将能够制定中级原则,引导他们找到道德和公共政策问题的共同解决办法。人们可以推测,比彻姆和丘卓斯的生命伦理原则就是这样:它们的价值说明了这种现象。② 由于作者对公正有类似的背景理解,他们可以引入一个中级水平的公正原则,然后推导出关于卫生保健分配问题的类似结论。如果他们有本质不同的道德(例如,如果一个是社会主义者,另一个是自

---

① 为确保生命伦理委员会不致成为这样的机构,即一个专门研究问题、仅仅得到有力和详尽的讨论但看不到结论的哲学研究会,建议最好设立一个规范程序,并任命一位坚定的、有以上想法的人来主持该委员会。

② 比彻姆(Tom L. Beauchamp)、丘卓斯(James F. Childress):《生命伦理学原则》(*Principles of Biomedical Ethics*),纽约:牛津大学出版社1979年版。

由主义者），他们引入的中级水平的正义原则将表现出他们之间深刻的分歧，而不是他们的一致。原则的真正意义将发生变化——它们将以此作为揭示道德分歧的一种启发式方略。此外，理论观点的差异可能产生不可逾越的分歧，它们可能带来根本不同的道德，而不仅仅是不同的道德说明。如果进行道德重建之背景道德的道义论者是忠实的康德主义者，那个人就会把破坏道德承诺视作确定无疑的错误，而行为功利主义者将不会发生这种情况（在非原则问题上的任何情境下）。虽然在某些情况下，康德学派和行为功利主义者可能对遵守承诺有相同看法，但是，当履行承诺的代价很高时，是否依然坚持承诺的制约，这些相同看法是否还可以维持，实在难以预测。道德论和生命伦理学（例如，社会主义者与自由主义者，堕胎合法化与反对堕胎）的规范内容是多重性的（例如，道德原则和/或价值观不相同的排序）并且道德理性观念也是多重性的（例如，义务论的或目的论的）。康德学派的道德不是行为功利主义者的道德。例如，康德主义者和功利主义者，其恪守医患关系的保密方式完全不同。有很多种道德理性观念，每种都依照它自己特有的行动方式，来平衡正确的和善的，以及平衡相对应的中介和非中介（no-agent-relative）道德判断。

汤姆·比彻姆就认为有一个可被所有人接受的通用道德（common morality）的极好案宗，其无非是在申明，在此存在一个道德共识。为了解决问题，他合并（1）道德的一般概念，"与行为和责任有关的理论或系统；道德科学"或"道德行为；通常，善的道德行为；符合道德律的行为；美德"[1] 与（2）可以按重要程度排序的道德（此序列可以调整）概念，不同的人在不同的共同体中可能会有不同的排序。后者不能提供任何道德指导。但是，道德在一般意义上正是：提供道德指导。它们与"区分行为、意志或负责任的品质之是非或善恶"相关。[2] 本卷讲的道德相当于可以提供指导的道德实践。为了解决问题，比彻姆区分了狭义的道德和广义的道德。比彻姆的狭义的道德不是一个哲学的

---

[1] 《牛津英文词典》（*Oxford English Dictionary*），1933年版，VI，第655页。
[2] 《牛津英文词典》（*OED*），VI，第653页。

伦理学理论，而是一组原则、规则或权利。他试图用所列的 14 条他认为具有普遍性的规则来解决问题，如"（1）讲真话。（2）尊重他人的隐私。……（6）不杀生"①。随后，他在没有得到充分承认的情况下，收回了他提出的部分规则，因为"这个清单上的规则不应该是孤立的，同时，没有设计在发生冲突时，更有效力的规则优于其他规则"②。他的意见归结为，狭义的道德集中在可调整的按重要性排序的序列。他承认，他的序列"没有囊括所有狭义的道德"③。这种情况的困难在于，确定什么是道德的或不道德的依赖于一个人接受的道德观念如何（即，可能还会增加序列之外的规则）和如何排序。例如比彻姆，还包括以下两个规则："（10）不剥夺他人食物。……（14）帮助残疾人。"④ 这种排序也决定什么时候允许杀人，什么时候杀人是不道德的。例如《老埃达》（*The Elder Eddas*）⑤ 收集了塞蒙德·西格弗逊（Saemund Sigfusson）在 11 世纪末或 12 世纪初编写的古代冰岛法规。在《天主之歌》（*The High One's Lay*⑥）中，北欧主神奥丁（Odin）曾有如下道德告诫："58. 想拥有别人的财产或生命的人应当早起；懒惰的豺狼捕不到猎物，贪睡的懒汉没办法取胜。"⑦ 表面上看，比彻姆在通常意义上的道德普遍性观点，其实就等于贵格会教徒和海盗可能持有共同的道德，因为他们都认为杀人是正当的，尽管对于贵格会教徒他们是致力于和平主义，而对于海盗，他们会认为，一切皆应平等，掠夺谋杀是一件

---

① 比彻姆（Beauchamp）：《比较研究：美国与日本》（*Comparative Studies: Japan and American*），见和正星野（Kazumasa Hoshino）编《日本与西方的生命伦理学》（*Japanese and Western Bioethics*），多尔德雷赫特：克伦威尔 1997 年版，第 26 页。

② 同上。

③ 同上。

④ 同上。一个略有差异的文本和记述，见贝纳德·杰尔特（Bernard Gert）、查尔斯·库尔维尔（Charles M. Culver）、丹尼尔·克劳瑟尔（K. Danner Clouser）《生命伦理学——一种根基性回归》（*Bioethics: A Return to Fundamentals*），纽约：牛津大学出版社 1997 年版，特印版，第 34 页。

⑤ Edda 指《古代冰岛著名文学作品集》，The Elder Adda 是《老埃达》，亦称《诗体埃达》（*The Poetic Edda*）或《新埃达》（*The Younger Edda*），亦称《散文埃达》。——译者注

⑥ *The High One's Lay* 诗体埃达分为神话诗与英雄诗，本篇是已经找到的皇家藏本之一。

⑦ 塞蒙德·西格富森（Saemund Sigfusson）：《老埃达》（*The Elder Eddas*），本雅明·托尔波（Benjamin Thorpe）译，纽约：诺罗也拿协会 1906 年版，第 35 页。

好事，只要是在其他国家的土地上。①

如果一个人开始就对人类重要价值或正确行为有不同排序，就不会有共同道德。如果没有相同的背景道德，也没有相同的依据和推论的规则，就不能通过充分合理的论证解决道德争议。② 为了在对比中选择价值或道德原则的一个排序，必须已经拥有一个关于善的道德情感基础或初级理论。但要选择关于善的正确的道德情感基础或初级理论，准备的背景道德中，必须包含一个更深一层的道德情感基础或初级理论。人不可能依靠直觉，除非他有一个前直觉来指导正确直觉的选择。为了确保正确的背景直觉，需要一个指导性的直觉，这一指导性的直觉甚至是背景直觉中更深一层的。为解决应该遵从的正当道德观念的争议，对任何

---

① 考虑以下的诗，其中描述了 985—988 年之间挪威国王奥拉夫·特里格瓦松（Olaf Trygvason）发起的一次侵略，表现了"天主之言"（The High One's Lay）的道德理想精神。

死亡在诺森伯兰蔓延
那长矛和骠骑威武地跃过苏格兰，
死神挥舞战斧和寒光烁烁的长矛；
那人为抵御入侵的顽敌，指挥着一艘艘战船。
战士越过征途，耳边鸣响着觅食狼群的呼喊，
年轻的国王啊，
发动了这场血腥的游戏，
令人战栗胆寒。
英勇的弓箭手傲立在血腥的海岛，
敌军遍野的尸体魅影闪闪。
逃离奥拉夫那个可怕的名字吧，爱尔兰，
逃离那个年轻的、苟于追逐名利的国王。
在布雷特兰，在坎伯兰，
人们对他无休止地抱怨：
成堆的尸体静静地遮蔽茫茫荒野，
那荒野，变为乌鸦和嗥叫的狼群的美食乐园。

阿弗雷德·范德雷达斯卡尔德（Aifred Vandredaskald）:《国王奥拉夫·特里格拉松的英雄传奇》（*King Olaf Trygvason's Saga*），选自斯诺雷·斯特拉森（Snorre Sturlason）《挪威国王记事》（*The Heimskringla*），萨缪尔·莱英（Samuel Laing）译，纽约：诺罗也拿协会1906年版，第1卷，第151页。

译者注：上诗为孙慕义、马晶译。

② 对汤姆·比彻姆的评论，见范瑞平（Ruiping Fan）《对生命伦理学三个层次跨文化研究》（*Three Levels of Problems in Cross - Cultural Explorations of Bioethics*），载和正星野（Kazumasa Hoshino）编《日本和西方生命伦理学》（*Japanese and Western Bioethics*），多德雷赫特：克伦威尔1997年版，第189—199页。

要求设计欲作出结论，都面临一个类似的挑战。如果有一个多元的善或其结论，人们必须知道除开这个结论之外，如何对那些善排序。我们必须事先拥有中立的基础，去明确应该被肯定的道德认知基础是什么。同样，把任何不同类型的结论转换成一个共同的量度标准，要求事先具有可以给不同类属的价值排序的价值理解。为完成这项任务选择正确的道德情感基础，需要另外一个甚至在背景中更深一层的道德直觉。回避正确的偏好，退到提倡偏好的功利主义，并不能释脱这种困难（毕竟不能纠正偏好以避免实用的魔鬼，除非事先已经有一个比令人满意的偏好更为基本的背景道德）。在任何情况下，人们都应该知道，选择偏好时，什么使价值等级发生偏离。不知道道德理性应当体现什么内容，就不可能指望求助于道德理性解决道德争议。

同样，以其希望提供为前提，为指导道德判断尝试确立一个决疑法（casuistry）①；② 当然，只有在已知什么案例、发生原因和以何方式解决来作为样本案例，决疑法才能成功运作。我们必须先期把案例置入既定的道德视角内的完整道德程序中。罗马天主教的决疑法实践，指导某一悔罪者解决他们的道德相关问题，因为它可以以背景道德、形而上学和制度上的假设为先决条件，确定某些人为道德专家（例如，道德神学家），另一些人为道德权威（例如，神父），最后能够做出具有约束效能的道德决定。为指导审查而应用的案例，被置于一个道德审查程序内，这个程序，对于那些参与决疑的指导者来说，不存在任何缺陷。适用什么道德审查，什么人有权力（神父）将那个道德程序应用于特定案例，都是明确的。此外，他们还拥有一个内容完善的道德手册文献来指导他们。借用托马斯·库恩的隐喻，罗马天主教利用决疑法是标准决

---

① 决疑法，源自拉丁文 casus，意思为"例证"，是对于那种一般道德原则不能直接应用于其上的个别道德案例的一种研究，旨在决定是否它们能被放进一般规则的范围，其主要过程包括，诉诸直觉、与典型案例类比、对于具体案例评估。中世纪，对教会信条阐发在事件中被广泛采用，发展为"或然论"。由于应用伦理学的繁荣，决疑法重新焕发活力。——译者注

② 为解决政策纠纷的困难，有关覆盖面评价的研究，见 H. T. 恩格尔哈特（H. T. Engelhardt, Jr.）、亚瑟·卡普兰（Arthur Caplan）编《科学争论》（*Scientific Controversies*），纽约：剑桥大学出版社 1987 年版。

疑法的范例,① 虽然它使当代西方陷入决疑法危机（Crisis Casuistry），即此决疑法不仅对如何处理特定案例是不明确并存有争议的。

关于分析的适配结构也存在分歧。② 既不清楚具体情境下适用何种道德（包括怎样理解决疑法），同样，也不清楚如何对特定案例应用何种道德选择。

多种形式即多元决疑法并没有显示如何优越；在分析特定案例时，为了平衡不同的道德要求，必须事先具备道德指导，以决定何时达到适

---

① 例如，见阿尔伯特·琼森（Albert Jonsen）、斯蒂芬·托尔敏（Stephen Toulmin）《滥用的诡辩》（*The Abuse of Casuistry*），伯克利：加州大学出版社1988年版。琼森与托尔敏方法的批判，参阅科文·乌姆·威尔德斯（Kevin Wm. Wildes, S. J.）《道德相识者》（*Moral Acquaintances*），印第安纳州，圣母院：圣母大学出版社2000年版。

② 考虑如下引自权力机构（即罗马教廷办公室）的案例，以及在背景观念理解上，解决形而上宗教的逻辑序列。

如果不可避免获得非天主教教父的帮助

案例：新教徒提图斯，他的妻子是天主教徒，他们问天主教神父是否会为他的第一个孩子施洗；顺便说一下，教父将是一个新教徒朋友。结果神父告知，天主教会不承认非天主教教父，而后，提图斯答复说，很遗憾，既然这样就没办法了。他已经承诺，而且不能冒犯教父，因为后者的作为出色，以后可以为他的孩子提供大量帮助。神父深知，如果他坚持拒绝新教教父，新教教父亲将请他的牧师为孩子施洗，因此他和非天主教教父一起完成了洗礼，以确保孩子的天主教洗礼，毫无疑问，以他的立场上他的行为没有错误。

问题：神父如何做，尽管有这个不合教规的教父地位，他并不就应该违反教规章程？

解决方案：我们解决这一困难的方法是，让新教教父只是作为洗礼的见证人，作为名誉教父，而不是真正的教父。就我们的情况而言这无疑是允许的，而不违反宗教法庭1893年5月3日的教令，该法令命令，没有教父，洗礼更应加以管理，如果另外一个非天主教教父是不可避免的，从意义上可以理解为天主教教父。因为，现在，仅仅作为一个名誉教父就是一个纯粹外部事物，对孩子没有任何约束，这当然是允许的，必要时，即便该人是非天主教徒。当然这个新教教父，清楚的知道，绝不能行使天主教教父的任何职能，如宗教信仰行为，或在怀抱婴儿参加天主教仪式；这项工作应该由到场的其他人来做，例如护士或教堂司事。新教徒可能会被告知，作为一个新教徒，不会被要求接受天主教信条。这个非天主教名誉教父将仅仅作为证人，而不是教父。

麦克修（J. A. McHugh）编：《诡辩》（*The Casuist*），纽约：约瑟夫·瓦格纳1917年版，第5卷，第102—103页。

这方面，还有一个这类文献中的案例，见托马斯·斯拉特尔（Thomas Slater）《英语国家有关良心问题的案例》（*Cases of Conscience for English - Speaking Countries*），纽约：本吉格尔兄弟1911年版，第2卷。

当的平衡。当然，这种指导恰恰是有问题的。① 此外，传达可靠的道德指导，首先必须承认它的本质：必须接受对道德的一种特定理解。世俗道德也不会申明，人类拥有一种能力，可以使他们恰如其分地估量、平衡或精确地考虑各种道德要求，或者测定与辨别什么是道德。

> 在很大程度上，我们关于特定行为、代理和机构的基本道德直觉，是我们的道德认知能力强加给我们的。在某种程度上是这样，我们的直觉判断受到约束，而不是"随你怎么样都行"。然而我们对这些概念的理解不能令人满意，无论这意味着什么，我们没有稳定的规则来评价选择，个人在作出这些选择时，发现许多是认知结构强加于他的。②

鉴于人类的能力、官能和爱好的多样性特点，总是需要自主性道德指导，以这种能力，人们确定在某一时刻权衡、平衡或判断道德欲求或辨识道德是否正常运作，以及必须使其某一时刻的行动实现道德正当性。肯定一个特定的、内容充足的道德观点，或赞同某一道德请求的特定平衡，实际上，就已经默许了某一特定道德承诺为规范的。我们必须拥有一个规范的道德尺度、标准或理解，以便知道什么时候须对不同的道德价值、原则、利益、欲求等进行适度的估量、平衡或考察。

没有哪种观点可以被规范，平衡道德旨在于要求或确定哪些传统或

---

① 在他的科学史的记述中，托马斯·库恩（Thomas Kuhn）区分了在某一科学范式的一般假设范围内的"常态科学"与把一个范式植入问题的"危机科学"。见库恩《科学革命的结构》（*The Structure of Scientific Revolutions*，芝加哥：芝加哥大学出版社 1962 年第 2 版，1970 年扩展）。罗马天主教决疑法提供了一种普通道德推理和普通决疑法的实例。当代道德，在争执什么样的道德假设应当给予指导和引导时，提供了危机道德的例子，在危机道德（crisis morality）中，只有危机决疑法（crisis casuiatry）是可行的。危机决疑法，为制定这一隐喻，将关涉引发问题的案例，使如何解决当下的争端含混不清。富有意味的是，由于罗马天主教"梵二会议"导致了道德神学基本问题，决疑法则被废止。

② 巴鲁克·布罗迪（Baruch A. Brody）：《直觉与客观的道德知识》（*Intuitions and Objective Moral Knowledge*），载《一元论》（*The Monist*）第 62 期，1979 年 10 月号，第 455 页。决疑直观论的一个非常有趣和形式复杂的例子，它试图通过平衡道德要求解决道德争议。见布罗迪（Baruch A. Brody）《生死抉择》（*Life and Death Decision Making*），纽约：牛津大学出版社 1988 年版。

道德调查的范本更完整，而不至于使核心问题出现歧义：谁的道德应当处于权威主体地位？① 在内在性领域，真理本身凸显之前，选择始终是任意的。这一难题无法回避，即使坚持（1）人类有一个"基本认知能力，使我们能够认识个人、行为和社会确认的道德价值"② 另外（2）理论可以使这些直觉系统化，说明它们，并在我们缺乏直觉的区域给予指导，例如，通过（3）一个价值冲突的模型，用决疑法表述一个多元化理论。由于这个理论是一种标准化的理论，它必须事先遵从某一特定道德观念，以便判断何时人类的道德直觉是正确或错误的，何时"基本认知能力"运行良好或很差。对于伦理学家至关重要的，不是理论，而是这个决定一切的道德承诺前提。

同样，诉诸人类的爱好或情感也将显示出道德的多样性，而不是统一性。

若要查究道德指导，就必须建立一个赞同偏好和情感的特定序列，以及一个判断程式，该程式要标明什么偏好是正当的，什么偏好或情感是道德上的误导。选择恰适的排序和正确的判断，需要更深层的道德基础。在这个问题上，如果还不具备一个背景道德标准化的条件，对人类本性的判断也就无法提供规范的标准化指导。在达尔文之后，确定"标准化的"人类本性的问题变得更加突出，尽管如何辨别正常与变态的人性有很大困难，并且从自然法则到伦理判断的意愿一直充满挑战，我们还是必须要找到一个指导性的标准化方法。人类偏好和同情作为自然现象的原因是，自发变化着的道德盲目性力量，特别决定这些因素的选择压力和遗传演变。这些人类的明显特性或倾向，在人类曾经经历但已不再依赖的生存环境中得以进化。如果转向人类情感，这方面的达尔文式的和人类多态性认识，又决定了各种各样可能的"理想"人类道德类型。不同组别的道德直觉、同情和偏好，将在不同的环境中，因个

---

① 不仅仅如此，如麦金太尔曾指出，"当代应用伦理学的命运证实而不是驳斥了，没有某种事先协议为先决条件的道德询问，是没有结果的"，但更根本的是应用伦理学在道德上不可靠，因为它对于重大问题提出了矛盾的建议。见麦金太尔（MacIntyre）《道德咨询的三种不同版本》（*Three Rival Versions of Moral Enquiry*），圣母院，印第安纳：圣母大学出版社 1990 年版，第 227 页。

② 布罗迪（Baruch Brody）：《生死抉择》（*Life and Death Decision Making*），第 12 页。

别或多重变化的适应性区别,最大限度地被优胜劣汰(be well or poorly adapted)。不同道德直觉、同情和偏好的不同平衡结果,将在不同环境中形成不同的优势。要确定什么是规范的或理想的人类类型,就必须确定,哪些道德情操,按什么顺序,在什么情况(即环境)下能够取得支配地位和取得支配权的原因是什么。

首要问题是:人类道德(和不道德的)倾向的特性,作为以生物学为基础的现象,可能是另外方面的、多种形态的原因的一个基本事实。形形色色、多重变化的适应性,可能是最大限度地在生态学不同环境中的表现,人类极尽道德倾向的不同平衡手段,杀戮或和平相处,讲真话或机巧地蒙骗,忠诚或狡猾的媾和。① 不同的战略,表面(例如,虚伪的或虚假的)和实质性合作,将在不同的环境中,在个别或变化多端的适应性方面,导致不同的结果。由于没有任何生物物种是必然永恒的,并考虑到可能有比人类物种的长期生存价值更高的善,还必须确定在何种程度上,为什么和在什么条件下,人类物种的生存应该是首要的善,或仅仅是一个绝对道德义务的目标。从自然中获取道德教训,必须事先拥有一种道德理性,以便从一系列生物学事实中筛滤出道德信息。

没有预先的指导,人们不可能转向自然,发现正当的人类行为规范标准或形成生命伦理学指导。在后达尔文的世界,定义生物学的成功、健康和常态,必须确定什么样的适应,为了何种目标,在什么环境中。在这种情况下,考虑到成功可以通过在不同环境中追求不同目标获得,有理由认为,人类道德品行不可能和谐,也就是说,在后达尔文的世界,道德意识、环境差异与程度各异的选择压力如何支配生物的多样性,道德倾向的多元性应该在我们意料之中。人们甚至试图为道德情感和被许多人看作不道德的倾向之多样性找到一个生物学基础,尤其是生

---

① 探究不道德的行为如何可能引导人类性情的进化,如参阅克里斯特·沃格尔(Christian Vogel)《从死刑到谋杀》(*Vom Toten zum Mord*),慕尼黑:汉莎·弗拉克1989年版。唐纳德·西蒙斯(Donald Symons)根据男人和女人特异的通奸手段,为人类性特征的发展,提供了一个进化论的解释。见《人类性进化》(*The Evolution of Human Sexuality*),纽约:牛津大学出版社1979年版,特版,第144—158页。

态学的环境使多元适应性得以确立。① 人的有选择性道德类型，不存在理想化的"自然"范式，可以通过人的同情心和倾向（并不涉及具体行为）作为道德标准被接受。

确定一个道德范式为标准类型，必须事先拥有一个观念定式：即与道德息息相关的事实、性质、人的感性、人的同情心或人类道德理性需求等。人们必须了悟如何从噪声中拣选有意义的道德信息；要确立一个可以与他人分享的道德框架，前提是必须与其共享一个基本的背景道德观念，并且，事先必须拥有共同的导向性道德情感、理解或叙事。将一个道德争议引向特定结论，必须事先共有一个核心价值内容，这就遭遇一个久已存在的问题，其核心价值内容应该是什么？后现代的糟糟切切困扰着我们，这不仅仅是一种事实上的社会历史灾难，同时已经被人作为认识论前提，世俗道德之道无法给我们自由。这不仅是说：任何特定的、内容整全道德（content – full morality）都会充满争议；更重要的是，像以上指出的那样，原则上，那些内容不能被确定为道德规范。须知，如何对价值和道德原则排序，必须事先就存在一个基本道德或价值标准。要确立非共享道德前提一致，或不承认某些人仅仅是与道德权威个人之间的道德争论，或者必须回避争议的问题，或者索性求助无限退让（invoke an infinite regress），以便提供基本的理由，在符合人类世俗道德的诸多相互竞争的观点中，支持其中之一。② 任何特定的道德和其生命伦理学的内容总是存在差异的，除非去确立一个充实且规范化的内容整全的（content – full）和超越历史的特定道德理性。

这种或然性境况，曾被理查德·罗蒂（Richard Rorty）大加赞赏。罗蒂潇洒地放弃任何道德的厚实基础，为道德和生命伦理学提供了一个无厘头基础知识（groundless grounding）。接受道德不需要任何超然的氛

---

① 道德倾向的生物学基础概述，见理查德·亚历山德罗（Richard Alexander）《道德体系的生物学》（The Biology of Moral Systems，纽约州，霍桑：德·克劳特尔1987年版）。对于这个问题经典的研究，见乔治·威廉姆斯（George C. Williams）《适应与自然选择》（Adaptation and Natural Selection，新泽西州，普林斯顿：普林斯顿大学出版社1966年版）以及埃德瓦尔德·威尔逊（Edward O. Wilson）《社会生物学》（Sociobiology，马萨诸塞州，剑桥：哈佛大学出版社1975年版）。

② 本节叙述的争论，详见恩格尔哈特（H. T. Engelhardt, Jr.）：《生命伦理学基础》（The Foundations of Bioethics），第2版，第二章。

围或深刻意义的照耀,那些认为道德内容发展存在偶然性并同意以此定义人类道德状况者,将有"一种偶然性感觉,包括其道德讨论的语言、他们的良心,盖当如此"①。由此推知,道德被重新解释为无须上帝或理性作为基础。以这种方式,罗蒂深入探究,有关基督教道德或启蒙运动对基督教道德的重新阐释中,更加远离了世俗道德(以及随之产生的生命伦理学),启蒙运动对基督教道德的重新阐释保持了先验的观念。

> 我们可以坚持"道德"的概念,在我们可以不把道德作为自己神圣的部分声音范围内,而是把它当作自己作为一名社区成员、一位共同话语发言人的声音。我们可以谨慎地保持道德的差异性,如果我们认为它并非是无条件的要求和有条件要求之间的差异性,而是作为共同体兴趣需求和我们自己私人兴趣要求之间的差异性,这可能是矛盾的。这一转变的重要性是,它使"我们的社会是道德的社会吗?"这个问题显得格外重要。②

一般境况下的道德和特殊境况下的生命伦理学,变成根植于历史、处境和观点的偶然之中:道德和生命伦理学是这一情势的反映,尽管也可能是另外一回事。当然,它们也许是另外一回事,正因为道德多样性已经被再三验证。

历史的突发事件没有必要也不可能预置为多元化形态。对不起,罗蒂先生,我们即使置于肯定民主是一种政治方式的情境之中,也并非意味所有事情皆须依据民主。美国的民主不同于新加坡和伊朗的民主,这样,人们就可以满怀信心地宣布:"我一直敦促处于某种国际地位的民主国家抛弃那些在自我完善中所使用的阶梯。"③ 历史的突发事件将不会为道德偏见或希望而特别设置任其选定的时间和地点。通过限制民主而取得良好的成效是至关重要的(考虑到中国的政治家们为了保持稳

---

① 理查德·罗蒂(Richard Rorty):《偶然性、反讽与团结》(*Contingency Irony, and Solidarity*),剑桥:剑桥大学出版社1989年版,第61页。
② 同上书,第59页。
③ 同上书,第194页。

定的需要和其他因素，可能会决定，限定民主的选择，而卫生健康水平差异在他们国家发展不均衡的地区非常明显），大部分民主和民主医疗政策将会被引进而不是自发生成。在许多自由主义民主政治国家毒品和犯罪水平的居高也可能使自由民主政治体制失去魅力。因此，民主政策在推行医疗改革的过程中将面临诸多困境。

有人可能试图回避道德理性的失败，以此通过合理的争论来解决争议和无法提供可靠道德指导的难题（即不受禁令而提供完全不同的关于生命和死亡的方式），从而求助于情感、友爱和道德敏感性。有人甚至将这种变通行为称之为道德关怀。然而，一个老问题将会重新出现：不存在提供生命与死亡的关怀方式，也没有评价和规范人的情感和反应的方式。例如，某人是否能够通过提供福利或者是通过必要的教育使其变得更加聪慧并表现出更好的关怀呢？为了找到答案，人们必须具备相应的资本、利益和道德原则基础。此答案是否允许医生协助自杀和安乐死，还是拒绝这样做？这将取决于对成本、收益、人类发展和是非标准的不同理解。关怀和道德情感、感受性被嵌入了特定的道德叙事之中，也正是在这一特定的叙事和参与过程中，一个人才能学会应该优先修习哪种道德情感和感受，并且应该在何种情况下育成。强调道德关怀和道德感受性，不过是人在不同环境中进行道德转换的问题而已。

总之，如果没有对问题的苦求并尽可能无限退让，就不能确立规范的、内容整全的（content‐full）道德理想。基于道德直觉、道德感受和理性的多样化，人类则被嵌入了一种道德上模糊的生物进化论和社会历史之中，人性将获得一个新的定义，这个定义即是，人类存在无法解决的道德多样性、不确定性以及争议性。为了解决这一争议，即人一定要拥有特定的、内容丰富的道德立场的标准，那么，在解决这一争议之前，他就要有一个回答。

当放弃一种理论时，人不可能通过简单地对原则的应用或诉诸诡辩就能逃避困难；此外，必须确知如何把原则和范式的预设情境应用于现实境况之中。人们必须先准备一个规范的原则，这是问题之一。对不起，理查德森（Richardson）、德哥拉贾（DeGrazia）还有斯特朗（Strong）等诸位，以及其他特定原则和诡辩的辩护士们，没有人能够确定原则以便将它们应用于特定的情境中，或者知道如何将标准范式的情境移入诡辩的叙事过程,除非能够事先提供一种权威的指导性道德说明。① 其实,他们也呼吁注重具有实际效用的标准,言称能够避开理论上的正义,并可以搜集伦理学家和生命伦理学家的建议,尽管这是困难的,他也能够克服,从而对这项"工作"提出建议。只有伦理学家和那些信任伦理学家的人,在文化战争中是并肩作战的,此外,只能实用地诉诸"什么工作",而并不在意那些建议有什么意义。实用主义的成功以及卓有成效,"如此工作项目"必须在某一特定的地域并且事先要有它的道德预设。

产生于生命伦理学领域中如何解决价值争议的问题,一开始就提示必须接受一个道德前提。逻辑系统被接受还是拒绝,这取决于它们能否坚持真理和避免内部矛盾。也不必承认,它们反映了某种独立性和客观逻辑事实。观察结论的解读被接受还是被拒绝,取决于它们是否有能力成功地做出一些假设或推论。他们不必像对待本来就是那个自然的存在去揭示现实的本真。在我们任何可能遭遇的情境下,都应该有一个内在的标准,这个标准就是矛盾时每位参与者都知道如何解决矛盾的那种方法。那种解决的标准源于矛盾本身:人们选择包含特定形式的逻辑系统,这种形式的学术研究产生可以信赖的前提。通过确定定量推理(restricted area of reasoning)或参与实践活动的世界,人们可以选择某一目标和追求实用,而绕开某些具体问题,应该说不存在什么不对,或者说就是那个真实的存在。同样地,在道德领域(包括生命伦理学和

---

① 在缺乏关于规范的道德理论或者是规范的内容整全道德同一的情况下,应有很多方法可证明生命伦理学学科地位的合理性。例如,戴维·德格拉贾(David DeGrazia):《向前发展的生命伦理学理论:理论、案例和特殊的原则主义》(*Moving Forward in Bioethics Theory: Theories, Cases and Speified Principlism*),载《医学与哲学杂志》(*The Journal of Medicine and Philosophy*) 1992 年第 17 期,第 511—539 页;理查德森(H. S. Richardson):《作为一种方法的特定规则解决具体的道德问题》(*Specifying Norms as a Way to Resolve Concrete Ethical problems*),载《哲学与公共事务》(*Philosophy and Public Affairs*) 1990 年第 19 期,第 279—310 页;卡尔森·斯特朗(Carson Strong):《在生殖健康和围产医学中的伦理学:一个新的体系》(*Ethics in Reproductive and Perinatal Medicine: A New Framework*),纽黑文:耶鲁大学出版社 1997 年版。有关此类问题的最新观点,请参阅如下作者的文章,如比尔纳德·基尔特(Bernard Gert)、查尔斯·科尔威尔(Charles Culver)和丹尼尔·克劳瑟(K. Danner Clouser)的一篇论文《普遍道德应对特殊的原则主义:回复理查森》(*Common Morality Versus Specified Principlism: Reply to Richardson*) 中的第三个议题,载《医学与哲学杂志》(*The Journal of Medicine and Philosophy*) 2000 年第 25 期,第 308—322 页。

健康关怀政策中），矛盾的解决依赖于认可一种特定的排序，或是某一道德价值观，或者某一道德原则，而忽略其他可能的排名或排序。一个人必须在凡事之先，选择特定的价值核算比率，求得一种特定标准的道德觉悟；当然，对我们来说，首要问题是，应该选择的标准是什么。

一个人不必因持有不同德行就持有全然不同的道德观点。例如，对个人来说，仅仅需要知晓人类主要美德的道德意义的差异，如自由、平等、成功、平安等。不同排序的意义将支持不同的道德与不同的偏好，如什么才是好的社会和好的政治结构（例如，平等和相对的自由）。当然，这并不是说，持有不同序列的个人就不能彼此相互理解，相反，他们很可能对这种差异有更深更好的体悟。对于如何生活和如何选择做一件好事等问题，向来持有不同的观点，实质上这更有助于强化对堕胎、社会正义、安乐死问题的不同道德评价，隐瞒或缺乏价值观，各派别之间就会因观点不透明而难以沟通。道德异乡人在道德上不必强求去理解对方。尽管在不一致的情况下，无从通过理性论据解决矛盾或者求助于道德权威，但是他们还是能相互之间充分了解彼此的道德角色。道德相识人（moral acqueaintances）当然能够成为道德异乡人。[1]

这种道德多样性，即道德叙事、远见卓识和道德观念的多神主义，冲击着千百年来西方基督教道德的霸权地位（如同启蒙运动的理想取代一般世俗道德一样）。由是之，以设定的道德叙事、观念和观点的统一作为历史背景，这种多态性则构成了后现代化。如果缺少至关重要的道德说明以及通常可被接受的道德叙事，如果忽视这个环节，就会反对西方基督教的普适性、信仰与理性结合的现实背景。就像利奥塔德（Lyotard）所说：

> 在现代社会和后工业文化社会，后现代文化——有关知识的合法性问题通过不同方式被阐明。重要的叙事已经失去了它的可信

---

[1] 在这里我不同意由科文·乌姆·威尔德斯（Kevin Wm. Wildes）在《恩格尔哈特的社群伦理：隐藏的假设》（*Engelhardt's Communitarian Ethics: The Hidden Assumptions*）中所提出的对于这种观点的恭维，载布伦丹·美诺切（Brendan Minogue）、伽布瑞勒·帕尔梅—费隆德兹（Gabriel Palmer-Fernández）、詹姆斯·里甘（James Reagan）编《读解恩格尔哈特》（*Reading Engelhardt*），多尔德雷赫特：克伦威尔1997年版，第90—91页。

性，更不要说所使用的那种统一方式，也无须追查是推测性叙事还是自由叙事。①

根本就不存在一个公认的道德判定标准范围之内定位的社会，也不可能有一个单一的、普遍公认的评价社会道德规范，规模化地把一些人单独作为某一个道德共同体成员。这并不是说超越道德团体之外的交流是不可能的。或者可以理解为，人们只在设定的主要价值框架内才显示出各自差异；即使一个人已经完全被纳入了一个特殊的、规范完备的道德评价体系内，他仍然能够并且应该理解具有不同道德取向的人，而且明晰是什么原因决定他们在某一价值和道德原则体系中，使之成为他或他们的道德异乡人。人应该能够与道德异乡人在规范程序的许诺之下交流与合作，而这种许诺并不需要特殊的道德前提和道德归属的保证。例如，哈西德派犹太人（Hassidic Jews）② 亚米西人（Amish）和无神论者能够在同一个市场中交流和贸易，即使他们仍然保持在不同的道德团体中拥有不同的市场道德认知。在市场之外的领域，他们的道德不同取向性将会更加明显，例如对于堕胎和医生协助自杀的态度。

为生命伦理学提供一个世俗基础的风险，可以被看作是历史进程中由以下三个基本定义对西方经验的断弃和决裂：（1）宗教改革以及伴随而来的西方基督教世界分裂为基督教和多元化基督教世界；（2）人类文明以及伴随而来的世俗文化的形成，期望进一步超越这种多元性；（3）后现代性连同对它的认识，使我们又返回了那种多元化，并得出启蒙运动并不成功的陈述，因为它凭借独立的推论，提供了一个孤立的、规范的、内容整全的道德。③ 这些经验为饱受争议的生命伦理学构

---

① 让-弗兰索瓦·利奥塔德（Jean - François Lyotard）：《后现代状况》，本宁顿（G. Bennington）、马苏米 CB. Massumi）译，曼彻斯特：曼彻斯特大学出版社 1984 年版，第 37 页。

② Hasid 指 18 世纪兴起于波兰的犹太教哈西德派。——译者注

③ 必须确知，有关启蒙和理性的理解并不是不变的和同质的。在多数情境下，世俗的和内在的有关理性的认知正被我们所追寻。从本书宗旨可见，康德的道德和知识的解读已被作为范例而接受，不仅因其简洁，主要因其体系化，而且更是因为以启蒙作为终结的康德作品对于西欧和哲学的发展具有更为重要的影响力。这一启蒙在英国大陆通过洛克和休谟，沿着法国的疆界已经把它的影响施加于美国得克萨斯这样的地域。

建了伦理地理学。他们按自己的意愿使道德多元化，并在不同程度地超越宗教道德的过程中，扮演世俗道德的角色，以及生发构建后现代历史经验的希望。他们也很好地标示了对西方中世纪①道德和谐的怀念，西方中世纪希望看到人类被捆缚在全球生命伦理所统治的普世道德团体之中，这种全球生命伦理用法律强行推广到世界，并且在一种不间断的信念中使道德理性成为普世伦理，虽然这些大多都失败了。

这并不是为了让形而上学怀疑论者接受道德真理的客观存在，即使某人承认这一点，他也确实知道应该如何获得他真正理解的那个真理。虽然道德真理确实存在，并且某些人也深知这一点，他也一定能够以独立辩护人的个性化标准，来识别那些道德真理存在论者，以便决定支持谁的意见，从而解决道德争议。在不同标准下，脱离对外部道德世界的体验，不可能改变特定的道德论证。不管我们如何用理论和价值来粉饰现实，我们都是以一种受制于个人意愿的特定方式强加给实证的论述，特定的、纯粹的道德论证，也不可能以这样的方式担此重任。道德争议没有因事实受到相应限制，如此，记录的信息也就与争论的议题没有真正的联系，不存在意外的可能性，结果始终是有限的。再者，当在意见不一致的情况下，排列自由、平等、发展、安全等重要程度不同的道德内容，并设定比较其结果从而解决有关建立一个合理的保健体系的道德争议。参与者将会权衡这些相同的结果，对于不同的团体来说，这些结果将是不同的。例如，在保健政策的体系中，不可能完全独立而理性地干预道德现实，以强制平等先于自由选择（或者自由选择先于平等权利）。不同的道德观念将导向道德成本的不同增益，而并非取决于事实上的成本增加，就好似某人否认现实中发生的某个物理现象（如：否认用细菌学说陈述的传染病理论）。价值说明依赖于价值的标准，而至于选择什么标准却难以统一。

问题是作为旁观者，将如何确知那些言称掌握道德（包括生命伦

---

① 毋庸置疑，西方中世纪的基督教已经超越了多元的文化、国家和语言。然而，可以冒昧地说，由于西方基督教的各自分离以及地域的差异，如在教皇驻地罗马、阿维尼翁和比萨，其各自至少有一个理论前提，在道德争议时，原则上可以向教皇陈述（如果能遇到明智的教皇）道德哲学传统，反映强势根植于自然法则的普遍欲求。此外，这种以拉丁语为文化根基的知识分子，具有一种对于教会法律的独立意识。

理的）真理者，如何对求得真实的论断做出判断，例如，那些以直觉求得保健中平等重要性的特殊道德真理，或者在衡平道德陈述中做一位好的裁判（例如，应该保守秘密的陈述与某一特定情况下为追求更美好的东西可以放弃保密承诺），去判断所作出陈述的真实性。既然他们不肯接受由经验主义判断作出的预测，那么，人们如何对价值陈述进行裁定，而坚守这一特定的价值标准的呢？然而，究竟什么标准才是我们应当遵循的标准呢？哪种标准又是应该被使用的呢？而是否不按该标准行动的违约人因此就成为了世俗道德主宰？比如在如何对待保健政策问题时，这些人也必须在合作中接受上述标准的保健决策。这样，这些个人就同意那些人的行为选择。一旦世俗伦理和生命伦理的基本理论得到承认，世俗生命伦理学作为一项工程就要重新开始，世俗道德特征性观念借助于世俗道德权威的根基作用得以重塑。由是观之，很多问题都是假问题（例如，卫生资源分配需求与一般可支配卫生资源需求水平相一致的校准方法的"发现"）；很多问题也都存在某种简单的解决方法（例如，裁定病人能够决定的诊治手段，即是否应该对一位有行为能力的病人实施抢救的世俗医学伦理问题）。当然，这些问题依然会有争议和引起辩论。然而，仍然会有阿里阿德涅的线（Ariadne's thread）① 以供人们遵循，通过对某人与他人一致行动事实的观察结论寻求解决的方案。在此过程中，他必须对解决有关这一事端的争执取得相同意见：他应该为争议的解决提供一定的程序。关键是指出一条通融的路径，而不是要辨明什么内容整全的道德真理。应对如此情境最后能达成一致意见，总是个别的，但具有历史意义的，也同时是一种前卫行为。

他们只能依赖于个人性质的特殊团契，对特定任务的进行取得一致意见。为建立纯世俗化道德权威，有必要颠覆通常进行理性论证的道德权威，以使其无异议地参与这个特殊项目，这是唯一的选择。一般来说，作为可以获得辩护的世俗生命伦理学是一门非自由主义的生命伦理学；它是一门以个人允许意见为权威的伦理学，虽然它的自由主义道德结构

---

① 阿里阿德涅的线（Ariadne's thread）在英语里表示"指路标记；摆脱困境的办法"，也就是"在困境中得到指点"的意思。这里面包含一段动人的古希腊爱情故事。——译者注

绝不可能借助于基督教伦理，但它还是为这一伦理学存续一席之地。①

从自由论世界主义到自由世界主义：
后传统的基督教背景

由合作伙伴信任的道德权威可以通过本书的读者重温，自己是那场毁灭人类的世界灾难的唯一幸存者。幸存者发现，他们被集中在一个地方，完全被不同的宗教、哲学和道德认知所分离。他们拥有不同的道德标准，在决定与他人合作并证明一般承诺的权威是否合理的过程中，他们应该使用何种道德，他们不会以上帝权威之常识去证明通常合作的特殊方式的合法性。他们也不会提出一种合法化理论表达与他人良好合作的理由。无论出于何种原因或动机，只要他们期望没有外力干预的共事，即使有某种外力，其他的共事者也不认为这种外力具有道德上的权威性，他们能够决定和那些在合作中意见一致的人共同工作，他们日常行为的权威性既不能从上帝中得到也不能从理性中获得，而只能来自合作者一致的意见。一致或允诺将成为道德正当性和合作的基础或源泉，他们不必着意赞同价值或道德原则的任何基础地位。足以使我们信赖的生命伦理学，它强调自由、知情同意、提出指导，以及用契约来制御医疗保健的提供者和接受者。它将把学科关注点集中于同意的程序和事前同意的考量。

很多人希望能通过程序化的道德论证确立和证明谨慎行事的共合体（res publica）。世俗权威一般能够得到为此共同工作的人们的信任。部分合作者可能将这种解决办法看作借助了上帝的眷顾和（或者）上帝的权威，因而，他们将不可能与那些具有不同宗教和哲学背景的人持有相同的观点，在共同合作者的承诺中以普世道德权威为基础已经足够。② 实际上，一般社会事业中的道德权威，包括政界权威，都是有限

---

① 自由意志世界伦理将不会强制推行一种特定道德观，但是允许共同体与意见相同的合作者追求自身的发展。因此，传统的基督教共同体可以自行调整自身，自由而和平地追求灵魂的救赎。

② 源于权威性权限合作的具有特殊威信的权力，是协商一致的行动，此即人的权力来源。

的，只不过他们为合作者提供了多样性的道德观念。这种有限的民主主义将道德的神圣权利视为个人的私权，那些尚未被普世权威所顾及的区域，个人可以与他人自由相处并且同样能够取得一致的同意，因为他们无须为某事得到同意而转向其他掌控该问题的权威。对于传统基督教来说，一个关键问题是，个人作为裁决同意是否有效的权威是不会得到认可的，它不仅会忽视重要领域的道德关怀，而且，传统的基督教也会意识到这种做法，将会严重歪曲道德事实。我们认为，现实道德生活比在表达同意的背景下所获得的知识更多。进一步说，已经得到同意的个人很多貌似自主的保证并非在道德上能够获得辩护，有些是被歪曲的甚或是将被侮慢的。很多在有限民主中生活的公民能够自由地选择行为取向，传统的基督徒将会认为，从堕胎到医生协助自杀这类行为是错误的。

　　既然市场交易在参与者的承诺中具有某种权威性，那么市场经济对于社会而言当然是重要的。对于大多数人来说，这将导致重要生活领域并非随其人意的商品化后果。在这种情况下，治疗将不会进入这种市场。那些希望确立内容整全的世俗伦理理论的人，会发现这种罕见的道德主张不能提出更多深切的道德关怀，然而，一般价格定制还算令人满意。普遍世俗生命伦理能够一直使那些持有不同道德见解的人，从个体的承诺中得到权威建议，这些人就是持有道德异议的个体。作为道德异乡人，他们是一群通过统一观念建立普遍道德权威属地的人。总而言之，结构性道德是有秩序的道德，道德权威将通过允许被确立。这种道德因为有存在的正当因由，不仅将会持续存在，而且能够应用于基本道德实践，诸如说明宽容的权利与包括保健服务的契约等问题。

　　这一切都能够被证明，而无须对善再作什么特殊论证，或是对道德原则的特殊地位再加以说明，或者对特殊的道德建议给予允许。允许原则（principle of permission）将成为中心原则，这并不是因为它受到广泛重视，而是因为人们的允许是世俗权威唯一存在的基础。在内涵深笃的权威性伦理缺失的境况下，我们已经深切感受到，这样一门面向社会生活的生命伦理学将赋予实践一种优先权，这种实践包括知情同意、拒绝治疗的权利、卫生保健服务契约的建立与完善，以及本人享有的和互相共享的推定同意权（the right to do with oneself and consenting others as mutually agreed)（例如医生协助自杀和安乐死）。结果，人们将享有一种世俗道德权利（其他人无权以世俗道德权威予以干预），可以做那些按特定视角人们认为是很错误的事。在世俗的语境下，那些持有特定道德视角的人，将在世俗道德的胁迫下去容忍那些他们认为是严重错误的选择。一般的世俗生命伦理的讨论将不会集中于生命、生殖、痛苦和死亡的意义上。相反，其焦点将集中于个人与他人合作的基础上，或者关注因自由追求正当行为的认识而引发的困惑。

在缺少创立规范世俗道德能力的背景下，依然建构了世俗生命伦理学的自由主义观念，由此，重新确立现代生命伦理实践的良好的平衡。至少，它重新构筑了道德意见分歧者相互合作的体制。允许、授权或同意的程序链，和限制允许与授权一样，都建立在生命伦理学分析的基础上。在完成保健、治疗、减免痛苦的过程中，为个人之间的合作或是取得一致意见提供主契约（centrality to contracts）。在多元化世俗社会中，应该承认这一主契约的宽容性（它将避免强制他人同意犯罪行为的现象）。以上讨论无须假设，相互合作的人在道德认识上，都是一致的。更确切地说，在道德讨论、协商、和解和意见统一的氛围里，有分歧的意见，被不同的动机所驱动，价值和权利的特殊秩序等，将在不同的机制中被接受。于是，各种各样自发秩序开始形成，这些自发形成的秩序就如同市场价格的确定，以价值和权利的排序，为特殊实践和事件予以定位。另外，有些人认为有些东西是无价的，因此在市场和一些领域内就不属于协商与和解的范畴。这些情况下，他们就会把特殊的道德权利应用于私人领域（在这些地域，这些"权利"意味着对他人世俗权利的限制）。这种观点就能够有力地说明，价值和原则具有特殊的意义与作用，其没有任何道德情感前提，是典型的对某种道德观念的附和，或是特定动机驱使的行动现实。我们只要承认，允许原则具体应用在协商过程中，或是在和解过程中，或是在统一意见的过程中，这就足够了。由是观之，世俗道德的现实活动是按程序进行的。

自由论世界主义的道德理念，能够超越不同的道德观、不同的道德派系和道德派别的分支。虽然它允许一些不道德的事情发生，但是却还是为传统基督教所期望的那种生存方式提供了必要的余地。正统犹太人

(Orthodox Jews)、正教教徒（Orthodox Christians）、门诺教徒（Amish）①、印度拜火教教徒（Parsi），和所有希望与他人和平共处的人，为寻求一种大同宗教而实现充分的理解。这样，对自由论世界主义的道德理解就成为一种道德力量，并为人提供了一种生活方式，但并不是就此满足于以道德多元化为世界命名的方式，但不管如何，在这个意义上，它是具有世界性意义的。因为它是一种程序化的道德，既不限于为生殖、生育、痛苦、濒死和死亡的重要意义提供令人满意的、内容整全的（content-full）释义，也不限于对道德个性和美德的非程序化的、直接的释义的赞同。它虽然不能为人类道德观念趋同进程的纪年表提供事实资讯，但这段过程，至少在道德发展史上不是空乏的记录。自由意志论的道德是一种缺乏善的道德生活理性的道德观念，完美道德理念的代言人能在世俗道德活动的过程中凸显，例如，由动机的多样性所推动形成的市场自发秩序，能够对产生有关诚信和欺诈行为的特殊理解。统一意见作为前提就将明确、毫无疑问地采用同样的方式，在这种环境中，显然人应该恪守诚信（例如，在扑克牌游戏中允许和禁止的各种手段）。理解将依赖多种形式的确定无疑和明确无误的一致性规程而确立，这种一致性是关于如何诚信，诚信意味着什么，就像在某一个地方，不需要很多广告宣传，因为人们并不怀疑通告的真实性。这一事实就说明对于诚实的人，其自有个人自认为正确的理解。

在普通的环境中相似的情境重现是正常的。当进行身体检查时，医生通常不会为每一个步骤都有意遵循允许原则，进一步说，身体生理活动决定了一系列的允许，以便医患双方都能够理解允许可以延伸到怎样的限度。一个人不必以价值的基本地位来衡量发生的事情，相反，他只要意识到行动选择的意见确定无疑的合理而任随时间的发展过程就可以了，这种意识不必以对美德的任何实在理性认知为基础，因为，所谓美德缺乏关于人的生命意义的一般化价值。他们常常是以允许来参与实践活动，这种做法是一种道德的顺应默认（default has moral salience），它无须常用的整全道德观念的裁决。结果是，缺乏任何另外的道德理由，

---

① Amish 阿门宗派，17世纪成立的门诺教派，因创此教派的雅可布·阿门而得名。——译者注

第一章 从基督教生命伦理学到世俗生命伦理学：全球化自由主义道德的建立

对道德异乡人进行限制，对此，自由论世界主义（libertarian cosmopolitanism）该是何其重要；这就是说，不分性别、民族、宗教信仰或持有世界任何一个地域的文化，都能由共同认可的权威来约束他们每个人，从而在一起合作共事。

这种自由论世界主义是自由意志论者的，其权威是从合作者的允许中，而不是按价值的规定产生；而事先就明确其权威性或者事前自由或自主定价几乎更不可能。世界主义是用来行使权利的意识结构，它寓于人和社会历史内容、传统或者是仅凭借粗糙的意见大体一致组合的道德团契之外。实际上，相互合作的个体只有将他们自己的生活参与到功能性的道德团契中，这种弱势道德团契才有可能生存和成长，在这种功能性的道德团契中，他们将他人视作自己的道德朋友，他们相互之间享有一种内容整全性道德观（content-full moral vision），在那里他们有一种对于人生状况和人生阶段意义的共同的认识与理解。由于在这种团契中，人们并不关注发现他们自身的价值，而往往去努力寻求共同体的价值和意义，他们不被重视的个体角色和地位已经变得无关紧要，而道德愿望和自由世界主义（liberal cosmopolitanism）才是他们所追求的。由于在充满世俗的环境中寻求某种意义，自由世界主义受到了普遍的欢迎，这将对自由和机会的平等确立了语义上的优势和权威性。那些除了他们自己而没有任何东西可以估价的人开始寻找机遇来塑造他们自己的生活，如果他们不能发现生命深层次的目的，他们至少会提供一种特殊的，并与他人一起创造称为"生命"的价值。

从自由论世界主义到自由世界主义的转变蕴含了道德和形而上学观念的根本改变，这就为生命伦理学确立了基本不同的学科背景。自由论世界主义并没有对特殊的道德团契提出批判，只要那些外来的参与者获得一种允许，甚至那些栖居于道德生活中的人使自己屈从于强大的现实。自由论世界主义，为道德行为程序，以及为道德异乡人在同一权威下合作的普遍世俗化组合，提供了哲学的基础。这也就构成了道德异乡人道德观念的核心，它并不包含价值的特定地位，它也并没有为人类的发展或者善的生活提供一种内容整全（content-full）的观念。在这种意义上，自由意志论的世界主义道德观显然有意避开了道德上的"帝国主义"（imperialism）。这与自由世界主义恰好相反，自由世界主义将基本价值置于自主选择的特定理解之上,并且认为所有的人应该无一例外;自由世界主义伦理认为,人应该是自主性的、自我决定的个体;而追求这种自主品格遭遇挫折,那是误解虚假观念的原因。在深层的道德观念分歧的情境下,自由世界主义并没有简单地将"允许"视为表述道德自主权的中心。更进一步说,在人类昌荣的历史记录中,自由世界主义为自我决定论(self-determination)确立了核心的地位。在尚无对道德真理予以超越的过程中,道德生活的中心变成了自主的自我决定论,善的生活并没有服膺于真与善的裁决,于是,自主即成为善不可或缺的组成部分。

自由世界主义也正在从阴魂不散的传统中,寻求普遍的自由道德和具有特殊意义的生命伦理学。宗教和文化对于公认的谦卑、服从以及不同级别的权威的理念,成为再教育、自由、战胜挫折的目标。这种自由的思潮,在寻求一种内容整全的道德观是世界性的,这种内容整全的道德观,其希望就是,当人们从过去的迷信和不自由的束缚中解放出来时,能把全世界的所有个体团结起来。自由世界主义并不是说,让人们脱逸自己的圈子与道德异乡人合作;而这个对所有人都开放的自由世界,使人们在自己的道德团契中允许所有的人自由追求他们自己持有的理念(也就是自由论的全球性精神特质)。然而,自由世界主义预设了社会与团契之间的一种不同点(也就是说,(1)在公民社会为公民和道德团契的沟通和交流提供一个共同的空间,并且(2)以及为专门道德团体提供他们所需求的高层级道德结构空间),自由世界主义寻求国家和社会的结构,它应该包括特殊的道德团契,这类团契是以自由世界主义文化特质和自由与平等的价值观念为基础的。在第一次世界大战之后的德国,在棘手而窘况无限的多元化背景下,人们对于统一意志、共同体、有意义的决策、生活的目的等有一种强烈的渴求,而这一切,是通过国家最高权力来实现的。① 自由的世界文化品格以生命伦理学为基础,而生命伦理学本质上不同于传统基督教生命伦理学,并且试图通过

---

① 作为自由民主的、在道德意义上中性的不满情绪的一种精辟解释,可见伊齐基尔·伊曼纽尔(Ezekiel Emanuel)《人类生命的终结》(*Ends of Human Life*),马萨诸塞州,剑桥:哈佛大学出版社1991年版。

远离有限的民主政治结构强化自己的观念。这种强制的品格是在基督教的权势集团和基督教王国消失之后的一种社会特质。① 在第三节我们将深入探讨自由世界主义伦理以及它与当代世俗生命伦理之间的联系。自由世界主义的社会品格作为一种发展，能够将基督教的道德转化成一种由权利意识引导的、可以被自由接受的普遍的道德。如果能表明上述思想，也就足够了。

重新审视基督教生命伦理学

基督教生命伦理学，特别与传统相关联，如果缺乏自由的道德，是不可思议的。世俗的生命伦理学从以下方面获得意义：（1）西方基督教道德神学承认了理性的价值，这就否定了所谓善的道德生活的本质；（2）神学的危机是由于宗教改革后期，西方基督教分裂为诸多宗教派系，且每一教宗都有其自身的伦理观和这种伦理观终结之后的生命伦理学；（3）由于宗教的纷争引发互为杀戮的历史记录；（4）启蒙运动的承诺引导的大多数统一的道德观念无可非议地成为通用的人类语汇；（5）从20世纪60年代起，西方基督教由于对自己里程碑式的自我批判，由此引发的危机，使得精确说明这门毫无悬疑的生命伦理学显得格外困难；（6）20世纪60年代后对传统基督教等级制和家长制（hierarchical and patriarchal）特征的回应。自由世界主义文化和后传统特征的出现使得传统的基督教道德出现了分裂，不安全、性别歧视、憎恶同性恋、不合时宜的专制主义，或/和漠然无为（irrelevant）。传统基督教道

---

① 在美国，基督教作为新教徒的基督教，建立普遍的宗教信仰不仅是事实上的，而且也体现在法理（de jure）上。例如，"联邦政府诉马新多士"（United States v. Macintosh）美国第283卷，代码605（1931年）；接着，尤其是在20世纪50年代，美国的这种基督宗教个性被潜隐，转而支持世俗的社会。例如，特西姆·朱拉克诉安德鲁·克拉森等人（Tessim Zorach v. Andrew G. Clauson），美国第343卷，代码306，96 L ed 954，72 S Ct 679（1951年）；罗伊·托卡索诉克莱顿·华金思（Roy R. Torcaso v. Clayton K. Watkins）美国第367卷，代码488，6 L ed 2d 982，81 S Ct 1680（1961年）；以及阿宾顿学区诉爱德华·刘易斯·斯科姆普等人（School District of Abington Township v. Edward L. Schempp）；威廉·穆雷等诉约翰·科尔勒特等人（William J. Murray et al. v. John N. Curlett et al.）美国第374卷，代码203，10L ed 2d 844，83 S Ct1560（1973年）。

德和生命伦理学在自由世界主义德性中存在着严重分歧。如果认为，基督教道德神学和道德神学之价值等同，只能使那些传统基督教团契被忽视，从而它们就无法在世俗道德论争中得以巩固和发展。相反，基督教道德的神学团契和那些围绕世俗文化允许的普世影响力，以及作为基督教道德自身反省的温和特征，都是广受欢迎的范例。诚然，这一平等的实现，将会剥夺基督教伦理的权威性，因此，具有不同道德理念的基督教生命伦理学将允许靠自己的力量作出应有的贡献。

我们可以通过理性来证明，规范的、内容整全的道德的合理性，同时，规范世俗生命伦理的希望，已经深深嵌入西方基督教及其信念和综合理念的历史之中。为了探究基督教生命伦理学的可能性，需要重新审视这段历史和它的缺憾。在下一章中将会变得更加明显，世俗的生命伦理学和自由世界主义的基督教生命伦理学都不能实现传统基督教道德的承诺：除了将道德的动机和正当的理由联系起来，要将正当和善统一起来的道德是一种规范的、内容整全的道德观念。如果凭借一种方法，在当代世俗和西方基督教道德范围内无法解决存在的难题，那么，就必须依赖不同方法完成伦理学内容和方法的统一。那种曾经在西方中世纪无意义论争中燃起的期望，将不会再使我们受骗。

第二章

生命伦理学根源：
理性、信仰与道德的合一

宗教伦理与世俗伦理：对道德意向工程的反思

西方基督教是后现代性（post-modernity）渊源之一脉。西方基督教曾许诺，理性可以论证上帝的存在，同时还证明，理性可以透彻地揭示普适道德（universal morality）。但事实相反，毫无章法的有关论证上帝存在的理性推理，在有限的理性推论无限存在的环节上陷入了困境。① 西方基督教还预设（provided），宗教道德根植于各种不同的道德理性（moral rationalities）之中，一部分是推论性质（思辨）的，另一部分则直接来源于《圣经》。西方基督教的历史已充分证实，事实存在着的、有时甚至是极端的道德分歧造成了宗教共同体（religious communities）的分裂，普适道德却无法实现使其弥合。因为基督教伦理学的分裂，世俗道德被用来保有西方基督教道德所允诺的完美的普适伦理（a coherent universal ethic）。世俗思想提供了一种理性上可证明为正当的、规范的、内容整全的道德，这种道德能使相关的权利诉求（the claims of the right）与"善"相协调，并使道德理由（the justification for morality）与道德行为动机（motivation to be moral）相平衡。正如康德

---

① 只有无限才是有限的充分理由吗？除非有一位无限大的、大写的人传达意义或目的，否则宇宙在其无意义的状态是荒谬的吗？现存的问题是我们可以敞开心扉并转向上帝，尽管这些问题并不能证明上帝的存在，因为就人的有限性来说，几乎无法去归纳和总结无限性。以严谨的逻辑术语言说，鸿沟是无限的。这条鸿沟只有上帝能够架构起桥梁，上帝回应那些以祈祷的方式转向他的人心。

所理解的，这样的任务只有道德能够完成，在其他事物中，只有道德能够保证道德与现实之间的同质性（congeniality）。① 世俗道德已显示出自身所具有的多样化的、彼此无涉的特征，它无法消解"正当"与"善"之间内在的张力，也不能解决有关幸福的价值（worthiness to be happy）与幸福本身（happiness）的冲突，以及道德理想与现实之间所存在的深刻矛盾。这个世界上，道德为我们指明的正当生活，为什么不应该是痛苦而悲惨的生活，就此，至少在某种情况下，世俗道德不能给予说明。事实上，当今世界，小人得道，君子亡迹；过道德生活代价之高，前所未及。最终，世俗道德无法解读明显自洽的、唯一的以及为理性所确证的道德文本。

我们再进一步辨析，世俗道德并不能替代宗教伦理去维持它自身不能维持的道德。世俗道德不能提供一种规范的世俗生命伦理学，或者也不能明确指出，即使不是所有的人，至少对某些人来说，正当的行为（act rightly）一定不会偶然产生与预期相反的最终结果。在前基督教时期（pre-Christian times）未能确立统一而又完整的道德，但我们对这一情况的意义并未进行深刻的思考。古代世界的人们，在经历了一个自然的多神、多元文化的同时，也是一个频发灾难的社会形态。相反，当代的道德多元主义，是在中世纪的道德同一性和前现代欧洲人文主义道德整全的理想基础上建立起来的。当今世界，我们对于道德碎片（moral fragmentation）和积极使之结为整体以及为此搭建桥梁的共同愿望，必须事先否认这些碎片是一个统一的、整全的道德体系，才能得到人们的赞同。世俗伦理的这种局限性是在文化层面所决定的，因为世俗文化

---

① 在第一个批判（指《纯粹理性批判》）中，康德认识到，理性需要引入快乐的和谐价值，以避免在道德最核心处出现张力。

我认为，依照理性，就其实用而言，正如道德原则是必要的，从理性的视角，在理论的应用领域，同样需要设想每个人都有理由按照配得幸福的程度而获得幸福，并去追求他自己认为能够产生幸福价值的东西，并因此我认为道德体系不可分割地——尽管只是在纯粹理性的观念领域——与我所论述的幸福结合在一起。

康德：《纯粹理性批判》，诺尔曼·坎普·史密斯（Norman Kemp Smith）译，伦敦：麦克米伦1964年版，第638页。

已被作为对西方基督教公认的道德体系的反叛。

本章探究西方基督教理念中有关理性能力、规范道德文本、信仰与上帝之间的联系。其目的是考量，基于上帝可以挽救生命伦理学，并摆脱当前所遭遇的基督教伦理和世俗道德两方面挑战的推论的力度和范畴。首先，如若道德不是基于人格化的、充满爱、全知和全能的上帝，则在权利和善之间就会存在张力。这一张力是生命伦理学中患者权利和患者最大利益之间产生冲突的根源，是伦理争议产生的"断层线"（fault-line）。其次，我们发现，整体伦理规划（the whole project of ethics）本身嵌顿在充满各种可能的道德限度的"多神论"（polytheism）图景之中，近代哲学史揭示了这些困难的根源。作为哲学上试图解决这种张力并试图恢复道德的同一性的一个典型，康德（Immanuel Kant, 1724—1804）引起了人们的特殊关注。不同于启蒙运动（the Enlightenment）时期的其他大人物，如休谟（David Hume, 1711—1776）和卢梭（Jean-Jacques Rousseau, 1712—1778），康德希望在哲学层面的道德构架中为基督教道德神学的理性转换找到一个合适的场所。康德的道德哲学成为启蒙运动渴望一种全面的（comprehensive）世俗道德有能力代替西方基督教道德的一个例证，即其非同凡响之处在于，他企图在理性范围内塑造其信念并将基督教的上帝转变成为哲学原理。为完成这一任务，康德认识到他将不得不整合各种文化背景的道德，特别是正当与善的问题，以及道德理由、行为动机的伦理问题等。康德试图在理性的范围内为世俗道德的同一性及其内容的必要性寻求基础，康德最终失败了。世俗的道德文本不可避免的是偶然的和有条件的，在正当与善之间，以及在行为动机的道德性与道德理由之间的鸿沟依然如故。

本章还将依据黑格尔（G. W. F. Hegel, 1770—1831）和克尔凯郭尔（Soren Kierkegaard, 1813—1855）的观点，探讨道德的偶然性特征（the character of morality's contingency）。黑格尔的后启蒙哲学为道德提供了一种理论基础，包容了道德立场不可或缺的偶然性和多样性。其理论同时为基督教生命伦理学和世俗生命伦理学两个领域提供了理论支持，基督教生命伦理学借此为一个充满细节的基督教卫生保健网络（particular Christian health care networks）提供了一套内容整全性伦理（content-full ethical）指导，世俗生命伦理学则指导国家卫生保健政策的制定。黑格尔的国家是一个理想化的君主立宪制的政体，在那里，宗教已经转变成为一种文化业绩，以表达一个民族的道德约定。传统的基督教的困难在于基督教的详细文本被当作是社会历史的偶然性的东西，它的普适意义被当作只不过是一种更深刻的哲学表现形式，而并非是宗教意义上的真理（truth）。

克尔凯郭尔试图通过他所创立的文化基督教（cultural Christian），来收复传统基督教的一些失地。他凭借基督徒对信仰的必要性和依存的偶然性体验，拒绝接受被黑格尔明确训诫的那种基督教，克尔凯郭尔使个体激情与普适理性能力相互得以制衡。为抗议基督教对于哲学理性倚赖的减少，克尔凯郭尔将基督教根植于个体的内心世界。克尔凯郭尔回应了黑格尔所设立的信仰与理性的对话：悬置星空的理性是道德文本的基础，信仰则是基督教灵魂存在的基础。他给出了对于信仰的理解，即信仰是内在的激情，但也同时埋下了败笔，他将道成肉身（Incarnation）看作是将上帝与这个世界世俗化联系的可能性，因此克尔凯郭尔几乎不能为生命伦理学提供内容整全性指导，他的信仰并不能导致知识。尽管如此，他还是能够提供一个重要的警示：基督教生命伦理学绝对不是一个简单的学术性的知识问题，这一基督教伦理学必定是充满活力的。

无论是悬置星空的理性能力或是充满激情的信仰，如果没有关于上帝的体验，都不可能将传统基督教道德确立为生命伦理学的基础，也难以将两者联系起来。朝世俗理性的转向，需要使用世俗语汇，以重新描述基督教道德；而转向激情充溢的信仰，则可以增强缺乏道德内容的存在主义伟力（existential force）。正如康德和黑格尔所意识到的，通过基督教道德实务在世俗道德设定的范围内进行构筑，基督教道德将以世俗道德可接受的方式被重新建构（reshaped）。由是观之，对于真正的基督教道德，具备合乎时宜而又恰如其分的内容之条件是，当且仅当它是在本真的世俗理性基础上建构而成的。对于康德而言，基督教道德理性必须受到实践理性必要的制御。对于黑格尔而言，基督教道德理性能力受到特定历史的决定性限制，同时揭示了自由新教徒（Protestant Christian as freedom）的真理："这就是宗教改革的本质：人人生而自由。"（Man is in his very nature destined to be free）[①] 康德和黑格尔都认为，基督教必须在自由主义全球性需求的社会思潮中重新构造自己。康德深受启蒙运动影响，他认为，基督教必须从传统的形如绞麻、纠扰难清的状态中解放出来，并厘清思路。黑格尔这位当代的拿破仑（Napoleon，1769—1821）认为，必须以哲学的语言来解读基督教，并把基督教陈植于目标指向自由恢宏的世界历史的场景中进行把握。仅仅在世俗理性的范围内，人类所有的承诺和事业只能由他人安排并赏赐一个合适的位置，这种世俗的理性曾是专制观念的发端。正是在这样的意义上，黑格尔才能够称他自己的哲学为更高的宗教真理。与这种全球性西方自由主义世俗渴望中重建基督教相反，克尔凯郭尔虽然居于挑战者的立场上，而其重要性却排在末位，作为一名满溢亚里士多德精神的勇士，他并不知晓，恩宠可以施人以卓见与真知。

多元主义与在伦理学和生命伦理学中的冲突：正当、善、特殊性与上帝

多元化道德愿景构成的后现代性只是当前道德面临的挑战的一个侧面。各种道德理念或者不同维度的道德难以充分地汇入某一个世俗道德观念之中，无法协调的是：（1）正当与善；[②]（2）对普适道德视域的

[①] 黑格尔：《哲学史》（The Philosophy of History），希波利（J. Sibree）译，纽约，杜威尔1956年版，第417页。

[②] 正当与善的冲突是因为下列两个方面缺乏必要的和谐：（1）构成道德的元素，包括固有的对或错的要素，与不考虑它们的结果；以及（2）因为他们所选择或者保护的善而使那些事物具有的道德意义。如果世俗的道德权威起源于那些合作者的允许，则无论结果如何，没有取得人们的同意而强迫他们做事是错误的。

表述与专有的道德义务；① （3）道德理由与道德行为动机；② 甚或（4）证明道德内容的正当性。世俗道德以及与之对应的世俗生命伦理学，消解了道义论与目的论（teleological）道德在专有领域重新整融的可能。不同的是，宗教道德愿景根植于个人的心灵体验、爱和全能的上帝，而世俗道德必须以内在本质的某些可以普遍把握的特征为基础，诸如人类理性、同情心、意愿或者天性。在这样的情境下，在正当与善之间，以及在大众道德利益与特殊群体和个体的善之间，便产生了张力。正当的权利行动的道德理性与获得善的结果（achieving the good）之间并不完全地协调一致，除非从正当的行为开始，并以此为前提直到善的结果，都能够简化或减少人们所有的牵挂和担心。即使是在这样的情况下，完全的善（例如：避免过早死亡并避免痛苦）也是可比较和可以度量的，如此，对于善果的追求才可以获得明确的认知。例如：在目前流行的卫

---

① 处于危险境地的是道德理性能力，作为道德观的道德理性能力隐藏在推理的视域中，因此作为与道德无关而低估了任何可能的（would-be）道德理性能力，作为道德观而隐藏在共同体导向的视域中，这样的道德共同体是有魅力的，同时需要他们严格地尽其道德义务。然而，人们能够广义地声言，将优先考虑特殊责任，这样就会弱化对道德异乡人予以帮助的责任，而强化对于亲戚朋友的道德责任。

② 一个道德理由说明了为什么它的特殊的道德要求（例如，在没有得到成年患者同意前，绝对不能对他们的疾病施予诊治）；对于所有上帝的造物来说，或者至少对于人类来说这应该是道德义务（这个道德理由所回答的问题包括："为什么人们应该认识到肩负着一系列特殊的权利和责任？"）。例如，理性争论给道德行动进行一次内在考量。道德行为就是做符合理性的事情，因此拒绝道德律就是拒绝理性能力。在这个意义上，道德律涉及拒绝一个系列或者一组理性思考：相关的答案涉及怎样获得最大的善，或者怎样做才值得赞扬或者配享幸福。然而，或许存在着某种结果"好"但却无道德（non-moral）理由的不道德行为（act immorally），在某种意义上或某些情况下，这也可以是不理性的道德行为。道德律自身或许能够为道德提供一个理由，但确切地说，并不总是能够提供充足的理由，至少对于很多人来说，在很多情况下是不能提供充分理由的。这样一来，在道德理由和道德动机之间就出现一道鸿沟。行为的道德动机从普适化的视域陈述了，为什么一个人应该做那些他认为有义务去做的事情（即，道德动机回答了这样的问题："为什么我要去做那些我应该做的事情？"）。动机在这里被用来确证并非只有爱好（inclination）或者内驱力（drive）才是行为的唯一动因，而是基于特定的道德操守来理解，也就是因为他想要去做自己应该做的事情。这里讨论的问题是，是否理性总是从普适责任和义务的立场来判断行动。如果在世界末日这个和谐的完整体系没有任何意义，并且人类的理想随着人类毁灭一起注定破灭，那么一个人为了抽象的道德理想而牺牲他所爱的人的生命，这样的行为还能够得到辩护吗？

生保健政策方面，应该怎样去实现比较自由、平等、繁荣和平安等各种善的追求呢？这依赖于比较程序中所选取的标准。此外，对于其中一个方面的善的追求或许会构成对于其他善追求的压力。例如，当患者对自己的各种卫生保健服务做选择时，追求自由的权益或许会同他们的安全权益发生冲突，虽然大家公认卫生保健服务就是为了推迟死亡并维系健康。

如果存在这样一种看法，认为一个正当行为不致减少善的结果，则正当与善之间就不再需要协调了。如果权利独立于善，则一个正当的权利行动也许会减少善的量值，诸如每个人的幸福的量值。当大多数人的幸福或者善与权利相冲突时，对于绝大多数人来说做正确的事情就需要付出相当大的代价，此时有关正当与善之间的张力就会引起特别关注。例如，没有获得受试者的完全同意就利用他们进行人体实验研究是错误的，但由于医学因此而取得的重大进步，某些诸如此类的不正当行为却有可能会是大多数人的最大善（the greatest good）的意愿而最大地扩延。在这样的情况下，为了获得如此大的善，人们会对卫生保健政策与医学领域的行为正当性漠不关心吗？

为了进而关注各种道德理性能力、同情感以及直觉之间的此类冲突，我们需要设定这样一种境遇，在那里流行着具有高致命性并且传染性极强的疾病，令世人万分恐惧，唯有先发制人，杀死那些无辜的人——那些有可能被传染或已经被感染并可能传染给其他人的人，才有可能避免这种可怕疾病的进一步蔓延（如同建立防火隔离带）。还可以选择一个更加清晰的例子加以说明，设想这样一个境遇，我们违背一些人的意愿使其成为人体试验的受试者以拯救千百万人的生命。如果牺牲与剥夺少数人的权利就可以使几乎所有其他人受益良多，也就是说可以让几乎所有人都得到可观的善，则试图去做违反人权的事情的人一定不是少数。在做维权的事情与获得善的结果这两种道德理性能力之间，人们面临着极大的张力。康德的道德直觉和论点明显偏向于赞同道义上正确的行为本身，而不去考虑行为的结果如何，黑格尔的道德判断（moral judgments）则相反。① 无论站在哪一方的立场上，冲突都存在。在某些情况下，基本上选择错误行为结果却可能使善最大化，或者能够保护非常重要的人类利益。大部分人似乎都会在其生命的整个过程中，追求哪怕只有微小的道德：对他们来说，只要不需要花费多少代价，他们就会考虑去选择正当行为。对于道德狂热行为（moral zealotry）或许是正当的，但它在更多情况下被认为是不合情理的。

再分析一个不同的案例：如果对某成年患者提供某种治疗而没有获得他们的知情同意，这就已经误入过错，这一行为可能会在健康与此类患者对治疗效果的预期之间制造紧张关系。设想一下，如果一位内科医生企图同一位 18 岁的糖尿病患者开展全方位的合作和行为干预，但这位患者却并不在意控制饮食的问题，虽然医生推荐的食谱被认为是延迟风险或者改善未来健康状况的有效方式，这时，这位医生将会怎样对这位患者在饮食方面未经应允的行为所带来的风险进行过分劝诱（但不是欺诈性的或者错误的描述）。医生或许有信心，当这位 18 岁的患者到了 35 岁那个年龄时，必定希望自己在年轻时被这位医生说服是合理的。然而眼下，如果没有少许的"欺骗"这位患者却不会对此作出回应。此外，这位 18 岁的患者憎恶任何欺骗。在这种情况下，患者的结果善与患者行为的正当选择相抵触。（例如，一位医生知道眼前某位必须实施手术治疗患者十分恐惧手术的风险，并且这位患者清楚并强烈地请求医生告他他此类手术的风险，但如果医生告诉这位患者在手术过程中会有一个不同寻常的风险，这位患者非常可能会拒绝手术。）尽管欺骗患者侵犯了患者的人权，但医生为了拯救患者的生命是否应该这样做呢？如果这位医生"或许"是疏忽了信息的告知，而导致这种"或许"的道德力量是什么呢？在此，人们遇到了不同的道德和价值合理性之间

---

① 对于人们公认的关于正当（right）比善（good）更为重要的论点，黑格尔评论道："没有正当的社会福利不是善。同样地，没有福利的正当也不是善；虽然世界灭亡（pereat mundus）就将不会再有正当得以伸张（fiat justitia）。" G. W. F. 黑格尔（G. W. F. Hegel）：《黑格尔的法哲学》（*Hegel's Philosophy of Right*），科诺克斯（T. M. Konx）译，牛津：牛津大学出版社 1965 年版，第 87 页。这种观点对于生命伦理学中的道义论和目的论观点之争具有重要影响。黑格尔的论述说明没有什么流派的道德理性能力是绝对的。

译者注：注释中 pereat mundus（世界应该灭亡）和 fiat justitia（正义得以伸张）均为拉丁文。

的冲突。

或许人们也可以考察另外一些案例。在这些案例中，善源于普遍道德观念（例如，善的实现，无偏见地评价），对于一个特定的道德行为人（moral agents）来说并不是决定性的，该行为人反而去维护那些他所爱的和特别关注的人的善果。假设一个医生获得了有关某人的秘密，这些信息对于这位医生的某个家庭成员的福利具有重要关联。人们会怎样看待这位医生，虽然他的行为将会使医疗保密实践行为的善举受到威胁，并且违反了医疗领域正当行为的整全性前提，但这样做是为了维护他人利益（例如，违反保密原则以避免自己家庭成员的利益受到影响）。人们应该怎样平衡无个性特征的一般道德义务（commitments）与直接的具有个体性的道德责任（obligations）呢？在这种情况下，在道德行为与善的结果之间存在张力，前者以普遍正当行为为条件，后者则是对那些行为人具有特殊意义和重要价值的特定共同体或个体而言，①由此，源于具体视角的道德观反而强化了它所反对的普遍整体观念。

如果没有从永恒的真理那里获得见解，如果上帝不存在，那又有什么理由认为，源于神圣界域（a godlike perspective）的普适权益总能够增进对于特殊共同体或特殊个体的关切？如果无论如何所有的一切最终都将灭亡，为什么一般权利不能无条件服从特殊道德义务？缺乏真正的整全性道德观念，就无法形成人们所追求的终极意义上具有约束力的不同道德序列，包括局部的、与特定共同体相关联的（community‐relative）善，以及只有在无个性和普适条件下才可表达的真实的善。更直白地说，怎样证明如下道德观点是正当的？这种道德观点认为，选择神圣和普适的道德界域超越了与共同体引导（community‐directed）的具有亲密无间的道德情感的道德界域。普适性具有什么样的善或权利特征使它能够超越共同体导向的同情心？的确，诉诸具体的、共同体导向的、对错行为基础的直觉，难道不能增强对于特殊共同体或人群的关注吗？例如，具体行动应首先充分尊重某人所属共同体的合理欲求，而不

---

① 在普适和个别的道德视角之间的平衡，涉及一个人与其他人之间因关系亲疏所导致的道德关系与义务诉求的优先序列：一个核心家庭成员的诉求，一个家族成员的诉求，一个患者的诉求，一个陌生人的诉求。

是满足无个性特征的道德意见，这一准则可以从行为人角色评价及其重要利益方面获得辩护。正是这样一些人，他们竭力赞美同情心，并且认为它应该不必考虑个性化的并且最终无法实现的那种普遍性道德界域。设想有一位内科医生，如果他不去偷窃某种奇缺的疫苗他的家人将死于传染病，对其偷窃行为如何评价？事实上，如果没有永恒善的视域（eternal perspective），为什么人们一定要"以亘古不变的视度"（sub specie aeternitatis）去评价所发生的事件？就本案例而言，当下，保护家庭成员免受伤害的欲求，一定应该超越与无具体指向的道德视域相关联的欲求，即疫苗货源稀少信息机密性和疫苗所有权的相关规制。在极其少见的情境下，如果缺乏明确的观点，如此对立的道德视度将会彼此抵触，即除非能够充分显示，一个潜隐的道德视域是根据理性的要求和实际的情况而获得的。如果没有充分的理性论争，我们将不会获得一个道德辩护方略，又因规范性的缺失，并且根本不存在一个整全性道德，因此，很遗憾，我们最终得不到这样的辩护（正如在本书第一章所指明的）。

在善与正当之间，在相互竞争的道德界域之内，以及在各种重要的善之间所存在的张力，显露出道德正当理由（justification of morality）与道德初始动机（motivation to be moral）之间的隔障。例如，作为一种镇压国内抗议人士的手段，苏联医生曾经将持不同政见者诊断为"慢性精神分裂症"（sluggish schizophrenia），这种行为是错误的。[①] 还有，人们必须承认，在某些情境下，拒绝合作需要付出巨大代价。在这样的境遇中，个体性价值理性（the value rationality of the individual）与基于中庸的道德观点的道德理性（moral rationality）相互冲突，这种中庸道德理性是基于与上帝旨意（God's point of view）等同的世俗观点（即，人应该怎样做到不偏不倚地履行他的责任，有正当作为，和/或使绝大多数人获得至善）。其实，此类世俗视域并不具备与上帝旨意（God's viewpoint）同等的功能，因为上帝旨意是通向终极的、真正最后永恒的

---

① 考里亚金（A. Koryagin）：《无奈的患者》（Unwilling Patients），载《柳叶刀》（Lancet）第 1 期，第 821 页；哈罗尔德·摩尔斯基（Harold Mersky）：《疾病定义中的可变意义》（Variable Meanings for the Dfinition of Disease），载《医学与哲学杂志》（Journal of Medicine and Philosophy）第 11 期（1986 年 8 月），第 215—232 页。

审判。即使道德根植于理性事实或受到普遍化功能的约束，个体实施道德行为需要付出的代价，也可以使其违背人类普适道德理性，而去做有利于重要的、个体的或者符合局部利益的事情，从而使这样的行动变成"合乎情理的"。如果个体或家庭承担道德义务需要付出的代价太大（例如，如果某人不违反某种重要的正当行为规制，他的家庭成员就会失去生命），如此，这就不只是一个"可以理解"（understandable）的问题，而在某种意义上就获得了"理性"（reason）的承认，即一个人如果不履行对自己家庭的特殊义务，在道德上是应该受到谴责的。[①] 的确，如果宇宙中不存在不朽的个人价值，那么又怎么能够要求个人奉献自我去做根本无法实现的事呢？[②] 问题的关键不仅仅是归于某一范畴的、绝对的、无条件的道德义务，以及与一个强势目的论或者假定的、有条件的利害关系之间的张力，而是源于绝对化道德理性内核自身的紧张关系。也就是说，从理性的某种视域人们能够获悉，正是那个理性，无论结果如何总是更加偏重于正当而不是善，总是更加偏爱普遍的道德视域而非具体的道德观念？

对于传统的基督教徒，在正当和善之间以及各种善之间，任何貌似真实而其实未必存在的张力最终都可以消解。最终，每一个人都将获得相应的终极奖赏或惩罚。追随上帝的义（righteousness）将获得至善（good without measure）的奖励。最后，在正当权利和善之间，以及在一般性道德义务与指向家庭和团体的义务之间，都将不再存在任何紧张关系。任何人的本真善（the truth good）都因爱上帝和爱邻人（爱人如己）而终将如愿以偿。正确行事将保证行为人本人以及行为人所爱的

[①] 有关康德的道德论述对宗教信仰的依赖性评价，目的是说明在面对沉重成本代价时个人放弃道德义务的合理性，参见麦金太尔（Alasdair MacIntyre）《医学能够取消对人性的神学视角吗》（*Can Medicine Dispense with a Theological Perspective on Human Natures*），第 119—138 页；保罗·拉姆塞（Paul Ramsey）《康德的道德神学或者宗教伦理学？》（*Kant's Moral Theology or a Religion Ethic?*），第 139—170 页；以及麦金太尔《一个反驳的反驳》（*a Rejoinder to a Rejoinder*），第 171—174 页，发表在丹尼尔·卡拉汉（Daniel Callahan）和恩格尔哈特（H. T. Engelhardt, Jr）编《伦理学的根源》（*the Roots of Ethics*），纽约：全会出版社 1981 年版。

[②] 关于不顾及行为者个人巨大成本和面对无意义之宇宙的危险而行动的"荒谬"选择的研究（For a study of the "absurd" choice to act on behalf of the good despite significant personal risks and in the face of a universe taken to be meaningless），参见阿尔伯特·加缪（Albert Camus）《瘟疫》（*The Plague*），1948 年版。

每一个人都获得至善。无论付出何种代价，即刻的、自愿的以及直接卷入的不幸都将立即得到免除，特别是那些因坚守道德而牺牲性命的殉道者（例如，纳粹或苏联政权命令医生从事邪恶犯罪任务时，即使以牺牲性命甚至包括其家庭受到牵连为代价，医生也必须坚决予以拒绝）。但是如果在权利与善之间，以及生命中各种不同的善之间缺乏充分的调和（a deep harmony），又要采取合乎道德要求的行动，对于行为人本人或与其具有特定关系或负有义务的人来说，也许就要付出相当大的代价了，所有这一切都不会给那些实施了"正义"行为、服务于至善并因而受到伤害的人有任何补偿。

在追求善的过程中，甚或只是对于超越对错判断的另外一种特殊道德视域的偏爱，行为人或许仍会认为他本人是在实施道德行为。他或许会做那些自认为在类似情景下，人们同样都会去做的事情，也就是，(1)认为（某件事情本身）对于那些他需要为之尽责的人而言，是一种至善行为，即使做这样的事情是错误的；或者(2)即使不属于那些从更为广泛的道德视域范畴所理解的那些责任义务，也要履行对于家庭和团体的重要责任和义务。那么行为人所熟悉并遵循的哪些行为是道德上不适宜却具有巨大的个人利益呢？如果某种行为对于行为人本人的利益相当之大，而他被指认为坏人的可能性几乎不存在，同时行为本身的罪恶算不上严重（例如，一个人发现了一个富人的钱包，里面装着1万美元的现钞并且可以拿走这些钱而不会被发现），在上述情况下，他或许不会认真考虑道德行为的充足理由。并非只是因为人的意志有弱点（weakness of will）。人们或许会问，当末日审判（Final Judgment）不存在时为什么人们总是立于普世主义（universalist）立场。最后当所有人都离开这个世界时，人们会追问坚持一生去做符合道德要求的事情是否在情理之内。一个人应该有理由去追问，究竟应该怎样去比较道德的善与其他的善。

正当与善、普遍的与具体的道德视域，以及道德理由和道德动机的充分调和，不能在一般的世俗术语条件下得到确信。世俗道德不能允诺给予每一个人有关正当与善的最后调和（the final cosmic harmony），而传统基督教思想可以做到这一点。当我们从与全能、全知、慈爱、人格化上帝的邂逅中抽提道德的时候，道德理由和道德动机就可以根植于上帝自身存在（the being of God Himself）之中。上帝的存在是一切存在的本原（the source of all being），当道德理由根植于上帝这一万有存在和理性本原时，上帝通过他的全能允诺赐福予那些应得福祉的人。当现实被看成是不需要指向人类利益或道德时，道德理由和道德动机之间的裂隙就会加宽。如果现实漠不关心人类的道德关系，那么道德行为人必然预知，遭遇了道德生活中的有关正当与善的问题，以及一般道德理性与导向特殊利益行为的价值理性之间的张力（例如，拯救家庭成员生命或者保障家庭成员身体健康的行为，甚至当这种行为侵犯了非家庭成员的其他人的善或正当等利益关系，或者违反了作为医生的职责等）。当一个人遇到各种不同的道德可能性根据时，他应该怎样平衡正当与善，以及各种处于竞争状态的道德理性，他也可能面对无法改变的道德背景的多样性。用以建构目前卫生保健政策的世俗道德条件显现出下述各方面存在的不可调和的特征：（1）在正当与善之间；（2）在实现正当或善的过程中，从普遍道德观出发的道德理性与从特殊道德共同体视域（the perspective of a particular moral community）或与某些特定关系人相关联的（不涉及在相互竞争的整全道德观念之间的张力）道德理性之间；以及（3）在道德理由与道德动机之间的冲突。

　　随着道德的世俗化，在理想化的道德行为与破碎的现实世界之间出现了一条新的鸿沟。物质世界（physical world）对于人类的遭遇漠然无睹，悲惨世界尚难获救。宇宙、人类和动物的生活充溢着痛苦与灾难。死亡和疾病粉碎了每一个个体、配偶、父母、孩子、家庭和共同体的生活。物质世界对正当与善的理念无以应答。我们的理念是一个完整的体系，它突破了人文主义运动以来的各种道德计划的限制，我们超越于各种理想、利益关系以及形形色色的争斗。更为不幸的是，无论人还是动物，全部的生命历程被视为由所谓进化所造就的生存斗争（the struggle for survival），这种斗争意识因遭遇苦难、死亡以及内心最深刻的渴望受到挫折而得以强化。没有基督教救赎的形而上力量，这个与上帝分离的世界，不可能从非道德（non-moral）和邪恶道德（moral evil）的困境中获得拯救。毕竟，最后，如果没有上帝，所有一切都将彻底毁灭。①如果此情折返，这种未获救的碎片紧密联结并相互悯情，那将致使正当与善之间发生不计代价和难以置信的激烈争斗。如果最后发现，没有什么事情可以永垂不朽，特别是在涉及朋友和亲戚（kith and kin）切身利益关系的时候，那个人将怀疑，为什么要为正当与善而勇敢地斗争呢？如果没有上帝和永恒不朽，为什么一个人会心甘情愿地为他所爱的那些人的正当与善的切身利益而做出牺牲？②

康德注意到了这一困难。然而，康德只部分地承认在道德与现实之间深刻的紧张关系，早在康德之前，基督教在面对古代世界异教徒斯多葛学派的禁欲主义思想挑战时，实际就已调和了道德与现实的这种紧张关系。由于我们丢弃了基督教传统形而上视角，只能处于空幻的影像之中，世界（the cosmos）显然地对于正当与善充耳不闻。如果这不是一个相互敌对的世界，在恒久的期待中培育而成的道德理想（moral ideal）现在被陈放于无关紧要的位置上。在深刻的对照中，传统基督教认识到形似破碎的世界万物之道德力量（the broken character of the universe），它根源于亚当和夏娃的自由选择（the free choice），传统的基督教还发现了它通过第二个亚当和第二个夏娃的自由选择而得以修复的路径。第二个夏娃服从并产生了第二个亚当，即耶稣基督，他被看作上帝，也被看作人，他实现了世界与上帝的和解，确保给予人类的道德努力以丰厚的奖赏。③ 全部道德以及人类历史被牢牢地镶嵌在以人类解放

---

① 例如，加缪认识到，一旦人们知道上帝缺席以后，应该怎样考虑未来。"荒谬的启示：在这一点上我是没有前途的。"（The absurd enlightens me on this point: there is no future.）参见加缪《西西弗斯的神话》（*The Myth of Sisyphus*），贾斯汀·奥伯莱恩（Justin O'Brien）译，纽约：阿尔弗莱德·阿·克诺夫出版社1961年版，第58页。

② 如果没有上帝与永恒，如果坚持的代价是行为者本人家庭成员或者朋友的死亡，那么他还会采取与极权政府不合作的态度吗？他怎么能够因他坚持抽象的理想而使那些他所爱的人遭遇痛苦和死亡呢？如果普适的道德失去了终极意义，那么道德理想的合理诉求又将是什么呢？

③ 基督徒认识到随着救世主弥赛亚的第二次来临，所有一切都将重造："我又看见一个新天地，因为先前的天地已经过去了，海也不再有了。我又看见圣城新耶路撒冷由上帝那里从天而降，预备好了，就如新妇妆饰整齐，等候丈夫。我听见有大声音从宝座出来说，看哪，上帝的帐幕在人间，他要与人同住，他们要作他的子民，上帝要亲自与他们同在，作他们的上帝，山地要擦去他们一切的眼泪，不再有死亡，也不再有悲哀、哭号、疼痛，因为以前的事都过去了。"（启示录21：1—4）

(human freedom) 与上帝的大能（God's infinite power）来定义的历史叙事之中。人类的选择及其结果是真实的（real），其中包括神—人二性一体的耶稣基督（the God-man Christ），遵照圣父和圣灵的意志作出的自由抉择。在这一神圣而恢宏的叙事（cosmic narrative）中，上帝具有至关重要的作用，正当与善被完全整合并被置于叙事之末，各种善齐声和鸣，正当的道德行为动机终获确认（例如，通过永恒的惩罚和奖赏）。而这个世界，尽管被拯救，悲剧依然继续。与我们的急切期许相悖，世俗道德几乎全被击碎和撕裂。

康德和他的类如上帝（As-If God）

在评估世俗道德的前景时，伊曼纽尔·康德意识到了其核心部分存在的张力。他注意到在善与正当之间，以及在道德动机与道德理由之间所存在的张力。他还认识到，求证规范的道德内容所面对的挑战。尽管如此，他仍然自信地认为，通过一个关于知识和道德行为的系统化叙事，他能够回应这种挑战，这种系统化的叙事展现在他撰写的《纯粹理性批判》（第一批判，1781 年初版，1787 年第二版）、《实践理性批判》（1788）和《判断力批判》（1790），以及完成于《纯粹理性限度内的宗教》（1792）与《道德形而上学》（1797）等著作中。他将他的叙事根植于人类知识的道德力量、人类的判断力，以及道德选择的本真属性（nature）。一方面，康德放弃了去彻底辨明事物存在的本质（nature of being）。他欣然接受了一种形而上学认识论的怀疑主义观念：他承认人类依靠推理最终获得的理性（human discursive reason）不能够在理论上足以确定事物存在的本质，不能从理论上充分论证上帝的存在，或者也不能证明若失去上帝道德沦丧的前景。人类的知识，至少人类的理论知识，正如它所呈现在我们面前的，即对于世界的了解、依靠推理得到结论的范围、对于时空的（spatio-temporal）有判断力的经验都是非常有限的。人类的理解力能够在诸如牛顿的《自然哲学的数学原理》（1687）此类领域获得成功，因为正是这种理解力创建了现象实存结构（the structure of phenomenal reality）。人类仍然忽略其自体的实在（reality as it is in itself）——本体世界（the world of the noumenon）。

至少在西方，当代道德发现它自身栖居在内在性（immanence）所限定的范围内。所有这一切看起来只不过是过于入世（thisworldly）罢了，本来，当代科学和道德都试图从根基上就使自己与超然（transcendence）情状背离。对于这一点，康德看得清澈如水。即使是在康德并无情愿接受之处，他也意识到，从超然到内在，存在界碑般的重要转折。虽然在启蒙运动时期，就有很多人认识到了个中的局限性，认识到了科学和道德的内在性特征，但是没有人能够像康德那样系统地强调过这种局限性。其他一些人，如休谟（David Hume），从启蒙运动一直到当代都具有显著影响。然而，唯有康德不断探求正当与善，以及追求道德动机与道德行为的正当性辩护之间的调和。康德揭示了如何依照一种基本洞见（a foundational insight）重新彻底构筑形而上学、科学和道德。这一基本洞见是：科学和道德可以从任何形而上的根基上位移，并被重新作为必然性实践活动，或者至少对于某些特定的人来说，是不可避免的实践活动。①他们必须具有并不一定深刻的或形而上的合理性证明。②这些实践的规范性法则可以从我们作为认知者或者实践代理人本质中发现。对于康德来说，先验知识（transcendental knowledge）并非就是那种超验知识，而是一种识别架构（framing recognition）与我们不

---

① 只有一个确定类型的人群而非仅仅是人类才是康德的中心议题，也是本书所关注的人类知识的有限性和世俗道德的有限性的中心议题。这一论题在恩格尔哈特的《生命伦理学基础》一书的第二版（纽约，牛津大学出版社1996年版中有长篇论述，特别是第135—154页）。另参见恩格尔哈特对于人类（Humanitas）与人（Personitas）之间的比较，见《生命伦理学与世俗人文主义：普遍道德研究》（*Bioethics and Secular Humannism*：*The Search for a Common Morality*），费城：三位一体出版社国际部1991年版，第135页。

② 为了公平地评论康德，一些限制条件是必需的。首先，康德了解他自己为时空可能性、感性的推理经验所提供的必要条件。他指出他的认识论仅仅聚焦于这样的存在者（beings），他们通过人的此时此在来体验世界。康德的理论没有包括那些可能的存在者，他们或许可以通过其他的方式来体验实在。人们或许会考虑，例如，那些可能的存在者或许会具有在六维时间和6000个维度的空间的理性体验（也就是说，像是具有六翅、多只眼睛的智天使）。康德所坚持的立场是"我们也并不需要把空间和时间中的这种直观方式局限于人类的感性；有可能一切有限的有思维的存在者在这点上是必须与人类一致的（尽管我们对此无法断定，所以这种直观方式毕竟不会由于这种普遍有效性而不再是感性"。见《纯粹理性批判》，第90页。康德限定其经验主义的焦点在感性的（sensible）经验上而非知性的（intellectual）知识方面。对于康德来说，感性经验与知性的直觉相对照，上帝以此直觉来直接而完全彻底地获悉事情的真相。康德对于知识的描述不是以人类本性为判断依据，而是以更为宽广地感性时空推论能力认知者的道德力量为依据。康德为在可能的经验域中的知识辩护，内在世界用来定

可摆脱的道德力量的超验本质。①

　　康德真正把这认识的关注焦点，完成了从客体（object）向主体（subject）的革命性转换。他认识到西方文化已经变换了其焦点，它已从寻找上帝和以深度占卜（scrying）式的度量转向了追究人性的实现以及我们人类本真的先验渴求，焦点从先验的客体转向了人类主体。对此类所有问题，康德最先明确地作出了这样的系统陈述，即现代西方文化从上帝转向以科学和道德作为基础的论证。康德的陈述符合古希腊阿布德拉人智者普罗泰哥拉（Protagoras of Abdera）的教导"人是万物的尺度，是存在者存在的尺度，也是不存在者不存在的尺度"②。更为简洁的陈述是：

人类的语境和条件。知识不是从上帝的视域来理解的。
　　关于康德对于道德的论述，必须引入更具实质性的条件。他的道德对象所针对的是这样一些特殊的人，而不只是肉体的人，更不仅仅是人类。他的道德建立在理性事实基础之上，这种理性事实给道德行为者一种标识，甚至也适用于天使。道德行为者能够认识到他们自己的行动在道德律的范围内，因此"我们可以把这个基本法则的意识称之为理性的一个事实，这并不是由于我们能从先行的理性资料中，例如从自由意识中推想出来这一法则的"，见《实践理性批判》，里维斯·怀特·伯克（Lewis White Beck）译印第安纳波里斯，鲍勃斯美林公司1956年版，第30页。在他的这部第二批判书中，对于康德，这个可能性就是理性事实。"感知到这个基本律能够被当作理论事实，既然没有人能够把它从先前的理性材料中搜索出来，诸如对于自由的意识。"（同上书）康德在定义道德律时并没有要求一个超然上帝的真实存在，而是聚焦在有限的行为人的境遇方面，阙如了内在性问题域。康德并不像他有关人类知识的论述那样清晰地使他的道德律论受到其哥白尼革命论的约束。为道德异乡人制定的道德律并不能如同知识那样植根于人类意志的主体间，因为形而上异乡人被看作是植根于经验理解的主体间。康德没有认识到人类意识的普适性无法在特殊文本的理性能力中找到，而必须到人类意识自身的内部以及在它识别普适义务的能力中去寻找（例如，绝对不能把道德行为者仅仅用作工具和手段）。

①　"我把一切与其说是关注于对象，不如说是普遍地关注于我们关涉对象的、就其应当为先天（priori）可能而言的认识方式的那种知识，称之为先验的（transcendental）。"引自《纯粹理性批判》，第59页，A11＝B25。康德的这种分类，论述了两者在语法关联上主要节点的功能。"类比的原则是：经验只有通过某种对于知觉（perception）的必要连接的表象（representation）才是可能的。"同上书，第208页，A176＝B218。或者如康德在另外一处所说："一般经验的可能性诸条件有可能就是客观经验之可能性诸条件。"第194页，A158＝B197。

②　狄奥格尼斯·莱尔提犹斯（Diogenes Laertius）：《普罗泰哥拉 IX》（*Protagoras IX*）51，载《著名哲学家生平》（*Lives of Eminent Philosophers*），希克斯（R. D. Hicks）译，剑桥，马萨诸塞州：哈佛1979年版，第2卷，第463、465页。普罗泰哥拉的人类视域中心化观点与康德发展的认识论基础不同：普罗泰哥拉是第一个主张每一个问题都有两个方面，这两个方面互相对立，他甚至以这种方式提出，存在是第一性的（being the first to do so）。"同上书，IX，51，第二卷，第463页。

……迄今为止，人们一直假定，我们的一切知识都必须依附于客观对象。但是，所有试图扩展我们客观知识的努力，都已经以失败告终。在这一假定中，包括了通过确立某些先于经验的认识，以及通过概念化方法。因此，当我们假设客观对象必须依附于我们的知识，我们必须去进行一下试验，是否在形而上学任务完成中会有更显明的进展。①

康德的哥白尼式革命（Copernican Revolution）关涉，以认识者的自身视角理解已知事物，客观世界以其通用的方式贴近主体。康德的哥白尼式革命同时关涉，从知识描述直接导向超然运动，并代之以认识者有限的内在性知识为基础。有限的主体，而不是客体或上帝，演化为知识的基础。《纯粹理性批判》（The Critique of Pure Reason, 1781）以世俗方式和内在性语言使知识重新概念化（reconceptualized knowledge）。康德提供了一种有关知识、道德和宗教的整体性陈述，由此，为不需要超然上帝的生命伦理学提供了基石。

自然哲学和道德科学都曾被用来探究实存内核：依照事物的自体存在去认识研究它们。哲学曾被认为有能力确定胎儿是否具有灵魂，并且如果有灵魂的话是否与营养有关，是否敏感或者具有智力，以及其灵魂何时能够被移入体内。② 哲学专注于实在，它假定（assumption）人类

---

① 参见康德《纯粹理性批判》（Critique of Pure Reason），第22页，Bxvi。
② 托马斯·阿奎那认为胚胎注入灵魂是一个复杂的过程。参见阿奎那（Thomas Aquinas）《神学大全》（Summa Theologica），1，Q. 118，art. 2，引自《对反对者意见的回应》之二他的观点导致阿奎那本人宽容了亚里士多德所支持的早期堕胎的观点。阿奎那并不认为堕胎行为是谋杀，不认为这是剥夺一个人的生命的行为，尽管他考虑到另一个独立的观点，其认为早期堕胎是严重的和邪恶的不道德行为。参见《亚里士多德：民政的政治》（Aristoteles Stagiritae: Politicorum seu de Rebus Civilibus）第7册，Lectio 第十二，藏于歌剧院（巴黎，比韦斯1875年版），第26卷，第484页。罗马天主教教规根据亚里士多德的立场颁布圣谕指出，一个男性胚胎在40天以内，一个女性胚胎在80天或90天以内，尚未被理性地赋予灵魂。参见《动物的代》（De Generatione Animalium），2.3.736 a—b 以及《动物历史》（Historia Animalium），7.3.583b。罗马天主教教规建立在一个特殊案例基础之上，早在12世纪就承认了这些生物学/形而上学的约定。参见 Corpus Juris Canonici Emendatum et Notis Illustratum cum Glossae: decretalium d. Gregorii Papae Noni Compilatio（罗马，1585年版），Glossa ordinaria at bk. 5，总12，chap. 20，第1713页。这些意见导致罗马教廷从1234年到1869年之间没有将早期堕胎看作谋杀，除了1588年到1591年这3年期间。参见 Pope Sextus V, Contra procurantes, Consulentes, et Consentientes, quorunque modo Abortum Constitutio（佛罗伦萨：乔治·马瑞思考塔斯1588年版）。

的理性能够揭示实在的理性结构（the rational structure of reality），因此，一种建立在这样的哲学形而上学基础之上的生命伦理学，将会作出翔实的形而上学回答。这种预设（presumption）使哲学探究能够测量实在的深度，并可以回答下列问题：

我们怎么能够通过理性调查，发现规范的（canonical）、内容翔实的道德，来指导生命伦理学？

我们怎么能够通过理性调查，发现实在的深奥实存性，以回答生命伦理学所引发的本体论问题（例如，胎儿是不是人？）。

在问题的开初，如果我们无法给予必要的允诺，仅依靠合理的理性争论是不可能对上述问题编制答案的。

康德认识到，以这种方式所提出的这些问题不能得到回答，并认为，如果避免涉及如此深奥的问题的话，其他大多问题还是可以回答的。关注存在（being）的深层内在结构以及规范道德标准的本质问题可以让位于更为恰适的、有意义的探究。

面对道德多样性，我们何以在构建卫生保健政策中，与公共道德权威（common moral authority）行动一致？

我们何以互为主体地（intersubjectively）研究现象实在的特征（姑且不管其他，仅仅先确定，受精卵是不是人），而先不顾及形而上学问题上持续存在的分歧？

此类从超然实在（transcendent reality）向内在经验（immanent experience）的让渡，确定了人类由于身处窘境而设定的有限范畴，并为当代的世俗生命伦理学和基督教生命伦理学规制了一帧文本。

超然的上帝变得与人类认知者（human knower）的使命毫不相干，他们必须在人类的可能经验所限定的范围内去研究实在。在康德之前，上帝扮演了一个哲学认识论角色，此认识论是以上帝为中心的。上帝提供了这样的视域，人们凭借这一视域，可以自由讨论有关实在的真正知识，即自在实在（reality as it is in itself）知识。上帝的神圣视域提供了人类认识论的金本位（gold standard），即终极的和唯一核心的认知元点（point of epistemic reference）。而康德本人，将其关涉人类知识的陈述脱逸了这一神性元点（divine point of reference）。康德的大胆提议，系统地引入科学究查范畴，以及由此可能经历的认识论反思。依据认识者有限的、可感知的、由推理方式获取结论的相关经验之可能性这一必要条件，重新设定与命名了一般知识与专向科学。客体（objectivity）与物自体（the object as it is in itself）保持一致，这种物自体将被客体所代替，如同主体间性（intersubjectivity）一样，科学的客体性变成了相关一致性（coherence），并被居于时空中可感知的、由推理方式获得结论的认识者们分享。

由此，康德为自由意志（free will）与宿命论（determinism）之争（即康德的第三个二律背反）给予这样的解决方案。① 科学（也就是，经验认识）和道德成为人们在评价事物时，必须应用的两个必备的实践的原则立场和观点。② 存在着这样的经验科学准则，以此我们感受到我们自己，应该经验性地研究自己，并把我们自己视为宿命论的或决定论的；另一个是道德准则，以此我们认为自己是自由的。③ 道德，对于其中的一部分（包括一般世俗生命伦理学的外部轮廓或特征）来说是确定的，按其基本原理或规范法则（in term of grammar），确定的部分

---

① 见康德《纯粹理性批判》，特别是：A532 = B560 到 A558 = B586，因为康德认为经验知识与道德在实践层面具有相容性。

② "因为这样的原因，一个理性的存在物必须将他自己看作是智慧的（并且不是从他的低级能力而来），作为从属于这个可理解的世界而不是感觉的世界。这样他具有两个立场，从中他可以考虑他自己并认识使用他自己能力的规律，并且认识到他所有的行动：首先，作为属于感性世界，受到自然律的制约（受动性，heteronomy）；其次，作为从属于智慧世界，受到此规律的制约，它不依赖于自然，不是经验的，而是仅仅建立在理性基础之上的。"见康德《道德形而上学基础》（Foundations of the Metaphysics of Morals），刘易斯·怀特·伯克（Lewis White Beck）译（印第安纳波里斯，Bobbs—美林出版社 1959 年版，第 71 页，AK IV，453）。重点是关注康德否认智慧直觉的可能性（在第四章将做介绍）。参见《纯粹理性批判》，B307。

③ "我们已经最终解释了道德的确切概念为自由理念，但是我们不能够证明自由是真实的存在我们自己内部以及在人类的本质方面。我们仅仅知道我们必须预先假定它。如果我们能够想象一个理性的存在，他能够意识到他本身行动的因果性，也就是说，是天赋的意志；并因此我们发现在相同的基础上，我们必须在自由理念前提下，将这种决定他本身去行动的特征归咎于每一个存在物的天赋理性和天赋意志。"见康德《道德形而上学基础》，第 67 页，AK IV，448—9。

第二章 生命伦理学根源：理性、信仰与道德的合一

包括可靠的选择、可归咎的行为，以及作为理性依凭的道德律。① 道德是一个框架结构，我们可以设想自己作为行为人居于其间，这些行为人可能是应该受到谴责的，或者也许值得称颂，尽管我们绝对不会知道这个形而上的事实（metaphysical truth）② 到底是什么。康德的道德以及其理论支撑的生命伦理学被消解了形而上的深度。

康德的预设并不是要将人类的道德和科学根植于超然的实在，而是把人类的道德和科学作为必然应用准则，以确保它们的范围足够广泛而又不至于堕化，它们几乎成为不可回避的意义群域（uneschewable sphere of meaning）。面对这份成约：我们是接受还是拒绝。当然，无视这些实践准则就等于规避某种形式的认识论或堕入道德的自闭症（autism），那么，我们将不再居于形而上知性之境或与道德异乡人分享这个共同的世界。如果我们与形而上异乡人（metaphysical strangers）采用主体间性方法解决经验主义争论，我们就要接受一个最小限度的相应规范法则的约制。任何一位科学家的具体观察研究都有效力，只要他们置于一个可以包括其他科学家不同观察研究的完整框架结构之内。调查者可以补充或纠正观察者的偏差效应（observer bias），甚至在尚未接触事物本身情状之前即解决争议。聚焦于客观性如同主体间性一样充分：以经验或观察为依据的发现作为可证伪的（falsifiable）数据资料，可以置放于公认的其他情状完全相同的条件下，观察研究过程则可由此评估，同时可以进行比较研究。

---

① 在《未来形而上学导论》（*Prolegomena to Any Future Metaphysics*）中，康德论证了语法元素的知识可能性的必要条件——"语法元素"（Elemente zu einer Grammatik）。康德在这里启发式地采用了语法上的隐喻，以标识与人类经验相关联的可能性条件。见《未来形而上学导论》（*Prolegomena zu einer jeden künftigen Metaphysik*），AK VI, 323。维特根斯坦提出来一个类似的观点，在《语法表达的本质》一文中可以看出。见《哲学调查》（*Philosophical Investigations*），安斯考博（G. E. M. Anscombe）译（牛津：罗勒布莱克威尔 1963 年版，§371。此外还有，"语法告诉我们事物是怎样一种客体"。§373。还有斯坦利·卡威尔（Stanley Cavell）在《维特根斯坦后期哲学的有效性》一文中强调了维特根斯坦使用语法概念与康德所使用的先验概念之间的内在联系。见乔治·皮彻尔（George Pitcher）《维特根斯坦：哲学研究》（*Wittgenstein*：*The Philosophical Investigations*），纽约：杜布雷森 1966 年版，第 151—86 页。

② 康德对他的道德论述与其他直接或依赖于实现某些特殊的价值、目的或善的论述做了区别。康德的立场是"道德确实不是有关怎样使人们自己获得幸福的教条，而是要我们知道如何使我们配享幸福的学说"。见《实践理性批判》（*Critique of Practical Reason*），伯克（L. W. Beck）译，印第安纳波里斯，自由艺术学院图书馆 1956 年版，第 134 页，AK V, 130。

至于涉及上帝、自由和不朽，康德建立起具有很强原则性的认识论领域的不可知论（a principled epistemic agnosticism），并限定于对现实世界经验主义体验获得真实知识之后，试图将道德根植于具体实践中，这种实践活动应该对任何选择负有责任。理性以谴责和赞赏的方式奖惩道德行为人的事实，确证了实在的范畴，在其范畴内，人们可以理解和思考他们自己，即使他们不能够体验或感受到他们自己。这样一来，当全部的实在，包括人类，都必定会被经验地理解为具有因果决定论属性时，道德行为人必须把他们自己想象为自由人。康德将人类道德和自由选择（free choice）嵌入理性意志当中。正是从这个理性意志出发，康德发展了他的道德行为理论，也就是，从被理性需求所决定这个意义上看，道德行为是自主的（autonomous），因此，人们可以不用再去考虑因果关系的影响。以这种方式，康德希望把人看作自由（free）与限定（determined）的统一：作为道德行为人的自由，以及在现象世界中，作为道成肉身的人事先已被限定。作为这种给定理性的特点，对于康德来说自由行动（to act freely）不是去选择人们想要的东西，而是去选择理性所要求的东西。理性所要求的法则是由这样的诉求所确定，即无个性的、理性的、普适的选择，作为一种类的需求或者命令语式。康德持有这样的看法，如果一个人的行为使他本人也使所有其他道德行为人遵守相同条件的约束，与此同时，根据其发自内心的选择，愿意制定普遍法则（universal laws）并使其行为主体如同一个普遍立法者（universal legislator），并将所有他人都作为他自己的目的，那么，该人已经做了应得福祉的事情。康德从理性和普遍性出发，希望从中获取道德生活的规则。正如我们将要看到的，他添加了其他限制以便获得他欲求的道德文本。以这种方式，康德希望揭示一个普适的理性道德，将所有的人，包括上帝，都联系在一起。

对康德来说，正当行为就是遵照这些理性的限制行事，无论代价有多大。一个人必须以理性行为人的身份确知，道德镶嵌在理性的真正能量之中，因此道德行为人必须按照这种理性的道德陈述去做，即使是这种行为会带来巨大的损失、死亡甚或毁灭。然而，康德在《纯粹理性批判》（Critique of Pure Reason）第一版（1781）中勉强承认了展现个体理性能力的困难。由于在幸福和应得福祉之间缺乏调和作用的类宗教陈述（a quasi-religious account），当他们自己或者其他人，特别是他所爱的人，蒙受巨大损失或者遭受痛苦的死亡，而他们有能力去解救但却又无法实施时，这种困难就将凸显。

康德所提供的道德律，尽管根植于并重构在推定理性（discursive rational）的基础上，但是，它实际上有更为普遍的文本（general content），这就是西方基督教。可以设想，所有特征都被搁置一旁，唯有哲学理性的普适要求保留了下来。在这个意义上，通过将基督教道德嵌入他的道德义务的自然律（natural law）中陈述，康德实现了中世纪西方基督教唯理论者的夙愿。的确，康德的自然律，这个勇敢的理性主义观念，给西方基督教传统加注了一个激进步调，更进一步说，甚至比那些所谓誉为"第二经院学者"的托马斯主义者们（Thomists of the "Second Scholastic"）——诸如萨拉曼卡的维多利亚学派（the school of Salamanca's Francisco de Victoria, 1486？—1546）的贡献还要大。这些托马斯主义者们，试图通过积极的学术争论建立一个新制度，在那里，所有的人，甚至那些遭受西班牙统治的新世界的印第安人，都拥有基本的人权，包括财产权。① 与维多利亚一样，康德也寄希望于一个新的世界，在那里，所有的民族都不会反对把人们聚合在一起的普适道义（the universal obligations）。康德与撒拉门卡学派的差别在于，康德彻底地、重新地确立了道德发展的历史理想，这种确立，不是以基督教信仰和其末世论期待（eschatological expectations）为基础，而是以对理性和道德的需求为基础。基督教末世论叙事仅仅作为神话以激起灵感，只是在指导理性行为时，依然持续地保留这种灵性冲动。康德仰望未来，并

---

① 作为如此保护普适人权的一个例子，人们或许会想到"尊敬的方济各会神父弗朗西斯科·德·维多利亚（Francisco de Vitoria），这位神学大师以及撒拉门卡大学最著名的教授，于主历 1539 年在撒爱德大学发表的一篇讲话的影响力"。维多利亚（1486？—1546）不仅仅是一个独立而勇敢的试图重新思考经院哲学的人，他不仅确立了普适人权，其中也包括了财产权；而且为市场争取地位，并收取利息，他如此避开了西方基督教有关取缔发放高利贷的规定，甚至如同平信徒那样对待宗教。在维多利亚之后，还有他的同事和学生，他们是娄脱（Domingo de Soto）、墨迪纳（Luis de Molina）和索瑞茨（Francisco Suarez）。

至以率直的世俗世界主义的期许，做出了关于当下的道德判断，① 他的观点比古典自由意志论更加自由主义。为了更加普遍性地捍卫人权并废除帝国主义以及殖民主义，康德筹划了这个导向永久和平联盟的工程。② 这个工程并不是暗示西方基督教，甚或暗示其缺乏一些有关普适人权的观念；③ 康德实际上是要通过启蒙运动的转变，将人权观念嵌入基督教，并使人权从它的特殊性中释放出来。的确，康德、黑格尔以及克尔凯郭尔都提供了截然不同的案例研究，以试图保存在不断增长的后基督教文化冲击下的基督教道德文本。

---

① 参见康德的《世界公民观点之下的普遍历史观念》（*Idea for a Universal History with a Cosmopolitan Purpose*），原文发表于1784年，题名"*Idee zu einer allgemeinen Geschichte in weltbürgerlicher Absicht*"。

② 例如，参见康德的《论永久和平》（*Zum ewigen Freden*，1795）。

③ 作为一个案例，谈到西班牙人如何"关心"避免不公平的掠夺财富和随意杀戮新世界居民，人们或许会想到值得大书特书的宣言或者布告（Requirement），布告是在对印第安人发起攻击前让他们知晓的。它已经被阅读并被允许这一事实，似乎已经通过在征战过程中强迫公证人在场的这一方式所证明。第一份被记录下来的布告情况是1514年6月14日发布的。这份布告的内容包括新世界从创造到被美洲人征服的一个简要历史，还包括罗马教皇的权威。这份布告具体表现了教皇亚历山大六世将"这些小岛和陆地"（these isles and Tierra Firme）捐献给了西班牙国王。文件要求那些听到此布告的印第安人：（1）承认罗马天主教和教皇是整个世界的统治者；（2）允许罗马天主教信仰者在他们的领地布道。这份文件保证，如果印第安人接受这些条款，这里将不会发生战争。然而，如果他们不立刻承认文件所规定的这些条款，那么：

我们带走你以及你的妻子还有你们的孩子，将把他们变为奴隶，作为奴隶而被贩卖并按照上方的命令处置他们；我们将没收你们的财产，将尽我们所能进行所有的侵害和毁灭，如同对待那些不服从命令以及拒绝接受他们的上帝，反抗并否认上帝的奴仆；我们断言死亡和灭绝即将发生，全因你们的过错引起，起因不在上方，不在我们这里，也不在这些与我们一起来的骑士。我们已经给你们讲过并已宣读过这份布告，我们要求在场的公证人写下他的见证，并且我们要求在场的其他人能够见证这份布告。

刘易斯·汉克（Lewis Hanck）：《在征服美洲中西班牙为正义而战》（*The Spanish struggle-for Justice in the Conquest of America*），费城：宾夕法尼亚大学出版社1949年版，第33页。

1514年6月，在西班牙登陆并宣读布告以后，那里再看不到印第安人了。结果是，新的统治者奥维多（Gonzalo Fernandez de Oviedo）给在场的自己人宣布："我的主，我认为这里的印第安人似乎永远听不到这份布告的神学教诲了，再没有任何人可以让他们理解它了；尊敬的上帝，请保存这个布告，直到我们在某个笼子里头的印第安人中间找到某个印第安人，或许这个印第安人有空的时候能够听到布告的内容，我的主，主教或许能够给他解释这个布告的内容。"同上书，第33—34页。进一步的研究，可参见安东尼·帕格丹（Anthony Pagden）《自然人的失落：美洲印第安人与比较民族学的起源》（*The Fall of Natural Man: The American Indian and the Origins of Comparative Ethnology*），剑桥：剑桥大学出版社1982年版。

第二章 生命伦理学根源：理性、信仰与道德的合一

康德试图消除在道德理由与道德理性动机之间，以及在正当与善之间的张力，他持有的论点是，人们应该像上帝（As—If God）和永恒存在者那样所施诸事，因此人们也可以像上帝和永恒存在者那样，去做那些关于正当和善的美好和谐的诸事。正如康德在第一版的第一批判（即：《纯粹理性批判》，1781）一书中所论述的：

> 因此，既然道德规范同时是我的准则（理性规定了它应该如此），那么我必然地相信上帝的存有并相信来世的生活，并且我肯定没有什么事情能够动摇我的这一信念，既然我的道德原则将因此被他们所颠覆，而这一原则还没有在我的眼中变成令人憎恶的东西之前，我是不可能放弃他们的。①

康德意识到，当一个人被要求为了正当的行为而牺牲所有权利，而且这种牺牲对他来说是一种巨大损失的话，从道德的本质上看是困难的。

> 没有一个上帝和一个我们暂时不可见但却期盼着的世界，德性的这些高尚理念虽然是赞许和惊叹的对象，但却不是立意和行动的动机。②

在正当和善之间存在着深深的张力，除非我们认为在自然王国与上帝的恩惠之间是和谐的。③

虽然康德不能证明上帝的存在，他转而诉诸上帝，把上帝作为道德的保全，以此来确立不可或缺的整体性或者道德的不可解离的理性能力。正如他在《实践理性批判》（1788）中所论述的：

---

① 《纯粹理性批判》第650页，A828 = B856。
② 同上书，第640页，A813 = B841。
③ 康德经常把善与正当之间的张力解释为自然/本质与自由之间张力的一种。问题在于现实的组织是否与人类的道德自由是一致的。如果人的自由行动配得上幸福，人们会自然/相应地感到幸福。《纯粹理性批判》，A815 = B844。

至善在实践上只有以灵魂不朽为前提才有可能,以内隐灵魂不朽当其与道德律不可解离地结合,就是纯粹实践理性的一个悬设(我把这理解为一种理论上的、但本身未经证明的命题,只要它不可解离地与某种无条件先天有效的实践法则联系在一起)。

　　关于我们的本性,只有在一个不停止向前推进的进步中才能达到与德行法则完全适合此道德使命的命题,具有最大的效用,而且也关注着宗教。缺少这个命题,道德律就完全不配有它的神圣性,因为人们把它娇饰成宽大无边的(宽纵的)万能律,以适合于我们的畅然所得;我们或者把自己的天赋责任或者把自己的期望逼近某种无法达到的规律,亦即逼近到所渴盼的完全获得对意志的神圣性,而最终消弭在狂热、与自我认识完全矛盾的神志学的梦呓之中;通过以上两者,所阻挡的只是那种不停息的努力,即努力准确地和彻底地遵守一种严格而不宽纵的、但却也不是理想化的而是真实的理性律令。对于一个有理性的但却是有限的存在者来说,只有那从道德整全性的低级阶段到高级阶段的无限进程才是可能的。①

　　为了道德律的一致性理解,我们接受了上帝与灵魂不朽的观念。在第一版的《纯粹理性批判》(1781)中,康德意识到,在幸福与应得福祉之间建立联系是可能的。除非有一种神圣至上理性能同时主宰道德律与自然。面对超感觉的道德世界的这种张力,我们必须理解自身和身处其中的感官世界。康德的结论是:

　　既然我们必须通过理性,设定自己必然属于这样一个世界,哪怕感官向我们呈现出的不过是一个现象的世界,则我们也必须假定那个道德世界是我们在感官世界中的一个行动后果,而由于感官世界并未向我们显露出那种连结,所以必须假定那个道德世界是我们未来的世界。所以上帝和来世,是两个按照纯粹理性的原则而与此

---

① 康德:《实践理性批判》,托马斯·阿包特(Thomas Abbott)译,伦敦:朗文1976年版,第219页,AK V, 122—123。

同一理性赋予我们的义务不可解离的预设。①

从长远来看，幸福与应得福祉之间似乎是一致的。②

由于康德没有把他律性的要素（也就是说，康德没有说明行为的基础，而是出于对道德律的考虑。比如幸福，即使这种幸福是对个人所得的促进）引入道德选择（即由于道德的要求而作出行动的决定），因此康德在这里精心设计了他的解决方案，即维持道德理性而不是建立一种评价正当行为的奖励机制。③ 最后，康德以一种迂回的方法，用基督教的原理告诉人们一种观察道德理性的方法。

> 基督教的德行论通过把有理性的存在者在其中全心全意地献身于德行法则的世界描述为上帝之国，从而提供了至善不可缺少的组成部分。在这个国度里，自然和德行通过一位使这种至善成为可能的神圣的创造者，而进入到了对两者中的任何一个本身单独来说都是陌生的和谐之中。……道德学真正说来也不是我们如何让自己幸福的学说，而是我们应当如何应得福祉的学说。只有当宗教通达于此时，也才总有一天会按照我们曾考虑过的、并不至于非按应得福祉的程度来分享幸福的希望。④

对康德而言，基督教的真理就在于它对道德行为的支持和导向作用。基督教为我们提供了一个道德进步的实例。基督教故事发现自身的真正重要性不在于对救世的特别宗教体悟的感受，而在于对道德生活的

---

① 《纯粹理性批判》，第 639 页，A811 = B829。

② 在其《遗著》(*Opus Postumum*) 中，康德放弃了对上帝和不道德的乞愿，因为它会对非他律的道德选择构成威胁。

③ 康德坚持认为，依据道德律，作为行为的基础，人们可能得不到与其该得的幸福相匹配的幸福奖赏。"我们永远都不能把道德自身作为幸福的信条，也就是说，不能把道德作为如何获取幸福的指南。"见《实践理性批判》，刘易斯·怀特·伯克 (L. W. Beck) 译（芝加哥：芝加哥大学出版社 1949 年版，第 233 页，AK V，130）。

④ 《实践理性批判》，伯克 (L. W. Beck) 译，第 133—134 页，AK V，129，130。康德对基督教伦理学和宗教的诉求显然是世俗的，因为它们的宗教重要性已经形成了其在道德中的作用。

激励。

在文艺复兴的全盛时期,即1793年11月9日在巴黎圣母院举行"理性盛宴"(Feast of Reason)的革命庆典的前一年,康德正式表述了他的仅基于理性的宗教观点。① 他的宗教,虽然试图重新定位和保留宗教遗风,但却是世俗化的哲学宗教,其本质基于宗教本身所支撑的道德规范。这种宗教并不像西方人传统理解的宗教一样,它不要求人们的忠诚,它不要求对上帝的体悟,它只要求有恰当的论据去支撑它。在文艺复兴时期,理性取代了忠诚和道德,成为唯一的真理的教条。康德的宗教,文艺复兴的宗教,既不依赖历史也不依赖于恩惠。首先,它没有任何神秘的洞见,也没有"与神合一"。康德喻此谓宗教狂热,并予以严词批评:"努力争取与神合一是宗教狂热……这种狂热的宗教幻觉,是理性道德的死亡。因为如果没有理性,任何宗教都是不可能的。因为,理性像所有的道德一样,毕竟要建立在一些基本的原则之上。"② 康德出于对个人选择和自治的强调,他也谴责了圣父的作用。③

康德的宗教是真实的,而且也以真实而著名,因为他的宗教是有理性的。然而即使是康德本人也意识到了对宗教华胄(trappings of religion)的社会—心理需求。

> 纯宗教信仰便可以创建一种大众的教会;因为只有这种理性的信仰才能被每个人笃信和分享。然而,只有由事实为基础的信仰才能经得住历史的考验,也才能延扩其影响,这种影响比事实本身更有力。因为事实本身会受到时间和空间条件的限制,并且事实本身的影响力还有赖于人们判断事实可信度的能力。然而,由于人性特有的弱点,纯信仰永远不会得到它应有的信赖,也就是说,教会也不是纯粹靠信仰建立起来的。④

---

① 康德:《纯粹理性限度内的宗教》(*Die Religion innerhalb der Grenzen der bloßen Vernunft*)。
② 康德:《纯粹理性限度内的宗教》,T. M. 格林尼(T. M. Greene)、H. H. 哈德森(H. H. Hudson)译(纽约:哈柏和行1960年版,第162、163页,AK VI, 174, 175)。
③ 同上书,AK VI, 175。
④ 同上书,第94页,AK VI, 102—3。

出于对不能经受理性直接追问的宗教支持，康德作出了让步，这是很难得的。很多新教徒对康德谴责教权主义①（clericism）、宗教仪式、修道院生活方式表示同感。然而，康德谴责的不仅仅是教条，他也谴责礼拜仪式，并把宗教仪式说成是"对神圣礼拜的迷信信仰"②。而黑格尔却试图揭示他所发现的宗教范畴真道是什么。

门德尔松（Moses Mendelsohn，1729—1786）对康德产生过影响，而且他也认为启蒙运动的自然神教既是普世的宗教，又是与犹太教的真道相一致。③ 和门氏一样，康德也申明尊重基督教。康德提供了更加合理的"天主宗教"（religio catholica）的方式，而且预料到了19世纪早期美国的"天主教基督徒"试图使基督教与当代社会进步的追求保持一致。康德赞同对宗教庆典和仪式的解构，其目的是使这些庆典和仪式服务于道德目的。宗教不再是拯救世界的方法，而是提高道德水准的途径。康德把宗教集会改造成为理性的节日，在这些节日上，宗教礼仪被全部转变成对道德生活的激励；在这些节日上，对基督的颂扬也转变成对人类道德敬拜偶像的赞同。康德生活的年代，新教有诸多需要改革的地方，与此相对应的是，黑格尔可以很容易地进入任一所路德教派教堂并且感受他们侍奉活动的真道。对于这一真道，作为哲学家的黑格尔是清楚的。

正如在上一章中所论及的，和许多罗马天主教道德神学家们一样，对于康德而言，基督教不能提供道德的东西，只是提供了道德灵感。

    神圣的故事，只是在表示对教会的忠信时才被正确使用，就故事本身来说，能够并且应该，绝对不会对道德格言产生影响。而

---

① 原词 clerioism 似有误，应为 clericalism，意为教士至上主义；教权主义。——译者注
② 同上书，第118页，AK VI，109。事实上，敬神——简单地求助于上帝以免除自己的道德义务——只是迷信而已，康德对这一观点持批评的态度。"通过敬神的宗教行动在上帝面前为自己辩护可以完成任何事情的错觉是宗教的迷信……"同上书，第162页，AK VI 174。
③ 关于摩西·门德尔松（Moses Mendelsohn）所看到的，理性宗教和犹太宗教及其在犹太法律中表述之间的一种有影响力的关系。见赫尔曼·科恩（Hermann Cohen）《理性的宗教》（*Religion of Reason*），西蒙·卡普兰（Simon Kaplan）译，第二版（亚特兰大，学者出版社1995年版）[《理性宗教的犹太教来源》（*Religion der Vernunft aus den Quellen des Judentums*）]，莱比锡1919年版，第357—58页。

且，因为这些故事只是为了生动地传递其真实目的（尽可能使之成为神圣美德），因而被赋予了教会的信仰。因此，我们必须始终为了道德的利益，来讲授和解释这些神圣故事。并且（因为普通人有一种特别易于陷入被动信仰的持久倾向）我们必须不辞辛劳地、不厌其烦地谆谆劝导他们，真正的信仰不是由——了解或者考虑上帝为我们的拯救世界的工作做什么或者已经做了什么——构成，而是由——我们必须做什么才能配当拯救世界的工作——构成。①

一旦基督教遵从内在的、理性道德加以重塑，基督徒生命的要素（像上帝那样展现自我。② 尤其在说明自身奇迹③的时候）被作为道德教化加以重新解释，而不是作为与超验的上帝相抗衡的能量。对康德而言，基督教提供的是道德导引的偶像④和象征。⑤ 因此，耶稣是重要象

---

① 至伊曼努尔·康德：《纯粹理性范围内的宗教》，T. M. 格林尼（T. M. Greene）、H. H. 哈德森（H. H. Hudson）译，纽约，哈柏和行1960年版，第123页，AK VI, 132f。

② 作为一种余波或后续，为了在理性限度内的宗教的利益，在没有破坏他们的历史评价的前提下，关于他的复活和升天（仅发生在他的密友的目视下）的秘密记录越多，越是不能被采用。见康德《纯粹理性限度内的宗教》，第119页，fn.，AK VI, 128。

③ "如果'历史信仰'关于他的个人起源和地位（很可能是超越现世的）的论述是一个问题的话，那么这个信条的确需要经过奇迹的验证。因为，虽然仅仅属于道德挤进灵魂的信仰，它无须所有这些证据来佐证它的真理属性。"见康德《纯粹理性限度内的宗教》，第120页，AK VI, 129。

④ "这个（基督教）后历史时期（after - ages）（伴随末日审判的奖赏与惩罚）的历史描述，这种后时代本身还不是历史，呈现出一种道德世界纪元的典范。这种典范由于引入真正大众宗教而产生并被预见会达到顶峰——我们认为在实践中不会达到顶峰，但仅仅能预言，也就是说，准备中的，在持续的进程中接近最高的善（并在这种情况下，没有什么是神秘的，所有的一切在道德流行态势中相当自然地流行）。"见康德《纯粹理性限度内的宗教》，第126页，AK VI, 135f。

⑤ "福音书中基督向他的信徒默示，地球上上帝的国度只能以一种荣耀的、净化灵魂的方式出现，也就是说，以神圣的市民价值出现，为此目的，他还告知他们必须做什么，这样做不仅是为了自己的成就同时也是为了与其他具有相同思想的人实现统一，并且尽可能和全人类的思想实现统一。"见康德《纯粹理性范围内的宗教》，第125页，AKVI, 134。康德的生命伦理学的内容不太可能超越世俗伦理学的内容。

第二章 生命伦理学根源：理性、信仰与道德的合一

征，而且《圣经》是道德教育的绝好教材。① 康德以世俗的方式完成了启蒙运动对基督教的重塑。他的这种方式，会确保基督教伦理学简化为自由世俗伦理学的普通范畴。耶稣不再被视为以色列的拯救者，也远不再是严格的形而上意义上上帝的儿子。与此相反，耶稣是道德模范的原型，人类道德斗争的楷模。

> 我们可以给自己描绘这样一种人：他是人类讨好上帝的典型（这种道德偶像很可能来自凡尘，他容易受到欲望和偏好的左右），一个情愿不仅仅履行自己作为人的职责，并且通过戒律和例证尽可能广泛地传播善，而且虽然经受了巨大的诱惑，自己遍尝各种痛苦，以最不体面的方式死去，为的就是换取这个世界的善，甚至是他的敌人的善。②

基督教所能提供的就是宗教的道德，这种道德的全部真义只有在启蒙运动中才得以彰显。对康德而言，基督教的真道不在其教条和形而上学，而就在于它的道德。

> 这一些基本表明宗教信仰，已经从有缺陷的人神同形同性论纯化为人与上帝之间的道德关系，并且通过名副其实的道德关系协调人与神的关系。这种信仰，在基督教教义中被首先加以阐述，并同时使之为世人所知晓。我们可以把这次颁布的教义称之为信仰的昭示。而由于人类自身的失误，他们对这一信仰至今不得而知。③

---

① 根据《圣经》，康德遵循的是"以启示的名义宣告理性道德的原则。因为任何人都不能否认这种可能性：包含着大量有关神的《圣经》经文，（有关其中的历史）可能被认为是一种本真的神的启示。而且可能是：如果没有一本圣书以及基于圣书的使徒的忠诚，人类不容易统一于一种宗教，即使做到也是不能持久的。此外，就人类思想洞见的当前状态，我们几乎不能预期一种由新的奇迹所引领的最新启示。因此，最明智也是最理性的做法就是从现在开始，把手边的《圣经》作为教会的引导基础，并且不要让无用的和恶意的攻击削弱它的价值"。见康德《纯粹理性限度内的宗教》，第 122—233 页，AK VI, 132。
② 康德：《纯粹理性限度内的宗教》，第 55 页，AK VI, 61。
③ 同上书，第 132 页，AK, VI, 132。

在康德看来，对道德律的要求是必须加以说明的。而这一说明在基督时代是不可能的，只有在文艺复兴时代才有可能。

几个世纪以来，基督教设置了神学—哲学神话。这个神话似乎是一个统一体，从道德的角度，它显著地分裂为对正当与善的关切，以及形成道德行为动机与公正之间的鸿沟。基督教给我们提供的是人类道德逐渐进步的叙事，不是真实的或者形而上学的断言，而是一个道德取向，把我们引向理性，引向道德承诺。此外，也是最重要的，作为充满神秘色彩和苦行主义的基督教被放弃了。在这一方面，文艺复兴完成了新教徒的宗教改革运动。令康德感到极其忧虑的是：

> 隐士和僧侣生活充满了神秘的狂热，充满了对禁欲的赞美，它如何使得大批民众成为对世界无价值的人？那些所谓的奇迹是如何贬黜那些被捆缚于盲目迷信桎梏下的人们？由于对自由人的等级压迫，来自专横的、排他的圣经讲述者那种可怕的、对传统的呼唤声已经响起，由于对信仰事实存在的观念分歧，为何把基督教世界分裂为互相怨恨的派系（对于讲述者来说，如果不诉诸于纯粹理性，是绝对不能形成大体一致的声音）？①

医治宗教狂热和宗教的真正重要性同样重要：宗教被认为是对道德的启蒙。宗教形而上的意义必须以道德名义加以重建。宗教必须世俗化。康德对上帝和"似若"永生的描述，有助于基督教的世俗化，这种世俗化倾向，比它所带给我们的道德因素中道义论和目的论的和谐还要强烈。

康德希望能证明一种公认的道德重建是可以得到辩护的。但他的希望本身却得不到辩护。他不能把根据教会法确立的、权威的整全道德这只兔子从哲学论证的魔法帽中取出来。正如第一章所说明的，这是不可能的：一个人不可能仅仅根据扎实的理性论证就能详细说明并且证明一

---

① 康德：《纯粹理性限度内的宗教》，第121页，AK，VI, 130。

第二章 生命伦理学根源：理性、信仰与道德的合一

种权威的整全道德愿景。① 对法律普适性或者合法性的诉求，或者把人当作自身目的加以对待的诉求，如果没有严谨的反驳，不会给我们以什么指导，除非我们事先知道什么需要普适化，或者我们知道该如何把人本身当作目的来自我放逐（也就是绝对命令的公式化）。② 人们至少可以说明在实践中有什么东西牵扯其中：一个人不能在宣称某种特定的道德实践具有优越性的同时又违背这种道德实践。例如，一个人不能宣称自己永远说真话而紧接着开始撒谎。当康德主张的诉求不能被当作自然法则③加以普遍化，或者没有意志的冲突而得以普遍化，④ 康德便加添了内容。此外，康德假设上帝似若存在并且是不道德的，并且据此整合了正当和善的概念。这就要求以道德信仰来应对理论上的不可知论：一种智力上的精神分裂症，至少在宗教上无法令人满意；在他看来，最坏

---

① 为了了解这一点的全部进展，见恩格尔哈特的《生命伦理学基础》（第二版），第1—3章。

② 也就是说，通过求助与任何或者全部康德的有关范畴论论述的公式化内容，我们不能获得道德内容。

③ 例如，为了对谴责自杀，康德进行了大量的论述，来提示避免矛盾的原则。其中之一是认为出于自爱的自杀需要颠覆一种感受，即引起自我改善而不是自我毁灭。因此，自杀的人都普遍有一种自恋冲动，这在某种程度上会导致生命的毁灭，即自我毁灭。"人们会立刻发现自然体系的冲突，一方面是，自然法则会通过这种感受来毁灭生命；另一方面是这种感受的特殊仪式在促进生命的改善。在这种情况下，它将不会作为自然而存在，因此这种行为准则不能作为自然法则，因此它完全违背了所有行动的最高原则。"见伊曼努尔·康德《形而上学道德基础》，刘易斯·怀特·贝克译（印第安纳波利斯：鲍勃斯—麦利尔1959年版，第40页，AK IV, 422）。在他的《美德的形而上学原则》（*Metaphysical Principles of Virtue*）中，康德补充了其他的论述，包括"决意自杀就是决意从宇宙上抹杀道德的代理人。为了破坏自身人的道德，无异于在世界上抹杀道德本身，然而，道德本身就是目的"。见康德《美德的形而上学原则》，詹姆斯·林顿（James Ellington）译（印第安纳波利斯：鲍勃斯—麦利尔1964年版，第83页f, AK VI, 423）。但是，为了避免严格意义上的逻辑矛盾，我们需要进一步认真地规范相关事宜："我申明所有道德代理人应认识到自己的有限性，并结束他们的生命，当（1）他们很可能在六个月内去世；（2）余下的生命与他们对一个有尊严的、理性的生活的理解不相符合。"这个准则没有自相矛盾。而且，如果自恋的冲动可以维持他的自恋的话，也就没有什么矛盾。

④ 为了引入道德的内容，康德呼吁不仅要有逻辑的矛盾，同时也有他所宣称的个人不能一贯坚持的东西。例如，他呼吁建立一种慈善的义务。康德认为，尽管一个人不能一直既不进行慈善活动也不向慈善活动索取什么，他仍然在需要时期待着慈善。见《道德形而上学原理》，AK IV 423—424。

也不过就是在道德上存在缺陷。①

　　康德有关启蒙运动的理论，并没有提及已经存在的对痛苦和死亡意义的关注和质疑。很多病人自身罹患疾病以及死亡时就会提出这些问题。康德对理论知识、道德以及美学进行了系统整合，但没有包含人格神正论（personal theodity）自然神学。这种没有个性特征的道德理性视角并没有触及对意义的关注。当病人有限的力量遭遇残疾、机能障碍、痛苦和死亡时，对意义的关注就会显现出来。康德试图构建一种最终的、似乎能协调道德上的正当权利和善的、在假设的来世中的和谐。但是他并没有尝试去说明今生的痛苦和死亡不存在道义的邪恶。那就需要一种世俗的解释来平衡人类的堕落。这样的一种人格神正论超越了康德和启蒙运动的无个性特征的上帝：这种神正论不仅要求人们去赞赏，寓于亚当原罪中人类选择的无比力量，而且需要对原罪作出赎罪的回应。这种回应应该来自人格的、关爱的、无所不知的、全能的并且掌管历史和来世的上帝。只有这位上帝，作为病人的个体才能指望得到由衷的无微不至的关爱。② 康德的理论不能直接回答面临着致命疾病病人的质问："为什么这一切要发生在我身上？"这些病人希望的道德是个我性的而非原则性答复。

　　康德为我们提供了理性地重建基督教道德的实验成果。即使在他实验失败时，其关涉的范畴和实验目标，仍然能使我们清晰地洞见世俗道

---

① 至少一直到他的晚年，康德一直要求如信仰上帝来弥补所谓的道义上不能接受的结论：不能确保奖赏和正义之间的和谐。在康德晚年，他不再坚持他的观点：为了确保道德义务和至善之间的和谐，人们受实践理性的要求而行动，好像真的存在着上帝和永生一般。很显然，在1800年到1803年之间，康德开始重视上帝在引介他律原理中的作用。在《遗著》（*Opus Postumum*）中，康德重新论证上帝存在的问题。正如诺尔曼·坎普·史密斯（Norman Kemp Smith）所看到的，康德以三种方法来论证：（1）通过绝对命令来体现上帝的存在，这些命令可以被理解为神圣的命令；（2）关于上帝的思想是理解神圣命令职责的中心思想；（3）作为超自我存在的上帝是内在于人的精神世界的。总之，与《纯粹理性批判》相比较，"上帝不再被看作是一个存在/人，在这里为了使美德与幸福保持一致，上帝被假定为一个存在/人。上帝通过神圣命令来发表观点，因而以一种直接的方式说明了自己的存在"。见诺曼·肯普·史密斯《康德的〈纯粹理性批判〉述评》（*A Commentary to Kant's "Critique of Pure Reason"*），伦敦：麦克米伦1979年版，第二版，第640—641页。

② "两只麻雀固然用一个铜钱就买得到，但是你们的天父若不许可，一只也不会掉在地上。至于你们，连你们的头发也都数过了。所以，不要惧怕，你们比许多麻雀还要贵重。"见《圣经》马太福音，10：29-31。

德与传统基督教道德之间的鸿沟,以及世俗生命伦理学与传统基督教生命伦理学之间的隔障。对基督教道德囿于世俗概念的理性重建,不仅难以保障,并且,或是阙如一种权威的、整全性道德,或是阙如对正当与善的公平协调;而且作为基督教的追求,又不能顾及特定环境下的受害人。康德的失败有三:首先,他的后传统基督教道德在本质上分裂成了不同的道德理性,后传统基督教再不能取得西方基督教道德原本期待的同一,哪怕是最起码对于间接的上帝的诉求的理解都无法保持一致,更不能为基督教生命伦理学提供一种对不同意见整合的理论;实际上,康德的失败客观上也说明了上帝在整合支离破碎的道德和伦理学之环节中的重要地位。其次,仅仅是对理性的诉求本身并不能解释权威的道德内容。最后,上帝对遭受苦难的个体病人赐予个我化的感受与关爱(而且有可能把这种归于神正论),超越了世俗的道德理论。以上这些失败都说明,传统基督教道德和似乎可行的世俗道德重建之间还有很大的距离。

对康德式解决方案的不信任,使我们不得不考虑其他要素,这些要素曾经结为一个整体,但没能作为整体整合成为世俗生命伦理学。在康德式解决方案中要求我们接受一种本体论的、认识论的支离破碎的世界观。这种世界观似若把自由、上帝与不道德行动皆统一在一种约定之中。康德的世界被支离成现象的和实体的现实世界;理论和实践的知识世界;一个决定论的自我理解的世界和一个由自由人构建的世界;一个理论上认为上帝是不可知的而在现实中又要按照上帝真实存在而行动的世界。所有这一切都需要,但却不可能保证有一个规范的、整全的道德存在。

应变的必要:黑格尔以及对道德个性的辩护

在基督教时代末期,怎么能确保道德尤其是生命伦理学具备一种标准规范的内容呢?如何寻得道德根源,这个根源不能是偶然应急性的,更不能把历史事变时的那些产物作为应急抵押品(hostage)充任这一根源。特别是,西方人从基督教继承并发展的基督教摹本,是不是能够指引世俗的道德理念突破维谷,因而统一基督教的向度并确保它具有权威的内容呢？这能为我们提供一种基督教生命伦理学吗（不是被内容的多样性搞得支离破碎的生命伦理学，也不是打上世俗烙印的生命伦理学，这种伦理学的典型特征是在正当和善之间充满张力）？我们能再一次在正当和善之间以及动机和公正之间实现完整意义的整合吗？在后文艺复兴的西方，当代道德反省已经基本不再尝试把世俗道德理念奠基于所谓对神的诉求，也不再虔诚、谨慎地接受对自然神论者上帝的承认。这种诉求也不会提供所需的规范性内容。正如在第一章里所阐述的，如果没有特别的说明，任何特定的对道德内容的调整，都是偶然应时的。如果把自己的内心求助于人类的理性，正如康德所假定的，我们不可能找到一种权威的、标准的道德内容的序列。为了设置某种权威的特定的价值序列或内容整全的道德原则，人们可能陷入对问题的纯粹追逐或者无穷退让。再者，如果道德内容仅仅是置于人类历史的偶然应时事件，那么正当与善之间以及道德义务与个人长远利益之间的鸿沟是相当大的。

以偶然性内容为特征的所有特定的道德阐释，已经改变了当代的基督教实践；引人关注的是，基督教生命伦理学也被牵入其内。人的很多观念，发源于2000年前的神启，《圣经》里的、口传的，以及历史记载的神的启示，原本是根植于特定时代和地理位置的，因而具有社会历史的特点。任何记载总会留存社会历史情境的烙印。因此，神圣的《圣经》、口头传说以及传统基督教道德本来具有内在的再解释性。它们的特定属性，它们的表达模式，很可能受到了不同社会历史的影响。即使我们承认早期基督教启示及其道德具有独一性，这种独一性也消弭于特定社会历史评价和形象再造的偶然应时性中了。如果不能一直超越历史而复现，历史中的"绝对事物"（The Absolute）也会消弭于历史之中。在历史中的，作为历史的那些人与事，是具有偶然应时性的。

世俗道德和基督教实践的这种状态得到了黑格尔的理解，应该说，他是启蒙运动和后现代的唯一桥梁。黑格尔意识到了内容整全性道德的偶然应时性特征，以及特定内容的必要性。在对伊曼努尔·康德的批判中，黑格尔认为对普遍性的诉求并不能提供道德的满足。"康德进一步构想，把一种行为想象为无限大的可能性，并不能得出更多的有关真实情况的形象，但就其自身，它包含着没有原则可以超越抽象的同一性和矛盾的缺失。"① 这样一来，黑格尔接受了抽象思想希望的破灭，同时也接受了从文艺复兴到现代世界的差异。这种普适希望是无法实现的。尤其是"道德（Moralitäts）善的抽象普遍性"② 是不足以引导具体的道德行为的，因为它不能详尽地说明义务。康德的道德（Moralitt）对于道德生活是有阙如的，对生命伦理学也是如此。把自由的内心诉诸偶然，却发现权威的内容是令人失望的。"这里我们立刻回到了内容阙如的窘况……普遍无冲突的自我是没有实质内容的。"③

道德本身以及与其关联的生命伦理学，都发现已经临于绝境之渊。道德内容是必需的。然而，自身的理性却无法建立任何特定的内容。

> 因为任何行为都显然需要一种特定内容和具体结果，而作为抽象意义的义务并不需要这些，问题因此产生：我的义务是什么？除了，（1）做正当的事情；（2）追求幸福，追求自己的幸福，追求整体的幸福，追求他人的幸福。至今没有答案。④

问题就在于如何去理解，应以什么样的正确观念主使我们的选择？应以什么样的幸福解释来引导我们行动？至于具体行动，人们需要以上问题的答案和指导。道德的生活和公共卫生政策需要明确的内容，而道德理性自身不能保证这一点。黑格尔提出了一个革命性的解决方案；他认为，等同于理性辩护的道德具有道德内容应急偶然性的必要性。从道德（根植于理性内化的普世道德）到伦理（习惯上的或社会的伦理）的转变过程中，黑格尔从能提供什么道德理性，转向已经建立什么风俗习惯：对深植于特定社会的沉重社会历史内涵的道德理解。"在一个合

---

① G. W. F. 黑格尔：《黑格尔的法哲学》，T. M. 诺克斯译，牛津：克拉伦登出版社1956年版，第90页，§135。

② G. W. F. 黑格尔（G. W. F. Hegel）：《黑格尔的精神哲学》（*Hegel's Philosophy of Mind*），A. V. 米勒（A. V. Miller）译，牛津：克拉伦登出版社1971年版，第253页，§513。

③ G. W. F. 黑格尔，《黑格尔的历史哲学》，J. 西波瑞译，纽约：多佛出版社1956年版，第460页。

④ 黑格尔，《黑格尔的法哲学》，第89页，§134。

乎道德的社会（in einem sittlichen Gemeinwesen），很容易说清楚人们该干什么，正直的人应该履行什么义务：他只需要按照他所生活环境中的众所周知以及明确的规则做事即可。"① 接着，黑格尔又描绘了合乎道德的社会中个人的形象，大多数家庭会有他们应时的道德（pieties）（《法哲学》，Philosophy of Right，§163），在市民社会的开放空间里和国家框架下，包含了很多种道德共同体（并有可能含有多种生命伦理学）。

与马克思的观点不同，在这种社会政治空间内，主流社会阶级不是由工人构成，而是由市民构成。主流社会阶级皆为官僚阶级，通过他们在不同政治团体内而不是特定社区里发挥作用，以在不同的道德愿景和阶级利益之间起到桥梁作用。这种解决方案预先考虑到了很多当代世俗生命伦理学的程序特点。② 黑格尔粗犷地勾勒了社会道德状况，其中，明确说明了当时的生命伦理学和公共卫生政策，并且构筑了有限的民主道德世界。

黑格尔预先考虑到并超越了理查德·罗蒂（Richard Rorty）对偶然应时性和道德内容之间契合的观点。一方面，黑格尔意识到了道德内容的偶然应时性。而另一方面，他的论证又说明他对社区、社会和国家是区别对待的。③ 市民社会和国家是社会范畴，在内容和功能上有别于社区和家庭。市民社会不能直接提供整全道德的引导，相反，市民社会可以为整合各色各样的个人和不同的社区提供范畴框架。④ 黑格尔的市民社会和国家概念在原则上显然具有多重意义。国家为其市民提供了自己界定实体道德生活的空间，在这种框架背景下，可以为多元性、包括生

---

① 黑格尔，《黑格尔的法哲学》，第107页，§150。
② 《法哲学》（Philosophy of Right），§303。
③ 黑格尔对18世纪初反闪米特人的批判，为我们提供了进一步的证据：黑格尔的国家不需要强加某种特定的宗教，在这个意义上说，他是个多元论者。见《黑格尔的法哲学》，§209，也可参见§270。
④ 如果要了解黑格尔对该问题的进一步解释，可参见祁斯特拉姆·恩格尔哈特《伦理生活与后现代性：对国家的黑格尔的再思考》一文，还可见 祁斯特拉姆·恩格尔哈特与T. 平卡德（T. Pinkard）编《对黑格尔的再思考》（Hegel Reconsidered，德雷赫特：克伦威尔出版社1994年版），第211—224页。

命伦理的多元性提供空间。① 黑格尔也预想了后现代道德的多元性：意识到并且照顾到道德内容尽可能地多元性。"作为善的不确定后果，总是有多种善以及很多种类的义务，这种多元性是一种互相对立并导致相互冲突的辩证法。"② 他对社会和政治生活的理解是架构于这种多元性认知的。国家应该作为可能包容多元道德社区（可能有多种公共卫生系统）的范畴。在这种社会空间中，"冲突"被置于市民权利的自由框架之内，从而为道德观念的多样性提供了平和的原则空间范畴。在这里，黑格尔勇敢背叛了亚里士多德的单一道德国家观念。在亚里士多德那里，国家是社区、社会和国家的合体。

当然，亚里士多德的理想国经过了精确的设计，而他那个国家是由不超过10万人、具有相似背景的和道德信念的自由市民组成；③ 显而易见，亚里士多德的理想社会不具有多元性。

……如果国民要依据官员的优点来评价官员和对官员加以分类，那么国民就必须互相了解对方的性格；如果国民不具备这种知识，那么无论是选举还是诉讼案件的裁决，都会出现错误。当国家的人口数量很大的时候，很显然他们是杂乱居住的，这很显然是自然的。此外，在一个人口众多的国家里，生活着的外国人和常住的

---

① 想要了解黑格尔关于可能的道德视野的多样性，需要把黑格尔的实现特定道德社会的有关声明与他坚持公民应该跨越宗教和文化特性的观点相比较。一方面，黑格尔认为：

当个人归属与一种实际的伦理秩序时，他们的主观注定的自由权利可以实现。因为他们对自由的信念，找到了在这样的客观秩序下的真相，而且就是在这种伦理秩序下，他们实际上拥有了自己的本质，或者说拥有自己内心的普遍性。

《黑格尔的法哲学》，第109页，§153。

另一方面，黑格尔坚持认为国家提供了道义上的团结，超越了道德的多元性。正如在本章所述述的，"一个人之所以是一个人仅仅是因为他具备人的美德，而不是因为他是犹太人、天主教徒、基督徒、德国人、意大利人等等"。见《黑格尔的法哲学》，第134页，§209。黑格尔的论述为道德社区的多样性以及生命伦理学的多样性提供了政治空间。

② 《黑格尔的精神哲学》，第251页，§508。

③ 亚里士多德：《尼各马可伦理学》（*Nicomachaean Ethics*），IX.10.1170b。

侨民，他们会乐意获得作为市民的权利，谁能够把这些人辨别出来呢？①

具有讽刺意味的是，正当亚里士多德不无怀旧地求助于小国寡民并且孤立于世的希腊城邦的政治生活，以期能够提供一种良好的政治范式的时候，新世界正在形成。亚里士多德的学生，亚历山大大帝通过他的帝国建成了巨型国家。这种巨型国家是一个真正意义上的多文化的、存在道德多样性的社会，这与亚里士多德的单一的、包容的城邦完全不同。然而，回溯理想城邦的并且受到浓厚道德认知影响的亚里士多德的思想，却深深地根植于并且导引着后世对社会、国家的观念以及对公共道德多元性的理解。

中世纪西欧的基督教国家，曾经渴望成为一个大规模的城邦：一切都统一于由正当理性（以及很可能由同一生命伦理学）规范的同一种信仰。宗教改革之后，科学公式取代了人们对长久以来的那种君主的信仰：统治者的宗教乃人民的宗教，即"*cuius regio, eius religio*"②，已经不能再为每一个政体提供统一的信仰。对宗教改革之后战争所带来的流血冲突的反思，便是启蒙运动努力去发现、证明并强行推广的整全道德统一体。这种统一体可以模糊宗教和政治之间的界限。中世纪的西欧基督教国家，试图把亚里士多德的城邦重建成一个由上帝和理性来为其辩护的基督教帝国，启蒙运动曾设想实现亚里士多德关于城邦的抱负——这种城邦作为所有人的全体社区，统一于由理性辩护的道德和政体。不管是中世纪还是启蒙运动，都没能为实质性的道德多样性提供多少空间。但与启蒙运动相比较，中世纪为法律的横平体系提供了更大的空

---

① 亚里士多德《政治学》（*Politics*），VII 4.1326 b，见乔纳森·巴恩斯（Jonathan Barnes）《亚里士多德全集》（*The Complete Works of Aristotle*），新泽西州，普林斯顿：普林斯顿大学出版社1984年版，第2卷，第2105页。

② 译者注：原文为拉丁语，"cuius regio, eius religio"；拉丁文原意为"他的地区，自己的宗教"。

第二章　生命伦理学根源：理性、信仰与道德的合一　139

间；① 最低限度地说，两者都部分地把单一个性置于散乱无章的理性/话语理性（discursive rationality）之上。中世纪的基督教国家认为，从信仰和理性出发可以发现双重的道德内容。与此相对照的是，道德被认为存在着由理性独立引导的显露（disclosure），其中包括对人的状态的科学研究。这种研究旨在论证一种权威的道德内容。当这种有关大众世俗道德的权威内容的论证失败的时候，基于这种关涉大模式世俗城邦观念的论证也一同崩溃了；结果，西方文化又回归到道德多元化和道德怀疑论的背景之中，又回归到了亚历山大大帝之后的以异教徒为标志的地中海地区。我们面对的是多元性的生命伦理学，而没有实现传统西方人对单一权威伦理以及进而对单一权威生命伦理学的渴望，尽管我们渴求那种单一性。

黑格尔对道德和政治的洞见再次说明了古老世界的多样性。这一次，多样性是以一种取自基督新教的、以圣谕的方式表达的。黑格尔对来自基督新教的、高度世俗化道德信仰加以发展，他从新教甚至从17世纪初的那一历史境遇的新教中汲取资源。安德里亚（Andreae, J. V.）（1596—1654）在其《基督城》（1619）就开始认为真正的基督教应该是"虔敬的实践"（praxis pietatis），其中包括对科学知识的传播、对年轻人的教育以及对社会的改革。② 第二次宗教改革的目的在于改革新教社会的道德特征及其机构。如果说这些改革举措构成了第二次

---

① 尽管曾经迫害犹太人，中世纪的欧洲社会为犹太法律提供了特殊的地位，并且中世纪的欧洲社会处于狭义的多元化状态中。见雅各布·卡茨（Jacob Katz）《传统与危机：中世纪末期的犹太社会》（*Tradition and Crisis: Jewish Society at the End of the Middle Ages*），伯纳德·考珀曼（Bernard Cooperman）译（纽约：朔肯书籍1993年版）。

② 菲利普·雅各布·斯彭内尔（Philipp Jakob Spener, 1635—1705）同样对文艺复兴后期的发展有重要影响。他创立了虔敬主义（pietism）。不论虔敬主义者的原初意图如何，他将其最终的世俗化范本引入了一种民主主义的内在论（democratic immanentism）。斯彭内尔与其他的虔诚的虔敬主义者试图在地球上把上帝的国度变为现实。虔敬主义者一旦被剥夺了超自然的取向，它可以很容易地为一种社会福音提供能量。正如伊曼纽尔·康德在虔敬主义的孩童身上所发现的一样。此外，虔敬主义还支持：(1) 在教会管理中给非神职人员发挥更大的作用；(2) 更友善地回应异教徒；(3) 更加个人主义的态度；(4) 更加强调宗教的实践作用；(5) 反对狭隘的教条主义的东西。要想了解规范黑格尔思想的宗教背景，参见劳伦斯·迪基（Laurence Dickey）《黑格尔：宗教、经济和政治精神，1770—1807》（*Hegel: Religion, Economics, and the Politics of Spirit, 1770 - 1807*），剑桥：剑桥大学出版社1987年版，特别是第1—179页。

宗教①改革的话，那么，作为新教徒的康德促进并规范了第三次宗教改革：他对文艺复兴加以改革并把基督教道德转化成为一种大众（universal）宗教。② 黑格尔认为这种改革是理所当然地并试图最后完成它。正因为上述原因，沃什（Walsh）把黑格尔哲学描绘为"世俗化神学"③。黑格尔意识到，有必要建立一种相对中立的、政治的架构。这种架构把各种不同信仰的社区整合为一个政治统一体，并且维系着对宗教的忠诚。"国家甚至应该要求每个公民归属于一个教会——我只能说是教会，因为既然个人信仰的内容取决于个人，国家就不能干涉这种信仰。"④ 此外，市民身份必须应该，既不是种族的也不是宗教的。"一个人之所以被看作是人只是凭借他的人性，而不是因为他是个犹太人、一个天主教徒、一个新教徒、一个德国人或者一个意大利人等等。"⑤ 黑格尔清晰地表达了他对人权以及人的多样性的欣赏溢美之情。黑格尔继续着康德的工作，那就是为基督教提供一种理性的、显现于世人的（经受过省察的）版本：一种确保所有人都能获得自由的道德真谛的基

---

① 这可以启发我们去思考基督教共发生过多少次改革和重建。通常而言，我们想当然地认为，16世纪的宗教改革标志着基督教历史上第一次影响深刻的裂变。然而，查理曼大帝（Charles the Great, 742—814）统治下的新帝国时期出现的旧罗马以及尼古拉一世（Nicholas I, 858—867）时期的争论，标志着西方的诞生，以及作为独立的文化事业的西方基督教的诞生。希尔德布兰，教皇格里高利七世（Hildebrand, Pope Gregory VII, 生卒：1020？—1085, 在位：1073—1085）试图建立教皇对西方国王的世俗权力（他不仅免除了国王亨利四世，而且不允许他的臣民表达对他的忠诚），并集中管理西方教会，禁止已婚的神职人员从事宗教活动，由于这些对宗教权力的滥用，刺激了宗教改革，最终在德国引起了抗议运动大爆发。在他的努力下，当然，基督教肯定有过进一步的急剧变革。在这种行政的、教会神学事务的集中管理之后，使西方基督教由13世纪经院哲学戏剧性地向理性转变。所有这些，都使西方基督教的特征得以重建和发生变革。基督教的影响力如此之大，以至于新教一次又一次地返回到世俗话语关切之中，这在18、19世纪，极大地改变了西方基督教原有的品质。

② 第三次宗教改革有力地构成了世俗的话语理性（discursive rational）。基督教在很大程度上拒绝信仰而赞成理性。基督教最终被文艺复兴的理性精神所征服和改变。

③ W. H. 瓦沃尔什（W. H. Walsh）：《黑格尔主义的起源》（*The Origins of Hegelianism*），见迈克尔·伍德（Michael Inwood）编著《黑格尔》（*Hegel*），牛津：牛津大学出版社1985年版，第29页。

④ 《黑格尔的法哲学》，第168页，§270。

⑤ 同上书，第134页，§209。

督教。然而，由于基督教没有得到理解和理论上的论证（基督教的生命伦理学也是如此），结果，基督教道德的特定内容成为诸多哲学论证的道德内容中的一种原则规范。

国家的道德基础必须是在一种自由政治架构之内，能够包含大量不同的道德观点。在黑格尔看来，此举的结果是，自由国家是宗教改革的产物，虽然会无意中使自由国家和宗教之间发生不和谐。

> 只要教会受到内部分裂的制约，就会出现这种差别（即国家的道德领域与宗教和信仰之间的差别）。只是在此后，国家而不是特定的宗教派别，才获得了思想的普遍性，即国家的正式原则（formal principle）；并产生了这种普遍性。（为了明白这一点，有必要知道普遍性本身是什么以及普遍性的存在形式是什么）。因此，自从其产生以来或者说自从教会遭遇分裂给国家带来不幸以来，只有作为一种分裂的结果，国家才能实现其被寄予的目标——一个自觉理性的和合乎道德的组织。此外，这种分裂是命运女神最佳的恩施。只要自由和理性受到关注，命运女神就可能降临在教会或者期盼上。①

在这些对宗教改革的复杂的、历史性道德的赞誉之外，黑格尔把道德进展和自由政体让位给基督教，特别是新教基督教。正如康德那样，那些不能被理性地假定为正确的基督教的部分是不能被无条件（categorically）执行的。这些部分不能受到辩证的、理性的必要保护。

黑格尔并没有直接提供一种内容整全道德。相反，他提供的是不同道德理性之间张力的范畴概念。道德张力（即正当与善之间的张力）成为一种不可避免的但却是道德理性多样性不可或缺的否定性结果。黑格尔的伦理学，近而是他的生命伦理学，不需要被看作是讲真

---

① 《黑格尔的法哲学》，第173—174页，§270。

话、守信用的,旨在实现特定道德的康德生命伦理学。相反,黑格尔的伦理学是旨在实现各种道德观念都能在其中繁荣发展的道德空间。其重点在于道德关注的范畴,而非特定的道德内容。因此,黑格尔的城邦是在法律上找到统一的道德多样性的巨型国家。这种国家支撑着市民社会的空间。在这个空间内,来自不同社区的个人之间可以互动,可以贸易,可以冲突,可以为公共卫生建立多样性的制度。黑格尔对道德范畴的分析,为特定道德社区的多元生命伦理学以及指导着国家市民的政府生命伦理学都提供了空间。可能存在着适应不同基督教信仰的民众道德,也存在着适合作为普通市民的道德。虽然在黑格尔以及启蒙运动的继承者看来,前者必须规范并限制着后者。作为生命伦理学的前者,民众的道德/善的伦常(sittlichkeit),或者说特定社区的习俗,可能是坚定的基督教。作为基督教范畴的"更高真理"的后者,它为自由城邦提供了道德基础。其中包括市场经济下的君主政体以及宗教的建立。

　　黑格尔对道德以及社会结构的多层化的欣赏,甚至可以被视为是为了使足够的中立的自由国家能够包含大量的非地理区域/非本属地社区。这些社区都可以在自身的公共卫生体系内维护其自身的生命伦理学。[①] 在这种范式内,我们可以想象(虽然黑格尔没有明确地产生这种想象)马丁·路德的、罗马天主教的、新纪元派的[②]、不可知论的、无神论者的、什叶派穆斯林的、浸礼会教友的、东正教的、正统犹太人的公共卫生体系都可以并行不悖,每一种公共卫生体系,都受到其自身基于的生命伦理学特有的规章制度的规制,甚至每一种公共卫生体系都可能保有针对自身机构和社区的特殊民法和刑法。在罗马天主教的医院如果提供堕胎或者安乐死可能是触犯刑法甚至是可处死刑的。所有这一切必须有

[①] 欲了解一个国家内部的平行的公共卫生体系,见恩格尔哈特《生命伦理学基础》第二版,尤其是第175—177页和第398—402页。

[②] 译者注:New Age Movement,是一种去中心化的社会现象,起源于1970—1980年西方的社会与宗教运动。新纪元运动所涉及的层面极广,涵盖了灵性、神秘主义、瑜伽术以及东方的一些宗教文化因素,后来逐渐形成了由反文化、反习俗衍生而来的精神派别。

第二章　生命伦理学根源：理性、信仰与道德的合一　　143

国家的普遍授权以及对市民的普遍保护。① 黑格尔的国家论，在原则上为道德多样性提供了重要的空间。

然而，这种多样性是真正讳莫如深的。自从黑格尔最初提出范畴的常模以来，道德基础又开始关注概念性或者范畴方面的关系（也就是说人们从宗教与艺术的、哲学的或者绝对精神的关系来解释宗教）。结果出现了一种教化的信仰、教化的道德和教化的生命伦理学，这与早期基督教热情与虔敬格格不入。黑格尔认可对基督教道德及其宗教情感、宗教特殊性以及宗教偶像都给予范畴内的合法地位。事实上，他是把基督教社区内有限的基督教热情投入到更大范围的市民社会，以及国家予以限制的怀抱之中。黑格尔在存在与思想之间的关系上发见其重要性，即其范畴意义。② 哲学赋予宗教信仰、社区以及热情以"更高真理"，因此宗教具有范畴的重要价值，而非传统的、纯形而上学的重要意义。

早在青年时代，黑格尔就领悟到被启蒙运动变革的宗教不再需要一个超验的上帝。③ 启蒙运动创造了一种文化，该文化断言，在生物与个人的上帝间的不相关性。这种文化受到上帝已死的影响，受到"上帝

---

①　尽管黑格尔没有明确说明，但在他的国家概念中，为道德的差异性留存了空间。其目的在于，我们可以预见在一种法律体系内，如果违反生命伦理学的特定制度将会接受民间惩戒以及轻罪的指控，甚至可能是严重的刑事犯罪、致死罪（indeed capital）以及犯法。在这种制度下，那些受到指控的人可能被要求接受由特定机构或教会法庭的审判。他们可以具备某些一般的法律保障，以及向一般世俗法院上诉的权利。在这种安排下，罗马天主教医院可以禁止在自己的医院里实施堕胎，并且可以通过民事和刑事处罚来强化这一措施。本话题将在第七章进行深入讨论。

②　欲了解黑格尔的范畴的、非形而上学的介绍，参见克劳斯·哈特曼（Klaus Hartmann）《对黑格尔法哲学新的系统解读》，见 Z. A. 佩乌琴斯基（Z. A. Pelczynski）编《国家与市民社会》（*The State and Civil Society*，剑桥：剑桥大学出版社1984年版），第114—136页；以及《黑格尔：一个非形而上学的视角》，见麦金太尔（Alasdair Macintyre）编著《黑格尔》（*Hegel*，印第安纳州，圣母院：圣母大学出版社1972年版），第101—124页。也可参见《存在论的选择》（*Die ontologische Option*，柏林：德赫勒伊特1976年版）以及《哲学基础研究》（*Studies in Foundational Philosophy*，阿姆斯特丹：罗多1988年版）。

③　1795年，黑格尔先于大卫·弗里德里希·施特劳斯（David Friedrich Strauss, 1808—1874）的《耶稣生平研究》（*Das Leben Jesu Kritisch bearbeitet*, 1835‐1836），在《三篇论文》（*Three Essays*）中发表《耶稣生平》（*Das Leben Jesu*）。《三篇论文》由彼得·弗斯（Peter Fuss）和约翰·多宾斯（John Dobbins）编译（印第安纳州，圣母院：圣母大学出版社1984年版，第104—165页）。

自身已死，近来的宗教也随之安息"① 情绪的影响。黑格尔的哲学一定非常重视失去上帝的这种感受。上帝必须通过哲学来复苏，并且进入具有重要意义的哲学化生活。② 这种新的哲学的上帝，虽然不是真正的超验，但却必须启示超验性给予的更高真理。在这个可以仰赖的、重建的上帝的恩典之下，哲学必须说明宗教的真相，尤其是新教保护下的世界历史的真相。③

  纯粹概念必须为哲学重建绝对自由、耶稣受难记实以及推测的耶稣受难日取代历史上的耶稣受难日而预设。耶稣受难日必须在基于完全事实真相和与上帝不相关联（God—forsakenness）的推测下予以重新确立。由于缺乏变革、基础薄弱、更多的教条式哲学以及自然信仰的个人风格必然消失，又因为失去传统认知以及相关的那一切，同时回溯到最真实的、根植于最深土壤中的、形式上最宝贵的自由；因之，至高无上的总体意志能够且必然彻底复兴。④

---

  ① G. W. F. 黑格尔：《信仰与知识》（*Faith & Knowledge*），沃尔特·瑟夫（Walter Cerf）、H. S. 哈里斯（H. S. Harris）译，奥尔巴尼：纽约州立大学出版社 1977 年版，第 190 页。
  ② 要了解《黑格尔宗教哲学》（*Philosophy of Religion*）的全貌，参见卡尔·罗森克朗茨（Karl Rosenkranz）《黑格尔批判体系释解》（*Kritische Erläuterungen des Hegel'schen Systems*）（希尔德斯海姆：格奥尔格 Olms 出版社 1963 年版），第 217—251 页。这是 1840 年柯尼斯堡版本的影印本。
  ③ 黑格尔学派的哲学是基督新教哲学。"我把新教主义看作神圣的具有自我意识的东西，因而基督教具有了正如其形式一般的自由。以宗教形式出现的基督新教，通过人的本质自我意识所具有的必然性，确保了人与上帝的和谐。"见卡尔·罗森克朗茨（Karl Rosenkranz）《格奥尔格·威廉·弗里德里希·黑格尔的一生》（*Georg Wilhelm Friedrich Hegels Leben*），达姆施塔特：维森斯—布赫协会出版社 1971 年版，第 33 页。
  ④ 黑格尔：《信仰与知识》，沃尔特·瑟夫、H. S. 哈里斯译（奥尔巴尼：纽约州立大学出版社 1977 年版，第 191 页）。沃尔特·考夫曼强调这篇文章的重要性，认为它是理解黑格尔在《精神现象学》（*Phenomenology of Spirit*）末尾所提出的哲学视角的关键。《精神现象学》为他的《百科全书》（*Encyclopedia*）的哲学体系提供了基础。"因此，在黑格尔文章的末尾以德文写道：auferstehen kann und muss，能够而且必然复活或者说可以而且必然再次上升。正如我们所看到的，《现象学》以一组著名的对比结尾：不确定的'耶稣受难节'被各他（基督被钉死之地）的愿景所取代。"见 沃尔特·考夫曼（Walter Kaufmann）《黑格尔：重新解读》（花园城，纽约：布尔迪索锚书籍 1966 年版，第 78 页）。

对黑格尔来说，哲学享有思想的一致以及内在化存在的特征。哲学可以再接近这些目标，并且最终把上帝放在了"他"不必真正超验的位置。作为在一种特定前提下，显现至高无上的、大众化的、抽象统一体的黑格尔绝对真理，① 即黑格尔式的基督教具有全部范畴的重要意义。

黑格尔的范畴体系论存在着两种不同的对基督教生命伦理学地位的观念。由于黑格尔的确强调"'两者都'或者'和'"，而不是"'两者中的一者'或者'或者'"，他的论证为其成为以下意义上的基督教生命伦理学提供了可能性：(1) 具有特殊性、差异性和 (2) 同等性的伦理学；最高真理和大众世俗生命伦理学。一方面，黑格尔可以接受形形色色的基督教伦理学，这些伦理学有其各自特定的内容，并且决定着某一地区的或者全体共有的管理权限。如前所述，在不同的基督教社区可能有不同的基督教生命伦理学，每一种生命伦理学都有其自身的公共卫生体系或者网络结构。这些基督教生命伦理学有别于任何的世俗生命伦理学，而且这些伦理学之间也存在差异。这样就会产生多种含义的基督教教义，而且世俗生命伦理学并不会对黑格尔的观点或者其城邦概念构成挑战。市民社会将极大地包容民众的道德（*sittlichkeit*）多样性。规模庞大的国家不可能是单一的道德社区，而是包容着真正的多元道德的社会结构。另一方面，在黑格尔看来，基督教生命伦理学的更高境界之真理，将会在自由和互相尊重的权力行使中得以体现。这种自由和互相尊重表达的是规模庞大的、宗教中立的国家道德统一体。国家是更高境界的真理，实际上就是准自由的或自由的、放之四海皆准的基督教真理。因此，它能够包容各种各样的基督教，也能包容基督教和非基督教道德社区。对黑格尔而言，正是哲学确保了宗教以及宗教的生命伦理学的重要性及其地位。最后，由于黑格尔对绝对（Absolute）、非超验思想和存在论统一体的洞见，实际上，它在原则上忽视了真正超验上帝的真实性。毕竟，黑格尔的目的旨在于通过哲学并在哲学的体系内复苏基

---

① 罗森克朗茨为我们提供了一个对宗教，尤其作为哲学和国家的基督教，最主要是基督新教，更高真理的黑格尔式解读。虽然基督教可能似乎到了崩溃的边缘，而它确实是在以哲学介导的文化中得以复活。"基督教与基督教国家，现在再次提出他们更纯正的、更高蹈的形式。"

督新教。黑格尔的上帝、黑格尔的绝对是范畴论哲学思想，并不是超验的犹太人和基督徒个人的上帝。

理性、信仰和克尔凯郭尔：
作为一位后基督教时代的基督徒

康德倾向于放弃传统信仰，而黑格尔将信仰限定在理性辩证法中，以此来揭示信仰中本不存在的更高的真理——思辨理性。康德和黑格尔的基督教都是驯化的、世俗化的，并且与后传统时代欧洲的理智、文化和道德融为一体。虽然康德的影响十分广泛，但是他的新教启蒙观点留给教会的最大遗产体现在犹太教的改革方面。[①]黑格尔给予新教更高的

[①] 巴鲁·斯宾诺莎（Baruch Spinoza, 1632—1677）在批判性圣经的研究中，阐述了康德对《新约》的解构。要了解斯宾诺莎在这个领域的探索，请参考列奥·施特劳斯《作为对圣经科学依据的宗教学批判》（*Die Religionskritik Spinozas als Grundlage seiner Bibelwissenschaft*），希尔德斯海姆：格奥尔·欧姆斯1981年版，第247—264页。伊曼努尔·康德对宗教改革或者自由犹太主义有复杂的影响，特别通过赫尔曼·科恩（Hermann Cohen, 1842—1918）体现出来。例如，在《宗教理性》（*Religiobn of Reason*）一书中，科恩意识到康德的中心主义对现代文化和道德的评价产生了影响：

这种带有一般哲学的现代性刺激了所有意识领域的改革。只有经院哲学派与历史保持紧密联系，特别是在道德问题方面。它们又迅速地与神学和法律体系建立了联系。被认为是完全独立和纯哲学的道德在实质上与新兴宗教改革和虔诚的新教徒联系起来。另一方面，由于受到卢梭的影响，全世界总体环境改善过程中出现的社会问题和政治主张也将它激活。因此，康德的道德观突破了人类的精神束缚。

科恩：《宗教理性》，第240—241页。

"晚近的犹太教大发展发生于德国启蒙运动时期，它和人们对礼仪法的态度的改变息息相关"，见同上书，第375页。康德的影响力如此之大以至于马丁·布伯（Martin Buber, 1878—1965）为新教改革和犹太教提供了相当于犹太教人文主义的思想。对他来说，人文主义是中心。他赞同被他称作"忠诚的人文主义"，这区别于伊拉兹马斯时代的人文主义。"他说，今天的人文主义和宗教信仰已经不再是两个不相关的领域"，见奥黛丽·霍兹（Audrey Hodes）《马丁·布伯》（*Martin Buber*，纽约：维京出版社1971年版，第214—215页）。布伯的宗教人文主义不受康德思想的束缚。在弗朗茨·罗森茨魏格（Franz Rosenzweig, 1886—1929）给布博的信中写道："在前几个世纪中，教育已经成为上流社会的奢侈品，已经缩小到一些基本的概念。19世纪继续以最大的严肃性追寻这一统一的方式。你将这种教育从束缚中解放出来，以此使我们的精神化犹太主义免于成为康德的追随者。"罗森茨魏格《犹太教研究》（*On Jewish Learning*，纽约：朔肯书社1965年版，第76—77页）。尽管罗森茨魏格的说法不无道理，

评价，这改变了西方基督教的特性。对于黑格尔和康德而言，适当改革的基督教成为自由道德和政体的根基。他们都认为道德和政策应当保护恰适的自由选择。康德致力于去除基督教的神秘性，以此产生一个服务于自由道德的理性宗教。而正如查尔斯·泰勒（Charles Taylor）所说，黑格尔去神性化基督教（De‑theologizes Christiannity）之目的是将真理奉为至高无上的宗教。因此，理念（Vorstellung）这个词是描述绝对真理的最好词汇。绝对真理构成了自由政体的重要部分。在这种政体中，所有人都是自由的。①对于黑格尔来说，上帝是文化的最高成就；从哲学的角度看，所有的人都是自由的。从这种范畴的角度反思自我意识，自我意识将所有事情包括道德的行为，都放在它自身的位置上。因为只有推理的理智能解决推理的理性问题，并从推理理性的角度出发，论述解决理性自身问题，同时指出这是解决一切问题的关键，这就是绝对，

但是布伯的观点与康德的观点有相同之处，他们都希望摆脱传统的束缚，建立一个道德、正义、永久和平的宗教。布伯认同这些观点，他与梵蒂冈第二次大公会议和教皇约翰二十三世（Pope John XXIII）的后传统精神站在一条战线上。

他对我说："我们完全改变了我们生活的环境，我们在十九世纪第一次建立了自己的国家。"然而没有一个以色列的首席拉比敢于说："来吧，让我们认识我们的环境的彻底变化吧，让我们进行彻底的改革。我们需要一个人为犹太教做点什么，就像教皇约翰二十三世对天主教会做的那样。"（第二次梵蒂冈大公会议上）"也许我们需要一个最高评议会：一个聚集了全世界所有宗教领袖的大会。这个世界性的犹太教大会将更新法律，将讨论战争和贫困等问题。而我们的教会对于这些问题一言不发。""但是如果我们的宗教要保持吸引力，它必须不断地更新自己，从内部更新自己。否则，它会呆滞、衰落，甚至迎来它从未注意过的死亡。"

霍兹（Hodes）:《马丁·布伯》（Martin Buber），第74页。
布伯对自由化世界性基督教信仰方面的影响远远大于对守纪的犹太人的影响。同上书，第176—189页。

① 泰勒提出黑格尔重塑宗教的一个十分有用的特征，尤其是对于基督教。
因此黑格尔的存在论本身认为，理性能把握每一件事物，因为每一件事情都以理性的必要性为基础，最终与基督教的信仰不相符合。黑格尔是第一个提出"上帝死了"的神学家。我们发现基督的死亡扮演了一个十分重要和必要的角色，作为一个不可或缺的基础，是为圣灵的降临和上帝精神的存在，也就是上帝现身的精神化。人们必须首先发现上帝是集中在单一个人身上。但是这一核心点必须显现，如果全部真相出现是人们把上帝作为一个团体，那么上帝可以显现在一个人身上而超越这个人。上帝就像是在道德蜡烛上的火焰，从这根蜡烛到那根蜡烛，每一根都必定点燃并最终熄灭，但是火焰则是永恒的。

查尔斯·泰勒（Charles Taylor）:《黑格尔》（Hegel，剑桥：剑桥大学出版1975年版），第494页。

这就是世俗文化的上帝，亦即黑格尔的上帝。① 哲学家在绝对意识中获得"重生（second birth）"，进而进入思辨的世界。而正是思辨促成了内在超越。哲学因此成为真正的绝对，即真正的上帝，因此黑格尔的追随者们把他比作耶稣。作为黑格尔信徒的基督徒卡普（Kapp，1780—1874）在1823年给黑格尔写了一封信，他十分严肃地断言："拯救只有在自成的体系中才能被发现。"②

克尔凯郭尔用他的整个一生来反对这种理性的新教改革。他想成为

---

① 在读他的著作的时候，人们会把黑格尔对宗教和上帝的理解的描述假设为一种非形而上学。例如，恩格尔哈特和平卡德（Pinkard）合编的《重新思考黑格尔》（Hegel Reconsidered）。这种方法让我们思考实体并非是根据它们作为一个特殊事物的存在，而是作为一种重要的概念范畴。这在恩格尔哈特的《意志与身体：一种范畴的联系》（Mind‑body：A Categorial Relation，海牙：马丁努斯·尼霍夫出版社1973年版）第四章的描述中可以明显看到。

考虑到理解黑格尔的论述的特征十分困难，他的非形而上学的位置很难被辨别出来。亨利希·海涅（Heinrich Heine，1797—1856）提供了一种黑格尔关于上帝和宗教观的清晰和愤世嫉俗的评价。瓦尔特·考夫曼记载，海涅与黑格尔的对话，让海涅意识到黑格尔是一个反对传统基督教和神学的人道主义者：

在一个星光灿烂的晚上，我们两人一起站在窗台边，我是一个20多岁的年轻人，刚吃过很好的晚餐并且喝着咖啡，我渴望的看着星星并希望得到它们的祝福。但是主人抱怨道："星星，哎！哎！星星只是在天上堕落地闪着光。"看在上帝的面上，我说道，难道没有在死后作为给美德回报栖居的地方？但是，他苍白的眼睛看着我，断断续续地说："因此你想要小费去照顾你生病的母亲，而不是毒死你亲爱的母亲？"——说了之后，他看上去有些忧虑，但是他很快重新肯定，当他看到海因里希·贝尔过来找他玩扑克牌。……我很年轻和自傲，当我跟随黑格尔学习后，我发现居住在天上的、我亲爱的上帝是我奶奶假设存在的上帝，但在我这儿却没有，这让我的虚荣得到了满足。这种愚蠢的自傲没有让我的感觉堕落；相反，它让我有提升为英雄层次的感觉。在那一段时间里，我耗费很多精力努力使自己宽宏大量（Generosity）和自我牺牲，我能肯定并视善的俗世化美德的光辉壮举，这些仅仅是来自义务的感觉和遵守道德法则。毕竟，我自己现在是生活在道德法则和所有正当的法制之中。

引用瓦尔特·考夫曼《黑格尔：重新解释》（纽约：布尔迪索锚出版社1966年版），第366—367页［亨利希·海涅（Heinrich Heine）：《诸项工作告白》（Geständnisse, in Sämtlich Werke，XIV，1862），275—282］。

② 霍夫迈斯特（J. Hoffmeister）编：《与黑格尔的通信》（Briefe von und an Hegel，汉堡：迈纳，1952—1960年版）（第三版），第29页，约翰·爱德华·陶斯（John Edward Toews）注释：《黑格尔主义》（Hegelianism，剑桥：剑桥大学出版社1980年版），第90页。这本书很有意思地提到黑格尔认为卡普剽窃他的讲座内容。见黑格尔《黑格尔：信件》（Hegel：The Letters），克拉克·巴特勒（Clark Butler）和克里斯·塞勒（Christiane Seiler译（布卢明顿：印第安纳州大学出版社1984年版），第507页。

一个传统基督教徒。① 他认识到在北欧建立的新教教会：(1) 是康德理性和黑格尔理性的形象重塑，(2) 而基督教团体将会被重新阐述，并要求与自由主义的君主立宪制中的目的王国或公民社会保持一致。他认为这些新的发展与传统基督教格格不入，因此他发起抗议运动。但是，他发现自己身处一种宗教和文化环境中，置身其间 (1) 基督的神性并不可信，更不用说 (2) 神迹的出现，或者是 (3) 获得纯粹理性的知识，以及获得与上帝的紧密联系的知识。② 其结果是，他最多将自己当作现实社会中坚决反对传统基督教改革成员之一，但他从未 (2) 生活在一个可以跨越空间和时间的圣人团契中。进一步而言，克尔凯郭尔的抗争只是一个基督徒的抗争，他并不是与圣人团契紧密联系的信徒。最后他陷入了某种宗教迷失，不能觉察到教会中的基督偶像正是肉身化基督的显现。

正是基于这种观点，克尔凯郭尔认为黑格尔和康德对基督教训化和世俗化的描述违背了传统基督教对人性和超验上帝的理解。作为一位传统意义上的先知，克尔凯郭尔认为基督教信仰不能缺乏内心挣扎，不能与道德的理性系统和那些被认为是理所当然的表面虔诚和谐共存。克尔凯郭尔十分反对这样一种观点：基督教信仰能够在没有内在热情或者主观参与的一种世俗基督徒公约的世界中，通过每天的中产阶级生活而获得。③ 基督教不是康德的理性道德，也不是黑格尔的经过修饰的伦理原则或习俗道德，也不是他对于绝对原则的图示化的描述。克尔凯郭尔反

---

① 克尔凯郭尔对于成为一个真正的基督徒有十分明显的承诺，并且不会改变。从这点上他反对宗教的现代化改革。

因此，我们坚持作为一个基督徒要能与我们生活相互和谐，根据人类发生的变化，在没有压力下强化启蒙文化与自由，或者至少根据人类的主流——大众文化。不，基督教可不可能改变。

克尔凯郭尔：《自我判断？》(Judge for Yourself?)，本书由霍华德·洪（Howard Hong）和埃德娜·洪（Edna Hong）编（普林斯顿，新泽西州：普林斯顿大学出版社 1990 年版），第 155 页，第十二卷，428—429。

② 赫尔曼·多伊泽（Hermann Deuser）：《宗教辩证法与基督学》，载《克尔凯郭尔剑桥哲学研究指针》(The Companion to Kiekegaard)，本书由阿拉斯泰尔·汉内（Alastair Hannay）和戈登·马力诺（Gordon Marino）编（剑桥：剑桥大学出版社 1998 年版），第 385 页。

③ "在基督教世界内成为一个完全遵守教义的基督徒的难度相当于穿着紧身衣做体操。"引自索伦·克尔凯郭尔《论文与杂志》(Papers and Journals)，阿拉斯泰尔·汉内（Alastair Hannay）译（伦敦：企鹅出版社 1996 年版），第 640 页，54 XI 2 A 349。

对世俗化宗教改革的方式不是苦行僧似的内心挣扎,而是对疑问的思辨。后启蒙社会中,人们不再相信基督的奇迹。在这样的背景下,克尔凯郭尔阐明了他对信仰的祈望,并反对黑格尔的系统和丹麦国教。克氏认为,基督教(包括基督教道德和生命伦理)存在的基础是充满信仰冲动的个人内心世界。① 信仰不能被理性所取代。信仰不能被客观标准所确定和指导。信念的坚实基础是对基督教行为的内在信念,而不是独立的理性思考。基督教从来不是一种科学真理或哲学真理;② 基于以上观点,克尔凯郭尔批判了黑格尔所谓基督教的最高形式。③

克尔凯郭尔关注的重点是理性的论证和顺从的宗教信奉之间的关系。黑格尔将道德的内容放在绝对范畴的必要性中,而克尔凯郭尔尝试将基督教生命的内容放在一种存在主义主观内在必要性中。克尔凯郭尔缺乏对基督教的推理证明,在《非科学的最后附言》(*Concluding Unscientific Postscript*, 1846) 一书中,他尝试将信仰的基础放在内在意志中。

> 信仰对愚昧的排斥具有客观不确定性,它紧紧抓住内在冲动——一种最高形式的内在冲动。这个原则仅仅适合于有信仰的人,而不是其他人,比如信仰的热爱者、狂热者,或者思考者。它只属于那些有信仰,并且置身于绝对悖论中的人。④

---

① "丹麦哲学家和神学家克尔凯郭尔(1813—1855)的天才之处部分在于他认为信仰不是智力上的。在克尔凯郭尔的语言中,信仰是一种热情,这种热情具有持久改变一个人个性的力量。……他还认为信仰就是一种技能,一种能掌握宗教真理的技能。"见斯蒂芬·埃文斯(C. Stephen Evans)《信仰超越理性》(*Faith Beyond Reason*,大激流城,密歇根州:W. 艾德斯曼出版社 1998 年版),第 7 页。

② "教授产出科学知识,科学知识产生怀疑,科学知识和怀疑产生知识大众,进而产生正面或反面的理性……"见克尔凯郭尔《自我判断?》(*Judge for Yourself?*),第 195 页,XII 462。

③ 默罗阿德·韦斯特法尔(Merola Wetphal):《克尔凯郭尔和黑格尔》,见《克尔凯郭尔剑桥哲学研究指南》(*The Cambridge Companion to Kiekegaard*),第 111 页。

④ 克尔凯郭尔:《非科学的最后附言》,载《克尔凯郭尔集》(*Kiekegaard's Writings*),第 12 卷,霍华德·洪和艾德娜·洪编译(普林斯顿,新泽西州:普林斯顿大学出版社 1992 年版),卷 1,第 611 页,卷 7,第 532 页。

第二章 生命伦理学根源：理性、信仰与道德的合一

黑格尔阐明理性辩证主义，克尔凯郭尔则阐明意志辩证主义。① 黑格尔承认宗教在政治和哲学的各种层次的合理性，克尔凯郭尔则猛烈抨击教会的腐败和哲学中存在基督教的更高真理这一观点。最后，康德和黑格尔寻求政治建构，而克尔凯郭尔出版了专著，阐明他反对国家教堂（有人可能仔细考虑并认为克尔凯郭尔的观点可能被视为国家确立的生命伦理学），并且至死反对接受圣餐。因为在他看来，圣餐是由君主支付，并通过政府机构来施予的。②

克尔凯郭尔反抗政府的命令，而黑格尔和康德在评判政令的同时也忠于并且支持政府。克尔凯郭尔反对建立机构进行宗教信仰传播，提倡每个人通过内在冲动确立宗教信仰。

对于克尔凯郭尔来说，基督教不应该是通过善来证明的。基督教信仰不是经院哲学派、康德主义、黑格尔主义或者其他理性主义提供的证明或者支持来获得的。如克尔凯郭尔所指出的，这种支持不仅是无用的，而且歪曲了我们与客观信念的关系。因为这种论证的理论基础是内在的，而上帝却是超越万物的。对于克尔凯郭尔而言，信仰不仅仅是一种启示的肯定，它还超越了任何理性的证明。有时候，克尔凯郭尔进一步理解信仰，认为信仰不仅是对真理的启示，而且是真理的本身。对于克尔凯郭尔来说，信仰产生知识。知识产生于对基督教生活的服从。知识也使得我们超越自己。克尔凯郭尔意识到时间与物质，人类存在的有限性与上帝的绝对性之间无限的鸿沟。然而，如果这种鸿沟被严肃地对待，而没有意识到上帝提供的知识是通过将他自身与他的创造物统一，这样的基督教仍是在内在向度中，甚至改变了与上帝的个人关系。上帝通过各种形式创造出优美的事物，通过各种方式成为唤醒人类的导师，

---

① "基督教新约集中于人的意志；每一件事情都致力于转化人的意志；所有短语（与世界断绝关系、否定自我、从世界中死亡等等；相似的、讨厌某人、爱上帝等等），与这一基督教基本观念相关的每一件事都是关涉到意志的转化。"见克尔凯郭尔《论文与杂志》，第618页，54 XI 2 A 86。

② "柏森问克尔凯郭尔他是否愿意获得最后的仪式？克尔凯郭尔说：'是的，的确'，'但是这个仪式必须由一位俗民来完成，而不必是一位牧师。'柏森说：'这很难做到'，克氏回答：'那么我将不接受最后的仪式。'柏森说：'你不能这样做！'克氏回答道：'这点毫无疑问，我已经下定了决心。牧师们是御用人员，御用人员和基督教毫无关系。'"见克尔凯郭尔《论文与杂志》，第654—655页。

并让人们忏悔，证明基督的神启功能。所有这一切显示出了有限的范围。尽管信仰在无限性中被阐释出来，尽管他关于上帝的经验明确包括了与上帝的相遇，但是知识绝不来源于与非上帝物质的融合。他从来没有通过上帝的启示和近距离接触上帝来揭示短暂与永恒、有限与无限的距离。这对他来说是一个神学难题。克尔凯郭尔对上帝化身的观点出现了扭曲，这使得他无法意识到基督作为一位普通卑微者显示出的上帝的力量。

对于克尔凯郭尔而言，信仰取决于一位基督徒人格和心理的改变，而不是他与超越万物那种无限性的紧密联系。这样一种联系使得人们超越所有疑惑，并且获得体验上帝巨大能量的机会。斯蒂芬·埃文斯（C. Stephen Evans）在此对克尔凯郭尔有关信仰的描述给了一个很有价值的总结：

> 理解克尔凯郭尔关于主观性陈述的方式，是我们将这些陈述看作宗教信仰的依据。比如要理解他着意谈到的基督教信仰，就需要特定的一系列情感（克尔凯郭尔称之为冲动）。任何人在怀有强烈的罪恶感和请求上帝宽恕的强烈愿望之前都不可能真正地相信基督。这些就是信仰形成的原因。当信仰存在时，证据是充足的；当信仰不复存在，再多的证据都是苍白无力的……信仰是一种信任的转化式冲动，它促使个人掌握真理。如果没有信仰，真理将会逐渐模糊，甚至成为谬论。①

哲学家们提供了理性心理学，而克尔凯郭尔提供了一种关于神学信仰的心理学。他指出这种基督教的转变并不伴随着神性的立即体现。克尔凯郭尔承认这种超越性，但是他没有超出内在的限度而与超越结合。克尔凯郭尔发现他与上帝关系中的"一种与绝对的绝对关系"②，这种关系正是克尔凯郭尔对于宣称上帝立即显现这一观点的回应。克尔

---

① 斯蒂芬·埃文斯：《信仰超越理性》，大激流城，密歇根州：W. 艾德斯曼出版社1998年版，第109、152—153页。
② 克尔凯郭尔：《恐惧与战栗》（*Fear and Trembling*），霍华德·洪、艾德娜·洪编译（普林斯顿，新泽西州：普林斯顿大学出版社1983年版），第56页，卷3，III 106。

凯郭尔不仅坚持神圣的超越性和难以接近的上帝本性，而且他坚持上帝不可见。甚至基督降生也没有显示出他就是上帝的化身。

> 那么什么是荒谬呢？荒谬就是认为绝对真理适时地存在于世界，就是认为上帝是可见的，认为上帝已经出生成长，并且认为上帝和其他单独的个人毫无二致。这种荒诞的观点主张上帝的即时可见性。这是一种前苏格拉底时代的异教观点。从犹太教观点来说这是盲目的崇拜。①

基督的化身使得永恒通过时间来度量，无限通过有限来体现，克尔凯郭尔指出这是荒谬的。他进一步指出基督的化身是隐藏的，基督作为上帝的化身仍是隐藏的。尽管这个化身曾经出现在历史中，但是他现在是沉默的，并且与我们隔离了很多世纪。对于克尔凯郭尔来说：

> 言说者是十分谦卑的人，就像话语不是在昨天或者前天被说出的，而是在1800年前被说出的，那时候谦卑的人还没有升天……考虑到基督的生活，这些信息很容易被找到，在他升天的时候他的高尚便开始了，并且从此没有一个词是他自己说的——而每一句他说的话都是在谦卑中说出的。②

基督没有暗示他是神，他的神性完全显示在内在中。如果不是这样，克尔凯郭尔对于基督神性的观念就显示出了异教的特征。

在克尔凯郭尔看来，基督的神性必须通过间接的方式来体验，而不是异教宣称的直接体验。只有通过这种内心斗争，一个人才能在信仰上重新恢复与上帝的联系。克尔凯郭尔提出这种内心斗争是为了区分真正的信仰和异教宣称的直接接触，以及教会提倡的训诫的宗教感受。正因为如此，克尔凯郭尔坚持认为："实际上，祂（上帝）如此平常以至于

---

① 克尔凯郭尔：《非科学的最后附言》，卷1，第245页，Ⅶ 206。
② 克尔凯郭尔，《基督教实践》，霍华德·洪、艾德娜·洪编辑和翻译（普林斯顿，新泽西州：普林斯顿大学出版社1991年版），第161—162页，目录十二，151。

他不能被看见。"① 我们能够面对上帝，但是克尔凯郭尔没有提供一种充分的描述，告诉我们当上帝面向我们时，我们怎样感受到他。这不能否认克尔凯郭尔尝试提供上帝仁慈地唤醒和转化人类的描述。他描绘了上帝和信仰者之间的相互作用，这超越了苏格拉底的观点。

> 只提供学生真理而不提供真理适用环境的教师不是合格的教师，因为所有的教导都依赖于适当的环境。如果缺乏适当环境，那么任何教师都无计可施。因为在缺乏适当环境的情况下，教师的任务是转化学生而不是改正学生。但是，任何人都无力转化另一个人，只有上帝才有这个能力。②

人通过忏悔来亲近上帝。③ 克尔凯郭尔思索并认为自己正在与一个人化的上帝建立个人关系。克尔凯郭尔深深地感受到了这种上帝与人的交流。安提—克里马库斯（Antichrimacus）④ 引用克尔凯郭尔的《基督教训练》（*Training in Christianity*, 1850）一书中的"他将一切吸引到自己身边"。克尔凯郭尔在与基督的接触中有十分愉悦的经历。

要了解他的愉悦经历就必须明白，对克尔凯郭尔来说，上帝是如何让我们聚集到他周围并和他接触的。一个巨大的挑战是明确这种个人关系的性质，因为根据克尔凯郭尔的观点，人与上帝立即建立个人关系是不可能的。"所有的异教都坚持认为：神与人有一种直接密切的关系，

---

① 克尔凯郭尔：《非科学的最后附言》，卷1，第245页，VII 206。
② 克尔凯郭尔：《哲学片段》（*Philosopical Fragments*），第14—15页，VI 184。
③ "……上帝确实是人，但是他是否希望与人建立联系取决于这种关系是否取悦上帝。以上帝的荣耀，他希望与你联系；如果你抛弃他的荣耀，他将会通过客观行为惩罚你。"摘自克尔凯郭尔《克尔凯郭尔杂志》（*The Journals of Kierkegaard*），亚历山大·德鲁（Alexander Dru）译（纽约：哈柏和行1959年版），第250页。
④ 译者注：Anticlimacus 或 Anti–climacus，是克尔凯郭尔发表《致死的疾病》初版时所用的笔名。Anti 在此并不是"反对"之意，是"在前"或"先于"。克氏发表《哲学片段》（1844）和《非科学的最后附言》（1846）所用的笔名是"Johannes Climacus"；在那本书中表述更多的是哲学角度；而《致死的疾病》的副标题为"为了使人受教益和得醒悟"则更多是进行"绝望和信仰含义的探讨"，所以，安提—克里马库斯所表达意境较为高级，因此使用"Anticlimacus"的笔名。

是一种不可思议的显著存在。"① 克尔凯郭尔的信仰要求人们在与上帝建立联系之前必须意识到与上帝是无法靠近的。

　　人与上帝的精神联系实际上是内在的，首先必须通过人的真正的内心突破才能实现。人们必须明白神圣的上帝毫无奇妙之处。实际上，上帝如此平常，只是人们不能看见他。②

克尔凯郭尔的观点是，那些缺乏内在和危险的与上帝的联系是幼稚的，不能被当作信仰。这种关系是没有内在性的，是不能满足信仰的条件。对于克尔凯郭尔来说："在异教中，与神直接的关系是一种盲目的崇拜；在基督教中，每一个人实际上都知道上帝不能够以这种方式来显示他自己。"③ 这个论点进一步的结论就是他对上帝化身的理解，克尔凯郭尔将传道者们宣称的上帝显灵称为异教。在基督宣誓一周之后，"我实在告诉你们，站在这里的，有人在没尝死味以前，必看见人子降临在他的国里"（马太福音 16∶28），耶稣带着彼得、雅各和雅各的兄弟约翰，上了高山，在他们面前改变了形象。基督不再是卑微者。

　　就在他们面前变了形象。脸面明亮如日头，衣裳洁白如光。忽然有摩西，以利亚，向他们显现，同耶稣说话。……说话之间，忽然有一朵光明的云彩遮盖他们。且有声音从云彩里出来说，这是我的爱子，我所喜悦的。你们要听他。门徒听见，就俯伏在地，极其害怕。（马太福音 17∶2—3，5—6）。

福音书以及神秘主义者宣称，信徒们直接接触了上帝。相反，克尔凯郭尔坚持认为："从真理的角度来看，精神与精神之间直接联系是难以想象的。"④ 然而圣灵降临节（即五旬节，Pentecost——译者注）来临的时候，圣灵确实来到世间，而传道者们最终坚定地道出了他们与上

---

① 克尔凯郭尔：《非科学的最后附言》，卷1，第245页，Ⅶ 206。
② 同上。
③ 同上书，第246页，Ⅶ 207。
④ 同上书，第247页，Ⅶ 208。

帝的直接接触（使徒行传 2：1—41）。

克尔凯郭尔对于直接接触上帝的经历的批评导致了两方面的根本对立。一方面，他将上帝和基督描述为不可见；另一方面，福音书将上帝的力量描述为可见的。的确，人们只能通过上帝的恩惠才能认识基督的神性（马太福音 16：17）。然而，在基督徒的心中，基督显示了他作为一个邀请者的独特性，他是救世主，也就是上帝。①《约翰福音》中记录，耶稣对腓力说："人看见了我，就是看见了父。"（约翰福音 14：9）在基督教教义中，基督显现了神圣的权力，基督让死人复活（马太福音 9：18—26）。有一个患了 12 年疾病的女人来到耶稣背后，摸他的衣裳，就痊愈了。基督让怒海平静（马可福音 4：35—41），给 5000 人提供饭食（马太福音 14：13—21），在海上行走（马太福音 14：22—31）。即使有人相信克尔凯郭尔的观点：只有信仰的人才能真正理解奇迹的含义，但是在圣灵降临之前布道者们就知道他们在与一个不同寻常的人相处。福音书写道，布道者们见识了基督的神性后十分震惊（马可福音 4：41）。作为基督同时代的人，信徒的地位很高。在克尔凯郭尔看来，这不仅是因为信徒可以看见奇迹，还因为他们可以触摸基督。上帝在人中的降生是在信徒们中传开的。信徒们是最先信仰基督的第一批人。每一代人中都有基督的第一批信徒。实际上，在《马可福音》的结语中，基督许诺将会制造奇迹让人相信他的存在（马可福音 16：17—18）。② 彼得的影子有神力（使徒行传 5：15），甚至有人从保罗身上拿手巾或围裙，放在病人身上，他们的病就退了（使徒行传 19：11）。圣经中对神圣显著降临的再现，是上帝神圣性的体现。③ 克尔凯郭尔的观点和上帝神性立即显现的言论相冲突。根据后一种言论，在上

---

① 圣约翰·克里马库斯（St. John Climacus）：《神圣晋梯》（*The ladder of Divine Ascent*），第 230 页。
② 你因看见了我才信。那没有看见就信的，有福了。（约翰福音 20：29）
③ "据新教神学家圣西蒙言：圣徒们是'那些通过工作、经验、感觉、知识和感知上帝而完全将上帝置于内心的人们'。很明显，圣徒化并没有抽象和伦理的含义。圣徒化就是接近上帝的非创造性神圣力量，而那些得到这种力量的人就是圣徒。圣徒们拥有关于上帝的经验和知识，能够感知并看到上帝。他们不仅仅是好人。"见赫若狄奥（Hierotheos）[弗拉乔（Vlachos）]《东正教的心灵》（*The Mind of the Orthodox Church*），埃丝特·威廉姆斯（Esther Willianms）译（希腊，利瓦迪亚：圣母诞生修道院出版社 1998 年版），第 136 页。

帝的恩惠下，圣保罗立刻成为了一个拥有新信仰的人。

　　克尔凯郭尔对于奇迹的态度被后启蒙文化界定，而这种后启蒙文化正是他反对的。他疏远了上帝的奇迹本质以及这种本质在圣人身上的彰显和延续。使他迷惑不解的是基督和他的圣人们是怎样打破内在局限性的。克尔凯郭尔挣扎着想成为一个传统的基督徒，但是实际上他离传统渐行渐远。他是一个试图改革宗教的近代意义上的新教徒。他忽视了一个事实，那就是，欧洲的任何人都不可能在不顾及几个世纪的基督教传统的情况下，建立一个崭新的基督教。除此之外，丹麦的改革反对者没有关注巴勒斯坦那些完好无损的教堂带来的启示。克尔凯郭尔对于信仰的抗争显示出了他所生活的那个时代的特点，也显示出了他与传统基督教的分离。他的疑惑来自他与黑格尔哲学面对面的经历以及这种哲学掀起的广泛批评。他背离了基督教传统，却努力地像一个基督徒生活。

　　克尔凯郭尔对基督化身的描述决定了他的教会学立场。如基督的神圣性是不可见的（在他看来）一样，他对基督教的影响也是不可见的。他认为我们永远不会直接接触上帝。他的信仰中总是存在一种人类与上帝接触的中介物。他身上发生的变化与超然没有关系。问题在于，尽管他有最良善的意图，并因为他认定基督神圣性的特性是隐藏在其化身中，克尔凯郭尔对于超越性的暗示还总是囿于有限范围之内。克尔凯郭尔认为上帝的恩惠是一种创造的能量，而不是那个绝对显现的超然上帝的非创造性能量。克尔凯郭尔对于基督化身的观念使他相信一个永存的基督团契（包括圣人）应当像基督的神性一样隐秘不可见。正是由于他的宗教改革主张和宗教迷失状态，他发现自己已经完全与基督教社会脱离，并且对传道者们的活动一无所知。而这些传道者们不断地宣扬基督的神性和非创造性能量。克尔凯郭尔的建议可能如下：

　　　　即使当时的一代人没有留下任何东西，除了"我们相信上帝在某一年以一个仆人的卑微形式出现、生活并教导我们，最后死去"——这就足够了。这就是我们这一代人应该尽全力做好的事情。①

人们指望克尔凯郭尔了解：教会的延续性来源于上帝的启示，而不是超越有限的恩惠。而正是上帝的启示将历史上的所有教会联合起来。在神圣忏悔的后一小节写道："凡我所吩咐你们的，都教训他们遵守，我就常与你们同在，直到世界的末了。"（马太福音28：20）由此可以看出，基督是一个谦卑的人而不是一个高高在上的人。基督将与他的教堂同在，将与联合的教会同在。

以西方的神学逻辑很难意识到克尔凯郭尔的孤立地位。他的立场完全被他的神学心理和上帝内在的观念限制。他进行精神抗争只是为了集中所有热情，全身心地服务上帝，以期望见到上帝的间接现身。尽管他理解上帝爱的回应，但是他不能（到目前为止他的努力证明）体验上帝的非创造性能量带来的转化力量。如果克尔凯郭尔体验过的话，他就会认识到上帝转化力量的奇迹以及与上帝直接接触的可能性。更重要的是，他就能理解是上帝的神性保证了基督教在历史的长河中一脉相承。可惜的是，他没能认识到这些。这都是因为他对上帝化身的理解与传统基督教背道而驰。他不能在教堂中看到上帝的肢体（以弗所书5：23，30）。最终，克尔凯郭尔受困于宗教迷失，在内在的限制中成为被遗弃的教徒。

以下描述是伊弗雷姆（Geronda Ephraim）的阿索斯山旅程。故事是发生于圣山的教堂中，展现了没有自我意识的修道士在等待伊弗雷姆。修道士通过圣约翰感觉到了伊弗雷姆的到来。

  时间正好是——1947年9月26日——早晨，一叶小舟缓慢地将我们从这个世界带到圣山中，就像是从短暂的世界到了另外一个永恒的世界。

  在圣安妮的码头上，一位德高望重的老者杰隆达·埃尔森尼奥

---

① 克尔凯郭尔：《哲学片段》，霍华德·洪和埃德娜·洪编译（新泽西州，普林斯顿：普林斯顿大学出版社1985年版），第104页，IV 266。

斯在等我。

"你是从沃洛斯来的约翰尼吗?"他问我。

"是的。"我回答道,"但是你是怎么知道我的?"

"哦",他说:"昨晚,光荣的祖先感悟到先驱约瑟夫对他说,'我将给你带来一只小羔羊。把它放在你的羊圈中'。"

我的思想于是寓于光荣的祖先中,我成为圣人的宾客,就在这一天中我重生了。我万分感激他为我指明了这条道路。①

伊弗雷姆在他的道路上,成为静修长老约瑟夫的精神之子(1959)。他清晰地描写了他与上帝的接触:

> 他光芒四射,所有的一切都向他敞开。他拥有一切智慧,并且他像儿子一样拥有他父亲的财产。他知道他本一无所有——是用泥土塑造的——但是他是王子。他不拥有任何东西,但是他占有一切。他充满了神性,他不满足地呼唤,用所有意志证明他的存在。他的起源是泥土,但是上帝的呼吸使得他充满了生机——他的灵魂。很快他的灵魂将飞入天堂!——"我在呼吸,上帝的呼吸!所有的事情都解决了,人留在地球上,其他的东西都被取走。我是永恒圣王之子!我是荣耀的造物主!我是不朽和永恒的!这一刻我在天父身旁。"②

可以很肯定地说,克尔凯郭尔想努力到先驱约瑟夫所通达的地方。但很明显的是——至少在他著作中显表的是这样,他从未到达过那个地方。克尔凯郭尔站在内在性和超越性巨大鸿沟的一岸。他的思想更多地接近欧洲浪漫主义,而不是基督教的苦行主义。克尔凯郭尔的观点抛弃了后启蒙时代的内在文化,是很难立足的。

---

① 静修士约瑟夫(Joseph)长老:《修道士的智慧》(*Mnastic Wisdom*),佛罗伦萨,亚利桑那州:圣安东尼的希腊东正教修道院1998年版,第19—20页。

② 同上书,第84页。

因为克尔凯郭尔对基督化身和基督教团契的理解，他认为基督是隐藏起来的，所迸发的是一种内在的热情。他反对圣约翰等人通过修道院式的生活来接近上帝，① 以及不赞同修道士通过苦行禁欲来得到神圣启示的知识，并获得一种理性的神学观点。克尔凯郭尔谴责辩证观点，认为那种认识带有主观主义性质。② 克尔凯郭尔不认同通过与上帝联结获得知识的可能性，他对上帝化身的理解充分地显示出了这一点。他也不赞同修道院式的生活方式，因为他认为基督和基督教是不可见的。

根据他对道成肉身（tha Incarnation）的理解，那些修道院中的修道士已经很明显地永久丧失了他们的内在性。从某种程度来讲，克尔凯郭尔对苦行禁欲的描述是值得向往的。他的苦刑禁欲模式来源于欧洲中世纪，而不是第一个千禧年。在第一个千禧年里，修道士是反抗基督教森严等级制度的重要精神力量。克尔凯郭尔对修道士的批评忽略了一点：他的宗教观念与修道士重要的社会角色具有相似性。他谴责教会有限制的宗教活动，而修道士谴责世界上的安逸生活。真正的苦行禁欲主义永久地批判外部世界和教会。

克尔凯郭尔和圣约翰·克里马库斯（St. John Climacus）③ 一样，揭示了两种完全不同的基督教。对克尔凯郭尔来说，信仰斗争的对象是哲学的理性和客观化的基督教以及不相信风险和不敢冒风险的行为。他眼中的魔鬼不是精神而是知识的体系，是康德主义和黑格尔主义，以及所有将圣经当作世俗文本的思维方式。大卫·斯特劳斯（David Strauss，1808—1874）和他的追随者们，反对以基督教教义作为和基督的直接接触的证明的历史真实性，并否定耶稣拥有神性和超自然能力的说法。

---

① 克尔凯郭尔十分同情中世纪的静修士的苦行禁欲生活。尽管他批判修道院生活的表面和许多具体事物，但是他敬佩修道士的虔诚。"中世纪的基督教生活包括许多实际行动，生命和存在的超越。这是它的优点。但是他们的许多行动是怪异的。他们甚至认为禁食本身就是基督教，他们还认为进入修道院生活，施舍穷人都是真正的宗教行为。这都是错误的观点。"见《自我判断》，第 192 页，XII 460。

② 在《自我判断》中，克尔凯郭尔将主观主义描述成不考虑教义的模仿上帝的行为。

③ 此处的圣约翰·克里马库斯（St. John Climacus）即约翰尼斯·克里马库斯（Johannes Climacus），以下均同此，为原作者的习惯称谓。——译者注

对于圣约翰来说，对于信仰的斗争不是反对客观的不确定性，而是反对个人权力。圣约翰的斗争对象是他自己（例如，他的热情和克尔凯郭尔一样）和其他可能蒙蔽他的灵魂，使他不能体会和认知三位一体的人（即恶魔）。圣约翰·克里马库斯的信仰反对诱惑，指向与上帝接触而获得超然的知识。克尔凯郭尔的信仰在一种热情内在的与基督亲近中完善，他不能揭示更多，除非转向早期教堂的神秘性或者后启蒙时代的理性。① 圣约翰的信仰在与上帝结合的一种苦行禁欲的斗争中臻以完善，他知道其他基督教徒们也在朝这一目标努力。即使在独处时，圣约翰也拥有一个信仰的共同体。克尔凯郭尔与上帝道成肉身的遭遇是在一个黑夜，而圣约翰认为这是荒谬的。他在基督精神的引导下，邀请基督徒在对上帝的信仰中进入超然的光明世界。考虑到克尔凯郭尔的局限性，他和圣约翰产生分歧是可以理解的。对于克尔凯郭尔来说，基督教信仰不能指向光明；也不能有效地弥补内有的鸿沟。② 而克尔凯郭尔认为，这种神圣知识的可用性是一种异教徒观点。与圣约翰·克里马库斯不一样的是，克尔凯郭尔没有意识到上帝的力量能让保罗成为一个活着的能直接与上帝直接联结的神圣体。因为对于克尔凯郭尔来说通过信仰不能获得理性知识。③ 他认为不能通过圣约翰所假设的途径，用经验获得上帝的知识。他在《非科学的最后附言》（*Concluding Unscientific Postscript*）

---

① 想了解克尔凯郭尔探索上帝直接启示的更多内容，请参阅他对丹麦牧师阿道夫·阿德勒（Adolph Adler）的研究。阿道夫·阿德勒宣称这种启示的存在。见克尔凯郭尔《论权威和启示》（*On Authority and Revelation*），沃尔特·劳瑞（Walter Lowrie）译（纽约：哈柏和行1966年版），第105f。

② 克尔凯郭尔没有否认通过信仰获得上帝经验。毕竟，他讲述了他在1838年5月19日的亲身体验："我们心中充满无以言表的喜悦，正如传道士那种自然的呼唤：'喜悦，我重复我所说的，喜悦。'"见克尔凯郭尔《论文与杂志》，第97页，5月19日上午10：30, 38 II A 228。这种经验并不能带来与上帝融合的直接知识。

③ 第四章探讨了通过信仰获得知识，包含超越与上帝接触的经验。这被认为是一种充满智慧的经验，一种创造的经验。利害攸关的问题是关于大自然的恩典：要在与上帝的相遇中超越内在，就必须拥有来自上帝的非创造性恩惠，也就是上帝自身的非创造性能量。通过信仰能够与上帝直接接触并通过他的光芒与他融会。智力知识是在第六个福祉中实现——"清心的人有福了，因为他们必得见神。"（马太福音5：8）

中写出了这种对立面。① 克尔凯郭尔在克里马库斯与安提—克里马库斯者之间的辩证中阐发了深刻的启示：克尔凯郭尔不承认圣约翰·克里马库斯所谓的通过信仰转化上帝非创造性能量的真理。克尔凯郭尔对信仰与荒谬，信仰与客观的不确定性，信仰与风险的辩证反映了他内心的理性客观性和内在信仰主观主义冲动之间的斗争。客观性和主观性的辩证决定了克尔凯郭尔的信仰，而不是在明示与圣约翰·克里马库斯的思想争斗。克尔凯郭尔和圣约翰·克里马库斯对于基督化身和基督团体有着根本不同的理解。对于圣约翰而言，基督徒最终上升到"上帝知识和信仰的结合"。

尽管克尔凯郭尔的辩证局限于散漫的理性，他认为理性不能建立客观的不确定性，而这种客观不确定性决定了信仰之路。不确定性还决定了信仰的另一个组成部分——风险。

> 信仰是无限的内在热情和客观的不确定性的冲突。如果我是能客观地理解上帝，我就不能拥有信仰；但是我不能这样做，我一定就拥有信仰。如果我想让我自己有信仰，我必须保证永远地遵循客观不确定性，保证即使"身处70000英尺深的水中"，我仍然拥有

---

① 鉴于圣约翰的著作，克尔凯郭尔的行为有些讽刺意味。他将《哲学片断》（1844）和《非科学的最后附言》（1846）的著作权归属为约翰尼斯·克里马库斯。同时把《恐惧与战栗》（1843）归属为约翰尼斯·德·斯兰托（Johannes de Silentio），并两者之一归于（1843）维克多·埃雷米塔（Victor Eremita）。更为令人费解的是他把《致死的疾病》（Sickness unto Death，1849）和《基督教的训练》（Practice in Christianity，1850）归属为约翰尼斯·克里马库斯的作品。想了解更多关于克尔凯郭尔使用假名的内容，请参阅尼尔斯·图尔斯特鲁普（Niels Thulstrup）对《哲学片断》的"评论"，大卫·斯文森（David Swenson）译（普林斯顿：普林斯顿大学出版社1974年版，第148—149页）。尼尔斯·图尔斯特鲁普引用了克尔凯郭尔的文字："黑格尔是另一个克里马库斯，但是他不像一个巨人一样用山巅来冲击天堂，而是利用三段论。"（同上书，第148页）尼尔斯·图尔斯特鲁普还引用了克尔凯郭尔的陈述："我的假名（用在《致死的疾病》一书中，刚被送往印刷所）叫作约翰尼斯·克里马库斯，以和克里马库斯相区别。克里马库斯宣称自己不是基督教徒［后记，第19页］。安提—克里马库斯一脉是信仰基督教的极端分子，而我自己设法成为一个十分正常的基督徒。"这足以说明克尔凯郭尔对于信仰的描述与最伟大的修士——圣约翰·克里马库斯（公元523—603年）的描述背道而驰。他的生活年份可能为公元579—649年。圣约翰·克里马库斯十分严肃地揭示了苦行禁欲主义的成果：上帝的知识。他的著作《神圣晋梯》是描述修道士寻求上帝光芒的一本经典著作。他和克尔凯郭尔不一样，他认为信仰可以创造一切。见圣约翰·克里马库斯《神圣晋梯》（波士顿：圣显容修道院1991年版），第225页，第30类.3。

信仰。①

基督教伦理和生命伦理学不仅需要避免所有常胜主义的标签，而且需要避免对超越性直接的揭示。这里，人们必须记住上帝的能量不仅存在于圣保罗，并且存在于接触过圣保罗的东西上（使徒行记19：12）。上帝化身将上帝带到那些表现他的神圣力量的圣人面前。早期的基督教伦理认为基督教的生活能够将教徒转化成圣保罗般的人物。更为重要的是，这种化身伦理专注于内在到超然的转变，认为这不光是一个心理上的活动，更是一个奇迹般的转化。这种转化甚至体现在圣人的身体上。这对后启蒙时代的新教徒克尔凯郭尔而言难以接受。他需要与上帝保持更远的距离，以避免他所认为的异教般的与上帝的直接接触。结果就是，克尔凯郭尔不把伦理学（和生命伦理学）作为主要的精神医药，使得人们像圣保罗那样发生转变；使得"清心的人有福了，因为他们必得见神"（马太福音5：8）。克尔凯郭尔不能体会到圣约翰·克里马库斯所体会的：通过苦行禁欲的方式净化个人的心灵以接近上帝。② 总而言之，克尔凯郭尔未能逃避启蒙主义于内在的范围内对人性的重新定义。一个人被带到峭壁边缘，是他而非上帝来决定他怎样跳跃这个峭壁。对于克尔凯郭尔来说，在自我救赎的道路上，人的意志和上帝力量之间没有内在的协同合作。因此，在他的信仰中，他不断产生峭壁之跳跃般的疑惑。③ 克尔凯郭尔的宗教生活充满了对信仰风险的考虑，与奇迹的发生保持了距离，偏离了圣人团契，缺少纯理性的神学知识。所有的这些，尤其是他的教会学主张，都源于他的上帝道成肉身观念：上帝之道化成的肉身是不可见的。他对人的内在冲动坚信不疑，同时批判基督教团契，因为这些团契是基督的身体（以弗所书5：23，30）。克尔凯郭尔的道成肉身的观点是没有根基的。但是他至少能被第一个千禧年

---

① 克尔凯郭尔：《非科学的最后附言》，第1卷，第204页，VII 171。
② 在《不同精神的启发性话语》（*Edifying Discourses in Various Spirits*，1847）以及他的论文集中，克尔凯郭尔对于苦行禁欲的描述甚少。他不认为上帝能够使得那些想和他会同的人超然。
③ 在此必须强调的是，克尔凯郭尔没有用"信仰的跳跃"（leap of faith）这个短语。他的跳跃隐喻是用来反对黑格尔的辩证理性。"这种跳跃是抵制［黑格尔］方法论的。"见克尔凯郭尔《非科学的最后附言》，第一卷，第105页，VII 85。

的教徒们理解。他将他自身放在一个历史长达一千年的西方客观主义和主观主义的辩证中，表现出了无层级的理性和浪漫主义热情。这种辩证是不可避免的。一方面，西方道德学院派由非个人的、无层级的、哲学的观念和康德的理性道德观以及黑格尔的哲学系统组成。另一方面，西方的宗教改革、虔敬主义和对理性浪漫主义批判也充斥着内在的激情。对克尔凯郭尔而言，只存在内在的冲动和灵魂的黑夜，不存在亮丽的黎明。

可能这就是这个19世纪的文学形象在20世纪中期如此受欢迎的原因。克尔凯郭尔抓住了20世纪中期宗教创痛的特点，迎合了基督教徒的感受。20世纪中期，基督教出现了与上帝现实化身及持久基督团契的脱离。人们渴望超然，却从未实现超然；渴望终极意义，却面对始终沉默的上帝；内心充满神性冲动，却无法获得神的启示；寻求宗教团契，却不断遭受挫折。克尔凯郭尔热情的个人主义与生活在20世纪的后现代教徒的宗教体验一拍即合。克尔凯郭尔表达了这样的感觉：一个人在感到荒谬时至少可以呼喊上帝。例如，英格玛·伯格曼（Ingmar Bergman）在他导演的《呼喊与细语》（Cries and Whispers）中描绘了艾格尼丝深深的被遗弃感、怀疑和痛苦。在电影的最后，牧师在艾格尼丝的灵床前，请她向上帝转达他自己的痛苦。

> 如果在你可怜的身体中集聚了所有我们的遭遇，如果你通过死亡获得重生，如果你在此遇到上帝，如果他把他的脸转向你，如果你能跟上帝说他能理解的话，如果这些你都能做到，请你为我们向上帝请求，为我们这些被留在这个悲惨的地球上的人们向上帝请求，请求他饶恕我们，让我们脱离焦虑、疲惫、疑惑和恐惧。请求他让我们的生命有一些意义。艾格尼丝，你长时间地遭受了这种绝望，你应该有资格去为我们的理由申辩。①

---

① 英格玛·伯格曼（Ingmar Bergman）：《呼喊与细语》（Cries and Whispers），见《英格玛·伯格曼的四个故事》（Four stories by Ingmar Bergman，纽约，花园城：道布尔迪出版社1976年版），第75页。

一个人可能会信仰神物，但是从不会与神物结合，这就意味着人们永远不能获得终极意义。这种荒谬带来的创痛成为信仰的本身意义。

克尔凯郭尔产生了较大影响并在20世纪被"发现"。尽管他的批判激情主要指19世纪的丹麦教会，但是我们被他的思想所吸引。如今的教会继承了当时的丹麦教会以及大多数西方教会的衣钵，甚至产生了更加严重的堕落腐化。他热情地反对他那个时代不断高涨的基督教世俗文化，而这种文化恰恰构成了20世纪乃至于新千年的世俗文化的基础。克尔凯郭尔认识到他是基督教圣经被经院派解构的见证人，这个过程使得许多明智的基督徒逐渐偏离传统圣经和耶稣。他认为哲学不可能证明他所崇拜的上帝存在。然而，克尔凯郭尔决定要去反对所有的奇谈怪论。更重要的是，他认为理性和哲学不可能揭示生命的所有含义。他的信仰呈现出抗议者的特征；他主张内在冲动，同时却未能提出更具体的内容。他生活在上帝隐藏的痛苦中，上帝的这种不可见在20世纪表现为上帝的沉默。

克尔凯郭尔的上帝不可见的神学观念不能够为生命伦理学、医疗卫生政策或者后现代时期的信仰危机提供切实的指导。克尔凯郭尔的信仰，诗意地展现了人们在寻觅那个荒谬信仰目标时产生的内心痛苦。他的理论不能为生命伦理学奠定任何经典的学科基础。但是它为我们作出了十分重要的提醒：基督教、包括基督教生命伦理学，只关乎个人的超然，而不是一门值得探索和研究的学科。克尔凯郭尔在《自我判断！》(*Judge for Yourself*！，1851) 一书中明确表示基督教就是人们将基督模拟为"原型"(the prototype)。① 因为没有认识到基督教教义的作用是在这一过程中指导基督教徒，他主张一种介于教义和基督教生活的宗教原则。这就意味着基督徒不需要客观的宗教指导。② 克尔凯郭尔对信仰的道德力量的主张是，基督教道德（也包括基督教生命伦理）不应该只是一种学科的探索，也不应当只是一系列毫无意义的规则或者理性道

---

① 克尔凯郭尔：《自我判断》，第207页，XII 473。
② 克尔凯郭尔认为过分关注教义是对基督教生活的主观曲解。"将基督教当作教义，这使得基督徒们陷入彻底的迷惑状态。"（同上书，第209页，XII 474）他认为教义能够指导基督教生活。如果他说失去生命力的教义不能被看作基督教教义，他认为这样可能更容易被人接受。

德。因为他的理论无法为基督徒提供充分指导，克尔凯郭尔给我们提出了问题：在后现代，什么样的信仰才能构成基督教生命伦理学的基础？他也向我们提出了挑战：不管信仰怎样，我们必须生活在完全的承诺中：基督教生命伦理学不应当仅仅局限于学院领域。基督教生命伦理学的真理不是一系列客观规定和禁令，也不是对美德的追求。相反，基督教伦理学和生命伦理学应该以信仰的内在冲动为基础。克尔凯郭尔的立场可能使基督教生命伦理学经历一场转变：从一种对道德行为的学院式的描述转向为模拟基督的内在冲动。总之，克尔凯郭尔向基督教生命伦理学提出了重要的警告：生命伦理学充满生命才能够有所突破。

如果基督教生命伦理要求教徒全身心地投入，那么那些没有完全投入和失去正确方向的基督徒以及那些非基督徒，都不能真正地接近基督教生命伦理。克尔凯郭尔的思维方式在宗教生命伦理学方面不是放之四海而皆准的。对于传统的基督教徒，他的思维方式确实是积极的。但是让人失望的是，克尔凯郭尔没有发现超越内在而与上帝联合的毫无争议的道路。这种失败使得基督徒在怀疑和不确定中挣扎，这强烈地体现在他自己选择的宗教道路上。然而更加悲惨的是，由于反抗他那个时代新教主义的建立，他被排斥在社会和宗教团契之外。康德将崩溃的社会设定在理性团体之间；黑格尔用一个独特的词汇"美德"来寻求社会和宗教团契之间的距离；而克尔凯郭尔认为基督徒个人超出了实在的、奇迹的圣人团契之外。他的思想不受社会和宗教团契的影响，也不受几个世纪以来将基督徒个体连接起来的恩惠力量的影响。克尔凯郭尔是一位后现代先驱者，克尔凯郭尔可谓百花丛中的一枝独秀。

理性、信仰和生命伦理学

并不是所有人都认为克尔凯郭尔试图去除基督教的世俗性；并不是所有人都认为康德和黑格尔试图提供世俗转化的基督教的这一做法是错误的。许多人在克尔凯郭尔的思想中发现一种充满魅力的宗派主义。然而，他的道德观不能够指导我们的当今世界。而康德和黑格尔恰恰致力于寻找一种能够指导当今世界的道德观。通过肯定自由和基督教世俗转化的价值，康德和黑格尔为一个自由的世界性的基督教提供了基础。康德的基督教不强调内在热情，因此它可以指导所有理性的人的道德生活。黑格尔的基督教缺乏超然的形而上学深度，因此宗教的冲动可以让渡到哲学范畴。和克尔凯郭尔的基督教不一样，康德和黑格尔的基督教不仅欢迎基督徒，也欢迎非基督徒。而克尔凯郭尔的基督教只欢迎基督徒，而且与非基督徒划出明显的界限。康德和黑格尔的观念虽然有差异，但是他们都从世俗化的理性角度看待基督教。而克尔凯郭尔则从特异性角度看待基督教。他以最微弱的声音传递自己的道德观，殊不知世界主流文化中社会和团体的特异性已经丧失了力量。

我们现在回到本章的开始部分：传统基督教对一种忍耐性的多元化和平政策提出的挑战，和后基督时代对传统基督教严肃性的问题提出的挑战，现在认为，这些挑战产生的原因，是在一种信仰和理性的辩证中。理性一方面通过提供辩证证明将信仰驯服化和世俗化，另一方面，信仰通过唤起冲动并释放宗教热忱对世俗的和解发起挑战。但理性未能获得全部的内容，未能解释规范的正当性。而热情的信仰也只能提供动机而不能产生恰当的内容。理性和信仰都丧失了内容，无论是在失败的辩证中还是在热情的消弭中。理性和热情都不能提供符合基督教教规的道德内容。人们面临两种天赋选择：没有承诺的客观实质，或没有实质的主观承诺。在这种环境下，基督教生命伦理学怎么可能产生呢？在最后的基督教时代，人们怎么表达宗教信仰呢？基督徒曾经遭受迫害，在前基督教时代蓬勃发展，这个时代先于教会的建立或者经院基督哲学的兴起。基督教随后开始繁荣并且控制了西方世界，这个时代人们对神学产生了极大的理性希望。① 基督教几乎遍布整个世界，这时，出现了文艺复兴运动和现代科技、医疗以及帝国扩张。在查尔斯五世（Emperor Charles V，1500—1556）时期，一个看似战无不胜的基督教帝国向每一个方向进行扩张。从美国的得克萨斯州到菲律宾，所有的一切都被破坏。面对这个血腥结果，西方文化开始重新思考在世俗理性基础上建立的道德。在启蒙运动产生的世俗力量的影响下，西方基督教逐渐失去了

---

① 在公元 2 世纪和后来，亚历山大港建立了很有影响力的哲学—神学反思和学习的学校。但是这个学校从来没有获得埃及旷野神学家（隐修士们）那样的重要地位。无论是亚历山大人的哲学关注还是君士坦丁堡的基督教希腊学者研究，都不能会像 13 世纪西方学者们建立西方基督教那样建立一门有价值的话语神学（discursive theology）。

光彩。基督教的困境和对它的不满浪潮涌起于这个后基督时代。这个时代发达的政治、科技和智力资源尽管不会重构传统基督教道德，但是已经完全将它变得毫无意义。

如果思辨的理性或者主观主义的信仰都不能消除基督教生命伦理学所面对的困难，我们将需要在其他地方找寻资源。对基督教生命伦理学的重新审视，让我们明白需要重新评估维持基督教生命伦理学的认识论观点。基督教生命伦理学的宣言能保证它不会转变成一个不断寻求问题或者在问题中循环争论的经院哲学吗？一个人能使基督知识成为辩证理性而不成为另外一个康德和黑格尔吗？信仰的对象应该是什么，如果不是克尔凯郭尔的荒谬的反面神学论，或者一种很容易被解构的社会历史环境形成的理性观点？如果一种基督教伦理能够维持一种基督教生命伦理学，那么它的价值论取向和道德专家的特征是什么呢？道德专家们是否会成为新的维护传统的学究，或者如克尔凯郭尔一样成为悲剧化的传道士？他们会扮演第三种角色吗？

下一章将讨论一种符合我们这个后传统和后现代世界的基督教生命伦理学的可能性。这种基督教是后启蒙时期的世界性基督教，它受限于内在体验和理性范畴。这一章的开端就阐明一种在道德门外者中传播道德的方式。人们很快意识到不可能通过合理的理性争辩发现世俗道德的规范内容：允许（permission）。必须首先从自由的世界性思维理解这个基督教，它欢迎任何人。这种思维严肃地对待传统基督教，为人们选择完全内在化的基督教奠定了基础。在启蒙的阴影下和后现代的瓦砾中，重点是放在后者。因为这种基督教对自由主义苦行者之外的任何人来说都是陌生的。在第三章中提到基督教和基督教生命伦理学根植于自由的世界性的假设中：这种世俗化的基督教不仅将人类作为一般道德权威的源泉，并且在自我选择的生命目标（self-chosen life-projects）中找到了终极意义的经典来源。这样的基督教，作为启蒙时代的遗嗣，以自治和平等的精神改造了形而上学和传统基督教道德。事实再一次表明，为使西方基督教穷途末路（cul-de-sac）打开，人们必须转向基督教的开端：基督教第一个千禧年。

第三章

作为一项人权项目的基督教生命伦理学：认真地内在性考量

启蒙运动的遗产

基督教生命伦理学，如同基督教伦理学一样，已变得愈加使人难以理解。就其理性主义形式而言，基督教生命伦理学希冀假借理性以揭示一种经典的、内容整全的道德。而就其圣经导向的形式而言，它试图在有着2000年幽怨历史的启示中寻求根基。此两者均在内在性之中求索先验基础。但是诸如此类计划，其实都误读了道德性和基督教性的可能意义。因为在寻找上帝的内在性所具有的超越性的过程中，使基督教道德降格为一种人类道德，一种根植于人类，或者至少根植于有限的个人的一项人类发展规划。① 基督教伦理学没有认识到，在面对上帝的超越性的时候，首要的一条道德律就是转向上帝，全身心地去爱上帝，继而做到爱你的邻人如自己。道德一旦不再以上帝为核心，人们就无法理解大卫为何会为自己所犯下的通奸和谋杀的罪恶而向上帝忏悔："我向你犯罪，唯独得罪了你，在你眼前行了这恶。"（《旧约》诗篇50：4，七十子译本）

但难点在于，假如我们欲进行空洞无物的争辩和永远没有结论的无限反复推演，就无法为整全性道德建立成熟的合理性论据。类似问题还

---

① 因为俗世的人类道德植根于人性，人性的有限性使得人们必须在上帝的内在性实存中做出选择，那么，道德就不仅仅是为人类而施行的德行了。上帝的内在性管控着整个浩瀚的宇宙，和所有时空之中任何有关道义的奥秘。例如，对于天使，上帝的内在性不会在所有的方面都掌控他，也不会用同样的方式对待他。天使自身拥有无形的力量，他们不会被世俗的贪欲吸引改变，他们总是会站在上帝的面前。

有，人们还不能在各种基督教文本和民间口头流传的基督教教义中找到超越性上帝真实的存在。如果真如启蒙时期所宣称的那样，上帝无力穿越内在性的界限，如果上帝不行神迹，人也不与神交通，那么人类有限的世界里就包罗万象了。因此，只要基督教生命伦理学依存于人类内在经验这一前提条件，其结果就只能是上帝的阙如。如果人类仅仅通过论证、文本化和民间口头热传的教义传统显示上帝的存在，那么上帝的形象会因为人类的内在性、有限性、偶然性，以及历史局限性而变得晦昧不明。康德和克尔凯郭尔都非常重视这个问题：如果上帝给予人的一个个启示都是非凡的特例，那么从现实社会条件来看，上帝作为超越性的存在将永不可及。此外，人们心中上帝内在性的理念似乎并不能保障人类在和谐的环境中能够行使自己善的权利，也不能保持道德的正义和动机之间的一致性。基督教生命伦理要面对诸如此类的世俗事端，于是，我们可以总结如下：如果基督教生命伦理学转向俗世道德哲学寻求其基础，结果就会得出，许多自誉为具有整全道德内容的生命伦理学则存在着各不相同的基础和裂痕。如果基督教生命伦理学宣称唯有在上帝的内在性中，人类才会获得上帝的启示，这就不存在所谓超越的基础之问题了。诚然，基督教生命伦理学还要面临基于社会历史学对启示和超越的不同解释。其中最为严重的问题乃是，人们发现上帝并不存在。这一点极为重要，在西方的伦理学中，上帝已死。对西方的道德来说，上帝的不可及性定义了上帝的存在状态是无声的、静止不动的、无回应的、不可触及的。

很显然，基督教生命伦理和俗世生命伦理都难以解决这些难题。人们需要一套具有以下特征的权威性道德规范：以此建立的道德规范要如《圣经》一般详尽而全面；人们必须发自内心地信赖这套道德规范，信赖并能够超越关涉这套道德规范的一切论战，进而避免一些空洞的争辩。问题是，让人们内心信赖这套道德规范似乎存在着原则性的障碍。当有人认为他明确了已知的这些特征，那么就会认识到那纯粹是些不着边际的清谈，因为对可知与已知之间关系的假设，西方经院哲学界一直停留在离题万里的问题的论争上。人们需要培养一种无须顾及事物是否定性就能真正明晰的能力。此外，人们还需要懂得是否存在一个人格化的、全能的、全知的上帝，从而建立道德标准。如果人们不能真正实现

第三章 作为一项人权项目的基督教生命伦理学：认真地内在性考量

这种超越，就只能止步于千疮百孔的人本主义道德之境。康德和黑格尔殊途同归地认识到了这种境况：人类似乎被一个无法穿越的内在界限围困着。克尔凯郭尔旗帜鲜明地反抗内在性，但是他并没有突破困境获得超越。在克尔凯郭尔看来，我们也一样，不能穿越重重困惑而获得超越。也并非由于我们缺乏新教的突破精神，从而不能在道德和宗教理解方面多元融合。而是这个伦理体系既缺乏一个涵容它的强有力的外部力量，又缺乏指引方向的强有力的内部力量。

面对诸如此类的挑战，人们可以将客观性当作主体间性，而不是将外部真实世界与意志相等同。道义上的真理如果不是约定俗成的传统，就是由人类制定而成的。道德内在性范畴中的特征变成了由人类自己建构而成。面对难以解决的道德多元主义，俗世生命伦理学转向了同意和程序化解决方案，例如自由和知情同意、市场、有限民主等方面，以便确保大家共同努力而制定固有道德的权威。为什么一种世俗化的、后传统基督教不能建立这样的伦理体系呢？还有哪些选择是既向基督教开放，同时又是人们自身已有的信仰的宗教伦理资源呢？当面对将客观性化简为主体间性以及主观性又不能突破而达至超越这些辩证关系时，黑格尔为何没有断言思想与存在是同一的呢？如果人们未能幸遇上帝的超越性，但是仍然认定所谓超越性就是超越于具体能认知的、永久存在的内在性：唯有现实才是有限的人类所能达到的认知范围。人类生命的企划可以支撑宗教的存在，这看起来或许显得站不住脚。对于那些不去细究真正超越性的真实力量，忽略以超越性启示为标识的内在性的人来说，他们反倒能够建立一个丰富的宗教生活。

接下来要谈到的是基督教、基督教伦理、基督教生命伦理，他们都不可避免地受到了后启蒙文化的影响，尽管后者已经将自己完全关闭在上帝的超越性大门之外。经院学派的神学思考和圣经学者们的调查研究都不能揭示超越性上帝的存在和要求。哲学思考是将上帝的内在性作为相应概念的前提下而进行的。《圣经》作为文献也总是受到社会历史条件的局限，导致其自身也不能清楚说明上帝的超越性。这种境况粗略地说明了西方国家目前的宗教困境。这样的境况为后传统基督教生命伦理学设置了诸如此类的先行条件：生命伦理学中没有上帝的超越性。康德和黑格尔，分别以各自的方法表明，要正确认识到存在于内在性之中的超越性是不可能的。他们还认为，全球理性宗教的魅力旨在支持一个全球伦理。或者，对黑格尔来说，从哲学角度来看，世界历史的最高点就是绝对精神。本章简要介绍的是，基督教伦理学和生命伦理学是人类丧失了上帝的超越性、丧失了对上帝的体验之后上帝的显现，上帝是人格化的，是主宰者，是创造奇迹的，也是绝对的他者。

知识、道德与宗教作为有限的人权项目

康德对人类道德特征的反思，远不及他对人类知识特征的反思那么具有勇敢的突破性。他没有意识到，他的哥白尼式革命也能从根本上修正道德的方向，为道德一致性建立一个纯粹的以主体为基础的框架。因为康德试图将人的自由建立在对理性的切实理解上，这样，人才能获得自主性，他没有认识到同意是自主性的核心。不同的人可能有不同的价值排序，尽管他们仍然能够长期忍受着来自允许的权威者给予的责备和赞赏，从而共处于一个共同的道德责任的世界。世俗伦理提供了一个实践性操作，人们可以运用共同的道德权威在卫生保健方面进行协调合作，但是没有一个对人类繁荣的未来给出一个共同的、内容整全的、规范性的阐述。理查德·罗蒂（Richard Rorty）对偶然、讥讽和团结的观察说明了这一点。① 我们无法引导自己离开内在性的环境达到对现实的超越，否则我们就能够协调好宗教信仰的多样性与世俗道德观念的特殊性之间的关系，而无须去追寻符合《圣经》内容的一条条道德规范。我们无法通过自己的道德反思，循着超越性真理的指引，建立一种根植于世俗的伦理，因为我们的道德反思与我们的实际经验紧密相连，上帝的超越性与世俗的道德研究者不在同一个世界里。

主体间性的现实性和道德内在性与超越性之间并无冲突。严格地

---

① 理查德·罗蒂（Richard Rordy）:《偶然、讥讽和团结》(*Contingency*, *Irony*, *and Solidarity*)，剑桥：剑桥大学出版社 1989 年版。

说，这只是有人遇到形而上和道德异乡人时的一种权宜之计。也可以说是后退让渡之举，以便人们能够与形而上和有道义的朋友合作，甚至参与和转化，进而体验超越的上帝。因此，严格说来，这种互为主体的现实与道德框架就是对上帝的超越性真理保持不偏不倚的中立立场。作为启蒙运动计划的一个重要成员，这种中立立场是文化上的一种转变，从漠不关心转向主动承担义务，以对抗上帝超越性存在的认知和体验的可能性。其结果是培植一种内在性精神气质，以对抗超越性的形而上学和道德。康德提供了形而上学和道义上的理解框架，这个框架的革命性力量展示了启蒙运动走得比康德预想的还要远。尽管如此，康德还是让我们在知识和道德上放弃上帝中心论的合理性，但是他自己又一次次回到以上帝的理念为核心的位置上来。在康德看来，上帝的理念仍然是道德调节的核心力量。① 尽管知识、道德、宗教、基督教以及生命伦理总是有限的理性推理中要涉及的概念，但是，康德的自由选择是在内涵丰富的自主性的引导下而产生的。

经验主义研究者不再局限于形而上学的争论，而是转向对人们感官经历到的现实状况的研究。他们通过人们对"其他条件不变"(ceteris paribus)状况的普遍认同，研究人们主观上都认可的、较固定的客观现实。在这个客观性基础上，人们可以依据现实来比较各种论断，并在各种解释中选择那些能更好地提供可靠的经验预测的解释。换句话说，对现实研究的行动进一步深入毫无必要，因为这完全超出了经验性研究的范围。一方面，经验主义研究领域存在着许多约定俗成的基本观点。另一方面，外部现实中存在的偶然性增加了阐释的难度。在缺乏一个共同认可的形而上学体系的情况下，经验主义的研究能够通过主体间实际协作的惯性，而避开任何并非建立在内在性基础上的本体论。

正如我们所看到的，形而上学的缺位是世俗道德和生命伦理学形成的重要原因。世俗道德和生命伦理学通过彼此主观互证而获得其客观性。这样一种生命伦理学既不会考虑到独立社区的道德标准，也不会思

---

① 上帝不仅使道德得以统一，而且上帝的理念还调整与梳理着人类知识。参见康德《纯粹理性批判》中先验的辩证法附录 A642 = B670 到 A704 = B732。

考上帝的意愿。它仅能呼吁那些愿意合作的人给予同意。同样，一般的世俗道德权威并非根植于相互独立的道德标准，而是基于现实生活中人们的同意。然而，与经验主义研究不同的是，表面上的道德现实都会被给予虚假的道德解释，例如，经验主义的道德解释就无济于事。再如，我们来比较"究竟是导致人类免疫力下降的病毒还是其他因素才是艾滋病（获得性免疫功能丧失综合征）更致命的病因"和"自由与平等对于道德生活或仅仅就医疗政策来说，哪个更为重要"的两个争论。①在第一个争论中，研究者对艾滋病病毒与其他各种艾滋病恶化过程中的病因之间的关系，以及病程中的病理变化的发现，使得人们不可避免地接受"某个特殊病因（如艾滋病病毒）就是这种疾病（如艾滋病）出现的必要条件"这种观点。在第二个争论中，我们已经发现，由于对自由与平等的价值排序的不同，人们对影响医疗卫生政策形成的各种道德观念的评价也显著不同。因为对现实——至少对社会现实——价值的评估至关重要，所以还没有一种对自由与平等的价值排序受到现实生活的高度关注。即便人们已经知道不同的道德价值的选择所造成的结果，他们仍然不能发现，到底是促进自由的途径还是促进平等的途径对医疗保健显得更为重要，除非他们为了比较这些不同价值选择的后果，才会认识到给自由和平等排序的价值或目的。就这样，约束道德异乡人互为主体的道德，则毫不负责地为获得协作者们的道德许可铺就了道德权威之路。实际上，首要的是他们必须做出决定，而不是仅发现如何对价值进行排序。

　　道德（包括生命伦理学）通过道德行为者②获得了有缺陷的再阐

---

　　① 关于艾滋病病因争论的简要介绍，可参见艾伦·鲍曼（Eileen Baumann）、汤姆·贝瑟尔（Tom Bethell）、哈维比利（Harvey Bialy）等的文章《给编辑者的信》（Letter to the Editor），载《科学》（Science, 267, 1995年2月17日），第945—946页；还可参见约瑟夫·帕尔卡（Joseph Palca）《为杜耶斯波尔格平反？尚未》（Duesberg Vindicated? Not Yet）载《科学》（Science, 254, 1991年10月18日），第376页。

　　② 康德：《什么是启蒙?》（What is Enlightenment?），摘自《道德形而上学》，伯克（L. W. Beck）译（印第安纳波里斯，鲍勃司-麦利尔公司1976年版），第85页，AK VIII, 35。

　　译者注：道德行为者指任何能够构建或遵循普遍的道德原则和规则的人，他或她有着自律意志，能最终决定应履行和不应履行什么行为的人。成年人是典型的道德行为者。道德行为者是与道德被动者相对应。道德被动者是指一个缺乏理性、不能为他们的行为负道德责任的人。

第三章　作为一项人权项目的基督教生命伦理学:认真地内在性考量

释。启蒙运动玉成的西方世俗文化无法用知识和具体道德渐次影响启示性宗教。它仍然局限于内在地以人为本的基础。当然,启蒙运动把人塑造成最终能掌握他们自己的历史和命运的形象,使人们认识到只有他们自己才是自己的主人。康德的启蒙思想宣扬个人理性地自治,以及个人摆脱迷信和传统束缚以获得自由。

> 启蒙运动是人从自我监护(self-incurred tutelage)中的释放。这种监护要求人不能毫无方向地运用自己理解力。当监护的原因不是由于缺乏理智而是由于缺乏决心和勇气去毫无方向地使用理智时,自我监护便产生了。敢于求知(Sapere aude)!"鼓起勇气去运用你的理智!"——这就是启蒙运动的箴言。

启蒙运动的结果是人们放弃了道德(也暗示着生命伦理)和宗教作为人类事务的全部。正如康德所强调的,尽管现实中的宗教各异,"道德信仰却处处相同"。宗教通过道德得到理解,道德则通过话语理性(discursive rationality)得到理解。通过对宗教、道德和话语理性的辨识,康德证实知者和道德行为者是现实的基石,而这个现实则是固有的、内在的。随着对上帝的不断偏离,启蒙运动完成了文艺复兴以人为中心的目标。尽管康德的道德是某种道德行为的替代者,它毕竟依然是建立在人类现实境遇的基础上。

康德关于道德的阐述,提供了一个人们可以从不同方向进行拓展的可能性。道德(包括生命伦理)完全可以由意志的力量创造出来。在康德看来,意志的力量不可避免地会产生世俗化经验主义知识和科学。道德还可以被创造成完全以道德行为者为中心,在这个过程中,道德可以摆脱价值假设的限制,而康德正是不明智地把价值假设融进了他的道德理论,尤其是他赞同将自由和理性价值进行词典式排序。因为自由被给予了压倒一切的排序优先性,所以康德不允许一个人自由地决定他不想要自由。按照这种逻辑,康德还努力排除自杀(包括医师帮助下的自杀和自愿性的安乐死)。① 如果把自由作为道德权威性的来源，康德的道德可能会被抛弃。世俗道德允许自由的存在，可以视为自由选择的框架和责任关系。换句话说，不是道德行为者的价值或任何假定的道德行为者机构的价值支撑了道德的框架，而是道德行为者：允许自由的明确可能性。在此基础上，人们能够避开对价值的特定排序，就像科学能够避开关于现实深层结构的形而上学和受限于任何特定的经验上的发现。因此，人们确认了一种建立在允许自由存在基础上的程序上的道德框架，并把它作为能指引道德异乡人的生命伦理基础，正如现代科学允许那些坚持把经验主义争论归根于对知觉现实争论的形而上异乡人 (metaphysical strangers)（例如，坚定地否认存在不朽灵魂等，并以此认识知觉现实深层结构的人）合作一样。世俗道德（包括生命伦理）必须变成如同科学那样，有程序性而不是受限于特定的内容。②

正如通过坚信客观事物存在有限的、客观的主体性，人们可以与形而上异乡人（例如，那些否认知觉现实形而上结构，以及不相信以可靠理性或某个普遍认同的权力就可以解决这种论争的人）科学地合作

---

① 康德试图为给他的道德准则打下一个没有任何矛盾的普遍性基础，或者至少没有意志上的自相矛盾之处。见《道德形而上学基础》(Grundlegung zur Metaphysik der Sitten, AK IV, 423)关于自杀，他希望人们应该以自由而理性地选择死亡来阻止自杀行为，而在死亡选择上，不存在自由决定的自由和合理性。只要自由和合理性支持用一些限定条件来界定道德实践，而不是尽可能尊重人们自己的价值选择，那么这样的阐述在自杀的选择上就没有任何矛盾。在伦理学的演讲中，当他不援用生命价值的时候，他就援用成为一个道德行为者的具体价值。"如果一个人随意处置自己的生命，那么他对待他的价值就如同对待一头牲畜。做这种事的人，既不尊重人性也没把自己作为人，但是他们却成为了人人享有自由意志的人……自杀是一种既可恶又让人无法接受的行为，因为生命应该受到高度珍重……因而，道德准则在任何情况下都不允许自杀行为，因为自杀将人性贬低到动物性的层面，从而毁损了人性。"见《伦理学讲座》(Lectures on Ethics)，由因菲尔德 (L. Infield) 译（印第安纳波利斯，哈克特1963年版），第152页；进一步对康德自杀观的论述，可参阅恩格尔哈特《生命伦理学基础》（第二版），第131—133页。

② 康德将他这科学阐释当作对牛顿物理学的坚定支持（也是一个坚实的基础），他甚至宣称，运动定律和牛顿物理学的一般性质只是在满足了一定的必要条件下，那些可察觉到的、时空的、对经验的语言推论才被证实是合理性的存在。例如，可参见康德《自然科学的形而上基础》(Metaphysische Anfangsgründe der Naturwissenschaften, 1786)。此时，康德可能已经放弃了对物理学这一特定阐释的支持。因为物理学上的这些特定阐释是依赖于对因果关系和物质的特定理解之上的，而不是需要为察觉、时空和经验论述的可能的一致性提供一般条件。这样，他将会非常清晰地给出了一个符合程序的科学解释，而无须遵从任何特定的内容整全的科学事实，只要用一般实践或以互为主体性的方法来解决经验现实中的纷争就可以了。

第三章 作为一项人权项目的基督教生命伦理学:认真地内在性考量

一样,通过进入一个类似的、有限的、主体间道德上合作的世界,人们也可以与道德异乡人(例如,那些道德观念不同的人,以及那些通过可靠论据或某个普遍认同的道德权威也没找到可以解决这种论争方略的人)很好地合作。① 也正如形而上异乡人只要忽视具有形而上学的重要问题,就能够如同在经验科学中合作一样,道德异乡人只要忽视内容整全性道德中那些让他们各持异见的特定道德观的差异(例如,关于人类基因是否在道德上是无条件地不可亵渎的不同观点),就能够在制定健康维护政策方面合作。他们必须专注于一个道德参与者所认同的、多数人能够理解的公共道德权力(common moral authority drawn)的世界。当有人一旦陷入经验科学的内在思维时,关乎现实的深层形而上学观点就会显得不再中肯。同样,当有人与形而上异乡人合作从事科学工作时,那些形而上学的见解是不能被接受的。因此,尽管一个人有"公平的价格可能是多少"的直觉,但它却是和世俗医疗保健市场的实践不相关的。与之类似,尽管一个人有"描绘有限民主的深刻的善或正义"的直觉,这种道德洞察与有限民主社会中的普遍世俗道德的合理性并没有明确显现。在基本合作中,如自由和知情同意、医师和病人的协议、医疗保健市场以及有限民主下的医疗保健政策,允许的作用是足够的。实践本身不是以特定的道德或道德准则排序为基础,而是以个人的赋权为基础。

可见,世俗道德(包括生命伦理)变成了一种多数人能理解并能解决矛盾的途径。它没有预先假定的道德标准或排序,因此合作的实践是可能的。事实上,这种合作已经受到重视并且已经在实行。在此实践

---

① 再次提醒大家,术语"道德异乡人"(moral stranger)是用于特指这样的一些人:人们无法通过成熟的理性论据与他们解决道德的纷争(例如,那些在道德上就同一问题因分歧而进行论战的人,他们不能用成熟的理性论据来解决争论而使争论停止,因为他们缺乏共同充分的道德前提、论证的道德准则、和/或推论的道德原则)。也无法通过彼此认同的道德权威来解决(例如,一些人就同一个问题发生道德分歧,但是他们并不是生活在同一个道德社区里的人。人们一般认为,同一个道德社区里的居民个人或团体有权就他们彼此间的道德分歧说明自己的判断)。"道德朋友"(moral friends)是指这样的一些人,他们能够通过成熟的理性论据,或者对大家认可的具有道德威信的一个人或几个人的支持,来解决彼此的道德分歧。参见恩格尔哈特(Engelhardt)《生命伦理学基础》(*The Foundations of Bioethics*),特别是第24—25页;另可见恩格尔哈特与阿尔索·卡普兰(Arthur Caplan)编《科学的争论》(*Scientific Controversies*),纽约:剑桥大学出版社1987年版。

中，包括它构建的程序（如协议）、争论能够得到解决。而在此实践之外，假如没有一个被所有人接受的真理进入，道德争论是无法用一个对道德异乡人可行的道德权力来解决的。通过诉诸许可，解决道德争论的标准与道德实践相互协调，而这些都没有坚持任何特定的价值排序或道德原则。允许是一般世俗道德权力的基石。当人们转向和道德异乡人在制定世俗医疗保健政策方面合作时，允许原则（permission）无法回避。面对道德多样性和道德的内在困境，允许原则似乎为松散环境下后传统基督教生命伦理学提供了一个共同合作的道德权威。① 以此逻辑，不仅是世俗伦理学也包括基督教生命伦理学应该延续哥白尼革命的传统，让所有学科都建立在生命伦理学的基础上，而非仅仅是非此即彼地在知识和道德两个目标中选择。其结果就是康德式的典型后传统基督教（full post–traditional Christianity）。基督教生命伦理学可以以道德行为者的允许为基础，因此后传统基督教道德和生命伦理学从根本上超越了人们的想象，不同于以往的任何基督教道德，这正是基督教道德一直以来的企盼。

康德的哥白尼式的革命（例如，在阙如上帝体验的情况下，人类能够拥有建立知识的基础）扩展到了基督教（例如，后启蒙运动基督教）和基督教生命伦理学。在后启蒙运动文化中，人们避让了西方基督徒的悬疑（如有些人不认同可能存在能够体验到的上帝），例如：

一个人如何能通过理性审视去发现上帝的存在和本质，以及涉及生命伦理的上帝的戒律和意图？

同时，一个人如何能通过书本和口传，从传统意义上进行学术审视，去发现并在内容上，给予基督教生命伦理学以上帝灵性的存在？

---

① 尽管程序性而内容不够整全（content–less）的道德和康德的道德之间存在一定相似性，但是这两者之间也存在着非常重要的差异，然而前者对后现代的道德异乡人却具有一定的影响力。本书中简要提及的程序道德，与《生命伦理学基础》中的概念相同，是基于一个共同道德权威界域中具有充分合作的意愿框架而提出的。基于一般的程序性世俗道德中的自主选择，对康德来说，应被视作他律性选择：诸如此类的选择未必取决于康德那具有丰富内涵的绝对命令，通常是受特定的道德行为者的价值倾向而定。参见恩格尔哈特《生命伦理学基础》(The Foundations of Bioethics)。

第三章 作为一项人权项目的基督教生命伦理学:认真地内在性考量

这些问题预先假定了一种进入超验的理性推论的途径,或者说是预先假定了在社会历史的内在条件下超验的存在。更通俗地说,这些问题可以被这样一个问题所替代,即重新把宗教化旨趣聚焦于内在性(the sphere of the immanent)。

人们如何能够审视、澄清、修正和更新他们的宗教道德、形而上学的承诺,然后阐述并坚称它们是正确的,把它们作为人类文化遗产的一部分,认为它们和其他事物一起为基督教生命伦理学做好了准备呢?

基督教和基督教生命伦理学被认为不是建立在上帝的基础上,而是来自人们的认可,因为他们关心神圣的、至善的和超越的东西。这种超越的东西被内在化和被清晰地表达在特定的宗教叙述中。宗教道德的要求被民众接受,并且在特定的有限的宗教体验领域内被赋予了特殊的意义。

传统上,基督教自认为所宣称的走近上帝(entry of God),即上帝超越并进入我们历史的内在性:上帝成了"可能将我们创造成人的上帝"①。确实,基督教认为人内在的孤独是人类堕落的结果。毕竟,在被驱逐之前,上帝和亚当、夏娃一起行走在伊甸园中(创世记,3:8)。一种重新构造的基督教道德以道德行为者的人类为基础,这就从本质上,否认了对超越一切的上帝存在传统的、绝对的预先要求,否认了上帝能被体验和上帝创造奇迹。换句话说,这样一种从本质上被重新改造的基督教把自己和它的生命伦理学定位为与后古希腊—罗马异教相通,它们曾遭到早期基督教毫不妥协地反对。基督教变成了众多叙事性宗教的一种。看看塞维鲁·亚历山大(Severus Alexander,222—235,)的阐述:

---

① 圣·亚拿塔修(St. Athanasius):《道成肉身》(*De incarnatione verbi dei*),§54.3,载《尼西亚与后尼西亚教父系列2》(*NPNF*2),第11卷,第65页。

凌晨时分，他将在圣坛前祭拜守护神。包括他的先祖，一些帝王（在这些帝王中，只有最好的才能被选中），还有神圣的灵。这其中，根据当时的一位作家写道，有阿波罗、基督、亚伯拉罕、奥菲士和其他具有相同性质的人。①

当我们从这些叙述中理解基督教时，基督教便不再是极具排他性的道德和形而上学叙事了。

当基督教声称是唯一正确的信仰而不是众多异教的综合时，它就埋下了宗教不宽容和迫害的种子。塞维鲁的先祖塞普蒂默斯（Septimus, 193—211）在202年遭到了基督徒的迫害。掺混着其他原因，塞普蒂默斯护送亚历山大利亚的克莱门特（Clement of Alexandria）逃离了埃及。基督教假如按照塞维鲁的想法重建，那它不仅会变得宽容，而且会接受把其他宗教观点作为表达人类现实状态的替代论述。尽管一些异教徒可能相信他们的上帝，或者仅仅是支持他们的教派作为文化定位的资源，传统的基督教观点仍然认为宁愿为信仰而死也不能有哪怕一丝对异教信仰的赞同。经历了信仰上的哥白尼式的革命之后，后传统基督徒和异教徒能够一起祈祷，因为他们都关注真实的人类而不是超越一切的神灵。他们不是对着不同的超越性真理祈祷。后传统基督教和异教信仰之间的普遍和解使他们能够颂扬共同的内在性世界。一种以这种基督教支撑的基督教生命伦理学将会从根本上变成后基督教。

俗界三境：生活在一个无上帝话语的世界

启蒙运动时期，世界主义者的愿望是超越各种历史、传统和社会背景下散乱的特殊性。他们向往在一个理性的世界范围内的道德宗教中建立一种普遍的能团结所有人的伦理标准，建立一个永恒不朽的世界宗教。他们希望宗教社会不再因为关乎超越性真理的本质存在异议而相互

---

① 中文作者《亚历山大·塞维鲁》（Severus Alexander），xxix，载《奥古斯都史记》（The Scriptores Historiae Augustae），大卫·梅杰（David Magie）译（马萨诸塞州，剑桥：哈佛大学出版社1967年版），第2卷，第235页。

分野或互相仇视；人们不再把自己当作特殊宗教社区中最优秀和最重要的成员，让腥风血雨的人类历史中仿若永无止境的战争和冲突能够永远成为过去。换言之，所有人都首先把自己定位为道德大家庭的一员，这个大家庭在普遍的道德承诺的背景下把所有人紧密地团结在一起。这种世界自由主义者的道德愿望，与罗马天主教经院哲学家的道德反思中筹划恶普遍理性特征形成共鸣，尤其是在对自然律的理解方面。19世纪初，波士顿地区的早期一神论者把自己当成是世界自由主义基督徒——正如今天许多罗马天主教徒认为的那样——这远不只是一次历史的偶然事件。[1] 启蒙运动、法国大革命甚至拿破仑的这些世俗世界自由主义者愿望其实都根植于西方基督教的理性主义。

正如我们已经看到的，世界主义者的道德愿望的困境在于，它不能找到一套具体的、经典的、有实质内容的道德体系作为支撑。假如人们认真对待这种关乎道德理性的局限，世界主义者的道德愿望就变成了仅仅是一种自由意志主义者的世界大同。它给出的是一个缺乏实质内容的程序上的道德框架。虽然通过这个框架，个人和社群可以彼此协作，但西方社会的宗教和世俗道德愿望并不满足于一种在道德异乡人之间的协商程序，这就让人有足够强烈的动议把这种为了获得公共权力的程序当成好像只是一种骨肉相连般重要的道德。这便在将自由视作一种价值的情况下，潦草地将自由选择当作权力的来源，从而陷入了范畴错误。而这样的范畴错误为：普世性道德只是一种特殊的道德理想，这类断言奠定了此道德的基础。对自由的此类断言，使道德的发展更关注于自主选择的基本价值，包括实现这种自由的条件。由此，一种成熟的宽容的世界自由主义者的道德观点就此形成。

作为一种框架的自由论世界主义

如第一章所述的，如果世俗道德理性不能为一种特定的内容整全道德观点提供辩护，道德权力必须来自普遍认同。当一个人完全意识到超

---

[1] 《不列颠百科全书》（*Encyclopaedia Britannica*）第11版（1911年），第27卷，第596页。

越一切的上帝的存在，他也能意识到其他人对上帝不闻不见。在一个没有意识到上帝作为超越存在的社会，人们可以不排斥上帝的存在，一边宣扬着福音书，一边为了共同的目标协同合作（当然，考虑到个人的隐私权力，人们可以拒绝邪恶的合作方式）。现在，人们放弃了散漫地为一种经典的内容丰富的道德体系辩护，承认在人们没有追求这种道德愿望的基础上，我们是不可能建立这样一种道德的。一个人必须知道哪些道德标准应该作为自己言行的指导。（例如，善的简要理论、引导道德直觉的因素、善或偏好的逐渐消减、直觉的平衡，等等。我们是否应该运用这些指导性的因素来解决具体的生命伦理争论？）相对于"谁同意和谁一起做什么？"这一问题来说，上帝的缺位对道德来说是更为严重的问题。在没有上帝的情况下，人们从参与某项事业的群体同意中获得了权力。人们还能够依据特定宗教社区对具体道德内容的许可，来证明自己行为的合理性。

在世俗社会机制中，人们不需要找到一种外在的、符合基督教教规的、符合道德要求的标准，而是通过诉诸同意——这个道德路径——来证明公共事业权力（authority）的合理性。例如，就像在第一章中所提到的，许多广泛存在的针对医疗保健的当代实践和制度的道德权力基于允许，比如自由和知情同意（例如，医师和病人彼此的共识协作）；宽容的权利（例如，撤回许可的权利）；隐私的权利（例如，一项世俗道德权利，即无须他人介入，人们具有进行相互认同某些事务的权利，如怀着神灵治愈重症的希望而崇敬遗物，尽管一些人觉得这不合时宜）；和他人订立契约（例如，繁复的医疗保健网络的建立）；市场上的互动（例如，追求他觉得可以接受的医疗保健服务）；以及建立有限民主（例如，建立道德中立的政府，这种政府不限制自愿同意的个人间合作性事业，允许用不同的方法得到医疗保健服务，尽管一些人坚信这些行为不合适）。人们将这些制度和实践获得道德权力的依据，并不是因为它们有多大的价值，而是因为它们能够零散地把个人紧密团结在同意的基础上，并且置于公共世俗道德权力之下。事实也正是如此，一生一世疲于奔命的人们被这种道德权力的渊源团结在一起：他们共同栖隐在一个自由意志者的国际都市中。

这种程序设计，允许拥有多种道德承诺方式的个人在他们自己的道德社区中遵循着公共道德权力行动，以及在更大的世俗社会里和平地生活，只要他们让公共权力选择出于成员的一致赞同。这种设计等同于赋予个人和社区切实权利的有限性民主。它们之间的区别是（1）道德氛围浓厚的社区，根据其成员的选择去追求一种特定的对善或人类福祉的理解；（2）世俗社会在其和平不受到威胁时，给个人中立的空间进行有限的共识合作；（3）有限民主承认社区和社会的差别。在这样的组织里，人们能够想象包括传统的基督徒在内的众多道德社区和平地追求他们自己对美好生活的理想观念。这种非地域性划分的社区，可以建立他们自己的机构以提供宗教服务，也包括医疗保健和福利。"非地域性的信仰社区"（non-geographically located communities of belief）这种提法表明了在北美普遍存在并且在西欧也日益增长的一种现象：很少存在所有居民只信仰一种宗教的那种地区。在西方，尽管到处可见宗教一致性的飞地（例如，修道院、群居，或者门诺教徒的农业社区），这种一致性倾向已经成为特例，并且经常出现在有相同政治组织的地方，这些政治组织缺乏任何或一些附属于它们的宗教成员。宗教社区不再认为它们是某个特定地理区域的领主，而是尽量维持它们的制度和机构，并与其他宗教的制度和机构相互扶持共生共存。把宗教嵌入在一个更大的世俗社会框架下，对宗教社区及它们道德上的理解和制度的这种描绘不应该被当成与现实环境特别不一致，就像西方很多人现在感到的那样。宗教是非政治驱动的、有限的、非地理性存在的社区：多种多样的宗教组织能够并且确实是在相互扶持共生共存着。就像各国现在所做的那样，不必赋予任何宗教和宗教成员以垄断地位，罗马天主教徒、犹太教徒、伊斯兰教徒、佛教徒和印度教徒能够生活在一起，甚至结成邻里情谊。在某个特定的邻里关系中，可能同时存在着许多不同的"服务"于其成员的精神和道德需要的宗教，这些成员相邻而居但不组成一个道德社区。

以上的叙述都是为了要认识到，那些有着基督教信仰的社区，没有明显的地理划分，但是能够长久保存着服务于道德义务的社会组织，而无须庞大的国家从中调节。这个组织在其所辖的整个区域发挥着道德权威作用。这种对大量非地理区域性的道义社区之中立状态的诉求，并不否认在高度民主的社会里，影响力很大的宗教组织有时会通过民主程序实施其愿景。所以，特定的世俗化道义观念确立也是被施加影响的结果。例如，家庭医生们因受宗教信仰的影响，不愿意接受某些特殊的医疗干预措施，以致他们未能将病人及时送入提供这些诊疗措施的医疗机构，这时，家庭医生们将会发现他们要么依据法律责任将病人转入医疗机构接受治疗，要么面临民事诉讼。堕胎就会出现类似这样的情况，当一个家庭医生基于宗教信仰的原因而不愿意（因为这种事在道德上是不应该的）将想要进行堕胎的病人转入提供这种医疗服务的机构。原则上，是不会对家庭医生的良知行为滥用法律的。在民主宪政非常有限的社会里，永远都不会严惩有这类行为的医生们。①

一个真正有限民主的社会结构，应该给社区和个人足够的空间，以使其按照他们自己关于道德和宗教的看法与其他赞同的成员和平地行动。从外部来看，可以认为宗教社区的道德权力来自社区成员的一致同意。实际上，这也是人们原本就认识到，教会在行使上帝的权力时，不应该衡量该教会的道德权力准则。例如，约翰·洛克（John Locke）主张教会组织的自愿性质。"我把教会当成是一个人们自愿形成的组织，在这里人们根据自己的愿望团结在一起……"② 正如我们将要在第七章论述的那样，在这种模式下，非地理性的宗教社区能够提供众多平行的甚至国际化的宗教医疗保健网络，每个社区都有它自己的生命伦理。即使独立地处于支配地位的政治结构，宗教和其他社区仍然可以在它们多种多样的宗教性的、教育性的和医疗保健性的机构中保持它们自己的道义，尽管它们需要委任和供养不同地方的工作人员。从外部来看，它们的权力必须是经过这些社区成员的同意后合法产生的。也就是说，非地理性存在的宗教社区在其成员同意后可以获得普遍的世俗道德权力，只要它还在道德多样性的限制范围内。毕竟它们自己将享有一份空间，而

---

① 有限民主，以其成员的同意获得道德权利，但是该民主不会由世俗道德权威要求人们理解某种特殊的道德，例如，对堕胎和医生协助自杀这样的病例，要求在道德上对此持反对意见的医生，至少把自己接诊的此类病人转给愿意提供这些医疗服务的其他医生。

② 约翰·洛克（John Locke）：《一封关于宽容的信》（*A Letter Concerning Toleration*），纽约，阿姆斯特丹：普罗米修斯图书1990年版，第22页；洛克似乎非常看重基督教超越性的目标。他认为，追求对人类灵魂的救赎，就是教会存在的目的。

这种多样性将这份空间也留给了其他宗教社区。就像在道德氛围浓厚的社区范例中，一个人可能会想起哈西德派犹太教信徒和门诺教派信徒。作为这样一种社区的一员，胜利归功于所有其他社区，因此这种成员身份变成了非常次要的和有资格的（secondary and qualified）。所以说一个得克萨斯州人，即使是得克萨斯兄弟共和会（the Sons of the Republic of Texas）的一员，也没有他是哈西德派犹太教信徒或门诺教派信徒重要。不幸的是，大多数人生活在被错误地指导和道德上不一致的道德社区。原则上，只要在其成员的同意下，社区可以自由地把它们自己的民法和刑法强加于它们的成员和机构。自由意志者的国际都市框架提供了一种认真对待道德多样性、社区完整性和个体授权的结构。它不否认超越一切的上帝的存在或对上帝的感知。相反，它提供了一种当所有人都听不见上帝和信仰上帝时人们普遍合作的道德愿景。

作为一种生活方式的自由论世界主义

这里提及的所谓自由论世界主义框架，事先假定了一个人已经对他和社区中其他成员一起分享的道德和人类繁荣有一定的理解。毕竟，当一个人希望和道德异乡人或和对道德没有足够深厚看法的人合作时，他会诉诸允许，以便能够通过可靠的理性论争或通过激发一种公众承认的道德权力来解决矛盾。这种与道德异乡人合作的策略暗示了一个人有道德上的朋友：他事实上和别人分享了一种关于正义、善和美德的重要观念。但是假如这种暗示是虚假的呢？假如道德生活如此混乱以至于许多人没有关于正义、善和美德的一贯理解呢？彻底的后现代人（Thoroughly post-modern persons）正是这样一群个体。他们不仅仅没有和别人一起分享的道德故事，也不存在关于他们自己生活的一贯道德规范，其实，生活就在他们身上发生，包括他们的激情。他们是一种不为自己人生做道德规划的群体。他们有欲望、冲动、祈盼、诉求、需要和忧虑，但是没有把他们自身生活塑造和连接成一个整体道德计划。特别是，他们没有组成他们生命事业的关于善或恶的一贯感觉。这意味着这些人一直遭受道德思想混乱带来的损害，这种混乱使他们不能承担道德行为者的角色。他们能够非常一致地和负责任地去追求满足、成就和幸福。他们只是缺乏一个连贯的重要的人物角色道德叙事,不然,他们的生活应该会充满幸福。

除了被拣选的规范化道德情态,当道德关怀缺乏时,道德问题便容易被转化为美学关注的问题。因为理性不能建立经典的道德内容,道德是建立在意志的基础上,这种意志没有得到内容整全的规范约束指引。道德行为者的目标可以从尼采信徒的权力意志转变成美学家实现美好和愉悦生活的意志。后面这种意志和古希腊—罗马人对真实人类①的追求有着深厚的共鸣,例如,瓦罗(Marcus Terentius Varro, 116—27 B.C.)曾写道:

> ……我们希望有座房子,那里不仅是我们在同一屋檐下生活的地方和生活所需把我们聚集在一起的安全港,也是我们可以继续体验生活乐事的家;我们希望有锅碗瓢盆,因为它们不仅适合用来装食物,也拥有美丽的外观,它们是艺术家打造的艺术品——前者是人的动物性的需要,而后者则是人高尚[博爱(humanitate)]的需要:虽然任何杯子本来是人饮水所需,但任何杯子更主要的是用来满足人的高尚[博爱]所需:正如我已经偏离了愉悦的实用性一样,事实是,在这个例子中,更大的愉悦经常来自外表的差异性而不是相似性。②

这种美学家能把他们日常生活和对更高层次满足的追求紧密结合在

---

① 人文思想的理念,反映了固有的对人的思想活动的独特理解。那些说拉丁语以及正确使用这种语言的人,并没有赋予"humanitas"一词以一般人理解的词义,也就是希腊人所谓的"philanthropia",意指一种一视同仁待人的友爱精神和善意。但是他们赋予"humanitas"以希腊文"paedeia"的含义,也就是我们所说的"博雅的教育"(eruditionem institutionemque in bonas artes),或者"优美之艺的教育和训练"。热切地渴望和追求这一切的人们,具有最高的人性。因为在所有动物中,只有人才追求这种知识,接受这种训练。因此,它被称作"人性化"(humanitas)或"人文"(humanities)。见约翰·C. 拉尔夫(John C. Rolfe)译《雅典之夜》(*The Attic Nights of Aulus Gellius* XIII. xvii. 1,马萨诸塞州,剑桥:哈佛 1978 年版),第 3 卷,第 457 页。

② 瓦罗(Varro):《拉丁文》(*On the Latin Language*, VIII, 31),肯特(R. G. Kent)译(马萨诸塞州,剑桥:哈佛 1979 年版),第 2 卷,第 395 页。

一起。或者说，他们能简单地找到任何形式的满足，唯一限制他们的是，在没有别人许可时永不利用他人的约束。只要这种人争取给他们的生活注入一点自由精神——这是他们道德一致性的源泉——他们就不再是世界自由主义者，而是成为自由世界主义者。

作为一种生活方式的自由世界主义

如果不存在所有人都该谦卑地服从、超越一切的上帝，人类便可以体面地把自己作为道德关怀的核心，因为他们不仅是自由的，也是负责任的道德行为者。他们将不仅是把道德权力转化为道德异乡人的合作中允许的来源。他们以及他们的生活目标将是所有意义的中心和所有善的标准。启蒙运动将在一种解放的过程中，作为价值核心内在性实现的同时蔓延和展开，这种解放是从先验地假定为有根据的权力和知识的专制中获得的解放。宗教，当它宣称权力来自超越一切的上帝，将被当作是狭隘的迷信，将由于启蒙运动（siècle des lumières）的兴起被撇弃。假如康德和其他启蒙运动思想家是正确的话，一个人就能够通过自己的本质、理智和/或同情找到一种基础来避免在陀思妥耶夫斯基（Dostoevsky）《卡拉马佐夫兄弟》（*The brothers Karamazov*）中斯麦尔佳科夫（Smerdyakov）的结论："一切都没有了约束。"如果是这样，每个人将具有一份经典的世俗道德，法国大革命、十月革命或者波尔布特大屠杀将不会发生。这种道德的完整形式，正如在康德那里可见的那样，将极力主张给人自由和自治权，给在所有生活领域包括道德理论中评估自由的价值提供基础，使生活中那些顽固不化的传统和主教权力的宣言将不仅仅是狭隘意义上的对学术自由的侵犯。它将捍卫人类的尊严。开放式研究和争论的启蒙运动精神欢迎所有人对所有事持有怀疑，让所有事都在批判的世俗的反思中接受质问。伴随着从习俗、传统和过去的嗜好中解放出来的启蒙运动精神，社会上出现了赞美人和自由精神的思潮。启蒙运动是西方人文主义"废除超越性权力，确立以人的价值为中心"的目标的一次完成。

一旦人类的自我理解不再与超越一切的上帝相联系，人类对自然界的权力就不再必须获得承认。人类也不再和自然界有特殊的联系，即创造了大自然的造物主上帝赐予人类不仅仅有统治所有生灵（创世记1：28—29），而且有把所有生物当作猎物的权力（创世记9：2—3）。人类不再是和上帝一体的基督所宣告的那样享有特权的物种。假如不存在关于宇宙的超越性观点，也就不能说进化有何目标，或者说进化会通向何处。换言之，进化只是就这么发生了。它朝着不同的方向，并且很大程度上取决于偶然事件和大灾难，诸如物理法则、化学限制和选择压力等。虽然一个人可以根据，物种在特定的环境中最大化演变的结果，包括健康在内的指标来判断该物种是变得更好了还是更坏了，但是他不能再说哪种生命形式更高贵或更低贱。

这一点对于道德，尤其是对于生命伦理学，有着非常重要的含义。人类不再因一种独特的超越的命运和特权而与其他动物有优劣的分别。人类和所有其他生命的道德距离因此变得更近了。由于所有生命都分享感觉和愉悦的美好，这就提供了一种把人和所有生物联合起来的纽带。特别是，越多的动物能享受有意识的感觉和满足，越多的人就会去关心其他生命形式，不让它们以为给予人类贡献，而是使其需求得到最大化满足，降低其痛苦到最小化，以便最大化维系所有生命的共同利益。在此情形下，一种生物有它自己的道德地位就不是因为它属于哪个物种，而是因为它能感觉和实现满足的真实能力。结果，当其他一切都相同时，把情感复杂的和有意识的小牛犊圈在栏里以让它长出肉来就是一种比人类堕胎更恶劣的行为，因为胎儿在那个阶段还没什么感觉，这样做也是为了更好地实现妇女的生活目标。这种自由世界主义伦理（liberal cosmopolitan ethic）因此会倾向于赞同堕胎合法化的素食主义，或者至少理解人类生活的价值不是简单地因为他是人，没有人认为堕胎有什么深层罪恶。这种与所有经历痛苦和快乐的物种的联系产生了一种对动物的更高层次的关怀，这种关怀表达在动物解放的需要上。[①] 但同时，也出现了更复杂的关系，在那些素食主义者都不甚完全赞同的地方，总会有一股出于关心动物和动物福利的考虑而投入研究基金，因此减少了能

[①] 彼得·辛格（Peter Singer）：《动物解放》（*Animal Liberation*），纽约：雅芳书籍1990年版。

第三章 作为一项人权项目的基督教生命伦理学:认真地内在性考量

拯救人类生命的资源。① 这尤其表现在对"高等"灵长类动物的研究方面甚是谨慎,这些研究本可以对人类福利作出贡献。②

世界主义的自由伦理思潮的出现是一种全球现象。全球各种宗教和传统文化都必须对其具体内容给予一些理论的辩护,以及从自主选择的重要价值方面进行重新评估。正如每种传统发现的那样,这样一种辩护没法达到,而且更重要的是,它的承诺一般不给予个体自治以中心地位。结果,传统的内容因为从理性上未被证明是正确的而被疏远,同样它们也被当作是狭隘和偏执的。宗教要求也变成了美学可能性。宗教仪式的重要性变成了历史而不是超越一切的现实。当人们用理性来思考传统时,他们便融入了后传统的、自由世界主义的文化或思潮。③ 那些以这种批判的态度思考他们宗教的人发现他们融入了一股世界范围内的从过去、从迷信中解放的思潮。他们也因此发现了全球消费主义文化推动的自我决定和自我实现的欢乐。这种解放是不流血的、快乐的和个人主义的。

我们将关注点转向个人作为价值的来源时,并且因为这种价值是在世俗的生活目标中实现的,这也就产生了在个人价值的实现中对机会均等的要求。个人不仅仅是权力的来源,也是价值的来源。自主的个体和自我决定的生命是自由国际公民社会道德生活景象的关键。世界更美好了,所以这种思潮更坚定了,越来越多的个人意识到他们的生活目标,他们对善的看法应该和其他持有如此理想的人以某种方式相容与协调。

---

① 例如,可参见莱尼特·A. 哈特(Lynette A. Hart)等《动物研究中负责任的行为》(*Responsible Conduct with Animals in Research*),纽约:牛津出版社 1998 年版(New York: Oxford, 1998);还可参见 F. 芭芭拉·奥兰(F. Barbara Orlans)、汤姆·比彻姆(Tom Beauchamp)等《人类对动物的使用》(*The Human Use of Animals*),纽约:牛津出版社 1998 年版。

② 恩格尔哈特:《动物:被人类使用的动物的权利》(*Animals: Their Right to be Used*),载佛瑞德·D. 米勒(Fred D. Miller, Jr.)、杰弗里·保罗(Jeffrey Paul)编《运用于医学研究的动物》(*The Use of Animals in Medical Research*),新不伦瑞克,新泽西州:交易出版社 2000 年版。

③ 术语"自由世界主义特质"通常用于界定一种生活方式,一种显性文化。"自由世界主义的伦理"旨在给予这种特质一种具体、清晰的表达或阐述。一般来说,这两个术语在本质上可以看作是相同的。

自由主义者从关注自由作为宽容权利的来源，变成了关注实现个人理性生活计划机会的权利以及个人自由选择具体形式的权利。因为实现最大的善的愿望在有限生命允许内（例如，个体在自我实现上的自主选择）是可以达到的，所以有必要在选择自由和追求满足或成就上坚持平等，这种平等给道德理性注入了鲜活的血肉和实质内容。为了确保资源分配可以被人接受，资源分配是从原点开始的角度来理解的，即权利有一个近乎神圣的分布序列，每个人都有一个提供给他的权利是否公平的评价依据。① 这种转变是，从把自由作为一种次要约束、② 把对允许的确认作为道德异乡人相遇时正确行事的条件，转变成把自由作为一种价值，包括为了实现某人的自我实现，把自由先作为明确的生活目标然后再去实现这个目标的机会。所有这些都是在对道德理性的自治和坚持平等的理解下完成的。在这种情况下，相互合作的裨益体现在他们共同自主的自我实现和共同肯定中，体现在个体生活目标的实现和给予他人相似空间与资源的肯定中，而不是体现在那些从内在理解的关系、目标和经验化的形式意义上。人们关注创造和实现一种生活，一种共同地亲临地自我实现的生活。对医疗保健政策来说，这就意味着建立一套包容的医疗保健体系；在福利权利方面，它包括那些关系到个人生活目标实现的权利如同性恋夫妇获得第三方援助的生育权、堕胎的权利和医师帮助下的自杀权。

　　自由世界主义是一种特殊的、内容整全性道德观点，它对自治或自由这些被设定与其他价值有特殊关系（例如，自由和平等是被设定为对繁荣来说有一种话语优先权）的价值持有特定的理解。自由主义者

---

① 约翰·罗尔斯在《正义论》（*A Theory of Justice*，剑桥，马萨诸塞州：哈佛大学出版社1971年版）中介绍了他重视人类最初状况的社会物资基本分配的观点（见第137页），罗尔斯所理解的人类最初状况是一种技术性解释，以便让我们理解物权的相对基础。根据罗尔斯的观点，从人类最初状况的画面中来看我们在社会中的地位，就会在一种永恒的形式下（sub specie aeternitatis）看待人类的情势，就是：既要考虑到整个社会状况，又要考虑到所有当下的观点。永恒的观照，并不是对不存于世的某处梦园的臆想，也不是超越性福祉的概念，而是理性的人能够接纳这个世界的一种思想和情感模式。同上书，第587页。

② 罗伯特·诺奇克（Robert Nozick）：《无政府，国家和乌托邦》（*Anarchy, State, and Utopia*），纽约：基础图书1974年版，特别参见第30—34页。

坚持自主的自我实现这种特殊理念。自由世界主义者的道德生活，一方面，既不至于陷入按照宇宙的超越意义生存；另一方面，也不至于陷入以同意为前提的道德异乡人的道德命令为合作的有限目标生存。与此相反，自由世界主义的目标是，致力于遵循一种特定的具体的经典的道德观念生存，这种道德观把自由、平等和个人实现作为核心。正在兴起的全球消费文化中，世界主义者已经与道德感绑缚在一起，基于此种框架的理解已经超越了特定的传统束缚和宗教义务。对自由主义者而言，市场的德性不仅在于其有能力增加财富以及扩展可资利用的产品和服务的范围，而且使处于不同道德共同体的人们认识到，其自身的非自由主义的道德观并不是其能力所决定，即使这些已经达成一致。很明显，市场回报了对自我实现和自我满足的诉求。这种论断会更倾向于支持一种导致怀疑的思考，如果道德上没有缺陷，道德共同体不会把自主的自我决断作为道德昌荣的基石。其后果是，这种对自主自我决断的张扬，从根本上使传统宗教，尤其是苦行主义的追求成为难题，结果，所谓自我实现则完全成为一种现世性诉求。

　　全球化资本主义的消费文化增强了自由世界主义者对机会均等的关切，这就反常地导致了对市场的限制。即，当一个生机勃勃、功能齐备的道德共同体缺位时，市场也会支撑一种直接导向全心全意追求自我满意和自我实现的路径，并肯定不同程度上达到现世人生计划实现的机会均等的要求（如，扩大公立教育的范围、为了肯定某种行动而对税收进行再分配等）。在面对一个生机勃勃、功能齐全的道德共同体缺位而形成的道德真空时，以及面对通过市场直接实现满足的诱惑时，保证每个人适当的满足感和成就感就成为中心议题，甚至包括为追求此世内在的人生计划的机会均等的福利意愿。简言之，市场不再是由道德来定位和理解，以及为达成道德异乡人协议的载体。市场已不再是实现超出其目的而存在的道德中立的工具，而是一种通过增加产品和服务的质量与数量而达到自我实现和自我满足的途径。[①] 这种对市场的理解，也逐渐

[①] 必须承认作为原则的市场与作为机构的市场之间的区别，作为原则的市场允许个人目标的实现，而作为机构的市场往往会由于被自由的世界主义社会强加给社区而趋于在道德上改变个人与社区。

削弱了那种认为市场应当自由发挥功能的文化舆论环境，也就是说，消除了特定的意识形态限制。

自由世界主义代表了一种全面完整、绝对自由、机会平等、自我实现、自我满足及成功的精神特质。它重新对许多审美事宜作了一番重新理解（例如，选择过一种令人满意、并且知足常乐的一夫一妻制的生活方式，而不是挑战道德体系，譬如考虑是否在生育控制中使用堕胎）。其重点是不受无尽地对人性的制约或是被其他传统所支配。既然如此，自由世界主义与传统基督教在对苦难中对忍耐予以关注，以及谦逊、服从和尊重权力（例如主教对教会、丈夫对妻子）、为救赎而禁欲等形成了强有力的对比。如前所述，这一道德品质在生殖、苦难、临终和死亡问题上与传统基督教的道德评价相冲突。举例来说，自由世界主义认为，性的意义在于与他人的自由结合以共同达到亲密、满意、满足和快乐。这种看法往往诉诸老生常谈的话语，例如："我希望他在这个新的关系中很高兴"；或"至少她对她的第四个婚姻很满意"；或"随便他们如何只要你自己开心就行"；等等。重点并不只是像一种道德权威上的允许，其首要的重点，应该是独立自主的自我实现。这并不意味着随便寻找一个像是有男女成员参与领导的与上帝联合的神秘组织，然后臣服于它。实际上，是要在世界范围去鼓励那些认同自由世界主义所强调的个人自主权的卓越目标。

五种自由方式展现了这一世界主义的精神特质：[①]（1）在真正自由选择的范围内，它确定了自我决定和独立自主这两个概念的优先顺序，这与民主社会下的市场利益是相适宜的，这也是这个特质是自由的原因，因为它优先考虑了那些对自由的特殊理解；（2）它肯定了那些国家为实现社会公正的公平平等机会所提供的物质资料和社会基础，它解放了物质和社会方面的约制；（3）它通过对传统的批判和对公众了解

[①] 早在19世纪，向人文主义转型的基督教，尤其是一位论主义（Unitarianim）改革派，就已经视他们自己与"自由主义的福音"为一体，人类的信仰逐渐从过去的迷信中解放出来，并且在经济、道德、政治、精神等方面得以发展。对此，可以阅读约瑟夫·亨利·艾仑（Joseph Henry Allen）《我们在神学中的解放运动》（*Our Liberal Movement in Theology*），波士顿：罗伯特兄弟1892年版，第176—201页。

第三章 作为一项人权项目的基督教生命伦理学:认真地内在性考量

世界文化的再教育,鼓励摆脱过去,因此,无论是在宗教还是家庭,它都在这特殊的集体权力中寻求解放;(4)它通过鼓励追求自我满足和实现消费经济的渴望与需求,摆脱"过时的"道德约束,所以它自由地追求以消除对满足渴望的道德限制;(5)它不是超然的或形而上学的承诺,非常民主地撇开了那种所谓至尊至上且不可置疑的反对。在这个受全球性及社会民主约束的消费主义潮流中,它能够充分实现和满足人们基本的迫切需求,如此,没有接受独立自主特质的自由主义在生活中就会出现问题,因此启蒙解放运动被社会公正制约的生产和消费再次遭遇仄逼。知识分子承认由于传统束缚的解放,消费经济用挑逗性欲来寻求利益。由于性交易与纵欲的引诱,市场风气助长了自由主义、批判禁欲主义、基督教传统以及性别歧视的观念。这种总体上的肯定使得性满足变得规范化了。通过诱惑实现赤裸裸的满足,或者是完善自我需求(无可否认在小型市场环境中),它会聚焦在世界范围的、开放①的后形而上学主义上。其实,正如某些人所发现的那样,实际是在一切范围内的。

这种特质,因其对自由丰富内涵的理解,会消极地认同传统父权和性别歧视的家庭结构(也就是,丈夫作为一家之主,主要养家糊口;妻子主要负责抚养子女)。像这种传统的家庭结构招致批评是因为他们直接用那些传统的、狭隘的对宗教道德认识来抚养教育孩子(例如,肯定对教会权威的尊敬,禁欲主义相比自我满足要对救赎更有帮助,以及由性别特征决定的排斥性的性别歧视条款),而不是追求更高的生活水准和将这种道德融入消费主义的自由世界主义精神特质。从世俗自由世界主义思潮的长期漫延的角度来看,传统宗教和家庭亲人之间的承诺环境极大地恶化了:(1)财务状况;(2)实现和满足的机遇;(3)他们

---

① 也许有人会认为这里是伯纳德·曼德维尔(Bernard Mandeville,1670—1733)的诗,"怨声连连的蜂房:或许,流氓们变成善人",这句诗中,他在庆祝一个多产型的开放市场经济,这一模式的市场,为了富裕而发展生产要给予允许的满足性欲和贪欲一定的约制,他通过观察,写道:"因此每一个部分都充满了恶习、缺陷,然而整个人群却恍若在天堂……所以在公平的尺度与范围内,允许恶习是有益的……"见《蜜蜂的谎言》(*The Fable of the Bees*),印第安纳波利斯:自由经典出版社1988年版,第1卷,第24、37页。

的道德承诺（即所追求的狭隘的卓越目标和针对家庭性别歧视而不是开放社会意识）；（4）形而上学的基础。特别指出的是，传统家庭结构的承诺在经过认真思考，成功地去解放妇女们传统的社会角色。相反，在确保所有一切都进入市场经济（和其周期性愿望，生产和消费），然后摆脱传统和过去的束缚追求人的满足，最后成为了社会解放的中心模式。那么，其内在性质一旦与传统理性脱离，势必会带来许多对满足卓越承诺的诱惑力和吸引力的争论与质疑。这种包含自由主义的观念通常作为一个理所应当的道德真理，而没有注意到其内容整全道德的特殊含义，也并没有获得对全球消费文化的普遍赞赏。

在呼吁这样的道德构架作为道德权威的来源（即自由世界主义伦理）的指导下，自由世界主义特质要求从根本上放弃所有等级制度，不只是君王对国家、列强对殖民地、男性对女性，还有人类对动物。所庆幸的是，当一个人脱离了权威的允许（这允许本身就谴责列强对殖民地的统治是不被允许的），所有人权事务都自由了，而我们有理由担忧，如何保证机会均等地去追求这些事务。正如之前已经指出的，如果自由就是中心，那么拥有自由权利去追求自己生命就是中心中的中心，它不仅仅要求享有机会均等和基本福利的权利，而且还有开放的性别观念，不再特别关注传统角色。既然自由变得如此美好，它就应该也能使全人类实现这个目标。由于自由的中心性，必须给予国家足够的权力和权威，不仅是资源的重新分配以确保自主和平等，而且为了建立一个在教育、政治言论——以及可能的话——包括家庭关系上的永久的自由观念。① 自由世界主义特质之所以能够推进社会民主政治的议程，是由于（1）支持机会均等的平等主义；（2）寻求可以确保所有范围都能拥有完善的教育、医疗保健和文娱设施的福利政策；（3）即使当传统的生

---

① 19世纪的欧洲，通过共同努力经历了将俗世教育代替了宗教教育的过程，其主流如果并非反抗基督教，那么一般带有坚定地反对教权主义倾向。这场运动与法国政教分离运动（laicisme）相结合，并在1879年之后的法兰西文化纷争中表现了鲜明的特色，这期间朱尔·费（Jules Ferry, 1832—1893）扮演了重要角色。这些叙事，可以参阅库尔特·盖岭（Kurt Galling）《宗教历史与当代》（*Die Religion in Geschichte und Gegenwart*），图宾根：J. C. B. 莫尔出版社1959年版，第4卷；另可参见莫里斯·瑞克勒斯（Maurice Reclus）《朱尔·费》（*Jules Ferry*），巴黎：弗拉马里出版集团1947年版。

活方式不受法律约束,仍为这种奢侈和贪婪的生活方式制定某种限制和条规;同时,(4) 鼓励消费市场经济唤起并满足他们的欲望;(5) 逐渐削弱不切实际的承诺;(6) 鼓励反对传统基督教的承诺和团体;因此,(7) 制造一种永远难以满足的向往。①

我们的目标是世界主义观念要与人性结合,这比它与家庭、种族、宗教、文化、公民身份结合都更加有意义。家庭、种族、宗教、文化、国籍的特性减少了对审美的关注,它们改变了人类文化的丰富形式。虽然自由世界主义特质是多样化的,但我们已经习惯了这种已经发生改变的多样化,它与道德净化是有区别的。因而,宗教差别主要改变了历史发生的结构(例如,"传统"仅在少数风俗中保留),并且除去了形而上学的高度。这方面的多样性像是风格各异的民族餐馆让人眼花缭乱。没有通常会导致相反的那种道德评价,他们提供了许多烹饪、调味品、服务的方式(例如,"你是位不错的后辈,但是你的宗教却被魔鬼似的崇拜偶像所迷惑")。这种自由主义观念在于(1) 摆脱了区域和历史的特性,同时 (2) 全世界每个地方都能通过这个设想,即通过对仅有的传统给予批评的态度来代表建立优先自由的地位。这个特质指导了寻求自身完全的自由、平等和团结的道德。它产生了一个有关社会公正的显明的特性化观念,至于阐释这个观念最好的人也许唯有约翰·罗尔斯(John Lawls, 1921—)。②

基督教的变革:通向祛魅的基督教生命伦理学

如果说宗教真理需要从道德中寻找,亦然是,如果这种道德是属于自由世界主义的,那么认为基督教必须致力于创化神学的这种说法,只能是一种后传统的 (post - traditional):基督教伦理学应该从有利于对

---

① 对于最近的关于市场上的道德力量的两种反思(包括它的道德上的腐败力量),该市场是在自由世界主义政体强制力限制范围之内,参见弗朗西斯·福山 (Francis Fukuyama)《历史的尽头和最后一个人类》(*The End of History and the Last Man*,纽约:自由出版社 1922 年版)和约翰·格雷 (John Gray)《虚假黎明:全球资本主义的妄想》(*Farse Dawn: The Delusions of Global Capitalism*,纽约:新出版社 2000 年版)。

② 约翰·罗尔斯:《正义论》。

实现自由世界主义道德观的基本承诺重新构思。① 基督教伦理学丰富厚重的历史资源，必须消除重男轻女、性别歧视以及残存的各种异质的性别歧视等观念而得到净化；并且要针对社会民主原则对其进行调整，重新树立形象，在自由世界主义道德观念范畴内重新定位。包括历史上的表象与故事，只要不偏执，自由世界主义的基督教肯定会意识到本身也是众多宗教之一，是文化资源的一部分。跟随着适时获得自由的耶稣，在基督教核心处也将预留一个显位，御请佛陀和女神索菲亚。自从宗教不再视为对超越上帝存在与否后，便以一种特殊的艺术形式存在，只要符合自由世界主义特质的道德理性，宗教就会被接受和延存。由于对自由的独到见解，承诺中指出一些传统必须经过筛查后，再决定废弃或者修订，并且指出凡宗教必须基本保持普世性。

"宗教传统"突出了宗教的意义，是如何被跨越了几个时代的人们所理解并构建的网络结构维系着，即使它被改写成为一套宗教美学文本被人关注。要是把一个人的信仰看做是传统中的一部分，就不再认为它是上帝的启示，仅仅是作为一种审美体验似地对至圣至善或者神授天赐的赞美。据托马斯·斯坎伦（Thomas Scanlun）观察，"当人们谈论'传统价值'的时候，他们总是在谈话结束时才关注他们自己"②。宗教信仰作为一种传统，逐渐成为一种特殊的描绘精神上的超越及审美经验的艺术传统。对不起，可以说，唯有克尔凯郭尔和黑格尔参与并超越，才赋予了宗教美学更高层次的真谛。基督教生命伦理学未援引基督教独有的基督以上帝的名义所传达启示的背景，以往传统意义上的基督教伦理学已经成为对人类文化的表达。克尔凯郭尔通过对人类与俗世在同一基准的内在性认识，他洞察到基督教生命伦理学内在的发展因素。因为在世界范围内部现象中的上帝是不可见的，而人类的经验又只能是，逼

---

① 宗教成为对改革者自由意志的鼓舞与承诺方式。"虽然有无限伟力大能上帝的存在，——但是只是给与我们一种想象力和严肃地思索、敬畏灵魂的历练，以及无限的恩典和虔信基础。人类宗教的使命决不仅仅使人类物种通过训练获得各种各样的信仰，而是更多更广地去通达和接受正义、慈悲和真知，以至于存于他们所有生灵之中。"见约瑟芬·亨利·艾伦（Joseph Henry Allen）《我们的解放神学运动》（*Our Liberal Movement in Theology*，波士顿：罗伯特兄弟1892年版），第172、174页。

② 托马斯·斯坎伦（Thomas Scanlon）：《我们彼此亏欠》（*What We Owe to Each Other*，剑桥，马萨诸塞州：哈佛大学出版社1998年版），第336页。

第三章 作为一项人权项目的基督教生命伦理学:认真地内在性考量

近于对真实存在的超越认识,尽管对超越的渴望可以给予主观参与激情以无限生命力。

尽管不同宗教信仰的人,可以感受到各自教派所信奉的、具有令人称赞的内在力量的生命伦理觉悟,但是却无法证明其宣扬的道德观念是独一无二且能普世通行,更无法使其形而上学观念赢得普遍信众。于此,有很多基督教伦理学家应该庆幸他们特殊的历史没有被侵犯和遭遇挑战。正因这样,各种符合常规礼俗的宗教伦理观便能在不冒犯或挑战其他宗教观点的情况下,颂扬他们各自独特的历史。在民主社会体制里,各种社区(Gemeinschaften)创造了大量足以与传统宗教道德抗衡的故事和生命伦理观念。但却无法证明他们宣扬的观点是一种普遍的道德标准。与此对应的是,通过围绕神圣感和超自然觉悟的文化甚或是道德关注,形成了一种特殊的美学范型。由于许多群体在一个社会民主政治社会中,他们能够提供财富,这与宗教道德的叙述和生命伦理学的宗旨就形成了张力;问题是,他们不能证明他们拥有的普世道德是正当的。相反,基督教要求一种特殊的审美风格,运用文化甚至是道德去关注一种神圣和超验的觉悟。不同的后现代基督教生命伦理学,会通过宗教意象和理解以各式各样的方式去表达对重要的并具有神圣感的人权项目的关注(比如对痛苦的医护服务的提供)。想想眼下,"生命的神圣"或者是"人性的神圣"可以发生在道德评价上,而并没有附加更深刻的道德内容。这种想法证实了一个历史经验,即这些特殊群体的成员,他们支持的特别意象就如同他们道德评价的标准那般神圣。这种意象的态度本身已经超越了其内在性。"生命的神圣"和"人性的神圣"两种魅力无限的观念的结合,以宗教的生命伦理学来严格论说,这种结合已经到达了超越传统世俗道德的高度,而且是独特的。宗教意象、叙事以及故事通过历史构造了一组诗化基督形象,进而传达了生命伦理式关注与抉择的那种特殊觉悟。

基督教生命伦理学经过向崇高的转变,并通过几乎所有的描述自由的神话,已经成为一幅特殊的、抒发想象力的自由世界主义道德的风情画。这里的"神话"可能有一种特殊的寓意,它被一代代人所尊崇并吸纳了它所要传达的意境。基督徒历史上的和形而上学的承诺转变成一种康德(á la Kant)式的神话,它看重人类生命的崇高,人类罪孽、苦难和死亡的悲惨,以及对人类盼望的超越。再次产生像是宗教艺术形式的自然神学,不是一种不着边际的形而上学的创作,这要比对上帝的爱、他的至高无上和永远的权柄的理性体验简单得多。比如,在这个特殊的审美理解上,一位医院牧师(chaplain),甚或一位生命伦理学家可以使不相信有神圣上帝存在的病人消除恐惧("你的苦难已经被救赎了")。"被救赎"这个词要比"到期了"好,因为它强调了苦难而不是特殊的个人价值。因此这里的宗教术语加上了双引号,这就是去除对神圣上帝祈求前提之后灵性化的美学崇拜。这种生命伦理学的内容可以包括对上帝的意象膜拜,但它们仅仅围绕着人类体验和道德力量的恒久性,因此忽略了形式上对未知世界的悔罪或转化。用需要补充与完善的世俗生命伦理学重新解释的基督教生命伦理学,如果对神圣和高蹈的意象缺乏拯救性力量,那就只有一种途径去接受这个丰实的美学,即完完全全地在其界域之内的后基督教。

　　许多人都支持基督教伦理学的角色转换,与真正的信仰结合可以消解对它的威胁。毕竟,宗教美学的意义即在于是一种精神美学,它重新诠释了基督教伦理学和生命伦理学。精神形象的力量不仅能提供给特定的整体人群中,而且也能产生被证实的疗效力量(例如,信仰可以被视为一种治疗)。我们可以认为,不同的基督教伦理和宗教的以及世俗的伦理,它们能够改变人类出生、受苦、无助和死亡的精神意义,而不再接受任何特别是宗教派别对精神的固有定义。不同的基督教生命伦理学在学通过神圣、卓越和基本的意义来表达了它们的叙事。这些形形色色的多种叙事展示出关于人类经历的美妙景观。可以说,美学就是伦理的学问。由此可见,基督教生命伦理学的积极意义就在于:它不仅为展示生命伦理学含有的道德内容,而且为体验更重要意义的内容提供来源。问题是(即基督教和基督教生命伦理学的多样性),面对共同问题时,究竟什么能够成为向人类展示,特别重要而又是不同目标的资源?如此拼贴起来的灵性便失去了限制,而却表现出十分明显的新异教性质:它坚持独一真神,特别是那些与传统基督徒尚存密切联系的观念。这里表示了一种赞许,即一般人通过参与和认识实现的繁荣与愿景,从而可能通达神圣的灵性体验和对宗教暗示的超越。①

基督教生命伦理学关于自由世界主义的构想不仅阻碍了许多敏感的形而上学和宗教的判断（例如，"我敬重你，但你的宗教和主张医生协助自杀的观点是错误的，你应该忏悔，否则你会下地狱的"，或者是

---

① 有许多著作是关于精神健康医疗护理的。比如，D. 奥尔德里奇（D. Aldridge）:《有关于灵性治疗的证据吗?》，载《进展》（Advances 9, 1993），4—21；R. 贝林厄姆（R. Bellingham）等:《连通性：灵性健康的一些技术》，载《美国健康促进杂志 4》（American Journal of healthpromotion 4, 1989），18—24；E. 布雷弗曼（E. Braverman）:《宗教医疗模式：神启医学与灵性行为鉴定》，《南方医疗杂志》（Southern Medical Journal）80（4）（1987），415—20；S. 克龙科（S. Cronk）:《黑夜旅行》（Dark Night Journey），费城：潘多山 1991 年版；L. 多斯（L. Dossey）:《愈合词》（Healing Words），旧金山：哈伯和行 1993 年版；B. 道格拉斯—史密斯（B. Douglas - Smith）:《宗教神秘主义实证研究》（An Empirical Study of Religious Mysticism），载《不列颠精神病学杂志》（British Journal of Psychiatry）118（1971），549—554；J. D. 加特纳（J. D. Gartner）、D. B. 拉尔森（D. B. Larson）、G. 艾伦（G. Allen）:《宗教承诺与精神健康：实证文献综述》，载《心理学与神学杂志》（Journal of Psychology and Theology），19（1991），6—25；J. 格伍德（J. Gerwood）等:《生活目的测试和宗教教派：新教和天主教在老年人口中的划分》，载《临床心理学杂志》（Journal of Clinical Psychology）54（1）（1998），49—53；J. E. 哈瑟（J. E. Haase）等:《从精神视角综合分析希望容纳和自我超越》，载《图像：护理奖学金杂志》（Journal of Nursing Scholarship）24（1992），141—147；R. 哈奇（R. Hatch）等:《精神介入与信仰范围一种全新的实验与发展》，载《家庭实践杂志》（Journal of Family Practice）46（6）（1998），476—86；N. 基欧（N. Kehoe）、T. 格斯尔（T. Gutheil）:《忽略宗教因素的基模对自杀患者的评估》，载《医院和社区精神病学》（Hospital and Community Psychiatry），45（4）（1994），366—369；H. G. 科尼格（H. G. Koenig）、L. K. 乔治（L. K. George）、I. C. 西格勒（I. C. Sigler）:《在老年人中运用宗教和其他情绪调节的应对策略》，载《老年病学》（gerontologist）28（1988），303—317；M. 李腾（Leetun）:《老年人的精神健康：评估和干预协议》，载《专科护理师》（Nurse Practitioner）21（8）（1996），60；J. S. 莱文（J. S. Levin）:《神秘的结果对灵性与保健关联的解释》，载《进展》（Advances）9（1993），54—56；J. S. 列文:《宗教体验的流行病学效应调查：发现, 解释与障碍》，载《衰老与健康的宗教问题》（Religion in Aging and Health），J. S. 莱文（J. S. Levin）编千橡，加利福尼亚州：鼠尾草出版 1994 年版，3—17；J. S. 莱文、哈罗德·Y. 范德普尔（Harold Y. Vanderpool）:《宗教治疗高血压有显著效果吗?》，载《社会科学与医学》（Sosial Science and Medicine），29（1989），69—78；R. 马太（R. Mathew）等:《物质滥用研究中的唯物主义和唯心主义考量》，载《酒精研究杂志》（Journal of Studies on Alcohol）56（4）（1995），470—475；L. 莫里斯（L. Morris）:《一个灵性幸福模型：用于有抑郁经历的老年妇女》，《精神保健护理问题》（Issues in Mental Health Nursing）17（5）（1996），439—55；E. 罗利（E. Raleigh）、S. 布恩（S. Boehm）:《多方面希望的规模进展》，载《护理测试杂志》（Journal of Nursing Measurement）2（2）（1994），155—167；R. 特纳（R. Turner）等:《宗教或属灵问题：精神疾病诊断分类标准 IV 中涉及的文化敏感问题》，载《神经和精神疾病杂志》（Journal of Nervous and Mental Disease）183（7）（1995），435—444。

"我的宗教宣称人工流产牵涉到谋杀罪,如果你采取堕胎,你的行为就是不道德的,即使你没有信仰我的宗教")。同时,在教派内,它也阻止灵性审理事宜(例如,作出类似的判断来自"真正的信仰和礼拜以外的奇迹是上帝无所不在的慈悲、与独一真神的真正结合的深度、恶魔的引诱、有依可循的异象、超感应情事,或者只是一个谎言")。相反,它支持无须以个人道德标准评价的普世教会主义(ecumenism)(例如,不能对他人说"真正的基督教是晦昧未明的,你只有自己体会才能理解什么是真正的信仰";相反,可以假设,所有的宗教中都存在真正的灵性),这与基督教——同样——与非基督教宗教的灵性来源相吻合,灵性由此成为一种特殊的治疗方法,并丰富了基督教生命伦理学的内容,其他无以超越。

  对基督教生命伦理的重新解释仍依赖其学术的完整性。基督教生命伦理学家是解释人类困境、特别是对道德传统诠释的专家。就像一般的生命伦理学家那样,基督教生命伦理学家把目光聚焦在自由和获得允许上,基督教的生命伦理学家、牧师和医院牧师都可以通过他们的知识,关注融有丰富内容的宗教价值、神圣形象和叙事的健康医疗决策上。他们可以指明什么样的选择可以让特殊的宗教信徒感到满意,也可以指明什么样特殊的例行仪式是他们所需要的。自由意志论生命伦理学家可以对一个人的健康保健承诺给出些许指导(换言之,只要他应该遵守他的诺言),那么自由世界主义生命伦理学家就可以给出自由平等主义的指导,基督教生命伦理学家就可以给出实际但并非标准的道德指导。因此,宗教生命伦理学家可以给出这样的忠告:罗马天主教会反对代孕母亲,因为在生殖这个重要的道德问题上会产生重大的争议。我们也能理解,基督教生命伦理学家成为为病人、为他们的家庭以及健康护理者提供特定宗教传统的一个特定求助谋士(像犹太教、伊斯兰、印度教等的生命伦理学家)。

  宗教生命伦理学可以指导生命伦理学家回应那些超出忏悔限域的形形色色宗教伦理问题。宗教生命伦理学家或者医院牧师无须在相同的宗教关系中服务于医生、护士或病人。这足以让人们去理解不同宗教各自都是如何去感恩于生命的艰难,以及怎样应对主要的生命伦理挑战与争论。宗教生命伦理学家,医院牧师也一样,没必要成为宗教的特例。宗

第三章 作为一项人权项目的基督教生命伦理学:认真地内在性考量 201

教生命伦理学家和医院牧师的职位已经被逐渐确定他们的一般责任特征。医院牧师没必要去坚持"标志性的"正直。这不是生命伦理学家或是医院牧师表现为浸信会教徒、主教派教徒、罗马天主教徒，或者是佛教徒、伊斯兰教徒的最恰当时机。① 在许多的情况下，不是所有的生命伦理导向，以及精神上的援助都可以得到支持，以跨越教派和宗教的界限。重要的是去赞赏不同地域价值、宗教叙事和特殊的宗教关怀所构成的不同宗教团体的体验。基督教生命伦理学家和医院牧师可以像旅行社导游那样提供不同的道德向导和灵性的体验。此外，他们可以帮助宗教意义上的关怀，这种关怀强调个人的选择和平等，同时尝试去废止传统族长制和性别歧视的观念。

基督教生命伦理学的自由世界主义的重新建构是对我们时代的一种适应。它不是凭空臆断，它缓释冲动，它得到了普世教会主义（ecumenism）的广泛支持，而且它把基督教生命伦理学置放于世俗的健康保健照护的求助谋士的角色。新异的后现代、全球自由世界主义和消费文化、人类知识和道德正是被理解为：人类的规划与实践。在这些语言的意义上，规范的宗教和基督教生命伦理以及特殊语义的灵性建设，已经成为一项具有至高至圣和卓越的人权项目，当然，这仅是一项内在意义上的。这一切都是受益于狂热的削弱，以及对人类可以接受的信仰和灵性洞察力的支持。有了对宗教的如此理解，普世教会主义就可在神圣上帝的旨意下追求自由。与此相对应，它可以集中公开宣扬人类神圣的

---

① 对于一项在道德上和精神上一类危险的探索，参见《基督教生命伦理学》（*Christian Bioethics*）（第4期，12月，1998）中专门的讨论。它包含以下的著作：H. T. 恩格哈特：《通执院牧：在后基督教时代提供精神治疗》，第 231—238 页；库尔特·W. 施密特（Kurt W. Schmidt）、吉塞拉·艾戈尔（Gisela Egler）：《基督徒对基督教，穆斯林对伊斯兰教？——一位新教徒对所有宗教牧灵问题的反思》，第 239—256 页；约瑟夫·J. 考特（Joseph J. Kotva）：《作为医院院牧爱的干预》（*Agapeic Intervention*），第 257—275 页；列夫·托马斯·约瑟夫（Rev. Thomas Joseph）：《俗世社会与东正教：谁更看重天堂家园》，第 276—278 页；弗·列夫·爱德华·休斯（V. Rev. Edward Hughes）：《基督徒之爱的两个经典案例》，第 279—283 页；科琳娜·迪克斯卡普—海耶斯（Corinna Delkeskamp–Hayes）：《一种基督徒对基督徒的爱，一种基督徒对穆斯林的爱？李林凤广告人身攻击案例》，第 284—304 页；克里斯托弗·托雷弗森（Christopher Tollefsen）：《目的并不总是斗鱼（Meta Ain't Always Betta）：通用院牧的概念问题》，第 305—315 页。这一基督教生命伦理学议题发表于德国《多宗教背景下的牧民保健》（*Seelsorge im multireligösen Kontext*），作为《临床》（*Klinik-*）一些增刊·施密特（Kurt Schmidt）编（法兰克福：医学伦理中心 1999 年版）。

共同性和建设,其中大多数——假如不是所有的,可以参加一个宗教共同体。如果宗教对历史和社会关系的人类体验来说是一个特殊形式,那么宗教的多元化和生命伦理上的差别,在人类创造下,最能体现不依靠超验真理的人类状况和灵性体验的变化。因此,相互理解和合作,应考虑到这种认识角度的差异,即有关共同爱好和平、尊重生命的神圣性、存在的奇迹、神圣感以及社会正义的认识。如此这般,联合起来的基督徒,甚或普遍的普世教会主义的宗教生命伦理学就将成为可能,并且这一生命伦理学是以尊重传统多样性的普世教会主义为指导的。

我们可以想象,一个转变了的罗马教皇统管整个世界来自各宗教的信徒。如果这样,罗马教廷可能让任何尊神来领导,无论是基督、穆罕默德、印度神、佛或者是其他新的神,其实,无须普遍管理权限的观点,并非没有道理。罗马教皇以合理性与普适性假以其深切的承诺,能够实现在全球范围的领导。这样就可以达到三个大公目标。

(1) 所有的宗教都会融合成一个基督教联合体,甚或是围绕着一个主要宗教的联合体。共同的道德观能够为这种联合体打下良好的基础,一个自由世界主义宗教特质能够促使共同寻求上帝以及灵性的体验,即使它们对神的理解仅仅出于思想或想象,即使它们追求的神的征兆、信仰的表达方式是多样化的,就像所有教堂里举行同一个仪式会有多种样式一样。

(2) 从自由主义角度来看,宗教能够促使全世界力求社会公正。

(3) 基督教生命伦理学可以融入普世教会主义和天主教的信仰之中。

如果不是为了最高的理想实现永久和平,那么,这种后启蒙运动、后基督教可以给予我们许多希望,至少在有共同道德承诺的许多国家之间更好地相互理解以及和平合作,提供希望的源泉。而自由意志论和传统基督教却认为，这种道德和政治理想是可怕的、必须禁止的。①

对基督教生命伦理学的重新审视

传统基督教与对富有内在美学意蕴的这种现代基督教之间存在根本差异，我们可以从它们对上帝、宗教和生命伦理学的不同理解上对其进行区别。传统基督教把这种全世界主义的普世教会主义观念视为对基督教的严重的亵渎，而后现代基督教却庆幸与这种主义发生关联。传统基督教意识到道德、人类社会和灵性必须符合独一真神的指令。相反，仅仅从关怀、希望和人类的愿望上来看，现代基督教对自由世界主义道德特质的内在形式的理解，是获得上帝喜悦与宗教体验。这种宗教理念则使人成为康德式的具有高尚道德思想的人，同时也实现了黑格尔学派对宗教在绝对哲学中作为更高真理重新确立的计划。这对于传统基督教来说几乎是一种反基督的行动。

作为利害关系，道德与抽象世界是有冲突的。传统基督教关注那些对超然上帝有真实体验的人，他们必须承认那些与道德和现代观点持有的争议；相反，从世俗角度来理解后传统基督教，它有着很深的西方基督教教育事业做根基，这源于中世纪兴起的通过探究原因和自然法律寻

---

① 这种内容充分的全球性观念，自由世界主义特质支撑了一个普世信仰，证明了陀思妥耶夫斯基对西方基督教、社会主义者和反对基督的大审判官之间联合的有力预见性。然而现在，后现代主义的宗教大审判官已经较为温和、拥有更迷人的性格。审判官还承认全方位的人类选择必须拥有"事实上的"自由，因为大多数人"永远不会有能力使用他们的自由。"见费奥多·陀思妥耶夫斯基（Fyodor Dostoevsky）《卡拉马佐夫兄弟》（The Brothers Karamazov），拉尔夫·马特罗（Ralph Matlaw）编，康斯坦斯·加尼特（Constance Garnett）译（纽约：诺顿出版社1976年版），第242页。大审判官必须规制范围。同样，自由世界主义必须确保所有人摆脱"虚假意识"，因为虚假意识会成为他们具有自由世界主义特质的羁绊。所谓自由愉悦的内在魅力更能有效地控制各种威胁和磨难。其结果，在一个新兴的全球自由世界主义文化"羊群将再次走到一起，将再次陈辞"（第239页）。自由世界主义的审判官能够庆幸以多元化的宗教和道德的视角指导全世界的不同社区，只要他们都团结在一个全球性区域之中；这就像罗马管理的东仪天主教会那般功能强大，而是先由梵蒂冈制定约制程序。最后，目标是一个全球性的宗教作为一种"统一表达活动，我们可以——以此建立我们共同的世界……"见敦·库比特（Don Cupitt）《上帝之后：宗教的未来》（After God：The Futue of Religion）（纽约：基础书籍出版社1997年版），第127页。

求上帝世俗思潮。① 即使当现代基督教是世俗的，它仍希望能够发表评论、参与并且被公众理解。文艺复兴与欧洲异教徒致力于让人类自己成为能够理性判断道德的现代哲学价值的来源和中心，加之启蒙运动为全世界宗教道德对西方基督教的无限理性更长远的发展带来的希望，这激励了理性的以及普世教会主义的宗教天主教理想。中世纪天主教进入了文艺复兴运动的现代理性化哲学追求与启蒙思想运动。天主教目前正着力寻求理性话语的普世性。这种对普世主义的追求和自由世界主义的肯定显然支持了普世教会主义的理想。这种对宗教理性、自由的理解希望成为一种对于上帝的理解，并成为一个总的原则或者是程式，以此来指导人类的期望。正如第一章所述，这种远见和卓识构成了现代罗马天主教所主张的基督教道德，因此基督教生命伦理与人类道德其实没有区别。普世教会主义的普适性、人性和世界性的信念经上帝的引导变得合理化了，而不再只是一种渺想。甚至于康德通过启蒙运动的新教改革理念，也可以视这种普世性就是宗教道德的真谛。相反，传统基督教认为这种普世性并不是理性的普世教会主义，而应是整体上的真正的宗教崇拜和信仰。② 这里的天主教，不是代表整体宗教，不具有普遍性意义，也不是传统基督教对于上帝超然性的理解，其观念中的上帝是个人的一种体验，是永恒的超验的神。

　　这两种关于基督教、宗教和对上帝理解的差异构成的冲突被称为"文化战争"，它的突然出现引起了生命伦理学的争论。其差异不可小觑。例如，来自捐赠者的人工授精是一种罪过、一种通奸形式吗？即使丈夫、妻子和精液提供者都允许这个造人计划？或者说，这是一种早期

---

　　① 西方基督神学在揭示上帝的真实存在和道德律时表现出一个很深刻的信念，其最初凭借于上帝、自由和不朽的声名。当他们坚持不了这种信念承诺时，西方基督教仿佛被否定了。这种失败带来了有关传统基督教和对于上帝的信仰信仰问题。在西方无神论起源之初，传统基督教以及它的正义是一种理性的观念。以上这些讨论，可参见迈克尔·布克雷（Michael Buckley, S. J）《现代无神论起源》（*At the Origins of Modern Atheism*），纽黑文，康涅狄格州：耶鲁大学出版社1987年版。

　　② "天主教"一词，最先被世人知晓并使用是在安提阿的圣伊格内休斯（St. Ignatius）在致斯迈尔耐安（Smyrnaeans）的信中提出（Ⅷ.2），他说："无论主教引领教徒在哪，耶稣基督就在哪，天主教会就在哪。"虽然这次会议并没有所有教派的普遍参加，但是它使教会成为了一个整体。《使徒后期教父》（*The Apostolic Fathers*），基尔索普·雷克（Kirsopp Lake）译（剑桥：哈佛大学出版社1965年版），第1卷，第261页。

第三章　作为一项人权项目的基督教生命伦理学:认真地内在性考量　205

　　领养形式？这对婚姻的观念具有挑战性。如果婚姻没有传统的那样保守基础，这种行为也没有对他人造成伤害，那么所有问题就可以得到解决，问题在于至善上帝的反对。不然，妇女也可以行人工流产或是杀掉一个未出生的孩子吗？健康保健制度能够保证每个人都享有一整套基本的医疗保障服务吗？或者，出于生命伦理良心拒服兵役、强行通过事务所的支付系统服务等，一个传统的基督教徒会发现，是极其错误的，确实可为魔鬼引诱吧（例如产前探查和流产）？安乐死违背了自然死亡定律，那么是否可以与什么别人合作协助某人施行自杀行为吗？生命伦理学争论分歧的重点在于上帝与道德结合是否是必要的，或者以其取代三位一体的上帝并要求我们通过非常特别的方式顺从他。

　　问题的争执在于，谁是解决基督教生命伦理需求的专门家，对此观点各异（例如，任何长于此道的人，但不是那些通过对圣德的觉悟而准备禁欲苦行的人）。基督教和基督教生命伦理学的区别是基于对基本道德理论的形而上学、认识论、价值论和道德知识的社会学理论的不同理解。其中的主要羁绊是形而上问题，此为基础，是道德的根基，它们是宗教化的；它们理性的春天，不只是来自基督教的分裂，而是生发于对上帝、宗教、道德和灵性的后传统式观念。

　　下一章我们将转入对传统基督教的期望。如果它们持续不断发展，那么基督教生命伦理学就具备了道德的、普世教会主义的以及公共政策性特征，这与后基督徒的基督教（post-Christian Christianity）与生命伦理学的理论存在相当的差异。传统的基督教致力于协商与异化可能超越的真理，并随其后基督徒的情感而变化，后传统基督徒明白，他们本身必须致力于发展集群规模，只要支持并肯定自由世界主义的承诺，就可以随时进行公开的协商与异化变革。自由世界主义基督教明白他们的任务就仿佛在巡览时代的标志，以及好似在偏执的传统之中鼓励人类精神的解放。既然这样，神学家都同样关注坚持他们传统的优秀学者，分析哲学家擅长发现危机时刻的问题所在，有才能的谈判代表尊重道德和宗教方面的有关事务，远见卓识的人则可以重新塑造与自由世界主义道德特质一致的基督教。这对那些可以对改变世界有创造性见解的神学者们尤为重要。就像早期基督教时代对异教徒人道主义精神的教化，具有如此激情的传统基督教总会发生变化。相反，传统的基督教会熟知他们的任务，即为了使世界符合拥有至上真理独一上帝的旨意。既然如此，神学家既应该令康德嫉妒得出类拔萃，又能够与上帝沟通交流的人。① 我们还留下了最后一个基本问题，将给这本书余留的章节提出挑战。

有没有可能在一个传统基督教背景之下奠定一个统一的生命伦理学？

基督教生命伦理学需要什么，可以建立与其一致的面向神圣上帝的宗教道德？

我们是否需要这样一种伦理：它为我们提供规范的道德内容，同时和谐一致的善和正当，以及融入动机和道德理由，如此旨在为一位超然又似乎无法在我们内在视界内的上帝？

要想回答以上问题，我们需要研究传统基督教生命伦理学的认识论与形而上学的基础。如此探究不能依赖传统基督教生命伦理自己来确立。虽然，它为这个可能性提供了必要且充分的基础。我们必须首先确定这些充分基础是完备和整全的。下章我们将转入这样的课题，关于这些基础的奠定，即：传统基督教生命伦理的基础。

---

① 康德：《纯粹理性限度内的宗教》（*Religion innerhalb der Grenzen der bloβen Vernunft*），请特别参阅：AK VI, 174—175。

第四章

生命伦理学与超越：
文化战争的核心

异端教派、邪教、原教旨主义
和传统基督教生命伦理学

异端仍然存在，特别是生命伦理的异端。在俗世世界的热情和世界主义者的祈盼中，分裂的生命伦理学之宗教承诺是各异的。它们背叛了我们时代的成就；它们挑战我们共同的期望；它们破坏道德共同体的理想，同时，它们质疑道德共识即部分道德共认意识（overlapping moral consensus），以批评我们建立共同的、内容整全性的普遍社会正义的政策概念，尤其是卫生保健的可能性。① 诸如基督教异端教派、邪教和原教旨主义的人拥有战略性话语影响力。他们是专事排斥和打击并对广泛的道德团结构成威胁的团体。他们是谴责和失去控制的政治化代名词。他们有别于挑战自由世界主义特质的团体。作为宗派主义者当然和那些维持道德形象、道德情感、道德结构和主要俗世文化的生命伦理学的宗教不一致。基督宗教的主流，只要它们超然的指称变得迟钝，它们的精力转向俗世，它们就会支持自由世界主义社会品格，这种文化将要约束相关的人们，维持共认生命伦理意识（overlapping bioethical

---

① 诸如教派、狂热的崇拜和原教旨主义的意义和内涵等方面是千变万化的。在第一章里，我已经介绍了它们在历史上的词源意义，但是，通过专门的宗教社会学审视，没有达成重要的一致。有人会区分作为意识形态团体的派系，相对于一个多元化理解的邪教，这个团体视它们为唯一的合法组织，因此将公开承认其他团契也应是合法的。教派和邪教（cults）决定了社会上形成的意识形态的团体存在差异，而不是事先规范的教会和教派，它们作为被人尊重的某种文化已经接受。见斯蒂芬·布鲁斯（Steve Bruce）《当代世界的宗教》（*Religion in the Modern World*，纽约：牛津大学出版社1996年版），第82—85页。

consensus），以此求证它所提供的医疗保健政策的合理性。

宗教教义的主流，特别是在实践中，与我们时代的主要习俗相适应。它们是后传统式的，远远区别于第一个宗教千禧年时代；尤其是对性问题、死亡意义和合理家庭结构的理解。它们包含了自由世界主义的普世观念，由此它们生发出了绘制普世教会主义的激情。① 它们发现，它们同情与交感于世俗文化的道德理性和它普遍的生命伦理学范式。对于后形而上学的窘迫、自由的文化、宗派主义或原教旨主义者，以一种超然的真理崇拜情感，给予充分的回应。

引导更宽厚的社会合理包容的形象，与异端宗派、邪教的猥琐和狭隘的承诺形成了鲜明对比。邪教与异端宗派轻率确准道德观点，采取一时性巧立名目的当代臆想。拉丁宗教局（Latin cultus）② 它确定了职业、培训，服装和信仰，显示出该教通过与周围社会在道德、生命伦理和宗教共识有不同的特质而划定出他们的成员。传统基督教生命伦理学是以崇拜式的（cultic）道德关注面对特定的信仰生活。传统基督教的追求，不同于主流道德的生活方式和宗教差异的观念，更何况俗世的卫生保健政策。它们在培育特殊的生活方式与对待濒死问题上，是崇拜式的。它们可以确认和接受苦行的实践，这个实践提倡一种对过去的罪恶悲恸忏悔的死亡方式让渡为一种满足于个人成功的死亡方式。它们很可能会视灵性健康的价值超过身心健康的价值。跟随那些非主流思想的异

---

① "泛基督教主义是伪基督教（pseudo‑Christiannity）的西欧教会的共同名称。其中有欧洲人文主义的核心，以帕皮斯姆（Papism）作为其领袖。"见弗拉基米尔·贾斯汀·波波维奇（Fr. Justin Popovich, 1894—1979）《人文普世主义》（Humanistic Ecumenism），载《正教信仰与在基督中生活》（Orthodox Faith and Life in Christ），阿斯特留斯·基洛斯特尔乔（Asterios Gerostergios）等编译，波尔蒙特，马萨诸塞（Belmont, MA）：拜占庭与现代希腊研究会1994年版，第169页。

② Latin cultus，译为拉丁宗教局，由"文化"、"培养"两个英文词演变、组合、派生而来，另说认为由英语"cult"派生，意为"膜拜团体"。是一个以崇拜神为最高目标的邪教组织。产生于20世纪60年代，有人用该词泛指邪教，特别是具有政治色彩和神秘主义的小宗派，但多数人并不认同。本书作者概指邪教；而"sect"，来源于拉丁文"secte"，意为"跟随者"，在基督教文化圈内，特指新生的、与传统相异的小宗派。而另一个词汇"heresy"（异端），源于希腊语"airesis"，意思是"选择"，现代英语中，指与正统基督教持相反意见的派系、离经叛道者等，含有贬义。——译者注

端教派反抗主流思想，并试图获取引导历史的愿望，它们使自身独立于理性之外。传统的基督教生命伦理学在这个意义上是异端的。它引导反对占主导地位的公共政策的生命伦理学之方向，因为后一种生命伦理学支持产前检查、流产和他源性人工授精这类技术。此外，传统基督教在反对以基督教形式出现的修正主义方面，当属于原教旨主义者，应确知，修正主义否定正统信仰的传统基础。①

原教旨主义者是最顽劣的宗派主义。② 他们形成自己独有的信仰，并且/或许以此作为基本的道德承诺、或许经历内部谈判、妥协或者散乱而漫不经心的理性宣誓。他们还持有根深蒂固的排斥建构共同道德的形而上学、道德和生命伦理学信念。原教旨主义者在基本问题上使用说教的、处罚性的和分裂的语言。在这个世界上，法律和公共政策承认堕胎可行是出于对自由选择的保护，原教旨主义者轻率认定，说这种

---

① 原教旨主义一词以它的起源对比于基督教的现代主义、自由主义或修正主义形式。正如牛津英语词典所给予这一概念的根源说明，它是"一个宗教运动，在1914—1918年战争后，这个运动活跃于美国的各种新教机构中，基于对传统正统原则的严格遵守（如圣经的文字无误），这个原则被认为是基本的基督教信仰：反对自由主义和现代主义"。牛津：牛津大学出版社1933年版，增补本，第399页。

② 对于美国的新教主义来说，基督教原教旨主义起源于美国圣经联盟（the American Bible league），1902年此联盟编辑了题为《基础纲要》（*The Fundamentals*）12本小册子。这些都是针对高级圣经的批评（higher biblical criticism），并强调对于基督徒生活来说圣经的中央权威。这种对基督教的基本保护被固定于19世纪的千禧年运动，它强调圣经的无误、圣经的字面解释、圣母诞生、赎罪复活，以及即将到来的耶稣基督之复临。原教旨主义的现象也是一个更大的抵制现代主义重新诠释基督教之努力的一部分。基督教原教旨主义以回应后传统文化以及表现内在对基督教超越性的宣言而闻名于世。参与者是多方面的。例如，与原教旨主义运动相联合的一个人物，威廉·詹宁斯·布赖恩（William Jennings Bryan，1860—1925），一位国会议员、总统候选人、国务卿、民粹主义政治家、收入税支持者、禁酒令提倡者和妇女选举权支持者，并且是一位反对改革性对圣经的文字解释的坚定捍卫者。原教旨主义一词已经成为传统基督教和后传统或者现代主义社会文化战争的标记。通过转换，原教旨主义和原教旨主义已应用于那些基督教以外的宗教或其信徒，这些信徒坚守他们超越宗教的承诺，违反现行的俗世和后传统时代的奇想。对于那些现代主义者，后传统，是修订的基督教的承诺，原教旨主义一词经常被"谈话塞"（conversation stopper，交谈打断者）所使用。言外之意，没有人有权利，或者至少被提示，自己心理上承认是原教旨主义者。

更高的批评是指"圣经"的作者应用文学的来源和方法的研究，较低的批评是对于规制和现实存在的研究方面的审查。——译者注

"选择"是为鼓励谋杀或者事实上是鼓励大规模屠杀。① 他们的生命伦理学不仅触犯宽容的精神，而且避开道德原则和否定要求个人自由的合理性；他们也反对道德共识的渴望，或至少反对可支持一个共同的人类道德共认意识，或者至少反对人类对生命伦理学共同的理解。"谋杀"和"杀人犯"等刺激性语言针对人工流产和实施流产者，并且用"性反常行为"针对违反了传统婚姻形式的第三方辅助生殖，其以此指责这些行为与主流的差异以及背离传统基督教生命伦理学。在我们当代的后基督教、全球化的文化潮流中，原教旨主义者是异端：他们质疑生命伦理学基本一致的关注事务。在富有挑战性的假设里，他们威胁生命伦理学观念的稳定。② 原教旨主义者具有基础性的、裂缺的和无法沟通的观念，是宗派主义的，他们正在推行着一个不受欢迎的邪教。

传统基督教生命伦理学，诸如异端教派、邪教和原教旨主义者等，反对启蒙运动期间、宗教战争之后出现的、后形而上学的、现在处于主导地位的俗世公共道德。③ 不像具体的俗世、理性主义的以及宗教的道德，这些道德企图通过概念分析和散漫的讨论掩盖他们区域性或者特殊的个性，但所有这些都预设了内容丰富的关键性前提、道德证据规则和

---

① 每年有 3600 万—5300 万未出生的孩子死于堕胎。这一项对人类生活的攻击，在规模上，使得 20 世纪的其他暴行相形见绌。然而，事实上，这作为一种医学成就普遍被接受。我们看到，例如，当代堕胎是作为一个对妇女健康考虑的相应贡献。见文迪·埃瓦尔特（Wendy R. Ewart）、柏沃莱·温尼考夫（Beverly Winikoff）《走向安全有效的医学流产》（*Toward Safe and Effective Medical Abortion*），载《科学》（*Science* 281）（7 月号，24，1998 年），第 520—521 页。

② "不合理的学说是对民主制度的威胁，因为他们不可能将这个作为宪法制度而遵守，除非暂时妥协。他们的存在设置了一套针对充分实现具有理想的公共理性和合法的法律思想的合理的民主社会的目标的限制。"见罗尔斯《再生的公共理性思想》（*The Idea of Public Reason Revisited*），载《芝加哥大学法律观察》（*University of Chicago Law Review*）第 64 期（1997 年夏季号），第 806 页。

③ 例如，约翰·罗尔斯认为，启蒙运动反对中世纪西方基督教压迫引起的流血事件。中世纪基督教与当前尚存的民间宗教比较：（1）一个专制的宗教（以罗马教皇为首），这是集权的，几乎是绝对的；（2）将拯救通过真正信仰得到永生的希望作为教会教导的宗教；（3）神父可以免除恩典的宽限期；（4）致力于改变所有人的信仰。正如接下来将变得清晰的，传统基督教，正如这卷所理解的，不同于第一点，尤其与第三点不同。正如罗尔斯在那些文献中论述的，有这样的承诺，见《政治自由主义空想》（*vide Political Liberalism*）（纽约：哥伦比亚大学出版社 1993 年版），主要参阅"序"第 23 页。

第四章 生命伦理学与超越：文化战争的核心

道德推理规则；特别须提及的是，不仅在其表面上而且在本源上，传统基督教道德和传统生命伦理是十分特殊的；实际上，其内容是在获得个人与上帝交感认作奇迹的体验。① 他们置于纯粹理性背景智力，而不在意话语的合理性。这个意义上，传统基督徒是持有原教旨主义者的观念。

本章讨论的是，坚定地坚持传统基督教信仰的原教旨主义基督教生命伦理学的基础，并通过援引不可能在公共论坛中获得的合理意见，② 讨论致力于鼓吹与周围的自由世界主义普世文化格格不入的道德观点。传统基督教是反对在人类选择、固有现实和自由世界主义文化中发现基础的那些道德学说。传统基督教道德，仅吁请当今世界实践千年思想的转化，而不是适应当今世界的特点。传统基督教生命伦理学威胁并浸润俗世公共论坛，希望它的布道语言不要被标示为超越性宗教宣言话语。③ 既然俗世的理性不能证明一个内容丰富的、规范的道德观点，④

---

① 关于为东正教根据《诗篇》（76:14）所习承的仪式，每周日晚上举行普罗科梦拿（prokeimenon）跪祷，是强调上帝在人类历史中的奇迹般的指导。"谁是如此之伟大的上帝，啊，作为我们的上帝！上帝创造奇迹。你已经使你的权力为地上的众人所知。"见《神圣的神父》（*The Liturgikon*，恩格尔福德，新泽西州：安塔基亚出版社1989年版），第408页。
8—1 prokeimenon 为欧洲东部教会的一种祷告仪式，一般在国歌之前的一次阅读，往往选择圣经《诗篇》中的诗句，习惯与哈利路亚圣歌连在一起。——译者注

② 传统基督教，正如我们将会看到的，取决于对真理的认识，而不是"向每一个所谓通常达理和有良心者敞开人大门"。见约翰·罗尔斯（John Rawls）《政治自由主义》（*Political Liberalism*，纽约：哥伦比亚大学出版社1993年版），序，第26页。更多要求不是良心，而是悔改以及转向对圣洁尊贵的追求。在基督教传统与罗尔斯政治自由主义相碰撞的道德认识论中，揭示道德秩序应源于上帝。

③ 罗尔斯偏离他本来在道义上和政治上中立的显明立场，以及在正义论中的中立立场（马萨诸塞州，剑桥：哈佛大学出版社1971年版），同时，他倾向接受一个前提，即由于放弃公共领域的宗教或哲学观点，不支持政治理论和社会民主政体的道德，而只是作为权宜之计接受它。这一立场在政治自由主义观念下，变得更加明显（纽约：哥伦比亚大学出版社1993年版）和非常明确，当他认为反对全面的理论时，其与社会民主的先期即发生冲突，比如某一个宗教参与关于法律性质和公共制度的政治协商。见《以公共理性观重新审视》（*The Idea of Public Reason Revisited*），载《芝加哥大学法律评论》（*Chicago Law Review*）第64期（1997年夏季号），第765—807页，和《万民法》（*The Law of Peoples*，马萨诸塞州，剑桥：哈佛大学出版社1999年版）。

④ 仅仅以一个规范的形式来论述，说明内容整全性和俗世道德是难以成立的，该讨论在本卷的第一章得到阐述。更多的请参阅《生命伦理学基础》（第二版），纽约：牛津大学出版社1996年版。

基督教道德依然要有一个特定的经验作为基础，如此，基督教方有可能进入以允许为基础的程序性道德空间。它们可以签订包括一些脆弱道德的合同和协议来约束道德陌生人。然而，在这一空间中，它们应该和平地谴责它们认为是错误的东西，即使该错误不是一般俗世所证明的那种不正当性。传统基督教生命伦理学不会舍弃所谓的被别人看作是干扰性的异端教派，它们通过掩藏其真正特质而存在。

正如本章转向一个传统基督教生命伦理学的基础，一个大致主体模糊的、隐约呈现的理论概念。面对如此众多的基督教理论派别，哪一个应该提供基督教生命伦理学的框架？正如第一章所介绍的，本书的基础是基督教，曾经在信仰和崇拜上凝聚了地中海沿岸的诸宗教。这里有一个更深层的模棱两可的困惑可能成为我们的障碍。应该从什么角度理解这个基督教？考虑到发展和拥有新神学理念的当代基督教历史根基，我们是否应该将这个基督教视为历史性基础？毕竟，它提供了这些基督教的基点，无论它们如何广泛地改变它们的根基。还是不应该将第一个千禧年基督教当作已逝的、过时的或陈旧的，而是当下的正在鲜活地存在？这是本书所包含的第二个观点，不管这一选择是否承认这些历史根源存在。我所指的基督教在当代诸基督教基础之上，以东正教的体验被我们见证，在文艺复兴、宗教改革和启蒙运动之前形成的超越前一章所渲染内在过程的（immanentized）基督教观念。它高瞻远瞩地提供了第一个千年的生活文本的生命伦理学，此在其他基督教生活中没有直接显现，同时也揭开了西方基督教文化的终极根源。面对改革时诞生的令人眼花缭乱的多元化基督教，它有助于对具有明确世界观的生命伦理学的理解，它可以从一个超前的视角探索在东正教和天主教之间的冲突主题，以在其争论的对话中确定基督教，现在看来，似乎只有启蒙运动是真正解决冲突的方法。

"传统基督教"使用第一个千禧年神学文本确定了基督教，作为当代的理解基督教道德以及生命伦理学的指南。传统的基督教不仅存在于文本、思想和实践，其中所有的基督教以可以见证的圣洁的生活追求发展，而且还与这些文本的著作者生活在一起。这种基督教将自身的经验生活牢牢嵌套于形而上学和实质性的道德价值论中，并指导着生命伦理的选择。这种生活经验的世界不只是与过去连续。它经历了历史，它的神圣高洁一直持续到现在。正如大公会议神父讲道和教堂圣诗中所唱道：

> 今天，作为上帝的代言人的神父们，一致宣布非受造的三位一体是一位上帝、一位圣主，通过意志的参与解释所有自然的简洁圣约，以及我们行动的简洁，并确定一切无始无终。为此，我们赞美他们，就像使徒一样，向所有的人传播他们应获得的福音。①

正是在这里人们发现了根本性差异。不仅是东正教，包括罗马天主教神学家们和诸如约翰·加尔文（John Calvin）这样的新教改革者都通晓东方神父的这一文本。传统基督教不仅仅限于通晓和应用这一原文文本，实际上，它已经融入并维系他们的生活世界。传统基督教不仅仅是通过对基督教的第一个千禧年的文本进行反思或者加入自身体验。它完全活在它们的灵性中，在此，那些作者以它们的神学世界观去写作。在这个意义上的"传统"基督教，当代这类文本的作者们以一种神圣的使命感参与这场争论。为此，必须有一个认识论、形而上学以及价值论承诺的连续性，还有那种神学体验，那样，诸如此类问题方可得以完成和回应，即由神父们提出这些问题，并作出回答。其中最重要的共同点就是，大家都要坚持在灵性上的恒久一致。

一方面，这种意义上的传统基督教，包含了所有的从任何基督教传统中产生的、确定的和试图坚持与第一个千禧年的基督教连接起来生活的基督教。传统的基督教表达了无论何时何地灵魂救赎实现的可能性。另一方面，这种意义的传统基督教显表了东正教可作为基督教的范例。东正教神学混合了神学体验，并通过文字以及在神父们的事功和情感，

---

① 礼拜日联合晚祷，由神父们在上半年的大公会议上进行。见谢拉菲姆·纳赛尔（Seraphim Nassar）编《东仪天主教教会的祈祷与服务》（*Divine Prayers and Services of the Catholic Orthodox Church of Christ*，恩格尔福德，新泽西州：安提阿东正教教区 1979 年版），第 558 页。

显现出具有牢固根基的苦行反映,从而把教会的神父和他们的圣徒生活展示给当代社会的信徒。① 通过对第一个千禧年宗教生活精神的坚持,一个道德神学框架被构建,使当代基督徒可以怀抱些许晦涩难懂的或者幽远的朦胧意念,参与到似若早期的基督教道德思考中。当代传统的基督教神学家可以识别和体味古代神学家的工作。作为结果,后续的著述家能够阐述与千年之前甚至更近的五百年前的神学家同样精神的议题。分析和反思范式保持不变,支持(1)一个丰富的包含基督教道德神学和生命伦理学基础的文献资源,它(2)提供西方基督教道德神学的根源,以及与改变了的当代神学之差异。在这个框架内,在这种精神氤氲之下,传统基督教生命伦理学则将融会于第一个千禧年的宗教情感之中。

我们很可能会遭遇到抗议:对于恪守神义的基督教依赖的、公元2世纪和以后形成的神学文本集——圣经来说,我们更加坚定地构建一门基督教生命伦理学。然而,哪种圣经基督教(biblical Christianity)解释可行?即使是从外部,一个非常可行的选择是在第4世纪时,在教会内部,认为这是解释圣经经典的关键时刻,此期提供了关于新约的评论。事实上,所谓规范成形的圣经是在第一个千禧年成书的观点,与16世纪罗马天主教和新教之间存在争议的要点不同。第一个千禧年争议的问题不只是所谓的书的神圣与否,其实,信徒可以通过阅读圣经获得熏陶,或接受神的力量启发,而这部书可以在教堂中阅读,在这些堂所,圣经可以被查验见证。关键是礼仪生活,当然,圣经有它的独立空间并

---

① 今天来考察1月30日的晨祷,如何展现伟大的圣·巴西拉(Sts. Basil the Great, 330—379)、神学家格里高利 Gregory, 330—389)和约翰·克里索斯托姆(John Chrysostom, 334—407)的盛宴,如同他们还活在当世。

哦,父啊!上帝卓越的明星闪烁,光照着基督教会超越的璀璨群星,你们必照亮神的教义世界,废止与清除所有那些邪恶的异端邪念,除恶的淬火熊熊燃烧。在此,耶稣基督我们的救主,为我们灵魂的获救而言说。

像蜜蜂一样翔飞于圣书的青青草地,蒐集馥郁的美德之群花。如酒会喜宴之上,在所有的信仰者之间捧上香蜜。如此,每位宾客陶醉于甜蜜之中品尝着喜悦,我们盼望,称赞你,直至死后永远,哦,祝福每一个人吧。

今天,让我们赞美宇宙间那些聪慧而睿智的导师,他们在地球上以他们的言行赞美上帝,因为他们是在拯救我们。

纳赛尔(Nassar):《神圣祈祷与服务》(*Divine Prayers and Services*),第491页。

且应获取它的特殊意义。① 圣经中的礼仪对于基督教生命伦理学有着深刻的影响，正如我们将会看到的。

将传统基督教说成为带着西方基督教传统元素的这种说法是不准确的。毕竟，应被称颂的圣奥古斯丁（Augustine of Hippo，354—430）在形成这部书的传统中几乎没有起到什么作用。这看起来很奇怪。就西方的观点，奥古斯丁是基督教第一个千禧年的主要标志。他在研究范围、深度和工作的哲学性质上超出了其他拉丁美洲的神父。缺席了奥古斯丁，接下来，再添加罗马天主教或者加尔文主义还有路德教教义的元素是不可能的。但是对于东方而言，奥古斯丁是来自遥远的非洲西北部的主教，他的语言无法被他那个时代的许多重要的基督教思想家所认可。在基督教的边缘，在地理和文化上，他的神学工作不被广泛地知晓，对于受教会理事会和东方教会维持的传统没有影响。② 他在我们理解的传统中作用甚微或者没有作用。传统基督教，正如本书的理解，包括崇拜

---

① 对于圣经的一些条目来说是规范的。见圣·尼克德玛斯（Sts. Nicodemus）、阿卡皮尤斯（Agapius）《东仪天主教教会指南》（*The Rudder of the Orthodox Catholic Church*，芝加哥：东正教教社会教育1957年版）：劳德西亚议会（Council of Laodicea，364），教规59，第575页与迦太基议会（Council of Carthage A. D. 418/419），教规32，第623页。一本使徒教规85规定的哪些文本是经典而神圣的，同上书，第145页。另见神学家圣·格里高利（St. Gregory）与圣·阿姆菲劳修斯（St. Amphilochius）的诗歌《安息后，公元394》，同上书，第883—886页。另见阿萨纳修斯（St. Athanasius）《书信》第39。值得注意的是，这些关于圣经的书籍名单是有所差异的。例如，第85条使徒正典，在书中包括对罗马教皇克莱门特的两封书信的承认。

细微分歧依然存在于斯拉夫系东正教和希腊系东正教圣经之间：斯拉夫系东正教在附典中有以斯拉（Ezdras）三书和以斯拉四书，而希腊的附录只有马加比（Maccabees）四书。希腊和斯拉夫东正教都包括以斯拉二书，（Ezdras II）、玛拿西的祈祷（the Prayer of Manasseh）、诗篇151（the 151st Psalm）、马加比三书（Maccabees III）。见布鲁克·梅特杰尔（Cf. Bruce Metzger）、罗兰德·墨菲（Roland Murphy）编《新牛津注释圣经伪经》（*The New Oxford Annotated Apocrypha*，纽约：牛津大学出版社1991年版），鉴于传统的基督教对圣经的理解，没有必要严格统一。信仰的内容不仅仅源于圣经，而且应包括教会、她的生活，以及对圣经的传统认证。

② 加罗斯拉夫·坡利坎（Jaroslav Pelikan）注意到："虽然奥古斯丁的作品在他的有生之年被翻译成希腊文，'奥古斯丁对东方的重大意义被认识却在几个世纪以后'。由于马克西姆·普拉诺德斯（Maximus Planudes）的努力，作为西方神学重大标识的奥古斯丁的《三位一体论》（*On the Trinity*）的第一个希腊文译本直到13世纪才发现。"见《西方基督教精神，600—1700》（*The Spirit of Eastern Christendom*，600—1700）（芝加哥：芝加哥大学出版社1974年版），第181页。

和宗教情感的结合，这个结合吸取了比非洲西北部宗教更多的成分，其源自5世纪初期的叙利亚基督教。

在知情同意的精神里，读者应收到一份为什么撰文选择这样一个以基督教和基督教生命伦理学的角度进行重复解释的文件：他知道这是真的。不过，我们希望，那些不同意作者信念的人，甚至无神论者，如果从接近千年之遥远的西方基督教思想的视角去考虑的话，将对时下生命伦理的争议表示新异的欣赏。毕竟，正是这个视角，存在于西方基督教道德神学和当代基督教生命伦理学的基础之中。我们进一步提示也是应该的：当本书转而陈述一个传统基督教生命伦理学的基础时，表达的语气往往是说教式的，如果不算作劝诫语式的话。其原因在于传统基督教道德神学的认识论。对心灵的改造、忏悔，对于根植于神圣的关联，实际上是，与上帝的沟通不可或缺。如果规范的道德知识不能通过分析和论证所获得，但首先，最初通过与对上帝的体验有关，那么，这种认识论方法将不可避免地与一个传统的基督徒生活联系在一起。我们要明晰的是，人必须开放自己给大能的上帝。人必须很好地祈祷和敬拜，以便能更好地认识上帝。提供传统基督教生命伦理学的一个条件是，需要具备和陈表一种人神沟通的体验。传统基督教生命伦理学的探索，必须指导说明一个流派，这个流派必须具有一些灵性指南的特征。认知者必须在灵性上做好准备，以便真正地理解。

只有在灵性上做好准备的人才能成功地进入传统基督教道德神学和生命伦理学的反思中。毕竟，这种宣传是从个人的宗教生活当中获得的道德和形而上学的知识。既然在基督教生命伦理学根源之处的道德和形而上学的知识不是由话语推理，而是来自智慧知识，这种知识也许和上帝有某些恰适的联系，以更多地转向认知者的心灵情态。

对于那些已经阅读过教会神父们作品的人而言，这种通达道德神学和基督教形而上学的路径对于那些人并不陌生，因为他们对主要的并对当代哲学生命伦理学文本较为熟悉。圣·约翰·克里索斯托姆（St. John Chrysostom，344—407）和叙利亚的圣·以撒（St. Isaac the Syrian，613—700）的作品大多是以说教的形式写成。同样，教会神父们的作品大多是虔诚的或者属于田园牧歌般的风格。对于现代读者，这似乎已经不合时宜，除非人们认识到，只有这类道德知识的背景方能改变认知者自身，以便能够通向上帝，同时能够形成知识对象的结合，而不是设计更好的论据以便对知识对象予以论证和作出结论。如果神父确实具备三位一体的人的特征，而不是作为可以被推论与认知的人格，从他们的目标来看，他们的著述风格是恰当的，即使是一位异教徒，不赞颂他们的叙事。而本着这一精神，我诚邀那些不相信这一切的读者，进行一次重点关涉传统基督教生命伦理学项目的道德认识论问题的探究，并提醒各位，这样的话语通常并不在生命伦理学文本中出现。

从推断的根由到灵性的裂变

从超验的叙事中释解出来的后基督教生命伦理学规划，与传统基督教的体验愿景紧密相连，同时它被真理所赎回，这一点，是个我化，也是超验的。普世信仰及其普世生命伦理学，例如在第三章我们所描述的，不是传统基督教的信仰，或者应该说是大多数基督教的最新融合。它反对神父与基督徒的由犹太教确认的认识，即反对圣子通过圣灵道成肉身的这一激进特征。犹太教—基督教关注的焦点是一位非常特别的上帝。圣·巴西拉（St. Basil）和圣·约翰·克里索斯托姆（St. John Chrysostom）照应礼仪（The anaphorae of the Liturgies）① 的重复祷告，通过各种方式努力证实并且宣称，这一位全能的上帝、真实的上帝、唯一的上帝。这种适当地对一个人祷告的必要指导说明，如果缺少宗教意义的其他企图，势必会在感情上使人受到严重伤害，即使没有魔鬼的存在。

传统基督教根深蒂固的现实是个人的上帝，祂是超越的，祂可以显现，祂可以死而复生：这就是祈盼已久的以色列的弥赛亚。基督教在上帝的认识问题上有一个传统的集中观点，认为这些知识是可以被改造和极其特别的，《约翰福音》道："恩典和真理是由耶稣基督来的。"（约

---

① 照应礼仪（The anaphorae of the Liturgies），又可称佳能、圣体祈祷等；希腊文为：Η ευχαριστιακή αναφορά στις Λειτουργίες。为东正教除洗礼、坚振、告解、圣体血、神品、婚配、终傅外的礼仪，为东正教的一项最重要的庄严的礼仪，照应前必须净手等，其中包括将面包与酒祭品奉献作为基督的身体与血液的一部分；为中央行为基督教社区的中央祈祷仪式，可视为圣约翰金口照应的传习。——译者注

翰福音1：17）传统基督教并没有要求必须适应当下的世俗共识，但是必须信仰上帝所求的契约："你们若不信我是基督，必要死在罪中。"（约翰福音8：24）。"弟兄们，我们奉主耶稣基督的名吩咐你们，凡有弟兄不按规矩而行不遵守从我们所受的教训，就当远离他。"（帖撒罗尼迦后书3：6）此外，上帝的经验并不取决于社会，也不是单纯的神圣和至尊圣洁内在性觉悟。相反，我们的目标是谦卑地转向上帝，满怀着人们可以亲历体验超验上帝的祈盼。上帝是超然的存在，首先也是最重要的，对上帝的体验是上帝存在的结果。

这种传统的基督教神学体验的特征影响着生命伦理学。传统基督教，并没有对证明上帝的存在设计出更好的理论，或者经过推论揭示出神圣律令的特性。而且，这已成为一个根本性问题：

我该如何生活，以体验上帝和知晓道德生活（包括医疗保健负担）的内容？

关于这个问题的焦点知识，充其量只是我们了解的经验科学、数学等或者其他知识的形式逻辑综合。传统基督教生命伦理学根基之卓越超凡，是因为其内在的知识根源是不可知的。基督教并不是企望像超验现实世界的康德那样，而是祈求与实在和唯一的上帝相结合。它的关注点超越了内在性。它寻求亲密的人们之间的交通，尤其是领悟造物主造物的启示。只有通过这种启示，真正的知识才成为可能。

道德内容和基督教生命伦理学内容的真理确立必须进行理论重铸。而不是要求（1）如何可以成功地推论出道德的真理和性质，或者(2)什么样的先验性探索，在现实固有的范围之内，能够揭示出相关的宗教体验，注重从对上帝体悟行为本身发生转变。其中第一个从事对认知上帝和道德的性质进行理性的哲学讨论和分析，第二个在对宗教经验的内在特性从事实证调查，以更好地理解宗教的行为特点，这最后的焦点给我们带来了非推论的、关于上帝的个人知识。至于这种调整，需要我们借助于允许、分析论点的性质和评估证据的性质，然后，自己进行道德和灵性的转化，如此，可以受到上帝启示的恩宠。

这就从根本上改变了人们如何考虑道德性质、上帝存在和生命伦理学内容建构规划的方向。圣·马克西姆（St. Maximus，580—662）告诫说："通往真知的路径是超然知识和谦卑，否则没有人会看到主。"① 虽然未经同意不应该涉及他人，人们已开始收集论点和经验证据，但认知道德真理的计划，其核心在于爱自我向爱上帝以及爱你的邻人转化，以此体验上帝。基督教生命伦理学因此应该更多地采用超越原则、规则、智力性观察或讨论的结论之集合的这些方式。基督教生命伦理学如此构建，即与神圣事务联系比要求社会正义更多。传统基督教生命伦理学首先最重要的应该是，关于"你们要先求他的国他的义"（马太福音6：33）的旨意寻求，而这个王国不属于这个世界（约翰福音18：36）。

难以置信：一种道义选择，而非误读

传统基督教与其基督教生命伦理学首要问题是信仰、忏悔和慈悲。上帝的知识是没有哲学讨论担保的；在此，康德是正确的。我们不能推演获得超越可能的现实体验与无限的上帝之间的连接点，上帝通过它的属性超越我们的感知、时空的体验以及推导的概念。"神是个灵（约翰福音4：24），无形的，不朽的，无法进入，不可理解"②，正如圣西蒙（St. Symeon，949—1022）这位新教神学家强调的、圣巴西拉和克里索斯托姆的预言所宣称的。③ 在内在性范畴，超越永远是无形的，正如克尔凯郭尔（Kierkegaard）认识到的。说自己心里没有神的人（诗篇13：

---

① 马克西姆斯·孔费索尔（Maximus Confessor）：《四百年章节之爱》（*The Four Hundred Chapters on Love*），载《作品选集》（*Selected Writings*），乔治·波索尔的（George C. Berthold）译，（纽约：波利斯特出版社1985年版），IV—58，第81页。

② 新神学家西蒙（Symeon the New Theologian）：《圣言》（*The Discourses*），德·卡坦扎罗（C. J. deCatanzaro）译，纽约：波利斯特出版社1980年版，XXIV—4，第264页。

③ 在圣罗勒的仪式上，祭司祈祷，"谁以永恒、无形、高深莫测的艺术，应得不可言说的、永远不变的赞美，唯有我们的主耶稣基督，我们伟大的上帝和救世主圣父……"在圣约翰·克里索斯托姆的祈祷中，他言道："这对于你，上帝是不可言喻的，不可理解的，无形的，不可思议的……"伊萨贝尔·哈普古德（Isabel Hapgood）译，见《东仪天主教圣使徒教会服务书》（第七版）（*Service Book of the Holy Orthodox - Catholic Apostolic Church*，7th ed，恩格尔福德，新泽西：安提阿东正教大主教管区1996年版），第101页。

1，七十子译本）不是愚人，因为其哲学论据不足，无法证明上帝的存在。他不是愚人，只因哲学上的不可测量。没有一种哲学讨论可以揭示上帝的存在或性质。无信仰的人是一类愚人，因为，为了不承认上帝，他必须在他的生命意义中将上帝、宇宙的目的和生命伦理学的意义排除。这种选择是一种道德行为，因为它涉及应该如何考虑现实的问题。这是一个带有戏剧性道德后果的愚蠢选择：愚人决意去追求他的生活：现实、卫生保健政策、生命伦理学，好像这些没有最终意义和持久的个体意义。现实被作为最后总以荒谬感终结的道德生活：一个人做正确的事情，即将所有事情做得正确与完好无缺是不可能也是不能接受的。面对一个毫无意义的宇宙，人为追求意义而行动，而最终被漠视人格的宇宙力量所抹杀。如是，人把自己视为道德化的半神半人，或者作为一个没有上帝的半神半人社会的一分子，作为超道德世界的道德意义的唯一来源。人们甚至可以进一步，置于漠视道德的宇宙对立面。① 在任何情况下，人们将自己导向宇宙似乎没有什么终极的个人意义。此类愚人是一种道德愚人，因为从根本上说他是一个人，但最终在宇宙中他的个体意义无法显现。愚人选择通过内在的视野寻找他的最终意义，实际上他可以通过感觉来追查和获得，他无法将他的生命实现超越凡尘的个人意义。通过抉择以确定容忍和个人的意义，但不回返现实，此愚人情愿让生命的重要内容不含有努力与上帝取得联系的成分。正如传统基督徒所知道的那样，这是一个愚蠢的选择，因为上帝在等待我们。我们只需要选择转向他。当愚人接近他的生活和宇宙似乎不持久、不具有个人意义时，这个反对意义的选择就成了他的最后命运。

虽然在无神论和不可知论之间存在差异，生活和生命伦理学都包括来自于上帝的行动。无神论坚决否定个人对自身生命的终极意义，否定宇宙的和生命伦理学的存在。不可知论者没有通过祈祷面对上帝存在的可能性，如此，从这样一种肯定性思路返回，并且把我们的结论控制在

---

① 不承认上帝，即肯定现实，从上帝转向爱自己世界的道德选择，似乎可能导致灾难性的后果。比如加缪所赞赏的，"因反叛而拒绝上帝，为分享而斗争以及为了一切人的命运。……在光照之下，地球仍然是我们最初和最后的爱"。见阿尔伯特·加缪（Albert Camus）《反叛》（*The Rebel*，纽约：阿尔弗雷德·克诺夫出版社 1961 年版），第 306 页。

第四章 生命伦理学与超越：文化战争的核心 221

有限的内在意义之内，这当然也是一个选择。不可知论者拒绝通过祈祷追求个人的现实转向。生命，是一个生命伦理学的表达，是宇宙本身对终极并恒久的个体目的的持续性关注；宇宙中最重要的事实可能在于，一切事物之根在于永恒的和有爱心的人的存在。上帝，这个概念，更改为并等同于哲学无法确定的存在，这个选择本身形成了不可知论者的生命品格。无神论者和不可知论者都肯定他们自己，也许还有其他的人，但他们没有上帝，或者只是寻找上帝。面对支持或反对追求上帝的选择，面对支持或者反对信仰的选择，当避开超越和永恒的时刻，愚者拥有的是有限的和内在性的。这个选择对个人、对生命伦理学和对宇宙来说关涉到一个根本性方向。随之的问题是：

> 我将怀着崇拜的心境，确定肯定存在着的、终极的、持续的个人意义，或者去接受一个推定的、终极的无意义，从而转向现实和我的生命吗？

这个问题的关键不是如何进行令人信服的争论，而是如何指导自己的生活以体验道德，包括生命伦理学。

对于上帝的追求应该来自内心。它要确定向终极的个人意义开放，为此可以肯定，基督教在传统意义上会有所反应：上帝转向个人与祂一起交通、合作并自由行动。通过这样一个满怀信仰的内心转变，自然地开拓了一条面向上帝的通道，或是获取一个被造物和造物主之间对话的机会。在这种对话中，自然可以成为作为创造的、作为指导我们追寻上帝—造物主的路标。如果没有这种信念的转变，自然甚至不能被视为创造出来的。亚历山德利亚的克雷门特（Clement of Alexandria，155—220）强调，异教徒哲学家无法看到被创造的世界。"宇宙的最先源头是不被以往的希腊人所知的。"① 有限的存在在逻辑上并不需要无限，

---

① 亚历山德利亚的克雷门特（Clement of Alexandria）：《斯特蒙塔杂记》（*The Stromata*）第二部，第四节，Abercrombie&Fitch 的公司（ANF），第 2 卷，第 350 页。

至少不需要个人的无限。① 作为创造物的世界经验诉诸上帝。② 将自然本身作为上帝存在的客观证据的证明将是一个误解，因为从有限到无限，从人的概念到超越于人的概念，无法得出结论。人不能考虑把诉诸上帝或诉诸自然作为对上帝存在之本体论论证的一个活动，或者作为追溯从设计开始的论证，证明原初始基的活动。这种所谓的上帝存在的证明，并不能作为合理的论据，而是塑造了一个现实的而不是一个三段论的结论。对于人类来说，他们本当作为打开自己的心扉，从而面向上帝存在的、对于上帝体悟的一个结论。

上帝的存在，是人诉诸自身的体验，是全身心的灵肉体悟。事实上，信仰在通过散漫的哲学讨论提供可能性的知识方面发挥了关键的作用，正如亚历山大的克莱门特（Clement of Alexandria）所强调的：

> 有人认定，知识必须建立在经过推理过程的实证基础之上，我要让他知道第一是
> 　　原则不可以实证；因为它们既不被称为艺术，也不能被称为智慧。对于后者来说，容易变化的对象发生变化容易理解，但对于前者，仅仅是为了实用，而不是理论上的。因此，有人认为，宇宙的

---

① 如果一个人走出话语的框架，其理性的认识论，是由有限的知识作为基础的时空经验架构，而转为面向上帝祷告，可以在人的心灵中认识到，任何事物的存在所需要的一切：包括个人和万能的上帝。只有当人采取这一步骤，这似若莱布尼茨（Wilhelm Leibniz, 1646—1716）有面对上帝的充足理由之原则的时刻。莱布尼茨记录下这一有限到无限的认识的愿望，"为什么是有而不是无中生有吗？毕竟，没有什么是简单的，没有什么比东西更容易"。（why is there something rather than nothing, for nothing is simpler and easier than something）见莱布尼茨（Leibniz）《自然与恩典法则》（The Principles of Nature and Grace），载乔治·敦坎（George M. Duncan）编《莱布尼茨哲学文选》（The Philosophical Works of Leibnitz，纽黑文：New Haven：塔特尔、豪斯与泰勒出版商1908年版），第303页。海德格尔（Martin Heidegger）呼应了这一难题，比如在他的《什么是形而上学》（Was ist Metaphysik，法兰克福出版商：维托里奥·克罗斯特尔曼1949年版）一书中。

② 这是信仰的体验，而不是哲学的话语推理，这存在于基督教神学和基督教生命伦理学的源头。"最伟大事物的获得是通过信仰而不是通过推理。……那么［它似乎］上帝在何处创造了这些什么？理性不能表明它。造物完成时没有人在场。它在何处显示？这显然是信心的结果。'通过信念，我们明白了被造的世界'。为什么'通过信仰'？因为所看到的什物不是所显现。因此，只能是信仰。"见圣约翰·克里索斯托姆（St. John Chrysostom）《讲道22》（Homily XXII），摘自"希伯来书"11，3—4（Hebrews XI. 3—4），载《尼西亚与后尼西亚教父系列》（NPNF）第一部，第14卷，第465页。

第一个本原只能通过信仰而被理解。对于所有能够被传授的知识而言；被发现的过程是可以被认识的。……知识是一种来自于求证的心理状态；但是信仰是一种态度，这种态度不可以论证，它指导什么是普遍的、什么是唯一的、什么既不是与事物相关联的，也不是事物本身，也不是以该事物为依据的什么事物。①

克莱门特（Clement）并不否认上帝能对异教希腊人甚至异教哲学家的祈祷有所反应。不过，除了信仰，他承认可能存在着广泛的指导意义。我们在自然界的存在并不是一个可以证明的过程，而是一个个使我们可以看到上帝的机会。

怀着敬虔的心理对大自然进行考量以昭示神圣上帝，并以此对基督教生命伦理学予以指导。但是这种考量并不涉及作为无生命对象的自然。这不是一个以终结自然神学而进行的对大自然理论的、科学的或者学术性质的考察。这个考察要求在肯定和期望个人终极意义的过程中转向现实，让大自然可以成为向上帝揭示自己的空间场域。我们面对现实过程中的自然似乎最终是毫无意义的，直到它成为我们朝向上帝之窗为止。

  受自然启示，上帝引导那些相信祂的人们，通过间接的话语和事物联合朝向自身的目标，人们所面临的问题、烦恼、痛苦，借此引起人们良心的发现，使人类可以通过面对这些事物取得接近上帝的进阶。②

当心灵转向面对上帝的时候，自然的启示和超自然的揭示之间的边界，在造物主出现之前已经给予了通道。可以设想，自然启示只是作为很自然化揭示，也就是说我们可以认为，上帝不会亲自回应那些诉诸他

---

① 亚历山德利亚的克雷蒙特（Clement of Alexandria）：《斯特蒙塔杂记》（*The Stromata*），第四节，Abercrombie&Fitch 的公司（ANF），第 2 卷，第 350 页。
② 德米特里·斯塔尼罗阿（Dumitru Staniloae）：《体验上帝》（*The Experience of God*），幼安·尤尼塔（Ioan Ionita）、罗伯特·巴林格尔（Robert Barringer）译，马萨诸塞州，圣布鲁克林：圣十字东正教出版社 1994 年版，第 22—23 页。

(Him) 的人。这种认识,即是一种没有把上帝活动当做个人的行为的观念。当一个人转向自然,看到上帝的存在,人们开始超越自然。当上帝通过自然转向他的创造物时,不仅仅是对自然的揭示,而且提供了生命伦理学的内容。

首先,将一个活着的人的生命与自然神学、道德哲学、道德神学和生命伦理学分离开,是个极大的错误。① 因此,我们可以想象,人类依靠自己聪明的才智将会突破固有的现实去发现上帝的存在和祂存在的终极意义,甚至道德规范的实质内容的性质也是如此。再者,通过话语揭示超验真理的概念,如果说人类的思想是有限的,这就是自相矛盾的(oxymoronic)。正如康德准确解释的,有限不能达到无限。内在有限的范围被打破,需要人们虔诚地转向上帝。正如保尔·伊夫多基莫夫(Paul Evdokimov)所强调的:

> 我们通过崇拜它而不是推理的证明证明了上帝的存在。在我们这里,存有对上帝存在的仪式以及肖像的观念。我们通过超越直观的事实,超越帕斯卡的确定性,得到坚定的信念,从而相信上帝的存在。正如古代修院的传喻:"给你血液,并受之灵性。"②

其次,关于自然神学期望过高也会导致对道德哲学有过高的估价(事实上,是一种傲慢),认为道德生活的本质和基督教生命伦理学的内容可以通过自由的讨论而得到证明,而不是诉诸上帝。再次,为证明上帝的存在,通过纯粹的讨论求得证据,在道德上也是受误导的结果。

---

① 经院哲学给予了对上帝的存在、上帝的性质、道德文字的思考,在推理方式上是自由的,不用通过对上帝直接敞开心灵。例如,威廉姆·布鲁南(William J. Brosnan):《上帝与真理:由自然神学的论述》(*God and Reason: Some Theses from Natural Theology*),纽约:福特汉姆大学出版社1924年版。

② 保尔·伊夫多基莫夫(Paul Evdokimov):《艺术图示:美的神学》(*The Art of the Icon: A Theology of Beauty*),雷东多海滩,加利福尼亚州:奥克伍德期刊1972年版,第23页。

它们是有关散乱推理的危险地、不合理地期望的膨胀，令人遗憾的是，这对无神论来说却是一个诱惑。规范道德（和生命伦理学）的内容通过合理的理性讨论可以得到揭示，而不是通过向恩典（grace）敞开人的心扉，如同鬼火闪动（ignis fatuus）① 引发俗世哲学中难以为继的、捉摸不定的期望，这时，失望可能会产生对道德真理、对基督教生命伦理学，甚至是上帝存在的怀疑。

神学与道德的内容和实质，包括上帝的存在的知识和基督教生命伦理学的内容，并没有从合理的讨论本身所获得。如果基督教生命伦理学有一个超越于历史条件的内容，以及拥有比通过某个特定社区的同意产生更多的权威，基督教生命伦理学的内容和权威则必须由上帝决定。传统基督教必须提供与上帝的亲密关系，上帝能撇开内在范围的现实和赐予受经文特点影响的历史条件。当然，基督教伦理学和生命伦理学的基础不能只是圣经，因为基督教的基础是任何内在的经验或文本都无法超越的。上帝的经验形成了圣经和坚定圣经的教会之权威的基础。圣·约翰·克里索斯托姆（St. John Chrysostom）甚至感叹，我们必须不惜一切依靠圣经。

> 从根本上，这确实不能满足我们要求通过文字获得的支持，但是生命的展示如此纯洁，对灵魂来说，圣灵的恩典应该要取代任何书本，那只是用墨撰写的，而我们的心灵应与圣灵相依存。但是，既然我们已经完全远离我们的这个恩典，来吧，让我们无论如何拥抱第二个最上佳的本原。
>
> 对于较好的前者而言，上帝展现，既通过它的语言，也通过它的行为。因而到诺亚，到亚伯拉罕再到它的子孙，直到亚伯，又到摩西；它传道不是通过书写，而是通过祂本身，发现祂精神的纯粹与高洁。②

---

① Ignis fatuus，拉丁文意为"火是一个白痴"，其他语言中寓意为"鬼火"，是关于琢磨不定的一桩奇迹。——译者注

② 圣约翰·克里索斯托姆（St. John Chrysostom,）：《马太福音讲道集》（Homily on the Gospel of St. Matthew）I. 1，尼西亚与后尼西亚教父系列 第一部（NPNF1），第10卷，第1页。

对于传统基督教而言，神学完美地与上帝结合。所有其他的是作为独一上帝给予的分析和对于所赐礼物的评论。事实上，良好的道德生活，包括保持戒律，本身不是目的，而只是一种与上帝结合的手段。此外，正如很快就会更清楚，圣经不是基督教的礼仪生活之外的道德内容的来源。① 传统基督教生命伦理学是礼仪化的，而非圣经学的。

总之，自然神学、基督教道德以及基督教生命伦理学，本开启于面对上帝的转向。他们开始于有关自我与人和上帝间关系的这一选择，一个肯定或否定连接到超越自我的、最后的个人意义。关注自我和面对现实，就仿佛失去根本的或终极的意义，或者不去追求对于个人生活而言十分重要的现实，是一个针对自我终极意义和人与现实关系的一种选择。是否决定如同虚无的上帝那样去接近世界，从而使人建立如何认识自己、人的生命以及生命伦理学的观念。不可知论不是一个错误。不可知论是一个关于非常的过程、个性和个人生活能量的道德选择。如果一个人诉诸上帝，人会发现自己与他构成了对祂崇拜的关系。如果一个人决定相反的做法，他会发现自己将失去他。因此，圣·约翰·克里索斯托姆（St. John Chrysostom）在他的自然法领悟中，对一般的异教徒和那些内心

---

① 传统基督教研究圣经的方法是，在教会中和神父一起，怀着心灵敬畏之情，逐字逐句地研读，这与大多数当代学者显然不同，即使这些学者是信徒。例如，阿伦·韦尔赫（Allen Verhey）：《大转折》 *The Great Reversal*，大急流城，明尼苏达州：W. B. 埃尔德曼斯 1984 年版；大卫·克林尼斯（David Clines）、斯捷番·弗尔（Stephen Fowl）、斯坦雷·皮特尔（Stanley Porter）等编：《圣经三维度》（*The Bible in Three Dimensions*，谢菲尔德，英格兰：JSOT, 1990 年版）；斯捷番·弗尔（Stephen Fowl）：《圣经研究：神学解读范本》 *Engaging Scripture: A Model for Theological Interpretation*，莫顿，马萨诸塞州：布莱克威尔 1998 年版）。东正教教会特别重视约翰·克里索斯托姆对圣保罗的研究，因为他们认为，圣保罗被圣约翰验证的这一指导不仅是传统的，而且源于圣·约翰·克里索斯托姆的头骨舍利和亲耳聆听过圣保罗教诲，其头骨保存在今天的万多派帝（Vatopaidi）圣山修道院。例如，见"序言"（Preface），自《东正教新约》（*The Orthodox New Testament*，布埃纳文图拉，科罗拉多州：圣使徒修道院 1999 年版），序，第 14—16 页。

第四章　生命伦理学与超越：文化战争的核心　　227

遵守上帝律法的人进行了区别，因为后者崇拜的是真实的上帝。①

但是，那位希腊人，他"圣保罗"，在这一《罗马书》[1：28] 中意指，不是他们崇拜偶像，而是他们崇拜上帝，为表达虔诚，服从那严格控制着万物的自然法则，维护犹太的教规，正如麦基洗德（Melchizedek）② 以及他的，正如亚伯，正如尼尼微人（Ninevites），③ 正如科尼利厄斯（Cornelius）。④⑤

---

① 圣约翰·克里索斯托姆承认，圣灵可以降临给任何人。即使在基督来临前，或有可能允许洗礼，去充分有效地选择，以获得永恒的拯救，上帝的恩典就在你的身边。这个观点可参考，如，克莱门特的亚历山大里亚箴言（Clement of Alexandria quotinfg Proverbs）2：3—5："如果你们渴求智慧和知识的声音十分强大，像寻找财宝一样，对它急切地进行追求，你们就可以了解圣经训诫，并找到神圣的知识"，见《箴言与杂记》（The Stromata，第一部，第四节）。一个更近的例子是灵性选择启示的例子，那些可能名义上完全是在教会以外，由阿拉斯加的圣·因诺森特（St. Innocent of Alaska, 1797—1879）提供，关于他和受天使启示信仰的阿留申人的相遇。《祝福约翰·斯梅仁尼科夫》（John Smirennikov），见《东正教字引》（The Orthodox Word，第 33 期，1997 年 6 月），第 185—195 页。有人也许还参考一个有趣的可能性研究，老子于数百年前与化身的基督相遇。引自萨洛夫的圣·瑟拉菲姆（St. Seraphim of Sarov）作为分卷指出：

虽然作为没有和上帝同样的权力的人 [希伯来人]，但上帝的灵也存在于不知道谁是真正上帝的异教徒身上，因为即使在他们中间，上帝也被显表为拣选他们为子民。例如，被称为神女（Sibyls）的处女先知发誓并不接受的上帝保持童贞，但仍面向上帝这位宇宙的创造者，这位世界一切强大的统治者，因为他被异教徒所崇拜。虽然异教徒哲学家也徘徊在对上帝没有认知的黑暗中，但他们寻求真实存在是由于上帝的爱；以及对这个让上帝希望的追求，他们可以分享上帝的灵，因为这就是说，并不知道上帝的国度实践律法限规的要求，而还要做令上帝满意的事。

[参照《罗马书》2：14]，西洛蒙克·大马士革（Hieromonk Damascene）：《基督永恒之道》（Christ the Eternal Tao，普拉提那，加利福尼亚：瓦拉阿姆图书 1999 年版，第 11 页）。

② Melchizedek（麦基洗德），圣经中的一位神秘人物，其名字的意思是"仁义王"。有关这位既是祭祀，又是王的麦基洗德，其历史事迹记载在《圣经》"创世记"第 14 章第 18—20 节、"诗篇"第 110 篇第 4 节，以及"希伯来书"第 5 章第 10 节、第 6 章第 20 节、第 7 章第 1—17 节中。——译者注

③ Ninevites 汉译尼尼微人，阿拉伯文为 نينوى。尼尼微是亚述帝国的首都，在现今伊拉克北部。《圣经》提到约拿宣告审判与灭城的信息，尼尼微人的悔改使他们得救，后来被巴比伦、玛代和西古提联军所毁灭。新约中唯一提及尼尼微的是福音书，它说，到审判时，尼尼微人要起来定耶稣那世代的罪，因为他们听了约拿所说的都悔改了。（马太福音 12：41；路加福音 11：32）——译者注

④ Cornelius 科尼利厄斯，作者在此只隐含着一位有王权的君王。——译者注

⑤ 圣约翰·克里索斯托姆（St. John Chrysostom）：《布道集》V，《罗马书》第一集，28；第五集，8（Homily V on Romans I. 28, V. 8）；《尼西亚与后尼西亚教父系列，第一部》（NPNF1），第 1 卷，11，第 363 页。

理解自然法则，人们必须求助于上帝。毕竟，麦基洗德（Melchizedek）是"至尊上帝的一个祭司"，好让他能保佑亚伯拉罕（Abraham）（创世记14：18—19）。圣·约翰·克里索斯托姆（St. John Chrysostom）讲话的关键点在于，圣保罗（St. Paul）提及的希腊人，那时，他确定那些承认和保持"律法的功用刻在他们心里"（罗马书2：15）的人，不仅泛指任何异教徒，而是相当虔诚的一神教异教徒。拥有道德知识，就必须采取相当虔诚的行动。道德行为、信仰和知识是密切交织在一起，使基督教生命伦理学需要更多的智力参与融会贯通，甚至包括临床实践。基督教生命伦理学需要信仰。

基督教生命伦理学：心灵知识与自然法

基督教生命伦理学的基本道德认识论，不同于俗世生命伦理学的要求。或者说，以另一种方式来说，基督教生命伦理学转变为俗世生命伦理学，只能在这样的情境下，当回记基督教生命伦理学的认识论根植于对超然上帝的真实体验时，并以此能避免智力经验的缺乏，宗教知识将永远只是内在的。[①]传统基督教生命伦理学的基础一直规避不时缠扰的俗世道德的困扰，因为它的基础是终极智慧。[②]他们立足于对上帝的体悟，以使规范的、内容整全性道德可以（1）接受，（2）感觉是真实的，并且（3）以这数百年的经历维持社会化持续存在。[③]教会必须脱离与上帝数百年不间断的安全稳定的关系，同时要维护它所宣授的道德内容。

---

① 基督教第一个千禧年对神学知识的理解，不是简单的了解而主要在于话语分析上。这在严格意义上，是与对上帝体验中遭遇的问题。因此，超越了内在性。

希腊术语"noesis"或者"noetic"（智力）的知识得到验证是对上帝的空间性体验。传统的基督教承认，"人的精神是，又不仅仅是天使样的那种形式，他可超越自我，并在成功中充满激情地扮演天使的角色。"见格里高利·帕拉马斯（Gregory Palamas）《三位一体》（The Triads），约翰·梅恩多尔夫（John Meyendorff）编，尼格拉斯·金德勒（Nicholas Gendle）译，纽约：波利斯特出版社1983年版，I：iii，4，第32页。神父阿利山德鲁·格力钦（Alexander Golitzin）在他对新教神学家圣·西蒙（St. Symeon）的作品的翻译中，提到"诺斯"（nous）的意义和找到了一个术语，质疑这个意义。他特别指出，用英语概念"非凡的才智"（intellect）来理解"智力"（noesis）的真正意义的困难：

人们可以希望有一个更好的选择,特别是当英语单词在与希腊语"nous"(诺斯)相连时几乎没有什么"实在"的意义。同所有的神父们,从亚历山大的克莱门特(Clement of Alexandria)开始,都使用它,西蒙(Symeon)认为,这远超过单纯心理情绪的表达,等等,此为理性思维和概念形成的集合。对他来说,"nous"相当于一个他还在继续使用的圣经概念"心灵"(heart)(kardia),它并标志着"人的核心"。它是具有至高的意义,旨在满足上帝和人类的一种集中指向。作为对智慧的觉悟,作为精神的宇宙,此概念是"可理解的"(tanoeta or to noeton),诸如天使,或上帝造物的思想和意向。换句话说,对西蒙来说,"诺斯"(nous)是人类可以"看到"但又是无形的德性。这使我们能够回报自在的上帝的恩宠。

圣·西蒙(St. Symeon):《新神学家》(the New Theologian),载《论神秘的生命》(On the Mystical Life),亚历山大·格力钦(Alexander Golitzin)译,格里斯特伍德,纽约 Crestwood, NY:圣弗拉基米尔神学院出版社1995年版,第1卷,第14页。

同样,帕尔玛(Palmer)等在他们的《美丽之爱》(The Philokalia),第一卷中,给予了下面的术语定义。

智力(诺斯 nous):在人的至高的意义上,通过这些—使其净化—认识上帝或内在本质或造物的原则,获得直接理解或精神领会。不像"思维能力"(dianoia)或理性,必须仔细区分,智力没有抽象的概念,制定函数,然后在此通过演绎推理的结论的基础上获得答案,只有直接体验方可达到对神圣真理的理解、直觉或"简单认知"(概念由叙利亚的圣艾萨克使用)。智慧居住在"灵魂的深处";它是心灵的内在方面……智力是沉思的器官和"心灵的眼睛"。

圣·尼克蒂莫斯(Sts. Nikodimos)、卡里奥斯(Makarios):《美丽之爱》(The Philokalia),帕尔玛(G. E. H. Palmer)、菲利普·谢拉尔德(Philip Sherrard)和卡里斯多斯·瓦雷(Kallistos Ware)等编译,波士顿:费伯与费伯有限公司1988年版,第1卷,第362页。

在本章中以及后面,术语"心"是用来定义,被激情陶醉或面向上帝,并使良知成为可能达到的灵魂深度。像潜意识一样,可以超出我们直接与即时控制,以被重伤、扭曲和误导。它可以被事故损害,我们无法避免自愿的罪过。发生那些超过我们可以控制的事件,将可能伤及我们的道德与我们的精神生活。因此,我们的心灵必须在爱和苦行的基督徒生活中获得纯化,以便发生深刻的根源性皈依,我们远离我们自己,以无私的爱面向上帝和他人。纯净的心灵,很容易把自己变成无限奉献予上帝和他人的人。

智力活动(Noesis)或智力理解是一种论述推理和对比,推理与话语对比,它可以像在经院哲学中一样,见诸于世俗哲学。

理性、精神(思维 dianoia):人类的术语,具有概念的和逻辑推理的意义;是未获得结论或制定源于启示或理性知识或通过感觉观察取得的数据概念。理性知识因此是一种比心灵知识低级的层次知识,这并不意味,任何直觉观念或感知内在本质或者造物原则,低于神圣真理本身。实际上,如此的智力意识功能发挥或感知能力已经超越了理性范畴。

圣·尼克蒂莫斯(Sts. Nikodimos)、马卡里奥斯(Makarios):《美丽之爱》(The Philokalia)第1卷,第364页。

在话语推理与诺斯的(nous)对照中,人们发现了真正的神学与哲学的对比。正如神父们所提示，没有神学补充和指导的哲学没有方向，或者更不幸的是，这将导致人们误入歧途。

最后，我们必须指出，这些区别不仅仅是希腊式观念强加于基督教的思考。教会的犹太人传统中，这些区别仍然存在，正如圣艾萨克（St. Isaac）所发现的和叙利亚文确定的"念觉"（hauna），思想（mad'a），正念（re'yana）和智慧（tar'itha）。术语"诺斯"（nous）在希腊语中，确实含着叙利亚语中的两种不同含义。第一，智力作为 hauna 是一个积极的集合，坚持精神上的东西，从事纯粹的祈祷，并通过神圣的目标而获得。第二，"思想 [mad'a] 是精神的实现，前提条件是达到神圣目标的意义，甚至成为肉身发出智慧之光的眼睛，而使学童们为之倾倒"。叙利亚圣·艾萨克（St. Isaac the Syrian）：《叙利亚圣艾萨克的苦修颂歌》(*The Ascetical Homilies of Saint Isaac the Syrian*)，圣三一修院（Holy Transfiguration Monastery）译，波士顿，马萨诸塞州：圣三一修院1984年版，第323页。Hauna is the spiritual power that employs mad'a as spiritual eyes to receive the light of grace. 念觉（Hauna）是一种精神力量，并用思想（mad'a）作为心灵的眼睛接收荣耀的光芒。诚然，通常在诺斯（nous）独立概念上存在微妙的区别。问题的关键差异是在智慧和话语推理之间。"思想—念觉/诺斯（mad'a – hauna /nous）和正念/思维（re'yana / dianoia）之区别更为清晰。思想是人的思考与认识意识思维的集合，人在思考和反思的时连续地使用它。（同上书，第109页）智慧（Tar'itha，这是作为 phronema 的希腊文译词——译者注）可以认为，人的内心意识中的思想某些类似的区别，存在于西方中世纪，尽管这些早已经在变得不同的认识论框架内，得到了很大发展。

中世纪区分了对 ratio 和 intellectus 的理解。ratio 是话语及逻辑思维能力，探究和审查抽象的定义和得出结论。而 intellectus 是理解的意思，因为它是单纯直观的能力，从它简单的视界内，真理将像风景一样，提供给自己的眼睛。

约瑟夫·皮培尔（Josef Pieper）：《休闲：文化视角的基础》（*Leisure: The Basis of Culture*)，亚历山大·德鲁（Alexander Dru）译，纽约：新美国自由出版社1963年版，第26页。

%1—1 The Philokalia 原文希腊文 φιλοκαλα，意为"美丽之爱"，指对于上帝永恒、崇高的爱。——译者注

%1—2 Dianoia 原文希腊语 διvoια，原为柏拉图的术语，原意为思想、精神、思维、推理的能力。特别是数学、技术的科目范围内。——译者注

hauna, mad'a, re'yana 和 tar'itha 还有 mahshebhatha 为叙利亚语，对应于气、风、光、水、火五大元素，为五棵光明之树，在摩尼教中，为心灵的五个方面，其意分别是"念觉"、"思想"、"正念"、"智慧"和"睿智"。——译者注

②道德神学内容的智力基础的必要性与俗世道德基础的必要性相同。两者都需要的基本的基础内容。困难是，确定哪些是真正的不证自明的公理，即真正的不言自明的真理。如果没有现实的真实体验，这个问题将永远属于：何为自明定理？何为自我证明？

③由于持有真正崇拜情感和信仰的神学家是被同样的圣灵充满，可以认为，"想象他们将再不会提出新的鲜活的东西"。约瑟夫长老（Elder Josep）《约瑟夫长老的生平》（*Elder Joseph the Hesychast*)，伊丽莎白·谢奥克利托夫（Elizabeth Theokritoff）译（圣山修院：瓦塔派帝1999年版），第86页。

第四章 生命伦理学与超越：文化战争的核心 231

对诸如理性（nous）、理智（noesis）以及智力的（noetic）等希腊术语的使用或许最好停止，甚至是基督教圣经生命伦理学家的一个绊脚石。他们可能会建议，以对普罗克洛斯（Proclus）① 更多而对基督更少的文字，在这样的道德神学环境里介绍。这其实是一种误解，虽然道德神学部分思想源于希腊哲学。理性一词最好被视为基督（Christ）和圣保罗（St. Paul）所言的心灵的同义词，如同知性（understanding）和心智（mind）的某些用法，正如圣保罗嘱托我们的那样，只要心意（nous）更新（罗马书 12：2）而变化。②③ 传统基督教知识的前提是，理性是福音宣布的感知能力，"清心［kardia］④ 的人有福了，因为他们必得见神"（马太福音 5：8）。这种心灵的祈祷证实了知性的核心潜能，这时，当面向上帝改变我们，使我们的恩典恢复。关键时刻，这是一种正好看到圣保罗（St. Paul）在以弗所（Ephesus）告诫他的读者的

---

① 传统基督教必须毫不犹豫地承认两者的相似性，基督教纯粹的关注、启示，与上帝相关联，这些相似的关注也同样在后来的异端神学家诸如普罗克洛斯（Proclus, 410—485）那里发现。这不是简单的谁影响谁的问题。对于异教徒来说，当他们将心灵转向上帝时，也从上帝那里获得了宝贵的知识。在新约中，有一个明确的认识，即哪些人净化了他们自己，心灵也将被照亮。"清心的人有福了，因为他们必得见神"（马太福音 5：8）。不仅被上帝允许所启示，也与他自己相结合。耶稣受难前，他祈祷不只使他的使徒成圣（约翰福音 17：17），而且"使他们也在我们里面"（约翰福音 17：21）。在本书的章节中，"心灵"不仅有确定灵魂面向上帝开放的作用，而且还提请注意，其中以公开的可能方式；我们以何种方式，参与这个世界之破坏从而毁损我们自己，这就可能让我们很难向着上帝，敞开我们自己的心灵。

② 此段经文为："不要效法这个世界，只要心意更新而变化，叫你们察验何为神的善良、纯全、可喜悦的旨意。"见《罗马书》12：2。保罗的这一劝告，引出重要的生命伦理问题，在不同意现实世界的恶行同时，教导人重视自然和文化中的人生，按卡尔·巴特（Karl Barth）的理解是："……并非超世界或后世界（über - Hinterwelt），并非形而上学性，并非心灵体验的宝藏，并无超验的深度，……而且是人的此生；只要恰恰这些交谈者本身每分每秒都必须极实在地生活，实际上也的确以某种方式生活者，那么这就是人的此生。"请参阅巴特《罗马书释义》，魏育青译，华东师范大学出版社 2005 年版，第 387 页。巴特的话语透悟了过程神学和实践神学的意蕴，暗指基督徒与世人应重视当下的生活，为使天上的王国在地上实现的理想而重视此生的奋斗过程，这对俗世生命伦理学，颇有意义。——译者注

③ 如果需在传统上，对这些与神学相关的术语的论述（即理解和心灵，诸如诺斯、灵魂、理性、关注和智力），见阿基曼德利特·谢罗谢奥斯·弗拉索斯（Archimandrite Hierotheos Vlachos）《东正教心理治疗》（*Orthodox Psychotherapy*），艾瑟尔·威廉姆斯（Esther Williams）译，希腊，里瓦利亚：圣母修道院的诞生 1994 年版，第 97—214 页。

④ ［kardia］原文为新约希腊文本用语，意为心脏，一般转意为一切物质的源泉。——译者注

新方式,"[我祈祷],求我们主耶稣基督的神,荣耀的父,将那赐人智慧和启示的灵赏给你们,使你们真知道他。并且照明你们心[kardia]中的眼睛,使你们知道它的恩召有何等指望,……"(以弗所书1:17—18)。

假如需要建立一个基督教生命伦理学,以及鉴别真正的神学家,纯理性体验(noetic experience)是必备的前提。神学家从狭义上来说是那些通过直接感知、非话语讨论的方式了解基督教道德内容的人。只有直接对上帝的超越现实的心智体验方可给人类带来超越内在范围的知识,既提供达到终极个人意义的路径,还有道德的规范性质的经验。基督教带来了内存于心的上帝(indwelling of God),使灵性的感受得以实现。我们的目标是"使基督因你们的信,住在你们心里,叫你们的爱心有根有基,能以何种圣徒一同明白基督的爱是何等长阔高深;并知道这爱是过于人所能测度的,便叫神一切所充满的,充满了你们"(以弗所书3:17—19)。正如那位神学家圣约翰(St. John)所强调:"你们从那圣者受了恩膏,并且知道这一切的事。"(约翰一书2:20)有伴随着神的圣灵同在,一种新的知识形式必然可能。

在这一对上帝体验中,人的罪恶只是显得过于明显,从而更加显表出教会不变的道德。在这个经验过程中,接近上帝必须首先认识到自己的罪。正如大卫王(King David)在诗篇第五章所唱,在基督降临第一个时辰所背咏的:"他作事邪恶,不得你住附近,也不得违规在你的眼睛下遵守规则。"(诗篇5:3,七十子译本)承认一个人的卑劣,也就是察觉到这个人如何背离神。这种道德,即基督教生命伦理学的内容,不应被视为单纯的外部指导和禁令规则,也不该当作非人格化的上帝的律法书,而是完全被当作个人心灵虔诚地转向上帝的需要。因此,基督教道德是真正的爱,因为它是所有事物的指导和戒条,并自教会时代以来一直是基督教的一部分。在与上帝之爱的结合中,基督教道德变得像当下神学家所知的那样好像是为了他们而写的新约。毕竟,如果真是对上帝的体验超越现实,并根植于其道德知识,那么基督教生命伦理学就具有了一个坚实的自身价值的来源基础,即三位一体的个人生活。如果没有可能体验上帝,所有的人将被抛离,实际上就会出现个人的内在迷失，即道德价值和原则的正确排序的不确定性，以及仅以社会历史条件决定文本的性质。如果上帝可以被体验，就可以突破有限的视域；与成为所有道德目标的上帝相结合，这是一个充分必要的前提，以保全一个最终不是以俗世生命伦理学为基础的基督教生命伦理学。

　　道德基础的纯理性问题至关重要。只有真理真实地向我们证明，我们才能冲破内在的视域。如果我们不能体验以一个特定的道德观点作为范型，那么我们就返回到一个自由意志主义者的道德视角，以允许原则作为道德权威的唯一基础，即使在道德朋友之间，也必须如此只有我们对真理能获得纯理性知识，这种默示的标准才得以改变。如果我们无法获得这样的知识，那么道德诉求将不断地追问，或者无限退让，最后只又赖于允许作为道德权威的唯一源泉，甚至在道德朋友之间。① 传统基督教的立场，恰恰是纯理性的知识，使那些有过此番经历的人体验传统基督教道德的规范性。不必说，对于许多不曾有体验感受的人，这种诉求将没有说服力。在体验以外，这一诉求最好能够被当作一个内容整全性道德可能而充分的前提所赞许。对于传统基督教而言，这并非是一个过分的诉求，因为他们所获得的第一手知识以及这种体验，既是充分的也是必要的。他们也将认识到，对于身处异乡的人，这一讨论无法进一步展开；只能接受蒙召而转向上帝。这种途径对于那些异乡人来说就不可能获取满意的诉求。进一步解释就是，他们必须首先接受被上帝蒙召的体验。

　　当接受这个蒙召的时候，就可以揭示正确和错误行为的感觉前提，这一前提在于我们自己通过对上帝的祈祷和崇拜而确立。因为上帝存在于我们心中，我们在没有外部力量指引的情况下也可以理解道德，如此，道德在没有任何哲学的学术探讨推动下被揭示。即使在我们罪恶的社会里，关于心灵的知识对指导来说也总是充分的，哪怕缺乏来自神学家的、间接获得的特别上帝启示的情境下。圣·约翰·克里索斯托姆

---

　　① 将自己进入一个特定的文化观念之生活方式中的道德朋友，尽管他们分享共同的道德理想，会意识到他们的合作源自共同同意的前提。这种文化的目标或生活方式，作为人的构成，将永远不会有道德权威胜过个人诉求，而作为个人选择服从于事先权威的意见。

(St. John Chrysostom) 强调:"善和恶的自然法与我们同在。"① 关于善行性质的知识"置于所有人的意识之中,我们不需要教师教我们这些事情"②。如下,可作为推论:

……我们认定通奸是一件罪恶之事,这里不存在争议或者进一步再研究的必要,这种罪的邪恶性应该通谓知晓;但是我们还都是用这种判断不断进行自我教导;我们赞美美德,尽管我们没有紧紧追随;另一方面,我们痛恨恶行,虽然我们依然在施行它。这一直是上帝神圣善举;其实,祂早在行动之前,已形成了我们的道德心和我们选择的力量,教我们亲近美德,并抵制邪恶。③

叙利亚的圣·艾萨克(St. Isaac of Syria)强调了相同的观点,并宣称这种自然存在于人类自身的知识。

自然知识是什么?即指知识是一种自然地将善从恶中区分开来的东西,这也被称为天赋的洞察力,通过这种方式我们知道如何自然地从恶中去鉴别善,而无须特殊的教诲。上帝已将此植入真理的本质,通过教育它将得到增进和佑助;在此,不存在无能力拥有它的人。自然知识的力量是对善与恶的理性灵魂的甄别,这种精神活动一直十分活跃。④

自然知识是良心的基础:它使我们能够从我们心里深知我们究竟应该做什么。

由上帝作为我们的根基,我们对道德律的认识,则通过我们转向上帝而受上帝蒙恩促进和改造了我们。圣·巴西拉(St. Basil)解释说:

以同样的方式,甚至在一个更大的程度上这是真的,即神圣律

---

① 圣·约翰·克里索斯托姆(St. John Chrysostom):《圣金口:雕像颂歌》(*The Homilies on the Statutes*)布道集(Homily)13—7,尼西亚与后尼西亚教父系列(NPNF)第一部,第 9 卷,第 428 页。
② 同上书,13—9,第 29 页。
③ 同上书,13—8,第 429 页。
④ 叙利亚的圣·艾萨克(St. Isaac the Syrian):《苦修颂歌》(*The Ascetical Homilies*)布道集(Homily)47,第 226 页。

第四章 生命伦理学与超越：文化战争的核心

令确实是伴随着造物的形成——人，我的意思是——一个善的理性力量根植于我们就仿佛是一粒种子，它通过一种固有的倾向，使我们趋向真爱。在上帝律令的学堂里，这种因素被接受而成为基础，在那里，需要细心地培育和精妙地培养，因此，以上帝的恩典，带来它的完美。因此，我们也接受其作为目标教育必不可少的激情，我们将努力得到上帝的佑助和你们祈祷的支持，并且通过圣灵赋予我们的力量，点燃潜在于你内心深处的、神圣的爱的火花。①

美德是产生于对神圣律令的响应。它是通过启发上帝在我们身上所彰显的力量而得到发展。

通过这种力量，正当并恰适地运用，我们忽略我们神圣和美德的真全生活（entire lives），而若对其扭曲地使用就将逐步堕入罪恶……。因此，接到爱上帝的神圣号令，我们便拥有了从我们被造伊始就已产生的内在力量。②

因而道德律是造物和造物主之间内在联系发展的中介。

我们的自由选择是一个重要因素。我们必须以爱回答上帝的命令。当我们在回答该命令时，我们被上帝所转化。当他们与改变他们的上帝合作的时候，上帝实施行动改造那些转向他的人。在爱上帝、转向上帝和爱他人的能力范围之内的道德律，使个人对上帝的训从成为可能，并导致道德的获得，包括生命伦理学的知识。同样，一个传统基督教生命伦理学基本道德律令不是单独一套规则，对于脱离或者反对应当遵守这套规则的人类来说——这恰是他们正确生活方式的一部分。我们在以整全的爱转向上帝的时候，这种道德律是不可或缺的。我们必须以道德医

---

① 圣·巴西拉（Saint Basil）:《神圣规则》（The Long Rules），载《苦修集》（Ascetical Works），莫妮卡·瓦格纳（Monica Wagner）译，华盛顿，哥伦比亚特区：美国天主教大学出版社 1962 年版（Catholic University of America Press, 1962），问答（response）第二集，第 233 页。

② 同上书，第 234 页。

治我们灵魂的激情而生活，使我们成为整体，并与我们的上帝连接在一起。"使他们都合而为一。正如你父在我里面，我在你里面，使他们也在我们里面。"（约翰福音 17：21）如果我们没有被腐蚀，以我们人类的激情，心灵就也以提供指导，即使没有某些神学家的帮助，尽管这种指导需要他们的祈祷，但，他们的祈祷常常是不必依赖的。如果一个人诉诸于自我满足，而不是追求上帝，此人则会跟随其破坏本性的罪恶冲动；个人的道德感变得进一步偏移和毁损，随之，甄别善恶的自然能力可能会通过欲望和罪恶而被扭曲。一旦被扭曲，就如叙利亚的圣·艾萨克（St. Isaac the Syrian）所说明的，一个人就会进一步偏离上帝，进一步偏离精确甄别善恶的能力，直到这个人忏悔。

   先知责备那些已经破坏了这种可以甄别善恶之洞察力的人，说，"人啊，你，虔诚吗，难以表明"。属于理性性质的虔诚是很好的洞察能力，区分善恶，那些失去这种能力的人几与"盲牛"（mind less cattle）相同，他们没有理性和甄别的能力。只有具备这种洞察力，我们方能够找到接近上帝的路径。这一常识是自然的；这是信仰的前提；这是接近上帝的路径。通过它，我们知道去甄别善恶，并接受信仰。大自然的力量证明，相信带来祂就是所造万物的神，相信他的命令当中的言语并必须遵从和履行。我们由此信仰由生对上帝的敬畏。当一个人怀着对上帝的敬畏参加正当的义举，在这项活动中有了一定的精进那么对上帝的敬畏就会给予我们灵性的知识，这就是我们所陈表的信仰的产生。①

要清醒地看到，一个人必须通过忏悔从激情转向对上帝的恩典。②道德律之知识主要通过忏悔和美德的生活获得的，而不是话语论争的

---

① 叙利亚的圣·艾萨克（St. Isaac the Syrian）：《苦修颂歌》（*The Ascetical Homilies*）布道集（Homily）47，第 226—27 页。
② "在神父的教诲中，无须外部的力量，激发我们的激情，因此我们必须与过去决裂。因为，那都是被扭曲的灵魂，需要被神彻底转化。"谢罗谢奥斯·弗拉索斯（Hierotheos Vlachos）；《东正教心理治疗》（*Orthodox Psychotherapy*），艾瑟尔·威廉姆斯（Esther Williams）译（希腊，里瓦利亚：圣母诞生修院 1994 年版），第 84 页。

反省。

　　这并不是否认道德复杂境况的存在，在此，遵从作为良心的声音本身的最初冲动是非常错误的。对于大多数人来说，对境况认真地反省以便确定它们的性质是非常重要的。这通常需要高超的分析技能。通常，从那些在阐明复杂生命伦理学议题时将知性和道德经验结合起来的人那里求得指导，是很重要的。这将需要对问题进行仔细的研究，描绘出差异，并且对这些差异性通过话语讨论构建框架。但是，对于该内容的分析是具有针对性的，并且这些形成框架的差异通过话语讨论很难得以保全。必要的辨别应该清楚地判明什么是适切的，什么是不恰当的，这种辨析能力来自已经转向上帝的心灵。正如我们将看到的，识别能力必须在苦行与礼仪化两个方面得以变革发展；并且应通过已经获得如此辨别能力的并且不需要再培训的道德专家进行验证。① 对不起，康德，你这位精神之父的角色，我们可以先不劳您大驾。② 因为，可以最后归之曰：充满恩典指引的识别能力，甚至不需要在先期的推论分析。这种辨识将直入事物的核心。③

自然、自然法和人类的堕落

　　仅从表面上阅读亚历山德里亚的克莱门特，伟大的圣·巴西拉和圣·约翰·克里索斯托姆的著作，也许依然觉得他们在阐明自然法的原理，无论是作为斯多葛派或者是后来西方经院哲学所理解的使用的法律

---

① "对于简单的人来说，这种认知东西的能力往往根据自身真实体验会更容易，对于那些世界上不受嘈杂袭扰的人来说，已经完全把自己交给那些老道的心灵之父。"大马士革的圣彼得（St. Peter of Damaskos）：《辨析》（Discrimination），载《美丽之爱》（The Philokalia）第3卷，第245页。

② 由于康德只是侧重于话语知识，对智力知识涉及不多，实际上拒绝它们，他也没有对灵性父亲给予的指导表示赞赏。见《纯粹理性限度内的宗教》（Religion innerhalb der bloßen Vernunft,）AK卷VI—175。康德也提到智力的直觉，在《纯粹理性批判》（Critique of Pure Reason），比如，参见B72。

③ 有些长老不但可以看到什么是危险，心灵上也会知道事物细微的具体状况，尽管后者没有科学的理论证明。这种认识的前提由克里托斯·尤安尼迪斯（Klitos Ioannidis）提出，参见《长老鲍尔菲留斯》（Elder Porphyrios），雅典：三一救主修院1997年版，第218页。

还是客观的、推论式的。① 盖乌斯（Gaius）在他的《法学基本原理概说》(*Institutes speaks*) 里谈到"所有的人遵循着全人类由自然因素所确定的法律，这种法律也称为万民法（*ius gentium*），万国公法或国际法）"②。那么同样的，"查士丁尼法学总论"（Justinian's Code states）认为自然法是教授所有的生灵的法律，它属于全体生灵而非专属于人类。③ 在这样的关系里，自然法也许并没有被明确地认为，是上帝在创造世界时对于我们人类特别地偏爱而给予我们的礼物。相反，它可以被看作仅仅是生活在地面上人类的爱好，或者是他们的生物学功能。也许，自然法能够被视为生物和创造者都应履行的合理的道德约束。第一种情况，自然法将会由于人类的癖好和同质异形生物学功能密切相关的事物带来一些问题。第二种情况，作为一种理性的约束，自然法会由于道德合理的多重性而带来一些问题。第一种情况作为医学伦理的生物学倾向的自然法指南，④ 第二种情况作为生命伦理学议题理性地探索和表述。⑤ 在这两种情况中，都出现把自然法和上帝紧密连接的错误，这种错误如同我们去学校受到病态教育，从上帝个性的形成到对上帝的直接遵从。如此，这就更接近自然法所解释的，即把它作为自主道德的实现，所表现

---

① 尽管人们心中，西方世界公认的圣经的表述，充分显示了自然法则的实用性，在理论上，它依然源于理性推论。结果，使用自然法进行例证推理，进行理性回应，成为学者们最容易行使的权利。"凭借自然的道德法（罗马法，道德的和自然的意义上）被理解为总体伦理戒律，上帝把它灌输在人的自然理性中。它是圣保罗说的'写在人心中的'，为了使他们能够实现他们作为自由人的自然天命，有正确与错误行动的权利。自然的道德法则，应该是由理性宣扬传播的。"见安东尼·考契（Antony Koch）、阿尔索尔·普留斯（Arthur Preuss）《道德神学手册》(*A Handbook of Moral Theology*，圣路易斯，密苏里州：赫德出版社 1925 年版)，第三版，第 1 卷，第 22 页。

② 《盖乌斯：法学阶梯》(*institutes of Gaius*)，弗兰西斯·德·朱略塔（Francis De Zulueta）译，2 卷集，伦敦：牛津大学出版社 1976 年版，第 1 卷，第 3 页。

③ 弗拉维乌斯·皮特鲁斯·萨巴丘斯·查斯丁尼（Flavius Petrus Sabbatius Justinianus）：《查士丁尼法学阶梯》(*The Institutes of Justinian*)，托马斯·山德尔（Thomas C. Sandars）译，(1922 年再版，韦斯特博尔特，康涅狄格州：格林伍德出版社 1970 年版，第 7 页。

④ 由物理学家或者生物学实例证明，由查尔斯·麦克法登（Charles McFadden）著的医学伦理学版本引起的议题曾经风行一时。医学伦理学（*Medical Ethics*），第五版，费城，宾夕法尼亚州：戴维斯 1961 年版。

⑤ 凭借假定道德合理性的要求，康德如同自慰，如同以局部身体做交易和接种天花疫苗，提出非常明确的道德约束。参见《道德形而上学原理》(*Metaphysical Principles of Virtue*)，AK—VI，第 422—26 页。

第四章　生命伦理学与超越：文化战争的核心　　239

的是在上帝面前更加墨守法规约束的自称自许的特征。

威廉姆·布莱克斯通（William Blackstone，1723—1780）谈到自然法，他说对于造物主和他的作品的关系特征来说，自然法好像是一种外来的约束和限制。他似乎认为，自然法是连接被造物和造物主的第三件事。既然这样，这个问题的一种答案是，因为上帝命令了他们而使之道德和正义，又或是上帝命令了他们因为他们原本就是道德和正义的；由此，制造出道德和正义，这是造物主和被造物双方都应承认的。这很简单，上帝毫不费力便能够顺从道德规范。布莱克斯通这样谈到自然法：

> 作为永久的不可改变的善与恶的法律，对于造物主自己来说，符合他所有的分配原则；而且他也使人类能够去发现理智，只要他们符合作为人类的举止和行为。人们应遵循《查士丁尼法学总论》从所有的教义中简化出的三个普遍的戒律：诚实地生活、不伤害他人、实践自己每一项责任。[1]

然而，仁慈而超验的上帝不会给予我们应有的预期。[2] 另外，他是一位对我们个人的关系来说是根本的、卓越的人，相比之下自然法阐释了一种自主而客观的道德构架。在布莱克斯通所诠释的自然法中，自然法已不再是上帝在爱我们的范围内所给予我们的智慧火花。它是一个自主的道德构架，是作为生命伦理学基础所吸纳的新成分。自然法变成一个客观的结构来约束上帝、天使和人类。没有领会到一个人追求善、办事公正，这种行为举止对于自己和他人都是最好的，因为只有这样，人类才能和上帝结盟。

在某种程度上，理解自然法的困难在于对自然的定义的歧义。自然是上帝创造的最重要的东西。自然也是适合作为人的人类的。在这个意

---

[1] 威廉·布莱克斯通（William Blackstone）：《英格兰法律的评论》（Commentaries on the Laws of England），圣乔治·涂克尔（St. George Tucker）编，纽约：奥古斯都与克里出版社 1969 年版，第 1 卷，第 40 页。

[2] "不要仅仅由于在涉及你个人的事情时的公正，而去称颂上帝。即使鞭打我，我也要称颂他的道义，他的圣子将向我们显表他的善良和仁慈。"见圣·艾萨克《苦修颂歌》（The Ascetical Homilies），宣道集，51，第 250—251 页。

义上自然是人类和世界范围的创造的界限。另外，自然对于人类不仅有大量现世的、有时间和空间的限度的知识，也有抽象的知识。人是原来自然的物种，是崇拜并试图了解上帝的，尽管这种对于上帝的体会是超越自然的。例如叙利亚人圣·艾萨克评述的，好像人有两双眼睛。

> 肉体的眼睛是去感知物体的，同样还有一双信仰的、充满理解力的眼睛去凝视并发现隐藏着的宝藏。正是因为我们有了两只肉体的眼睛，我们也具有两只灵魂的眼睛，正像上帝所说，尽管都是眼睛但却不是同样的活动，特别是关于天赐的视觉。我们用一双眼睛发现上帝隐藏在自然中的美丽事物；也就是说，我们看到祂的威力，祂的智慧，和他永恒的远虑，由此我们理解祂支配我们利益的重要性。用同样的眼睛我们也看到我们所遵从的宇宙秩序。另外，我们也看到他神圣的自然中值得赞美的事物。上帝非常愿意允许我们进入精神上的奥秘之处，他在外界的打开心灵里像海一样宽广的信仰世界。才智非凡的人是有心灵感知能力的，他已经习惯于接受天赐的想象力的才能，就像肉眼的瞳孔能感受璀璨祥光涌现一样。智力的想象是自然的知识，它主要用于感应（通过能量）自然状态或者被称为自然光照。[①]

在人类堕落之后，就常遭受激情、嗜好和软弱、偏爱的影响，也因此不能胜任、去促进自己完成有益于人的决定。也是在这种情况下，他的智力、他的抽象能力也不再能够努力使他具备被欲望所扭曲对善和恶的识别能力。他也不再具有灵性的知识。人类堕落的致命打击并没有对人的欲望产生多大的影响，如在西方经常有的假定和猜想，但是却影响到人类的智力，以及抽象推理的能力。

作为创造物的自然现在也被打破了。在许多方面，现在的"自然"已经不适合我们，反而变成人类的对立面。作为围绕人类自己的自然和物质的和生物的自然一样，即使不是怀有敌意也不愿去听从人类的目的

[①] 叙利亚·圣·艾萨克：《苦修颂歌》，宣道集，46，第223页，以及宣道集，66，第323页。

和意图。① 在人类的始祖亚当堕落时就预设了一个罪恶的世界。"诅咒是对劳作的训练。"（创世记 3：18）② 自然已经不是它本来的存在方式，而成为带有人类主观烙印的自然。作为人的方式的自然已经变成不自然的，不是造物主原来意图的自然。每件事情都烙上了人的原罪的印记。人类也不再轻易地有权使用有意义的事情，不再具备像亚当一样给动物们明确命名的能力。（创世记 2：19—20）自然已经变成就明智的有限和普遍存在的有限度的界定。自然是抽象而晦涩的。正像圣·西蒙·麦特富思特（St. Symeon Metaphrastis，约 10 世纪末）和埃及的圣·玛卡瑞斯（St. Makarios，300—390）释义的"当上帝以他的爱在亚当犯罪后责备他并让他死时，亚当也经历了灵性的快乐和感知死亡的能力"③。更不幸的是，因为亚当被逐出伊甸园，人类不再有被上帝允诺的可能性。

当人类转向为生存而努力奋斗，忍受长时间工作给肉体带来的痛苦来维持他的肉体存在时，他相信这是依靠他自己的力量，而不是上帝提供的，那么他周围的世界也随之向他关闭，这也使其深感忧虑。这个充满强烈的肉欲、贪婪和侵略的星球也使人类自己明白自然的境遇。上帝观察到在人类堕落后，就人类的罪孽深重的情形而告诫，"耶和华见人在地上罪恶很大，终日所思想的尽都是恶"（创世记 6：6 [5]）。整个世界通过那双邪恶的眼睛，证明与生俱来的、自然的罪恶和邪恶的取向。现实的看法则是，自然被重新定位于对现代物质的和生物学的更加

---

① "所有的动物，当他们看到亚当从伊甸园驱逐出去，他们也不再愿意服从亚当这个罪人：太阳不愿意照耀他，月亮和其他星星也不愿意给他光明；清泉也不愿意向外喷涌泉水，河流也不愿意继续在固有的河道流淌；空气也不再兴起和风，它们不愿让亚当这个罪人去呼吸；野兽和所有其他地球的动物，当他们看到他被剥夺荣耀时，也开始鄙视他，所有的生命都立刻准备去攻击亚当。"新神学家圣西蒙（St. Symeon）：《第一个被造之人》（*The First—Created Man*），谢拉菲姆·罗斯神父（Fr. Seraphim Rose）译，普拉提那，加利福尼亚州：圣赫尔曼出版社 1994 年版，第 92 页。

② 此引用《圣经》"创世记"第三章第十七节的一段经文，而不是第十八节，原书中有误。英文原文为"cursed is the ground because of you; in pain you shall eat of it all the days of your life"，汉译为："地为你的缘故受咒诅。你必终身劳苦，才能从地里得吃的。"书中的"Cursed is the ground in thy labors"的英文应为本书作者的改写。——译者注

③ 圣西明·梅塔弗拉斯提斯（St. Symeon Metaphrastis）：《自由的理解力》（*The Freedom of Intellect*），载《美丽之爱》（*The Philokalia*）第 3 卷，第 349 页。

强烈的欲望之内。每件事都被界定为，就其欲望可能性而存在，并且依据那些推论的分析、考察、研究和推理而获得，而不是因为祈祷。简化那段历史，仅就后牛顿物理学和后达尔文生物学时期的解释，或包括那些尽可能广泛的领域，如此而为，更加堵塞了人与上帝的通路。因而，可以认为，既不是物质的也不是生物学的自然，已经超越了造物主最初设定自然本性。依照或贴近这样的设定，我们专注于一个已经转变的和情理化的世界，而远离一个超越的上帝，自然只能通过合理推论而存在。这样一来，自然则不致导向上帝。

这其实有失偏颇，人的感受、实际的体验、分析、考察以及合理推论，仅仅是为了当下由时空、人的感觉所限制的可能知识决定的现实，所选择的一种认识方法。另外，任何其他可能方法都不会被接受；或者是在与康德思想一脉时，即增强感觉、时空以及其他有限边界限制的疑难；或者是在与黑格尔一脉时，即作为人类文化的元素，呈现完全内在性的任何超验的启示。这个是去神话和去神学的世界，奇迹的出现是不可能的，比如：与上帝共融回赎人的权利，实现无限的超越。这是一个没有一丝神意和阙如终极意义的世界。所谓替代上帝旨意的人的权力，只能提供盼望。对于破碎的自然，我们误以为接近、体验，为实现人的欲望实现了对它的理性理解。

在一个被罪性所决定的世界里，自然性被破坏是依照某种规范进行：第一，自然已经不再是彻底的行善。它现在正遭受违背自身意愿的人类力量有目的地攻击，从地震到龙卷风、飓风，物质的世界成为自然的善与恶的源头。生活的世界被循环往复的冲突、暴力和死亡所左右。自然已经不仅仅是一个物质的、被限制的、固定不变星球。自然正在经历着对人类的不够友善甚或怀有敌意的情势。第二，人类堕落之后，人类再把循环往复的奢望、肉欲、繁殖、冲突、暴力、杀戮和死亡加载于自然，这些就构成所有人的自然历史，人也就脱离了上帝所承兑的涉及道德的事务和模态。自然于是也构成和建立了它本身的意义，通往欲望包括倾向邪恶成为规范之内和常态的行为。在这个强烈的欲望前提下，冲突、杀戮和死亡成为人的"自然"的归宿。已经堕落的、人的自然世界，不再是纯正、简单的物质世界，而是被所谓激越的情欲牢牢控制的自然，欲望、冲突和死亡周而复始，这个世界所有堕落的人们构成了

第四章 生命伦理学与超越：文化战争的核心

这个自然的环境。第三，这个破碎的世界的出现，亦应为接近一种合理的推论，那些形成后启蒙时期的期望，并没有考虑善的可能和至善上帝的亲自到场。由是观之，自然和自然远离了上帝，而不是上帝抛弃自然，人类正是这样的。自然已经变成被罪性改变的时空领域。它也正在被人类满足激越欲望所惯性操控，它是不包括灵性可能存在的合理推论性解释和说明的结构。当我们发现这个世界时，它已经不是我们原本期盼的那个美好世界了。

自然法也许可以使人领会一些戒律的界域和范畴，这些戒律是上帝通过我们的行为，通过我们周围的世界教诲我们的，它是上帝演绎自然的一扇窗户。[①]要明白那个法律，人必须坚持信仰，要求我们从一个偶

---

① 许多世纪以来，很多自然法的理论发展了，许多内容与传统基督教有了相当的差异。其中一些内容，试图形成一系列现代的、对许多传统的观念的修正。例如，罗素·希丁哥（Russell Hittinger）说，试图重新对罗马天主教自然法进行定位，以便在此使人类与上帝对话。罗素认为，自然法是在自然中发现的道德法权知识。他强调指出，托马斯·阿奎那后期写作中称其为领悟、洞见，自然法缺少圣恩是不易接近的：

在他就自然法发表意见的最后一次记录是，在1273年四旬期会议（Lenten conferences）上的一系列讲话，托马斯的判断是更加严格的："当时尽管上帝在创造人类时给了他自然的法令，但魔鬼在人类身上，却行使着另外的法令，也就是，色戒（law of concupiscence）……因为这样的自然法被色欲（concupiscence）摧毁，人们就需要被带回到美德的训诫中去，以便摆脱恶习：目的是他需要再写一部法律。"作为1985年里欧宁（Leonine）评论中指明：destructa erat（被打破）——这个词，即"was destroyed"（被破坏）。

他为什么说自然法已经在我们中间被破坏了？首先，他确信，并不是说，在人的内心接受的法律被破坏。因为作为一个法律的自然法，不只是自然态的，或应说是在人的心里，毋宁说在上帝的心中。

他坚持，多样的自然法是由于"以多样而完全的天赋理由建立了它们"。在自然法范围里，已经被说成是自然内部的事情，它是一个具有理性的命令，将被人类推向普遍的善。

当这个创造规范持续管理控制人类，自然法的影响就成为对原罪的天罚，而不是上帝的惩罚触动人类有限的理性，因为堕落的人类依然是一个灵性的动物，拥有上帝赋予的理解道德曙光的能力，但充分地表述天赋必须提出要求，使人类重新调解上天赐予的、积极的法令，一部新的恩赐的法。

罗素·希丁格（Russell Hittinger）：《自然法与天主教道德神学》（*Natural Law and Catholic Moral Theology*），载《一项保留的恩典》（*A Preserving Grace*），大急流城：博尔德曼斯1997年版，第7—8页。

然邂逅上帝的不可知论主义者发生角色和方式转变。上帝那时会允许我们通过他的能量去重新接受他的戒律的知识。良心（conscire）正逐渐地揭开上帝的法，不是通过学习、研究或深入的分析，而是通过我们的自然的本能，通过我们自然的信仰、自律和祈祷。它是自然而然地给予我们清晰的知识，使我们不再堕落。①它是自然地表明我们的义务，对我们的行为给予一种颇具象征意义的说明。它也自然地把我们放在上帝的怀抱当中。但是它不只是理解为一套外部的道德强制条文。它是让我们如何跟从上帝以及如何亲近上帝的知识。就像古英语时期的"良知"（inwit）代表良心，它涉及不是单独而唯一的，是关于人的内在学识。这种认识渐渐使我们摆脱激情，通过遵守他的戒律转向上帝。基督教徒有通过祈祷来学习上帝的戒律的传统。在古代的祈祷文中，如大晚祷、晚课和晨祷上信徒祈祷中说道："神佑助我福,主啊,帮我,教给我你

自然法的这种解释依然与教父的说法相隔遥远。首先，在自然法与良心之间有一种不恰当的判断关系：良心是上帝在我们内心中形成的对完整法令的感知能力。其次，说明一个苦行主义者已经充分认识到自己失败的角色，试图纠正激情和欲望所带来的伤害。再次，还存在一个已经充分认识到的失败，即通过崇拜生成的感知能力：在祈祷的礼拜仪式中生活，是道德法律内容的最好说明。最后，还有一种失败的看法是，自然法不是简单的一系列已经开具的医治方案，这些方案应依靠上帝才能见效，也就是说，当我们与上帝保持一致时才有治疗的效果。

这最后一种失败就像已经牢牢嵌入西方人文化心理中的一个类似的疑问，即在我们创造人和上帝造就的超人之间的疑问。这种观点，确立认识自然法的观念，而不仅仅是一种治疗意见。

综合这些有关自然法的意见，就形成了西方的法理学和道德神学。参见亨里克·罗蒙（Heinrich A. Rommen）《自然法》（*The Natural Law*），托马斯·亨利译（印第安纳波利斯：自由基金出版社1998年版）。按托马斯·阿奎那的视角，走进东正教和进而走进东正教的那些学者们，请参阅丹尼斯·布拉德雷（Denis J. M. Bradley）《阿奎那论人的二重善》（*Aquinas on the Twofold Human Good*，华盛顿，哥伦比亚特区：美国天主教大学出版社1997年版）。

① "'原罪'存在于诺斯和失去与上帝交流的暗夜中。"见西洛歇奥斯·弗拉考思（Hierotheos Vlachos）《东正教灵性》（*Orthodox Spirituality*），艾菲·马夫洛夫查理（Efie Mavromichali）译（列瓦里亚：圣母诞生修院1994年版），第41页。

的法令。"① 总而言之，戒律和通过自然教诲我们的法律，并不是外部的或以观察和实验为依据制定的，而是为使我们的行为构成与上帝一致。

作为心路历程的道德与神学知识

教父认识论（patristic epistemology）以区别躯体、灵魂和精神为前提，每一部分都有本身的行动知识、客体知识和目标知识。身体知识是可感觉到的，并需要体验和研究的知识，它以物质的现实性作为基础。这种知识的发展是经常性的，一般是由于物质的欲望形式所推动的。这种知识的界限大多不是在普通的经验范围内，而是要包含在科学（Wissenschaft）广泛的界域。"去理解那些圣·艾萨克所说的知识的最原始和最微细部分并不困难，它们实际上包括所有的欧洲哲学，从素朴实在论（naïve realism）到唯心主义（idealism），从德谟克利特的原子论的科学理论到爱因斯坦的相对论。"② 相比之下，凭借纯理性的理解以内在的本性创造万物有灵的知识，就像人类始祖亚当知道如何给动物命名一样。依靠纯理性的认识，人类会感觉到上帝的旨意，领会"上帝总

---

① 神父约翰·布雷克（John Breck）描述大晚祷（the kataxioson）（啊，上帝的允诺，赐予我啊……），在基督教早期的礼拜仪式祈祷中，在很多圣经版本中保留了同样的交织的结构。

啊，天父，赐予我们吧，今夜，赦免我们的罪。
2：保佑你的能力，啊，上帝，我们的父，赞美你的荣耀，使你的圣名直到永远。阿门。
1：让你的仁慈，啊，上帝，降临给我们，我们盼望在你的怀中。
0：保佑你的大能，啊，上帝，教我执行你的法令；
保佑你的大能，啊，上帝，让我知晓你的法令；
保佑你的大能，啊，上帝，用你的法令开导我。
1'：啊，上帝，你的仁慈是永恒的；不要嫌弃你亲手创造的作品，不要嫌弃人类。
2'：对属于你的赞美，对你的祈祷，对属于你的荣耀，从圣父到圣子，直到圣灵，世世代代，现在乃至永远，阿门。
布雷克（Breck）：《圣经语言的形成》（The Shape of Biblical Language，格雷斯特伍德，纽约：圣弗拉基米尔学院1994年版），第291页。

② 贾斯汀·波波维奇（Justin Popovich）：《东正教信仰与活在主怀中》（Orthodox Faith and Life in Christ），艾斯特利奥斯·杰奥斯特尔基奥斯（Asterios Gerostergios）等译（贝尔蒙特，马萨诸塞州：拜占庭和现代希腊研究会1994年版），第145页。

是以一种隐晦的难以形容的方式呈现出来"①。这种知识是灵性的，人的一种天性，并不需要通过研究而获得，仅要求过一种面对上帝去祈祷、斋戒、施舍的生活就能获得这种知识。这就包括一种使自身朝向上帝的信仰活动，并通过爱上帝进而爱自己的同胞。由这种知识构造的善的生活，并不需要什么世俗人道主义，可看作为一种俗世的、有利的、以自然法为基础的生命伦理学。世俗人道主义者从最具危险性的视域关涉卫生保健话题。这是对道德的瓦解以及远离一切灵性关切；这几乎就是一种堕落。一个世俗的人道主义试图给那些需要的人提供卫生保健，假如没有指明是由上帝引领的爱，正如叙利亚人圣·艾萨克所言，那就会导致远离我们的上帝。关于灵魂的知识对象是无形的，其目标是超自然的：它由上帝所光照。② 知识的第三种形式是超然于人性并关涉与上帝的连接。它通过圣灵的降临而形成，圣灵引导我们成为"叫我们既脱离世上从情欲来的败坏，就得与神的性情有分"（彼得后书1：4）③。这种形式的知识是在强烈的超自然意义上的灵性化。

　　叙利亚人圣·艾萨克总结了这些各层次的，或者说各种自然的、灵性的和超自然的不同种类知识。

　　　　那些具有有形特性的事物和接受以感觉获得指令有关的知识，称为自然的。而那些专注于事物内部无形的、抽象智力功能的知识，称为灵性的知识，因为是由于通过灵性而不是感觉所接受的认识。这两种知识题材都来自于灵魂而不是对它的理解力。那些由神（Divinity）拥有的知识被称为超自然的，更确切地说不可知的和超验知识（knowledge – transcending）。灵魂不能通过他自己的外部肉

---

① 忏悔者圣·马克西姆（St. Maximos）：《神学的各种科目，神学经济学、德性和其它》（*Various Texts on Theology , the Divine Economy, and Virtue and Vice*）II. 73, 载《美丽之爱》（*The Philokalia*）第2卷，第202—203页。

② "当心智（诺斯）纯净之时，有时上帝自己也亲近并教导它，有时是天使的力量，或者创造万事万物的自然也暗示，将一些神圣的事物给予它。"见埃及的圣马卡里奥斯（St. Makarios of Egypt）《四百年之爱文本》（*Four Hundred Texts on Love*），第三部94，载《美丽之爱》（*The Philokalia*）第2卷，第98页。

③ 知识的第三种形式是圣灵引导的基督允许所完成的。"只等真理的圣灵来了，他要引导你们明白一切的真理。"（约翰福音16：13）

身获得神的视觉的知识,就像以前的例子一样,它都是承蒙上帝的恩赐而显露它自己,突然地、出乎意料地从中透露出来。"天主就在你内心",你不应该祈求在某个地方发现它,也不应该去评论它,只有按照基督的话去做。不是依靠外部的原因,也不是默念沉思,它只能显现于难以发现的理智的隐匿图像中,因为理智不能从任何物体中发现。

第一种知识来自于不断地研究和勤奋地学习;第二种知识来自于良好的生活态度和理智的信仰;第三种知识则只来自于纯粹的宗教信仰。如果赖于信仰的知识废弃了,仅依据结果行事,感官辨识活动反而变得多余了。①

所有这些知识都是如此朝着上帝的方向上升。它也将取向从散乱的、特殊的、孤立的到最终统一于万物创造者——上帝所成就的结果。

传统基督教的认识论也不是一成不变的。正像圣·艾萨克所强调的,它认为当一个人在上帝的启发下对自己的行为感到忏悔,那么他也将最终与上帝保持一致。

> 自然知识,即善与恶的识别能力已经通过上帝注入我们的自然躯体,所以规劝我们一定要相信上帝,即万物的创造者(Author)。信仰使我们内心产生畏惧,畏惧会强迫我们去忏悔和开始行动。而这样的人也将被赋予灵性的知识,它是一种神秘的感知能力,这种能力将会产生真正的天赐的想象力。灵性的知识也不会仅仅依靠纯粹的单独的信仰产生,而是首先产生对上帝的敬畏,当我们开始对上帝产生敬畏,而且坚定对上帝的敬畏,那么灵性的知识就会产生。正如圣徒约翰·克里索斯托姆说过的,"因为当一个人有了符合上帝意志的愿望以及正当的事物时,他很快就会接受原来隐匿的事物,并通过对'这些隐匿的事物的接受'而领悟到灵性的知识"。②

---

① 叙利亚圣·艾萨克:《苦修颂歌》,布道集,53,第264页。
② 叙利亚圣·艾萨克:《苦修颂歌》,布道集,47,第227页。

这种认识论需要实现从与上帝疏远到进入上帝恩宠之下的人生历程，正如叙利亚人圣·艾萨克总结的通过知识接受信仰上帝的心路历程：

> 第一阶段，知识性的淡漠而灵性上去追求上帝的神圣事业；第二阶段，是他狂热信仰迅速发展的过程；而第三阶段，从俗世的工作中获得解脱，灵魂唯一的喜乐只在于对美妙事物的奥秘进行冥想。①

如果知识缺乏朝向上帝指引，它也只能是我们人类肉身欲望的替物，并且导向陨落不如接受神义，不是向上帝升华，就是走向沉没。

基督教道德认识论的动态发展特征，对世俗生命伦理学的道德意义具有深远影响。教会世界主义的世俗生命伦理学对于信仰者和无信仰者、圣人和罪人和平相处的共同基础，是一个极大的颠覆。知识的背景是一个剥夺自然标注的范畴内，内在的精神分离的模式。如果这个世俗的道德没有定义任何内容，而是纯粹程式化的，那么其本身也不会远离上帝。就像圣保罗的科林斯（St. Paul's Corinth）城，保罗允许他的基督徒进入城市、街道、市场、公园，然而也谨慎地、警觉地加以防备。虽然他们被禁止与承诺的罪人密切交往，圣保罗依然认为在他们的一般商业贸易中基督徒不能避免与他们的接触。② 这个环境只不过是社会的空间，被信仰者和无信仰者、基督徒和非基督徒、传统的和后传统的基督徒所分享。因为它是一个和平的社会空间，他不仅为市场提供自由，同样也为严重的罪恶的行为提供自由；这也是一个改变宗教信仰的地域，传统基督教徒也能够见证提升超越肉体的知识并感知上帝。在其自身和

---

① 叙利亚圣·艾萨克：《苦修颂歌》，宣道集，52，第 261—62 页。为了介绍圣徒艾萨克的思想，见贾斯汀·波波维奇（Justin Popovich）："圣徒叙利亚人艾萨克的知识理论"（The Theory of Knowledge of Saint Isaac the Syrian），载《东正教信仰和活在基督怀中》（Orthodox Faith and Life in Christ），艾斯特利奥斯·杰罗斯特尔基奥斯（Asterios Gerostergios）等译（贝尔蒙特，马萨诸塞州：拜占庭和现代希腊研究会1994年版，第 117—168 页）。

② "我先前写信给你们说，不与淫乱的人相交。此话不是指这世上一概行淫乱的，或贪婪的，勒索的，或拜偶像的，若是这样，你们除非离开世界方可。"哥林多前书 5：9—10。

那个社会空间是一棵介于天堂和地狱之门的决策树（decision tree）。这种在社会空间中融会了一般活动的知识，也被"称为浅层的知识，因为它几乎全部是直面地对上帝的关注"①。

这一合作的范围，实际上是无所不在的，无论是信仰者、无信仰者、圣人和罪人都能提出它自己的要求，既不接受也不赞许，更不是拒绝上帝。只有人类自由并实现话语优先，人类才可明晰近神之路。这种挂虑和对知识的反应依然不能简单、片面以及不精准地认为：他们是邪恶的。对于传统基督教生命伦理学的要求，他们不能给予一个基本的相应的基础，因为自然的善恶知识脱逸于道德和宗教意义。那是一个把肉身从灵魂与上帝隔离开的世界。而对于康德、黑格尔来说，不过是可见的自然的球面与通常的世俗世界：内隐的本质并非是认为脱离上帝，而是对上帝超验性的一种怀疑。它是由对世界体验的人类欲望知识的形式所构成，以此在其中心处排布人类的自由与思想。正像圣·艾萨克讲到的"我们责无旁贷地发现这种知识，并且申明不仅反对信仰，而且不赞同每一项劳作的德性"②。自然的知识是如此有限，并不单纯是召叫我们超越或通过上帝的自然，同时让我们远离上帝。"然而，属血气的人不领会神圣灵的事，反倒以为愚拙。"（哥林多前书 2：14）由此可见，圣·艾萨克已经将其置于自由世界主义的世俗生命伦理学与基督教生命伦理学的诸多流派。世俗生命伦理学不请我们参与基督教生命伦理学，这在道德上是有缺陷的，也是很自然的。

因为穿越道德知识达到神圣的旅程是一场道德运动，它将随我们的道德选择和美德发展而定。假若我们使我们的道德方向感晦昧不明，使我们的良善之心沦落，如此我们对上帝的知识将变得阴郁黯淡，因而无法判断基督教生命伦理学的正确内容。道德知识，包括生命伦理学的知识，是实践的知识，不是一般行为原理的应用理论，但通过道德行为发展的知识辨别能力，可以使我们远离情欲与上帝保持一致。这种道德知识的成果是使人学会如何依据法令行动，灵性知识的增进是通过我们对改变自己的初约而得到的。对神圣的追求带给人类一种超越固有视野的

---

① 叙利亚圣·艾萨克：《苦修颂歌》，布道集，52，第258页。
② 叙利亚圣·艾萨克：《苦修颂歌》，布道集，52，第260页。

知识,从根本上将重新塑造道德和生命伦理学的意义。德行强化了法律的评判,也会把我们和真实的、至高无上的造物主联系在一起。自然的启示吸引我们通达到一项神圣而荣耀的事业,在终极关怀和神圣追求的意义上,重新为生命伦理学定位。

这种知识方法需要我们对已明确的自然法重新进一步定位,同时,重建传统基督教生命伦理学和自然法的关系。(1)自然法的解释不是一种把生物学的人的特征予以限制,而是限制嵌入话语推理的道德或纯道德理性的特点。(2)自然法首先是一种表达道德感受的载体,这乃是由造物主给予的、帮助人类转向和体验上帝的路径。自然法是我们自然而然地感知能力,尽管在人类堕落后这一能力曾被遮蔽。(3)自然法不是第一次被发现或者刚刚被推定性揭示。它实存于我们内在良心中,旨在我们自身的体验中被发现。通过道德律令的体悟,能够通过教诲被强化,它渐渐变成主要通过祈祷、美德行动和对上帝的爱获得。它特别需要通过对上帝的崇拜来培育,上帝通过神的爱和火花来发现这个法律,这在我们创始之初就已经留存于我们内心。(4)在自然法的领受中,它不是一套道德义务,就像建立在生命伦理学基础上的纯粹世俗化意义而获得所有人的赞赏那样,自然法或道德律令,与基督教生命伦理学一样对人的身心健康大有裨益。它们引导我们远离个我,而归于上帝——我们的造物主。

基督教生命伦理学和神学知识

由于人类超拔的生活目标是神圣的,与上帝共在;随之,是道德的生活;戒律的恪守,美好品德的获得,除基督教生命伦理学表明心声外,而那些道德行为本身看来并无明显结果。但它们对于架构自然性知识领域却非常关键。那些道德行为给人们提供彻底改变自我并获得超过常人的有关上帝的知识。正像新教神学家圣·西蒙所强调,如果没有圣灵的亲临与感动,人则无法领悟圣经经文的渊源,或者不能通达道德的目标。"他曾经说,正像我们所知道的,即使用心地研读了所有的神圣的经文,也不可能理解、觉悟那些神秘而十分荣耀的功业和潜隐于内的巨大影响力，也难以体验和彻底领悟上帝的所有律令和圣灵的启示。"①宗教知识的获得是出于真正良心的选择、恪守上帝的律令和对上帝的崇拜。这里不是拒绝那种依靠推论的考量和分析方法而获得道德神学知识。这也不意味着基督教生命伦理学应该是习惯性回避明确的叙事和解析性说明，或者是系统地表明赞成这种矛盾的阐释，以及故弄玄虚或模棱两可的诉求。仔细的诉求性省查和概念的分析应该能够有一定益处，即使遭遇不适当的推论叙事和一个非现实的推论表达时。

根据经验得出的神学知识与推论考察和分析收集来的知识的不同，我们可以用品尝葡萄酒的理论与实践进行比喻，即那些只是理论上了解葡萄酒实际没有品尝而形成葡萄酒的知识，与已经品尝过葡萄酒者就他们的经验写出详细的报告进行比较。不是来源于实际经验的神学知识就像没有实际体验的酒类特征的研究者一样。如此条件下的酒类研究结论充其量只能作为劣质产品。从根本上来说，应该依靠实际上尝试过酒而且通过经验发展了的辨识能力，他们了解并有依据地欣赏葡萄酒的品质。尽管如此，那些从未品尝过葡萄酒但却发展了分析性的术语可能也会对评定酒的质量有几分好处。那些已经品尝过酒的可能发现这样推论的和分析的术语对于向其他人表达他们的体验有很好的帮助。抑或他们可能发现这个术语只是一个空幻的误导。那些已经品尝过葡萄酒的将就其有效性获得最终的判断。更不必说，任何从未品尝过葡萄酒而声称自己为酿酒研究人员的人，只是对已经品尝过酒的人，为应聘而进行的拙劣的模仿而已。

毋庸置疑，那些真正体悟上帝的神学家们必须有天赐的机缘。毕竟体悟神圣上帝不像品尝葡萄酒那么容易。体会上帝是有限的生物性的人偶在地遭遇无限的、超验的造物主。基于这个理由，正像圣·艾萨克讲到，那些体悟上帝的人：

> 能够翱翔在无形的王国里，感知到深不可测的海洋，用一种完美的、神的方式沉思冥想，那是上帝所掌管的抽象和肉身的生物。

---

① 新神学家西蒙：《圣言》(*The Discourses*)，德·卡坦扎若 (C. J. deCatanzaro) 译（纽约：保罗会会员出版社 1980 年版），第 264—265 页。

> 他会寻到精神的奥秘,他会感悟到朴素而精妙的智慧。那么就会从内心唤醒灵性的作为,依据神的指令,将涉度不朽的、不会腐败的生活。即使从现在开始,它已经被我们承认,作为一个奥秘,我们内心的灵智就此复活,以作为所有功业普遍真实的见证。①

道德神学知识必须总是根植于无限中有限的偶在背景之下。要求神学知识超越感知的体验和论证性推论是一种威胁,它应在现实中与上帝的突然的遭遇才能得到。在这个体验以外,基督教神学家能够为基督教生命伦理学提供一个前提,显然,不是限定在自然性体验和社会历史状况文本范畴之内。能认知的人将突破有限体验的界限,并且与造物主相契合。

总的来说,一般意义上的生命伦理学,尤其是基督教生命伦理学的实质和基础问题,完全能从根本上得以解决。否则,除基督教生命伦理学以外的道德,在特殊的现实情境下和社会历史文本规范下将受到限制。鉴于此,就像我们已经看到的,任何一种权威的内容整全的道德或生命伦理学都不可能证明是完全合理的。一个公认的内容整全性道德也不可能在固有存在的现实中被发现。如果人们还只是依赖一种允许,去构造一种陌生的世俗道德去强迫道德异乡人来遵守,人类将被抛离。除非人类体验到上帝的存在,人类将更加需要在允许原则之下证明道德神学和他们的生命伦理学。对于当代道德哲学、道德神学和基督教生命伦理学来说,这是一个令人尴尬的定义。就先祖们的理解,这个问题和人类堕落、不再能够在伊甸园自由出入,并不再能与上帝交流的故事一样古老。(创世记3)它是以人类所处的境况和固有的界域为特征的。

传统基督徒满怀虔诚的信仰和克己的决心转向上,祈求上帝佑助我们战胜我们的欲望。传统的道德神学也是建立在体验之上,同样,这也是其生命伦理学的基础,因为它赖于上帝对我们的佑助,以及我们接受上帝和遵循他神圣的律令。考虑到我们内在的限制和我们的认识论局限,这种对上帝的体验不但对于传统基督教生命伦理学确立是必要的条件,而且更是一个充分的条件。也只有我们个我性地通过蒙恩去体验上

---

① 叙利亚圣·艾萨克:《苦修圣言》,颂歌,52,第261页。

帝体验，传统基督教生命伦理学才是可能的。当人们以体验上帝为背景重拾基督教生命伦理学的概念时，人们不仅会发现，基督教生命伦理学则将获得证明。由此，就将把哲学性理解给予批评性张力。

作为现实自然性推论考量的哲学，和符合逻辑的观念条件的哲学，和关于现实的真实诉求，作为对道德性质推论式考量的道德哲学，还有道德的推论性考量以及由生物医学科学和卫生健康引发的本体论议题的生命伦理学，它们带来的所有问题，从根本上来说，是不完全的和片面的。因此，这些创建者就本身的条件不可能直接应对质疑。如果没有上帝的恩泽，他们就会被认为是有缺陷的和一种误导。一般情况下，他们是不可能成功的。如果生命伦理学的内容、道德的特性和人类的知识是依靠认知者的灵性特质，那么认知者的能力则依靠道德的举止和对上帝虔诚的敬拜。

早期教会的神父们，通常都是在基督之后第一个千禧年连续的地中海文明的文化的研习中，接受过良好的教育。并且在各个方面，他们一直认为这种文化是自然的传承。他们甚至欣赏它们的美妙。然而，他们对希腊哲学、早期的世俗哲学，包括异教徒的哲学予以批判：异教的哲学不能践行他们观念的知识和智慧的诉求，而医生们也生活在这样一种新锐的不适宜的情感诉求之中。希腊或世俗哲学通常提及所谓智慧，但其实它们恰恰表现的是缺乏真正的智慧。它们没有展示一种道德的生活方式或者认识到道德对身心健康有益这一特征。从基督教诞生伊始就坚持要求非基督教徒的哲学一定要以新的眼光来审视世界。首先，哲学要求一种品德高尚的生活方式。正如苦修者圣·内罗斯（St. Neilos the Ascetic，430）所言："哲学是与有关现实的真正的知识的学说结合的完善道德的状态。"① 教父们认识到，作为自然知识的哲学能表明道德生活的内容，而要比推理和分析的事物关涉更为广泛。尤其，哲学需要接受它爱智慧的使命和为真正智慧来指导生活的信誉。如果异教的希腊哲学曾经真正地追求智慧，那么他们应该有圣洁的生活。"柏拉图如今在哪儿？也许，他出卖了他的门徒，或者终结了他悲戚的人生……如此，

---

① 苦修士圣·内罗斯（St. Neilos the Ascetic）：《苦修圣言》（*Ascetic Discourse*），载《美丽之爱》（*The Philokalia*），第 1 卷，第 201 页。

例如，古希腊哲学家阿瑞斯提普斯（Aristippus）曾经赎买高价的妓女……"① 这样的批评指责不仅仅来自从个人偏好出发。考虑到认识论对道德知识的理解，更不用说，上帝的知识，要求始终遵守戒律，增进信仰，实现与上帝的结合，对一个哲学家的生活的批评与对生命伦理学家们一样，就像对一个掌握实验技能的科学家相类似。如果那些细菌学工作是在肮脏的实验室中进行，它将不可能培育出纯种培养物。同样的，我们的论争也是如此，如果哲学家、神学家、生命伦理学家不能使他们的内心纯净，摆脱欲望，他们也将难以驾驭纯正的争论。他们所教授的内容也会被他们本身所歪曲。

其次，不仅哲学家必须把握善的道德生活，他们也必须以内心追求上帝为神圣目标，而不是机会性的追求。对于真理的目标的偏离，只能使他们堕入悲剧的歧途。正如圣·内罗斯所忠告：

> 许多希腊人和不少犹太人试图进行哲学探讨；但是惟有基督的门徒追求真正的智慧，因为他们像他们的老师一样独自拥有智慧，并通过遵循上帝的旨意生活来展示他们的智慧。因为希腊人像舞台上的演员，戴着虚假的面具；他们只是名誉上的哲学家，但缺少真正的哲学。其中一些希腊人设想他们自己从事于形而上学工作，……但他们忽视完全的美德的实践……有时，他们也曾试图用神学来思辨，尽管此真理超出人的独立认知，而投机的活动是危险的；甚至他们的这种生活方式要比猪猡沉溺在污泥浊水中更加堕落。②

这种哲学上和道德上知识的描述，强调认知者的良善品质，因为认知者的良好道德品质和其灵性愿景决定了个人被上帝接纳的可能性。崇尚善，其心灵一定具备道德的和灵性的健康。

这不仅是希腊哲学未能向医生提供摆脱欲望去追求真正智慧的实践

---

① 圣·约翰·克里索斯托姆：宣道 XXXIII. 5《马太福音》10：16，参阅《尼西亚与后尼西亚教父系列》，第 10 卷，第 222 页。
② 苦修士圣·内罗斯（St. Neilos the Ascetic）：《苦修圣言》，载《美丽之爱》（*The Philokalia*）第 1 卷，第 200 页。

的原因；同样，也说明理性的推论为什么不能替代对上帝的信仰，为什么不能给终极真理提供缘由。希腊哲学在其他方面，它也能产生上帝的圣徒，像约伯和麦基洗德。一种世俗的生命伦理学，试图寻求世俗的权威的内容整全性自然法，或者基于人权的伦理，此目的一般难以实现。关键是生命与造物主的协同作用，上帝伸出佑助的手，把那些靠近他的人拉向自己，使他们敬拜上帝，正像忏悔者、圣·马克西姆（St. Maximus the Confessor，580—662）所表述：

> 如果人没有跟从上帝使自己增加其谦卑和感动，灵魂将永远不能通达上帝的知识。其实，人类的思想本身没有能力去提升自身理解的任何上帝的荣耀，上帝自己也不会去靠近他们，直到人类的思想主动去靠近上帝，去获得神授的权柄。①

根本上说，问题的关键不是一套推定的原则，而是亲自体验上帝的恩泽。

道德的健康和真正哲学的成就是由悔罪、道德行为和信仰上帝所决定。正如圣·格里高利·帕拉马斯（St. Gregory Palamas，1296—1359）所说：“我们要履行上帝的律令，获得真正的知识，因为通过这一过程，灵魂会得到健康。如果一个人的认知能力患病，如何能使一个理性灵魂获得健康？”② 圣·格里高利·帕尔马斯在这里所指的是纯理性的智力（noetic intelligence），人能够看到上帝的真理的能力，是上帝所默示的。这种道德认识论集中于被造者个人和他个人理解的造物主之间的关系。传统基督教生命伦理学的认识论，不管认知者转向他的造物主还是通过上帝都要思考自己。道德知识要求谦逊、避免骄傲；道德的举止和正确的崇拜就需要清除欲望的理性，从而通晓真理，真理就是上帝。

---

① 马克西姆·孔菲索尔（Maximus Confessor）：《知识的重要篇目》（Chapters on Knowledge），载《文选》（Selected Writings），乔治·波索尔的（George C. Berthold）译，（纽约：保罗会会员出版社1985年版）II— 31，第134页。

② 格里高利·帕拉马斯（Gregory Palamas）：《三位一体，在基督里圣化》（The Triads, Deification in Christ），约翰·梅茵多尔夫（John Meyendorff）编，尼古拉·根铎（Nicholas Gendle）译，（纽约：保罗会会员出版社1983年版）II— 17，第62页。

有三种条件并非能够指望给予基督教生命伦理学以任何基础。第一，超验的上帝将不可能在推论过程中被理解。第二，上帝只有在人类通过忏悔和崇拜的道德转变后才可以被体验到。第三，作为个我化的上帝不能被具象化。无论哪一基督教的知识都可以被称为上帝无限存在的个人知识。真理是亲历的，通过基督的诞生，上帝曾清楚展示自己是三位一体的超验的存在。① 正像艾塞克斯的主教索弗罗尼（Sophrony of Essex，1896—1993）所提示的，三位一体不能终结对推论的争议：

> 作为上帝"WHO"（神是谁）的真理，通过所谓推理是不能达到的。作为"何位圣者"（WHO）的上帝也只有通过与其交流才能被人所认知，而这只能由圣灵的感动完成。正如斯塔列斯·西吕安（Staretz Silouan 或 St. Silouan the Athonite，1866—1938）经常强调的。
>
> 圣主自己如此告诫：
>
> "人若爱我，就必遵守我的道。我父也必爱他，并且我们要到他那里去，与他同住。但保惠师，就是父因我的名所要差来的圣灵，他要将一切的事指教你们，并且要叫你们想起我对你们所说的一切话。"（约翰福音 14：23，26）②

作为基督教生命伦理学的语境也是以此方式展开。作为寻求智慧的哲学最好的解释是人对上帝的追寻，神学也是人类祈祷与上帝建立联系的结果。简而言之，哲学、神学或者存在争论和分析的生命伦理学，从这个观点来说，在根本上是不完整的。

从追求真正智慧过程中羸弱的哲学（包括生命伦理学），变成了一种浮华和自我嘲讽；正如圣·约翰·克里索斯托姆（St. John Crysotom）

---

① 传统上认为，三位一体是对亚伯拉罕示表的。"耶和华在幔利橡树那里，向亚伯拉罕显现出来。那时正热，亚伯拉罕坐在帐篷门口，举目观看，见有三个人在对面站着。"（创世记 18：1—2）三位一体的突然显现，被圣安德烈·鲁布留夫（St. Andrey Rublyov，1360/1370—1430）描述为著名的神圣标示。

② 大牧长索弗罗尼（Archimandrite Sophrony）：《阿索尼特圣山的圣西拉》（Saint Silouan the Athonite），罗斯玛丽·埃德蒙（Rosemary Edmonds）译，艾塞克斯：圣施洗约翰修院 1991 年版，第 112 页。

所哀诉的,"他们所有的都不过是一个神话,一部正在演出的舞台剧目"①。这说明,并不否认虔诚的异教哲学家的存在,或者像柏拉图一样也拥有部分真理,如此种种,都为基督教的诞生做好了准备。② 希腊哲学,也就是世俗哲学,被它自己潜移进入一座错综复杂的分析的迷宫,和令人深涩费解的推理的林中曲径,它们不会导致一个不道德的结果,但也不会有什么如意的终局。"他们就像进行一场智力游戏或幽谷探秘,无论何处也没有尽头,也不会获得坚实而可靠的理由,有的只是彻底空乏而又毫无价值的厘头。"③ 希腊哲学与其说是提供了一条可靠的智慧之路,毋宁说是制造了一套支撑自身运行的一条径路。哲学变成了"仅仅是一些词汇和儿童的玩偶"。④ 曾经有很多看法和分析,但很少有如圣·约翰·克里索斯托姆所发现的那么真诚可信的道德指导。

    例如,他们让他们的妇女全部集合一处,脱却少女们的衣饰裸裎于运动场上,让男人们观赏;当他们举行秘密婚礼时,所有的情事都杂混为一体,这也背弃了自然性限定,如此,那种场合还有必要再说明吗?……所以,为掩饰他们的污秽不堪,他们极尽晦昧默

---

  ① 圣·约翰·克里索斯托姆:《圣金口颂歌》(The Homilies on the Statutes),布道集,XVII—7,《尼西亚与后尼西亚教父系列》(NPNF)第一部,第9卷,第455页。
  ② 亚历山大利亚的克莱门特:《杂记》(The Stromata),第一书,第14节。亚历山大利亚的克莱门特被一些人作为范例,为了基督的来临,把希腊哲学等同于圣经旧约。在一定程度上,他的观点是,上帝用希腊哲学是为基督教的传播做准备。"希腊人的哲学也是依据这些,偶然地、朦胧地、部分地领悟真理;其余的人或拥有它,或者让魔鬼把他们撇开。须知,假如某种权力从天堂传达下来,也将促进整个哲学。但如果希腊哲学解释不了全视域的真理,因缺乏践行宣讲上帝戒律的能力,它就必须准备精心地进行规模性教学方法;通过这些方法的训练,来铸就其品质,其相信在普罗维登斯能够获得真理。"参阅《前尼西亚教父系列》(ANF)第二卷,第一书16,第318页。
  81—1 Providence "普罗维登斯"文字,经常大写,意为:神圣的指导或保护,上帝设想作为维持和指导人类命运的权力。经常作为"天意"、"神意"来理解,也有把其作为一位神的称呼。——译者注
  ③ 圣·约翰·克里索斯托姆:布道集,II《罗马书》I.8, II.17,《尼西亚与后尼西亚教父系列》(NPNF) 1,第11卷,第350页。
  ④ 圣·约翰·克里索斯托姆:布道集,III《腓力比书》I.18—19,《尼西亚与后尼西亚教父系列》(NPNF) 1,第13卷,第194页。

然，而且他们也非常努力地这样去行动。因为没有比共和体制更荒谬的了，除了我们已经提到的哲学家以外，他们耗尽了人类语言，他们还能说出公正道义是什么？他们只会用冗长的词藻填充他们的说教，但无论如何也难以言清道明。①

圣约翰·克里索斯托姆认为，许多情况下，哲学已经成为拙劣的自我嘲讽，导致智慧的窘困。他想必是声明一个类似的批评，来反对当代更多的世俗生命伦理学。它不能获得权威的有厚度的道德内容。糟糕的是，它所带来的团体的行为、自由性爱（也就是非婚姻情侣之间的生殖方式）和人工流产甚至杀婴，成为理想国不可缺少的一部分。

另外，在它自己的框定下，世俗哲学要求，通过复杂预先假定的不仅仅是嵌入智力的论据，而拒绝更多的意见，正如圣约翰·克里索斯托讲的，休闲只为少数人提供。

> 因为，如果农夫和铁匠、建筑工人和飞行员，每一位都是通过自己的双手劳动来生活，如果舍弃了他的生计，和他的诚实而辛苦的劳作，让他去耗费多年只为去学习什么是正义；在他学会之前他可能就会被饥饿摧毁死去，因为这个正义，不会让人们学到任何有用的东西，结果只能是他生命的悲惨消亡。②

希腊哲学，不像基督教那样智性的追求，而是凭借所谓优秀人才的悟省：它要求一种没有被很多事务所占据的休闲和智慧。相比之下，基督教对智慧的追求是允许那些智力适中处于中等生活水平的人获得成功，但他们要有伟大的爱，一种转向上帝的爱，并被其所充盈。

---

① 圣·约翰·克里索斯托姆，：布道集，I《马太福音》10，11，《尼西亚与后尼西亚教父系列》（*NPNF*）1，第10卷，第5页。教皇约翰·保罗二世认为，从哲学中寻求的大多数内容，传统基督教虽然知道其并不可能，但依然承认，"哲学实践和哲学学术的参与，似乎使最早的基督徒感到更大的困惑，而并未觉察到一个新的选择的来临"。见《信仰与理性》（*Fides et Ratio*，梵蒂冈城：梵蒂冈出版社1998年版），第56页。

② 圣·约翰·克里索斯托姆：布道集，I《马太福音》，《尼西亚与后尼西亚教父系列》（*NPNF*）1，第10卷，第5页。

第四章　生命伦理学与超越：文化战争的核心

这里，圣约翰·克里索斯托姆把成功归功于在一定限定条件下的读者：他不仅称赞苦行者，也承认没有脱离真实的世界中的哲学人生观的修炼。① 在基督教早期，哲学表达一种新的意义：苦行者的生活与世俗被接受的僧侣的生活。当然，不是所有的人都要采取这种生活。虽然伟大智慧不是先决条件，但内心的善良和宽容还是必要的。这里，我们也要感激圣约翰·克里索斯托姆的见地，他没有坚持人们为了拯救和获得基督教中的智慧一定要成为僧侣。他认为这在传统上是十分明确的，没有命令让所有的人都成为僧侣，也不是说僧侣就一定比不是僧侣要圣洁虔诚。② 那些生活在这个世界上的人们，能够顺从他们的内心，通过克己的生活都可从内心获得自由。

圣·约翰·克里索斯托姆也注意到了运用思想的推论和无目的盲从于经验和邪教精神的各种推理分析的哲学观念。

让持异端者听从心灵的声音，因为这是一种自然的理性。而人们在信仰之中，目前总是相形见绌，似乎表现出对于天国的事情无以知晓，他们把自己陷入无穷推理之中，就像被蒙蔽在尘灰的阴影之中。③

这是克里索斯托姆对希腊哲学的最严厉的批判，同时也暗指世俗生

---

① 克里索斯马斯·保尔（Chrysostomus Baur）：《约翰·克利索斯托姆与他的时代》（*John Chrysostom and his Time*），龚扎卡（Sr. M. Gonzaga）译（瓦杜兹：Büchervertriebsanstalt，1988 年版），第 106—115 页。

② 圣·安东尼（St. Antony）曾向上帝祈祷，向他展示，证明他已经实现的德行。上帝的回答是，他还没有达到亚历山大港某个鞋匠的水准。圣·安东尼就来到这个鞋匠那儿，问他是如何生活的。鞋匠回答说，他将自己 1/3 的薪水敬奉教堂，1/3 给穷人，1/3 留给自己用。安东尼把他自己的一切都放弃了，而且生活的凄凉和贫穷远胜过鞋匠，他发现鞋匠没有什么突出的非同寻常的地方。安东尼对鞋匠说："上帝让我看你是如何生活的。"于是，这个谦卑的工人，非常尊敬圣·安东尼，对他的话很惊愕，回答说："我没有做任何特殊的事情。只是，当我正在工作时，我看到路人并想到，'他们都将被拯救，只有我将消亡'。"大牧长索霍尼（Archimandrite Sophrony）：《阿陀斯的圣修士西吕安》（*Saint Silouan the Athonite*），罗斯玛丽·埃德蒙德斯（Rosemary Edmonds）译，艾塞克斯：圣施洗约翰修院 1991 年版，第 210—211 页。

③ 圣·约翰·克里索斯托姆：布道集，II《罗马书》I. 8, II. 17,《尼西亚与后尼西亚教父系列》（*NPNF*）1，第 11 卷，第 349—350 页。

命伦理学。"由此得出要求运用理性思考他们,这也是他们的死亡之路。"① 这个批评其实也应该已经被关注,它存在于保罗的警示之中。它是圣保罗对希腊智慧的评论,认为那种想通过哲学的辩论获得智慧是失败的。这是圣保罗作为外邦人的使徒批评希腊人和关于智慧失败的哲学争论的言论,以此表现其通达真正的智慧。

> 智慧人在哪里?文士在哪里?这世上的辩士在哪里?神岂不是叫这世上的智慧变成愚拙吗?世人凭自己的智慧,既不认识神,神就乐意用人所当作愚拙的道理拯救那些信的人。这就是神的智慧了。犹太人是要神迹,希腊人人是求智慧。我们却是传钉十字架的基督。在犹太人为绊脚石,在外邦人视为愚拙,……(哥林多前书 1:20—23)

圣约翰·克里索斯托姆如同圣保罗一样,对于基督教而言,希腊的智慧是一种无智慧(anti - wisdom);每一个他者都是愚昧无知的,每一个他者都是反对哲学的。或者更为辩证的可能说法是,希腊哲学(对我们来说,还包括世俗生命伦理学)对信仰的无知的,他们是反智慧的。这一切都会使人远离上帝与救赎。

在此,克里索斯托姆证实了保罗意识中的基督教要义:"因为十字架的道理,在那灭亡的人为愚拙,……"(哥林多前书1:18)当人们被拯救时会变得"我们为基督的缘故算是愚拙的,……"(哥林多前书4:10)"除非人们变成一个呆傻人,要么他不再考虑一切理性和智慧,把他自己交给信仰,也许这样才可能得救。"② 另外,这也不是拒绝非基督教徒,包括非基督教的哲学家和生命伦理学家,都能够通过追寻崇拜上帝,为了发觉他们内心的上帝法则,通过这种道德律令感悟上帝。这一点或多或少是自然知识所不能带给我们的,最终超越它自己而皈依上帝。圣约翰·克里索斯托姆的哲学再评价,重新对希腊哲学进行定

---

① 圣·约翰·克里索斯托姆:布道集,IV《哥林多前书》I.18—20,IV.2,《尼西亚与后尼西亚教父系列》(NPNF) 1,第12卷,第16页。

② 圣·约翰·克里索斯托姆:布道集,V,《哥林多前书》I.26—27,V.3,《尼西亚与后尼西亚教父系列》(NPNF) 1,第12卷,第24页。

位,并面对基督徒的智慧,暗示了生命伦理学对信仰情境并不明晰。

关于这个问题,总体来说,生命伦理学和哲学在一个特殊意义上,已经被重塑了。这里有一个作用强大的判断表述对世俗哲学的对抗,同时暗指生命伦理学以及对信仰的无知:(1)它的从业者趋向于被他们的激情所驾驭,以至于他们无法实现真正的理解;(2)因而,他们的完美举止通常是不道德的,即(3)无论在任何地方,他们也不会迷失在无意义的沉思中;(4)只是对少数人提供有益的乐趣,以至于他们的智慧对大多数人是无法达到的。再者,(5)试图通过推论的表达,而不接受信仰和体验从而直接转向上帝,终将导致非但没有智慧,甚或达之万劫不复的境地。因此,(6)真正的智慧必须要有一种求索的方法,但在世俗的眼光中是愚蠢的,如推理的哲学。对于它的这部分,真正的哲学和与其相依的生命伦理学是从一种自然哲学作为出发点,而且是通过信仰和精神知识而获得超越自己的学识。只有超越自己才能超越自然知识(比如世俗生命伦理学),从而引导自己通过三位一体而通达神的光照(基督教生命伦理学的最佳的整全目标)。这不是去拒绝世俗哲学功能的价值,而是精确地澄清观念,即清晰地表述关于人对于信仰的理解和体验以及论证。真正的哲学,和所指的真正的生命伦理学,是去适应上帝所导向的美德,美德进而引导其超越自己转向神学并体验上帝。脱离实际的哲学、神学和生命伦理学就像那些从未品尝过美酒的酒类研究生产者一样。对于圣约翰·克里索斯托姆来说,所有真正的哲学和神学都要仰赖于那些对于上帝到场的切实体验。对于我们而言,这就意味着,真正的基督教生命伦理学必须在亲身对上帝的体验之中获得。

道德神学、基督教生命伦理学和知识共同体

"神学"这一术语其实是晦昧不明的。它存在着初级和发展的第二阶段的含义。初级阶段主要是深植于第一个千禧年教会的圣体神秘神学(eucharistic - mystical theology)。传统基督教生命伦理学所涉及的神学核心知识是要求人后天修习忏悔、爱、自律和崇拜。它是通过在教会内由那些体验上帝的神学家们依靠圣灵所揭示的。此外,就是因为神学家

在某种第二层意义上的评价和传授，或者是由那些真正能体验上帝的神学家去说明；或者澄清、比较理解力以及推论能力或是系统地考量和阐释。传统基督教神学和生命伦理学着意珍存了感受上帝的根源。他们也就珍存了完整的内容，以及教会中的敬拜仪式相关的生活方式。真正的神学是感受、仰赖神圣而且宣称自己在基督教社会的崇拜之中。否则，他可能因为是一个没有信仰的人、一个没有实现忏悔的罪人而无法成为真正的神学家，也就难以去挽救一个破碎、片面和扭曲的灵性体验。优秀的神学家，他一定必须是恰适地以真正的神学知识作为源头：我们唯一的上帝。

基督教生命伦理学处于第二阶段的觉悟（也就是好似学术化的但却依然虔诚地进行神学体验的分析和研究），当从最初神学感悟中独立之后（也就是作为对上帝的感悟），作为一个特殊的学术研究领域理解自己时，就开始由通用的学术标准引导，将其界定在学术性的范围内。基督教生命伦理学在这种觉悟意义下，应该是一个特定的宗教领域，任何具备了一定精力、智慧和基本的知识而且善于进行研究的人，似乎都可以被称为一名基督教生命伦理学家。这种神学觉悟是以接受特定的条规和道德前提为出发点的。学术上的分门别类，使其不再构成一个整体来面对这个艰巨的任务，但可通过忏悔、祈祷和爱来遵从上帝的存在。例如，就罗马天主教生命伦理学来说，在理论上是接受主教意识、特别是罗马教皇所持有权力的地位去解决争议。这些争论通常被认为是由专门从事学术研究的专业学者参与并注意到问题，但却导致了教会中持有相当权柄的权威的干预。基督教的掌权人是否具有科学和学术性评价的权威性？这成为一个重大难题，昔日的神学已不再只是对上帝的体悟，而是凭借学术考量的学术派系。这个掌权人阶层只有出任主持与指导者，以对学者或者至少学术研究和学术宣传活动进行干预。一旦发现缺乏神学活动所要求的那些神圣原则，他们就会立即充任受过良好教育的研讨会的领导者亲身参与其中。得到圣神之手的佑助可被作为正论的论点和学术研究的反响的成果。但是焦点也不再先置放于追寻内在性知识的神圣责任上。结果，学术的争议和基教会权威便出现激烈的冲突。

这种对比并不存在，只要将神学作为心灵的治疗并在基督教联盟集会时，对圣体圣事礼仪感这一关键点（Vantagepoint）实现认识的统一。

它不是礼拜学意义上的敬拜仪式。① 尤其，它不是基督徒生活部分和特征性礼拜仪式。归信基督教的生活是其崇拜的核心。完全的体悟可能是困难的。在西方，神学已经成为与礼拜仪式相分离，导向一方是单独的学术性科学化神学，另一方面是礼拜仪式性的局面。它们都与神学的体验相脱离。礼拜仪式的神圣观念意义也趋于淡化。结果就产生了一边是是西方神学、一边是礼拜仪式的误解，以及人为地在各种学术领域与神学相隔离的误解。这也导致一种看法，神学更多的是学究式的僵化产物，而不是祈祷、崇拜和恩泽的结果。神学也不再有嵌套在信仰礼拜仪式上的上帝中心论。

圣餐、礼拜仪式、祈祷是与上帝的团契结合在一起的。上帝的团契应该是祈祷的群体，甚至应该是隐修士的标示。一方面，圣·巴西拉（St. Basil）的礼拜仪式明确地连接着信徒，特别是那些孤独的、在苦行中争斗的信众："噢，上帝！莫要忘记啊！那些在荒野中、高山上、岩穴和坑洞里的苦行者们。"② 另一方面，隐士在他们与各种诱惑做斗争，在祈祷中和礼拜仪式上经常获得异象神迹的报答。③ 基督教生命伦理学发现它的基础首要的任务是，远离欲情和襟怀坦白，真正地把精力引向神圣，以便于人们可以毫无愧疚地参与礼拜仪式，与基督和基督徒交流和沟通。礼拜仪式的关键不是单纯的权力控制，因为基督徒的道德生活是和他人融合在一起，或者因为基督徒不是一个人单独祈祷，而是和他人相连接。更意味深长的是，如果道德知识要求认知内情的人有一个转

---

① 如，参阅亚历山大·斯克摩曼（Alexander Schmemann）《圣礼神学指导》（introduction to liturgical theology），格雷斯特伍德，纽约：圣弗拉基米尔灵修院出版社 1986 年版；皮德罗斯·瓦西里阿迪斯（Petros Vassiliadis）：《圣体圣事和医疗的灵性》（Eucharistic and Therapeutic Spirituality），载《希腊东正教神学评论》（Greek Orthodox Theological Review）42 (1997), 1—23。
② 哈普古德（Hapgood）：《服务册》（Service Book），第 108 页。
③ 希腊正教长老约瑟夫·荷西卡斯特（Elder Joseph the Hesychast, 1895—1959）在和隐士们交流时提供了一个神迹的案例，曾经有一天，因为罢工的影响他不能去参加他热切渴望的礼拜仪式，他说："我看到在我面前有一位披着金光的天使，正像教堂中所描述的一样，来自另一个世界的圣光照亮了这个地方。在他的手中，举着一个美妙的闪耀光芒的容器，与他的手掌融为一体。他小心地打开它尽量靠近我，然后怀着巨大的崇敬，小心地把一颗圣体的灵丹放入我的口中。然后，他带着谦卑的微笑看着我，合上了那件容器……"见约瑟夫长老《长老约瑟夫·荷西卡斯特》（Elder Joseph the Hesychast），第 103 页。

变，因为认识者必须是为了救赎的缘故敬拜上帝，所要求的变化不仅是一种道德的生活的改变，并且是牢牢嵌入神圣崇拜的道德生活，如此在认识者转变的重要拐点将会在礼拜仪式中显现。"圣餐是基督再临的先知预示。"① 当然，无愧疚地进入礼拜仪式，进入交流，灵性上首先要有苦行的准备。传统基督教生命伦理学是一个在灵性上的治疗，通过礼拜仪式、圣餐，因为真正的道德知识来自上帝，而且只有通过灵性炼狱式治疗之后，从欲情中摆脱之后才能实现高度完美、赞赏、认信与礼拜仪式紧密相接的崇拜，包括所有神学知识的表达，构成基督教的社会团契神学意向的实现。

作为这个认识论的结果，传统基督教生命伦理学将不仅（1）有一个与圣典相关的改革，因为圣经将主要在礼拜仪式中被理解，包括我们在各种地区目前所看到的，但同样，（2）有一个经院式、借助礼仪生活的实践所表达的对自然法的判断。正像圣经是一本对礼拜活动以外是封闭的一样，自然法也是一本对于真正礼拜活动以外是封闭的。未能归于上帝的人将不会欣赏神的戒律，因为他们内心不理会自然法则。如果神学知识不是根植于理性体验，那么按照法律可指导的苦行主义的缺失，以及对神学知识的崇拜也将受到歪曲。传统基督教生命伦理学将根植于圣经和自然法两者的交替之中，但在协商中哪些是在改革之后或经院哲学的之后光照弘扬的道德内容的源泉是难以估测的。圣经和自然法只是在苦行僧和礼拜仪式生活中显示了他们全部真实的内容。单纯借助艰难的推理，若在信仰之外，很难获得对自然法的理解。一个现世的自然法的解释不会提供给生命伦理学整全性道德内容，这种混合语言试图给出一个公认的世俗道德，来替代基督教神学和它的生命伦理学。没有通过苦行主义和崇拜的信仰恩泽的理性思考，由此通过自然法产生的哲学是会遭到神父们格外谴责的。若脱逸宗教性，对于道德真理来说，不存在一条可靠的、规范的路径。信仰之外，自然的道德知识是不可信赖和毫不相关的。

我们对照考察了世俗的和传统基督教道德表达的基本原则。作为现

---

① 帕林泰勒·加勒留（Parintele Galeriu）：《牺牲与救赎》（*Jertfa si Rascumparare*，布加勒斯特：新月社 1991 年版），第 288 页。

实的对比，他们不是尖锐的。当然，在分歧的中心，有一条分界线位于世俗道德思想和传统基督教道德的认识之间，这是关涉所构建的大量的道德知识而言的。第一，需要一个合理的推理，它总是要限定在固有的范围之内；第二，是智性诉求，对于真理的获得，由个人在经历体验过程中偶然遭遇，上帝是一种个人体验。首先，是世俗社会缺乏至高无上信仰的保证。其次，是一个通过瓦解内心防线的诉求。再有，这也不是分层次的节点，而和理性论证是重要的。合理性的推论可给予清晰的分析。它为我们建立获取有效的论据的路径。它详尽地说明、解释和组织。当然，仅仅依靠它自己还不能揭示真理的要旨。特别是，它不能建立一个内容整全性道德视角。

　　这就是我们在第一章开始时的困惑，关于世俗道德的可能性问题。因为传统基督教道德神学和由此建立的传统基督教生命伦理学是基于对至高无上上帝的体悟，其获得和培育道德知识从来不是依靠简单的推论。道德的内容是在与上帝的对话中发展的。它是在祈祷和崇拜中逐渐丰满与增长。在人们心中表明的自然法并不是如此一个自由、客观、可见的事实。它是一个就个人而言所揭示的真理。良心不只是一个人的能力，而是联系造物主和生物两者的一个端点。内心的知识，像圣保罗在罗马书第2章第15节所说，是智力感知力的开始。对于圣保罗来说，它是让正义实施割礼使其纯洁的心，为了能够被启发、照耀，如"基督就要光照你了"（以弗所书5：14）。那些已经清除了欲情奢望并实现了与上帝的一致，而由此方获得物化自然的知识。再者，教会的祈祷涉及生命伦理学难题（例如关于母体子宫内胎儿的流产、疾病和死亡问题），也将阐述和表达有关生命伦理学的知识。最后，道德的生活，包括基督教生命伦理学，不能完全被理解，除非就此而言有充分的思想预设，参加圣体圣事，而且在基督教宣教认识论与跟从上帝的形而上学内容。圣体仪式构建了基督教生命伦理学的社会学知识。

　　传统基督教道德是把对上帝的崇拜嵌进纯洁的心中，并以此为核心；因此，生命伦理学首要的也是如此；进一步再引入传统基督教生命伦理学；这就可在一个侧面与世俗生命伦理学、后传统生命伦理学和另外的生命伦理学形成对照。这其中有七点将在下面的段落中予以考量。第一，早已深入人心的基督教生命伦理学主张和要求，必须诠释为从关系到上帝通过净化人的心灵方面来理解。第二，进而是人们能够正当地参与基督教徒集会的圣体和礼拜仪式中去。第三，基督徒生活的中心——礼拜仪式，给予圣经以应有的地位，而不是相反：基督教生命伦理学是圣经形成之前的圣体敬拜仪式。第四，圣体礼拜仪式的集会是在分等级的团体内进行，有持有权力的督察员或是主教来维护信仰的完整性，还包括在礼拜仪式集会的参加者和其中的任职者都参与其中，也牵涉与生命伦理学的公开论战。主教持有权威地位，但作为研讨会议的领导者；他们权威的地位在于，对基督徒生活的中心礼拜仪式集会负有责任。第五，教会的统一是体现在与主教和圣典原文精神相一致，是主教、大公会议或者天主教徒的统一性，要承诺集合于圣灵之下，对有经验的管理者清楚表达他们的真实想法，为了表示"因为圣灵和我们定意不将别的重担放在你们身上"（使徒行传 15：28）。生命伦理学的争议也可认为是在大公会议的基础上。第六，尽管主教会议和主教们正在掌控者权力，他们有以圣灵确立的（Spirit—established）先知、长老或神学家身份：他们可以直接与上帝交通并必定传达上帝的话语。即使这些话语是反对君主、先祖、主教和合一议会。这样就会在有权力地位的人和作为共同试验那些灵的权威们之间求得某种和谐（约翰一书 4；1—3，帖撒罗尼迦前书 5；21）。①② 神学家是信仰的权威。这些君王、主教与先祖与生活着的圣人的距离和区别就在于还不能有神圣的临在。第七，我们已经看到的，神学和神学家与发展了的西方世界，已经出现明显的落差，神学已不在学术领域占主导地位。神学只是作为与上帝密切关系的一种诉求。

---

① 持有权力地位的人和权威人士的区别有点像法官和法律上的学者之间的差别。前者有权制定规则，后者了解法律的特征，或者是一位被法官左使，推翻现有法律的笔者。主教是持有统治与说教权力地位者。而教父与教母们应了解主教说教的内容是什么。在他们体验上帝过程中，对神学来说，他们是公认的权威。无论如何，主教必须是公认的神学家们争议的裁决人，代表教会试验灵（约翰一书 4：1）。此外，主教们自己也应成为圣长老（holy elders）。

② 约翰一书 4：1—3 经文汉译原文为："亲爱的弟兄啊，一切的灵，你们不可都信，总要试验那些灵是出于神的不是，因为世上有许多假先知出来了。凡灵认耶稣基督是成了肉身来的，就是出于神的，从此你们可以认出神的灵来；凡灵不认耶稣，就不是出于神，这是那敌基督的灵。你们从前听见他要来，现在已经在世上了。"帖撒罗尼迦前书 5：21 经文汉译原文为："但要凡事察验，善美的要持守。"——译者注

真知卓见：主教、大公会议、教皇与先知

怀疑论者会问到关于神学的背景，从而最终问到纯粹理性经验下的基督教生命伦理学：一个人如何才能知道是否真的有一个类似这样的纯粹智性体验？如果有的话，一个人如何确定他是否有真正的纯智性体验？毕竟，会遭遇欺骗你的魔鬼。有许多事情不可回避，所有这些都关涉应把所有先验的正统知识定位于正当崇拜和信仰的生活中。除了这种体悟以外，其他反应将始终是无法整全的，并往往显得狭隘：只有进入其中并亲历过你才会悟省。有些标准可以从外部来领会：一个正统的基督徒会寻找那些与上帝相遇的人，这可以在人从一开始就受教会启示的经历中，显示出他对教会忠贞不渝和敬虔之爱。鉴于传统的基督徒被认为是一个纯粹理性的人，会发现其信仰已经彻底地全部给予了圣徒（犹大书1：3），任何对新信仰、新学说，或新教条的要求，必须予以拒绝。真正的纯粹理性体验不会揭示什么新的真理。这就是著名的乐林寺的圣·文森特（St. Vincent of Lerins，约450）原则，即基督教的信仰是不变的，事实是它曾经并一直被各教会的所有人相信。教会中的真理颇具古代风范以及普适性和自觉认同的特征。①

---

① 勒林斯的圣·文森特（St. Vincent of Lerins）强调：

我曾经常认真和仔细询问了许多尊贵的学习上十分杰出的人，如何并以什么普遍确定的规则，才能从异端的堕落中辨别天主教信仰的真理；我几乎查遍了每一个实例，最终获得这样一个答案：我或者任何其他人，在其增强并继续健全和完善天主教信仰时，是否应当发现欺诈行为，从而避免异端的谎言。上帝帮助我们必须在两个方面坚定自己的信仰：首先，维护神圣法律（Divine Law）的权威；其次，是坚持天主教会的传统。

此外，天主教会本身，一切可能的情境都必须审慎关注，我们应坚持，那些是时时、处处、人人信奉的信仰。因为这是真正的严格意义上的"天主教"，它作为自己的神圣命名和宣布诸事之理由，被普遍接受。如果我们遵循普世性、经典性和共认性，我们应遵守这一原则。我们应遵循普世性，如果我们承认，一种信仰要想成为真理，必须通过整个世界的承认；经典性是，如果我们没有理性地背离这些观念，它很明显已经被我们神圣的祖先和父辈们认可；同样，共认性是指，对于经典，我们坚持自己毫无异议的定义和所有人的认定，或至少应该是所有神职人员和医生们的定义。

《训诫书》（A Commonitory）Ⅱ，4，6，《尼西亚与后尼西亚教父系列》第二部（NPNF2），

就基督教社团内部来看，必须确切的承认，人获得识别善恶心灵搏斗成果，通常必须是要在某一位经验丰富的指导者帮助之下完成的。由于传统的基督教神学是以体悟作为基础，因此，其至为核心的认识论主要应该是考量灵性的认识论：判定某一灵性体悟是源于神还是源于魔鬼。关于这个问题，很多著名的修道士，留有浩如烟海的文献。阿陀斯山的圣西吕安（St. Silouan the Athonite）提供了以下几条作为内部判据："上帝是温和的、谦卑的，并且热爱祂创造的一切造物。""上帝之圣灵所到之处，到处都充溢着对仇敌谦和的爱以及为整个世界祈祷……要让所有人都不至于冒天下之大不韪做出贬低这个'心理'戒规的行为，因为与之相关的国家是神圣行动的直接结果。"①在这谦卑的爱中，被造之物将确认，会与独一无二的上帝相遇。

对于更多的世俗论者——确切地说就是——对许多理性主义基督徒来说，建立在纯粹理性体验基础上的生命伦理学道德内涵基础，将会令人忧虑，甚至令人抑郁。应予强调的是，那些缺乏普遍的、内容整全性道德规范的道德，除对于天国生活追求外，作为一种揭示性话语，还是可以理解的。这就意味着，传统基督徒无法为其道德诉求披饰世俗、中性的语言外衣。传统基督教道德诉求总是通过基督导引认信天父。这个决心，即真理的体验将被置于一个特别的社会背景之中。

这些观点需要进一步探究，首先是基督教道德和生命伦理学的礼拜仪式基础。从一开始，基督徒的生活就在于一种参与礼拜仪式、社群、灵性转化和等级权力中，同时还必须遵守苦行主义信实。以苦行和礼拜仪式为中心的基督徒生活是以灵魂的净化苦行为前提的，目的是进入圣

第11卷，第132页。

他的这些观点的威力是，所谓异端就是拒绝任何坚持传统的信仰，或通过以往曾经采取的非正统的新异教义。圣·文森特对神父们于以弗所理事会（Council of Ephesus，公元431年）上发言结论十分明确。"他们还给那些应该追随他们的人树立了一个榜样，他们也应该有坚持神圣经典的决心，并谴责世俗的新异事物。"摘自第31章，82，第155页。通过引述罗马教皇西克斯特三世（Pope Sixtus III of Rome）的话他强化了这一观点。"不要让任何新异事端得到允许，因为它们不适宜所有经典的添加物。不要让我们祖先鲜明纯洁的信仰和信念遭受任何污秽之物玷污。"见第32章，84，第156页。

① 索霍尼（Sophrony）：《阿陀斯山的圣长老西吕安》（Saint Silouan the Athonite），罗斯玛丽·埃德蒙兹（Rosemary Edmonds）译（埃塞克斯：施洗约翰修院出版社1991年版），第162—163页。

体仪式，也就是礼拜仪式的中心，从而使我们与上帝在一起，这是所有苦行主义的目标。这对基督教生命伦理具有广泛的意义。首先，如果置身于传统基督徒生活之外，传统的基督教生命伦理学就不能被真正地彻底解读。从内容来看，其含义会伴随信心、爱、施舍、苦行主义、信仰的不断增长，而参与到教会的奥秘中来。因为生命是社会的，其实是圣体化的，只有以圣体礼拜形式去赞美时，基督教生命伦理学才会得到充分的理解。然而，礼拜只能通过忏悔、苦行生活以及净化心灵来理解。通过并在相宜的基督教崇拜中，生命伦理学找到了其范围和内容。基督教生命伦理学被恰适地传达，并按照被宣诵了漫长年代的礼拜仪式文本所显明，这并不是一件简单的事。礼拜仪式文本本身提供了生命伦理学的指导。更重要的是，圣事圣体的礼仪大会从一开始就被公认为是枢机主教与基督在现实世界中的相遇。

对基督生活观的赞赏在一些法案中被发现：圣灵降临节后一开始，都恒心遵守使徒的教训，"彼此交接、擘饼、祈祷"（使徒行传2:42）。1世纪末和2世纪初安提阿主教圣伊格内修斯（Saint Ignatius），（30—107年）的书信中，很强调对这种崇拜仪式的统一性。

> 注意，有且仅有独一圣体。因为我们的主耶稣基督只有一个肉身，和一个杯子去［展示］他鲜血的合一；一个祭坛；一位主教，连同长老和执事，我的同伴仆人：如此，无论你们做什么，你们都应该根据上帝［意愿］去做。①

正如已经指出的，这种生命崇拜和信仰团结的一致性是建立在一个教会中提供监察员、持有权力的主教的等级结构内。

> 看到你们所有人都追随主教，即使耶稣基督的圣父以及使徒、长老和尊敬的执事们；作为上帝的组织，也要遵从并执行圣事。在主教缺位的情况下不可让人做任何与教会有关的事务。如要使这圣事视作正当合法的圣体仪式，就必须由其他主教、或由一位已受他委托的人来［管理］。主教在哪出现，众信［信徒］也在哪里；甚

---

① 圣伊格内修斯（St. Ignatius）：《费城书信》（*Episle to the Philadelphians*），第4章，第1卷，第81页。

或如是，耶稣基督就在那里，公教教会也就在那里。如果没有主教举办施洗或举办一次爱的餐礼，那么它就是不合法的；而无论他们赞许什么，那也都是神所授意的，因此所做的一切都可能是安全的和有效的.①

正是因为有了崇拜、等级制度的认可和圣体圣事转化这些背景，才使得形式具有意义。也正是通过礼拜仪式，基督教道德生活包括基督教生命伦理才找到了它的方向。正是在这里，教会才是公教会式的（katholike），② 于是也就具有了整体性和完整性。③ 基督教知识，道德和生命伦理学的社会学是公共的、礼拜式的、圣体圣事的，有等级差异的。

为获取基督教信仰以及基督教生命伦理学内容，因而所举行的礼拜仪式集会的重要性很容易被轻视。礼拜仪式并不经常被看作道德神学的核心，更不用说基督教生命伦理学了。必须把礼拜仪式看作是圣经经文权威性的一个来源，以便评价礼拜仪式的意义。早期教会关注的重点首先最重要的是圣经经文，并以其为依据作为可以在教会中阅读的书目。虽然有人开始关注，避免异教经文或许对基督生命进行虚假陈述，因为最初几个世纪以来的基督教的问题主要是确定哪些著作可以在基督教集会时阅读。例如，劳迪西亚大公会议（the Council of Laodicea, 364），要求"不可在教堂里朗诵私人诗篇，不符合教规的书籍也不准阅读，只有新旧约全书经典方允许拜咏"。迦太基会议（the Council of Carthage, 418—419）还禁止"阅读除了具有神圣色彩的教会经典的圣经经文以外的任何书籍"④。这不仅是说，在基督信徒的礼拜集会上圣经被确立了其定义和意义，而且，其意义也只能在正式的集会上以恰当的方式去理解。因此，教父一般都会劝阻异教徒关于圣经的争论。坐下来与

---

① 圣伊格内修斯（St. Ignatius）：《斯迈安书信》（*Epistle to the Smyrnaeans*），第8章，（前尼西亚教父系列）（*ANF*）第1卷，第89—90页。
② *Katholike*，荷兰语，一位大公教会的、天主教式的。——译者注
③ 天主教这个词似乎第一次出现在基督教著作伊格内修斯（Ignatius）的这封信中。Καθολικη 这个词，"天"，在短语 "Καθολικηεκκλησια" 中，广义上包括了"一般"，"普遍"和"整体"的意思。这里的关键似乎是关于整体性或完整性。
④ 圣尼克德玛斯（Sts. Nicodemus）、阿卡皮尤斯（Agapius）：《舵》（*The Rudder*），第575、623页。

异教徒或不信教的人一起研究圣经以便找到共同点似乎是不可能的，更不用说真相了，这只能通过忏悔和改变信仰来实现。"在教会之外福音无法被理解，没有崇拜的教义也是一样"，因为"在教会外，福音书是一本密藏的和神秘莫测的圣书"①。

基督教神学和生命伦理学的基督教崇拜的中心地位仍然比较强大。由于必须确定，在祈祷中保持与上帝的统一，特别是通过礼拜仪式中的圣餐，礼拜仪式具有了超凡的地位。结果：

> 东仪天主教教会教义（credal）和教条的圣迹就有这种记录，如圣·约翰·克里索斯托姆（St John Chrysostom）和圣·巴西拉大主教（St Basil the Great）的圣礼仪式，用他们的 typikon ②或圣礼仪式的标题和他们的庆祝活动实际的方式来完成。因为它不仅是充满教条内容的祈祷，而且是整个礼拜仪式行为和教会的生命，这构成了一种独特的神学特征与魅力。③

圣礼不仅构成了神学和基督教生命伦理学的内容，它也给神学和基督教生命伦理学规制了定义。毕竟，神学是人类崇拜的产物。"上帝通过圣子的奉献和自我虚无化，以及通过他们相互的爱而虔敬地接受三位一体的事实，以此展现出他的荣耀与光华，在此神圣礼仪的框架之外，根本无法理解东正教信仰和神学。"④ 出于这个原因，在建构与发展基督教伦理学的过程中，人们可以以教会的祈祷为指导，特别是那些圣礼仪式中的祷告。例如，将圣·巴西拉（St. Basil）礼拜仪式中的祈祷作为禁止堕胎的依据是很合理的："上帝啊，他是最知道每个人的年龄和

---

① 瓦西雷奥斯祭司（Archi mandrite Vasileios）：《入圣诗篇》（Hymn of Entry），伊丽莎白·皮埃尔（Elizabeth Briere）译（克里斯伍德，纽约：圣弗拉基米尔神学院出版社 1984 年版），第 18 页。

② Typikon，本书为波兰文，原文希腊文，τυπικν/ PLτυπικα，意为东正教关于礼仪书籍查询的指南。——译者注

③ 瓦西雷奥斯祭司（Archi mandrite Vasileios）：《入圣诗篇》（Hymn of Entry），伊丽莎白·皮埃尔（Elizabeth Briere）译（克里斯伍德，纽约：圣弗拉基米尔神学院出版社 1984 年版），第 19 页。

④ Typikon，本书为波兰文，原文希腊文，τυπικν/ PLτυπικα，意为东正教关于礼仪书籍查询的指南。——译者注。第 30 页。

名字，并且还从他母亲的子宫里就已经认识了每个人啊。"① 这份祷词足以表明在传统的基督教伦理观念中堕胎在任何时候，都不可接受，因为人们必须承认他们都来自其母亲的子宫。圣礼仪式确立了传统的中心位置，它维系了基督教道德神学以及传统的基督教伦理观。

值得着重注意的是，传统在这个意义上不只是一个口述的历史，特别不应看做是人造事物，或者仅仅是维系一套实践和信仰的圣经。相反，传统是与圣灵结合的延续，在每次礼拜时他都会被彰显和传承。② 正是这种传统，包括并证明了圣经是正当无误的，而不是圣经证明传统是正当的。无论在时间上还是本体论优先方面，基督教传统都是基督教圣经的前提。正如圣希吕安（St. Silouan）强调：

> 教会生活意味着圣灵的生活和神圣的传统，在祂那里，圣灵的行动从未停歇。神圣的传统，作为教会中圣灵的永恒和不可改变的寓所，深深地根植于她的存在，并包括在祂内部，即使是圣经的存在也只是祂的一个形式。因此，教会被从传统中剥离开来，祂将不再是祂，因为新约的神甫是圣灵的神甫，"不是用墨写的，乃是用永生神的灵写的。不是写在石板上，乃是写在心版上"（哥林多后书 3：3）。③

关于传统的这种说法，对教会生活来说圣经甚至都不是一个必要条件。他们没有必要提供基督教生命伦理学的内容。

与某些新教假设（例如，唯独圣经）相反，因为教会创造了圣经，而不是圣经创造了教会，所以圣经从教会现存的传统中获得了它们的含义和地位。正是由于这个原因，这部人类特殊作品——圣经的实际著作权（例如，是否是圣保罗写给希伯来人的使徒书）争议，如其真实性与否，显得并不那么重要。重要的是，作为记录给予使徒和门徒的《启示录》，它已经被教会接受了。圣经的权威和意义来自教会精神的

---

① 哈皮古德（Hapgood）：《服务册》，第 109 页。

② 与通常典型的情况一样，东正教礼拜仪式包含圣灵的祈祷，以此为礼物使之转化为圣餐。

③ 大牧首索霍尼（Archimandrite Sophrony）：《阿陀斯山的圣长老西吕安》（*Saint Silouan the Athonite*），罗斯玛丽·埃德蒙（Rosemary Edmonds）译（埃塞克斯：施洗约翰修院 1991 年版），第 87 页。

第四章　生命伦理学与超越：文化战争的核心

存在。这种存在，方是至关重要的。

假设由于某种原因，教会失去它的所有书籍，包括新旧约、神父们的作品以及所有教会服务册（service books）——那会发生什么？神圣的传统将恢复圣经的价值，不是逐字逐句，也许——口头形式会有所不同——但在本质上是一样的，新的圣经将表达相同的"前一次交付圣徒的真道"（犹大书3）的信息。他们将做出如此表述，并且唯一的圣灵，其根基和实质将持续活跃在教会。

圣经不比神圣传统更深奥、更重要，如上所述，它们（圣经）是它（传统）的一个形式——最宝贵的形式，因为它们都是历代流传下来的而且易于传播应用。①

结果，尽管传统的基督教生命伦理学，可能不违背圣经，但也不会完全依赖于圣经。这将需要从传统的完善中寻求指导。事实上，其本身的传统特点是其依赖圣经而不仅是圣经本身。②

---

①　大牧首索霍尼（Archimandrite Sophrony）：《阿陀斯山的圣长老西吕安》（*Saint Silouan the Athonite*），罗斯玛丽·埃德蒙（Rosemary Edmonds）译（埃塞克斯：施洗约翰修院1991年版），第87—88页。

②　在1世纪中叶，当大公书信尚在撰写和《约翰福音》还在创作之时，早期教会进行礼拜仪式，是在无任何类似完本新约全书的情况下举行的。但完本福音书在没有书面圣经的情况下已经可以获得了。对教会或基督教生命伦理学来说，圣经不是一个必要条件，即圣经既可以用在超出传统基督教的范围以外，也可以用在与传统基督教相左的情况下。它们也不能构成基督教的充分条件。教会生活一直由人的理解来指引，而它的来源非圣经，正如圣·巴西拉大牧首（St. Basil the Great）所画的线一样。

保存在教会中被普遍接受或公开享有的信念和做法，是否来自于书面教学；我们已经收到的其他内容以"谜"一样的形式由使徒的传统交付给我们；所有这些与真正的宗教有关的事物都具有相同的效力。没有人会否认这些；无论如何，没有人是十分精通教会体系的。因为我们会拒绝这种没有任何书面的权威性习俗，理由是它们并不十分重要，我们会不经意地在伤及福音的核心；或者宁可使我们的公认定义成为纯粹的术语，仅此而已。例如，举第一个也是最普遍的例子，是谁在作品中教过用手画十字？并以这样的动作的表达得到人们的尊重，即获得已经以我主耶稣基督的名义得到信任的那些人的敬慕。是什么作品告诉我们在祈祷时要转向东方？是哪位圣人留下了在圣餐面包和祝福圣杯端上来的时候撰写书面祷语的习惯？众所周知，因为我们对使徒或福音所记载的内容并不十分满意，但在前言和结论中，我们加填了其他一些判断神父正确与否非常重要的话语，而这些来自于不成文的教义。此外，保佑我们洗礼的圣水和圣油，还有保佑正在受洗的新信徒的话语。哪个书面的权威授权我们那么，谁是这一传统的管理人？谁维护它，随着时间的推移谁来维持其纯粹性？正像安提阿的圣·依格那丢斯（St. Ignatius of Antioch）的信件所表明的，这项任务很明确地落在作为监督者的主教身上。我们在法案中发现当教会面临一个重大问题时，监督者们聚在一起接受圣灵的指导（使徒行传 15：28）。即使在尼西亚第一次大公会议（325）之前，就有教会会议，本质上是地区性的议会，后来被整个教会所接受。例如，第三次由圣塞浦路斯主持的迦太基会议，其教规是由东正教教堂的一些规范集合而成的。① 还有在安卡拉举行的一次区域性会议（314—315），在后来 692 年昆尼色克特会议（the Quinisext Council）上最终确定为"教规 2"（canon 2），其中包括关于堕胎的一条教规。《使徒行传》里记载着这样的历史，从最早期的教会开始，主教已经传统地聚在一起，就如罗马教皇指定的 34 条教规指定的那样。

> 每一个国家的主教们理应知道他们中间的一个是首相或主席，并承认他为自己的领袖，没有他的意见和批准不可做任何多余的事

这样做？不是我们的静默的权威和神秘的传统吗？难道不是？抹油这件圣事是哪本书教的？三次洗礼的习俗又从何而来？关于其他有关洗礼的习俗，是源自圣经的哪部分暗示我们、如此做就远离了撒旦和他的随从？这难道不是来自于从未公开和秘密的教义，而这些一直被我们的父辈们默默地守护，并避免了好奇的干预和究其根底的调查？他们非常明白，沉默是保守奥秘尊严的最佳方式。

圣·巴西拉（St. Basil）：《论圣灵》（On the Spirit），《尼西亚语后尼西亚教父系列》第二部（NPNF2），第 8 卷，第 40—42 页。

基督教之谜所具有的教诲的力量是天赋的。他们自我提供见证的体验，正如牧首巴塞洛缪（Patriarch Bartholomew）所强调：

正教基督徒所信奉的神圣传统并不仅是一些教义、圣经以外基于教会口述传统的文本的简单收集。正是这一点，而又不仅限于这一点。首先，而且最重要的，它是一种鲜活的、必要的生活和蒙恩的传授，即它是一个必要的和具体的存在，在东正教内代代传承。这种信仰的传承，如生命的汁液从树干流到枝条，从主体流到每一个成员，从教会到信徒，假定一个人被接到一株果实丰硕的橄榄树上（罗马书 11：23 — 25），体现在一身（罗马书 12：5，哥林多前书 10：16—17，12：12—17）。

牧首巴塞洛缪："喜悦的灵光"（Joyful Light），乔治城大学，华盛顿特区，1997 年 10 月 21 日。

圣经必须置放于传统的体验中：对恩宠和圣灵的体验。

① 圣·尼克德玛斯（Sts. Nicodemus）、阿卡皮奥斯（Agapius）：《舵》（The Rudder），第 483—488 页。

第四章　生命伦理学与超越：文化战争的核心　　275

情：每人只应该做对其教区和所属管区所必要的事务。但是即使让这样的人做任何事也不能缺少咨询、同意和批准的程序。因为这样才会有和睦，上帝将通过以圣灵的名，尊圣父、圣子和圣灵而获得神圣荣耀。①

随着安卡拉会议（其中谈到人工流产的问题），区域理事会做出的评判可以逐步在整个教会讨论，然后确认下来。② 或者，如果某一个委员会的决定被发现是不能被接受的，那么，其他地区的主教就可以过来

---

① 圣·尼克德玛斯（Sts. Nicodemus）、阿卡皮奥斯（Agapius）：《舵》（The Rudder），第50页。

② 东正教教会不仅由第七次大公会议颁布的教规管理，还由许多区域性教规与神父们管理。即便是基督教议会，资格审查也是必要的。例如，第五次和第六次会议通过的教规，在五六会议（the Quinisext Council）会议上获得批准，此次会议是在692年召开的。879—880年在君士坦丁堡举行了另外的一些会议，如圣贤哲神庙（the Temple of Holy Wisdom）会议、圣索菲亚大教堂（the Hagia Sophia）会议，也签署了很重要的教规。该区域主教会议的教规审议包括那些在第一次和第二次大公会议中那些圣徒（861）的参与；这样的会议还有，迦太基（Carthage，于圣塞浦路斯时代），安卡拉（Ancyra，314—315），新凯撒利亚（Neocaesarea，315），岗革拉（Gangra，340），安提阿（Antioch，341），老底加（Laodicaea，364），撒底迦（Sardica，347），君士坦丁堡（Constantinople，394），以及迦太基（Carthage，418/419）。此外还增添了85项使徒规则（Apostolic Canons）。除此，还包括作为对整个教会具有普遍约束力的来自神父们的各种教规：亚历山大利亚的圣狄奥尼修斯（St. Dionysius the Alexandrian），新凯撒利亚的圣格里高利（St. Gregory of Neocaesarea），殉道者圣彼得（St. Peter the Martyr），圣亚塔拿修大牧首（St. Athanasius the Great），圣巴西拉大牧首（St. Basil the Great），尼沙的圣格里高利（St. Gregory of Nyssa），神学家圣格里高利（St. . Gregory the Theologian,），圣安菲罗秋斯（St. Amphilochius），教皇亚历山大·圣提摩太（St. Timothy Pope of Alexandria），亚历山大利亚的圣西奥菲勒（St. Theophilus of Alexandria），亚历山大利亚的圣西里尔（St. Cyril of Alexandria），圣吉纳底斯（St. Gennadius），法斯特的圣约翰（St. John the Faster），圣塔拉修斯（St. Tarasius），圣尼基普鲁斯（St. Nicephorus）。参见圣·尼克德玛斯（Sts. Nicodemus）、阿加皮尤斯（Agapius）《舵》（The Rudder）。其结果是没有规范章法的教规的混乱拼贴，使他们的法律应用几乎是不可能的。该教规不是一整套实用的法律，例如，用于解决生命伦理学方面的问题。该教规没有引起相应的质疑，但引致了有关教规和圣灵指导下的每个案件的应用，这应该说是这一系列教规的成就之一。该教规必须被理解为不是一般的法律，它必须遵循信仰上所说的内容，但作为一套非常重要的灵性路标，它可以指引基督教徒走向救赎。通过这种方式，人们可以理解东正教教会对经济的利用与西方分配概念二者之间的差异。分配提升了对某一特定的人或一类人的法律。经济认识到法律的目的，即促进救赎，最好是通过严格法律以外的办法实现。因此经济不应违反法律的精神，相反，它应撇开文本教条，而把重点放在法律的目标上。重要的是应该指明，经济的概念不仅包括教规应用不要那么严格，也不要那么挑剔地使用，从而去实现教规的真正目的。实际上，有时候，法律的精神就是最佳的、精确的（acrivia）法律服务，这是严格的法律最好的应用。

纠正这个错误。该模式是一个主教间及其与俗人之间虔诚的对话。主教的团结必须在诚实的交流中，在一个充满忠诚，以及在爱、真理和恩典围绕中的普遍精神一致的情况下得以实现。这种一致必须具有大公性（sobornost）：大公会议①。它必须从一开始就与教会结合在一起。其正式的标志就是使徒的继承。正如忠实需要主教，在没有正确的权力信仰及忠实的权利崇拜时，主教们就没有使徒的继承。也就是说，使徒继承不在于被视为孤立的主教，而在于具有正确信仰，正确崇拜的主教，他们能一起追随使徒的权威，坚持他们的信仰。在与异端相结合的宗派分立之后就不会出现使徒继任。

该准则本身未对国际或全球教会管理提供任何正式规范的体制制度。无论在哪，教会的准则都有明确的规则来要求或引导基督教理事会。② 每次理事会的举行都彰显了皇帝的权威（如451年圣普西利亚女王［the Empress St. Pulcheria］与其丈夫召开的卡尔西登理事会［the Council of Chalcedon］）。只有一次罗马教皇出席了会议，并在那次会议上，维吉尔（Virgilius）被指控犯有伪证罪。世界性管理的唯一的组织结构，表现了对团结在正当崇拜和正当信仰的主教联盟中的认可。

---

① Sobornost·俄罗斯东正教神学的专有用语，具有"根"的概念，是指公会议（concilar）的结构，以及普遍性、整体性或整全性。——译者注
② 传统基督教的渊源和依据，往往是由教会大公会议来确定，教会一致同意第七次大公会议，第一次尼西亚会议（325），第一次君士坦丁堡会议（381），以弗所会议（431），卡尔西登会议（451），第二次君士坦丁堡会议（553），第三次君士坦丁堡会议（680—681），以及第二次尼西亚会议（787）。然而，问题并不那么简单。例如，第七次基督教大公会议未被查理曼帝国和西方的两个教会会议所接受。见康斯坦丁·切潘理斯（Constantine Tsirpanlis）《东方教父神学思想和东正教神学介绍》（Introduction to Eastern Patristic Thought and Orthodox Theology）（科利吉维，明尼苏达：礼仪出版社1991年版），第23页。此外，东正教教会接受了五六会议或692年特鲁利会议（the Council in Trullo），虽然这在西方并没有被完全接受。除此之外，会议谴责了西部教会禁止神职人员结婚。也没有任何理由禁止召开第二次尼西亚大公会议。而作为东正教，就承认了第四次君士坦丁堡大公会议（879—880），那次会议又被称为圣贤哲神庙会议，其中明确了圣佛提乌斯大牧首（St. Photios the Great）的立场与罗马教皇尼古拉一世相左。最后，在1341年、1347年和1351年君士坦丁堡，赞同圣格里高利·帕拉马（St. Gregory Palamas）对他学术批评的立场，均反映了所有大公会议的精神。

人们在尼西亚教规 6（Canon 6 of Nicea, 325），① 君士坦丁堡第一届会议的教规 3（Canon 3 of Constantinople I, 381）② 和查尔希顿理事会的教规 28（Canon 28 of the Council of Chalcedon, 451）发现了这种模式。

  从遵守神父法令的各地，晚近确认了 150 位上帝最衷爱的著名主教，他们深深留存在人们的记忆中，他们在迪奥多西大帝（Theodosius the Great）统治期间奉诏集合在一起，迪奥多西大帝是皇城君士坦丁堡或者被称为新罗马的皇帝。同样在君士坦丁堡和新罗马，我们也制定法令和表决同样的关于最神圣的教会特权和优惠条例。这与古代罗马因作为帝国首都，圣父自然地将优先权给与其君王的史实十分符合。在同样的目的和目标促使下，150 位上帝最喜欢的主教，将类似的优先权同样给予了最神圣的新罗马君主，其首要的理由是由于该城是帝国所在地，并且是参议院所在地，就其他方面的特权和优惠条例而言也与旧罗马帝国类似，所以，就其和教会事务的关系，紧随其后或仅次于权力事宜，该城的空间区域也需要扩大。③

教会会议并没有把旧罗马从圣彼得那里继承来的任何特殊的权利，作为享有新的特权的依据（即，似乎圣彼得有权将他的优先权遗赠给他的城市，并已这样做了）。相反，教会认识到旧罗马拥有荣誉和服务的优先权，因为它已成为帝国的主要城市或首都，能够有效地引发对所有人的爱。如在罗马天主教会没有任何独特的教皇教学办公室，可以对

---

  ① "应该让在埃及、利比亚和彭塔波利（Pentapolis）遗存的古老习俗继续盛行，让亚历山大主教继续成为统领这一切的权威，只因这也可作为挽救罗马主教信誉的方法。同样考略安提阿（Antioch）和其他一些地区，让我们的先辈永存于教会之中。"见·尼克德玛斯（Sts. Nicodemus）、阿卡皮尤斯（Agapius）：《舵》（*The Rudder*），第 170 页。
  ② "无论如何，要让君士坦丁堡的主教享有罗马主教之后的荣誉优先权，因为它是新罗马。"同上书。第 210 页。
  ③ 圣·尼克德玛斯（Sts. Nicademus）、阿卡皮尤斯（Agapius）：《舵》（*The Rudder*），第 271 页。

生命伦理问题发出普遍性的和迅捷的权威话语。不存在普遍管辖权，[①]更不必说教皇无谬论。每一个拥有正当和崇拜信念的主教在其教区内实现了统一，即实现了教会的普世性。

　　教会会议意识到并建立了一个主教管辖下的行政结构。皇帝当然也被当作提供了准宗教仪式的一个部分，而并非属于教会联盟。当大卫王去以色列的时候，皇帝已经成为基督徒。然而，帝国的边界和皇帝管辖范围以外（例如，格鲁吉亚教会），也有的皇帝是异教徒，因此超越了教会联盟。教会所祈祷仪式的联盟不是通过一个中央集权的教会行政机构来实现的，理事会也不应被视为一种特殊法规的集合，它可能本身就会明确回答所有的生命伦理学问题。这一机构以及人们在东正教第二个千禧年体现的连续性，不仅仅包括一个承认教皇普遍管辖权和永无谬误的教会理事会。历史呈现了一个更为复杂的机构。首先，除了缺乏新异的信仰外，没有可靠的外部标准来确定一个传说中的基督教大公会议是一个真正大会抑或是一个异教的集合。往往只有在事后回顾才能知道一个教会会议是否是普世化的和正统的，例如以弗所强盗会案件（Robber Council of Ephesus, 449）。教会会议是正统的，因为他们教授正统的教理。基督教大公会议是信念的大规模表达，通过在包含并更多地依赖基督教大公会议的教会机构内会议的合作，圣灵以其真实的信念支撑教会。教会会议需要被那些对上帝具有正信和正确崇拜（right worship and

---

[①] 西方国家第一次在理事会明确宣布它的普遍管辖权的要求，是以这种方式同时显示出来；其实，这一新的观点旨在表达，在现实中教会只有一位主教。"罗马教会，通过上帝的旨意，拥有了对所有其他教会至高无上的权力……"有这种特权的理由是："它是所有基督信徒的母亲和女教师（mistress）"。第四次拉特兰会议（Fourth Lateran Council）颁布的这条教规直接针对第四次十字军东征（Fourth Crusade）、掠夺君士坦丁堡以及拉丁人占领该地。从而，暗示了罗马教皇权力是主教权力的中心，所有的元老都将收到"罗马教皇赐予的白羊毛披肩带（Roman pontiff the pallium），那是主教圣职至高权力的标志"。总之，罗马主教拥有对普通主教的管辖权，所有其他主教都从他这里获得他们相应的权柄。参阅"第四次拉特兰会议—1215年"（Fourth Lateran Council—1215, 载诺尔曼・唐纳（Norman Tanner）编《法令的普世大公会议》(Decrees of the Ecumenical Councils)（华盛顿，哥伦比亚特区：美国乔治城大学出版社1990年版），第236页。在此背景下，人们可以思考保罗六世（Paul VI）给梵蒂冈第二次大公会议（Vatican II）具有完全效力的签名文件，"我，保罗，天主教会的主教"。西方教皇要求成为世界的主教。

right belief）的人所接受。在缺乏中心国际的、教会的、中央行政机构的情况下，教会会议可以起到联合教会主教和民众之间相互联系的作用。

除宗教职位等级体制和教会会议组织以外，还存在一个教会的、道德的和灵性权威的来源；正是这些人被保罗称为先知（哥林多前书 12：28）：由遵循上帝旨意的教父和教母通达上帝的圣言。这些人今天往往称为"长老"、"杰隆达"（geronda）或"斯塔雷茨"（staretz）。① 这样的人不一定是神甫、学者或统治集团里的成员。这个人甚至可能是一位居于教会外贫民窟里的衣衫褴褛服侍基督的圣愚（holy fool - for - Christ）。神学权威不是因为此人研究或出版了什么著作而给予的称号。并不是由等级体制授予学术头衔或推举的权威。神学家是权威，虽然并不秉持什么权力，至少这在等级地位里是可以解释的。严格意义上来说，神学家确实拥有权威的地位，因为它们与上帝相交通，因为他们通晓的事物既可以包括理论问题，也涉及一些简单的事实。②

在这两种意义上的权威里，人们发现教会明显的等级制度和教会中圣灵的预言传喻是相互交织的，也确实有协同作用和意义，作为上帝之国礼拜仪式的末世宣言（圣保罗直到他到来时的基督宣言，哥林多前书 11：26）③ 和王国通过暴力实施的苦行（马太福音 11：12）也是相互交织的。在由主教主持并能够跟从圣父进入这一交流的礼拜仪式里，人们和耶稣及他的王国相遇。随着神学家圣约翰和圣保罗对基督复临时，对世界所做的完全的、最后的、彻底皈依的祈祷（也就是" Mara

---

① 在俄罗斯东正教的意识与习俗中，人们喜欢把值得尊敬的圣愚称为撒玛利亚的"杰隆达"（geronda）或"斯塔雷茨"（staretz），是和长老一样的人。——译者注

② 例如，见约瑟夫长老（Elder Joseph）《修道士约瑟夫长老》（*Elder joseph the Hesychast*），伊丽莎白·赛奥克利托夫（Elizabeth Theokritoff）译（阿索斯山：维特佩底 1999 年版），第 132—133 页。

③ 正如圣·巴西拉大主教（St. Basil the Great）在礼拜仪式上所宣称："这样做，以纪念我：你们每次服饼与酒的圣餐时，你们都在传达我的死亡与相信我定复活。"见哈皮古德（Hapgood）《服务册》（*Service Book*），第 104 页。

natha"①［"来吧，啊，我主。"］，哥林多前书 16：22，"阿门！主耶稣啊，我愿你来！"启示录 22：20），礼拜仪式中的教会已经看到了他的第二次来临。② 并且认识到，在礼拜仪式和在纯粹的心灵的光照下（马太福音 5：8），人们已经可以饮用生命之水（启示录 22：17）。一方面，天国还在后头（马太福音 26：29），另一方面，它已经和我们在一起了（路加福音 17：21）。一方面，基督仍将出现在他的荣光中（马太福音 24：30；马可福音 13：26；路加福音 21：22）；另一方面，基督已经在其荣光中显现了自己（马太福音 17：1—13；马可福音 9：2—13；路加福音 9：28—36），并还要向所有实现纯净心灵并为圣灵所照亮的人展现自己。

通过苦行来寻求一个纯净心灵的神学家，为了恢复与上帝的天堂对话，不只是回顾亚当堕落的伊甸园，而是把伊甸园当作天堂，③ 那里的

---

① "Maranatha"，圣保罗在他的第一书信中，向科林蒂安的表白，意为"我们的主必来"。也是基督教冥想的口头常用语和沉思咒，转意为"欢迎光临"、"拿撒勒的基督"等。——译者注

② 圣约翰·克里索斯托姆（St. John Chrysostom）的圣体礼拜仪式，提醒参加礼拜活动的人，永远与基督在一起，在基督第二次来临之前，他们已经拥有了这一信心。"我们因此铭记和坚信，守这条救赎的戒律，所有显现在我们身上的这些奇迹：十字架；墓茔；第三天的复活；救主升天（Ascension into Heaven）；坐在神权能的右边（the Sitting on the right hand），第二次复临和辉煌地变身……"哈皮古德（Hapgood）：《服务册》（Service Book），第 104 页。

120—1the Sitting on the right hand，中文意为：坐在神权能的右边，见《圣经·路加福音》22：69："从今以后，人子要坐在神权能的右边。"在犹太文化中，坐在右边，象征着拥有权力、荣誉、地位和尊严。圣经文化传统观念指，基督是坐在神右手的父亲。——译者注

③ 从天堂赎回秋天，仍然不变。"上帝并不诅咒天堂，因为永恒的天国家园是未来极乐生活的写照。"见新神学家圣西蒙（St. Symeon）《第一个被造者》（The First-Created Man），撒拉弗·罗斯（Seraphim Rose）神父译（普拉提纳，加利福尼亚：圣赫尔曼出版社 1994 年版），布道集，45.2，载《亚当和太初创世》（Adam and First-Created World），第 91 页。the Fall does not touch paradise 寓意为从天堂赎回秋天，来自《创世记》中人类始祖的原罪典故，又可见弥尔顿的《失乐园》；神曾经警告亚当的秋天，不可触摸那秋天的果子，虽然成熟了，但不可吃，不可触摸，那是罪恶的开始，但撒旦的诱惑，夏娃与亚当都没有战胜，自由的亚当和他的女人从此被逐出伊甸园。而如何通过苦难的搏斗与劳作，重新赎回秋天，由基督首先树立了榜样。此基督教寓意，潜含着善恶逻辑和自我救赎、皈依信仰结构的核心。——译者注

第四章 生命伦理学与超越：文化战争的核心 281

盗贼与基督一起出入①（路加福音 23∶43）。保罗正是在进入这个天堂时被捆缚（哥林多后书 12∶14），因为他所克服的不仅是在今世完结时吃一些生命之果，而且已经在这一生中品尝到了。的确，保罗的同盟包括了使徒或监督者，还有先知。正如保罗强调，在基督给了他特殊启示之后，保罗"不是用血肉来授予"（迦拉太书 1∶16），而是走进阿拉伯的沙漠（迦拉太书 1∶17）。三年后圣保罗去了教会的中心城市——耶路撒冷，并会见了圣彼得和詹姆士。像那个时代的苦行主义神学家一样，圣保罗第一次与基督独处，通过基督与万有相连，因为在他的身体里，基督已经把所有受过洗礼的人都团结在了一起。

真正意义上的神学家超越对圣经的唯一需要，并将圣·约翰·克里索斯托姆（St. John Chrysostamu）的悲叹搁置于旁，我们应该赞同"需要书面文字，而不是单纯指望圣灵给予我们的恩典"②。神学家进入同一圣灵，如同福音书的著述者一样。他们的进入并不取决于他们的信仰研习，而是取决于圣灵的行动。正如圣灵降临节的晚祷时所宣读的：

> 圣灵降临，圣灵创造了一切；一切被那预言遮蔽；祂成就了神的使者；并教授文盲以智慧。他将渔民变成了神学家。他把教会的所有的法律整合在一起。噢，因何故知，圣灵啊，人化的圣父和王权的父啊，荣耀属于你。③

由于圣灵是唯一的，也就是，耶稣基督昨日今日一直到永远，是一

---

① "真的啊，亚当，因为一棵树，被逐出乐园。但盗贼却可因这棵十字架的树来到乐园。"见纳萨尔（Nassar）《神圣祈祷和服务》（*Divine Prayers and Services*），第 167 页。

thief because of the tree of the Cross came to reside in paradise：其意源自《圣经·路加福音》23∶39—43 和《加拉太书》3∶13，钉在十字架上的耶稣，对钉在旁边两个讥讽他的犯人说："我实在告诉你：今日你要同我在乐园里了。""凡挂在木头上都是被诅咒的。"等等。纳萨尔的寓意在于，承诺是永恒的生命，凡是因罪悔过的，都必得救，无论是谁，对于人来说，在上帝面前，获救的机会平等，只要承诺与进教，结果是一样的。——译者注

② 圣约翰·克里索斯托姆（St. John Chrysostom）：布道集，《马太福音》；1.2，载《尼西亚与后尼西亚教父系列》（*NPNF*1）第一部，第 10 卷，第 1 页。

③ 纳萨尔（Nassar），《神圣祈祷和服务》（*Divine Prayers and Services*），第 995 页。

样的（希伯来书13：8），那么，人们可以更深刻地理解勒林斯的圣·文森特（St. Vincent of Lerins）所给予的公理的含义，即东正教信仰的考验，它必定时时、处处被所有人普遍信仰。① 因为真正的神学家是团结在同一个精神下的、传统的基督精神，以及与当前生命伦理争议永远相关联的以往的那些道德讨论，也被证明是可信的。如果真正的道德知识的来源是事实的经验，那么这一经验将保持不变，即使现在它必须适用于不同情况和不同的挑战。如果生命伦理遇到新的问题需要解决，解决的方式将不再像小说一样的叙事。再次，因为真正的神学的定位是超越个我化的上帝，这是人的信念对时间和空间超越的集合，这是真正的东正教式信仰的正式标准。信念的集合也是真正神学家超越时间和空间的信念集合。

严格意义上，神学家是一位实现成功转向上帝的人，他能够虔诚地敬拜上帝并感受到祂的存在。因此，神学家的典范形象，并不是一个学

---

① 《训诫书》2（*A Commonitory* II），4，6，《尼西亚与后尼西亚教父系列》（*NPNF*1）第一部，第11卷。第132页。还请参阅勒林斯的圣·文森特（St. Vincent of Lerins）强调：

我曾经常认真和仔细询问了许多尊贵的学习上十分杰出的人，如何并以什么普遍确定的规则，才能从异端的堕落中辨别天主教信仰的真理；我几乎查遍了每一个实例，最终获得这样一个答案：我或者任何其他人，在其增强并继续健全和完善天主教信仰时，是否应当发现欺诈行为，从而避免异端的谎言。上帝帮助我们必须在两个方面坚定自己的信仰：首先，维护神圣法律（Divine Law）的权威，其次，是坚持天主教会的传统。

此外，天主教会本身，一切可能的情境都必须审慎关注，我们应坚持，那些时时、处处、人人信奉的信仰。因为这是真正的严格意义上的"天主教"，它作为自己的神圣命名和宣布诸事之理由，被普遍接受。如果我们遵循普世性、经典性和共认性，我们应遵守这一原则。我们应遵循普世性，如果我们承认，一种信仰要想成为真理，必须通过整个世界的承认；经典性是，如果我们没有理性地背离这些观念，它很明显已经被我们神圣的祖先和父辈们认可；同样，共认性是指，对于经典，我们坚持自己毫无异议的定义和所有人的认定，或至少应该是所有神职人员和医生们的定义。

《训诫书》（*A Commonitory*）II，4，6，《尼西亚与后尼西亚教父系列》第二部（*NPNF*2），第11卷，第132页。

他的这些观点的威力是，所谓异端就是拒绝任何坚持传统的信仰，或通过以往曾经采取的非正统的新异教义。圣·文森特对神父们于以弗所理事会（Council of Ephesus，公元431年）上发言结论十分明确。"他们还给那些应该追随他们的人树立了一个榜样，他们也应该有坚持神圣经典的决心，并谴责世俗的新异事物。"摘自第31章，82，第155页。通过引述罗马教皇西克斯特三世（Pope Sixtus III of Rome）的话他强化了这一观点。"不要让任何新异事端得到允许，因为它们不适宜所有经典的添加物。不要让我们祖先鲜明纯洁的信仰和信念遭受任何污秽之物玷污。"见第32章，84，第156页。

究而是一位圣人(虽然人们希望,这两者并不相互排斥)。像隐修士伊凡格里奥斯(Evagrios,345—399)所强调的:"如果你是一名神学家,你会真正祈祷。如果你真正的祈祷,那你就是一名神学家。"① 最近像这样的个人的例子,包括旧金山的圣·约翰(St. John,1894—1966),② 圣山穴居人——静修士约瑟夫长老(Elder Joseph,1895—1959),③ 罗马尼亚的帕西奥斯长老(Paisios,主历1993),阿索斯山的帕西奥斯长老(Paisios,1924—1994),④ 珀尔非里奥斯9长老(Porphyrios,1906—1991),⑤ 阿陀斯山的圣·西吕安(Silouan,1866—1938),⑥ 修道院院长索弗罗尼(Sophrony,1896—1993)。⑦ 一些像索弗罗尼长老(Sophrony)这样的人都受过良好的教育;其他像西吕安、约瑟夫长老和珀尔非里奥斯长老仅接受过小学教育。这些长老的生活和言行表明,将神学与学术等同是一个傲慢的和错误的假定。它涉及一个基本的误解,即有关道德神学的本质和基督教生命伦理学的基础,即有这样的误解需要纠正:(1)神学家的典范,可以是伟大的思想家和学者,而未必是上帝所喜爱的了不起的人,以及(2)神学是一门富有见

---

① 隐修士伊凡格里奥斯(Evagrios):《论祈祷》(*On Prayer*),载《美丽爱情》第1卷,第62页。

② 彼得·比尔克里斯托弗(Peter Perekrestov)编:《圣人:上海和旧金山的圣约翰》(*Man of God: St. John of Shanghai and San Francisco*),雷丁,加利福尼亚州:尼克德蒙斯东正教出版协会1991年版;撒拉弗·罗斯(Seraphim Rose)神父和赫尔曼(Herman)院长:《福星约翰——创造奇迹的人》(*Blessed John the Wonderworker*),普拉提纳,加利福尼亚州:阿拉斯加兄弟会的圣赫尔曼1987年版。

③ 修道士约瑟夫长老(Elder Joseph):《僧侣的智慧》(*Manastic Wisdom*),佛罗伦萨,亚利桑那州:圣安东尼修道院1998年版。

④ 杰隆达·帕西奥斯(Geronda Paisios):《杰隆达·帕西奥斯 与杰隆达》(*Hagioreitai Pateres kai Hagioreitika*,塞萨洛尼基:圣寺莫纳森1993年版);克里斯朵劳斯(Christodoulos)长老:《圣山的帕西奥斯长老》(*Elder Paisios of the Holy Mountain*,圣山出版社1998年版)。还可参见另一本著作,描述伟大圣人和神学家——20世纪阿索斯山的帕西奥斯的《卡帕多西亚的圣帕西奥斯》(*Saint Arsenios the Cappadocian*,瓦西里卡,希腊:福音传道者约翰女修院1996年版)。

⑤ 克里托斯·奥安尼迪斯(Klitos Ioannidis):《帕西奥斯长老》(*Elder Porphyrios*),雅典:救主三一修院1997年版。

⑥ 牧首索霍尼(Sophrony):《阿陀斯山的圣长老西吕安》(*Saint Silouan the Athonite*),罗斯玛丽·艾得蒙德译,埃塞克斯:施洗约翰修院1991年版。

⑦ 牧首索霍尼(Sophrony):《我们必得见他,因为他就是真身》(*We Shall See Him as He is*),罗斯玛丽·艾德蒙德译,埃塞克斯:施洗约翰修院1988年版。

地的、自由的、推论式的学术专业组织，而很重要的是，它首先不是忏悔、崇拜和蒙恩的成就。

教会教父的神学教学中，神学家等同于神的预言者（God-seer）。只有他曾看到过上帝，并通过神化（theosis）与上帝结合在一起，他已获得上帝的真知。如神学家圣·格里高利（St. Gregory）所言，神学家们是那些已经达到了"沉思"（theoria）①境界和高度、激情已先在地实现净化，或至少处于灵魂炼狱过程中的人。②

要注意到，在一定程度上，神学和神学家与宗教阶层共存并作为对其进行矫正的环节，这是很重要的。真正的神学家是先知，真正的先知从严格意义上讲就是神学家。

这一立场的经典总结可见诸于圣西蒙的专著《新神学家》（New Theologian）。他这一作品的影响力是经由以下路径传播，即东方正教的悠远历史，这部历史中，只有三人曾正式得到过"神学家"的尊号：神学家圣·约翰（St. John），第四布道家——高利（Nazianzus）③的神学家圣·格里高利（St. Gregory）和新神学家圣·西蒙（St. Symeon）。其实，有两点就够了。首先，圣·西蒙提供了可以明确批判等级制度的有力证据：作为一位神学家，体验与上帝结合在一起，像以色列的先知，他可以去纠正任意设立的编制。这样的神学家可以像圣·西蒙那样，如基督一样言说：

他们［主教们］可耻地处理我的身体，并贪婪地寻求主宰众

---

① Theoria：源于希腊文 θεωρα，从英文"理论"派生而来，意为"沉思"、"猜测"，也可以转意为"审视"、"辩论"等，在欧洲地区人文学界应用较为广泛，很多杂志即以此命名，如瑞典的著名哲学杂志"theoria"。——译者注

② 希洛修斯·弗拉索斯（Hierotheos Vlachos）：《东正教精神》（*Orthodox Spirituality*），埃菲·玛洛米查理（Effie Mavromichali）译，利瓦迪亚，希腊：圣母诞生修院1994年版，第77页。

③ Nazianzus：高利（希腊语 Ναζιανζ），罗马天主教的名义大都市，现在土耳其境内。——译者注

生……他们看上去似乎辉煌和纯粹，但他们的灵魂还不如泥土和尘埃，甚至比任何一种致命的毒药还恶毒，这些邪恶和有害的人啊！①

其次，圣·西蒙强调，不仅是神父，而且包括其他神职人员，尽管未经任命，有时也会纵容与放任，违反规制，原谅罪过。在这样做时，他应该拥有一种观念，即圣灵不仅限于某一等级结构之中。严格意义上，在圣灵赋予责任的生活中的神学家，在主教尚未能成为神学家，尚未能成为生活在圣灵中的先知时，可以纠正主教对教会权力的使用。

神学家的职能，不同于人们在西方基督教理想中预期的那样，也不像罗马天主教会经院神学的地位，尤其不像它在教会中教权或教义权威的角色，如此神学家职能的核心和基本要素不是学术的。它是在圣灵充满的教会之锚，是基督教宗教历史经验的继续。相比之下，罗马天主教会，好像神学的核心已经萎缩并且外围过度增大。在东正教中，对神学最初的诉求并不包括学术反思，而是那些生活在圣灵中的人。事实上，即使内涵哲学感知，也最终转而确立圣灵智慧的体验。"主啊，当你传播了你的精神，使徒们……以哲学化的感召，引导外邦人转向对上帝的信仰，因为他们传播与宣扬的是神圣的事物。"② 在探讨神学生命伦理承诺中，可能存在概念、术语、禁令的分析，谨慎的概念上的和盲目的争论。在第二层意义上讲，这部作品应该作为东正教神学的一部卷帙。的确，如果一个人既愿意在这一引申意义上使用神学，又把神学的整体分解成各种确定的学术门类，那么，这就是道德神学和生命伦理学的研究项目。然而，神学的真理、道德神学基础和生命伦理学内容的获取和解读，乃是通过苦行得以实现的，通过爱上帝和爱邻人而摆脱狭隘的自爱。在严格意义上神学是一种恩典：它拥有形而上力量的认识论源泉。圣·西蒙和基督教传统认识到，转赐予我们的恩典不是上帝创造的，或等级制度所特有的，而是上帝免费的赠品。恩典是上帝自己自存的能

---

① 圣西蒙（St. Symeon）：《圣爱颂歌》（*Hymns of Divine Love*），乔治·马隆尼（George A. Maloney）译，丹维尔，新泽西：维度图书1975年版，58，第288页。

② 在纳萨尔的圣灵降临节晚祷，参阅《神圣的祈祷和服务》（*Divine Prayers and Services*），第998—999页。

量。正如新神学家圣·西蒙所强调的：

> 圣灵被说成是一个关键，因为通过他和在他身上，我们的心灵首先被启迪。我们为知识之光所照耀、净化；我们从上帝那里接受洗礼、获得再生，（参看约翰福音3：3，5），并成为上帝的孩子。①

因此，真正的神学家，不仅提供基督教生命伦理学的内容；他们充当保护者以反对经院神学家试图发展或建立新的信仰。

鉴于对圣灵的这种强烈信念，尽管存在对主教所管理的教会分级制度的坚定承诺，并对认真论证的重要性也颇为赞赏，神学包括生命伦理学的最后一句话的议题总是由圣灵提出，其超越了经院，也包含超越了等级。正是由于这个原因，甚至大公会议本身都不是绝无错误的。同样，基督教的历史表明，教会会议可以以普世的名义召开，但最后未能做到普世，因为他们的教义是异端，因此没有被传统固定下来。这种情况最好的一个例子，上面已经提到了，是449年第二次以弗所大公会议，后来被作为强盗会议而否定了。即使是一个享受所有元老赞同的"大公会议"，其本身既不是绝对可靠的，也不是十分必要的信念的指导者。教会会议，宗教会议，或教会的大公性所要求的不是简单的教会会议的一致赞同或被所有主教接受，而是那些具有充分和适当的圣体共融的忠实信徒的主张，特别是神学家们。② 至于平信徒的作用在著名的罗马教皇通谕中、在安提阿君士坦丁堡主教会议以及1848年耶路撒冷给庇护教皇九世的回复中，进行了强化：

> 此外，主教以及理事会都没有在我们中间引入新鲜事物，因为宗教的保护者是教会，甚至是人民自己，他们都希望自己的宗教崇

---

① 圣·西蒙（St. Symeon）：《新神学家西蒙：圣言》（*Symeon the New Theologian: The Discourses*），C. J. 德卡坦扎罗（C. J. deCatanzaro）译，纽约：保罗会出版社1980年版，第343—344页。

② 从外面看，东正教会似乎是一个无组织的宗教团体，没有中央的行政机构，尽管新的罗马主教拥有曾经为旧罗马教皇所享有的所有权力。从内部看来，这种团结是圣灵感召之下的，不是这个世俗世界的那种团结。

拜是永不改变的，永远和他们的先辈们的信仰保持一致。①

关于主教和人民关系的这种观点，由于罗马教皇的权威地位而在许多方面存在很大差异。所涉及的有：道德权威的协同作用藐视任何简单的、推定的、分层级的论述；藐视在精神搏斗和宗教团契中的主教、神父、修道士、长老和圣灵充满的平信徒。而需要说明的是，这类宗教团契和这种精神感召下的联盟，是礼拜仪式的和神秘力量的联合，是圣体圣事和神学维度下灵性治疗策略的结合。

把大公会议看作是建立或发展新的教条，令人匪夷所思：他们原本是开发和进行教条的整合。特别是教会会议的法令或信仰的整合通常是出于与异端的对抗而形成。这种教条式的法令直接导致教会远离新鲜事物而回归传统。如果教会主体接受了这些整合，他们就有了一个恒久的、可靠的、特别的治疗意义。各方一致认为，拒绝这些法令的人必须被逐出教会。在接受教会会议的法令之前，逐出教会的律令并没有作为规范而被普遍接受，部分是作为对是否给予足够的警告或警示的关注。教会会议教条的法令及其规范也是一种教会经济激励行为。

如果某人坚持最终决定神学的真理是教条的法令，而不是在教会会议上通过的，建立精准评判和医治标准，从而最后普遍同意对某种神学谬误的纠正或医治的回应（即，作为一项规则，通过开除教籍对其他法令的执行产生回应），那么人们将再一次陷入无休止的杂乱无章的话语陷阱中。如果某人认为只有在教条式的法令下才可以最后确定神学的真理，那么一旦确定了任何教会法令，那些居心叵测的人将立刻对每条法令的意义提出质疑。这将造成无休止的倒退，而试问，人究竟何时才能知道法令的确切意义？直到有人走出这个谬误，并进入纯粹理性经验光芒的照耀下，才能得以解脱。只有到了这个时候，教会会议的法令作为已经确立的回应谬误的医治规则，才能得到应有的赞许，而不是作为神学真理的扩展。教会公式化的教条法令的事实及其接受，并没有淡化教条的信仰地位，而只是维持着非教条化形式。这种被普遍接受的对信

---

① "那封神圣天主教和使徒教会写给各地忠实信徒的通谕书信"是"教皇庇护九世（Pius Ⅸ）给东部教会书信的答复"，日期为1848年1月6日，§17。

仰和道德的理解，并非只是神学（theologumena）这本书。传统信仰和道德的所有特质恰恰同样持久、永恒和相互联系，通过教会会议只是在形式上有些教条。简单地说，对一个特别的教会法令或表达，以及将那些拒绝法令的人逐出教会的规范，并没有获得任何承诺。尽管如此，在没有教会会议法令的情况下，事实还是这样发生和经历。教会普遍相信，以崇拜形式表达，并遵循其道德信念的所有这一切都应该是永久的，不可改变的，而且是万无一失的，即使没有任何教会会议的肯定。

在第一条已经被教会教条化，但第二条还没有如此假定下，通过道德评判去辨别教条或信仰也是错误的。第一，这是对本应被理解为整体生命结构的人工剥离；第二，已被普遍认为有罪的内容，和任何已经被教会形式上教条化的内容一样，是教会确定为不可改变的真实而持久的一部分。人将不会在某天发现，一直被视作偏离上帝的东西会突然转向了上帝。无论到哪一天，人们也不会发现，向来被认为是背弃上帝的事务和行为，后来竟会被发觉多少成了对上帝的亲近。

例如流产、通奸、同性恋和自杀，一直都被视为有罪的，别无其他的可能。人们有同等的义务不与那些鼓吹通奸或同性恋无罪的人做教友，正如人们有义务主动远离拒绝或歪曲尼西亚信经的人。只不过不像对剔除教会的医治性反应那样紧迫而已。在已经明晰并广为讨论的事物，与那些本应当明确但尚未被广泛讨论也没有广为众知的事物之间，毕竟存在着很大差异。教会信条的目的就在于解除疑惑。

大公教会会议的信条，与来自教父和普遍认可的地方会议信条一样，都赋予救赎（salvation）以特殊地位。虽然不是律法意义上的救助，但信条指引了自我拯救的道路。这些信条是灵性之医药；正如为了健康一样，信条必须被严格执行，只是有时要更加严格，而有时则要更加温和。在某种意义上，一旦信条被整个教会所接受，那么甚至在局限于历史条件而看似（与现实条件）不相关之时，它们也同样适用。它们是教会的道德与世俗声音的表达。其正当性在于，它们指明了一条关于如何正确归顺上帝的真理。这些信条具有治疗性的意义：它们把我们引向一个完全超越的上帝，而上帝是永远不能在任何推论性的构想中被完全领会的。但教会的道德承担却并不能由这些信条完全穷极。基督教的不可改变的道德承担，是在具有正当信仰、正当崇拜的基督徒的传统

第四章 生命伦理学与超越：文化战争的核心 289

生活中才被发现的。

通过这种经验的方式获取到的真理，并不简单的只是一组学院式的区分标准，而恰恰就构成着一种正当崇拜和信仰的生活。关于上帝的教义，不应当理解为仅仅实现了对真理的一些相关观念。例如，首要的认识是，上帝是全能的父，要把上帝看作是独一的、全能的父，并不是说要把上帝归结成为一个充满力量的男人。而是要精确、永远地认识到，为了能够在爱、崇拜和祈祷过程中成功地接近上帝，就必须求助于神父求助于上帝。这里有一条永远不可反驳的知识真理，就在于爱、崇拜和行动是一体的，通过一种信仰和道德承担的本质内容，这种一体性在漫长的历史进程中把基督徒们联结起来。教会的直观式的真理就表达为这种爱、崇拜和行动的同一体，它化身在礼拜仪式所寓含的教义中，并为所有人所体验，而对已经成为神学家的人而言，其体验才是最为完整的。这条真理旨在超越自身，而面向超越所有概念和范畴之上的上帝。

圣灵是一种传统。在审视这种"传统"究竟给予了我们什么的时候，其与一般意义上的传统的区别并不是明确的。这种"传统"是指圣灵在教会中的持存，尽管有时招致教众、教士、主教和大主教的罪恶或愿望的破坏，但是圣灵经历无数时代，持续地作为信仰和崇拜的同一而无所改变。这个意义上的"传统"既不是简单的口头传统，也不是古代的习俗。然而，永远也不能轻视古代的习俗；古人敬拜这些习俗，因而为之祈祷了数个世纪。教会虽经众多教众、主教、大主教和教会会议试图摧毁教会的尝试而仍旧存活下来，这种持续性便是圣灵所显示的奇迹。所以，试图找到一种清晰的现世行政权威，来自上而下解决生命伦理的困境是不可能的。在东正教中，解决方式是从下而上的，而不仅仅是自上而下的，比如民众和主教从自身转向了上帝。整个教会在信仰方面绝对依靠的就是全体教会的圣灵。正如传统意义上所讲的正当的崇拜仍然是正当的信仰，这是圣灵的延续。所有这一切，作为一个社会性事件，是一种值得尊敬的礼拜式的教友集合。这些教友是被对于上帝正确信仰和正确崇拜的力量的集合起来的。那种被勒林斯的圣·文森特（St. Vincent of Lerins）强调的，作为具有超越时空的信仰和崇拜的人的承诺，同现在与新的生物医学相关的挑战和遗存的、已被接受的答复相联系。这些将在接下来的第四节阐述。

总的来讲，神学权威在任何情况下都是教会生活的一部分，这些神学家作为上帝的眼睛，在教会里通过与上帝统一的神学家协会确立权威。所以，教会通过保留这种传统来解决争端的能力，也是基于一种用正确的崇拜和信仰将教会凝聚在一起的对上帝的体验而获得。这种协会在值得敬仰的圣体的统一中达到顶峰。领受圣体的仪式是最终结果，但并不是正确信仰、崇拜和行动的开始。生命伦理上的不道德和人类由于精于卫生保健而发生角色的破坏，都能将人置于被尊敬的圣体可能性之外，并且需要特殊的灵性医治。正如我们将要看到的那样，因为神学协会所关注的是，与圣体道德格格不入和灵性疏远，则必须不时地用开除教籍的绝罚和一种特殊的灵性医治予以纠正，以便将其引导重新回返灵性健康和圣体统一的状态。所有这一切都要靠圣灵、体验和基督圣体统一，包括神学和生命伦理学的权威在内的神学和基督教生命伦理学的严格审查。

神学的双重含义，基督教生命伦理学的双重含义

西方社会对于神学有着极为不同的认识，因此，对于生命伦理学尤其是基督教生命伦理学也有着极为不同的理解。在寻求对于最核心问题的理解时，更多的是通过一些推论式考量而极少应用纯理性的知识。当一种创新的神学，在西方社会正在萌动自我意识和自我同一性占据中心位置时，这种差异开始被扩大了，这种不同其实存在很多历史根源，其中之一就是希波的圣·奥古斯丁（Blessed Augustine of Hippo, 354—430）的影响。他对于教义的理解和对于理性知识的渴望，不同于基督教会中那些创立教会委员会的人。关于纪律原则和所强调的事物，存有的最原初的分歧在后来异化的斋戒和禁欲方式中被进一步强化了，这些强化与大量的具有重要意义的神学谬误合为一处（例如关于教皇具有最高审判的断言；对和子的断言；把堕落看作是原罪的遗传和个体的罪恶的断言，并以此赋予偏离理性的神学以优先权，来弥补堕落掩盖理智的缺陷；把堕落看作是创造人类的一部分，并以此认定人类无法通过自身转向上帝的断言；所有的恩典都是创造出来的断言；炼狱、特赦、人类纯洁无原罪之历史开启；教皇永无谬误等断言的大量出现），形成一

种力量，这种力量为查理曼大帝建立起来的新的西方圣国所需要，以此从神学上把自身与反对定义和为自身辩护的帝国加以区分。它的神学必须发展并证明他的新宗教要求的合理性。西方社会需要创立一个神学的内容来确定他自己的宗教意识，从而抵制建立在君士坦丁堡的帝国和它的宗教为了保护它自身的合理性，新的帝国必须将它自己同旧的帝国以及旧的宗教区分开来，这种新观点可以部分地在早期文艺复兴时期的法兰克福学派和查理曼大帝的宫廷中的学术成果中找到。对君士坦丁堡的捐赠中发现颇具影响力的仿造品，很有可能是在这里开始制造的。西方社会正在试图证明一种新的教士管理制度的正确性。和子得到认可和走向西方中世纪盛期的道路已经无法满足理智和政治环境的要求，罗马教皇试图在他们的领土上设立他自己的君主，并且最终作为对罗马教皇俗世势力的瓦解的回应，教皇永无谬误的力量得以维护。一个新的宗教在经历了一系列初级阶段后有了显著的发展，并且，对于有关谁是权威和谁是生命伦理学的权威的主张，以及对此观点的性质和根据提出了一些不同的意见。西方的神学发展停滞不前，其把重点放在发展那些最终成为经院哲学的理性体系，而不是鼓励与上帝的神学联结，西方丧失了传统基督教中对神秘主义中心的关注。

在西方，神学意义的改变同其他发展紧密联系在一起；神学教育从修道院转移到大教堂，然后在 13 世纪又转移到大学，如此，神学的含义、神学的教育和神学的专业知识都改变了。在其他事物变化的影响下，神学开始呈现学术化性质，以始建于 1208 年的巴黎大学为标识，在这所学校，阿尔伯图斯·麦格努斯（Albertus Magnus, 1206—1280）培养了托马斯·阿奎那（Thomas Aquinas, 1225—1274）。而曾在此求学的还有鲍纳文特（Bonaventure, 1221—1274）、邓斯·司各特（Duns Scotus, 1270—1308）和罗吉尔·培根（Roger Bacon, 1214—1294）。在学术成就、智慧能力再现复兴的古典学术狂飙浪潮之中，在那场智慧火焰的光照下，典型的刻板的神学家都变成为学者，这个过程使经院哲学强烈地影响了生命伦理学问题的议论。在理智迸发能量的世纪里，神学不再被尊为神圣的果实，取而代之的是它更主要地被理解为人类的学术成就。

西方世界中，神学所发生的这种学术化转变在 13 世纪最后完成，并且证明了这种转变对接续下来的道德神学、确切地说是生命伦理学具有决定性意义。道德神学和生命伦理学开始被认定为一种学术性尝试，而这种尝试被看作是在祈祷式的生活方式范围之外的观念变革。这种重点的转移，例如那些最好的增补了"科学"神学研究或基督教生命伦理学研究的祈祷，而（并）不是援用独立的影响来宣示祈祷的成效。神学这种在性质上的变化构成了一个重要的范式的转变。它涉及作为基督徒或从事基督教生命伦理学的个人一种在神学思想上的革命，一种关于"神学该做什么"的定义上的转变。当克尔凯郭尔在"专家是真正的基督"的范例中，恰当地提到它时，认识论假设就已作了如下修正，它认为真正的神学知识主要不是通过祈祷和在同上帝的结合中获得的，而是通过学术分析和反思获得。形而上学假设也发生了改变，上帝不再被视为真实的超验存在，取而代之的是上帝造人说和非上帝造人说之间类比分析的介入，进而试图探究上帝本身的性质。

这些变化深入神学认知和价值判断的社会性变革中，并同神学从修道院及寺院到学院的转移相联系。这种"神学是做什么的"意义上的转变，即使不比现在的神学地位更重要，至少也是很有价值的。持这种观点的有托马斯·阿奎那（1225—1274）和邓斯·司各特（Duns Scotus）。这种科学神学的新意义与科学进程的隐喻紧密联系在一起，所以神学同其他科学一样，在教义上是进步的，而不是像永远不变的基督启示那样。新的教义可以产生（例如对教皇永无谬误的修正），而不仅仅是永恒真理的表达（例如像"三位一体"和"圣母"的新的解读）。这种转变的结果是削弱了纯正的神学：通过崇拜和苦行的惯例实现与上帝的统一，并且随着上帝创世和非上帝创世的分歧被淡化，那些善的、正当的、有道德的心灵可以亲近神圣。而现在神学的发展不再是与上帝的统一的发展，而是对新教义的详细阐述。最终，典型的神学家成为最典型的、真正的伟大学者。梵蒂冈第二次大公会议（Vatican II，1961—1965）在他有关神父教育的介绍中强调推论和推理的核心地位。"学术应当学会在圣·托马斯的指导下利用具体推理与理性的帮助，在更深层次上透悟它们。"西方神学的发展变得越来越不那么传统了，越来越少的人依然去追求上帝的纯理性经验。

现在的罗马天主教关于神学家在教会中的角色的介绍，很好地说明了这些变化引起的结果：神学被尊为一门重要的推理学科，据此可以认为，神学是一个重要的学术领域，不再是祈祷的结果，而是学术研究的产物。作为一个学术领域，它可以期望自身能有更大的发展进步，且必须同学术标准相一致。

> 通过数个世纪的进程，神学逐渐发展成为真正的、专门的科学，因此神学家必须关注他所从事的学科的认识论要求，关注严格的、重要的、标准的要求，以及因此而必须关注他所研究的每一个阶段的理性验证。

这段文字与关于神学另外意见相互比较说明，这些不同意见大都是产生于鼓励学术创新的环境，而神学发展正盲目地跟从这种环境。一旦神学成为学术，它就会有同其他学术学科一样渴求认识新事物的愿望，并且迎合这个时代的世俗流行。

这种类似背景的转变构成了基础的框架。这个转变使得罗马教皇约翰·保罗二世对当代哲学状况深感痛惜。但是，他对我们这个时代精神问题的评价，并不是呼吁引导向那种苦行实践的回归。他的确意识到："去基督化严重压抑着曾经富于信仰和基督教生活的所有的人和团体，去基督化不但涉及信仰的缺失以及信仰在各个领域中与日常生活的脱离，而且也包括必然的'道德意识衰微或隐没'，(a decline or obscuring of the moral sense)。"但其并不试图对精神生活和传统的苦行主义进行重建，而是再次敦促哲学家去追求终极真理。"信任人类理性的力量，并且不要给他们自己确定那些过于谨慎的哲学思维方面的目标。……我现在呼吁哲学家在更加广泛的真理的、善的和美好的区域内去探究上帝给予的话语……我还要呼吁哲学家和所有的哲学教师，希望他们要有勇气在一个持久有效的哲学传统潮流中，恢复权威的智慧和真理的领地——形而上学的真理包括什么是专门的哲学领域。"而并没有认识到西方文化已成为新异端（neo-pagan），因为它不再理所当然地去追求神圣，西方的教宗抱怨，哲学家都不再做如同圣约翰·克里索斯托姆所说的那样的事业：用话语推理的方式，追求正确的上帝和人的知识。

约翰·保罗二世没有认识到如果没有基督教苦行主义的背景，一种具有清晰导向的哲学思辨是不可能的。如果一个人没有将自身引向上帝的精神生活，那么哲学思辨便误入歧途。西方已经返回到了标志着哲学中异端派的怀疑主义、相对主义和多元主义，从这一点来说，约翰保罗二世的悲叹是多么具有讽刺性。如果人没有坚守祷告、礼拜、苦行主义的实质，那么对哲学的哀叹就像鞭打赫勒斯滂（whipping the Hellespont）。① 罗马教皇没有意识到把哲学作为一种推导性沉思以及把神学作为一种学术性科学，已经摧毁了西方及其教会的原貌。甚至在宗教大学中，哲学的知识结构仍需要借助非基督教式的道德观念，因为其最多也只是以一种传统人格化的圣灵的生动借喻来建构学术性神学。

专注于学术性的神学和推论性哲学的地位，并不意味着否定那些教会中最伟大的异端——那些目前我们所了解的神学学会或神学专家出现之前就发展起来的异端。诱惑总是相同的：新奇的事物总是具有吸引力的。正是那些老套的常规机构加剧了这些诱惑，如果神学和基督教生命伦理学被当作是其他学科所追求的目的，而这些目的中包括因专家的创造性和改革性所获得的奖赏，那么，进步和发展将会常常伴随着新的理解方式的创立、新的教义的发展以及对基督教的新的论述。在这种特殊环境下，相对于对祈祷和神圣的追求的坚持，基督教生命伦理学更多地被寄予期望，祈盼它创制一些道德方面的创新性方法，以解决和应对新的挑战。教义遗书的文本与其说是被视为与圣灵的生动邂逅的描述，倒不如是一项专注于历史的学术研究工作。

这些有关神学意义的转变使得神学变为一种重要的学术原则，从而在根本上修正了人如何能感应天主的启示。比起那种将感应天主的启示看作是一种（1）永恒，一种圣灵在意识中的永恒的精神性存在，圣灵要将一切的事指教你们（约翰福音 14：26）；启示更多地被看作是（2）一件能从文字记录或口头相传的历史中找到的过去发生过的事件；或者是（3）一件包括新真理的呈现在内的不断被揭示的事物。当西方一旦踏入圣灵的纯粹理性生活，其便开始把启示作为一种被记载在经文

---

① whipping the Hellespont（鞭打赫勒斯滂），是希罗多德讲述的历史上波斯远征军的故事中的一个情节；赫勒斯滂是一条欧亚大陆中间的海峡，世界之王薛西斯下令修筑桥梁，架好的桥梁被风暴毁塌，薛西斯除杀尽工程师外，还对发怒的赫勒斯滂鞭打 300 下，还命令给海水烙印。——译者注

中的过去的事件,而对于罗马天主教而言,启示则被看作是记录在口述的传统之中。作为一个被学者们当作研究对象的附带问题,不但有可能对过去的启示作出新的阐述,而且可能推演出各种新的深刻见解。当启示作为一个过去的事件同能够针对该启示揭示出新见解的学术神学相联结时,启示就会利用一个新的公开事物来创造神学。相反,如果启示是持久的并且神学是圣灵的生命,虽然新的表达可能会被创造出来用来揭开这个永久的感受,但不会有新的启示和新的发现,因为"保惠师就是父因我的名所要差来的圣灵,他要将一切的事指教你们,并且要叫你们想起我对你们所说的一切话"(约翰福音 14:26)。这个过程连续不断地穿越了数个时代。

这些神学意义方面的改变不可避免地扭曲了基督学、圣灵学和教会学。当西方的教会从纯粹理性的神学中分离出来时,其作为基督教的实体不再是对圣灵的一种体验存在,而是被真实存在的神学家所引导。随之,自然会有一种倾向,认为教会是嵌入了基督教的实体和历史紧急状态下的中介。没有人会认为圣灵强迫教会接受上帝的神迹和启示,就像从耶路撒冷教会被迫接受犹太人一样,因为犹太人从一开始就接受上帝的灵并被其感动(使徒行传 15:12)。人们不再认为神学知识存在于一种使得人类获得永恒的精神中,这种错误的认识使得人们把西方的洗礼和抹圣油仪式理智地做出区分。西方人试图通过洗礼来成为基督徒(罗马书 6:1—14;加拉太书 3:27;以弗所书 5:30),而通过抹圣油来实现其与圣灵的统一,两者被分离成不同的部分,正如使徒行传中所清楚解释的那样,没有圣灵恩赐的洗礼从根本上说是不完整的(使徒行传 8:14—19)。这种精神与肉体之间的断裂也表现在西方人转变圣餐形式时对祷告词的忽略。正如圣·保罗在以弗所书中强调的那样,身体只有一个,圣灵只有一个(以弗所书 4:4)。所以,教会作为基督教的实体,仍然存在于灵性体验的统一中。如果缺少这种统一,教会学或者(1)把教会彻底解释为一种具体形式的存在,以至于它可以被历史所支配,或者(2)认为教会屈从于圣灵所宣称的一切,这将使得教会机构成为各种不同灵感体验的俘虏。一方面,有一种强迫统一的重要尝试;另一方面,又有大批的新宗教在分裂,而双方都有其自己的生命伦理学。

传统的基督教神学和它的生命伦理学根植于超验的统一，这种超越使得教会可以获得永恒的统一。而这样的一种统一及其要点是具有神秘主义色彩的。

> 认为哲学术语和哲学叙事就可以定义纯粹神性的神学意义是非常错误的。……我们从心里默许这些神秘的东西仅仅是因为它们是由上帝所揭示的。它们与我们的经验事实相对立，也与我们是否可以用这样的词汇的理性判断力相对立，我们相信它们仅仅是因为其是来自上帝的证明。因为我们信仰上帝和其至高无上的权力，所以我们相信我们宗教中那些神秘的东西，而不需要问为什么相信和如何相信的问题。哲学的思维不可能认同这种神秘的信念。但是，哲学的思维事实上并不是一种真正的宗教思维，它更相信它自己的能力和方法。对于哲学思维来说，宗教是一门科学，它能同人类知识的其他任何分支相提并论。哲学思维为宗教提供科学的思维方式。在这里分析哲学、分类哲学等进入到宗教领域，目的是使宗教更加理性，更容易被哲学思维接受。哎，以这样一种方式来对待我们的宗教，我们如何能理解我们宗教的精神？在理性干预的地方，神秘的体验消失了。我们必须使用我们的智力使我们的思想上升到某一高度，但是一旦超出这个高度，我，便应该抛开我们的智力理性而接受神秘体验的引导。

当学术分析要求具有一种超越神圣追求的优先权时，它便失去了与神圣之间最重要的联系，因为这种神圣是规范教义和宗教要义的源泉。在这种情况下，宗教的旨义不再是来源于以恩惠和上帝偶遇维系的苦行主义和崇拜传说，而是更多地源于历史和学术学科的文献资讯。

传统基督教生命伦理学不会接受神学对于生命伦理学的重要贡献，因为那样的话，学术的精练、分析及争论代替了神学的经验，正如大主教巴塞洛缪斯（Bartholomeus）强调的那样：

> 东正教徒不会生活在一种理论的、概念式的会话中，而是以一

种提炼的和经验的生活方式生活。这种方式靠心中的恩惠坚固（希伯来书 13：9）。而这种恩惠是不能被放入逻辑的、科学的或者其他形式的争论中被质疑。

神学和基督教生命伦理学作为一门"正确而专门的科学"将会抵制那些使神学客观化的和失去个性的学术性科学形式。这些科学形式和基督教生命伦理学被描绘为人类的研究计划，从而取代了那种将神学看作是爱、崇拜和奉若神明的真正的认识。

> 因此我们不会参与闲谈以及有关于理智、概念的讨论。那些都不会影响我们以致我们的生活。我们讨论人的真正本质，我们努力变成被上帝恩泽同化的那种人。并且因为人类自身的缺陷，我们呼唤光辉的上帝形象，而基于这个形象的效仿类比，我们"得与神的性情有份"（彼得后书 1：4）。我们确实被改变了，虽然"无论是地域、声音或是习俗并没有能把我们同其余的人分离。（给戴格尼塔斯的信"To Diognetos" 2，PG 2，1173）

没有同圣洁的生活相联系的神学或基督教生命伦理学，是反神学或反生命伦理学的。一种专门的、基于基督教生命伦理学的神学是建立在对上帝体验上的。

神学及其生命伦理学后期的观念，特别区别于那些基于学术和学院式研究的观念。前者是纯粹理性的，后者是推论式的。前者作为典型的神学家表现为与上帝统一的圣人，而后者则表现为学者或学院派。前者作为纯粹理性，一开始就试图揭示教会的真实呈现，而后者则试图以一种推论的理性发展一门被证明合理的、易于接受的神学和生命伦理学。这两者之间是不平衡的。前者认为，如果把后者的精神当作神学的核心，神学的中心将会从上帝移向人类的力量。而如果前者不能在一个普遍的、推导理性的群体中证明其合理性，后者也将拒绝恪守教义和服从道德的约束。因此，那些非源于纯理性的神学和苦行主义的推论神学，将会因此而删除那些它从过去的纯理性神学家那里继承来的内容，那些内容曾与教会一起创造了第一个太平盛世。同样，一个推论性的基督教生命伦理学将会一步步被引入最终的难题：传统已经确定了其自身的意义。总的来说，纯粹理性所揭示的会因其已经超越了智力高度而不能被自身所辩护。

如果把断言性主题看作是学术性评论，在其无法被推论证明的情况下，它们则会被抛弃。

嵌入时间以及人化的生命伦理学

基督教不是一系列不具特征的哲学信条和没有人性的生活方式，对我们而言，也不是缺乏历史精神的真理。基督教生命伦理学必须与基督教相一致，即必须按照独一无二的救世故事来理解基督教生命伦理学：在这个伟大神圣的救世故事中，真实存在的人扮演了重要的角色，而上帝则化身为以色列的弥赛亚，通过道成肉身的赎罪行为对拯救世人起着决定性作用。基督教历史是人类卷入罪与罚的终极意义的历史：亚当和夏娃、亚伯拉罕与摩西、大卫王与先知、玛利亚和使徒、殉道者、圣洁的医生、圣长老以及许多其他的人，他们通过一系列自由拣选及其拣选结果中的基督，而最后集合于上帝周围。这个历史还涉及非人类的介入：比如魔鬼与天使。虽然魔鬼的存在、天使的介入以及通过圣洁的方式自然转变对于很多人来说很怪诞也不现实，但这是传统基督教教义的基础。这种传统的基督教教义让人感觉到一种无知的不安。而基督教生命伦理学正是定位于这种浓厚的叙事性基调：救世的历史，是一部包括撒旦因罪罚入地狱等在内的很多救赎的历史结构。它不是在简单陈表传说中的故事，而是像所有真实发生过的事物那样去静静地叙述。

因此传统基督教生命伦理学的语言与世俗生命伦理学的语言极为不同：甚至在当代生物医学科学与技术中，基督教生命伦理学因为有神迹、圣徒、天使和魔鬼的存在而具有核心地位。在一种否定神学中，也要借助于上帝的神迹及其圣徒、天使的存在，否则其既无法预言上帝的介入，也不能允许它们被解释为是对科学解释真空的一种填充。神迹、圣徒以及天使的出现干扰了俗世及其内在结构。通常，它们"只出现

第四章 生命伦理学与超越：文化战争的核心 299

一次"（hapax legomenon）：① 惊人、独特且超越科学论断。而在另一些时候，它们的存在则与一些公开的事件中的细枝末节联系在一起，所以，相信上帝的人把它们看作是一种奇迹，而不相信的人则不屑于追查。神迹总是赐予我们礼物，增强我们的信念并且让我们更多地赞美上帝。它们不能替代普遍信仰。不适合任何理论。它们只存在于个人的信心之中。就像魔鬼也仅存在于个人相信一样。撒旦从不向那些不承认它的人们刻意强调它的存在，因为它知道在这种情况下它往往表演得最好。它可以不动声色地去扮演诱惑者、绊脚石以及仇敌的角色。无论如何，它的影响力真实存在着。所以，传统的基督教在看待疾病、医药、灾难时完全采用一种康德式的双比例簿记方法（double - bookkeeping of the proportions），即把世界割裂为本质的世界和现象的世界。一方面，世界向现代的方式发展。而另一方面，其又是对传统的经验继承，由善与恶的力量之间的角力而形成。我们不拒绝科学地接近现实，但是同时也应该承认神圣的和邪恶的力量的普遍存在。

人才是中心。道德原则最多就像是文章标题一样的经验法则，现实是，太过关注普遍原则，甚至使人们关注的焦点转移到什么是神学和生命伦理学应该倡导的总原则上来，而不再专注于能与上帝交流的个人品质。但这并不否认基督教生命伦理学在制定道德准则、道德戒律或道德命令上的价值：精确地认识这些普遍原则，便可以理解其所指出的真正边界在何处。而一旦超出这个边界，人们则将会走向谬误而无法获得与上帝的统一。但是不能把这些普遍原则按照概念性基础而分类。也就是说，一个人抵制诱惑而坚定不移地反对谋杀或堕胎，其遵循的是生命神圣的道德原则，而不是出于对上帝的追求。谋杀和堕胎最严重的错误就在于其使我们远离与上帝的同盟。虽然在法律上通常都认定谋杀是错误的，但没有一种法律条文能应对诸如谋杀一类的特殊案件。对于谋杀者来讲，最关键的是要记住耶稣的戒律：你们不要论断人，免得你们被论断（马太福音7：1）。同样地，犯了谋杀罪也被要求忏悔。这得益于一种灵性治疗的祈祷文，虽然来自教会的一种恰当的祷文并不总是要求严

---

① hapax legomenon 原文为希腊词，意为"只出现一次"、"曾经说过"，常被基督教和犹太教形容神迹的发生和显现的神圣性。——译者注

格的执行戒条。这种恰当的祷文不会出现在一种诡辩的文学作品里,至少是在正式的诡辩式方法中无法找到。在每一起特殊的案例中,合适的祈祷文都必须来自祈祷和恩惠。对于这些特殊的案例来说,诡辩提供的祈祷文在神灵面前只是一纸空文。

世俗生命伦理学与上文所说的有很大的不同。它专注于权利、善、正义以及美德。在世俗生命伦理学的知识结构中也包括了基本伦理权利和基本伦理目标的冲突。甚至有人希望能够通过基本伦理美德和道德生活的融合来克服这一张力。世俗的规划这种正当与善、义务论与目的论在道德范围的统一是困难的,这种困难已经在第二章中考察过。正如第二章中所探讨的那样,困难的中心在于世俗道德会导致一种正当和善的冲突。如此,两者的对立在于,对于重要的善的追求会危及具体的个人或者群体,对于他们的正当权利必须寻求某种保护。这些冲突被用来检验善的追求的不正当性。所以到最后,善没有任何的判断意义,道德专家们已经寻找到了善的追求的持续性的方式:对正当权利的忍让。正如第一章和第二章所指出的,在世俗的生命伦理学中,当道德异乡人相遇时,大多数人对善的看法都是要基于允许正当权利获得为唯一优先。

面对这样一种无法比较的道德义务时,便不可能用一种普遍适用的道德实践原则去判断美德所应有的品质和应作出的贡献。这种美德的品质和贡献曾被看作是道德的可能和必须:美德的发展要求一种持续的、内容整全的道德生活的理解与一种权威的对人类昌荣和道德完满的追求结合在一起。这便明确地指出了什么是后传统和后现代社会不可获得的东西:一种权威的、能够维持一种持续、清晰的并且包含群体、美德以及品质的构想的道德观念。在这里,美德和品质最多是一种权宜之计。同时存在的还有一种深切的渴求,一种对道德持续更久和对于全力致力于某个目标的机会的渴求。如果在世俗条款中去寻找这种道德满足感,它将会再一次导致已经在 20 世纪留下深刻烙印的大屠杀。正如我们所提到的那些,从列宁和斯大林的苏联恐怖时期到希特勒时期的德国纳粹主义,再到"文化大革命"时期的中国①以及波尔布特时期的柬埔寨,数以千万的人因在世间追求俗世天堂的构想而惨遭杀戮。通过世俗国家

---

① 在此删去一具体指称。——译者注

的强制力量实现对共同富裕和相互尊重的渴望已经导致了人类历史上前所未有的屠杀和暴行。

如果道德生活的目标指向与引导者都是创造人类的那位独一上帝,正当与善之间的差距就会因此而消失;正当和动机之间的差距也是如此。毕竟,一种行为如果违背了根植于上帝的道德,那将会是一个非常糟糕的错误。道德的起源也正是根源于人类的起源。具体的个人之善最终会在天父的眷顾下与普遍之善达致和谐;在这里有一种根深蒂固的道德动机基础。然后人们将会对适当的公共生活的本质有一个充分全面的理解,其中也包括了对美德和道德品质的明确理解。如果专注于圣洁以及与超然的统一,美德和品德的真正意义将会被重塑。当一个人通过美德寻求正当和善的统一时,美德生活就其自身而言就是不完全的和不充分的。美德不能以自身为目标。如果以与上帝统一为目的,那么做善事、尊重权利、达到公正以及具有美德是不足以拯救世界的。"如果主没有建起美德的大厦,那我的努力就都是徒劳的。"所有人的目标都必须是与上帝的统一。美德就其本身而言不再是目的。

基督教道德神学的目标超越了权利、善、美德以及公正而指向圣洁。因为目标是圣洁,所以,与最高的(Who is One)上帝的统一,这个划分道德神学与基督教生命伦理学领域的真正意向,一直都在此分歧点上使人误解。圣洁不是一种推论式的,或是可以单独划分为特殊领域的神学。它具有鲜活的生命。在谈论到基督教道德神学和基督教生命伦理学时,如果因为便于区分的教学目的而简单的提议为其建立一个单独的神学领域,那是一个错误的建议。不仅是对生命伦理学的理解不能脱离道德生命,对道德法则的理解也不能脱离其作为与上帝统一的传播媒介的意义。神学是一个整体,它是崇拜和恩惠的成果。道德神学、教条式神学、礼拜、圣餐仪式以及基督教生命伦理学都必须统一于一种信仰上帝的生活中。虽然神学领域可能是能够辨别的,但并不能在实际中确定其单独的范围。不可能有一种精当的、推导式的解释来对神学领域进行系统的划分:"这种教条式的教学系统揭示出的东西只能在灵性层面去理解……"基督教道德统一在一个整体之中。这个整体是指一种把神学看作是与上帝统一的信仰的生活方式。这种统一对基督教生命伦理学有着重要的示喻:基督教生命伦理学必须在一种传统的基督教生活中被理解。

　　基于一种超验存在的基督教生命伦理学，要求其认识论基于一种非推论式的对上帝的体验。就其自身部分而言，这种认识论要求一种形而上学，这样的形而上学在其自身中心有一个独一的、超验存在的上帝。虽然这位上帝是通过自身给予自身经验的证明，但是在一种婉转的神学中，其最多是一种预示和表征。对于第一个黄金时代中传统基督教精神而言，这种认识论和形而上学具有基础性地位。虽然许多最优秀的智者都是宗教隐修者，但是这种基督教精神还是在宗教仪式和祈祷文中确立了其自身的认知和卓越的价值。这种认识论在实践中要求实行苦行主义。其奉行一种神秘主义，并且专注于体验神启（eucharistic）的聚会，所以，即便是最与世隔绝的宗教隐修者也会出现在这样的集会中。同时，基督教生命伦理学又把道德同人类获得救赎的唯一途径相联系，其强调道德超越了善、正当权利、公正以及美德，并把它们通通建立在圣洁的基础之上。道德同伊甸园紧密相连，亚当失去了伊甸园，但又通过基督上帝失而复得。作为道德中典型的专家并不是一些专业化的学者，而是那些与神圣相统一的，通常是那些伟大的苦行主义者们。

　　总的来讲，基督教神学是苦行主义的、礼拜式的、纯粹理性的、经验主义的和实用性的。我们远离自身的自满和激情，通过正确、恰当的信仰并且完全进入一种礼拜式的与上帝的关系，苦行主义便是通过这样一种方式来呈现真理。这种礼拜式的关系是正当崇拜和正当信仰的全部。这些崇拜和信仰来自基督在其教会中所启示的从未改变过的体验。这种神学不是最初的一套智力的或学术的教条。而是一种有着自身生命的启示，它所导向的是一种非推论式的、关于上帝是纯粹理性认识。这种神学与第二个黄金时代所产生的西方基督教精神有着根本性的不同，这种不同要么体现在其理性的、学术的、推论形式中，要么体现在以圣经为依据的形态中。这种不同呈现基于一种范式的理解：在一种可仿效的观念中以及如此的神学所带来的结果的意识中，要成为神学家必须明确，应满足什么要求。在第一个黄金时代的基督教精神中，成为一个典型的神学家既不要求学习圣经也不要求研究圣经。虽然这两种形式都可以通过自身的途径为神学家的生活作出重要贡献，但其既不是充分条件也不是必要条件。其精髓在于通过一种苦行主义的方式从爱自己转为爱上帝。这种爱必须是全心全意的,并且是建立在理解的基础之上的。这种爱的基础是通过礼拜的仪式在一种真正的崇拜中被意识,并且导向真实的、纯粹理性的上帝体验。第一个黄金时代的基督教精神对于那些真正的神学家和祈祷者来说,在他们死之前理解基督复临、登山宝训是有可能的。在这种经历中,神学不是先验的,而是体验的;它具有自己的生命。在这种神学的体验性理解中,神学在其自身的维系中仍然是实践的,它倡导成为一种神圣的东西,而不是对从事于具体的学术研究领域的倡导。对于神学来说,最重要的是祈祷;它是一种对上帝崇信的虔诚。

第五章

生育：生殖、克隆、流产和分娩

不和谐的节奏：传统基督教性生命伦理学与新兴世俗自由世界主义观念的共识

传统基督教不仅仅是主张异性恋的；它最根本的表现是男性至上主义与家长制。正如《信经》第一条宣称："我信仰上帝是万能之父。"传统基督教生命伦理学关于人类的性特征是令人畏惧的，它与同期的俗世道德观念相抵触。它与正处于发展中的俗世道德关于性特征和生殖达成的一致观念直接形成对抗。传统基督教的性教条与人们已经接受的、可能引起道德争议的一些重要方面产生对峙，比如对他人生活方式的认可和对个人选择的尊重。传统基督教伦理与俗世伦理的道德观存在着明显的冲突。

俗世生命伦理学强求同一的共识大概可以归纳为以下几个方面：（1）性行为的隐私权：成人之间互相同意、互相尊重、不论性别的性权利和生殖权利可被看成是一种隐私，这种隐私不仅不应该受到公众舆论干预，而且不应该接受第三方的道德评价，这是由性经历的特殊私密性决定的。我们非但不应该去评论参与其中的个人（这也是基督教的一个格言），而且按照自由世界主义道德的观念，其至都不应该评论一个人的生活方式（比如，基督徒不会让斯大林这样的特殊谋杀犯下地狱，只会评价谋杀这样一种生活方式在道德上应予以禁止并且是邪恶的）。（2）性行为的道德许可：性行为可看成是一个人的经历，它可以丰富人类的生活，而且成人之间的性的约定至少是应该被道德允许，也就是说，只要参与者充分同意，而无须考虑参与者的性别。（3）避开一些道德准则：某些说教式术语，比如"通奸"应该予以回避。① 至少，说教性术语应该集中反映出以下思考：（a）性行为没有获得充分同意或者违背了信任（比如，未经配偶同意进行的婚外性行为），或者（b）性的参与并没有体现性的亲密性和互相认可的特点。另外（c）包含着对一种性道德观念的保留部分的认可，这种性道德认为，某个年龄段安全的性行为、有效避孕和妊娠早期安全性流产都得不到正当辩护。(4) 避孕的道德在对支持个人标志性财产中得到肯定。有效的避孕提供了一种从自然束缚中逃脱出来的自由，因此，当今支持这样一种生活方式，即享受性爱但是不需要承担后果（比如，似乎没有感染疾病或怀孕的风险）可以让妇女处于积极进行性行为的同时从事全职工作，所以能获得很高的财富让生活达到满意的水平。(5) 避免使用不自然的和错误的语言：自然的性行为比照非自然的性行为，常规的性行为比照错误的性行为，恰当的性行为比照不正常的性行为，这些语言在道德上被看成是生物目的论残留的有害思想，与后达尔文时代也不协调，因为没有任何道德规范能对此做出评价。当我们把这些比照用在成年人同意情况下发生的性行为时，这些非自然的、不正常的、有害的、异常的语言描述是不好的，因为它没有认识到他人的价值标准和各种需求；它没有认清性生活模式的多样性，否认了个人自我认同的合情合理的性范围。② 正因此，语言上的性（gender）这个词比生理上的性（sex）更具优势（比如，男性的性别），暗示着社会性别角色的确立，男性与女性，同性恋和异性恋，类推到名词上的性别（gender）如此类比化的社会建构。(6) 避免性的工具化：因为性道德的核心是同意，并且因为

---

① 斯坎伦（T. M. Scanlon）在他写的《我们亏欠他人什么》（*What We Owe to Each Other*）一书中表达了俗世对于传统性道德的态度（剑桥，马萨诸塞州：哈佛大学出版社1998年版），第174页："由于和一些禁止的行为相关联，这些包括手淫、兽交以及其他一些'反常'性实践、性道德声名恶劣。"

② 俗世道德对性活动的观念有些是错误的，比如使自己以及其他人都远离上帝的惩罚。"一些特别的道德禁令反对某些性行为形式——比如反对手淫，或者反对两个男人和两个女人之间的性关系——当'道德'这个词针对'我们亏欠他人什么'来理解时，似乎不合情理。"见斯坎伦《我们亏欠他人什么》（*What We Owe to Each Other*），第172页。

自由世界主义道德规范只有通过个人的、自主的、互相认定的自我实现才能最大限度的实现，而性伦理因为参与方权力的不平衡，往往带有工具性，从而会削弱性伦理中的充分同意。（7）胚胎和胎儿用完后丢弃不可能令人满意，但也不应认为邪恶：尽管实验室里将受精卵、胚胎和胎儿用完后丢弃，在道德上令人不快，但是与孕妇决定是否要成为母亲的这种首要的、浅层的（prima facie）俗世性选择权相比，这些"实体"（entities）的道德地位并不更重要，也不比夫妻是否决定要繁育后代更重要。既然避孕总会有失败的时候，流产就成为只要"性"而不顾"后果"的性风尚（ethos of sex）的有力支持。

俗世的性道德认为要自我实现，互相满意，并且自己授权给对方。除了重视性行为是否是自由的和知情同意的，并且是没有利用和互相法权承认的关系，性的事情不直接引起道德问题。自由世界主义道德把性伦理中很特殊的性行为转换成性的美学，在这种自主决定、互相自我实现，并且没有偏见的、世界性的道德观中，主要为了排除一种程序上的道德残余。在这些限制中，性选择关注的是，是否美妙、令人振奋、令人愉悦的、令人满意、令人充实以及是否令人感到完美。这些方面可以存在于不同的生活方式所处的不同环境中，可以多元化地适应于人类丰富多彩的性实践和性生殖。在这些限制中，性生活模式的选择应该得到尊重，不应该受到道德责难。

恰恰相反，传统基督教的性生命伦理学和生殖生命伦理学，虽然不去评论人（比如，不去评论谁能上天堂或是下地狱），但评价人的行动、行为和生活方式。它能够认可和尊重人类，但不一定认可和尊重人类的选择、行为和行动。它把道德允许界限以外的称为另类生活方式。尤其是，与俗世道德难以形成共识：（1）传统基督教认为性生活方式受到第三方的评价是合理的：一致同意和互相认同，性行为和生殖选择都不是隐私，即使它们没有受到第三方的道德质疑。尊重他人、认识他人以至于能够追求和神结合，要求我们诚实地并且慈爱地去谴责邪恶的动机、行为以及邪恶的生活方式，如果不去谴责甚至没有评价，那么人们会被这些邪恶包围。（2）性行为首先要看成是与上帝的某种关系：

当认识到肉欲的性可以加强夫妻间的关系时，传统基督教认为比互相同意、互相尊重和互相授权在道德上更易于接受。性行为还必须与实现神圣相一致。因此，性道德的内容应该看成是否与神相一致；不道德的性行为总是远离与神的一致。（3）婚姻制度的根本目的是男人与女人为了拯救对方的灵魂而结合成伙伴（比如，"那人独居不好"[创世记2：18]）。肉欲性质的性关系目的是获得孩子（在堕落后，亚当称其妻不是一个单纯的妇女[创世记2：23]，亚当给夏娃起名字，因为她是众生之母[创世记3：20]）。尽管人类肉欲性质的性目的是获得孩子，婚姻中保持肉体关系也不仅仅是为了生育（比如，为了保持纯洁，包括深化和强化丈夫与妻子之间的关系），同时也承认生殖是可能的（比如，某人不会利用流产来避免生孩子）。① 避孕的道德习俗认为，没有结果的性行为是为了追求富足的生活（比如，鉴于对生活方式的一些承诺，一对夫妻决定只要一个孩子）这与性是救赎灵魂的美的追求完全不一致。（4）如果没有经过双方的同意和认可，性行为就是邪恶的；但是，通奸、私通以及同性恋，即使是双方同意和互相尊重，也是一种罪恶且无法消除。（5）自然法则的改造：因为核心已经由世界因为原罪而毁坏，转移到与全能的上帝结合，自然法则不单单是人类的生物倾向或者自然中一种非人格的结构；它源于我们的良知和自然，而自然被看成是通往体验上帝的一扇窗户。（6）即使我们是无意识的，性的罪行仍旧是罪：在我们诞生的背景中，有些不道德的性行为在基因基础上就已经确定了；然而，它们还是应该受到谴责，不仅受到第三方的谴责，同时受到当事人自身的谴责，因为这些行为是邪恶的，即使某人无法控制自己的行为（比如，作为第二命令的意志，某人必须坦白："我无法控制自己的行为，但是这是邪恶的。"）作为一个具有自我意识的

---

① 就如同眼镜镜腿理所当然地架在耳朵上，尽管耳朵的设计和用途完全和眼镜没有关系，俗世婚姻关系也可以合情合理地保持纯洁，包括加强婚姻的联系，尽管俗世婚姻关系的目的仍然是生育孩子。

人类，人总是具有超越自己第二命令意志的能力。① 最后，(7) 应该避免所有对人类的致死行为：因为任何一个基本的承诺，永远都不会包括夺取人的生命，所有针对人类受精卵、胚胎和胎儿的暴力行为，都必须看成是人类充满了严重的精神衰落 (spiritual peril)，即使母亲不得不通过舍弃未出生的胎儿生命来保全自己的生命。②

所有这些，判断性行为的道德焦点，都必须反映在努力去向往上帝，努力去追求上帝的王国。当丈夫与妻子因为对上帝的爱而结合并相爱时，美好的、兴奋的、愉快的、满意的、充实和感到完美的这些性经历的组成方面必须要重新认定。人类性的满足和满意感只能有一个判断标准，那就是是否通过禁欲与苦修通达神圣并且远离自恋。

生命伦理学，作为一门有生命的伦理学

基督教生命伦理学不应该是一系列固有的规则，为了能够整全地与体验的上帝相一致，它应该是一种神圣的礼仪仪式样的生活。因为被造

---

① 在关于第一律令意志与第二律令意志有何区别的讨论中，可见弗兰克福 (Harry Frankfurt) 的《意志自由与人的概念》(*Freedom of the Will and the Concept of a Person*)，载《哲学杂志》68 (1971) (*Journal of Philosophy* 68，1971，5—20)；《强制与道德责任》(*Coercion and Moral Responsibility*)，载哈德瑞 (T. Honderich) 编《行为自由文集》(*Essays on Freedom of Action*，伦敦：罗特雷杰出版社 1972 年版)，第 72—85 页；还有弗兰克福和洛克 (D. Locke) 的《自由行为的三种概念》(*Three Concepts of Free Action*)，载《亚里士多德学会会议录》(*Proceedings of the Aristotelian Society*)，增刊，第 49 卷 (1975)，第 95—125 页。这些被应用在托柏格 (Irving Thalberg) 的生命伦理学议题"动机干预与自由意志"中，第 201—220 页，以及卡罗琳·怀特伯克 (Caroline Whitbeck)《对动机干预与自由意志的理解》，第 221—231 页，载恩格尔哈特 (H. T. Engelhardt, Jr)、斯派克 (S. F. Spicker) 编《心理健康：哲学视角》(*Mental Health: Philosophical Perspectives*) (多德雷克：瑞德尔 1978 年版)。

② 在这一章中以及下面的章节，在谈到道德危险和道德困境时，将会用到一些术语"灵性的危机"，"灵性的困境"，"灵性的风险"等。"灵性的" (spiritual) 意味着神圣作为主旨。传统基督教伦理学不仅仅思考道德的内在科学性，也不仅仅是经典的、具体的伦理，道德，或应是一系列有法律效应的习俗性事物。基督教生命伦理学本意是指导我们超越好的、正当的、公正的和神圣的美德，通达上帝的王国。

第五章 生育：生殖、克隆、流产和分娩

之物与非被造之物存有根本的区别，① 传统基督教生命伦理学与俗世生命伦理学以及和后传统基督教生命伦理学都有显著差异。② 传统基督教的生殖生命伦理学必须符合它的关涉认识论、形而上学、社会学、价值论、叙事性以及权威导向的一些假设。人类性行为、避孕、人类辅助生殖、克隆以及流产这些问题要想找到充分恰当的答案，只能在救赎、忏悔、与上帝一致等这些思考的框架中展开。第一，基督教的认识论既不把它的道德和神学主张根植于感官经验，也不依赖于一些散在的推理论据。这些主张最终应该基于对上帝的纯理性的体验中。它的认识论是纯粹理性体验；它既不是俗世的经验也不是唯理论的。它依赖于通过苦行获得一次让自己从远离上帝到与上帝合一的体验，从而能够接受通达上帝的恩泽。从创世记开始这种体验就从教会获得。第二，虽然上帝是完全先验的，他也像人类那样在经验中存在。基督教生命伦理学具有人类的特质，即指明，人们在追求与上帝的关系中所形成的人与人之间的关系。第三，对上帝的神圣性和体验显表在对尊崇和爱的追求中，这只有在圣体圣事中才能够恰当地感受和适应。圣体圣事就是获得上帝体验认知见证的时机：圣徒在圣事相通时显现出对上帝的崇拜，包括婚姻的服务。第四，权利、价值以及美德这些道德思考转化了，并在追求神圣以

---

① 传统基督教伦理学认为没有相似的实体，创造的生命和非创造的生命之间不具有相似性。上帝不能运用类推法来预测任何人成为合适的创造物。比如，圣马克西姆（St. Maximos）在《忏悔录》（Confessor States）中写道："被造物是可知的，因为每一被造物都有合理的根源。但是上帝是不可认知的，作为我们这些可以被认知的存在物，我们所能做的就是相信上帝的存在。在这一点上，任何可认知的存在物在任何方面都不能与上帝相提并论。"尼克狄莫斯（Sts. Nikodimos）和马喀琉斯（Makarios）编，帕尔玛（G. E. H. Palmer）、菲利普·夏瑞德（Philip Sherrard）和卡里斯多斯·威尔（Kallistos Ware）译《关于圣子道成肉身的200年文本的神学省略版》，见《美丽之爱》（Philokalia，波士顿：菲比与菲比出版社1984年版，第2卷，第115页）。这些文章中关于上帝方面的知识可以帮助我们接近上帝，尽管它们对于上帝的断言常常是令人费解的。

② 因为他们认为人的道德品质可以推论，俗世生命伦理学和后现代传统基督教生命伦理学试图提供一种完全的、内在的生命伦理学思考。从人类角度来说，人类性道德的产生是合情合理的。如第一、二、三章所说，这个议题有重要的成果：（1）正如基督教生命伦理学简化为俗世生命伦理学，基督教的性生命伦理学也一样可以简化为俗世的性生命伦理学；（2）基督教生命伦理学和基督教性生命伦理学完全使用经典的术语来分析，在自由世界主义者的道德术语中更为明显。

及与上帝一致的时候重新被定位。正当的、公正的行为对人的灵魂的拯救还不够,只有趋向神圣才能内在的完全获得。问题的关键不在于谁有权利去做什么,而在于谁在追求上帝的王国过程中能够给予帮助。第五,追求神圣与历史相关:对神圣的追求在灵魂的救赎中叙事,救赎的历史在于所有事实的显现。第六,某些大主教有领导权威,权威们关注这样的生活方式,神学家们的特别价值,在于他们能够真正体验到上帝,教父和教母们也可以超越年龄。所有这些,在前一章已经说过,继续保持基督教生命伦理学与俗世的以及其他宗教的生命伦理学的明显区别。从基督教生命伦理学来看问题,首先要求按照经文的、礼拜仪式的方式解释人类生殖、出生、承受苦难和死亡,因为早在几个世纪之前,教会里的神父们就已经明白这些问题,教会中的祈祷者们就已经体验过。

基督教生命伦理学不是墨守成规的。基督教的生殖伦理不仅仅是一些规则和原则,它对于正确和错误的行为的回答,与其说是按照司法上关于犯罪或者无罪的定义来理解,还不如说,是按照人们不间断与上帝同一这个目标来理解。关键点不在于一些特别的规则,而在于改变自身以至于让自己转向上帝。① 而且,尽管基督徒"因你们不在律法之下,乃在恩典之下"(罗马书 6:14)。也有针对行为制定的具体道德界限。事情具有多价性,一方面,重点在于追求完美、神圣、对上帝王国的向往。另一方面,认为所有人总是缺乏行动标记,因此,需要依靠悔改和

---

① 传统基督教不是以司法为中心,而是维持健康,这个观点由都主教希罗塞奥斯(Metropolitan Hierotheos)提出,他在《沙漠神父格言》(The Sayings of the Desert Fathers)中引用了一个例子。"一个兄弟质问沙漠神父(Abba Poemen):'我犯了很严重的罪,我想做三年忏悔。'一个老人对他说,'那太多了'。他补充到,'我认为如果一个人全心忏悔并且不再犯此罪行,上帝三天后就会接受他'。这个例子说明,如果脱离了神圣的宗教教派,所谓的悔恨,就是一种治疗方法;它必须包括在教会的治疗训练内。"见埃斯特·威廉斯(Esther Williams)译《东正教的心灵》(The Mind of the Orthodox Church,希腊,里瓦迪亚:圣母诞辰修院 1998 年版),第 183 页。也可见本尼迪克塔·华德(Benedicta Ward)译《神父》(译者注:"Poemen",称牧羊人"Shepherd",希腊文为"ογιοSΠοιμἡν;ποιμḥν"),见《沙漠神父格言》第 12 帧,卡拉马祖:西多会僧侣出版社 1975 年版,第 169 页。

上帝[①]恩泽的救赎。基督教生命伦理学是纯粹的，它总是在回应基督的邀请，融于"所以你们要完全，像你们的天父完全一样"之中（马太福音5：48）。基督教生命伦理学也表现出不够严谨：诚挚的悔改与宽恕总是有益的。一切事物都有要求；任何事物都可以获得宽恕。[②] 悔改和完满要求生命伦理学重新定位，在爱、苦行奋斗、悔改、宽恕和救赎的义务中，品味传统基督教的生活。

与上帝同一这一点具有重要的含义，它决定了基督教生殖生命伦理学特征：基督教生命伦理学的生殖行为如果脱却传统基督徒生活，那就不可能获得充分的理解。这并不是说，基督教生命伦理学的生殖行为，如果置于基督徒生活以外来分析就是片面的和不全面的。更加本质地追问，基督教道德和基督教生命伦理学根植于先验的上帝，所以基督教以外的生命伦理学只可以看作是一种完全空想的观念或是一种误导。要想理解传统基督教的经验世界不能仅赖于争论，或者仅仅分析一些固有的原则；我们只能通过苦行、爱、悔改、祈祷和信仰。它们都被转化成恩泽，并且径直朝向上帝的王国。既然已经转化，它们就不能仅仅从生物角度或者仅仅从人的志趣来考虑。所有这一切都必须最终定位于如何努力奋斗而达到神圣的境界。

尽管朝向与上帝同一的生活不能够简化为一套散乱的道德原则，但

---

① 人的生命刻有罪的标记："因为世人都犯了罪，亏缺了神的荣耀"（《罗马书》3：23）。保罗以及一般希腊的圣经文本中使用的罪这个词汇，是指人的悲剧性的弱点。语源上这个词是缺少标记，就像投出去的矛一样。希腊中罪这个词是指某人的意图失败，被剥夺了重要的事业，做错了或者被误解，以及失败、错误或过失。见利德（H. G. Liddell）、斯科特（R. Scott）《希腊英语词典》（Greek - English Lexicon，牛津：克拉伦登出版社1996年版），第77页。它和亚里士多德《悲剧诗论》（Poetics of Hamartia）中的定义有关，失败、错误或者负罪感，包括因为无知而犯罪，最后成为悲剧中的英雄。这种对错误的定义不仅仅是依据意志而确立，还说明，这个选择与定义是完全不受限制的。刻有标记的形象也反映在基督思想中，目的是说基督的生活是完美无缺的，而所有世人的生命都有缺陷。为了表达这一点，即所有人刻有这一标记难以达到神圣，我们叙述的观点，正如这些注释所表明的那样。这种罪的含义是指任何事物都可能导致我们远离上帝，不管这种远离是有意的，还是受意志控制的：所有人都会被暂时刻上这个标记。

② 我们被要求认识罪的同时，要领悟彻底被宽恕的可能。"你们赦免谁的罪，谁的罪就赦免了；你们留下谁得罪，谁得罪就留下了。"《约翰福音》20：23。

是这种生活的归宿乃是要最终超越道德实现神圣，一些基本的宗教道德评价由此可以确立。这些评价不要和一些原则相混淆，后者是道德诉求的来源或依据。原则的术语总会让人误解它应该完全是准确无误的。持有这个告诫术语的前提，传统基督教生命伦理学关于性生活的一些基本的道德评价则可以归结为以下纲目：

（1）人们旨在他们作为人的本质中，在堕落之前和之后，甚至在耶稣复活之后，是认识论上的男人和女人。比如，上帝之母玛利亚永远是上帝之母（Teotokos forever）。她的存在永远和她的母亲身份密切关联。基督复活的肉体可以作为男性一切特征的象征。男性和女性将持久存在。"但从起初创造的时候，神造人是造男造女"（马可福音 10：6）。正是在这些关系中存在一个秩序，等级平等，正如克里索斯托姆所说："一开始上帝就是唯一的权威，将男人位于女人之上。"[①]正是因为男性和女性的这种秩序，即亚当和夏娃之间的秩序，祭司和主教总认为第二个亚当的圣像也应该是男性。[②]在主持基督徒集会时，他们具有亚当一

[①] 克里索斯托姆（Chrysostom）："布道集：第 34 章第 7 节：新约·哥林多前书，第 13 章第 8 节"，《尼西亚与后尼西亚教父系列》第一部（*NPNF*1），第 12 卷，第 205 页。在这个"布道集"中，金口圣约翰解释说："甚而，为了让某人成为服从者，另外的人成为统治者；（因为平等一般没必要在冲突中产生）只要有人受苦就不能称为民主，而是君主统治；在一个军队里，在每一个家庭，都应有这种秩序。比如，在君主制的家庭等级中，最高权力人就是丈夫；那么副职官员和将军，则是妻子；孩子同样地被分配到服从命令的第三等级位置上。"同上书，第 204 页。

[②] 传统基督教认为，男人和女人在某种秩序或排列中是平等的，虽然男人和女人具有不同的生殖功能，如同做礼拜时人们担当不同的角色。祭司作为第二亚当圣像的作用，女神职人员就不能担当；而对于基督，第二亚当，非常明确地表示，这是男性的角色。"基督表示当他从处女的子宫里出来时，他的男性性别显露了。"见《圣灵降临节》（*The Pentecostarion*，波士顿，马萨诸塞州：圣道成肉身修院 1990 年版），第 29 页。同样见肯尼斯·卫士奇（Kenneth Wesche）《东正教传统中的男人和女人：性别的神秘感》，载《圣·弗拉基米尔的神学季刊》第 37 期，1993 年（*St. Vladimir's Theological Quarterly* 37，1993），第 213—251 页；布里安·米盖尔（Brian Mitchell）：《排位丑闻》（*Scandal of Subjection*）；《圣·斯多菲亚季刊》第 30 期，1996 年秋季号（*St. Stophia Quarterly* 30，*Autumn* 1996），8—9；帕特里克·米盖尔（Patrick Mitchell）：《性别犯罪》（*The Scandal of Gender*，索尔兹伯里市，马萨诸塞州：若金娜正教出版社1998年版。非常重要的一点是，一些被任命的基督教女神职人员，如今还在阅读新约圣经中的迦拉太书，而这在第一个千禧年的教会不可思议。相反，人们阅读它的理由是，为了

第五章　生育：生殖、克隆、流产和分娩

样的权威象征。[1]这种在权威的等级秩序中确立的男人与女人的平等关系，[2]在婚姻中表现得最为充分；教会由主教掌管，任何级别神职人员必须由男性担当才是可容许的。[3]所有基因型和显型在性差异上的表达

显示基督教洗礼应允许所有的灵魂获得拯救，不管男性还是女性。"你们受洗归入基督的，都是拥戴基督了。并不分犹太人、希腊人、自主的、为奴的，或男或女，因为你们在基督耶稣里都成为一了。你们既属于基督，就是亚伯拉罕的后裔，是照着应许承受产业的了。"（加拉太书 3：27—29）。如金口约翰的评论中说的："那就是，你们都是一种形式，一个模子，即使基督也是。还有什么能比这些语言更加可惧怕！他昨天还是一个希腊人，一个犹太人，一个奴隶，让他也具有了这个形状，而不是天使或天使长，而具有君主的所有，基督在他本人身上体现出来。"见克里索斯托姆《迦拉太书第 3 章 28 节评论》，载《尼西亚与后尼西亚教父系列》第一部（*NPNF*1）第 13 卷第 30 页中的评论。塔瑞兹（Tarazi）假定圣保罗在此处想说的是，受过基督洗礼的存在物不会和遵循自然的性规则的物体产生联系。"最后，我的说明可以获得更合理的解释，因为它来自《创世记》第 1 章第 27 节的引申，那个引申认为，性比最初显现的更加丰富；它继续说，'上帝祝福他们，上帝对他们说：要多产和繁盛……'（第 28 卷）。因此，通过引用《创世记》第 1 章第 2 节，但是否定它的'没有男性和女性'的说法，保罗强调说，受过洗礼就不再和遵循'自然的性'规则的那些事物产生联系……"见保罗·塔瑞兹（Paul Nadim Tarazi）《迦拉太书：评论》（*Galatians: A Commentary*，纽约，克雷伍德：圣弗拉基米尔修道院出版社 1994 年版），第 176 页。还可见于帕特里克·米盖尔（Patrick Mitchell）《性别犯罪》（*The Scandal of Gender*）（索尔兹伯里市，马萨诸塞州：若金娜正教出版社 1998 年版），第 21 页。

[1]　圣保罗在很多场合下，都表示过对基督教会秩序的看法："我不许女人讲道，也不许他辖管男人，只要沉静。"（提摩太前书 2：12）"男人本不该蒙着头，因为他是神的形象和荣耀，但女人是男人的荣耀。起初，男人不是由女人而出，女人乃是由男人而出。并且男人不是为女人造的，女人乃是为男人造的。因此，女人为天使的缘故，应当在头上有服权柄的记号。"（哥林多前书 11：7—10）如约翰·布瑞克（Fr. John Breck）提出，圣保罗提到天使，她们的责任是维护祈祷组织的秩序。戴着一件遮头物不仅显示出这个秩序，同时克制了"男性眼里的性迷茫"，同时避免两性的混乱。见《生命的神圣礼物》（纽约，科林伍德：圣弗拉基米尔修道院出版社 1998 年版），第 86 页。

[2]　"如果我们如此坚定的支持这个观点，那是因为它暗指性行为范畴。最关键的是，如果性别和它们的性表达不具有认识论和精神上的重要性，那么性行为只限定于尘世生活，没有永恒的结果。在这个例子中，性道德是一个心理的或社会的议题，而不是神学议题。另一方面，如果在认识论上，两性是平等的、互相补充的，享有自然的共性，但是又在性别的差异中，恰当地显现出神性的、自然的美丽和完善，如此，性行为直接影响着人的成长，他们不断向上帝靠拢。真正的传统毫无疑问的支持后面一个例子？"同上书，第 87 页。

[3]　"我认为在其他事物上保罗赋予丈夫崇高的权威，他说，'然而你们各人都当爱妻子，如同爱自己一样；妻子也当敬重她的丈夫。'（以弗所书 5：33）他同样说，'因为丈夫是妻子的头'和'妻子也要怎样凡事顺服丈夫'（以弗所书 5：23, 24）。"见圣约翰·克里索斯托姆《婚姻和家庭生活》（*On Marriage and Family*），罗斯（Carherine Roth）和安德森（David Anderson）译（纽约，科林伍德：圣弗拉基米尔修道院出版社 1986 年版），第 87 页。

都显示出,尽管不是最充分的,在认识论上加深了男人与女人的区别。因为基因型和显型的性区别比性的社会构建区别更加重要,在认识论上,男人和女人在最初成为人类时就是不同的。①

(2)婚姻是上帝为男人和女人建立的制度,让他们互相相爱和相伴为了获得灵魂的拯救。尤其是,婚姻的俗世特点表现在它的目的是生育和抚养上帝所爱的孩子。男人和女人可能因为需要结成伴侣步入婚姻,否则,可能冒犯纯洁与神圣。在一夫一妻制的婚姻中,这种结合,因为俗世关系找到了最恰当的表达。

(3)俗世的性行为也可能不仅仅为了生育,还有追求其他目标(通过加强丈夫与妻子的联系而保持纯洁)。有的人步入婚姻却并没有想要生育后代。比如,已经过了一般的生育年龄或者生病后无法再生育,作为一种追求灵魂互相拯救的方式,它曾经获得教会对超过生育年龄者的新婚祝福。

(4)教会里的婚姻是一件神秘的事,它引向神圣。② 它是一种理想的特殊的结合,这种结合配偶双方都不应再重复,即使是配偶一方已经

---

① 尽管性别这个词在过去的几十年里已经有新的含义,它最初的含义,现在已经不再使用,指的是"种类、类别、阶层;同样,指不同种的属",它的第二个含义是"三者之一(在有些语言二者之一)"在语法上是"种类",或多或少含有相当于性别的区分之意。见《牛津英语字典》(*Oxford English Dictionary*)(1970 年版),第 4 卷第 100 页。性,男性和女性意义上的性,具有最初的含义"两个是分开的生物有机体,区分为男性和女性",第二个含义是"成为男性或女性的特性"。第三个含义与以前以生育为中心相对照,指的是一种现实区别:"总体上男性与女性的区别",见《牛津英语字典》第 9 卷,第 577—578 页。

② 在希腊信奉新约的教堂中,"神秘"这个词等同于西部的神圣。尽管东方的教堂认为至少有七种圣礼,却并没有在圣礼和圣事之间划分严格的界限,认为教会都是以这种方式将世界和未知的能量联系起来,即神圣的上帝。另外,"神秘"一词特别适用于婚姻,因为圣保罗在以弗所书中使用这个词时说过,"这是极大的奥秘"(以弗所书 5:32)。圣事这个词在西方通过特尔图良(Tertullian)的使用而流行起来,渐渐成为一个拉丁词汇,即可以指失利一方受罚后交给获利方保管的一大笔钱,也可以指支持宗教的意愿(比如,宗教出版物),或者一个军事誓言,或一个誓词(*sacramentum*)。希腊语中神秘的意思和神圣的以及秘密的仪式有关,神的崇拜,以及上帝启示的秘密。见乔治·里多(Henry George Liddell)和罗伯特·斯科特(Robert Scott)《希腊英语词典》(*A Greek - Englishi Lexicon*),牛津:克拉伦登出版社 1978 年版),第 1609—1610 页。还有查尔通·路易丝(Charlton T. Lewis)《拉丁语字典》(*A Latin Dictionary*),牛津:克拉伦登出版社 1980 年版),第 1611—1612 页。

死去。

（5）所有人类俗世的性生活和生育都在一个男人和一个女人的婚姻中完成，因此，除了淫秽的、婚外性行为的场景和形象是罪恶的事，手淫、私通、通奸、同性恋，以及兽交的行为都是罪恶的。

（6）给那些不能正常结合成为丈夫与妻子的人提供咨询和心理以及精神治疗帮助，都是必要的，比如一些人倾向于同性恋行为或者人兽性交行为；这些治疗可以用来纠正性取向恢复异性恋的结合，这才能在教会获得祝福。有些不恰当的性生活方式是由基因决定的，因此是无意识做出的，他们的罪是无意识的罪，需要通过禁欲来悔改。

（7）第三方不要参与夫妻之间的性行为和生育。

（8）即使是人类婚姻中的性行为，也必须是为了和上帝的同一而承受的苦行；任何事情，包括婚内性行为，都不能偏离全心对上帝的爱。避孕的道德习俗，不仅不是以上帝为中心，而是以奢侈与放纵为中心，它偏离了上帝。婚姻中的愉悦结合可能让它超越俗世，而到达天使样的圣洁生活，这应是所有婚姻的天命。（马太福音23：30，马可福音12：25，路加福音20：36）①

（9）舍取人类生命，即使是为保护母亲而舍弃未出生的孩子，都不附合神圣的追求：流产总是错误的。人类不能够总是在所谓道德驱使下选择行为，而所有人都应被要求必须永远尊崇上帝。

（10）鉴于世界有毁坏的特性，以及"人从小时心里怀着恶念"这种情境（创世记8：21），出于对婚姻关系的维系和对人类生命的保护，常常做出有缺陷的行为，但还不至于远离人的规矩，夫妻之间的特殊亲密结合须通过朝向上帝经受苦行而维持，那就是，远离自恋和自我满足，以此通达并实现对配偶纯粹的爱和对上帝纯粹的爱。婚姻结合不完

---

① 比如，考察圣·安德罗尼库斯（Sts. Adronicus）和亚萨内西亚（Athanasia）这对夫妻，生活在狄奥多西大帝（Theodosius the Great, 379—395）时代，他们的子孙后代去世后，为了追求修道士一样的禁欲生活而分居（10月9日，神圣斋日）。见 罗斯托夫的圣德米特留斯（St. Demetrius of Rostov）《圣徒生活大集》（*The Great Collection of the lives of the Saints*），托马斯·马里塔神父（Fr. Thomas Marretta）译（豪斯斯普林斯，密苏里州：克里索斯托姆出版社1995年版），第2卷，第150—159页。

全，应该通过忏悔、苦行和祈祷来认真悲求。① 生命伦理学问题的道德思考，往往具有为人提供指导的特点，这些人已经进入精神危机的境遇，并且不愿意回到让上帝掌控一切的平安居所，而他们还希望避免最严重的危险。这些道德沉思，为我们绘制了一幅破碎的、罪恶深重的世界图谱，并且其中还掺杂着一些并不理想的应答方式。

这一系列阐释，无一例外地将俗世性行为限制在婚姻中进行，并且绝对排斥流产，这是基督教从最初就具有的观念。在1世纪或2世纪的文本中，就劝诫说："你不能去谋杀；你不能去通奸；你不能去进行兽奸；……你不能用春药；② 你不能流产，也不能杀婴。"③ 被发现的1世纪或2世纪的作品巴拿巴书信（Epistle of Barnabas）中写道："你不能私通，你不能通奸，你不能去兽奸……你不能进行流产，你不能杀

---

① 这里有个关于属灵生活的重要观点：忏悔我们不守契约、有罪的情形和我们与此关联非常重要。它强调指出，传统基督教与随后由于律法或敬拜方式的发展后的基督教有所区别。传统基督教的道德选择，不应该看成是某种律法方式的简单选择，即根据律法、规则或道德原则做出的有罪或者无罪的判断。当道德选择充满丰富的属灵意义，即追求上帝时，它包含在这个毁损性特征的世界内以及常常是罪人的生活中，即使不是经常，也需要特别悔改，才能认识到个人距离完美还有多么遥远。这种对待道德生活的态度使传统基督教高于律法意义理解上的道德，后者在罗马天主教得到发展。它通过禁食和守夜进行悔改、祈祷、施舍以及哀悼，传统基督教通过悔改让我们将注意力从自身转向上帝和我们的邻人。

加沙的圣托罗塞奥斯（St. Dorotheos, 500—580），他的法律顾问提出接近上帝的一个例子："很多急迫的需求产生了，如果某人隐瞒这个敏感的事实，这件事会引起更大的麻烦和痛苦。因此，处于这种环境时，某人应该明白他应该如何恰当地言谈，以避免更大的灾难或危险。如阿诺尼神父（Abba Alonios）对阿加申神父（Abba Agathon）说的：假设两个人在你面前犯了谋杀罪，其中一个人逃到你的房间。然后，警察搜查时问你，'谋杀犯在你这吗？'如果你不掩盖事实，你将把他置于死地。但是，如果某人掩盖了事实，是出自极端的需要，他会产生焦虑感，但是，让他在上帝面前悔改和悲痛并且思考，像我说的那样，一次经历不要变成一种习惯，做过一次就不要让它再发生。"见加沙的托罗塞奥斯（Dorotheos of Gaza）《论文和格言》（Discourses and Sayings），埃里克·威勒（Eric Wheeler）译（卡拉马祖，密歇根州：西多会僧侣出版社 1977 年版），第 160—161 页。

② 春药（philtres）这个词指的是爱的毒药，并且有一种相当的魔力和迷惑性。魔力这个词的翻译是魔法、妖术、巫术，以及使用药物来产生精神麻醉的状态（pharmakoi），它的范围不仅仅限于医学，也包括药剂学和魔法魔咒。

③ "十二使徒遗训"（Didache），载《使徒教父》（Apostolic Fathers），吉尔索普·雷克（Kirsopp Lake）（剑桥，马萨诸塞州：哈佛大学出版社 1965 年版），II—2，卷 1，第 311—f 页。

婴。"① 基督教认为性行为、生育、生殖以及流产，是评价恰当或是不恰当行为，以及衡量是朝向上帝还是远离上帝的标准与重要理念。

婚姻的神秘性

性生活、生育、婚姻都寄居于人的灵魂救赎和通往上帝的旅程中。它们有本身的理性意义，表现在人们的自由选择的动态叙事中，长时间以来，人的人格体现在传统基督教信奉的圣经中。性行为的意义以罪的历史和救赎为背景，这个历史必须将伊甸园、道成肉身和末日审判考虑进去才能获得深刻理解。这里有个挑战，即观点间的冲突。现代男人和女人如何理解伊甸园、道成肉身和末日审判？特别是，现代人的科学世界观只把进化论当作想当然的事，他们又如何理解伊甸园，这要回溯到数十亿年前的宇宙哲学？对于传统基督徒，伊甸园是救赎历史的核心：它从亚当和夏娃的原罪导致第二个亚当基督的诞生，祂来自第二个夏娃，玛利亚。②

---

① "巴拿巴书信"（Epistle of Barnabas），载《使徒教父》，同上书，XIX4—5，卷1，第403页。

② 里昂的圣爱任纽（St. Irenaeus of Lyons，130—202），例如，具体来说，将耶稣和玛利亚看成是第二个亚当和夏娃。

……如此这般，祂，应该是这样的神圣的名字，应重新概言亚当自己神圣的名分，祂获得了具有权柄的生命，把亚当融入祂［自身］，从玛利亚所生，她依然是处女真纯之身。那么，如果第一个亚当是一个男人，当是他父亲，他是人类之子，而第二个亚当，则由约瑟所生。但是，如果前者来自于尘土，由上帝创造，我们可以无异议地宣称，后者乃是祂自己的重生，如同上帝造人那样化成，和前面圣身一样，祂的诞生应该得到尊崇。啊，上帝不再由尘土获取，那么，是不是玛利亚的使命所生？不会再有另一种形成能称做生命，也不会有其他的事物应该［要求去］被保全，但是，非常相同的化生应该慧悟［正如基督以亚当显身］，这一切，保全了相似的模型。……遵从这种设计，处女玛丽娅知道何为顺从，说道，'看君主的女仆啊；让我遵循他的话语。'但是夏娃并不顺从；因为她还是一个处女时就不顺从。甚至当她有了亚当做丈夫后，她依然是处女之身时（伊甸园中，"他们都是赤裸，并且不知羞耻，"因为他们早已被创造，并不懂得如何生育子女；因他们首先应该成年，而后开始繁育后代），就变得不顺从，这就是为什么人类有死亡的原因，从此，对她自己以及整个人类种族；玛利亚同样，已有男人［与她］确定婚姻，她不再是处女，因为屈服而顺从，这就是产生救赎的原因，对她自己以及整个人类种族．……因为结合在一起的就不会分开，除非由于联合婚盟，发生了反向结合；形成物的联结被后续者解除，后续者又可以自由地重复生成前者．……他让自己成为生命体的最初开始，亚当就成为那些死亡者的最初开始……。因此，夏娃不顺从的难题因为玛利亚的顺从和信仰获得和解。

爱任纽（Irenaeus）："反对异教"（Irenaeus Against Heresies），载《尼西亚教父系列》（ANF）卷1，第454—455页。

在评价这个世界时，伊甸园和末日审判具有道德和精神观测点，它不是从古生物学的或宇宙论来考量。首先，有一种观点认为世界并没有被罪破坏：伊甸园里，亚当和夏娃的结合没有犯罪。伊甸园是与上帝产生联系的最初之地。那里有人与上帝交流，不受情感影响，所处环境也没有被罪毁坏。其次，有一种观点认为世界被罪破坏，在这个破碎的无法补救的世界里，女人与男人的关系主要受到夏娃原罪的影响，她第一个成为罪人，并是第一个引诱亚当的人，所以亚当的权威高于夏娃获得广泛的统治权，包括在多妻制中，即使是在严格的家长制中也一样适用。亚当和夏娃的特殊结合在多妻制中被毁灭，还有生育目的的需求也被瓦解，它在循环的快乐、痛苦、挣扎和堕落后诞生的死亡中产生：旧约时代的世界。于是世界仍然被罪毁灭，但是它正在被挽救并且已经在恢复之中。现在，婚姻的自然结合已经可以在特殊结合中实现了，亚当和夏娃的一夫一妻制恢复了教会的神秘。只有在末日审判后世界才能完全复原。[1] 重回伊甸园，将在新耶路撒冷城中真正实现。从最初的天堂放逐，人类又重建天堂，但是与亚当和夏娃不同，人类最终将再次与上帝充分沟通。

伊甸园不是我们生活世界的一部分。亚当和夏娃创造的天堂从这个世界分离出去，在他们死后赎了罪，基督带着信仰走入这个天堂，并且今天仍是这样。[2] 同样，这个世界就像我们发现的一样，被痛苦、辛勤的劳作、折磨和死亡毁灭，还有时常发生的并非美好的进化插曲，它不是上帝为人类生存设计的世界，而是因为亚当和夏娃的堕落而放逐的世界。当亚当和夏娃从天堂进入这个毁灭的世界后，在某种意义上，这个

---

[1] 启示录预言了最后的恢复。"我又看见一个新天新地。因为先前的天地已经过去了，海也不再有了。我又看见圣城新耶路撒冷由神那里从天而降，预备好了，就如新妇妆饰整齐，等候丈夫。"《启示录》21：1—2。

[2] "因为上帝把他们从乐园里驱逐，从一个王国的殿堂放逐到人间生活。那个时候，他下令剑火改变方向，守住天堂的入口。上帝并没有诅咒乐园，因为它象征着永恒天国里不毁灭的生命。"见新神学家圣西蒙（St. Symeon）《第一位被造之人》（*The First - created Man*），谢拉菲姆·罗斯神父（Fr. Seraphim Rose）译（普拉提那，加利福尼亚州：阿拉斯加兄弟会圣赫曼出版社 1994 年版），第 91 页。

第五章　生育：生殖、克隆、流产和分娩　319

世界和以前已经存在过的世界并行。与①如圣·巴西拉（St. Basil）在祈祷文开头重复强调的这个非同一般的重要性，"你不应该驱逐他，按照正当审判，我的上帝，从天堂到现在的世界……"② 因为亚当和夏娃的原罪，我们发现自身存在的世界被痛苦和欢乐、生命和死亡这些对立事端所扭曲。因为亚当和夏娃的原罪，他们自由选择的权利使所有人都远离了，所有在预期的开始就都缺乏标识。

亚当和夏娃被安置在天堂里，他们的关系值得男人和女人效仿。为天堂所生，上帝将他们造成男性和女性。"神乃是照着他的形像造男造女。男性和女性是上帝创造的。神就赐福给他们，又对他们说，要生养众多，遍满地面，治理这地。"（创世记 1：27—28）基督本人更证实了这个深刻的事实："耶稣回答说，那起初造人的，是'造男造女'"，（马太福音 19：4）。在这个欢喜的花园里，仍旧还是需要，关系，阶层，实现。他们互相扶持是为了互相拯救灵魂。在伊甸园上帝宣布，"耶和华神说，那人独居不好，我要为他造一个配偶帮助他"（创世记 2：18）。男人唯一适合的帮助者创生于他自己的肉身，夏娃，这个亚当认为"这是我骨中的骨，肉中的肉"的人，亚当也称她为女人，"因

---

① 菲利普·谢拉得（Philip Sherrard）在他的《人类生命》（Humanae Vitae）评论中，指出，重要的是，要区分我们自己存在的自然世界和我们应该生活的那个世界。如此，他提醒我们要严肃地对待人的堕落。

这个毁坏，这个混乱，在人类的自然状态中，它陷进一个物化的时空宇宙，然后它将会被理解，这不仅导致人类心灵冥想的迷失，而且使人类在思维中产生一个根本不真实的世界；它同样引发了自然法则的相应改变，于是这两者都被道德败坏后人类生活的异常和堕落所玷污。这些法律不是上帝的法令。因为亚当的堕落，他们显现出畸形的和反自然的法则——这种堕落本身是极其反常和违背上帝旨意的。接受自然的法则和自然的进程，他们一旦出现在这个堕落世界中，人的头脑里同时表达了上帝的愿望，因此，就形成了道德法则的标准，即把人类行为违反上帝的旨意的责任从人类转向上帝，并且让上帝成为最终创造者，不仅是人类犯罪，还有世界上存在的反常和堕落的问题由此而生的种种样态。上帝为人类被奴役的结果负责，人们把自己降为奴隶，整个自然秩序，因为在其创生者面前坚持一种错误的自由而改变。

菲利普·谢拉得（Philip Sherrard）：《精神社区》（Sobornost，伦敦：圣奥尔班与圣谢尔盖团契出版社 1969 年，第 578 页。

sobornost，源于俄语：Соборность，意为"许多共同生活的人的精神社区"。——译者注

② 伊萨贝·哈普古德（Isabel Hapgood）译者：《东正教与天主教圣使徒教会服务书》（Service Book of the Holy Orthodox - Catholic Apostolic Church，恩格伍德，新泽西州：安提阿正教主教区 1983 年版），第 103 页。

为她是从男人身上取出来的"(《创世记》2：23)。夏娃从亚当这里诞生后，作为他的伴侣。创世记给基督教教义的性和婚姻的定义是："因此，人要离开父母与妻子连合，二人成为一体。"(创世记2：24)在伊甸园，上帝就预见了婚姻的神秘性。正如圣约翰·克里索斯托姆强调："其实，在最初，上帝就给这种结合定下一些特殊的规约。"① 上帝创造了亚当和夏娃并把他们放在伊甸园里，同时还有生命之树以及能分辨好坏的知识之树，他们能够自由地饮食，但是唯独不能触摸后者。就是在这个花园里，亚当和夏娃开始了他们自己成为神的计划（创世记3：5），是通过上帝的力量，而不是通过人性与上帝的结合。

给予人类所有生命的统治权后（创世记1：26），宣布婚姻的第一个目的是夫妻之间形成伙伴，然后是繁盛的生育的指令："那人独居不好。"（创世记2：18）基督就这一点把婚姻说成是：耶稣回答说："那起初造人的，是造男造女，并且说：'因此，人要离开父母，与妻子连合，二人成为一体。'这经你们没有念过吗？既然如此，夫妻不再是两个人，乃是一体的了。所以神配合的，人不可分开。"（马太福音19：4—6）基督正式宣布"我告诉你们，凡休妻另娶的，若不是为［淫乱］（的缘故，就是犯奸淫了：……）"（马太福音19：9）② 就像信徒们认识的那样，这种义务带有的严肃性不是一般的自然人能够忍受的。"人和妻子既是这样，倒不如不娶。"（马太福音19：10）。如果男女的性行为是婚姻中的一个规定，它的目的就是生育和抚育神圣的后代。正是这个规定让基督成为第一个公开的奇迹，他是母亲由圣灵感孕而生（约翰一书2：1—11）。在这个规定内和其中产生的伴侣关系，男人和女人参与了上帝制造后代的工作。因此，婚姻不仅仅是一件对人类有益的事情。

有了基督，婚姻变成了通向天堂的一扇神圣的门，一个与上帝邂逅

---

① 克里索斯托姆："布道集，20：以弗所书 v.22—24"，载《尼西亚与后尼西亚教父系列第一部》（*NPNF*1），卷13，第143页。
② 关于《申命记》（*Deuteronomy*）中对离婚的基础的解释，拉比沙迈（Rabbi Shammai）持有这样一种立场，认为婚姻主要是与基督保持一致，拉比希尔（Rabbi Hillel）的解释与其不同，他的解释更加清楚："人若娶妻以后，见她有什么不合理的事，不喜悦她，……"（《申命记》24：1）

第五章　生育：生殖、克隆、流产和分娩

的神秘之事件，一个参与基督补救这个毁灭世界的事件。尽管堕落了，经历了洪水，基督补救之后，上帝已经确认了婚姻的神秘性。夫妻关系就如同基督与教会的关系，一种爱的结合，从一个过去的死去的人转变为基督的生命的归顺。

> 你们作妻子的，当顺服自己的丈夫，如同顺服主。因为丈夫是妻子的头，如同基督是教会的头。他又是教会全体的救主。教会怎样顺服基督，妻子也要怎样凡事顺服丈夫。你们作丈夫的，要爱你们的妻子，正如基督爱教会，为教会舍己。要用水借着道把教会洗净，成为圣洁，可以献给自己，做个荣耀的教会，毫无玷污、皱纹等类的病，乃是圣洁没有瑕疵的。丈夫也当照样爱妻子，如同爱自己的身子。爱妻子，便是爱自己了。从来没有人恨恶自己的身子，总是保养顾惜，正像基督待教会一样。因我们是他身上的肢体。（"就是他的骨、他的肉"）为这个缘故，人要离开父母，与妻子连合，二人成为一体。这是极大的奥秘，但我是指着基督和教会说的。然而你们各人都当爱妻子，如同爱自己一样；妻子也当敬重她的丈夫。（以弗所书 5：22—33）

按照圣经的原文，早期教会里的生命，将所有世俗的性都放在夫妻间的关系中并且放在与上帝的关系中。性行为具有恩泽的神秘性存在于婚床中。

在教会产生之初期，只有男人与女人的结合在主教看来是可以接受的，夫妻间的结合就是正当的结合。① 通过教会。他们结合成一体，重新回到生命之树的合适位置，也是夫妻朝向神圣的精神之旅。婚姻的神秘，如同圣约翰·克里索斯托姆强调的，伊甸园的重建也是其中一部分。

---

① "但是对于所有已婚的男人和女人来说，他们的结合得到主教的批准，他们的婚姻是遵照上帝的意愿，而不是他们自己的欲望。让所有事物都因为上帝的荣耀而完成。"见圣依纳爵（St. Ignatius）《依纳爵致坡利加书》（Epistle of Ignatius to Polycarp）第五章，载《尼西亚教父系列》（ANF），卷1，第95页。

> 这就是当婚姻依据基督而产生，灵性的婚姻，灵性的出世，没有鲜血，也没有辛劳，也没有身体的需要。……是的，婚姻就是这样，不是激情，也不是肉身，就是完全地灵性的，灵魂与上帝的结合且不可言说，只有上帝自己知晓。于是他说，"他与其主的结合成一种精神。"①

这种结合不仅仅可以理解为独一无二的，一夫一妻制的，神圣的，同时也可以纠正由于欲望而导致的错误情感。"婚姻不是一件邪恶的事。如果是通奸就是邪恶的，如果是乱伦就是邪恶的。婚姻就是消除私通的补救措施。"② 婚姻中的肉体的爱是恰当的。

亚当和夏娃之间的性激情并没有经历堕落③之后的救赎，婚姻中的性行为获得上帝的允许和祝福。如同圣约翰·克里索斯托姆在清晰强调的《以弗所书》中的评论，婚姻中的性愉悦是一种能量的正当释放。

> 他们如何会合二为一？假如你不会拿走金子最纯的部分，然后混进其他的金子；事实上在融合中，妇女得到的快乐是最多的，养育它和珍惜它，并且献出她自己共有的，将它归还给一个男人。孩子就是一个桥梁，于是他们三合为一，孩子联系着任何一方，将夫妻联系在一起。④

婚姻是俗世欲望存在的唯一合理的地方。大马士革的圣约翰（St. John of Damascus）同意克里索斯托姆的观点，"婚姻生活是快乐的

---

① 克里索斯托姆："布道集，20：以弗所书 v.22—24"，载《尼西亚与后尼西亚教父系列第一部》（*NPNF*1），卷13，第147页。

② 克里索斯托姆：《婚姻圣训》（*Sermon on Marriage*），载《婚姻与家庭生活》（*On Marriage and Family Life*），第81页。

③ "上帝，当他开始创造人类时，按照他自己的印象和形象，把他们造成神圣的、没有欲情的、无罪的。"新神学家圣西蒙（St. Symeon）：《第一位被造之人》（*The First - created Man*），谢拉菲姆·罗斯神父（Fr. Seraphim Rose）译（普拉提那，加利福尼亚州：阿拉斯加兄弟会圣赫曼出版社1994年版），第51页。

④ 克里索斯托姆："布道集，20：歌罗西书 iv.12, 13"，载《尼西亚与后尼西亚教父系列第一部》（*NPNF*1），卷13，第319页。

沉醉"①。作为俗世欲望可以认为是恰当的，因此结婚的夫妻可以接近上帝。这种因为生育和相伴的结合足以证实婚姻神圣的神秘性。关于这一点，圣约翰·克里索斯托姆已经与圣徒马克西姆斯忏悔（St. Maximus the Confessor）（《第二世纪的爱，第17节》，*Second Century on Love* 17）以及其他神父们意见达成一致，认为仅仅为了自我满足的性行为不能标示基督徒生命的神圣性。婚姻性行为则要另外考虑：夫妻间的性行为不仅仅应该表达夫妻间的互爱，还要在于对人的灵魂拯救的追求。

圣约翰·克里索斯托姆也强调，俗世婚姻结合的正当性不仅仅表现在生育或者取得愉悦，而且是丈夫与妻子的结合：他们变成了一个身体，合二为一。婚姻的存在正是因为男人独自存在是不好的。即使是没有孩子的婚姻也要获得上帝的祝福。

> 那是什么呢？当婚姻中没有后代时，他们不再是两个人了吗？不是，因为他们已经合二为一，这个影响已经扩展并进入双方的身体里。就如一个人将油膏投进油里，它们变成了一个整体；因此事实上他们还在这里。……为何你要因为荣誉而羞耻，为何没有玷污而脸红？②

正如已经提到过的，教会将祝福所有夫妻，即使他们成婚时的年龄条件已经很难再生育了。事实上，圣约翰·克里索斯托姆认为创世记中，受命夫妻多多繁育已经很好地做到了。

> 婚姻不会总是带来子女，即使这是上帝曾经说过的话，"生养众多，遍满地面"。我们都目睹过那些结婚但是没有子女的夫妻。于是贞洁的目的占了优势，特别是现在，当世界充满着我们的慈

---

① "婚姻是情欲的放纵"（Matrimonium Libidinus indulgentia est），载《圣经副典，书信Ⅱ，目10》（*Sacra Parallela*, *Littera Ⅱ*, *Tit. X*）；"童真、谦逊和荣耀的婚姻"（De virginitate, et pudicitia, et honestis nuptiis.），载雅克·米涅（J. Migne）编《教会作家文集·希腊—拉丁系列》（*Patrologiae Graecae*, 巴黎1891年版），卷96，选自247B。
② 克里索斯托姆："布道集，20：歌罗西书 iv.12, 13"，载《尼西亚与后尼西亚教父系列第一部》（NPNF1），卷13，第319页。

爱。一开始，生育孩子就是人的一种理想，由此人们在他的生活中留下美好记忆。……而现在，耶稣复活即将到来，我们不再说死亡，而是向着另外的比现在的更好的生活精进，想要后代的愿望就显得多余。①

婚姻让夫妻结合后的性欲望得到最恰当的表达，即使婚姻没有带来生育。

教会将这些关于婚姻的不同见解综合起来，包括婚姻不是仅仅为了生育或者避免私通，而最主要的还是一种伴侣关系。教会认识到，尽管通常的婚姻是为了繁育后代，男人和女人除了婚姻中的生育责任，还有合法的性生活的利益，这种利益很恰当地被看成是夫妻伴侣在互相拯救灵魂的奋斗中不可缺少的一部分。尽管婚姻缔结后可能创造出子女，这个目的也是在男女结合中取得，它仍然是围绕着朝向神圣的目标。每一桩婚姻以及每一次性行为不一定有生育（比如，夫妻因为年龄因素不再能生育）但是仍旧以超越俗世通向上帝为目的。在堕落之前，婚姻总是被看成是亚当与夏娃的关系，因为男人不应该单独生活：婚姻为基督徒的生活带来互相的爱和扶持，将一个家庭变成了一个小教会。同样，在堕落之后，这种伴侣关系通常是一种俗世的结合并带有强烈的欲望。② 婚姻中性的力量，会给灵魂救赎带来挑战，如果夫妻不是以婚姻的神秘带领到上帝那里。

---

① 克里索斯托姆：《婚姻圣训》（Sermon on Marriage），载《婚姻与家庭生活》（On Marriage and Family Life），第 85 页。

② 金口约翰强调敦促夫妻间的结合，可源于上帝按照亚当来塑造夏娃。就像两性是分开的一样，双方有一种想要结合的驱动力，克里索斯托姆指出，爱的强烈愿望是人类最强的驱动力。"因为夫妻之间的关系是男女关系中最亲密的，如果他们按照本真理由结合在一起……真的，非常真实的，这种爱比任何专制统治都专制：因为其他的爱也会很强烈，而这种热情不但强烈，而且不会褪去。因为这种爱深深的植根于我们的自然本性中，逐步地让我们希望自己的身体与别人的紧密结合。因此，最开始女人源于男人，之后所有男人和女人都源于男人和女人。你察觉到那种亲密的结合和联系吗？上帝怎能容忍一种与此不同的自然从无到有？还有迹象说明，上帝做了多少有远见的安排。他允许男人和自己的姐妹结婚；或者不是他的姐妹，是他的女儿；也许，也不是他的女儿，但又是比他女儿更亲近的物件，甚至他自己的身体……因为没有什么比夫妻之间的爱更加牢固的联结着我们的生活。"见克里索斯托姆："布道集，20：以弗所书 v. 22"，载《尼西亚与后尼西亚教父系列第一部》（NPNF1），卷 13，第 143 页。

第五章　生育：生殖、克隆、流产和分娩

教会认识到夫妻间互相有欲望获得合理的满足是非常重要的。鉴于性要求是一种需要这个特点，夫妻在性行为中都有相对于对方的互惠的和平等的权利。"丈夫当用合宜之分待妻子，妻子待丈夫也要如此。妻子没有权柄主张自己的身子，乃在丈夫。丈夫也没有权柄主张自己的身子，乃在妻子。"（哥林多前书 7：3—4）① 正因为此，亚历山大里亚的圣·戴奥尼亚（St. Dionysius the Alexandrian），主历265）在第三教规中宣称："人们结婚后要自信，要会自己判断。从圣保罗的文章中，告诉我们夫妻间应该在准许下分开一段时间，为了专心的祷告方可，以后仍要同房。"（哥林多前书 7：5）② 传统基督教给我们提供了很多自相矛盾的东西：性的禁欲。婚姻中的禁欲，和禁食、禁酒一样，总是将其理解为努力朝向神圣不可分割的行为：享受快乐又不因自我享乐而分心，还是一心向着上帝。基督徒总是保持禁欲，即使是互相同意的性约定中的禁欲（哥林多前书 2：5）。事实上，克里索斯托姆认为这是一种基本的实践。"当禁欲或祈祷的季节时，他们甚至会和他们的妻子分开……"③ 意在为上帝的创造功业而欣喜，但并不会被这种喜悦所陶醉，在这喜悦中将获得某种极好的机会，通过这个机会超越享乐到达祂的王国，到达天堂，在那里，既不会有婚姻也不会屈从于婚姻，当然也一定没有俗世的这种方式的结合。

所有这些说明，俗世婚姻是受到祝福的，就像食物和酒非常美好一样，正如下文所述：

> 如果任何主教，祭司，或执事，或者任何过着僧侣生活的人，

---

① 对圣保罗在哥林多前书第一封信的评论中，圣约翰·克里索斯托姆强调，所有的丈夫与妻子在性问题上有一种特别的平等；"为什么保罗要提出这样的平等？尽管在其他事物上需要一种较高的权威，性的问题上纯洁和神圣最重要，丈夫不比妻子具有更多特权"。《婚姻圣训》（*Sermon on Marriage*），载《婚姻与家庭生活》（*On Marriage and Family Life*），第87—88页。

② 尼克德蒙和安格普斯（Sts. Nicodemus and Agapius）编：《神父中的圣者狄奥尼第四教规》（*The Four Canons of our Father Among the Saints Dionysius*），载《舵》（*the Rudder*），库明（D. Cummings）译（纽约：卢拉印刷1983年版），教规 III，第720页。

③ 克里索斯托姆："布道集，63：约翰福音11：30, 31"，载《尼西亚与后尼西亚教父系列第一部》（*NPNF*1）卷14，第235页。

与婚姻分离，或者和肉，和酒也分离，意欲不同于所有生物那种死亡结局，而也不再有何憎恶，他们忘记漠视所有美好的事物，并且几乎忘记上帝创造人类分为男人与女人，然后狂妄地亵渎歪曲上帝的创世伟业；如此，要么让他改弦易辙，要么将其废除逐出教会，我们将如同对待一个教外的人一样对待他们。①

从第一世纪起，教会就用斋戒（fasts）② 来谴责婚姻没有把性嵌定于通向上帝的灵魂拯救之中，另外，也谴责那些认为婚姻的性关系如同婚姻本身是不洁的观点。早期的教规反映了这种调和，即要教会强调对婚姻的祝福，特别是强调婚姻内的性行为具有圣洁的特点。(希伯来书13：4）例如，340 年甘格拉会议（The Council of Gangra）在第一条教规中宣布"如果任何人讨厌婚姻，或者憎恨或讨厌女人和她的丈夫同寝，尽管她是忠实的和虔诚的，但她将不能进入上帝的王国，让他受到诅咒"③。在第 692 条中，所有教会都谴责罗马教会不准已婚神父与他

---

① "著名的圣使徒 85 条教规"（The 85 Canons of the Holy and Renowned Apostles），见《舵》（The Rudder），教规 51，第 91 页．还可参阅康斯坦丁·伽瓦诺斯（Constantine Cavarnos）《现代正教圣徒第三卷，圣山尼哥底母》（St. Nicodemos the Hagiorite, vol. 3 of Modern Orthodox Saints），贝尔蒙特，马萨诸塞州：拜占庭和现代希腊研究协会 1994 年版。

② 他们充分禁食指不仅仅放弃某些种类的食物，有时完全禁食，以及更加狂热的祈祷，并且给予更多的施舍，但同时也回避关于婚姻的交流。一般说来，总会有一次禁食，至少到享用圣餐的晚上才能进食，如在问题五中已证实并且得到教皇亚历山大—圣提摩太（St. Timothy, St. Timothy, Pope of Alexandria）的回答（第二次普世大公会议，案例．370）："如果一妇女在夜里与其夫同房，或者，可能一男子与其妻没有同房，而是参与教堂集会，他们应该还是不应该领取圣餐？回答是：他们不应该，因为使徒明确强调：'夫妻不可彼此亏负，除非两相情愿，暂时分房，为要专心祷告方可；以后仍要同房，免得撒旦趁着你们情不自禁，引诱你们。'（哥林多前书 7：5）。见《舵》（The Rudder），第 892 页。对于这个问题，"一周该有多少时间分配给那些在婚内同房的人，因为他们放弃了领取圣餐？他们应该在哪些日子去领取呢？"圣提摩太回复："虽然我已经回答了这个问题，我将再次回答一次。使徒说，'夫妻不可彼此亏负，除非两相情愿，暂时分房，为要专心祷告方可'（哥林多前书 7：5）。然后'以后仍要同房，免得撒旦趁着你们情不自禁，引诱你们'（同上书）。但是其人必须在周六和周日放弃，因为事实上这些日子我们的心灵应该献祭给上帝。"见"提摩太的第 18 条教规"（Thw 18 Conons of Timothy），载《舵》（the Rudder），问题 13（Question XIII），第 897 页。评论中同样指出，他们控制性行为，因为"他们必须让自己准备好然后参与圣事"（同上书）。

③ "冈格拉 21 条地区会议教规"（The Twenty - One Canons of the Regional Council held in Gangra），见《舵》（The Rudder），教规 I，第 523 页。

们的妻子保持性关系。

尽管我们已经知晓罗马教会将此作为一个标准教规,即通常情况下,执事或神职人员必须庄严承诺,不再和他们的妻子发生性关系。但是,接下来,和罗马教皇的严格的古老教规和秩序一致,我们希望合法婚姻的维系者,那些神职人员更加健勇,因而我们决不禁止他们与妻子的性行为,并不剥夺他们在应有时期应该维持的性行为和伴侣关系,于是当我们发现能够授予一个人圣职去做一位副执事,或一位执事,或一位祭司,避免他在和合法妻子同居时不能够顺利接受职位。他无须在圣职受任时间要克制与其妻发生合法性行为,以免认为我们完全鄙视婚姻,它是由上帝建立的同时受到祂的祝福,如同在新约福音书中毫不含糊的证明:"既然如此,夫妻不再是两个人,乃是一体的了。所以神所配合的,人不可分开"(马太福音19:6);使徒教给我们:"婚姻,人人都当尊重,床也不可污秽"(希伯来书13:4),并且:"你有妻子缠着呢,就不要求脱离。"(哥林多前书7:27)……如果,任何人的行为与使徒的教规要求不一致,都要求遵守宗教秩序——任何祭司,我们指明的还有,或者执事,或副执事——脱离性关系并且和他的合法妻子结合,让他罢免神职。同样,如果任何祭司或执事采用有关托辞排斥他自己的妻子,我们则让教会驱逐他;如果他仍坚持这样做,就让他罢免神职。①

---

① "神圣的和全基督教的普世大公五六会议102条地区会议教规"(The One Hundred and Two Canons of the Holy and Ecumenical Quinisex(Quinisextine)Council),见《舵》(The Rudder),教规13,第305—306页。在"五六会议"上,赞同神父结婚(比如,梭罗会议the Council in Trullo 重新表达了尼西亚第一次大公会议(Nicea I)的全体教会(325)对神父职位的认定,这也是为了回应西方试图禁止神父们的婚姻和性行为的观念。回思尼西亚第一次会议,苏格拉底·司各拉斯狄迦(Socrates Scholasticus)记录如下:"看上去,主教在教会中制定一项新法规是实时的,那些已经具有神圣秩序观念的人,我指的是主教们,祭司席们,还有执事们。他们持有这样的意见,已婚但妻子仍旧是俗民的使徒,不应该和妻子同房。现在关于这个问题的讨论正在进行中,帕纳提斯(Paphnutius)已经在主教们的集会中谈到这个问题,真切恳请他们不要在神父的教会内添加这样一副沉重的枷锁:认为'婚姻本身是光荣

像这条教规所说，性行为作为相互关系和伴侣已被确立，其作用是证实夫妻在互相拯救灵魂的奋斗中互相扶持，最终他们能够克服激情并且达到神圣。

神父们知道堕落后，因为人类的生命力不再易于受到控制，生育通常是自由选择后的激情所为。人们牢牢陷入愉悦和痛苦的循环之中。① 但是，与错误的欲望相比，婚姻内的性的欲望不受到责备。

> 因此……欲望不是罪：但是当欲望成为放纵、失去理智不在法定的婚姻中发生，而且与其他男人的妻子有后代；若此，性就成为私通，它不是因为欲望发生，而是因为过度的欲望。②

尽管处女的贞洁比婚姻更受到尊重，如同神学家圣·格里高利（St. Gregaory）依然强调的，婚姻也应该受到充分的尊重：

的，婚床并不肮脏'；敦促他们在上帝面前不要因为严格的限制而损伤教会。'对于所有人，'他说，'都不能忍受严格的节欲；也许每一位妻子也不能保持纯洁'：他认为一个男人与合法妻子之间的性交是纯洁的。"苏格拉底·司各拉斯狄迦（Socrates Scholasticus）：《教会的历史》（*The Ecclesiastical History*），泽诺斯（A. C. Zenos）译，载《尼西亚与后尼西亚教父系列》第一部（*NPNF*1），卷2，第18页。苏泽曼（Sozomen）认同苏格拉底·司各拉斯狄迦的评论："但是帕纳提斯，坚守信仰的人，站出来反对这个主张；他说婚姻是光荣的、纯洁的，与自己妻子的同居是纯洁的。"苏泽蒙斯（Sozomenus）：《教会的历史》（*The Ecclesiastical History*），切斯特（Chester Hartranft）译，载《尼西亚与后尼西亚教父系列》第一部（*NPNF*1），卷2，第256页。同样见于尼克·帕翠纳克（Nicon Patrinacos）：《生育控制的东正教会》（*The Orthodox Church on Birth Control*），加伍德，新泽西州：平面艺术出版社1975年版，第21页。

① "[堕落]最直接的后果就是人们生活的物质模式改变了，欢乐和痛苦的产生就是标志。人们期望能够永恒的活着，但是通过他的世俗选择，会带给自身感官以快乐 —— 根据上帝的慈爱的告诫—— 死亡这个自然法则将给他的生活带来痛苦，这些 —— 是从神学意愿视度来理解的 —— 让他终结企图逃脱自然法则的破坏性愿望。死亡成为痛苦的巅峰。另一方面，人类依然生生息息，人类获得生命，堕落之后，又通过特殊的欲望，即性行为，这是感官达到愉悦的最好的生活实例，同样在痛苦中又带来新的生命。死亡之法则，让个人的生命走到尽头，是愉悦之法的反动，它管理着新的物质化生命。这些法则对堕落的人类设定各种束缚，他不能从中逃离，只有选择基督。"见拉尔斯·桑伯格（Lars Thunberg）《缩影与调解，忏悔者马克西姆的神学人类学》（*Microcosm and Mediator. The Theological Anthropology of Maximus the Confessor*，哥本哈根：克里鲁普，朗德和埃纳尔·蒙克加尔德，1965年版），第169页。

② 克里索斯托姆：《布道集，13，罗马书7，14A》，载《尼西亚与后尼西亚教父系列》第一部（*NPNF*1），卷11，第427—428页。

第五章　生育：生殖、克隆、流产和分娩　329

你不是与身体结婚吗？不要害怕这是不神圣的：结婚后你仍然是保有贞洁。我将为此冒险。我将促成你走入婚姻。我将你装扮为新娘。我们不认为婚姻缺乏荣光，因为我们只会是说处女更荣耀。我将仿效基督祝福，圣洁的新郎和新娘，因为他在婚庆中创造了一个奇迹，伴随着基督的出现，婚姻生活也很荣耀。我们唯让婚姻圣洁，并且不要掺进肮脏的欲望。①

遵照圣约翰·克里索斯托姆在罗马的第十三次布道，被谴责的欲望并不包括夫妻间正常的相互欲求，而是指私通的欲望。相反，婚姻里的一切都可以看成是一类微型教会一种，在其中，亚当夏娃将相互间的爱转化成他们对上帝的祈祷。

性行为：正确与错误的指导

历经千年的教会，对于性行为和生殖之间的关系存有很大争议，因为没有把夫妻间性行为置于自然化性倾向或生物目的论的自然法哲学视域之下。为了理解人类性义务，将人类道德管理基础置于堕落的自然本性之上。② 如果某人试图从亚里士多德、经院派学者甚至后达尔文主义

---

① 圣乔治·纳简贞（St. Gregory Nazianzen）：《洗礼圣训》（Oration on Holy Baptism），载《尼西亚与后尼西亚教父系列》第一部（NPNF1），卷7，第365页。

② 塞瑞德（Sherrard）尝试着不考虑人类堕落，为从自然特性中解读自然法则的不可忽视的错误提供了一个启发式的概述，"正是由于法律和人性的堕落，应该说，表达了上帝的意志，表达了上帝的快乐和旨意，人类自己也在上帝的安排之中，这一切反映了上帝处理事务的神圣计划。我们处于神学领域，这些叙事着上帝对事物的安排。根据人性的堕落，创造被认为是天然的事件，也就是说，符合上帝意愿的事件。人类的衰老和自然进程，以及他们是堕落的世界自然进程的主体，构成了制定教会道德律法的依据。人类自然生活被视作他们生活在一个被感官感觉到并能够从最初荣耀中堕落的世界中一样，就人类而言，再不会有任何人关注生命的极度不正常和不自然。目前，我们还没有确认，这是不是上帝为人类创造或筹划的，但一直是人类自己的过失带来的，是人类叛逃和毁约的结果。相对来说，对于什么是人的本质和什么构成了道德准则还没有所谓的共识。它可能存在于一个完全不同的现实秩序中，从这个世界中取得，如同人类生活在这个世界中一样，这是引发人类的错误和形成神圣法律的一种推论。"见菲利普·谢拉德（Philip Sherrard）《精神社区》（Sobornost），伦敦：圣奥尔班与圣谢尔盖团契出版 1969 年版），第 572 页。

社会生物学对人类性行为的描述中,解读人类的性道德,那么他会颇有讽刺意味地发现,从堕落之后的自然本性和亚当的罪过的结果来看,都是试图如何去接近上帝,一系列的倾向在瓦解的人性中,比目的论规则要突出:上帝的国度。基督教生命伦理学的性伦理把肉体的结合置于神秘的婚姻之中,它是通往神圣的路径,其重点是在天堂里建立了某种关系,又在天堂里恢复。纯粹生物学描述将掩盖中心目的论:上帝。

传统基督教关注的是婚姻的变体,而不是减少仅仅作为生物本能的恰适的婚内性行为。例如圣保罗告诫:"岂不知与娼妓媾和,也便是与他成为一体吗?"因为主说"两人要成为一体"(哥林多前书 6:16)。仅仅因为滥交随意地亲昵而忽略了责任,还不能说非法的性行为是邪恶的;还有对成为同一肉体的重要性的赞赏,以及对合法性行为才是婚姻的认可。在自然与非自然的行为发生的生理解释之后,丈夫和妻子之间的性行为是被认可的。有一个对肉体结合具体意义的接受,是因为为了错误地实现这种结合,在不同程度上改变了内中的关涉人。肉体结合具有本体论意义。"你们要逃避淫行。人所犯的,无论什么罪,都在身子以外。惟有行淫的,是得罪自己的身子。"(哥林多前书6:18)被误导的肉体结合从对神圣纯洁和与上帝联合的追求中,转向道德和形而上学的丧失。因为我们接近上帝要靠外在的完整性,所以我们怎样使用我们身体的行动也会从心灵上影响我们。

自然法毕竟是在我们天性内绽放的上帝爱的火花,[①]而不是我们在破碎的自然中看到的事物的生物本性。自然法不是一个客观的外部约束,而永生上帝的意志却存在于我们的良知中。正是这个自然法则,上帝与我们的本性同在,呼吁肉体的欲望只能在婚姻内完成,否则就有违自然,就违背了上帝在伊甸园通过基督建立和更新的法则。乱伦、通

---

① 圣·巴西拉:《基本规则》(*The Long Rules*),载《苦修集》(*Ascetical Works*),莫尼卡·瓦格纳(Monica Wagner)译,华盛顿特区:美国天主教大学出版社 1962 年版,回复2,第 233 页。

奸、手淫、兽交、同性恋等行为在这一丈夫和妻子的共同戒条上则遭受谴责。在话语的哲学辩词中，没有用来判断某些行为是自然的还是不自然的条款。这样散乱无章的解释不能深入问题的核心精神。非自然性行为是对亚当和夏娃之结合标准的不同程度的反动。参照传统中对婚姻的肯定，基督教有一套权威的标准，把某些性欲、冲动和性交称为不自然的、变态的和执拗任性的行为。这些都不能作为对非自然性行为、变态以及异常行为在世俗的生物学和医学意义上的评判，参照内在的健康和自我实现这些行为并没有构建相应的规范。基督教道德神学关于性行为是否正当的核心即在于上帝造人分为男人和女人，以及恢复和承认亚当和夏娃在神秘婚姻中的结合的合法性。

认为自然的性结合应该仅仅发生在丈夫和妻子之间的认识是清楚的，被特别承认，很少遭到否定或质疑。但在圣保罗之后，有些性行为，例如，同性恋关系就被认为是极不正常的。

> 因此，神任凭他们放纵可羞耻的情欲。他们的女人把顺性的用处变为逆性的用处；
> 男人也是如此，弃了女人顺性的用处，欲火攻心，彼此贪恋，就在自己身上受这妄为当得的报应。（罗马书 1：26—27）

这里更要否认与动物的结合，它同样是双倍违背自然的，不仅仅脱离了婚姻，而且完全脱离了男人和女人的结合。① 上帝的律法可以在丈夫和妻子的结合中找到，其建立在我们的自然本性上，并在《创世记》和《福音书》中被宣告。在这些方面，私通和通奸是违反自然的。在上帝创造男性和女性时，性行为是被责难的；而后，依照神的启示，示表了通过神秘的婚姻，以此来祝福丈夫和妻子的肉体结合。

---

① 这种对通奸和奸情的非自然行为的欣赏，并没有削弱特别是毁损性反常行为的观点：圣保罗和神父们，甚至全体基督教徒，都认为，同性恋行为和兽交不仅仅违背了夫妻的婚姻

结合模式,而且违背了男人与女人的正当结合。所有这些对不适当性行为的道德评估,都是在没有以哲学论据论证的前提之下制定的,这些哲学论据论证了这类特别的自然和非自然行为。"相反,'婚姻,人人都当尊重,床也不可污秽。因为苟合行淫的人神必要审判'。"(希伯来书13:4) 这来自造物主的旨意。结果,对于手淫的判罪标准,却没有特别自然法则的生物学或哲学依据。

不正当的肉体结合,伴随着阉割这样的自残行为,这一行为经常被视为谋杀,理由是他们错误地拒绝人类规范的导向性。圣·巴西拉的教规第七条中,举例:"鸡奸犯和兽交犯、谋杀犯、巫师、通奸犯和偶像崇拜者都应该承受一样的谴责。所以,不管你用哪种准则看待其他人,也应该比较其是否同样对待这些人。见《舵》,第793页。对这些罪恶事件的详细情况,圣·格里高利(St. Gregory of Nyssa)教规第四条详细陈述了教会对这些行为的态度。"为追求欲望的满足和快乐所犯的罪,可被分为如下几类:它取悦了拥有更大权力的一些人,等同于通奸。对于合法婚姻和夫妻间的关系,即合法妻子对丈夫和丈夫对妻子。一切不合法的对于任何不同身份的人,都是非法的,包括他没有自己的妻子,但与他人妻子的案件。因为上帝给予男人唯一一个助手(《创世记》2:20),和女人唯一一个大脑。因为保罗说(帖撒罗尼迦前书4:4—5)"你们中的每一个人都应该知道怎样在圣洁和贞操方面守着自己的身体",自然法则允许被正当使用,但如果每一个人都以自我为中心,那么不管怎样,他都将侵害别人,但另一个的东西无论如何不是自己的,即使它作为主人没有意识道。

因此很明显私通离通奸罪并不远,正如那些认真思考这些问题的人所表述的那样。可以再读读圣书《圣经》:"不要与其他男子的妻子太过亲密。"(箴言5:20) 然而,由于神父们向弱者所作出的某些让步,所以罪行被按照下述方式划分为几种:无论何时一个人内心充满了伤感,另一个人的欲望即使没有做出什么的特别罪行,但没有坚守,此罪过是由于这种情况,即一个人为满足自己的欲望而对其他人未做正当的事,这种罪被称为婚外性行为。但是当他们密谋并伤害了另外一个人的话,那这就称为通奸。和低等动物交配,也被认为是这类性质的行为。因为他们也是通奸或者在通奸的范围内。因为不正当的行为在于侵犯了属于其他人的东西或者与人性相违背、发生分歧,随之,已经和这类犯罪等同了。对于这个罪的一般补救法是,通过忏悔这种欲情所做出的愚蠢冲动,而让男人变得纯洁。但是因为在那些由于罪行污染了他们自己的行为中,并没有真正地认识到其非正当性,那么,被通奸玷污的灵魂回归的时间就要比其他罪行延长一倍。因为对与低等动物交配,以及在男性身上疯狂的行为已被加倍地遭受惩罚。正如我已说过的,这种情况包括一种享受被禁性欲的快乐构成的罪孽,和另一类与其他人发生不正当行为的犯罪,因为他滥用了其他男人作为妻子之丈夫的权利。见《舵》,第871—872页。

第五章　生育：生殖、克隆、流产和分娩

　　由于人类的堕落，我们所生存的世界在根源上就是破碎的，因此人类性的进化史本身就是不自然的、不正常和有害的（例如，人类历史的特性是由过失决定的），因此，私通、通奸和同性恋行为，可能在某些情况下被最大限度地包容了。① 在世俗的任何医疗条件下可能都没有理由认为，同性恋是一种疾病或残疾，或将其算作生物变异或有害的。从世界的大环境考量，同性恋、通奸、淫乱，也许在生物学角度是正常的、健康的，也就是说，从世俗的人类进化史以及重要的内在标准来理解，这些行为可能会如预期的那样，甚至被认为是正确的。② 基督教关注的焦点不是世俗生物学或医学意义上的健康和疾病，也不是什么需要治疗的世俗假设（尽管这并不排除心理和医疗的干预，可以帮助克服不正常的冲动）。③ 世俗健康和疾病的概念是建立在自由世界主义道德和价值承诺的基础上，为了达到人类适应性的目的，虽然这与传统基督教背道而驰，但正是为这些成功适应的目的，确立了世俗的健康和疾病观。参照特定的环境和适应性目标，同时确立了健康和疾病定义。④ 传统基督教徒认识到，参考伊甸园中人类生存的环境，所有适应性目标都

---

① 罗伯特·特里弗斯（Robert Trivers）：《亲子冲突》（*Parent – Offspring Conflict*），载《美国动物学家》（*American Zoologist*），1974年第14期，第259—64页。

② 在《生命伦理学基础》（纽约：牛津大学出版社1996年版）第二版第五章中我已深入讨论了这些问题。同样可见《科学争论》（*Scientific Controversies*）一书中罗纳德·拜耳（Ronald Bayer）谈及"政治，科学，以及精神病名称问题：以美国精神病学协会对同性恋的公决为例"。参见H. T. 恩格尔哈特、A. L. 卡普兰（A. L. Caplan）编辑，纽约：剑桥大学出版社1987年版，第381—400页；L. 罗伯特·斯比彻尔（Robert L. Spitzer）：《美国精神病学联合会诊断和统计手册》（第三版）（DMS—III）上关于同性恋诊断，"对同性恋问题进行重新思考和改革，同时，美国精神病学联合会已经对同性恋诊断作出修订"。第417—436页。

③ 关于应用心理学与医学方法帮助人克服非正常性冲动（这种非正常冲动不能在世俗道德范围内被充分接受，包括世俗化医学或世俗心理学观念），可参阅以下书籍以及相关资料：关于治疗对象类群审查的建议《同性引力障碍》SSAD。克里斯托弗·沃尔夫（Christopher Wolfe）：《同性恋和美国公众生活》（*Homosexuality and the American Public Life*，达拉斯，斯彭斯1999年版）。亦可参阅约翰·尼可劳西（J. Nicolosi）《关于男性同性恋的修复性治疗理论：一种新的临床治疗方法》（*Reparative Therapy of Male homosexuality：A New Clinical Approach*，新泽西州，诺斯瓦雷镇：贾森·阿伦森，1991年）和索卡利德斯（C. W. Socarides）《同性恋：精神分析疗法》（*Homosexuality：Psychoanalytic Therapy*）（第二版），新泽西州，诺斯瓦雷镇：贾森·阿伦森，1989年。

④ H. T. 恩格尔哈特：《生命伦理学基础》（第二版），纽约：牛津大学出版社1996年版。

应该是对神圣的追求。特别是，适当的性行为的重点是基督的观点，"那起初造人的，是造男造女，……既然如此，夫妻不再是两个人，乃是一体的了。所以，神配合的，人不可分开"（马太福音19：4—6）。教会承认他们的结合是圣洁的（以弗所书5：22—32）。正是由于这个原因，正如已经指出的那样，夫妻之外的任何肉体的欲望都是不自然的、乱伦的、不应得到满足的。同性恋欲望、性结合和越轨行为，明显地在根本上偏离了唯一恰当、合法的表达方式：丈夫和妻子的结合。对于传统基督教，有关背离和堕落条款都有着深刻的含义，考虑到人类生活的目标：认识到某些行为导致远离神圣。当欲望、结合和不正当行为使性感情、精力和兴趣被误导到一条背离上帝的道路上时，其必将沉沦。

自慰也曾被认为是一种错误的性方式，因为它是违背自然人性的，但其至少不包含错误的肉体结合。带有性欲交流的肉体结合有哲学上的影响："既然如此，夫妻不再是两个人，乃是一体的了。"（马可福音10：8）自慰虽然是一种错误的性行为，但并没有错误的肉体结合。因此，在圣约翰便捷宝典（canon of St. John the Faster）中有手淫者只需被逐出40天的规定，这是可以理解的，"任何犯有手淫罪的人必须苦修40天，在这40天里，他必须让自己活在严格的斋戒中，并且必须每天做100次忏悔"[①]。事实上，甚至对那些相互自慰的行为惩罚也是如此，因为它不包含非法的肉体结合，所受的惩罚也仅有80天的苦修，"两个男人之间的性交像是相互的手淫，要受80天忏悔的惩治"[②]。神父承认，虽然手淫是不正当性行为，但它并不涉及更严重的肉体交合的情欲行为。这一点也隐含在神父的话语中，"对女人也是如此，如果她们被男人随意的亲吻、抚摸，而并没有被其奸污，将会让她得到等同自慰苦修的惩罚"[③]。没有身体上交合的婚外性行为，尽管作为婚外性行

---

① "约翰真经第三十五条"（The Thirty-Five Canons of John the Faster）（主历619年），载《舵》，教规第八条，第936页。在指导原则中，斋戒指只吃没有烹饪的食物。朝圣是一种从腰部开始弯曲，让右手接触地表，或是俯卧，跪下并且前额着地的仪式。圣约翰的准则，尽管被广泛认可，却一直未被立法机构批准。

② 《舵》，教规第九条，第936页。

③ 同上书，教规第十一条，第939页。

为本身是非自然的、错误的，但其确实避免了更错误的交合。

总而言之，通奸违背自然的地方在于它需要同伴配合，而不是自身完成，通奸需要同伴，这强化了不公平性，并且邪恶地破坏了被上帝所祝福的那种结合的纯洁和神圣。与同性或者动物之间的结合，是一种完全错误的肉体结合，不仅远离了夫妻之间的结合，还远离了男女之间的结合。教会的戒规也反映了对人类性的崇拜与赞颂，没有引用那种在我们读过的、退化的纯粹生物学自然法则。相反，在圣经里有一个肯定的事实：性使得夫妻肉体相结合，其目的在于繁衍或形成一种超越激情的关系。这种对性的复杂崇拜，是在没有应用任何生物技术前提下的，它最终的婚姻形式也是来源于基督与教会的一种特殊的结合，所以，私通、通奸以及鸡奸都有盲目崇拜的性质。

肛交似乎是一个在生物导向上明显的反自然行为，圣·约翰更在第十九条教规（Canon XIX of St. John the Faster）特别指出："被任何男人毁掉的男童不能再成为神职人员；因为，虽然他年龄尚小，自己并没有犯罪，但他的管腔曾被他人租借，神圣性不复存在，因而在神圣服务方面他已不再有资格了。但是，如果接受别人在他的大腿之间射精之后，他接受了适当的苦修，那么他不应当被禁止升任入神圣教阶中。"[①] 教规认为，遭受玷污会对一个人的灵魂发生影响，而不仅限于一个哲学上的、生物性非自然行为（两种行为必须被解释为非自然的）。它也涉及那些最近于神圣的人（例如神父），他们应如何为这些有罪的行为评价的风险。[②] 在这个世界上，有一种可能无法被完全治愈的伤害。其风险在于对肉体结合道德意义本身的肯定与赞赏。同样，对于接受阴道性交和接受肛交之间的差别的认识，即使是在繁殖不可能实现的时候，阴道性交完全满足了夫妻的性欲。而肛交，却塑造了对婚内结合的不洁的反面范例，显然这会受到传统观念的谴责。一些教规被圣·阿卡普斯（Sts. Agapius, 1812）和尼古德玛斯（Nicodemus, 1749—1809）添加到了圣·约翰便捷宝典（圣·约翰四世聂斯求特斯, St. John IV Nesteutes,

---

① 《舵》，教规第十九条，第943页。
② 在此很有必要澄清，危险不仅仅只是两性的不洁性交或者仅仅是道德评价。相反，人们关注的焦点在于对即将面临的神圣挑战。这将在第六章中深入探讨。

君士坦丁牧首，主历595）中，提供了更多针对错误性行为的观点，通过对不暴露阴茎，至少不是勃起的阴茎（例如，在那个年代的那些被阉割的人和这些阉割是否彻底，包括睾丸和阴茎的切除）和对鸡奸甚至是婚姻中的肛交的惩罚。① "如果一个女人和一个性无能者生活在一起，她应忏悔三年，严格斋戒第九小时后，每天跪拜三百次，同时承受长时间的禁欲。如果一个男人，对他妻子没有性欲，他应该忏悔八年，严格斋戒第九小时后，每天跪拜（metanies）二百次。"② 一个女人与一个性无能者不正当的关系似乎是一种粗鄙的私通，尽管这是许多类似肉体关系都会具有的特点。③

错误的性活动对心灵有伤害，即使在某种意义上是非自愿的，因为激情有一种强大的力量。正是由于这个原因，像我们将会在第六章中论述的，基督徒被要求宁可坠楼自杀，也不能被性侵犯。传统的基督教认为这类罪过是"非自愿"和"无知的"④，即有些非法的性行为是"基因决定的"。所以参与其中的那些人"不是将其作为他们的生活方式"（例如，生活方式是指由强迫到通奸或从事同性恋行为），而这些行为

---

① 很明显，所谓准确定义那种因违法的与性无能者私通是存在危险的。至于肛门性交，法规也只显示存在男性之间以及男性对女性，未出现女性对男性的行为惩治条款。由于口交在古代已经众所周知，只能假定这款法规直接指向肛交。有趣的是，在关于罗马天主教的概要中，鸡奸这一词汇被定义为异性之间经由直肠进行性交（见第230章，第151页）。这并不能说明，琼斯和罗马教会认为，在嘴里射精不是一个严重的罪过。见贺伯·琼（Heribert Jone）《道德神学》（*Moral Theology*），厄尔班·阿德尔曼（Urban Adelman）译（马里兰州，威斯敏斯特：纽曼出版社1952年版）。拜尔（Payer）评论说：有证据表明，异性恋者的口交在这些早期忏悔书中没有被发现，以后的手册当中也没有这一条，除《圣加尔三方》（*Tripartite of St Gall*）中的教规，它是唯一在拉丁忏悔书中明确提及关于一对异性恋者关系如何忏悔的书籍："排放精液到女人口中的人，应做三年苦修，如果是习惯性的，他们应当苦修七年。"见彼尔·J. 拜尔（Pierre J. Payer）《性与悔悟》（*Sex and the Penitentials*，多伦多：多伦多大学出版社1984年版），第29—30页。允许婚内性行为之前的前戏问题，显然已经留给了灵性教父们。

② "约翰教规第三十五条"，载《舵》中，关于教规三十五条的评论，第952页。

③ 韦纳尔（Juvenal）提及妇女与阉人发生性关系从而避免怀孕的事件，目前尚不清楚这包括哪种性活动。参阅韦纳尔（Juvenal）《讽刺作品》（*Satires*），案例第365—378。也可以从诺曼·海姆斯（Norman Himes）的《医学避孕史》（*Medical History of contraception*，纽约：色域出版社1963年版，第93页）看到诸如此类的论述。

④ "为此，我恳求你怜悯我，宽恕我的过失，无论有意还是无意；无论语言还是行动；无论有知还是无知。"哈普古德（Hapgood）《服务册》（*Service Book*），第116—117页。

和生活方式依然是罪孽深重的：他们迷失于对神圣的追求。尽管不情愿，但它们仍然是罪恶的。即使这些行为不能被控制，但他们仍然需要忏悔。起码在潜意识里，一个人必须全心全意地悔过："我知道我无法控制自己，但是我对我的弱点哀痛并且忏悔，请求上帝的宽恕，援助我逃离我无力避免的伤害。①""如果缺乏自控力，这个人必须寻求产生尽可能少的伤害的环境。"有人甚至不得不逃到野外或去寺院来减少产生这种欲望的机会。那些寻求以极度亲密为特点的满足、抚慰和爱恋，以及经常绝望纠扰的人，必须将兴趣转移到对上帝王国的不懈追求方面。传统的基督教性道德显示：治愈和拯救那些沉沦于肉欲中不可自拔的人的路径，只存在于男人和女人的婚姻中（例如亚当和夏娃的结合），由衷地悔过和斥责所有偏离这一规则的性冲动和性行为。认识自身生活方式偏离这一准则的人的尊严，旨在于尽己所能表示衷心的忏悔。

因为关注的焦点来自上帝的力量，人对罪人的态度应该是一种爱，尽管人必须谴责他们的罪恶。也就是说，基督徒绝不能以皈依或入地狱这样粗浅的观点来评判一个罪人。爱人如己（马太福音 19：19）的戒律，要求那人也要去爱那些罪人，因为每个人都是一个需要怜悯的罪人。人必须回应给罪人圆融的爱。用任何一种其他的方式来回应，将会把另一种罪恶与自己傲慢、自大与好斥责的罪恶混合到一起。另外，除了对人的爱之外，人还应明白一个真理：罪恶是真实存在的，它只能通过悔过、苦修和上帝的恩宠来克服。因为人们应该集中注意力于表演，而不是在乎做演员，集中注意力于罪恶，而不是罪犯其人。可以说在很

---

① 在开始有序的意识中，一个人可能发现自己被强制去从事某种活动，如果这项活动是不合理的，一个人必须判定，这种强制是一种罪恶，并采取措施解除强迫，如果可能的话，去抓住所有遏制这种强迫行径的机会，以防它再度重演。对于一些信仰在第一秩序和第二秩序的意志及相关问题的一些讨论，参见哈里·法兰克福（Harrry Frankfurt）《自由的意志和人的概念》，载《哲学杂志》（Journal of Philosophy）第 68 期（1971 年），第 5—20 页；T. 洪德里奇（T. Honderich）编：《胁迫和道德责任》，载《关于自由行动的随笔》（Essays on Freedom of Action，伦敦：劳特利奇 1972 年版），第 72—85 页；法兰克福、D. 洛克（D. Locke）：《三种自由行为观念》，载《亚里士多德学会学刊》（Proceedings of the aristotelian Society）增刊，第 49 卷，第 95—125 页。对于法兰克福的观点的回顾，参见埃尔文·萨尔伯格（Irving Thalberg）《动机干扰和自由意志》，载 H. T. 恩格尔哈特、S. F. 施皮克（S. F. Spicker）编《心理健康的哲学透视》（Mental Health：Philosophical Perspectives，德雷赫特：雷德尔出版 1977 年版），第 201—220 页。

多情况下，人们更赞成要避免使用具体的术语，例如私通者、奸夫或同性恋等。至于末项，必须认识到，对于许多人来说，同性恋行为往往只是许多性激情犯罪的一种，而这些行为直接偏离了人类性行为的恰当表达方式。在人类堕落之后，在无序的人类性行为中，罪孽深重的异性恋和同性恋行为，经常会与虔诚地爱上帝和爱他人的激情毁损的自我搏斗交织在一起。称为用语的具体化（例如，提及罪人为通奸者、淫乱者等，即用他们的身份特征的一个罪恶的生活方式作为称谓他们的术语）来源于对罪人无情的审判（例如，对悔过的罪恶者无爱心的特性就来源于他们的罪恶）。然而，这种具体化当用于卑微的爱时，有时可以帮助人们注意到该种罪恶彻底歪曲了我们的生活。最后，具体化也可能建立在寻求确认他们整体罪恶方式的特殊身份的基础上。一方面，作为一种忏悔和请愿的形式，对那些曾涉身私通、通奸、兽奸或同性恋行为，并确定自己为特定的罪恶所迷惑的人来说，这可能是一种适当的和勇敢的方式。另一方面，寻求肯定某人的不道德行为和性情将是违反道德要求的。肯定通奸者、淫乱者、同性恋者等人的生活方式，相当于肯定一种罪恶的生活方式，这将是不恰当的。① 相反，我们必须用爱肯定那些在罪恶中寻求拯救所进行的斗争。

总之，传统的基督徒认为夫妻之间的肉体结合是所有性行为中的闪光点，其他的都因为是不自然的和罪恶的，并且是从对神圣的追求中转移过来的，所以被认为缺乏正当性。这些行为不属于或违背了婚姻神秘性，婚姻是经由与上帝联系在一起的教会所赋予的。人们发现，人类伦理化的婚姻关系，人类性行为设置，应符合一男一女的结合，而保障这一形式严格性在于真正的教会。当然，有些行为是要遭到批判的，因为作为一个教堂的神秘使者（这个教堂与上帝有联系），是不允许有外遇或者背叛婚姻的行为。当有人转向研究从人类性欲学中产生的生物民族学时，发现人类性行为包含以下内容：（1）男女之间的婚姻；（2）男

---

① 传统的基督教会认为强迫通奸、娈童或其他发现自己经常被基督教伦理困扰的人们是严重违反道德的，如果认可这种行为的意见通过，那么意志薄弱的人将会一再犯下特定的、畸形的不道德行为。关于平等待人权利的维护是每个人的呼声和期望，但是一旦暴露（即公开一个隐藏的罪恶生活方式），他们就会认准这个罪恶的生活方式，而不是在忏悔中表述他们的悲伤，甚或请求其他人予以祈祷和帮助。

人和女人；（3）只有在神秘的教堂中实现的真正的婚姻；（4）肯定夫妇之间的性行为；（5）婚姻中的性行为是由禁欲主义者和拯救者之间斗争所产生的，是具有积极意义的伴随物；（6）所有的性行为仅仅限于一夫一妻制中的夫妻之间发生；（7）在繁衍后代时宣泄了生理需求；（8）甚至在没有生育能力的情况下，也能体会到相互之间的亲情和寻求拯救奋斗中的友情。

亚当和夏娃的成功结合：辅助生殖

婚姻意味着富有成效的一种结合，婚礼上的祈祷一直是期望多子多福。尽管夫妻双方发现在婚姻生活中除了儿女外还有许多美好且真实的喜乐，然而繁衍和情感构成了这个组织形式确立的目的。

> 赞美你啊，我们的上帝！你是神秘和纯洁婚姻的主持人，是肉身婚姻法律的钦命大人，是永恒不灭灵魂的维护者，是美好事物的提供者。神，那大道同一的主人，在太初，你创造了男人，并使他真正成为一个男人，正如他一直如此这般，你是创造的主宰者。对男人来说，独自活在地上无以安适，你给与的，为他造一个伴侣，从他的身体中取出一根肋骨，创造了女人。就这样，亚当看到她时，他说：现在你的骨血就是我的骨血，她应该被叫做女人，因为她是从男人的身体上取出来的。因为这个原因，男人就开始离开他的双亲，也由此，他与她应融于一体，他们成为了一个合体。允许他们成为合体后，那美丽的孩童，那灵魂与肉身的美妙和谐：如同挺拔的黎巴嫩雪松，又像茂盛华美的葡萄藤蔓；只要给予他们足够的种子，就将结下丰满的谷穗……①

因为婚姻是为伴侣关系和繁衍后代而建立的，所以许多无子女的人会感到一种巨大的失落，很多人不能够接受他们自身不育的命运。

---

① 哈普古德（Hapgood）：《服务册》（*Service Book*），第295—396页。如果是一群忏悔的人祈求上帝的仁慈与宽恕或者恳求上帝原谅他们的同伙，那么事情将会不同。

由此，问题便产生：在生育问题上，何种方式的辅助在道德上没有问题？而哪些方式又是被禁止的？哪些将要承受精神上的压力？对于传统的基督徒而言，这样的问题被一切均为追求进入天国的宗教所质疑。宗教在大多情况下很少干涉婚姻内的性行为，① 并有意回避一个生物性层面并适应人类的性行为。正是这种对传统婚姻伴侣关系的赞同，从而导致婚姻的神圣和启示性。上帝是回应新生殖技术引发的所有问题的根源。数百年来，这一启示是唯一且恒定不变的，真理的指导标准同样可能嵌入教会的通用观念中，这在教会的传统中已经表明，并记录在神父们日常的教诲中。在模棱两可的情境下，医生与病人采取了背离主流传统的一些技术手段，引发了一些心灵和情感伤害。由此而引起的思考并不是要我们简单支持这些技术措施，而目的在于，需要分析这些或大或小的威胁究竟是什么？

因为婚姻关系将要被纯粹化，将成为丈夫与妻子独一无二的结合关系，传统观点认为婚姻关系之外发生性行为是不正当的。人类性行为被认为是丈夫与妻子的结合，结合是完成人类生殖的正常过程。然而性行为不是婚姻的必要条件，一些圣徒一直与他们的配偶以伴侣关系住在一起，但他们处于完全节欲的状态，虽然他们也被认为具有婚姻关系。②

---

① 有可能受到来自西方的影响力，它产生了关于婚姻性关系严格的性标准（例如，见彼尔·J. 拜耳（Pierre J. Payer）的《性别和悔罪：性守则 550—1150 的变化》（*Sex and the Penitentials*: *The Development of a Sexual Code 550—1150*，多伦多：多伦多大学出版社 1984 年版），特别是有时东正教教会的地方性法规限制和约束婚姻性关系，但他们从来都没有得到所有教会的肯定。他们更改了本地域传统，自由地接受西方的风俗。例如，伊弗·列文（Eve Levin）《东正教斯拉夫人的性与社会，900—1700 年》（*Sex and Society in the World of Orthodox Slavs*，900—1700，伊萨卡，纽约州：康奈尔大学出版社 1989 年版）。

② 早期，完全节制生活的圣人之一是喀琅施塔得的圣·约翰（St. John Krostadt, 1829—1907）。见亚历山大主教《喀琅施塔得的约翰圣徒的生活》（*The Life of Father John of Krostadt*，科林伍德，纽约：圣弗拉基米尔学院出版社 1979 年版）。虽然静默的圣徒们的婚姻不涉及性交，他们的结合，同时也不涉及儿童或其婚姻效力问题。因为他们没有纯粹的个人目的，他们把自己的生命献给了上帝。因此，他们与扎菲利斯（Zaphiris）的结论并不冲突："从我们所调查的上述材料可以看到，它应该是显而易见的，可以不把生儿育女作为婚姻的一部分，并仍然忠实于东正教的道德传统，这一观点并非不正确。"见科里索斯托莫斯·扎菲利斯（Chrysostomos Zaphiris）《避孕的道德：东正教观点》，载《基督教研究杂志》（*Journal of Ecumennical Studies*），第 11 期（1974 年），第 682 页。为他们自己和他们的婚姻提供了帮助和辩护。

两性间的缺陷和不完满不能就认为婚姻无效。① 婚姻的神圣联盟来源于教会的祝福。② 正是基于对夫妻之间的特殊结合以及在圣经、神父和一些连续的经验启示中找到的对婚内性行为的理解，从而，传统基督教对新的生殖技术和第三方介入的各种可能性，提出了自己的意见。传统基督教基于三个方面：(1)性伴侣意识；(2)生殖；(3)性欲的满足感把夫妻的结合理解为独一无二的恰当组合。因为这种独特性，可以推论，禁止第三方成为生殖的伙伴。人们可能不会允许第三方进入丈夫和妻子结合的生殖过程。因此，例如，借助供精者或供卵者人工授精，在这个意义上，即是通奸。其重要意义体现在：第三方将被带入随生育带来的丈夫和妻子间独特而神圣、缺一不可的亲密关系中。提供配子的人将成为这一婚生子女的生父或生母。因为婚姻是肉体的结合，这种生物学问题确实非常重要。

另外，没有理由谴责第三者的干预：(1)父母，或(2)性活动的参与者。在性活动中，妻子的卵子在输卵管内受精，并没有违背夫妻通过性结合成为一体并繁殖后代的程序。这一措施，只是生殖前、性交前的干预。用丈夫的精子进行人工授精也不涉及通奸：没有第三方作为父母或性伴侣掺入其内。也就是说，没有任何第三方通过捐赠配子或代孕成为生物或遗传学上的父亲或母亲。也没有任何第三方参与性活动。所以，夫精人工授精仍集中于将生殖行为与夫妻肉体结合分离的各种风险中。

夫精人工授精存在一系列的心理上的困难，其程度可能会有所不同。如在收集精液时，丈夫由于先天缺陷尿道下裂。③ 在这种情况下，

---

① 即使没有在性生活中达到高潮，也并不能成为离婚的依据，但是那样的婚姻的确很难维持。在婚前性生活时男性出现阳痿，并且在婚后的两年中持续阳痿，这可以作为离婚的依据。见埃瑟纳哥拉斯·库金纳吉斯（Athenagoras Kokkinakis）《家长和神父作为仆人的救赎》（*Parents and Priests as Servants of Redemption*，纽约：豪斯戈勒姆 1958 年版），第 54 页。

② 这样的婚姻能够维持，只不过是教会的恩典，并非夫妻双方的本意。见埃瑟纳拉斯·库金纳吉斯（Athenagoras Kokkinakis）《家长和神父作为仆人的救赎》（*Parents and Priests as Servants of Redemption*，纽约：豪斯戈勒姆 1958 年版），第 38—39 页。另可参阅约翰·梅恩多尔夫（John Meyendorff）《婚姻：东正教透视》（*Marriage：An Orthodox Perspective*，Crestwood，纽约：圣弗拉基米尔学院出版社 1984 年版）。

③ 尿道下裂是胚胎期男性尿道发育的一种缺陷，它通常可以通过整形外科手术来补救，延伸到阴茎末端以便其可以在阴道内射精。

丈夫可能不能把他的精子注入他妻子的阴道内（即使在此过程中使用了增强性能力的工具，例如土耳其巴斯特（turkey baster））：夫妻间肉体的结合没有破裂，婚姻行为的亲密关系也没有受到侵犯。在它被丈夫放在妻子阴道之前，用实验的方法浓缩丈夫的精子是被允许的。在这种情况下，最好的方式是在性交的时候使用特殊的避孕套（一种不会对精子产生毒副作用的避孕套），从丈夫那里收集精子，然后使妻子受孕。再者，在这种情况下，第三个人不会成为夫妻联盟中生殖或性活动的参与者。当今世上最棘手的问题就是必须丈夫在自我刺激下产生精子，以便有医师来使其妻子受孕。婚姻最基本的元素是肉体的结合，在此基础上生儿育女。教会的戒规把自慰与私通做了区别，同时也表明了肉体婚姻的特殊性质：人类肉欲的真正交合，还有更重要的是生育孩子。越加注重生殖行为带入婚姻亲密行为中，就会越加发现夫妻之间内体结合的这些特点。想到这一点，就会感到一个人早已进入了道德瓦解的竞技场，在此，只有将一切拯救都寄希望于祈祷和上帝的恩惠，这常常会使人遭受心灵伤害。本书将继续探究这种心灵伤害问题，并不是赞同这些选择，而是要警戒世人，究竟这些特殊危险在何处。

通过物理方法从精囊中移出精子进行人工授精，仍没有解决夫精人工授精的道德困惑。生殖是夫妻间亲密行为的产物，实际上，这会涉及对以繁衍为目的的肉体亲密性行为的彻底歪曲。金口圣·约翰·克里索斯托姆称赞道，精子虽然不是直接受卵子召唤而来，但授精仍是完整的婚姻中令人快慰的亲昵行为。① 圣·约翰描述的肉体结合涉及夫妻之间个人的亲密行为，男人因对妻子的欲望而被兴奋起来，而她愉快地接受了他的精子并在体内培养他们的子女，所有这一切的基点，都是在对神的热爱之下进行的。必须让人认识到，在所有人类行为中，肉体和灵魂一定要通力合作，这是非常重要的。在此，性行为与生殖尤其如此。传统的基督教教义认为灵魂和肉体的分离是不正常的，特别是性行为和生殖问题上。它赞同以下观点，即否认身体和灵魂高度统一就是对人类生活的扭曲。基督教结婚仪式的程序，使视觉、嗅觉、味觉、触觉、运动的感觉结合在一起，共同倾听身体、灵魂以及对上帝崇拜心灵的交响

---

① 圣金口·约翰：《宣道12：歌罗西书4：12，13》。

第五章 生育：生殖、克隆、流产和分娩

乐。它的要素不应当是严酷的、分离的，否则他们的结合将被否定或者扭曲。

肉体的完全结合、婚内性行为，还包括相互身体的反应：丈夫被激起的性欲，妻子愉快的接纳，而后她对他们孩子的抚育。依据上帝的指示，夫妻相互之间和他们对孩子的爱的亲昵行为，解释了婚姻结合的合理性。性和生殖涉及这种相互关系，应该尽可能维持。甚至在模棱两可的情况下，当夫妇努力寻求有自己的孩子。为了使我们不堕落得太深，使我们安全地到达神之国的路不要太远，无论什么时候，尽可能应该避免破坏对婚姻的承诺。我们破坏人类秩序的案例往往遭遇十分悲惨的情境，比如，因当丈夫截瘫，妻子采用技术支持，以刺激其丈夫产生精液，使她受孕，夫妻不过是为了繁殖后代。这种承诺并不理想，必须尽可能保持婚姻肉体的亲密，不能因为这种要求，使之成为这个世界瓦解的特征。在我们堕落的世界对繁殖成功的追求，往往需要制御强烈的生殖愿望，使之既能够维持并填补婚姻的不足，也不至于危害并出现偏差。

妻子唤起丈夫或丈夫唤起妻子对自己亲密的激情，妻子接纳了她丈夫的精液，在她自己的子宫内培育他们的孩子，表明一个丈夫和妻子的肉体成为一体：超越这种结合方式人们就远远偏离了。除妻子之外没有人可以刺激丈夫，否则便是通奸。除了丈夫之外没有人可以把精液注入某人的妻子，尤其是丈夫之外他人的精液而不作为通奸。没有掺杂其他成分于婚姻的亲密性，没有不正当介绍第三方介入他们的亲密联盟，除妻子之外亦不得在他人的子宫内为丈夫培育一个孩子，夫妻间这种联盟不仅引起亲密肉体的共鸣而且生殖出肉体交合共鸣的成果。所有这些方式都使婚姻亲密性的重要性得以体现。这种考虑至少是，将妻子作为唯一刺激丈夫性欲的人，而丈夫总是和妻子性交并给妻子授精的人。当然，最理想的还是要相信上帝和祈祷、斋戒，并谦恭地寻找上帝奇迹般的帮助，不参与任何可能破坏婚姻亲密性和神圣性的活动。①

---

① 传统上，人们治疗不育症主要依靠对神的信仰，希望神能够让他们的生殖能力恢复。罗马教廷和大修道院保存着曾经包裹上帝遗体的绷带。在人们看来，神的绷带掌管着特殊的力量（special fasting），同时人们渴望通过这些绷带的神力生育子女。

由于结婚的首要原因是繁衍后代,① 对于许多以生育的名义进行的性行为,由于缺乏这一特点,可以比较容易地重新评价,他们可以对上帝忏悔,或者至少对自己存在精神上的缺陷真诚地悔过。至少,我们必须避免赞同令人遗憾的例外规范,也就是说,人们必须意识到某种表现方式有可能使自己卷入罪恶,即使是以流行的方式。人们必须承认,他的行为缺乏这种特性。这个认识,必须和哀恸联系起来,才能使一个人心向上帝。最后,在所有情况下,为了保护丈夫和妻子结合成一体,应该有某些非常重要的限制。特别是,第三方辅助生殖应不涉及:(1)婚姻以外的配子;(2)通过外部刺激来产生精子而不是通过性交或由妻子来刺激产生精子;(3)丈夫之外的另一方把丈夫的精子植入妻子体内;(4)除妻子之外的其他人孕育后代。如果丈夫和妻子在互相尊敬下维持着性行为,在这种情况下,至少要回避第三方直接进入生殖行为。此时,传统的基督教医护人员可以参与,尽管他们应该强烈建议夫妇有关生育的要求和努力,应追求精神上的指导,以避免在对上帝王国的追求的过程中分心,同时也不会导致他们遭受巨大的精神伤害。② 卫生专业人员应自行寻求指导。关键不应是简单遵守特定规则或避免不适当的行为。应该注意的是把生殖的任何企图都完全集中于对天国的虔敬的追求中。企图解决不育的努力不仅花费时间而且耗费精力。它可能成为分散丈夫和妻子亲密关系和伙伴关系的受难曲,也可能成为自身救赎搏斗的羁绊。重要的是,生物技术和第三方援助,不能转变上帝指导的婚姻的宗旨。

总结所有不同的规定条款,第三方辅助生殖必须:(1)致力于一个神圣的使命;(2)不涉及父母双方之外的第三方;(3)为生殖的目的,不可过多替代丈夫和妻子亲密关系;(4)不可替代妻子身体培育他们的后代;(5)不得在存有重大死亡风险的情况下孕育后代,这些是我们将面对的。各种形式的体外受精和胚胎转移,以及其他第三方辅助的生殖方式,必须首先根据以上这些条款进行判断。在本章中,在妇

---

① 男人和女人被创造后,最先提到的是:"要生养众多,遍满地面。"(创世记 1:28)
② 当夫精人工授精需要丈夫自我刺激时,他可能会因为破坏自己承担角色的承诺,而接受传统对自慰行为逐出教会40天的惩罚。

女的子宫外形成的受精卵需要具有特别的要件，必须注意以下内容：（1）实验室和第三方辅助生殖者通过技术的强制手段，在何种程度上改变了夫妻间的生殖行为，使他们的内心远离上帝，而是倾向于他们自己和人类的力量；（2）是否这种参与改变了丈夫和妻子的亲密关系和友谊，使他们通过消解激情来得到一个子女；（3）是否使用了来自这对已婚夫妇之外的精子和/或卵子；（4）是否所使用的丈夫精子来源于夫妻间的性行为；（5）是否所有育成的受精卵全部而且只能植于妻子体内。

因为体外授精受孕发生在妻子体外，有一个重要的精神上的毁损：婚姻之床已被破坏，但也许不是非常严重的；生殖和性功能已经分开；这种分离是因十分明显的干预措施，如局部切开消融卵子的透明带夹层，把从丈夫那里获得的精子放在妻子体内，以便使卵子成为受精卵。

这种技术和第三方介入生殖不能等同于通奸，因为要出生的后代是那对已婚夫妇的亲生骨肉。此外，丈夫的精液可以通过他们爱的亲密关系得到保障。而且，引进丈夫的精液可以使妻子不受丈夫之外其他人的侵入。在这个重要意义上，生殖仍被维系在婚姻之内，婚姻内的性行为仍然与生殖联系在一起，还是发生在婚姻温床内（例如，在性交时可以使用一种特殊的阴茎套来收集精液）。唯一不同的是这个过程发生在妻子的身体外。因此，这种体外授精方式应允许孩子出生，孩子依然是夫妻身体的成果。对传统意义上统一的生殖和性欲发生分离显然是不理想的，这种生殖缺乏前述的传统特性，应该意识到并深切地予以惋惜，正如如果某人为了挽救别人的生命直接且有意说谎，那人是值得惋惜的。① 然而，对基督徒夫妇或医护人员来说，体外授精并不是一个完全没有充分理由和一律禁止参与的技术项目，因为它没有严重违反婚姻作为一个独特的生殖和肉体完整的结合。

体外授精最明显的道德问题是"超额生产"的受精卵和早期胚胎，正面临被冻结和/或丢弃的风险。为了进一步理解这种生殖技术畸变的严重性，首先必须考虑如何看待这些受精卵和早期胚胎的道德地位。我

---

① 正如上文注释提到的，加沙的多罗塞奥斯（Dorotheos of Gaza）忠告中，直接提及以救人为借口的谎言，包括认真惋惜某人的堕落。一般此时需要一位心灵教父的指导。

们必须认识到，在普通的自然繁殖中大量的受精卵是不会被移植的。正如在这么多年中所显示的那样，这个数字即使不高于但它也不会低于50%。① 圣·巴西拉（St. Basil）祷文说过，人不是怀孕出生的，而是从他母亲子宫内出生的。"上帝啊，唯有你知道每个人的年龄和名字，甚至从他母亲的子宫内你就已经知道每个人了。"② 每个人是被恰适的命运安排的。受精卵或早期胚胎在进入子宫之前或者进入子宫后是什么样子的？在这个阶段，由于大量损失受精卵及早期胚胎，人类生物学生命是否无可避免地会导致人的生命产生？正如圣·巴西拉的观点：

> 谁杀死了一个不完善和未成形的胚胎，这个人就是杀人犯，因为这个胚胎尽管当时还是不完整的，但其注定今后完善，根据自然法，那是不可缺少的程序。③

一方面，人必须细微地遵循圣·巴西拉禁令，不能扰乱头发就如同不能扰乱人的灵魂。④ 然而，另一方面，虽然关于不能"超量注入"受精卵及早期胚胎是严重的道德问题，但还不能将其完全等同于人工流产，特别是在没有直接暴力针对这些受精卵及早期胚胎时。事实上，人们已经因技术进步打破人类生物学秩序，而卷入了尖锐冲突的伦理问题中。

代孕母亲的使用将涉及这样的严重侵犯。在代孕母亲由丈夫精子授精的案例中，存在生殖性通奸（reproductive adultery）的现象。丈夫繁

---

① 亚瑟·赫尔提格（Arthur Hertig）在1967年统计，即使不到50%也至少有28%的受孕者在早期私自进行流产。见《人绒毛膜滋养层：正常和反常》（Human Trophoblast: Normal and Abnormal），载《美国临床病理学杂志》（American Journal of Clinical Pathology），第47期（1967年3月），第249—268页。这些调查结果是约翰·D. 比格斯（John D. Biggers）进行的，请见《人类生命的代代循环》（Generation of the Human Life Cycle），载 W. B. 邦德松（W. B. Bondeson）等编《堕胎与胎儿地位》（Abortion and the Status of the fetus，德雷赫特：雷德1983年版），第31—53页。
② 哈普古德（Hapgood）：《服务簿》，第109页。
③ 《舵》，第789页注释。
④ 圣·巴西拉主教（St. Basil the Great）：信函第188。

衍后代已经超出了丈夫与妻子结合生育的界限。他使他妻子以外的女人为他生育孩子。代理母亲是一个妊娠代理，丈夫的精子和妻子的卵子结合形成受精卵，然后把它移植到另一个女人的体内，使她没有通过婚姻而得到母亲的身份。因为上帝所创造的人类是男人和女人，不可以通过技术的干预来改变人类的基础特性，无论是外在的差异性还是天生的差异性，因为他们是作为父母并且通过婚姻而实现身体结合。尤其是，人们无法通过为一对夫妻找代孕母亲，或是用怀孕完全替代母亲，这样实际上就把关注点转移到生育后代方面，这是无疑问的。在婚姻中融为一体的男女，作为一对夫妻，就应该重视生育。所有促进生育的干预措施不仅要保持生育的忠诚性（如：没有用捐献的精子或卵细胞）和肉体上对婚姻的忠诚（例如，丈夫的精液应该来自夫妻双方的性行为）。正如圣约翰·克里索斯托姆的观点，妻子怀孕使得婚姻双方的亲密程度更完整。"所以在理论上也是这样的，女人接受最快乐的东西，融合它、滋养它，并做出自己的贡献，最后归还给男人。"① 一个特别的现身表达，在道德上应被大家所公认，即子女之父的妻子应该完完全全是子女的母亲，她应该在她自己的子宫内培育后代。母亲不应被排除在婚姻之外。为某个男人怀孕的女人如果不是这个男子之妻，那这个女人就不应该参与到这一行动事件中来。

维系丈夫和妻子的生殖行为，不必完全排斥性和妊娠结合之目的：（1）在妻子的子宫外形成受精卵，以使夫妇可能有一子嗣（体外受精）；（2）在子宫外形成受精卵或早期胚胎是用于基因治疗目的；（3）或者如果有早产倾向者将胎儿移植到人造子宫，如果这种技术在未来成为现实的话。如上所述，体外受精和胚胎转移确实涉及性因素的分解，通过损害和破坏婚姻的生殖性亲密关系的完整性，使之缺失了这一特性：受精过程发生在妻子身体之外。但是，这并不能使生育子嗣的这对夫妻中的"妻子"不孕育子女。有些夫妻可以利用这些手段在没有巨大的精神伤害下获得后代，特别是如果他们对所做过的表示真心的哀恸。尤其是在第二种情况下，为了基因治疗而培育的试管婴儿，可以得

---

① 克里索斯托姆：《宣道12：歌罗西书5：12，13》，载《尼西亚与后尼西亚教父系列》第一部（*NPNF*1），第13卷，第319页。

到一个类似的答案。这将涉及对生殖秩序的扭曲，但在儿童健康的名义下进行就不会超越关于婚姻和妊娠完整性的非常重要的界限。当然，在理论上这对夫妻可能会生育一个不太健康的孩子，但这对父母可能会热切地承诺尽可能地抚养自己的子女，但同时在使用生殖技术来保护儿童健康方面会很悲哀，而且并无过多喜悦。第三种情况，过早将一个胎儿转移到人造子宫，限制母亲参与维护她自己孩子的生命，但不是完全使她不能参与其中。但是，必须强调的是，为了避免（1）过分破坏人类生殖亲密性；（2）为避免早期人类生命的伤害行为，夫妻不应该产生更多的、比一次植入妇女的子宫内过量的受精卵。此外，为了避免进一步的伤害（例如，丢弃多余胚胎或在其丈夫死去后将胚胎植入妻子体内），产生过量的胚胎，这对夫妇便应该有责任让其在第一时间内尽快植入妻子体内，以免造成堕胎的罪过，这在表面上，可能存在每年都生育子女的义务，或是存在所有的胚胎都有机会诞生的合理性。

冒着破坏婚内完整性怀孕的风险，不只是为遵守客观自然法的戒律，而是对上帝的神圣道德定位和精神取向，上帝要求紧密结合生育与婚姻的亲密联盟。为了更好地维护婚姻联盟以及生育子女，如果发生任何对这种亲密关系的局部破坏，只能通过祷告、忏悔、认罪以及属灵指导来弥补。这一标准必须是维系合一性的生殖程序，并体现在夫妇双方的相爱之中和他们对子女的爱，以及他们对神的爱。人类婚姻、生育的变身行为，确立了一种情境，这一情境提供了亲密、团结和柔情。通过了人类转型变身这个环节，这种亲密关系的成果提出了养育问题。人不应该仅仅因为个人自由以及诱惑而放弃母乳喂养或乳母的角色责任，这样就等于在没有正当理由的情况下剥夺了孩子和他母亲特别亲密的关系。单纯地为了个人自由和诱惑背离了传统基督教禁欲主义精神：放弃并远离上帝和其他人无私的爱。虽然因健康之需或在不可避免的条件下或者遭遇几乎不可避免的情境下（虽然母乳喂养可能使子女处在感染疾病的风险中），不得不同意人工喂养与母乳喂养，但还要尽可能不破坏通过喂养儿女而建立起来的母子间亲昵关系。这些问题中，也包括强烈反对让一位未婚妇女使用性激素而成为乳母。

现在的问题是，必须特别谨慎对待女性为挽救胚胎而做的慈善护助。可以想象，在一个被科学技术虚设的情境下，一个胚胎和胎儿不再能被其母亲保护（例如，因为母亲亡故死），但如果植入另一女人子宫内，便可以被挽救。如果为了挽救孩子的生命我们这样去做，那么，这可能会被看作为，一位乳母去挽救婴儿生命的极端案例。然而，婚外发生怀孕背离了丈夫与妻子的结合，即亚当和夏娃的结合，而这种结合是唯一合于人类繁殖后代的规范秩序。① 即使出于最佳的动机，以这样的技术手段，一旦成为一名怀孕的母亲，这个女人就超出了丈夫与妻子的结合生育的程序。代孕母亲，即使是为了救一个尚未出生的后代，也将会导致一个完整婚姻生育模式的毁坏。虽然接受受精卵代孕可能被解释成是拯救早期生命，但人们必须避免不道德行为，即使这些将挽救他人的生命。这个问题因受精卵在母亲的子宫之前或已在子宫之内时生命意义的模糊性（是否算作生命）而变得进一步混乱。因为，正如我们将会看到的，宗教法规禁止杀戮、驱逐或毒害早期人类生命，杀死一个受精卵将被视为堕胎。这种杀戮的直接性会涉及人的精神损害。然而即使不是"大多数"的话，也有许多受精卵在生育的自然过程中流失，"挽救"这种生命（指受精卵）的行动，不能与挽救母亲子宫内孩子的行动相提并论。这种一再出现并重复的冲突，我将在第六章中进一步讨论，进一步对反对那些试图"拯救"受精卵和早期胚胎以深刻思考，因为这种挽救行动将涉及如何避免婚姻生育过程中的精神伤害。

这些意见主要是，强烈反对试管婴儿诊所丢弃剩余的受精卵。对于一对急需进行受精卵培植的夫妇来说，关键并不是能否拯救试管中"孕育"的受精卵，而是由于某些不可预见的原因，受精卵不能植入妻子体中（比如她的死亡）。但是，如果胎儿处于宫外培育阶段，上述情况不一定等同于将胎儿从其母亲（习惯性流产的孕妇）的子宫移入到另一个女性子宫中。此外，临床上试图挽救试管受精卵，增加了许多夫妻制造的更多不能植入的受精卵，造成了没有植入受精卵的堆积。这个行为直接威胁了人类早期生命。虽然挽救没有移植的胚胎，表面上是慈善的，但这种挽救，涉及一位本不应在第一时间如此情况下怀孕的母

---

① 圣母玛利亚的生育方式很特殊，她应上帝之召叫，比亚伯拉罕更加全心全意。接下来发生的圣事，即使现在也超出常人想象，亚当和夏娃的关系被约瑟的未婚妻继承，她非婚生育了上帝之子基督耶稣。

亲：生产的受精卵数量远远超出了可被立即移植的受精卵数量，传统的基督徒谴责所有直接伤害未出世婴儿的行为，这一点在本章关于堕胎的这一部分已经做过说明。此外，代孕使阙如生殖本质特征的生殖形式进一步程序化。如前所述，所有人工授精的案例都阙如生殖的本质特征，即使当受精卵的数目没有超过需要移植的数量，仍然割裂了性行为与生殖的合一性。由于夫妻之间的亲密关系是生育的根由，一切辅助生殖技术都必然会危及或切断这种亲密关系，并由此就消解了性和生殖之间连接的本质特征。夫妻的亲密结合是被婚姻的神秘力量所祝福，对这种亲密关系的祝福，提供了反对人工授精的理由，正如前面已经讨论的。同时为反对产生超过所需受精卵数量提供了更强有力的理由：储存受精卵永远不应成为辅助生殖技术的一各环节。不仅是因为这个过程威胁了人类早期生命，而且移植也是不可能允许的。为未来移植所储存的受精卵也完全造成了生殖和性行为的分离。人们能够接受这种不分离或接受很少分离的行为。在分离的时候，他们是如此的弱小，以至于我们应该怀着真诚和悲悯的心予以哀悼；而即使是善意地把别人的受精卵或胚胎提供给代孕母亲，这只能使事情变得更加糟糕。

　　基于婚姻的性亲密关系与对生育完整性的类似考量也显得十分重要，应坚决反对使用已故配偶的配子。由于癌症化疗等干扰因素，为了保护胎儿免受治疗给子宫可能造成的直接伤害或配偶治疗的后遗症，生育不得不推迟到治疗完成。在这种情况下的夫妻，为了以后能有子嗣，可能会希望保存丈夫或妻子的未受化疗或射线影响的精子或卵子（即治疗前），利用事先储备的配子在未来生育，将生殖与性亲密关系割裂开来，这缺乏人类正当的性行为与生殖所应有的特性。但它并不涉及丧偶后生育或者与非配偶生育这样严重的错误。当配偶亡故后，其与其配偶就不再有性行为了，因为死亡结束了肉体的结合（马太福音 22：29—32）。而配偶亡后配子的使用，却牵涉由于死亡而被彻底终结的夫妻性生活之外的生育行为。意味着夫妻性行为的永远终结。传统的基督教主张婚姻的持久性，即使是丧偶后，寡妇鳏夫的再婚就已经失去这一持久性标志。① 然而，承认此类的婚姻，② 教会认为，如果一旦丧偶，先前婚姻中的性生活就此结束。配偶亡后，性行为与生殖连接已中断，所以生殖活动理应终止。储存受精卵也应当避免，因为可能导致丈夫死后，妻子却在其死后的数月或数年后怀孕，这可以推定，将生殖与婚姻亲密行为从根本上割裂。然而，尽管存在道德损害，母亲挽救受精卵的行为还是允许的。在这样的情况下，一是在道德上应该尽量避免造成伤害，并决定采取相应决策或尽可能不要背负道德上的过失。

最后，试图人兽杂交以获得配子，这绝对可说是十恶不赦。试图通过基因工程来产生人兽杂交生物这也是一种罪恶。这些都是通过技术来实现人兽杂交的特殊形式。即使实验目的仅仅是研究早期生殖过程或获得杂交胚胎干细胞用于治疗和实验，也是罪过。然而，将人类某些特殊的基因与非人类进行杂交（例如，为了通过基因工程生产人胰岛素），不是为了改变生物体的本质特征，只是为了有效地产生一种特殊的激素或其他产物（例如，供移植用的排异性较小的器官），不是故意要创造出一种人兽杂交器官。关键不在于新的生物体的完整性，而在于与生物

---

① 约翰·麦恩多尔夫（John Meyendorff）：《婚姻：东正教透视》（科林伍德，纽约：圣弗拉基米尔学院出版社 1984 年版），第 18—24 页。

② 对于再婚以及重婚等许多问题的探索，可见埃瑟纳哥拉斯·库金纳吉斯（Athenagoras Kokkinakis）《家长和神父作为仆人的救赎》（*Parents and Priests as Servants of Redemption*，纽约：豪斯戈勒姆 1958 年版），特别是参阅第 10 章 "道德和肉体的死亡破坏了婚姻关系"。

最理想的夫妻结合形式是一夫一妻制。因此，即使在配偶死亡之后再婚也是一种堕落。例如可见于新凯撒利亚理事会（Council of Neocaesarea）的第十二条教规（315 年发布）："一个再婚者的困境是要求有一个严格的忏悔。"《舵》，第 312 页。另外可见于圣尼斯福鲁斯（St. Nicephorus）教规 II，见《舵》第 963 页。正如金口圣·约翰强调的那样，二婚本身不应该被禁止，"因为结合本身没有错误，而是掺入了太多关注"。金口圣·约翰：《宣道 7：提摩太 3：1—7》，载《尼西亚与后尼西亚教父系列》第一部（*NPNF*1），第 13 卷，第 503 页。再婚的男人不应该成为神父或者主教，金口圣约翰认为重婚背叛了对第一个配偶的记忆与联盟，"因为他对离开的她，没有保留丝毫记忆，他怎么可以成为一个好的表率？"《宣道 2：提多书》《尼西亚与后尼西亚教父系列》第一部（*NPNF*1），第 13 卷，第 524 页。因为有第一次婚姻持续的真正的感觉，因此再结婚的那些人被称为再婚者和三次重婚者。事实上，在离婚之后，如果一个人与第二位配偶或第三位配偶又离婚了，他极有可能会回到以前的配偶身边。如果一个人没有再婚，那么，以前的婚姻是可以恢复的。在 "离婚者婚姻重建事务所" 里的神父祈祷道："上帝的仆人，男和女，如果有人准备再次结合，希望上帝能同意他们过一种并不屈辱的生活，和让他们处于无罪的状态，让我们向上帝祈祷吧！" 见大卫·F. 阿布拉姆特索夫（David F. Abramtsov）《圣礼服务举要》（*An Abridged Evchologion*，费城：东仪天主教文学学会 1954 年版），第 106 页。

体生命自身至关重要的特性或系列特性。各种大肠杆菌产生人工胰岛素，但并不改变细菌作为一个特定的生物体的特性。如果人可以用黑猩猩或猪来培育人类对其排异性较小的用于移植的器官，情况也是一样的。然而，如果基因改变不仅仅是移除那些特异的负性抗原（bothersome antigens），而不是全部的，特别是如果改变动物的中枢神经或者包括人类配子，那么人们会通过人兽杂交这种完全的罪恶行径来创造一个全新生物体。

还有一些可以预测的风险是很重要的，类似从人体提取基因材料并置入动物细胞内这类技术。我们的未来，将会因为制造人类基因并植入动物细胞内引发更为广泛的问题。关键在于，尚无人可以通过人类生殖过程培育出一个类人的动物。仅是可以利用人类基因使动物增加一种新的能力，只要不至于制造一种新型的、部分类似人类的动物；也就是说，关键意义上，仅限于试图增强自我意识，产生类人的智力，或者甚至能够显现人类的行为举止。人类给予自我意识的、理性的无穷力量，表明生物的存在而产生诸如此类的人，但这一切只能在合法的神秘婚姻中发生。只有在此秩序内，生育才可能存在。在其他所有情况下，试图生殖、生育或形成人类生命都是不合法的，并应被铭刻罪恶的标志。因此，尤其不能允许创造人兽有机体，人类元素标志着有机体的完整性。在大多数情况下，这一界限很模糊，最好是得到那些圣长老们的指教，他们对事物的本质尤其对关于动物的有关问题独具慧眼。

克隆、制造胚胎与胚胎利用

人类的克隆，可以允许只依靠单独一个人来生殖，这就有至少三条违背了建立在夫妻婚姻结合的基础上进行生殖的主要标准。① 第一，人类的克隆涉及夫妻双方肉体结合之外的生殖，生殖将与夫妻之间符合通常标准的肉欲性结合无关。可再一次引用圣约翰·克里索斯托姆

---

① 一个世俗的关于克隆的观点作为对照，参见马萨·纳斯保姆（Martha Nussbaum）和卡斯·桑斯坦（Cass Sunstein）编《克隆与克隆人》（Clones and Clones）（纽约：诺顿1998年版）。

（St. John Chrysostom）的话："一个女人可以说得到了和快乐融合在一起的最富有的东西，应该拥有它，珍惜它，此外要为它贡献出自己的力量。"① 在圣经中（《创世记》1：27—28，《创世记》2：24，《马太福音》19：5，《马可福音》10：2—8），被上帝祝福的人类种族的生殖是丈夫与妻子之间有性欲的肉体结合。第二，克隆是一种无性生殖，它与夫妻生殖过程中产生的遗传物质的结合没有关联。这种异常不能够通过配偶一方为克隆提供细胞核，而以另一方提供细胞的其余部分而得以补救。此人将不会是具有性欲的生殖，即使提供细胞的配偶可以提供线粒体DNA。第三，夫妻不应该独自进行生殖。圣约翰·克里索斯托姆在他的关于《以弗所书》（Ephesians）的评论中指出："他也不能够使妻子离开男人进行生育；而如果情况是这样的话，她就能够自给自足了。"② 进行无性生殖，即不依靠夫妻之间的肉体结合，而是寻求一种不受造物主意志决定的生殖上的自给自足。在任何情境下，性行为和生殖过程中，丈夫和妻子都是相互配合，如同不可缺少的助手。因为男人和女人并不是寻求相互之间的独立来进行生殖，一位未婚女人的人工授精、完全的试管妊娠和发育，或者人类克隆技术的使用，都被视为一种特殊的错误。

在日益发展的技术中，必须把（1）超出一个女人和一个男人结合方式之外的生殖（例如前述的把一个捐献者的卵细胞核移入妻子没有细胞核的卵子内），和（2）只是相当于把捐献者卵子的细胞质植入妻子的卵子内的那种干预技术区分开来。在移植或大范围手术的那种干预技术，与相当于制造婴儿的那些干预技术二者之间，存在一条困难的界限。这个问题正如制造人工染色体一样变得非常重要，人们可以用制造的，并能够最大程度上等同于父母的染色体来取代父母的染色体，其中除去有缺陷的部分，或者导入一些必要的或预期进行强化。可以想象，

---

① 克里索斯托姆（Chrysostom）：《布道集，12：歌罗西书5：12—13》，载《尼西亚与后尼西亚教父系列》第一部（NPNF1），第13卷，第319页。

② 圣约翰·克里索斯托姆：《布道集，20：以弗所书5：22—23》，载《婚姻与家庭生活》，第44页。"男人不是由女人而出，女人乃是由男人而出……然而照主的安排，女也不是无男，男也不是无女。因为女人原是由男人而出，男人也是由女人而出。但万有都是出乎神。"（《哥林多前书》11：8，11—12）

通过手术从妻子体内取出一个卵子（例如引进这样结构的染色体或线粒体），可以通过正常的性交植入她的子宫内受精。只要配子属于那些已婚夫妇留下某种治疗性的或经过微小规模的加强性改变，这种依赖自己本身的干预行为并不能说是不妥当的。然而，这种对生殖本质方面的技术变形却包含了一种道德危害。在此，究竟什么才算构成了夫妻生殖方式本质上的背离，在确定之前，我们有必要进行灵性辨别。也就是须通过祈祷、谦卑、灵性引导，同时服从上帝的意志来辨别出它的界限。

试管受孕的目的是为了形成受精卵、早期胚胎或胎儿来用于研究，这其中包含了两个错误。首先，这样的受精将人类生命的生殖从婚姻的亲密行为中分离。这种不同于夫妻生殖并为发展人类生命的努力，切断了人类生殖与婚床连接的纽带。其次，胚胎的研究，蕴含着直接违抗人类生命正常行为。尽管对如何看待在进入或本已进入子宫的早期胚胎生命这一问题上并不是非常清晰，而这样的生命也不能被认为就可以随意处置。因为圣·巴西拉大主教（St. Basil the Great）以及教会教规，拒绝区分早期婴儿和晚期婴儿，而赞成将所有子宫里的胎儿都视为一样的后代来看待，这一观点反对任何杀害或者对子宫中正在发育的人类早期生命采取不利手段。如此这样对待在进入或已进入子宫内人类生命的行为，即使不能明确与堕胎或推论为谋杀相提并论，人们也不能采用毁灭性的行为来对待受精卵、胚胎和婴儿。采取不同的立场就是离开了神父们的灵性。如果受精卵或胚胎用于非治疗性研究，这与一种对人类早期生命非善意的行为相关联。正如已经标注出的，将人类的配子与动物的配子融合至少是一种野蛮的形式兽交（form of bestiality）；促进单性生殖技术的努力也潜含着与克隆技术相关的罪恶。

从死亡胚胎或胎儿、如胚胎干细胞中提取物质，这是一项非同寻常的、困难的、复杂的工作。对胎儿细胞（只要它们不是全能细胞）或死亡胎儿组织的使用，应该按同样的道德考察来判定，由此也可决定成人组织的使用问题。在允许使用一个突然亡故者的器官和组织情况下，那么，使用突然死去的婴儿组织和器官也应是合适的。在允许使用被谋杀者身体组织与器官的情况下，同样地应该允许使用这样的组织和器官：取自被堕胎的婴儿身体（此应多考虑用于移植，见第六章），取自储存于试管授精诊所"过量的"胚胎，或者取自为制造组织和器官之目的培植的胚胎。同样应该予以说明的是，来源于胚胎和胎儿研究的有关知识。原则上，没有什么阻碍去反对这一类材料的使用，虽然能获得一个好的结果，但却是通过罪过的方式获得，只要人们没有参与（1）采用这些罪过方式的行动；没有（2）鼓励对它们的使用；能够（3）避免使用它们遭受的谴责，或避免（4）在使用中发生丑闻。人们可以饮用通过非法强制劳役而开挖的井中用水。但是，人们必须非常小心，既不要支持也不要鼓励任何不合法的事件与行为方式。人们需要在伟大的灵性上的辨别能力，任何对这类材料的使用必须或至少作为对人性弱点的妥协，并进行忏悔地对待。毕竟，对死亡的延迟与对健康的追求，应当永远作为消解人们困扰的一项事业。

避孕和一个适度人口的世界

自愿避孕和绝育对于世俗生命伦理学来说并不是道德问题。一个有自主能力的成年人对是否避孕或绝育的自由选择，在世俗的生命伦理学中并不会引发直接的道德问题，不管当事人是否结婚。或者我们把这个问题说得更为坚决一些：避孕可被视为一种控制人的性欲与生殖命运的必要方式。当前的性伦理议题包括有效的避孕和堕胎，这些都是关键问题。因为如果不经常被过度评价，应该认为，两相情愿的性行为在道德上理所当然的是中性的；同时，由于怀孕可以改变很多人生计划，人们通常会认为避孕选择充分地体现了自我决定权利，因此应该被珍视。这不可能有例外：普遍世俗的道德并没有权威的道德观点或经验，以此来判断两相情愿的、相互尊重的性行为在道德上正确与否，特别是当其并不会产生生殖后果时。当性欲的快乐从生殖和特殊的道德定位中分离出来，这就会为亲密关系、个人享受、满足和娱乐形式，而成为一种人性消遣资源，这会令人兴奋的。这会是一种消遣时光、消解无聊的一种生活方式。除了同意这个观点之外，援引的标准通常是审美的或享乐的：做你感到舒服的事、做你感到快乐的事，只要你尊重所有与之关联的事物。从世俗的角度来看，无计划的生殖显得好像是关于人们计划与享受自然的荒谬的强加要求。照此观点，怀孕的选择可以完整地规划一个人自己的命运，实现其自己的目标，并且组成自己的亲身经历。确实，选择使用避孕手段，以及曾经选择决定拥有子女被认为是如此正当，以致一旦其子女的出生能决定和性关系链接，避孕的选择将被看成是道德上开放的独立自由选择。①

性选择的内容可以是消极的。在同意、正当利用和相互尊重的条件限制下，性欲的内容在某种意义上是如何体验性快乐，以及关于一个人，不管是什么性别，和另一个人发生了性关系，已经不是道德绝对主义的一个问题，而是和性亲密行为相关的特殊的审美观的问题。这种消极的两相情愿的性行为，避孕的选择，以及确实关于绝育的大多数选择现在在完整意义上成为了世俗的、世界性的、在审美观上性感行为的重新建构，而不是伦理学的术语。在自由世界主义的特质下，不仅同意是主要的，而且其他道德观念也通常被认为是不合时宜的。生殖、出生、苦难和死亡，处在可选择的可能生活与苦难等方式下。这些生活的过程获得了一个确定的非道德评价：有关如此这般的道德判断被认为是一种不恰当的说教。后传统基督教认为，人们很难意识到，为什么基督教生命伦理学应完全将避孕问题和诸如强制性避孕和绝育这样的问题完全地区别开来。为什么有些人总是对成年人坚定的避孕选择怀有道德忧虑？究竟这在道德上存在的可能危险是什么？在普遍的世俗道德或许多当代非传统基督教会的道德规范中，并没有可找到的路径来指导为什么会引发如此多的犹豫不决。②

在世俗的西方世界，如果避孕的问题完全被视为道德问题（也就是，和随之而起的考虑如人口过多增长、怀孕的危险等不同），那么由于历史的原因，常常反对罗马天主教自然法的前提，其试图从一个经常性、高度生物学基础的角度来考虑正当的原因，来说明人工避孕是不自然的。对于这个问题，和大多数非罗马天主教徒来说是坚定不移的一

---

① 到 1977 年，最高法院取消了一项纽约的法规，即禁止向 16 岁以下的孩子们分发非药物避孕用具。理解一个人想使用避孕用具，比同意其使用避孕用具更为重要。见《凯里诉国际人口组织》（Carey v. Population Services Int'l），联邦卷第 431.678，最高法院报告 97.2010 法律 52，第二版，第 675 页（1977 年）。

② 例如，后传统基督教对从事性联络人（sexual liaisons）的基督教徒，几个世纪以来都被认为是罪恶的。参见约翰·舍拜·斯邦（John Shelby Spong）《活在罪恶中？》（Living in Sin？圣·弗朗西斯科：哈珀和行 1988 年版）。也可参见来蒙德·J. 罗伦斯（Raymond J. Lawrence, Jr.）《性爱之毒》（The Poisoning of Eros，纽约：奥古斯丁·摩尔出版社 1989 年版）。

样，这些方式出于同样的原因，对大多数当代的罗马天主教徒也是如此。实际上，大多数人已经走出了特别的亚里士多德学派的生物学目的论构架及其自然目的论语言，而走入了后达尔文主义的生物学视角。对当代的生物学者来说，人类的意愿、内驱力和热情毕竟起源于进化的力量，这对地球环境的变化、遗传偏移以及发生各种偶然事件这些世界变迁来说本身就是替代形式。在这种视角下，人类的生物学成为将由人的计划与设计来决定的科学。通过提出避孕和绝育的生命伦理学问题，一个人会进入解决人类性行为与生殖问题的一个过时的自然哲学或生物学方法的幽灵中：经院学者对生物学和源于这个地区罗马天主教义发展的自然法则的哲学思考。

传统的基督教是从一个根本不同的视角来看待避孕的。它既不将人类的生物学看作一个纯粹的偶然事件，也不将道德事件归于人类身体或生物学目的的特别哲学化的或经验科学的考量范畴内。传统基督教不是嵌在一个无层次的哲学体系或一种对现实的特殊科学思考中。相反，它始于一种发自内心的知识，并导致一个目的论的、指向神圣人类生活的理性经验。这种经验由《圣经》和传统正在进行的经历提供与见证的叙事中发生。所有关于性行为和生殖的考虑，在传统基督教对作为男性和女性的人类创造、作为丈夫和妻子的结合以及他们在随着上帝追求婚姻的陪伴的观念中确立了自身的价值。

传统的基督教关于生殖的特质，旨在于在爱与自我牺牲前提下为上帝奉献子女，与之形成对照的是，避孕的特质旨在于为了维持一种奢侈的生活方式而限制孩子出生，一个人将遭遇两种对生活目的和婚姻意义上根本不同的理解。在终极意义上，人面临着两种对我们来说完全相反的观念，这两种观念与经院学者的哲学和生物学观念都没有密切的关联。避孕的特定性质，不论是通过"自然计划生育"，还是人工方法来实现，都与传统基督教生殖的品行相违背和不自然的，因为它以这样的方式限制后代并与子嗣分离分隔：（1）为了获得并维持一种奢侈的或富裕的生活方式，同时（2）为人类在生殖问题上的自我控制和选择作为一种超越的价值观而赞美，（3）成功地求得了一种被理解为自我放纵、自我满足的好的生活，并允许婚姻只是这种形式生活的陪伴。① 换句话说，这种避孕的特定性质有违于原初道德目标越明显，它就离上帝越远。其实，基督教生殖的实质和其他的观念是大不相同的，它特别要遵从上帝的决定。

从源头论，传统基督教对控制后代数量问题的处理方式，通常是间接通过斋戒来实现的，按惯例这是基督教禁欲主义的一部分，甚或在婚姻的范围内。在避孕或绝育的问题产生之前，这种禁欲主义的、礼拜式的教会生活对可能的怀孕给予一种宽容。保持那样的斋戒，就会减低生育后代的数量，这首先是有可能控制生育。毕竟，一对夫妇在星期三和星期五，在一年中四个斋戒的季节内，在星期六、星期天和节日，并且在其他共融之前的日子里，一律禁止性行为，这已经有相当大的可能，减少婚生子女数量。② 然而，所有这一切，焦点必须集中在对上帝的爱中培养夫妻之间的爱。一位精神教父，在为一对新人指导婚姻斋戒（marital fast）之时，必须考虑他们个人的能力、他们的爱好、他们相爱的程度，以及他们生活的环境。③ 通过简洁地提出传统斋戒的仪式，婚内性行为就已经开始朝向上帝，特别是当那种斋戒不能完全维持下去时。最后，不管进行什么形式的婚姻斋戒，都必须征得丈夫和妻子的完全同意，正如圣保罗（St. Paul）所警告的："不要彼此亏负，除非两相情愿，暂时分房，为要专心祷告方可：以后仍要同房，免得撒旦趁着你们情不自禁引诱你们。"（《哥林多前书》7：5）

---

① S. F. 斯皮克（S. F. Spicker）、I. 艾伦（I. Alon）、A. 德瑞（A. de Vries）、恩格尔哈特（H. Tristram. Engelhardt, Jr.）编：《用人做科学研究》（*The Use of Human Beings in Research*，多德雷赫特：克伦威尔1988年版）。

② 可参阅另一篇关于婚姻谈话及其斋戒的论文，载《舵》，第125—126页脚注。

③ 在这本书里，当我像在别处一样讲到关于怎样提出忠告时，我只是纯粹地凭借一位内科医生的经验而提出，没有任何特别装腔作势的意思，但是却含有这样的基本认识，即肉体的欲望如果不加以正当引导，将如何产生大的罪恶。此外，错误引导的肉体欲望除将导致离婚和通奸外，还将导致性病传播，就艾滋病来说将不仅导致无辜配偶的死亡，甚至会导致子宫内胎儿的感染。在后一种情况下，这个孩子很可能面临不仅出生后死于该病的问题，而且面临被堕胎的危险。在这种情形下，通奸就是另一种形式的谋杀。上帝会原谅我，当我对这些事情的关心促使我提议，以更大的强制力采取行动，而并不是我个人是否应该以某种方式行动。

正是这个原因,圣约翰……克里索斯托姆强调,在性生活中丈夫和妻子是完全平等的。

> 在任何情境中,我都将准许他给予丈夫充分的优先考虑,既在新约中,也在古老的谚语里,"应该转身朝向你的丈夫,他应该来统治你"。保罗通过比较也是这样认为,他写道:"你们作丈夫的,要爱你们的妻子;妻子也当敬重她的丈夫。"(《以弗所书》5:25,33.)但在这里,我们没有听到谁应爱得更多一些、谁应爱得更少一些,这是一个并且是同样的权利。为什么呢?因为他的言语是关于贞操的。"在所有其他的事情里",他说,"让丈夫享有特权;但是对贞操问题不是如此"。"丈夫没有权利越过他自己的身体,妻子也没有。"在贞操面前存在巨大的平等,并没有特权。①

这两位圣人意识到了性欲激情的力量,以及当这种力量不能恰当地得以引导时面临的巨大危险。

其实,即使履行了婚姻斋戒,如果是在一种自我放纵或从灵性上缺乏对上帝的真诚,也总是达不到理想的控制生育状态。另外,在此问题上,应注意到生育指数的标记,一是要考察生育生态的破坏和严重破坏,二是要回返关注人口地域决策。例如,如果一个人用各种方式来限制孩子的数量是为了奢侈地生活,他就违背了福音的精神。②

这种生殖的品质,并没有以恭谦、无私、禁欲地追求神圣为目的。这种避孕,本质上使婚姻脱离了全体人类生活的主要目标:追求与上帝同在。它引导人们为了自己生活,而非上帝。出于所有这些以及更多的考虑,基

---

① 克里索斯托姆:《布道集,14:哥林多前书7:1,2》,载《尼西亚与后尼西亚教父系列》第一部(*NPNF*1),第12卷,第105页。

② 在我们所做的一切事务中,包括结婚与生子,我们被尽力召唤而使我们觉悟和能力完全信奉上帝。这些,应该在灵性的指引、祈祷和警醒下来进行,要相信上帝将会赐予我们。福音书的指令是:"所以我告诉你们,不要为生命忧虑吃什么。为身体忧虑穿什么。……你们不要求吃什么,喝什么,也不要挂心。这都是外邦人所求的,你们必须用这些东西,你们的父是知道的。你们只要求他的国,这些东西就必加给你们了。"(《路加福音》12:22,29—31)这个指令不是避免冬天储存食物,而是要避免被这些事务所消耗。

督教的婚姻并不是为了自我满足而进行的。① 相反，婚姻包含了一种适宜的、禁欲主义的搏斗形式，这是夫妻相互之爱与相互牺牲的一种搏斗：配偶与子女们在追求神圣中愉悦地相互陪伴。丈夫和妻子被召唤要通过爱对方、爱上帝，而从唯爱自我中解放出来。他们被召叫，要保持贞洁，要避免和他人发生性行为，要互相爱对方，爱孩子们。所有这些都表明，他们仿若殉道者；他们要和那种激情冲动告别。② 在这样的背景下，因为健康原因或出于家庭或社会资源有限而限制生育的决策，不必受制于人的本能的错误引导；它是出于对他人的爱和对上帝的谦恭而决定的。③

尽管大公会议和被普遍承认的地区理事会对性侵犯有具体的规定，并且尽管有一种观点认可婚姻是为了生殖，除谴责堕胎以外，并没有对限制生育进行谴责。在一篇文章中，圣约翰·克里索斯托姆论道，反对禁止与妓女性交而生育后代，并且反对使用巫术来控制婚内生育。这篇文章可能是针对反对控制生育数量而撰写的，但是他所关注的是放弃道德的生活。

---

① 最近对避孕性质的传统反应，包含了雅典大主教克里索斯托姆（Chrysostom）和其他55位主教签署的希腊主教的教皇通谕。《希腊教阶制教皇通谕》(*Encyclical of the Hierarchy of Greece*)，1937年10月14日颁布。这个通谕提到，西方世俗化进程中及有效避孕的使用下，婚姻和性活动的道德观念变化。尽管这个通谕提出的医学事实可能是不完全的，主教们在道德上切中要害地集中在避孕的灵性本质的风险方面，这将涉及（1）限制子女的数量，并认为在道德上应保持中立，（2）即使从事这个是为了扩大财富和奢侈，（3）同时避开对上帝的信仰，以及（4）纯粹作为是为夫妇的自我满足的方式来构建婚姻。罗马尼亚教会也持相似的立场。见德米特里奥斯·康斯坦丁劳斯（Demetrios Constantelos）《婚姻，性活动和独身：一个希腊传统的视角》*Marriage, Sixuality, ö Celibacy: A Greek Orthodox Perspective*，明尼阿波利斯：光明和生活1975年版），第63—67页。

② 在传统的婚姻礼仪服务中，丈夫和妻子环绕经台（analogion），此时唱诗班唱道："噢，圣洁的殉道者，这些善于争斗的人已接受了你赐予的冠冕；祈求我主啊，可怜我们的灵魂。光荣属于你，噢，我主耶和华神，传道者的荣光，殉道者的欢乐，他们传的真道，是同样旨意的三位一体之道。"见哈普古德（Hapgood）《服务簿》(*Service Book*)，第300页。

③ 贫民修士、科普特的马太（Matthew the Poor）教导说："教会不应告诉一位身患糖尿病或严重蛋白尿症的女人坚持绝对信仰，相信上帝而忽视医生的建议而怀孕，因为这是鼓励自杀行为。教会也不会劝诫一个穷困的女人或男人坚持绝对信仰，或独一相信上帝而生育相当任意的孩子，而不顾教会对怀孕、孩子出生、护理、抚养孩子所花的代价。但是教会可以对那些不受经济与健康障碍所限制，而不愿避孕的生育者勇敢谏言。关于这个，我们总是尽可能提出建议。"见马塔·埃尔蒙斯肯（Matta El-Meskeen）神父《生育控制的关键》(*A Viewpoint on Birth Contarol*，开罗：圣马卡域的摩纳斯特瑞1994年版），第12页。这里表述了一种意见，即同意拒绝避孕的重要意义。

第五章　生育：生殖、克隆、流产和分娩　　361

"不可好色淫荡"；因为在这里他并没有禁止性交，而是禁止通奸行为。……为什么关心并在毁坏果实的土地上播种呢？那里不是正在努力堕胎吗？那里不是正在进行出生前的谋杀吗？因为即使你不让妓女继续成为一个纯粹的妓女，你也使她成为了一名女杀手。你看醉酒怎么会导致卖淫，从卖淫到通奸，从通奸到谋杀；或者甚至发展到比谋杀更糟的事件。因为我没有给它再命名，既然它没有取消出生的"物件"（thing born），而是阻止了那个诞生（being born）。那么，为什么你滥用上帝的礼物，和上帝的律法作对，并且好像祈祷一样追寻诅咒，使生产的处所成为谋杀的房间，绑架即将生产的妇女进行屠戮？因为思念和讨好自己的情人而卷取钱财，即使如此她也不退缩，于是你必然雷霆万钧。因为巫术不是用于卖淫的子宫，而是用于受伤的妻子，并且那里还有没有限定的谋划，以及魔鬼的符咒，还有巫术，日夜征战，乱世硝烟，以及对和睦家庭的嫉恨。①

既然手淫不认为是谋杀，并且在古代世界把避孕药品普遍和堕胎药相混淆，这篇檄文最好理解为是对堕胎的谴责，而不是针对避孕。② 这种对避孕的谴责，仍然能在圣约翰·克里索斯托姆从自己到朝向上帝的禁欲旅程中，以及这段基督教生活的整个事业过程中显现。克里索斯托姆和其他神父一起，将人类的性行为当作全体人类的事业，包括控制生

---

①　克里索斯托姆：《宣道 14：罗马书 13：11》，见《尼西亚与后尼西亚教父系列》第一部（*NPNF*1），第 11 卷，第 518、520 页。
②　对堕胎与避孕困扰的虑，参见凯斯·霍普金斯（Keith Hopkins）："古代世界的避孕"（Contraception in the Ancint World），载《社会与历史的对比研究》（*Comparatives Studies in Society and History*）第 8 期（1965 年 10 月），第 124—151 页。布雷舍德·杰若姆（Blessed Jerome，340—420）的一篇文章显然对避孕和堕胎都做了指导。在这篇文章中很显然杰若姆的担心，集中在危险的避孕药物使用上，它不仅牵涉堕胎，而且会牵涉妇女的死亡。"然而，其他人，在性交之前喝下避孕药是为了不孕，发展下去就是堕胎。当他们开始意识到会出现不道德的后果，很多人考虑如何通过服毒的方法拯救自己，并且通常使自己由于那种原因导致死亡，最后作为三重杀人犯堕入地狱：作为自杀者，作为天国里新郎基督的奸妇，以及作为尚未出生孩子的杀人犯。"见《守住贞操》（*De custodia virginitatis*），载彼得·雷泊慈（leipelts）《教父的圣经学》（*Bibl. der Kirchenväter*），liv, 211 f.圣梅索丢斯（St. Methodius, +311?）提及允许降低性欲和生育能力的方法。《论文集》（*Symposium*）4.3（GCS48—49）。

育数量，纳入爱上帝、爱邻人以及对抗我们自己骄傲、贪婪、自私的基督教禁欲主义行为。这些行为完全反对避孕的精神实质。

从表面看来，这种对人类性行为和避孕的议论可能与罗马天主教的观点相似，几乎如出一辙，以致佩查克·阿萨纳格拉斯（Patriarch Athanagoras）（1948—1972）也这样认为。① 但是，尽管表面上相似，但本质上是不同的。② 也许像在别处那样，在这里佩查克的观点显得过于普遍化。传统基督教生育观念根植于对神圣的追求，而不是被一系列客观标准结构下的自然法则所约束，尤其是在13世纪以后的西方世界，

---

① 君士坦丁堡的阿萨纳格拉斯（Athanagoras）主教表达了这样的一种观点，传统的教会关于避孕的立场和罗马天主教的立场是一致的。在某种意义上，这是正确的：这两种宗教都重视避孕的错误，即考虑为追求财富、奢侈和自我满足而限制孩子数量的选择，但这被看作是道德上的中立。阿萨纳格拉斯主教的关注点，正是集中在保持对家庭忠诚的观念上。他似乎以这种观点解释了《人类生命》（*Humanae Vitae*）。"我完全同意教皇的观点。保罗六世（the Pope. Paul VI）不可能以任何其他的方式表达自己的思想。家庭和整个国家的利益和生存处于危险中……教皇的通谕和圣经的信条是一致的。所有的宗教书籍，包括《圣经》和《古兰经》，都支持保卫家庭，并且在他的教皇通谕中教皇追寻着《圣经》中规定的路径。指望有另外不同的立场是不可能的。"见费南多·维多里耶·乔尼斯（Fernando Victorino Joannes）编《痛苦的药丸》（*The Bitter Pill*），国际当代教会文档（IDO—C）译（费城：朝圣者出版社1970年版），第147页。然而说完这些，阿萨纳格拉斯主教在一篇非拉丁文的文章中重新讨论了避孕的议题。"我们的教会已经批准了授予灵性教父以完全的权威。对他来说，他知道自己的责任和使命，来给予适当的建议和指导。"见《东部教会评论》（*Eastern Churches Review*，第二期，1968年春季号），第69—70页。这个对《人类生命》的反应作为自我悔恨而接近上帝的转变，似乎已经在对传统禁欲主义生活的理解范围内，重新解释并重新确立，如此，根据灵性教父的指导行动。1968年，关于《人类生命》的叙述，例如，通谕中写道"传统的立场是因基督教禁欲的福音主义原则，对他们而言是如此珍贵，同时认识到'家庭经济管理'的合法性，这允许一般法律在某种程度上的衰减。"（同上书，第146页）一些地区教会似乎已经将责任归到马尔萨斯（Malthus）头上：他们断定，避孕的实质性影响将使某些基督教国家接近衰落。在7月29日的教皇通谕中，希腊主教们坚持对避孕实质性谴责也是"为了国家的利益，生育更多数量的孩子是必要的"（同上书，第146页）。也可见于关于保加利亚教会的论述。见戴米奇斯·康斯坦特勒斯（Demetrios Constantelos）《婚姻，性活动和独身：希腊正教视角》（*Marriage, Sexuality, Celibacy: A Greek Orthodox Perspective*，明尼阿波利斯：光明和生活1975年版），第63—67页。

② 传统观念与罗马天主教有关避孕这一问题的不同观点，首先，主要根据是否以神圣的禁欲主义作为指导；其次，是否遵从客观标准，包括那些源于自然法则的、浓重的生物学化的解释。关于避孕的传统观点，主要集中关注维持婚姻的禁欲主义，使人们为了朝向神圣，以及保持"婚姻结合在和平、和谐的氛围中"["圣巴西拉大主教（St. Basil the Great）的圣礼仪式"，见哈普古德（Hapgood）《服务簿》（*Service Book*），第109页]正是出于这个理由，即使那些强烈反对避孕的传统主教们，也会普遍允许在灵性教父的指导下，因为医学缘故而采

这一点已经被人们所理解。①避孕精神实质的道德危险,要优先于统治者声音下的、对国家人口统计的挂虑。这一关注点必须保留在为获得救赎的禁欲主义斗争中。在这里,那些坚定谴责使用避孕法的人,与那些为某些夫妇(如果不是很多夫妇)同意控制生育数量的人之间达成和

纳避孕措施。可以说,这位灵性教父起了一个核心作用。埃瑟纳哥拉斯·库金纳吉斯(Athenagoras Kokkinakis)《作为救赎仆人的父母和神父》(Parents and Priests as Servants of Redemption,纽约:摩尔豪斯—戈汉姆 1958 年版),第 57 页。通过对自然法则的认识,将其作为大自然中神圣的爱情火花,传统的立场回避了避孕的合理性,以及回避了通常称为自然法则的内容。传统基督教对法则在灵性上的应用是治疗性的:它集中于追求婚床的完整性和神圣性。纵观关于传统避孕方式讨论,请看威廉·巴西尔·锡安(William Basil Zion)《性爱与改造》(Eros and Transformation,纽约:美国大学出版社 1992 年版),第 7 章,"东正教和避孕"(Orthodoxy and Contraception),第 239—261 页。也可查阅斯坦利·哈拉卡斯(Stanley Harakas)《东正教传统的健康和医疗》(Health and Medicine in the Eastern Orthodox Tradition,纽约:十字路口 1990 年版),第 140—141 页。在这些条件中,没有一条允许漠视避孕实质上存在的严重道德风险,这样一来,就削弱了婚姻的意义,使婚姻本身显得不再那么神圣。

① 罗马天主教对生殖和人类性活动的认识,基于道德观念的混同,这是在西方发展的道德观,并受到 13 世纪思想的影响,特别是与托马斯·阿奎那(Thomas Aquinas)(1225—1274)的观点结合在一起。正如这节中强调的,西方很早就出现了关于婚姻和性活动质疑的声音,这就导致排斥已婚神职人员,并企图禁止他们和妻子结婚与性生活。这个观点,在教规中有一个较早的显示,以管理结婚的神父,在罗马教会的影响下,北非各地开始应用。这样,在 418—419 年举行的迦太基会议(Council of Carthage)上颁布的 141 条教规中,其中教规 4 规定:"主教、长老、执事以及所有掌握神圣的教规的人,作为清醒的保护人,必须要避开女人。"见《舵》,第 607 页。教规 33 也要求:"命令参加圣餐礼的副执事、执事和长老,甚至主教,在相同的条件下,必须避开他们的妻子,以致好像他们没有娶妻一样;如果他们做不到这一点,他们就应该被撤销神职。而对其余教士来说,他们不应被强迫这样,除非他们年事已高;但是具体规则应根据每一个教会的风俗保持。"见《舵》,第 624 页。这种针对性生活的观念从罗马扩散到北非,后来遭到了特拉利理事会(Council in Trullo,692)的谴责。"解释[教规 IV],……在罗马正流行的,依照教规 13 的第 6 条的这个规定,被罗马教皇的使节从罗马带到了北非。因为提供这个教规给理事会的人不是别人,正是意大利波特提(Potentine)省皮西努姆(Picenum)的主教,弗斯提那斯(Faustinus),而且也是罗马主教的使节,在这次理事会记事中可以查阅到。"见《舵》,第 607 页。这一关于婚姻和性生活的对立观点,和希波(Hippo)的奥古斯丁(Augustine)(354—430)传承的原罪观相关联。对婚姻和性生活的蔑视与托马斯·阿奎那将亚里士多德哲学和自然科学主张的结合有关。亚里士多德认为,求其本质的每一事物都努力追求其特有的结局。每一事物都有一个散乱而清晰的结构、形式,并伴有一个被指引着的内在结果。每一器官都有其恰当的功能、目标或目的。例如,鼻子有它的功能、目标或目的,即呼吸和嗅觉;再如,支撑眼镜不是其功能,因为那是人设计出来的。根据这种对清晰结构与恰当功能的理解,罗马天主教试图对如何对性禁止或允许,应该给予合法的、道德的考量。因为对婚姻性生活的态度,导致了所有神父被迫接受独身主义,从而产生了恶习(例如,神父找情妇)。强制神父独身主义激发的对求新的向往,某种程度上导致了道德难题,这就引发了一场新教改革运动。

解。① 婚姻不应该从为追求神圣的相伴，而转移到为追求奢侈的相伴中。限制出生应该与妻子的身体健康、婚姻家庭的道德健康（也就是说，那种能够和平地、和睦地相处，没有通奸），夫妻两人节俭的生活环境，以及婚姻的精神健康（也就是说，夫妻两人为了上帝相互爱对方）联系起来。②

在非常有限的条件中，也许甚至要做出结婚的选择，并且还会因为母亲严重的健康危机或身患重病怀孕要冒很大的风险（例如，随着年龄增大会有患唐氏综合征的风险）而避免所有的生育，这可能会促使夫妇去堕胎。③ 这样的选择需要进行认真的精神指导。如果避免了所有的生育，就永远都不会有子女了（这就是说，在一对夫妇还没有后代的前提下），风险的严重性和其产生的可能性必须进行仔细的权衡。尤其是，一个人必须处理与解决选择堕胎的夫妇面临的风险，是否该怀孕。所有这一切一定被看成是不完整的，和理想化确实有很大的距离。必须在一位精神教父的医学回应下以应对这样的挑战，促使一对夫妇认识到他们不能自我满足，而必须努力成为圣徒：这是传统基督教婚姻的目标。

---

① 对避孕实质的传统谴责，根植于对任何婚姻性活动的排斥，这种观念将婚姻视作一件纯粹的自我满足的私事，没有将婚姻和性活动视为一种从爱自己转向爱上帝、爱配偶、爱子女和其他人的正当律令下进行的活动，并且这种观念排斥了人对上帝的信任。

② 一位传统的神父关于婚姻的主要关心和挂虑，旨在于应使婚姻维持在和平、和谐的氛围中。教会认识到，每对夫妇在自己的环境中，应如何为上帝而生活。结果，大多数教会已从干涉婚床亲密行为的立场中退出。"教会理事会明确地尊重婚床的荣誉与亲密，并且没有必要立法或允许第三方组织干预已成为一体的两个人的关系。"见乔治·S. 加布里埃尔（George S. Gabriel）《你叫我的话，不正派》（*You Call my Words Immodest*，杜尼，加拿大：西那科希斯出版社 1995 年版），第 19 页。这可以被看成是亚历山大的圣蒂尼修斯（St. Dionysius the Alexandrian）的第三条教规，在这篇文章中已经引用过，在这里他强调："自我决定并结婚的人应该成为他们自己的法官。""遵照圣蒂尼修斯我们教父的四条教规。"见《舵》，教规 3，第 720 页。

③ 选择绝育必须在特殊情况下，要得到正确的心灵指导，而且遭遇到无法克服的困难（例如，丈夫由于输血感染了艾滋病）时才能做出。有一种意见是："一般认为，已经生育了至少两个孩子的夫妇可以自己判断，同时还要听从自己的良知。"见戴米奇斯·康斯坦特勒斯（Demetrios Constantelos）《婚姻，性倾向和独身生活：希腊正教视角》（*Marriage*，*Sexuality*，*öcelibacy*：*A Greek*：*Orthodox Perspective*，明尼阿波利斯：光明和生活 1975 年版），第 67 页。重要的注解是，即使在有了两个孩子后，一个人也不可随便、轻易地控制生育，并且参与**避孕世风**。

大多数夫妇限制子女数量不是出于健康的考虑，而是因为对有限的个人资源的认识，甚至出于对人口过剩的担忧。对于后一种考虑（也就是，人类遍满地面[《创世记》1：28]），总体来说，似乎人类要对遍布地球负足够的责任。正如圣约翰·克里索斯托姆认为，"这个世界遍布我们的种类"①。但是，即使面对严重的人口增长与有限的资源，总是有很少的虔诚的父母养育传统的基督教孩子。夫妇两人越是由自己向往上帝，他们就越是应该养育虔诚的后代们，以此作为对上帝的奉献，尽管这其中存在贫穷与疾病的风险。这样的夫妇将拥有灵性的资源来养育虔诚的后代们，这些孩子们将是世界上最重要的稀缺资源。因为这个原因，婚姻服务中的连祷（litany）要求上帝赐予夫妇善良的孩子。②

所有的夫妇应该从自我接受的避孕精神实质中脱离出来，而应具有另一种在养育孩子时对上帝、邻人的自我牺牲的爱。只有那些步入婚姻和生育后代是出于对上帝之爱的夫妇，才将会真正地理解为什么人应该步入婚姻，生育繁衍，以及维系家庭。婚姻的特定意义对那些没有传统基督教信念的人来说是难以理解的。撇开上文，一对配偶的选择以及生育的决定是根据个人的快乐、满意和满足来作出的，与其将配偶和子女引入快乐的源泉中，不如将他们视若为获得救赎而进行搏斗的伙伴。在传统基督教对上帝之爱及其经典议论之外，婚姻、抚养孩子和维持家庭将永远不会非常有意义。并且，也不会重视对日常性生活的斋戒禁欲优先于纯粹交往的基督教生活，③ 在斋戒的时期也更是如此。④ 甚至当在灵性教父指导下，后者也不会完全地保留下来，他们须对每一件事物进行调适，包括人类的性生活，使之指向上帝。这样的斋戒，伴随着属灵的祈祷，也能够用于控制生育数量，只要其目的是追崇上帝的意志，而

---

① 圣约翰·克里索斯托姆（St. John Chrysostom）：《婚姻的布道》（*Sermon on Marriage*），载《论婚姻和家庭生活》（*On Marriage and Family Life*），第 85 页。
② "他将批准他们生育有德性的后代……"见哈普古德（Hapgood）《服务册》（*Service Book*），第 294 页。
③ 例如，可查阅亚历山大的圣蒂莫奇（St. Timothy of Alexandria，+388）的第 18 条教规《问题 5 和 13》，以及亚历山大圣蒂尼修斯（St. Dionysius the Alexandrian，主历 265 年）的教规 3。
④ 参阅《舵》，第 125f 页。

不是追求奢侈或逃避父母的责任。

每一对夫妇必须在他们选择适合于自己的具体环境中开始。例如，考虑到，包尔菲留斯长老（Elder Porphyrios）的复杂的但是完全传统的方法。一方面，他支持大家庭朋友的泛希腊社会（the Pan—Hellenic Society），强调指出："告诉他们不要逃避生养子嗣。逃避生育是极大的罪恶。参与到养育孩子的过程中是一件非常好的事。你要继续，告诉他们逃避生育是不被允许的，是罪大恶极。"① 另一方面，据报道称，他对个别夫妇用不同方法处理相应事宜：

> 包尔菲留斯长老说道：不同的事对不同人的印象，可能会产生同样的疑问。而每件事都有不同的预设，每一个人其实都需要不同的药物来解决他的问题。正是这个原因他经常对我们说："不要告诉其他人我现在告诉你的内容，这是适合于你的对症药物，是适合于你的具体境况。另外一个人，即使他的外在症状是同样的，也不会得到同样好的效果。"我经常感到困惑，尽管包尔菲留斯长老未婚，但在回答婚姻、婚姻关系和孩子抚养等问题时具有天才般的智慧。他的回答不是"陈词滥调"，不是呆板的、刺激性的、僵硬的、"旁观的"。这些回答是充满真诚、爱、情感和洞察力的，依据的是在特定时间下每一个人的处境、需要和感受性。回过来再审视人类的救赎，他并没有试图将他们放在一个模具中，创造出相同的个体。作为一个充满神圣精神的人，他根据基督的意志指引着每一个人，给予"每一个人依据基督所量"（《以弗所书》4：7）以灵魂的快乐。②

对于一对个别的夫妇来说，在遭遇危险时，不是田园式地、不加区别地应用一般规则，而是有针对性地、恰当地应用规则，为了达到规则应用的目的，以特定的方式处理普遍规则，即一对个别夫妇在他

---

① 克利特斯·艾欧尼迪斯（Klitos Ioannidis）：《帕菲瑞长老》（Elder Porphyrios），雅典：圣三一女修院1997年版，第135页。

② 同上书，第91页。

们婚姻的行动中获得救赎。接下来的规则是为了实现其核心意义：在婚姻中对上帝王国的追求。所有的人类生活，包括人类的性生活，必须聚焦于上帝统领之下。这将允许、实际上是一种要求，对于不同的人在追求救赎的过程中有不同的出发点，只要他们的行事原则不超出传统夫妻结合与婚姻的界限，不脱离在对上帝的追求中、性伴侣关系的所有规则的核心（有关性伴侣的所有规则的核心都应是对上帝的追崇）。①

概括说来，计划生育的应用，无论是通过自然的还是人工的方式，从来都不是什么准则，而是真正地违反了人类的准则，并且避孕的所谓世风与精神品质总是要遭到谴责。② 这一准则应是对上帝意志的一种禁欲主义信念，而避孕的精神实质中心，应看作人类本能的自由与世界性信念的核心，以及对奢侈和自我满足的追求。当对上帝旨意的禁欲主义的信念目标作为实现神圣卓越之人，避孕的精神实质就确定了这一存在的普世性，及其对自我实现的可能性。最后，也是最应强调的，没有任何一种避孕的形式也没有任何一种堕胎形式，可以被完全合理应用。内中的困难在于，应用特别的药物与其他干预方式实施恰适的堕胎以及无争议的技术措施还很遥远，这一点经常是含混不清的。可以确定，类似愿望还难以实现。有关这一切，尚且存在遗留问题，对此，唯有期盼善的灵性引导我们。

---

① 埃瑟纳哥拉斯·库金纳吉斯（Athenagoras Kokkinakis）主教，在讨论罗马天主教与传统关于避孕问题分歧时，强调"传统教会采取了不同的方式。这些问题的主体内容，可以使个体在忏悔的过程中表现出来。仔细地从每个视角研究个体的情况，忏悔者的神父会适当地对每一个与其相关者提出建议"［埃瑟纳哥拉斯·库金纳吉斯（Athenagoras Kokkinakis）：《作为救赎仆人的父母和神父》（纽约：摩尔豪斯—戈汉姆1958年版），第57页］，二者之间发展存在明显不同。为了进一步探究两种宗教之间的区别，请查阅保罗·奥卡拉汉（Paul D. O'Callaghan）《伪神学中的伪性征》（*Pseudosex in Pseudotheology*），载《基督教生命伦理学》（*Christian Bioethics*）第4期（1998年），第83—99页。也可查阅艾拉吉斯（N. Aerakis）《上帝关于分娩的旨意》（*The Will of God on the Issue of Chldbearing*，希腊：艾金·奥拉斯1988年版）。在任何情况下，追随救世主而苦行这一核心，不可放弃。

② 晚近，在对避孕世风进行谴责的一篇文章，查看阿特梅（Artemy）主教《教条主义视角下婚姻的神秘性》（*The Mystery of Marriage in a Dogmatic Light*），载《神圣阶梯》（*Divine Ascent* 1）第1期（1999年3月），第48—60页。

绝育、变性手术、性角色改变与遗传工程

传统的基督教对于以外科手术干预来改变性倾向或性结构这样的方式，一直比较憎恶。有关这类问题的教规围绕阉割问题而延伸，通常是为了制造去势者进行特别的阉割术（切除睾丸和阴茎）。例如，使徒教规第二十二条强调："不要让人由自残而成为一位圣品之人，因为他已经是谋杀自己的凶手，是上帝创造的敌人。"① 书写这条教规是为了反对诸如亚历山大利亚（Alexandria）的奥利金（Origen）（185—254），他是读过这篇文章的亚历山大（Alexandria）的克莱门特（Clement）（155—220）的学生，"倘若你一只眼叫你跌倒，就去掉他"（《马可福音》9：47），就好像如果一个人的性器官是一个人罪恶的来源，那就有道理将其摘除。这条教规要求一个人与其进行外科切割手术，不如让人克制自己的情感、集中精力投入灵性搏斗，而不是进行外科阉割的手术。

同时，教会认为，如果是由于医疗原因而采用，这种手术有其医学适应证。这些问题在第一次尼西亚会议（Council of Nicea I，325）第一条教规中指明：

> 任何人如果是因为疾病而采取手术，或者被野蛮人切除，可以允许让他依然作为教士。但是，如果在这些人健康的时候就接受这类手术，他必须被除名，即使他已经经过了神职人员的考核。并且今后再不允许这类人接受神的指令。然而，毋容置疑的是，尽管这类手术影响了人的性态，而原因是被野蛮人或他们的主人阉割而致，又证明是不得不为之，教规将同意这样的人可以传教。②

---

① 参阅《舵》第34页，使徒教规（Apostolic Canons）中教规22。如，"一个阉人，无论由男人变成这样，或是在迫害下剥夺了他男性的器官，或者生来就如此［即隐睾症］，如果他确实有资格，应该可以成为一名主教"。见《舵》第33页，使徒教规中的教规21。"任何一位神父，如果他自残，就应把他免除神职。因为他是一个自我谋杀者"。见《舵》第35页，使徒教规中的教规23。这里既有以暴力对抗自己，也有对上帝给予性别的一种拒绝。

② 《舵》第163页，第一届普世教会会议颁布的教规1。

第五章　生育：生殖、克隆、流产和分娩

　　这条教规强调，作为男人不要毁坏自己身体的完整；并且暗示，作为女人，身体完整的重要意义。阉割手术消解男性角色，其核心是对造物的玷污，这一点也适用于女人因相似原因做类似手术。然而，承认具有医学价值的教规也隐晦承认，如果有充足的理由，人可以进行绝育手术。而出于某些原因，外科手术干预的理由不仅是不充分的，而且是不恰当的，例如改变某人的性取向或性别身份为基本目标的手术。这一道德关注点，是干预的目的，特别这是否是对人的具体身份特征的摒弃。因为我们关注的是干预的目的究竟是什么，因此，对于那些治疗性干预的手术是能够被接受的。

　　公元861年，在君士坦丁堡举行的第一次和第二次理事会强调，可以接受以医疗为目的的阉割，但是拒绝外科手术干预来改变人的性别特征。教规声明第八款中阐述道：

> 　　神性的、神圣的使徒教规（Canon of the Apostles）判定那些自我阉割者是谋杀自我的人；当然，如果他们是神父，他们将免除教会组织的神职，如果他们不是神职人员，他们将被拒绝晋升圣职。这样，简单地说，即如果某人阉割了自己，他是一个谋杀自己的人，那么阉割另一个人当然就是杀人凶犯。那人甚至可能将这样的人视为辱没了创造本身，是有罪过的。因此，神圣的理事会已经判决如果任何主教、长老或执事阉割他人都是有罪的，要么是他亲手做，要么是给其他人下指令这样做，他将受到教会组织的惩处；如果这个罪犯是一个普通的人，他将被开除教籍；除非施行这类手术，是由于某种痛苦的前提，他是被迫为痛苦者手术，切除他的睾丸。精确地说在尼西亚举行的理事会的第一条教规中，不包括惩罚那些由于疾病而进行手术的人，因为患有疾病，因此我们中间无人谴责同意为病人阉割的神父，也没有人指责，亲自进行这类手术的普通人。因为我们认为，这是对疾病的治疗，而不是邪恶地抵御大自然对生命的设计或是对造物功业的侮辱。①

---

① "所谓的第一届和第二届普世会议的17条教规"，载《舵》，教规8，第465页。

这条教规禁止为改变人类具体性征而摧残人体的所有手术。

而从关于避孕道德精神实质来看，要根据其不同的目标与后果来判定他们的性质的程度如何。在本文中，考虑到维护人的具体性身份和性完整的教规，人们能够辨别出他已经具有特别充分的理由，避免改变性倾向的绝育手术；同样，反对那些大体上在解剖上不改变的手术（例如输精管切除和输卵管结扎）。既然输精管切除术和输卵管结扎术都不改变性倾向，既然它们并不与排斥人类男性或女性具体性状表现相关，并且既然它们通常又是可逆的，根据对阉割手术的类推，它们确实是毁损性绝育手术。此外，如果使用这些手术是由于健康原因（也就是，进一步怀孕将明显使某女子的健康发生危险）以及已经生育过孩子，那么，不存在对作为男性和女性生育角色的排斥，即使还有其他难以判定的理由。相反，不使用子宫切除术作为绝育手术还有其他理由，即使简单的子宫切除术还将卵巢保留于原位。这样的干预还包括切除一个全面显示性别身份的器官。然而，主要问题是切除器官的目的：并不是因性功能和性别角色而切除器官（例如，切除子宫绝经，或因为绝育，或者由于对疾病正常的担心）；但是人在中年移除子宫或子宫与卵巢是由于担心癌症，并不与排斥其性别身份相关。倒不如说，实施这项干预是为了医疗原因。显然，合理的医学原因是须要证明，明显改变人的解剖结构是正当的，就像施行子宫切除术或卵巢切除术一样。①

有关男子去势术的教规，同对绝育手术的观点一样，我们有充分的理由禁止用手术改变性征。变性术和通过阉割节制性欲非常相似：即从根本上否定人的性别解剖学身份。而正是通过变性手术，才异化地诱发人的欲望，而不是消除欲望。内中有一种兴趣驱动，即用外科手术的方式改变人的身体来转变和表现某种性别身份，其根据是实现人和自己原有解剖结构相反的性体验。例如，一些人声称自己作为男人是以女人的身体在体验自我，或者女人是以男人的身体体验自我，然后，欲通过外科手术和激素改变来达到那种被他们当下解剖特征预先排除的身份。这

---

① 在有医学指导的子宫切除术中附带卵巢切除，是为了避免通常1%可能的卵巢癌，这很容易获得正当辩护，特别是如果有癌症的家族史，或者一个女人已进入了更年期。

种外科手术和激素的干预,通过切除或摘除体内与渴求的身份不相容的那些部分器官组织,如此转变了身体性别形式和性欲望表达(例如,某妇女希望拥有男性的身体特征而切除乳房组织,或某男子希望拥有女性的身体特征而切除睾丸),或者重塑器官(例如,为此"制造"一个"阴道"或一个"阴茎")。① 外科手术和激素干预下的变化,在性征解剖结构改造中完成,因为最初的解剖结构并不被其认同与接受。这些干预措施也以外科手术的方式重塑了人类,这种方式预先就否定了他们进入婚姻是为了生育,甚至都没有考虑到这一目的,即对婚姻的追求,不仅应该与人生开始联系在一起,而且应以同样的性基因、基本性征和第二性征进入青春期;同时,这些干预手段遮蔽了婚姻联盟作为明确的男性与女性联合体的意义。

外科学与激素干预和改变性别表现形态,包括用某种流行的外科手术重铸性别形象,这就颠覆了原初的解剖学性别身份,因为这个解剖学身份是不被自我认同的。这样的干预和早期教会精神与其教规相冲突,它要求人们应该认同和接受自己的性别特征。人们可以纠正畸形以恢复失去的性功能,以便允许显示男人或女人具体性别身份,尽管性别身份在很多情形下是模糊的。基督教认为,性别不是社会的造物。《创世记》中,上帝造人并成为男人和女人的叙述里,同时,在《福音书》中,由基督提供了一个权威性标准,作为同种双性的人的形象。《创世记》称"乃是照着他的形象造男造女"(《创世记》1:27),随后,《福音书》指出:"那起初造人的,是造男造女"(《马太福音》19:4)。人类深刻的现实是,要么是男人,要么是女人,无论这个现实是多么难以辨别。应尽可能指导所有外科和其他干预技术,去维持或决定恢复某人的性别身份。

通常、但常常不一定如此,这种身份能从遗传型性别身份中获得证实。而这就像在其他方面那样,在一个被罪恶强烈毁损的世界,必须了悟很多问题,有时是痛苦的且晦昧不明的。在这样的情境下,人必须尽

---

① 如果一个男人或一个女人其性别特征由于癌症原因施行手术而改变,并且在解剖上尽可能寻求恢复,那么事情就完全不同了。

量尝试用医学方式和心灵的曙光重新构造那原初的本真归属的形象。①这种认识，与为先天性生殖器畸形的儿童制造正常功用的生殖器的技术尝试无关。当遭遇新生儿生殖器两性畸形而在遗传型性别和表现型性别发生争议时，应该认同遗传型性别。遗传型是具体性别的一个基本因素：通常正是这个性别的原因解释了性别身份与功能的来源。然而，在一个破碎的世界里，我们的身体存在常常显得软弱无能和残缺不全，并且还不能实现人类的基本性别认定如此简单的问题，甚至对遗传型身份的申明竟然无能为力。在一些情况下，对某一案例应该怎样判断特殊遗传型而又缺乏表现型明显证据（例如，携带 XXY 染色体的克兰费尔特综合征［Klinefelter's］患者）是困难的。人必须尽最大的努力在不尽如人意的环境中，获得正常的人的性别身份，同时不但要尽可能避免通过手术进行性征改变，而且还要追求一个目标，即让那些出生时具有双性畸形生殖器官的患儿恢复正常的性别身份，这样其就可以真正参加到教会规范的系列圣事圣礼生活中。因为人被创造为男人和女人，因为成为男人或女人本身具有深刻的存在学意义，儿童必须尽可能获得帮助，以确认其真实的性别身份。在一些情形下，这将要求得到某位具有深刻精神洞察力的人进行指引。② 在很多境况下，在婚姻方面，最好需要上

---

① 在面对困难的决定时，基督徒按照传统惯例追寻一个灵性教父的引导，以帮助他们设法如何超越情欲得到解脱，去验证灵性（《约翰一书》4：1），以此辨别上帝的意志和决定。"他，追求自己的意志，然而不经意地，将永远难以注意救世主的训诫……不要自己一个人，以免被毁灭灵魂的狼带走，或者屈从于一个又一个疾病，这样心灵被毁灭，或者，当你屈服时，你会陷入无尽的悲痛。他，若把自己交付给一位好的导师那里，将不必有这样的担忧，而从此你将没有挂虑地生活，并被基督、我们的上帝所拯救，对他而言，这永远是一种荣耀。"见新神学家圣西蒙（St. Symeon）：《新神学家西蒙论文集》（Symeon the New Theologian, the Discourses），C. J. 德卡坦赞若（C. J. deCatanzaro）译，纽约：保利斯特出版社 1980 年版），第 232、237 页。在很多情况下，只能有一位非常神圣的、具有真正心灵洞察力的父亲或母亲（例如，a staretz or geronde），能够对子女客观性别角色给予正确指导。
　　a staretz or geronde，法语，意为"老者或老妇"。——译者注
② 如果我们强调初期观点，传统基督教认为，男人和女人的关系本是依据他们在伊甸园中的被造。"起初，男人不是由女人而出，女人乃是由男人而出；并且男人不是为女人造的，女人乃是为男人造的。"（《哥林多前书》11：8—9）还要认识到这种关系不恰好就是失贞的结果而形成的，而是就性的本体论来说根植于上帝的最初的意图。正如已经标注出的："女人要沉静学道，一味地顺服。我不许女人讲道，也不许他辖管男人，只要沉静。因为先造的是亚当，后造的是夏娃。且不是亚当被引诱，乃是女人被引诱，陷在罪里。然而女人若常存信心、爱心，又圣洁自守，就必在生产上得救。"（《提摩太前书》2：11—15）

帝的仁慈，而且这方面的求助，似乎最合乎情理。①

在一个被欲情和罪恶结局扭曲的世界，必须明确的是，个中很多东西是晦暗未明的，比如某人经手术和激素改变，使自己从外表上表现为某种性别中的一员，但这就与自己最初童年时代，如何度过自己青春期性经历不同。一些男人，特别是那些经过外科手术改变成女人的男人，也许就和女人一样通常很随意地被接受，特别是那些通过外科手术变成女人的男人，也许很轻松地被认作女性，就像那些遗传型性别为男性，却是因女性化的肿瘤而成为女人，结果与结了婚并被接受为女人的普通女人一样，获得承认。在第一个千禧年延续的思想中，教会应该怎样看待这样的人，即经过变性手术之后想要进入圣礼的婚姻者？考虑到对致残性手术的强烈谴责，并且因为违反教规行为，而阻止某人进入教会神圣之地（例如，阻止成为神职人员），② 任何经过外科手术干预，改变性别表型的人，应该被阻止进入圣礼的婚姻，更无须说晋铎神职之事。医学应该被用于保全并恢复正常的人，正如男人或女人。

类似相关的教规，特别是第一次和第二次大公会议（861）的教规第Ⅷ条，对以治疗性阉割术改变性角色不予禁止，阉割之罪就如同拒绝作一个合法男人身份一样（并且暗示作为女性；女人阉割在那个时间段是不可能的），是对造物主的漠视与侮辱。③ 因此，这也应该涉及对外科干预手术如何认定合理，以及这类手术应用不被限制，即出于医学理由，来维持生命或实现其应具备的功能，这在基督教传统中从来都是能够被接受的。只要外科的或医疗的干预没有要放弃标准人类性模式要素，并且是治疗性、恢复性或对健康具有保护性的，在此，幸福健康的目标在传统的基督教背景下，应该是被认可的，应该不会有道德障碍。

---

① 在我们这个支离破碎的世界，随时都可能有一些孩子不能明确地拥有他们合适的性别身份。在某些情况下，例如，遗传基因型男性（genotypic males），因为生有一个良性的女性化肿瘤，而呈现出女性的第二性别特征。结果，他们可以作为一个女人而结婚，只是后来不能生育孩子而引起了医学上的关注。在这种情况下，伴随着心灵指导，健康关怀职业人员可以默认，接受明显的女性性别身份来作为这个人的社会性别身份。如果这个女人是一位神父的妻子，那么，就有强大的理由来阻止这样做，因为他们的结合，应该是一幅毫无瑕疵的、亚当和夏娃独特结合的神圣显像。
② "苦修士约翰（John the Faster）的第35教规"，载《舵》，教规19，第943页。
③ "即所谓第一和第二届理事会的第17条教规"，载《舵》，教规8，第465页。

这样，实施男性包皮环切术来表达对男性或其配偶的医学利益，当然应该得到允许。① 但相对应，不属于治疗性女性阴蒂切除术不能被允许，因为它从根本上改变了女性解剖学特征与自然本性。以往，进行女性阴蒂切除术与阉割有类似的理由，也就是，通过摘除阴蒂来检验女性的性欲水平。此外，女性阴蒂切除术意味着明显的毁伤；它排除了女性生殖器完整与女性性征核心。② 然而，如果切除是由于患有外阴癌症而进行，应属于治疗性的，因此是被允许的。从事整形手术恢复人类的原初形态，应该被接受。

整容外科手术是否适当，其区别在于，是否由基督教禁欲主义不追求奢侈享受与是否过分地受到人的身体诱惑来设定的。例如，一位脱衣舞女郎以丰胸来张扬自己的事业，通过丰乳来巩固自己的职业生涯，将亵渎某些传统基督教规则。因为为人类掌控自我的目标，就是要心向上帝，在整容手术中有许多灰色的道德区域，需要精神与灵性的指引。例如，企望青春永驻的美容手术应该有理由禁止。在其他手术区域，也许会少一些争议。不像罗马天主教道德神学是以其"整体原则"为基础③

---

① 包皮环切术的医学辩护很牵强。参见爱德华·华伦斯坦（Edward Wallerstein）《包皮环切术：一个美国健康的谬论》（*Circumcision: An American Health Fallacy*，纽约：春天社1980年版）。在此，尽管对男性包皮环切术而言，缺少充分的医学理由，但是男性包皮环切术在宗教原因上一直是允许的，因为其意图很显然并不是不尊重造物主，但我们已经清楚，即使作为基督徒，这项手术也不再作为必需的形式。此外，包皮环切术当然没有明显破坏男性的解剖结构，也没有排斥男性身份。从宗教视角来看，既然男性包皮环切术在《创世记》中被命令先译，那么很明显其实施不是有违道德的。

② 参见罗莱塔·科佩尔曼（Loretta Kopelman）《女性包皮环切术/生殖器切除和伦理相对主义》，载《第二种观点》（*Second Opinion*，1994年10月号），第55—71页；《对相对主义的医学挑战：女性生殖器切除案例》，载 R.A. 卡森（R.A. Carson）、C.R. 本斯（C.R. Burns）编《医学哲学与生命伦理学》（*Philosophy of Medicineand Bioethics*，多德雷赫特：克伦威尔，1997年版），第221—237页。

③ 罗马天主教的"整体原则"，在判断如何可以保全人的身体完整性并避免破坏性手术时，显现出它的价值："如果出于为保全完整身体这一目的，并且在生命维护方面有价值，一个毁伤性手术或程序可以是合法的。"见约翰·P. 肯尼（John P. Kenny）《医学伦理学的原则》（*Principles of Medical Ethics*）（第二版）（威斯敏斯特，马里兰州：纽曼出版社1962年版），第154页。这个原则的表达可以至少追溯到托马斯·阿奎那（Thomas Aquinas）的时代，见《神学大全》（*Summa Theologica*）II.2 Q 65 A 1。例如，在为了避免将来患阑尾炎的风险

第五章　生育：生殖、克隆、流产和分娩　　375

及其对关于附带的阑尾切除术（也就是，考虑到阑尾没有什么重要的功能，同时也承认阑尾炎的危险，于是在做其他手术时切除一个正常的阑尾）的一些担心，在传统基督教生命伦理学框架内，其关键问题是，治疗性意向以及手术对作为一个人、一个男人或一个女人的合法性身份判定理性论证的阙如。

以上这一切为人类遗传工程的应用提供了几点指导：[①] 伴随遗传工程，人至少必须保留作为理性道德个体的人的特征，这些个体不管作为男人或女人，必须繁衍和生育人类。由于性欲和性别的区别，以及总体生育婚配的能力，都从本体论上定义了人类，如果不想使人类存在的特征退化，这些就不能被忽视。作为男人和女人，人类的总体特征表现为不仅处于异性恋的婚姻中，而且还在生育的过程中，这意味着性别差异（"他把他们造成男人和女人"，《创世记》1：27）和人类性别共同体生殖的可能性（"增加并且繁殖"，《创世记》1：28），都不应该被忽视。人类不应被分割成不能进行异性繁殖的不同物种。[②] 在这样的限制

顺便进行的阑尾切除术，这样来应用此道德原则一般是可以接受的："在腹部由于一些其他原因被打开时切除健康的阑尾是合法的。"见约翰·P. 肯尼（John P. Kenny）《医学伦理学的原则》，第178页。其他人认为，在传教远征途中没有内科医生的时候，进行阑尾切除术来避免患阑尾炎的风险在道德上是可以接受的。相似的原因被应用于可选择的扁桃体切除术。参见查理斯·麦克范登（Charles J. McFadden）《医学伦理学》（Medical Ethics，费城：达维斯1961年版），主要参阅第268—270页。

① 对生殖遗传系统的世俗道德问题作直接但十分有意义的考察。参见内尔森·威吾尔（Nelson Wivel）、里罗·瓦特斯（LeRoy Walters）《生殖细胞基因修正和疾病预防：医学和伦理视角》，载《科学》（Science）第262期，1993年10月22日，第533—538页。还可查看里罗·瓦特斯（LeRoy Walters）、朱利·盖吉·帕尔玛（Julie Gage Palmer）《人类基因治疗伦理学》（The Ethics of Human Gene Therapy，纽约：牛津1996年版）。

② 不应该对人进行明显的改造，否则，他们就不再明确地是与基督时代的人的相同种类。基督对人的设计使我们人类合乎标准。通过洗礼，通过团结在基督——上帝肉身化的儿子的周围，一个新的种族被创造出来，成为基督的类族。在这个新的类族中，人类分成多种多样的种族，并且其产生的危害，包括种族主义在内的各种各样的邪恶将被避免并予以克服，只要在真正的信仰与真正的崇拜下，所有人都团结在基督周围。这样，神父在适当的时机祈祷，这是在礼拜前神父祈祷的一种进入方式："为我们打开你怜悯之门，噢，受祝福的圣母。当我们将希望寄托在你身上时，我们不会困惑；通过你，我们可以从厄运中获得自由，因为你就是基督种族的拯救者。"见《祈祷文》（The Liturgikon，恩格尔伍德，新泽西州：安提阿东正教主教管区1989年版），第231页。作为种族的成员，基督徒不应该通过基因工程受到如此特别危害，以致他们可能不再顺利地进入婚姻的奥美之中。

下,假定在圣三长老的教诲下,很多人类遗传工程将不会被道德所拒斥,反而被赞扬,假如它不仅为身患疾病的人,而且为人类后代治愈疾患。此外,人类遗传工程的意义在于可以防止或避免有遗传性疾病后代的出生而准许使用堕胎术。当前,产前筛查,如果不是为帮助一个家庭实现其生育计划,即意在需要特别关怀的孩子出生,或主要是给予选择堕胎的理由。

毫无疑问,这一观点正使很多世俗生命伦理学家备感困惑,原则上,他们有强烈的使命感去禁止人类生殖系基因工程(human germline genetic engineering)。但这并非意味对于基因工程,甚或人类生殖系基因工程就有了一个世界性公认的谴责理由,而仅仅在原则上,确立了一个谴责堕胎的依据。在某些文化中,谴责基因工程,是表述对自然的亲和,特别是对人类生殖系基因工程的指责;而某些异教徒(nigh-unto-pagan)可能会对此欣喜若狂,其把堕胎看作是从生物学上肯定对妇女的解放,但东正教的观点刚好相反。所以从这个意义上来讲,通过基因工程治疗疾病本身并不是邪恶的,至于堕胎,必须始终且明确地作为一个非常严重的道德问题。① 因为基因工程能够减少疾病,促进健康,减少堕胎的概率(因为儿童可以通过基因工程而避免一些疾病和残疾,而这些疾病和残疾通常会促使堕胎的发生),世俗道德对道德优先次序规定的观念必须转变。虽然剥夺一个未出生者生命的行为始终是错误的,但除非在上文所述的情况下(如改变人性根本特征),生殖系基因工程的发展应该是一个十分审慎和需要辨析的问题。② 这种道德上所关

---

① 派修斯长老(Elder Paisios)报告了一个令人恐怖的景象,那是他在1984年Bright Week 的星期二午夜的经历,他听到成千上万令人心碎的流产婴儿灵魂的哭喊声。见普列斯蒙克·克里斯多都罗斯(Priestmonk Christodoulos)《圣山的派修斯长老》(*Elder Paisios of the Holy Mountain*,圣山出版社1998年版),第174页。

译者注:Bright Week,希腊文为 Διακαινῆσιμοσεβδομάδα,意为光明周或重建周,即东正教从复活节开始第一周,为东正教徒一年中最喜庆的日子,同时,借基督复活,重新清正自己灵性与世俗生活的秩序。

② 很显然,为选择婴儿性别而禁止流产,威茨(Wertz)和弗莱彻(Fletcher)提出如下观点。在他们的评论中,从未考虑将谋杀成年人与谋杀婴儿进行对照。在美国,这个是可行的,在《罗埃诉威德》(Roe v. Wade)和最高法院裁决的框架内,因为某种特别原因而禁止流产,比如选择孩子性别;可以这样类比,禁止向准备谋杀别人的人出售枪支,这不是一个很有效的类比,因为很少有谁为谋杀会告诉他人购买枪支的目的,所以很少有家长会告诉医生,

注的优先次序的颠覆,将围绕性别选择展开。通常,世俗生命伦理学家的反思,不会谴责由性别选择而堕胎的罪过,而只是专注于设定这样一种犯罪:确保一个新生儿是某一特定的性别。然而,如果在选择程序上,并不涉及不正当手段(如流产),这还远远不足以证明,为什么进行性别选择是错误的。事实上,如果原则上发现吃一些天然可获得的食物(例如,墨西哥胡椒),从而增加产生那些影响精子的Y—染色体,最终确保一个男婴出生的机会,那么这样做又有什么错误?如果这种天然的食物被专门包装和推介使用,如此,对于终止性别选择的影响又会如何?如果要人为地制造这种材料,与天然食用又有何差异?这些传统的建议都没有原则上的错误。而且,如果男性比女性生育得更多的话,

婚前性行为、未婚避孕和艾滋病

不论是神职人员还是医生,都能真实地认识到人性。负责忏悔的神甫们,听到人们对于相同的罪无数次地重复揭露与反省,而这些罪过表现了人赤裸裸的虚伪和傲慢。他们知道人们真实的生活到底如何。那些有罪的、病态的人性被完全地揭露出来。医生也同样,经常面对揭穿真相的境况,虽然两者是基于不同的角度。医生处理那些由不忠、轻率或有罪的选择而导致的后果。他们认识到,那些罪恶不仅仅被局限于罪恶的后果。比如艾滋病等疾病,从公众健康的角度来看,应该是杜绝婚外性关系(和静脉注射毒品的非法使用)之中这类不足挂齿的问题。但是现在艾滋病已经演变成一种世界性的威胁,它直接威胁到感染艾滋病毒的父母所生的无辜儿童以及接受输血者的健康。在当今这个情欲战胜了慎独和美德的世界,医生通常要求为未婚者提供避孕药具,以及为那些打算从事非法性行为的人提供避孕药物。

专业保健人员可以提供避孕药具给未婚者,并且教他们如何使用,那么或许会使得更多的男性成为修道士。显然,这些行为没有任何明显

他们想要知道婴儿性别的真实用意。即使是不强行禁止性别选择的西方社会,这也给公民自由以及流产的权利带来了极大的挑战。见多若西·威茨(Dorothy C. Wertz)和约翰·弗莱彻(John C. Fletcher)《产前诊断的性别选择:一个女性主义者的批评》,载海伦·霍蒙斯(Helen Holmes)、劳拉·帕尔蒂(Laura Purdy)编《医学伦理学的女性主义视角》(*Feminist Perspectives in Medical Ethics*,布卢明顿:印第安纳大学出版社1992年版),第248页。

的错误。以防止人们感染严重的传染性性疾病,以及减少人工流产的可能性,只要他们不直接鼓励或宽恕那些把避孕药物作为预防疾病的不道德行为。医生和其他专业保健人员就像为相互攻击者提供头盔的人,那些人虽然疯狂地想要相互袭击,但是还能被劝服至少首要保护好自己的头部。在不道德的性行为中提倡使用避孕套的失败,可能会增加通奸的丈夫感染严重传染性性疾病的风险,然后传染给他们的妻子和将来的子女。随着艾滋病毒的发现,无辜的妻子和子女受害的悲剧已变得非常严重,并呈全球性趋势。如果从根本上杜绝不管是同性还是异性之间的非法性行为,以及近几十年来,占据相当比例、由非法静脉注射毒品而传播的传染病,疾病蔓延的速度应该变缓。数以万计的个体罪恶行为所造成的艾滋病的传播和人类死亡,已经超出了那些罪恶行为的本身,而伤害了无辜的儿童和成年人。艾滋病已经被视为当代所关注的性传染病的焦点。即使不宽恕这些罪恶的行为,人们也可以针对进一步的疾病和死亡提供保护与援助。因为传统基督教在涉及这些问题时,脱离了学院式生物学的对自然或反常行为的观念;此外,虽然在未婚情况下妊娠流产的风险很大,而把避孕药物提供给未婚者时,也常常伴有遗憾和劝诫,但这些并没有什么不妥。

对不宽恕非法性行为的职业责任,往往会给予传统基督教专业保健人员超出"专业的价值中立"之评价。所以这样的职业责任,在一个行业协会里很难期望听到称赞,甚至不被接受,它被看作是有罪的。打破这种中立界限的医护人员会被认为违背专业宗旨,因为他们把自己的价值观强加给其他人。其实,关于专业中立价值的正确理解,是要求医生和其他医护人员,对那些不道德行为,不能以进行惩罚或者威胁的形式,把自己价值观强加于人。例如,医生不应因病人是臭名昭著的罪人,或者因为病人有罪导致了某种疾病而拒绝为其治疗。然而,传统基督教所提供的医疗保健应作为典范,是道德高尚的、致力于灵性整体性的、神圣的基督医生(the holy unmercenary saint – physicians)。他们已经远离了价值中立:他们从健康与疾病的大背景中独立出来,在灵性而非道德的背景下不提供物理的治疗。"他们对工作报酬没有要求,只要求病人在基督怀中信仰上帝。"① 基督医生,比如像道德高尚的那些圣

---

① 尼古拉·维利米罗维奇(Nicholas Velimirovich):《奥赫利德序言》(*The Prologue from Ochrid*,伯明翰,英国:拉扎瑞卡出版社1986年版),第3卷,第5页。

基督医生们（the holy unmercenaries），其责任还是应该鼓励虔诚的敬拜和纯正的信仰。

给予那些非法性行为者，即对婚前和婚外性行为的人提供避孕药具，在理论上可以明确认定是不道德的。人应该具有绝不纵容罪恶的责任，而不是进一步的助长犯罪，也不能进而助长不道德或反宗教情绪（马太福音7：6），例如，一个人可以不为那些有不道德性伙伴关系（即一男一女的婚外情）的人提供医学治疗而使其恢复性功能。但这项任务却给医生和其他医护人员造成了很大的困难。提供一个完整的道德或宗教医疗很可能会遭到非常多的攻击：很多人都会提出其中任何一条意见，如对其隐私的侵犯、道德上的不适当性或者围绕宗教信念的非法侵入等，攻击医生和其他医护人员的行为是不正确的。这已成为世界性自由主义精神宝典，认为私通和同性恋行为不道德是策略性错误，是真正世俗的不道德。对于试图劝诫和干涉道德上不适当的性推力的医生和其他医护人员，这种针对性尤其强烈。在这样的环境下，公开成为传统基督教专业保健人员，可能会引起那些主张世界性自由主义精神的人的敌视。圣基督医生将因其在行医实践中彰显基督教精神殉道而终。

堕胎、流产与生育

从早期教会开始，故意杀死胎儿的行为就已经被视作根除错误的爱情（radical failure of love），这曾被看作是最为败坏的行为，但不管怎么说，胎儿也是值得尊重的生命。[①] 谦恭的服从精神使基督徒们无法接受置人的生命于死地的反人类行为。[②] 也正因为如此，过失杀人犯以及

---

① "长老菲劳歇奥斯·杰尔瓦考斯（Father Philotheos Zervakos, 1980）是一位圣尼克塔留斯（St. Nectarios）修院的圣徒，他有天生的洞察力，直到现在他的墓地都充满着芬芳。他认为，堕胎行为超过所有异端和罪恶，再没有什么罪行能比堕胎更恶。如果那些父母已经生下了他们的孩子并为他们受洗，然后再用一把匕首杀死那些孩子，那么他们的孩子便可以作为一个基督徒而死去，这样，父母为此所需要担负的责任则要小一些。无论什么时候，父母堕胎所犯下的罪恶都超过居住在罪恶之地和俄莫拉城（罪恶之都）居民的罪恶。"请参阅汤姆（Tom）乔继亚·米特拉考斯《1998年的凡人生活和圣徒智慧》（*The 1998 Daily lives and Wisdom of the Saints*，宾夕法尼亚州，艾利逊公园：东正教日历，1997年8月28日）。

② "只是我告诉你们：不要与恶人作对。有人打你的右脸，连左脸也要转过来由他打；……"（《马太福音》5：39）"然后耶稣对他（彼得）说：'收刀入鞘吧！凡动刀的，必死在刀下。"（《马太福音》26：52）

在正义战争中而杀戮人的人都将被逐出教会。① 即使堕胎是维护母亲的健康或防止其死亡,这种保护母亲生命的行为也被看作是杀人。一开始,教会就相信灵魂可以进入身体。② 在西方,当早期堕胎观念和晚期

---

① 请参阅"使徒教规66条",载《舵》(The Rudder),第113—117页,以及圣巴西拉主教(St. Basil the Great, +378)教规第13条,载《舵》(The Rudder),第801—802页;这些问题将在第六章中进一步探讨。

② 正如已经在文中所说明的,圣巴西拉的礼仪观认为,自从婴儿独立存在于母亲子宫中就应开始,这就是说,必须把子宫里的婴儿当成一个人来看待。"上帝,您对所有人的年龄和名字都无所不知,甚至能从母亲的子宫中知道每一个人。"见哈普古德(Hapgood)《服务册》(Service Book),第109页。在此有必要再次强调,从"70子译本"(the Septuagint version)圣经版本中的《出埃及记》看出,那种关于通过区分成形与未成形的胎儿来干扰人的观念的推论,受到圣巴西拉的反对(《出埃及记》21∶22)。在西方,这样的区别标准,被用于从时间上的早晚对堕胎,进行司法上的判断。而在圣经中,这样的区分仅仅是被理解为律法的差异。当然,对犹太民族来说,堕胎是一种很严重的罪行。见《医学与哲学》(Journal of Medicine and Philosophy)1983年第8期,第317—328页。托马斯·阿奎那讨论了如何判定胎儿是否已经获得理性灵魂的主宰。参见亚里士多德(Aristotle):《动物的生成》(De Generations Animalium),2.3.736a—b和《动物志》(Historic Animalium),7.3.583b。这种区别证明了阿奎那是赞同亚里士多德观点的,后者认为晚期堕胎应判定犯罪而早期堕胎可以宽容。参阅阿奎那(Aquinas)《斯基塔拉的亚里士多德:民政政治学》(Aristoteles Stagiritae: Politicorum seu de Rebus Civilibus),第7册,12版,载《全集》(Opera Omnia,巴黎:生活1875年版),第26卷,第484页。另见《神学大全》(Summa Theologize)学科—2 (1, 118)和学科—8 (2—2, 64);以及《波特里·隆巴迪对第四部书的评论》(Commentum in Quartum Librum Sententiarium Magistri Petri Lombardi),专辑31,系列丛书31,Fxpositio Textus,载《神学大全》(Opera Omnia)第11卷,第127页。

关于这些在罗马天主教道德神学方面引起争论的问题,其生物进化调节的结果,请参阅敦西尔(J. Donceel)《堕胎:调节纷争》(Abortion: Mediate v. Immediate Animation),续刊(Continuum 5)第5期(1967年春季号),第167—171页;《中间生物与延迟的人类起源》(Immediate Animation and Delayed Hominization)见《神学研究》第13期(Theological Studies 13)1970年3月,第76—105页;佳能·亨利·德多伦得(Canon Henry de Dorlodot):《调解生物进化理论》(A Vindication of the Mediate Animation Theory),载 E.C. 使者(E-.C. Messenger)编《神学与进化》(Theology and Evolution,伦敦:金沙1952年版),第259—283页。相对应的,作为一个注释,可参阅《舵》(The Rudder),其中表明圣巴西拉和传统基督教的观点是:

在《出埃及记》5∶22中,记载着:任何人偶然伤害到孕妇以至于使她流产,或者伤及了胎儿,如果流产后的胎儿尚未成形,此人应尽可能偿付孕妇丈夫所要求的赔偿,其依据,即胎儿尚不是完整的人且不具备理性的灵魂,按西奥多雷特(Theodoret)和西奥多(Theodore)的意见,如果胎儿已经成形,杀死这个胎儿的人将会被视为谋杀犯而应被判处死刑,他杀死了一个具有完整身体和理性灵魂的人。但是圣巴西拉辩护说这种观点在实质上与我们并非一致。(《舵》,第789页)

正如已经注释过的那样,圣巴西拉教规2(St. Basil's Canon II)认为:"一个故意堕胎的妇女在法律上应该被作为谋杀犯进行审判。"

堕胎的理论认定。①其关注焦点是，不可伤害孕育在子宫中的生命。此外，所谓直接和间接堕胎；以及在预知情况下，无意和故意堕胎；都没有本质上的区别。2000年，被西方教会接受的堕胎分类表明，它宽容了在某些特定情况下的堕胎。

基督徒蒙召进行爱的传播与人类的生殖，并禁止剥夺未出生者的生命。

> 故意流产的女人会被当做杀人凶手进行审判，而对于通行的定义和无法言表的概念，这不是一种精确的说法。因为在此，所涉及到的问题已经不仅仅包括赋予将出生的婴儿生命的正当性，而且涉及到不为自身负责的女人。因为在多数情况下，这些女人会在堕胎手术过程中死亡。但除此之外，还有一个事实我们需要注意，至少在那些敢于有如此行为的人看来，毁坏胚胎构成了另一种谋杀。对我们来说，有必要给她们一定的时间，对其忏悔和赎罪予以纠正和安抚，而并不扩延她们供认的罪过，以至只能将其处以死刑。②

一个杀死未成形胎儿的人是谋杀犯，因为根据难以回避的自然法，胎儿虽然暂时尚未成形，但在将来注定会拥有完整的肉身和理性的灵魂。(《舵》，第789页)

在反对所有早期堕胎的前提下，传统基督教认为当灵魂进入身体时，我们没有权力去认定，换句话说，就是要求人们必须对新的生命给予承认，即使灵魂可能尚未进入肉体之前。杀死那样的生命，意味着将使得某人失去生命。很明显，圣巴西拉在回避任何关于灵魂何时进入身体的判定。见《圣巴西拉主教书信》(*St. Basil the Great*, *Letter* 188)。概括地说，对待堕胎的立场是独立于如何看待"人格"(personhood)，以及如何看待灵魂这一概念，或者怎样区别子宫内的人(human personal)和生物学生命的人(human biological life)。

① 从12世纪开始西方的教会律法使得罗马天主教会在13世纪意识到把堕胎作为谋杀罪和把其看作是杀害未成形胎儿行为之间的区别，也就是说，假设胎儿没有灵魂。《由罗马教皇格里高利九世编译，至今具有语言感召力的教规法的修订与注释》(*Corpus Juris Canonici Emendatum et Notis Illustratum cum Glossae: decretalium d. Gregorii papae Noni Compilatio*，罗马，1585年)，通用书卷5，第12部分，20章，第1713页，从1234年到1869年，罗马天主教会并不把早期的堕胎等同于谋杀。见约翰·诺南 John T Noonan, Jr.《历史上的绝对价值》(An Almost Absolute Value in History)，载约翰·诺南编《堕胎的道德》(*The Morality of Abortion*，马萨诸塞州，剑桥：哈佛大学出版社1971年版)，第1—59页。在教皇西克斯特五世(Sixtus V)时期，1588—1591年，经历了三年对早期堕胎非宽容时期。对照教皇西克斯特五世(Cf. Pope Sixtus V)"同意堕胎法案"(佛罗伦萨：谢奥乔斯·马雷斯考特1588年版)。

② "我们尊敬的父亲主教巴西拉的教规"，载《舵》，教规2，第789页。

教规认定被谴责的人，不仅仅限于有堕胎行为者，也包括那些为堕胎提供相关便利的人。"至于那些为妇女提供药物以促使其流产的人，以及那些服用堕胎药的人，更应该受到谋杀罪的刑法处罚。"① 再次，"那些以杀死胚胎为专门职业的人，以及那些提供或者服用毒药以达到流产和在婴儿未成熟时放弃他们生命为目的的人，我们有规定，他们应该被判处三年甚至最多达到五年的徒刑"②。这个规则特别针对那些妓女。

> 对于那些成为妓女并杀害她们自己胎儿的女人，以及那些图谋以流产为生意的人，先前的法律规定他们终身不得参与圣餐礼仪（for life from communion），并且没有任何申辩权利并被驱逐。但是，在十多年来，我们已经按照所划定的罪过的程度，制定了与此相应的刑法。③

此教规清楚连贯地记录了禁止堕胎行为，并且把这种禁止与谋杀犯罪联系起来。

禁止人工流产，对当代健康保健的实行有一个戏剧性的暗示。撇开其他事情不谈，健康保健的实行，引发了人们对产前筛查与堕胎的质疑，而这种医学诊查手段已成为世俗社会医药界的明确支持，和世俗社会有责任心的父母赞许。如果已经证明未出生的胎儿有缺陷，那就要求给未出生的胎儿是否选择流产进行评估。一个人对于社会的责任，不仅仅限于避免为一个有严重缺陷的新生儿付出一笔费用，而且要保证后代免于承担严重缺陷所带来的负担。④ 没有为家长提供必要的资料，以使

---

① "第六次大公普世会议的102条教规"（691），载《舵》，教规91，第395页。
② "克利索斯托姆主教的35条教规"，载《舵》，教规2121，第944页。
③ "安盖拉理事会的25条教规"（315），载《舵》，教规21，第501页。
④ 例如，在一些司法条款中，法院不仅支持父母可以获得一笔款额，以养育有先天缺陷的子女；而且，也支持如果父母在该子女未出生之前就获得足够的信息，以至于他们来得及堕胎，这就可以避免这笔花费；同时，法院也支持子女因为自己的缺陷而要求获得抚养费用。有些法院甚至规定孩子可以因为父母没有及时堕胎而对他们进行起诉，虽然这项支持在舆论的纷争中予以废除。见《克伦德尔诉生命科学实验室与自动化实验科学实验室》（Curlender v. Bio - Science Laboratories and Automated Laboratory Science, 165 Cal. Rptr. 477, Ct. App. 2d Dist. Div. 1, 1980）；《塔品诉索尔提尼》（Turpin v. Sortini, 31 Cal. 3d 220, 643, P. 2d 954, 182 Cal. Rptr. 337, 1982）。还可见《哈勃松诉帕尔克—戴维斯》（Harbeson v. Parke - Davis, Inc. 98 Wash. 2d 460, 656 P. 2d 483, 1983）。

第五章　生育：生殖、克隆、流产和分娩　　383

他们能够作出决定，是否想要杀死未出生的后代，已经成为医生的法律责任。在一些管辖区，这也包括了有严重缺陷的新生儿为所需要的费用而提出诉讼的可能性，而这种缺陷本来可以通过其父母堕胎而避免。①有责任心的父母很现实地把关注重点放在避免孩子的先天缺陷和畸形，即欲达到这样的目的，只能通过杀死胎儿来实现。这种世俗意义上有责任心的父母角色，其实歪曲了传统意义上父母的责任，这其实是一个挑战，即它诱迫双亲不再面对爱护和关怀有严重缺陷和残疾儿童。由于有了产前检查和堕胎，父母仍然可以掌控自己的生活。他们可以确信将拥有一个像他们的房子和汽车一样完美的儿女。在一个即将出生的新生儿有严重缺陷的情况下，流产并不被看作是杀死这个孩子，即使孩子已经在子宫内发育。同时，关于让有严重缺陷的新生儿得以生存对其是否是一种伤害的争论，在传统社会中也得不到任何的赞同。处于生命持久而不仅仅承受短暂痛苦的境遇，孩子的一生尽管伴随着缺陷、残疾或疾病，但在这短暂的一生中，却可获得可观的救济，也有机会体验教会的神圣奥秘（Mysteries of the Church）。

　　这种传统方式的堕胎行为，由于旨在避免过失杀人，所以堕胎和流产的界限确很模糊。曾经有人对此表示赞赏，即使陷入如此方式的无意杀人会损害当事人的感情。按照这样的推论，对流产罪的赦免是因接受了：（1）悔改的重要性，因为这是我们被卷入一个道德败坏且充满罪恶的世界的路径，我们甚至可以不自觉地成为杀害无辜儿童的共犯；（2）承认宽恕的必要性，对于失去未出生孩子的女人，任何属于她自

---

① 因不合法生命（wrongful life）而引发的民事侵权行为的概念的改变，参见安哥拉·郝德尔（Angela R. Holder）《是否有一种生命叫伤害？不合法生命就是》载 斯佩克（S. F Spicker）等编《法律—医学的关联，哲学探索》（*The Law – Medicine Relation: A Philosophical Exploration*，多德雷赫特，雷德尔 1981 年版），第 225—239 页；雷尔（G. M. Lehr）、赫尔谢（H. L. Hirsch）：《错误的观念，出生与生命》，载《医学与法律》（*Medicine and Law*）1983 年第二期，第 199—208 页；哈维·莫瑞姆（E. Haavi Morreim,）：《损害的观念与概念（*Conception and the Concept of Harm*）》，载《医学与哲学》（*Journal of Medicine and Philosophy*）1983 年第 8 期，第 137—157 页；杰弗里·鲍特金（Jeffrey Botkin,）《不合法生命的法律释义》，载《美国医学会刊》（*Journal of American Medical Association*）第 259 期，1988 年 3 月 11 日，第 1541—1545 页；德博雷赫·马修（Deborah Mathieu）：《产前损害预防》（*Preventing Prenatal Harm*，多德雷赫特，克伦威尔 1991 年版）。

身的责任都需要被宽容；以及（3）承认通过某些手段，促使其流产的女人，内心也牵挂着虔诚的祷告：

> 主啊，耶和华，我们的上帝！神圣的父和圣母玛利亚生就了您，当您还是一个婴儿的时候，您躺在马槽里：遵照您伟大而仁慈的心，成为您怜悯的仆人，我们生来就是罪人，无论是自愿或是被迫，都已经身陷杀人之罪，因为流产的预想是她自己所持有的。请原谅她有罪的行为吧，无论她是被迫的还是自愿，请保护她逃离魔鬼所设的陷阱。请洗涤她的污点，拯救她的软弱，并接受她吧！人类所热爱的主啊，您拥有强健的身体和灵魂。请让一位光明的天使去指引她，使她脱离那些不可见的魔鬼对她的攻击，是的，主啊，正如您让人们摆脱疾病和软弱。净化她身体的污秽和她子宫内各种累赘吧。用您伟大的仁慈与怜悯让她卑贱的身体从她所躺卧的床榻上站立起来。因为我们都是生而有罪的，在您面前，我们每个人都是肮脏的，哦，主啊。因此，我们只能流着泪恳求您：从天堂里向下看看吧，请注视被谴责的我们，我们是多么的软弱无力。请宽恕这一切吧，您的仆人，我们这些生来有罪的人，无论是自愿的还是被迫的，都已经陷入了杀人的罪，因为流产的预想是她自己所持有的。然而，按照至善的您对人类的爱和伟大的仁慈，请怜悯并宽恕在场的所有人以及那些接触过她的人吧。因为通过您最圣洁母亲和所有圣人的祈祷，只有您有免除罪恶的力量。①

这种赦免既承认了罪恶感，也承认了实际上的罪恶。它隐含着对这样一种认识的赞同：未出生的孩子的失去往往使得人们感到自责，人们进而认识到如何可以采取不同的行动，也许能避免流产。除非通过在宽恕的怜悯中得以悔改，赦免并能为以上这一切做出努力。

由于对过失杀人罪的认定，即使进行人工流产的部分行为是为了挽

---

① 圣吉洪修院修士蒙克（Monk of St. Tikhon's Monastery）：《必备之书》（*Book of Needs*，宾夕法尼亚，圣迦南：圣吉洪修院出版社 1987 年版），第 6—7 页。

救母亲的生命（例如，由于宫外孕而摈弃胎儿），也不能因忏悔而赦免其罪。在第一个千禧年的教会里，至少对杀人的案例没有采用双重效应的教条学说，但这种教条在西方得以发展，并认为，通过意外死亡而消除可预知的死亡本身是没有罪的，这对于某人来说是致命的，而对另外一个人却是有益的。① 这一学说被医学领域所利用，至少在19世纪初的西方教会，这一学说被用来为没有更进一步提供精神安慰措施而辩护，比如由于癌症而切除子宫以拯救妇女的生命，即使这个妇女已经怀孕。② 而以非司法性为特点的传统基督教，则不再以医学治疗学为重点，把关注点放在对非自愿和无知的情况下的犯罪方面。③ 人们可能会卷入、比如对人死亡的罪恶之中，因为死亡违背一个人的意志，并会影响他的感情。特别是杀人，即使在非自愿的情况下，初看起来，是在使其承担一种特别的苦行与禁欲。这种"赎罪"不应该被视为一种惩罚，而是一项治疗。由于杀人罪的嫌疑而被逐出教会，说明了一种观点，在接受圣餐杯之前，杀人的可能结果必须真正中止。他必须从圣餐杯前退却，并且在灵性上加倍努力，直到可以有资格领受圣餐，不再受任何伤害。④

对通过这种方式的过失杀人，可以做行动与控制的区别。虽然意向也可以造成各种无罪致死，并转化为一种对他人致命的伤害（例如，那些在医院工作的人不愿意做加班志愿者，则导致医院有更多的人死

---

① 对于有双重效应的教义，须做以下说明："犯罪行为产生，只有在同时满足以下四个条件时才会被法律容许：(a) 行为本身必须是出于善意或者至少在道德上是中立的；(b) 一个好的效果必须随着行为的发生而出现，至少在恶的效果出现时立即出现；(c) 行为的意图必须只为引导好的结果；(d) 必须有充分的理由允许恶的结果存在)。"见赫利伯尔特·琼 (Heribert Jone)《道德神学》(*Moral Theology*)，乌尔班·阿德尔曼 (Urban Adelman) 译（马里兰州，威斯敏斯特：纽曼出版社1952年版），第14卷，第5页。

② 同上书，第136—140页。

③ 如恩格尔哈特语"自愿的和无意识的，都是罪"，请阅《基督教生命伦理学》(*Christian Bioethics*) 1997年第3期，第173—180页。

④ 人们必须时刻谨记，圣·保罗对不配分享圣餐者可能招致危险的严厉警告："所以，无论何人不按理吃主的饼、喝主的杯，就是干犯主的身、主的血了。人应当自己省察，然后吃这饼、喝这杯。因为人吃喝，若不分辨是主的身体，就是吃喝自己的罪了。因此，在你们中间有好些软弱的与患病的，死的也不少。"（哥林多前书11：27—30）

亡），但这仅仅是由于疏忽，而不足以直接产生这种致命伤害（例如，只是不愿意为额外的医疗而服务）。不过，如若死亡是违背人的意愿，那么近似参与杀人仅仅因为能够为某人心灵需求创造一个环境（例如，在驾驶条件良好的情境下，用一辆借来的汽车送一个生病的朋友去医院，驾驶员由于未及时刹车的疏忽，而导致行人死亡）。有意杀人和近似参与杀人，对人精神上都是有害的。一般来说，有意图与近似参与对于行为精神伤害的裁定是有区别的，尤其是涉及死亡问题时。也就是说，恶意（即有意愿伤害他人）和恶行（即已经做了伤害他人的事，即使被迫的），在精神上都是有害的。尤其要注意的是，近似参与杀人必须被视作精神治疗所托词的一种无意识的犯罪。治疗、疗法、近似与非近似参与的区分，通常可以参照与死亡相关行为的目的，以及是否有一个有意愿的第三者在其行为及死者之间进行干预。例如，用一种设计好的方式来帮助一位妇女做健康运动，以便使她未出世的宝宝更加健康，虽然在极少数情况下这也可能导致早产和婴儿的死亡，但这不是一种杀人行为。其意图是为母亲的健康带来益处。而该运动的目的也是为了让孩子更加健康。此外，这种行为不具备的一个特征是对另一个生命造成高于常规的风险。这项运动的进行是一个完全无害的行为，而孩子的流产只能归因于未知因素。此外，此对孕妇的帮助也仅仅出于某一间接的原因，最主要的因素还在于妇女有自由选择运动与否的权利。从指导运动到儿童的死亡，其间没有充分的联系而要求必须通过忏悔进行特殊的治疗。而妇女由于自己的私人情感则很可能会这么做。过失杀人和各种微不足道及间接的死亡因素之间的界限不应诉诸法律，而应该通过教父进行治疗上的选择，来决定致死的伤害是否需要通过特殊的忏悔予以医治。①

那么关于堕胎，我们凭什么可以说是为了挽救母亲的生命？由于直接堕胎与间接堕胎的区别在第一个千禧年里没有被明确认定，只要有教

---

① 灵性之父关注属灵的孩子（a spiritual child）的灵性需要，他必须有能力判断，在什么时候一次特别的忏悔或被逐出教会，能有效地帮助拯救那些忏悔者。这样做的目的是净化忏悔者的心灵，它是灵性的治疗而不是法律审判。

规的证明，堕胎便得以实行，处理这件事情的人在道德上不能被免罪，但同时可以通过忏悔把任何罪过转化为谅解。这并不是否认，因子宫癌而切除子宫以挽救母亲的同时，顺便把胎儿杀死的意向，比因充血性心力衰竭而堕胎以挽救这个母亲生命过失要小。在第一种情况下，人们没有直接地杀死胚胎意向。而只是把这种预见的结果看做非常遗憾的负面效应。在第二种情况下，人们在意向上是有意杀死胎儿的，堕胎是干预的直接目标。这种意向上的差异构成了人类内心情感差异。不过，即使在上述第一种情况里，堕胎行为可以作为一个切除癌症器官的辩护，但也被看做是杀人，即使堕胎并不是人们内心真正意图。一般来说，像第二种情况描述的那样，把堕胎作为直接意向更可能会带来心灵上的伤害。

关键的问题不是（1）司法抉择，而是（2）内心的灵性医治。这其中，缺乏双倍效应（double effect reflects）体验的教义，反映了教会所强调的是堕胎行为的本身的罪过，妇女堕胎和涉及堕胎行为的医护人员，无论是否自愿，都被视为身陷杀人之罪。他们需要在上帝面前忏悔。他们必须为我们的堕落和支离破碎的世界而哀痛，必须为我们在这个有罪的世界中经常不自觉地沦为同谋而哀痛。人们必须让自己的心远离自己的肉身、远离暴力、虔信地服从于上帝。人们必须通过祈祷、斋戒、施舍为曾经参与助死行为表示哀痛，而心灵医治可能需要通过驱逐这样哀痛而逐渐康复。

有关堕胎的这一立场，只能在权利的话语外才会得到充分理解，即使针对一个人生命的权利。在传统观念中，堕胎以及其他关于生命伦理的问题，是带有一种命令的语式，是禁令、禁律、禁行，是对圣德的召叫，这样的圣德直接使我们的生活以追求天上王国为目的。甚或我们每每谈论生命权利时，如果认为除通过耶稣基督追寻天国外，在道德法则里还有另一些根本性参考意见，基督徒生活的整体特征就可能被遮蔽和模糊。断章取义地理解自然法则，会危险地误导人们，以为在生活中，在追求上帝之外，道德也能够引领人们并获得恰适的认识。因此，当建议他人一起谴责堕胎在道德上是一种极大的罪过时，应避免道德观念上的混乱。而在与人一致义正词严地谴责罪恶（如流产）时，也不能偏离这种罪过本身真正意义。对恶的辨识，正如对善的辨识一样，必须在追求圣德的范畴之内。

这种对待堕胎问题的方式，似乎看起来极其怪异，对于那些想要在道德上为堕胎寻求一种法律依凭的人，将会发现这些指控并非能明显判明无罪或有罪。传统基督教的灵性医治方法改为了非司法方式。它在对待罪的问题上，用一种忏悔和寻求救助的方式。这就要求我们，应像那个最先发现自己罪过然后祈求上帝的收税员，而不像那些一心为寻求自己无罪证据的法利赛人。（路加福音18：10—14）例如，如果在面临对母亲的生命和子宫中孩子的生命做出选择的时候，人们选择了流产，那么他必须真诚地对此表示哀悼和由衷地忏悔。① 人们必须坚持需求一种心灵指导，并且不要牵连他人由于参与堕胎而被逐出教会（例如，任何东正教）。人们应该充分认识到：为了避免有缺陷的生命降临而做出杀害胎儿的选择，无论在这种情况下堕胎是否是一种间接的行为（例如，堕胎作为另一项干预治疗的负面作用），与人们摘除已经癌变的子宫，尽管这个子宫里孕育着一个胎儿，或者当人们为一个患有重症充血心力衰竭的女人"直接"做堕胎术（即堕胎行为），前者与后者的情况相距甚远。即使堕胎是在"间接"情况下，或者如果缺乏其他挽救母亲和孩子两个生命的手段，或者在母亲为对其他孩子及丈夫负责，至少有责任挽救自己生命的情况下，我们也必须承认我们仍然是有罪的，并且，破坏了我们心灵的恬静。在这些窘迫艰难的处境下，人们应该寻求专业的神学指导（例如，如果某人杀死了未出生的孩子，人们应该寻求灵性教父或圣长老或教母，来教诲其救赎和告解他自己的罪过）。

人们不应因杀死未出生的孩子而减少多胎妊娠中后代的数量。也不应因乱伦或强奸怀孕而堕胎。在后两种情况下，伴随着通常最重要的怜悯和宽恕，人们会遭遇到这个世界的道德恐惧。在因强奸而怀孕情况

---

① 如果从司法的角度考虑，将会显示出一种极度虚伪的观点：这类行为一方面是最理想的策略计划，另一方面又必要为这类行为而忏悔。而只有把忏悔理解为灵性慰藉与治疗而非惩罚，同时，充分认识到对世界本质性破坏，可见，这种虚伪性不攻而破。其实，通常情况下，无论我们做什么，我们都始终是有罪的。

时，其当事妇女要承受压力，如果她已婚，其夫和家人的压力也将会很巨大，甚至可能会导致严重虐待配偶现象。教父必须努力在一个由恶造成的境况下，试图给予指导。

很多困扰仍然存在。例如，即使足月出生也必死亡（例如，无脑畸形儿）早产儿，人们应当如何看待他的入教问题，特别是自从圣约翰主教教规21（Canon XXI of St. John the Faster）颁布开始，禁止通过早产来达到堕胎。① 这样的一种干预是否应该被视为堕胎，进而认定是一种谋杀？这个问题只能通过有鉴别能力的灵性指导给予回答。当然，最重要的是通过早产是否能够减少死胎的可能性，进而增加这个儿童受洗的机会。如果一个孩子无论如何都会死亡，但人们仍然主动地为他施洗，那么对这个孩子的死亡，人们便不存在密切参与的因果关系；如果人们在孕期便产下胎儿，而孩子本可以（没有缺陷）在特别精心照顾的情况下存活下来，也被认为是合理的。看上去，圣约翰主教教规（The canon of St. John the Faster）似乎只注重那些杀死本可以存活新生儿的行为。当新生儿在出生后会立即死亡，这样的由自身原因早产而引起的流产情况，这项教规似乎并不要求我们考虑。诚然，如此产下的新生儿应得到一个基督教式的葬礼。

虽然任何杀死受精卵或早期胚胎的行为都被看做是有堕胎意识的谋杀，② 但还有一些药物不会排斥、杀死受精卵或导致流产，而是附带阻止受精卵植入。既然有证据表明早期胚胎在被植入子宫前就已遗失，③ 并且既然在圣巴西拉大主教（St. Basil the Great）的圣礼仪式上有（in the Liturgy of one prays）这样的祈祷："全知的上帝，惟有你能从母亲的子宫里就了解每一个人"④，诸如此类的发生在胚胎植入母亲子宫之前的事件，显然，这种行为，肯定属于道德败坏，但却不能说是明确的

---

① "克里索斯托姆的35条教规"，载《舵》，教规21，第944页。
② 最危险的当属主动参与杀害原本将会成为孩子的生命而导致的心灵伤害。
③ 亚瑟·赫尔提格（Arthur Hertig）在1967年指出，在所有的早期终止妊娠中，私自流产即使没有50%，至少也有28%。
④ 哈普古德（Hapgood）：《服务册》（*Service Book*），第109页。

堕胎行为。① 如果某人把诸如此类的事件看作是堕胎，那么他是否就不再将一般意义上的早期胚胎遗失当作流产来看待，并且不再认为，应该对这些事件作出相应的处理？虽然带着深切不安和哀伤之情，但人们可能依然认为，阻断受精卵植入和没有使用直接暴力损害子宫的行为并不能视为堕胎。如果人们没有意向把受精卵从子宫中转移，并且那类药物只有可能阻断受精卵植入的微小风险，且人们有很充分的用药理由，那么，人们在使用这些药物时就不应视为故意堕胎或者协助堕胎罪，②虽然并不确定其中是否犯有过失。随着药物引起不孕的可能性增加，人们对于这类药物使用的关注也应该相应增强。我们也有很正当的理由去谴责宫内避孕器（IUDs）的使用，因为这可能引起胚胎被转移。另外，这些在宫内的直接行为将会与胚胎死亡存在极其密切的因果关系。

既然教会所关注的重点，不是灵魂何时进入人体，并且堕胎本身的罪，不取决于结果是否夺取人的生命，那么人们就应该因这些被视作堕胎的行为而受到责备，（1）任何把受精卵从子宫中转移的行为，与谋杀罪等同，以及那些在任何阶段杀死受精卵的行为与谋杀罪等同；（2）没有注意到可能会在不经意情况下阻断早期受精卵植入，这种行为也应被视作堕胎。即因这一行为与堕胎密切相关，所以也应视作是一种严重犯罪行为。总之，核心的问题就是，所有杀害未出生人类生命或利用其获得其他利益（例如，进行胚胎研究）的行为都属于严重的犯罪。由是观之，已经形成胚胎和胚胎形成以前的区别与此无关。正如我们已经看到的那样，圣巴西拉警告说：

    如果一个人杀死一个不完整和未成形的胚胎，那么他就是杀人

---

① 甚至在人们在腹中形成之前，上帝就已经预知了人类的一切。而且，圣经告诉了我们关于人在母亲子宫里形成的一些特别答案。一方面，"我未将你造在腹中，我已晓得你；你未出母胎，我已分别你为圣；……"（耶利米书1：5）另一方面，圣经在以赛亚书中说道："耶和华从我出胎，造就我作他的仆人，……"（以赛亚书：49：5）

② 最少，每个人都应该去追探其灵性之父的建议。他会寻求由圣人所经历过的事情而指明发展路径，给予类似的行动以引导。

第五章 生育：生殖、克隆、流产和分娩

犯，因为通过必然的自然法序列，那个胚胎在未来会发育成完整的人，虽然现在还未成形。①

在圣巴西拉的警告中，他十分明确地告诫，即使在灵魂进入人体之前（例如在胚胎形成之前），堕胎也应该被视为谋杀，任何不利于受精卵或者胚胎成长的方式都应禁止。同时，在生命起源之初（例如，受精卵和胚胎），虽然作为生命的个体之存在形式并不很明显，但根据自然法则，应该认识到，受精卵既具有比较高的死亡率，也会以双胞胎形式出现，进而生长成为婴儿，这就意味着它会以实体形式存在，并且很有可能成为人。建立一个道德和精神上的保护初期生命（例如，受精卵或早期的胚胎）的屏障是非常重要的；所以，即使有些行为并不被认为是流产，但危害早期生命的做法也是错误的。胚胎植入或胚胎选择的技术应该被认定为谋杀（例如堕胎），其中流产最为典型，特别是通过体外受精的方法制造过多的胚胎，进而检验哪个胚胎正常以选择培育这个或这些胚胎。② 如此防治措施相对于使用紧急避孕药阻止排卵、进而阻止受精的方法需要承受更多的心灵压力。然而，这样的防治措施并不会移除受精卵（例如，扼杀受精卵的这类方式应该像流产一样禁止）。在强奸的案例中，这些方法的使用，会因为不把这类手段视为流产而被误解。③

因此，类似经常发生的、但并不为大众所注意，即因月经周期而导致的受精卵流失，在此类毁损受精卵的情形，最好的灵性应对方式就是至少推迟接受圣餐，并随后进行忏悔，直到下一次月经周期开始

---

① 载《舵》，第789页注释。

② 参照一部分世俗生命伦理学出版物的讨论，参见克里斯廷·蒙特（Christian Munthe）《纯粹选择》(Pure Selection, 哥德堡：歌德堡大学学报1999年版)。

③ 虽然教会的赞美诗中充满了对天主之母（the Theotokos）、圣施洗约翰（St. John the Baptist）以及圣安妮（St. Ann）,但当我们进一步思考这种赞美时，我们就会发现，其主要关注点集中于子宫中的生命上。"看啊！先知的承诺终将实现；因为，圣殿之山（Holy Mountain）已经在子宫中育成，神圣阶梯已经搭建，万能的上帝已为我们祝福，通往天堂的圣道也已畅通。"（为圣母的晚祷仪式，12月9日）

St. Ann：圣安妮，在东方基督教的文学语言中，意为玛利亚之母。——译者注

Holy Mountain：在基督教文化中，为圣殿山、圣山，是以色列的高山；据《以西结书》20：40的经文："主耶和华说：'在我的圣山，就是以色列高处的山，……'"——译者注

以及举行完祈祷仪式之后。调查发现,对于已婚女人,性生活是一种独特的理解教会告诫的方式。这种教会告诫将妇女们束缚在宗教教派内,并将夫妻限制于妻子月经期不能进行性生活的条规之中。① 为了有资格接受圣餐杯,人们需要戒除一切污秽以及腐败,从而觉悟到在我们这个分裂的、衰落的地上国度里,人类被罪恶和黑暗所笼罩,这

---

① 教会用很多指示来说明,为了与道德相合,女人们应当在月经期停止祷告(taking Communion)。亚历山大派的神学家圣·迪奥尼修斯(St. Dionysius)在他的教规2(canon 2)中,概括了他自己对此问题的回应:"关于正处于月经期的女人是否应该去教会,我认为把此作为问题甚或是一种多余。因为在我看来,无论她们自己有多么忠实和虔诚,她们都不敢在经期靠近圣经或碰触上帝的身体和血液。"见《舵》(The Rudder),第718页。同样,亚历山大的教皇圣·提摩太(St. Timothy, Pope of Alexandria)也给予了相似的回答:"问题4:如果一位新的信徒已经向我们提供了她的名字,希望受洗,但在约定进行洗礼的日子,她却正遭遇月经周期,那么她是应该按原来预定的时间进行洗礼,还是推迟呢?如果推迟、又应推迟到何时呢?回答:她应该推迟,直到她已经恢复到完全干净为止。"见《舵》(The Rudder)第893页。主教圣·约翰(St. John the Faster),在他的教规17(canon XVII)中就此事回应圣·提摩太时道:"当予女人一个单独特别的安排,使她们在七天之内不要触碰神圣之物,这个律令由第二圣徒圣·迪奥尼修斯(St. Dionysius)和第七圣徒圣·提摩太,尤其是第七圣徒圣·提摩太来传达。至于那些对经期不纯洁表示轻视并已经碰触了神圣的奥秘之物(Mysteries)的妇人,第二圣徒则告诫令她应用四天的时间停止祷告,同时,经期的相互交流与共融(communionless)也应该被禁止。"这条教规还建议,月经期禁止性交。参见《舵》(The Rudder),第941页。这些关于经期注意事项的大量讨论,目的是要向基督徒传达一种圣洁的思想,洁净和纯正作为肮脏与污秽的对立面,是通往至善神圣的过程中所关注的关键。即使在基督内,实现了摩西律法之后,仍被人们所恪守与坚持:人必须随时警惕,远离这个肮脏的世界,才能全心全意地去追求完美。人必须小心谨慎地去接近圣杯。在第六章中,将进一步探讨其中有关"洁净"的圣洁性方面。问题是,作为实现圣洁一个路径,必须采取特殊方法,以避免污秽的侵蚀。因此,人们发现,并联想到亚历山大利亚圣狄奥尼修斯(St. Dionysius the Alexandrian)有关梦遗方面的关注。载《舵》(The Rudder),见教规4,第721页。主教圣·约翰(St. John the Faster)同时也持有这样的观点:"无论谁由于梦遗而被玷污,都应该花一天时间保持沉默。但是在他吟诵了大卫50诗篇(Psalm)与完成49次崇拜(metanies)礼以后,我们相信他将会再一次被净化。"载《舵》(The Rudder),见教规6,第935页。这样做的目的是在灵性上对人进行医治。这些,将让我们的行为更加忠诚对上帝的追随。当我们降临于世,我们的本性就已经被破坏,所以我们丧失了对自己的自由能力。所以,这种对自我失去控制的结果,就是我们必须保持特别警醒的理由。对于污秽或肮脏,这些圣徒表述他们的观点,即不能把其与原罪混淆。正如圣·约翰在他的教规2中所强调的那样:"人们通过心灵作用来抨击与内心相违背的肉体愉悦,并把它看作是一种罪,但它却不必做出哪怕最轻微的忏悔。"见《舵》(The Rudder)第932页。然而,即便是那些超越了自发控制或有关我们意愿的事情,也可以寻找相当于忏悔的形式,因为忏悔是具有治疗作用的。一方面,我们不能混淆诱惑和自然选择的恶;另一方面,我们必须认识到,超越我们自己肉体和情欲控制的那种不稳定性。

第五章　生育：生殖、克隆、流产和分娩　　393

种境况，必须求助于教会古老而奥妙的宗教仪式的光明庇护，并且必须如此。

传统基督教伦理必须始终坦率地承认，将它所论及的生殖行为作为一种灵性需求。它必须认识到，这种从灵性上训诫我们生命本能的特殊需要。最特别的是，教会必须矫正我们已破坏的生物学特性，有了这一特性，我们参与了造物主创造新的人类生命的工作：给予生命（birth - giving）；而妇女直接与上帝的创造行为相联合。不过，这种行为有一种终为毁灭的特征：参与上帝的行动后，由于原罪性堕落（the Fall）将与痛苦、劳作以及终将死亡连在一起。"我必多多加增你怀胎的苦楚，你生产儿女必多受苦楚。"（创世记3：17）正如我们早在本章已提及的，麻醉术和产科学不能完全不顾及，至少在体外受孕没有完成的情况下，甚至已经获得最好的后果时，在道德上也有可能不被接受。生产是有创伤的：生产改变了妇女的骨骼结构。① 为了生育的需要，只好造成这样的破损，教会则通过蒙恩来实现修复。教会通过赦免和祝福，以及通过最终救赎的承诺以重新确立世界而最终修复。这不仅是为了心灵医治，其原因还为了教会通过祝福而关注如此巨大变故、不幸、痛苦和生产带来的身体创伤。② 在灵性上，教会认识到，尤其分娩过程，这些创伤如何增加心脏负荷和经历一次危险（occasion harsh），即使是并不自觉的无声反抗，加之消解教会的圣化与神秘等方面的可能作用。教会还必须明白，在生产中隐含的独有的爱的行为，这种关于对上帝、对丈夫、对子女的深切的爱的行为，可以作为面对上帝、获得救赎的一扇独特的窗子，这扇窗不是为男人，只为女人，为那些可以"在生产上得救"（新约：提摩太前书2：15）的女人而敞开。

认识到这种体验性蒙恩，教会将实现灵性的营养。在产后第一天的

---

① 虽然随着分娩后生命的降临，母亲会因为剖腹产等留下伤口，但这样的情况并没有在上帝之母身上出现。传统的基督教已经肯定了雅各原福音书（Proto - Evangelium of James）中关于玛利亚的叙述，认为玛利亚不仅在生下耶稣前后都是处女，而且整个生产的过程都非常顺畅平静。在她分娩的过程中，基督诞生的经历破除了对生命降临的诅咒。见《旧叙利亚原福音书，雅各书20：1》（*Protevangelium Jacobi* XX.1）。

② 例如东正教，特别为难产妇女和产后第一天的妇女而祷告和祝福。

祝福中，教会为其祷告：

啊，我们的上帝，主啊！你由我们最神圣的主权夫人（Sovereign Lady）、天主之母（Theotokos）——童贞女玛利亚（Ever-virgin Mary）所生；当你还是婴儿的时候，您躺在马厩里作为孩童被喂育：宽恕这些吧，你的仆人、就是如今已获得生命的这位孩童。原谅她所有的罪，包括自愿和非自愿的作为，庇护她远离撒旦的折磨。佑助她经历那所有不幸与痛苦、残暴和疾风骤雨，还有那有罪的魂灵所生的这个弱不禁风的婴儿，不论白天或黑夜。在您强大的手臂下保护这个女人并使她迅速康复。清洁她的每一处被玷污的身体，并治愈她的创伤。从此，永远赐予她健康和强壮的灵魂和肉体，让智慧而溢满幸福光芒的天使萦绕着她。耶和华救主啊，保护她的心灵免遭阴影的袭击；保护她免遭疾病和羸弱，保护她免遭妒忌和嫉恨，还要遮蔽那罪恶的眼睛。在您伟大的仁慈之中，宽恕她和这位幼儿吧，洁净她身体的污秽和清除她子宫各种各样的痛苦。通过您敏惠的仁慈使她恢复她虚软苍末的身体。应允她已经诞生的这位婴孩，在您已准备齐全颂扬您圣名的俗世教会，敬拜和赞美万能圣神。对您，所有的荣光、荣誉和崇拜都属于：圣父、圣子和圣灵，现在、将来，直到永远，阿门。①

最值得我们关注的是，教会伸出援手，让每位新的母亲和她的婴孩脱离被污损的世界，从而进入慈悲、教会、上帝之国的合体中：教会宗教圣礼仪式的中心。

耶和华，我的神啊！您为了拯救人类，您还差遣您的仆人，神啊，求您，对她说，通过神父的祈祷，进入您的光荣并蒙照您的荣耀。在这个完满的40天，洗净她身体的污秽和她灵魂的浊点。使

---

① 《必备之书》（*Book of Needs*），第2—3页。

她配享与您圣体和您的圣血共融。①

正是要通过祂所有的祝福,教会要求召回世界的王(约翰福音12:31),即恢复上帝和基督对其理所当然的统治。

疼痛、痛苦、人生命的丧失和出生等,都被投入人类的争斗之中,从自爱和激情的破坏转移到对他人的爱和整体性的追求,它来自对上帝的爱。因为传统基督教伦理学作为一种神学道德,它将其所有注意力面向对于天国的追求,人们在自然美德、权利和对善的认知方面没有找到普遍的生命伦理学的核心,在寻求救赎的意义上,一切问题又回到原点。基督教伦理学必须回到强调对圣礼的关注方面,这一点也针对并未改变教会智慧的生物学和医学领域。如此这般,这样的生命伦理学,应该超越了通常意义的那种生命伦理学的原初期望。

总结:有关生殖的基督教生命伦理学如此陌生的缘由

在完成了这个关于性问题的基督教生命伦理学的探索之后,综述起来,现在,我们可以更充分地认识到,为什么传统基督教生命伦理学有关性和生殖的观念,是根本不合时宜的。关于性问题的基督教生命伦理学,是当代俗世和后传统基督教道德神学所引导的、为我们所需要的一门生命伦理学分支。然而,既然传统基督教生命伦理学是不合时宜的,它又如何能够成为一门指导性学科?实际上,支撑它的生命伦理精神,

---

① 哈普古德(Hapgood):《服务册》(Service book),第268—269页。在她认为,教会与灵魂的丑恶相关,极有可能揭露出正在经受生育痛苦的妇女会由于一些思想而动摇,甚至会将她们的丈夫以及所维持的婚姻关系看作不够虔诚。犹太教解释了为什么已育妇女要被送如修院作进一步思想净化,这本不是因为使其净化、洗涤污秽的考虑,而是着重于当时具体的境况,正如巴比伦塔木德(Babylonian Talmud Niddah)中31b中所提到的:"当她正在分娩,她满心所望,即她将不再与其夫做爱",圣经旧约中也提到"此时的她必须作出一定的牺牲"。见雅各·留斯尼(Jacob Neusner)《犹太宗教研究》(*The Religious Study of Judaism*,拉纳姆,马萨诸塞州:美国大学出版社1988年版),第97页。东正教观念对于洗礼的理解,既不是一些墨守成规的条款,也不是洗礼仪式的束缚,而在于有效的医治方略。所以,我们必须关注的,则是由生育子女带来的生理性痛苦,进而带来的心理性伤害。

根植于第一个千禧年的教父哲学思维定式,由一个未被经院哲学或启蒙运动修正的上帝的经验所引导的。这种生命伦理学侧重于摆脱我们心中的情欲,把我们的注意力从我们自己,转而再指向我们个人的能力,直到实现与上帝合一。基督教生命伦理学的分类,包括对非自愿的罪和因无知犯下的罪的价值裁定。它承认,如果没有灵性的补救,我们与被破损的世界的品性,将会诱迫我们并可以毁坏我们的心:我们面向上帝的灵性。传统基督教生命伦理学是批判地集中在这样一些问题上,这些问题可以偏离或分散对上帝之国追求的意志。传统基督教生命伦理学并不局限于考量善、正当、德行。福音书的语言并不是正当、善或德行的语言。尽管我们参与的不仅限于病痛、顽疾与健康护理,还参与罪恶和道德的毁坏;因此,传统基督教生命伦理学首先要关心的是,我们应该如何去追求圣洁之地,应该如何去追求天主之国。

在这个意义上,传统基督教生命伦理学主要的内容是医治受伤的心灵。① 它只是附带地集中制定了一套规章、条例或教规。基督教生命伦理学不是什么对法律的尊重,而是指向对法律的超越,进而达到法律的目的:与神合一。教会是不妥协的,它召唤我们向上帝敞开我们的心,召唤我们变得完美,召唤我们变成圣人。教会使我们变得完美的方法是有效的。教会认识到,她必须从发现我们的罪恶之处通过治疗开始灵魂的救赎。这种普遍的观点,就是要求我们必须了解,传统基督教生命伦

---

① 传统基督理论对于绝对神学的认识在于将它与之后西方社会出现的情况作了有力的对比:它所提供的不是简单的、形而上学的观点,而是心灵治疗。传统基督教神学只是间接提及纯粹的、形而上学的观点。传统基督教观点认为,神学不是一个成功的学科或学派,而是将人们的心灵从情欲中释放并得以净化,并被上帝伟力所恩宠,最后再集中到他的身心,正是如此,神学被认为具有精神治疗作用。

西方神学与东方正统神学还是有区别的,与着重于疗效不同,它更具有理智和情感上的特性。在西方,学术化神学是基于正统即静修的理性思维之上,它竭力证明上帝的启示与遵循哲学方法之间的逻辑关系,这种方法的特点,我们可以从坎特伯雷的安瑟伦(Anselm of Canterbury)话语中找到答案:"为了理解所以我们相信。这些学术家通过逻辑辩论和理性推理承认上帝由始至终存在。"在东正教会中,如司所说的信仰本是上帝向人类展示自己的方式。我们信仰是因为我们具有宗教这一意识,而不意味着我们可以很理性地看待它,但是,有了宗教信仰,通过学习以及受之于道,我们可以净化心灵,最终达到信仰宗教的目的。

海洛梯奥斯·弗拉索斯(Hierotheos Vlachos):《东正教精神》(Orthodox Spirituality),艾菲·马夫罗米盖尔(Effie Mavromichali)译(里瓦利亚,希腊:圣母诞生修院1994年版),第25—26页。

理学苦修特征的关键：关注我们参与了已破坏的世界的罪恶，而必须通过忏悔、禁食、施舍和守夜仪式来获得解放。一方面，基督教信仰要求我们达到那不可能的完美，甚至是要求我们成为圣人，要完全，像天父完全一样（马太福音 5：48）。另一方面，传统基督教认识到，必须在我们深重罪孽中，使我们在追求神圣中加以净化。因此，这样的基督教生命伦理学的理性核心不是一种推论学科，它是保证我们通往上帝之路的一种生活方式。

正因为这些原因，传统基督教生命伦理学与俗世生命伦理学完全形成鲜明的对比。普通俗世生命伦理学为那些没有共同道德观或居于同一道德共同体中的个体，提供了一个共识的道德框架。生命伦理学是针对那些既没有共同的、内容整全性道德生活的人而又缺乏道德理性意识的人的。他们都是个体，拥有自身的道德逻辑处境，但不懂得如何用充分合理的论据或向通常所公认的权威呼吁，从而来解决内容整全性道德论辩的这一通俗认识。这些人否认如何行动才是善行，否认存在有关对错评价条件的内容，否认德性的本质和道德属性的意义。正是由于这种道德地理学上冲突的特征，俗世生命伦理学有其程序上的，甚至是属于对方的特征。因为界定现代道德环境的这些争议，重点强调的是：申诉与反诉，善良愿望与和善良愿望相反，以及权利与权利的剥夺。所以，俗世生命伦理学没有什么规范的内容，其为解决道德争议的公认方式是共同商定（common agreement）。

在如此这般的道德程序中，我们的着眼点是：在对什么事件以及在什么情况下，又是由谁作出同意的决定。我们关注的重点是，同意的正当性，和什么时候人们具有恳求宽容的权利，或是决定确定他们的权利代理人。涉及性关系、生殖、堕胎的俗世生命伦理学主要是在道德主体中，关涉正当性和同意权的实质问题。在紧急关头，在第三方协助生殖的关系网络中，那些可能的参与人和协作者的道德问题同样需要加以明确。要求参与者明确表示同意，其同意理由是否充分；是否存在在场的压力；是否存在其他干预的可能事项，这些事项可能会限制自由利用他们的配子、受精卵、胚胎、胎儿的道德主体的协议。在这种情况下，通常有一种意识，那就是肯定的保证承诺是不妥当的，但又说不出为什么。举例来说，克隆是一个道德难题，在通常的俗世社会，它不能被充分理解：深入的道德考量会令人不安。在俗世之中，这种道德不安难以表述。毕竟，对错误的心理反应将会使我们转向上帝。对于体外受精和胚胎移植、胎儿实验和堕胎，通常的俗世道德关怀会最后纠扰于人类生物学生命何时成为人的个体生命，以及什么人具有处置人类生物学生命的权力。显然，争议的焦点在于，人们所赞同的、但是极少数人的关注，将在一个挣脱传统束缚的世界主义氛围中，借助更深远的意义而做的俗世化努力，这种权力趋于加强。结果是，一种新的仪式和在自由世界主义的生殖问题的社会时尚中，对遗存的基督教禁欲主义予以批判，以开启对传统桎梏束缚反叛的追求。这种时尚所育成的生命伦理学承认：尊重他人的权利，作为人类尊严的组成部分，必须肯定一个人的性行为和性选择，相互尊重，甚至他们被认为有罪的和邪恶。

某些人可以参与或认为他们已经参与充分的道德背景的构筑，而接受对内容整全性道德争议以理性解决。然而，这些道德背景没有成功地固定在一个自明的终极真理上，理性分析之光和持续质问，指出了特殊的俗世道德观点的霸权与专横，最终导致其崩溃，或破碎成一个多元化的道德观：后现代喧嚣（cacophony of post-modernity）。如第一章所述，与俗世生命伦理学一致的俗世道德，注定要成为程序化的或多元的生命伦理学。

在所有这些或更多的问题中，本章已经表现了传统基督教生命伦理学具有与众不同的特征。主要的焦点并不在道德争议上。焦点不再附着于冲突的利益相关者，也不再通过他们推论争辩是否合理的加以解决。注意力不再关涉善、正当和德行的理解中如何调解。人们通过祷告、苦修、礼拜走向与神的统一。因为传统基督教生命伦理学所关注的是对神圣的体验和追求，它的挑战不是来自道德多样性而是来自诱惑。其注意力旨在于区分，从圣德的分离以及从脱离圣洁的诱惑中，重新实现其对圣德的追求与体验。传统基督教生命伦理学的这种精神治疗的特征，必须被理解为不仅仅以追求灵性标志或修复关于恢复毁损的人类生命的整体性，也要理解为这门基督教生命伦理学，如何帮助我们最终远离属于个我化的邪恶。这样的生命伦理学的语言是与俗世的程序生命伦理学的语言截然不同的，或者，它应该是一种试图包容万象的、旨在于应用的道德，并以纯粹自由思想作为基础的生命伦理学的语言。这样的背景下，道德是一个真理，它超然于圣人的体验，并牢牢地与历史嵌合。作为结论，传统基督教生命伦理学用三位一体的人来处理人类个体的关系。恰适的宇宙论叙事，或者远离上帝，收存关于人的故事。

第六章

痛苦、疾病、临终与死亡：意义诉求

诸义何谓？面对生命有限性

痛苦不仅是人类生命有限性、人类的终极遭遇，在更大意义上，是人与罪及其恶果的遭遇。因为卫生保健实际上是一座演艺人类残疾、痛苦和死亡戏剧的剧场，所以它不仅引出有关疾病医治、痛苦缓解以及延迟或控制死亡等问题，同时投射了生命、痛苦和死亡的终极意义。这一切，比卫生保健本身还令人困扰的所谓意义问题无处不在。医院本身就是疾病、残疾和死亡挥斥其影响的舞台。在此，常常会有毁灭性的悲剧上演，也几乎天天有无辜的人们在遭受痛苦的折磨与煎熬；他们在忍受残疾、痛楚和夭折的同时，也在寻求人的生命为什么有限的缘由并提出质问：如果存在真实的、终极的意义，为什么还允许痛苦存在？痛苦已然进入了我们内心深处，它将我们从自身的傲慢中、从我们对自身有限性的否认中以及从我们对死亡的无视中催醒。痛苦预示着死亡，它告诫我们：我们是如此有限，并且都将永远离去，并且让我们必须面对存在的不确定性：世界万物、太阳系、银河系也终将化为虚无。就永远的永远而言，一切特定的事物都将泯灭，那么，还有什么能够最后幸存？

痛苦将我们引至以个人为中心的形而上学疑问：为什么痛苦会与我相伴？我的痛苦是否有某种意义？人的生命、我们的努力，甚至宇宙本身是否有超乎人类自身所能赋予的意义之外的某种终极意义？为什么会有痛苦、疾病、残疾以至于死亡？我们所遭遇的痛苦和死亡本身是否又有超乎我们栖居的、这个转瞬即逝的世界中短促生命的意义？并且，如果有意义，那么这种意义能否救赎人的痛苦和毁损这些滔天罪恶？人死后是否还有生命？面对痛苦，这些童真的、普遍"为什么"的疑问逐渐复归到成人的思考。而充满痛苦的生命的有限性又引发出有关无限意义的可能性、上帝的存在以及终极救赎之爱（final redeeming love）等问题。关于实存的、永恒意义问题的肯定式答案与理由，如果是充分整全的，它一定是有说服力的。同时，一种能救赎人的痛苦和死亡的那种意义也必然不会转瞬即逝，而一种并不圆满、十分有限的答案，必将再次激发对这种真实而又持久意义的追求。这个答案也许并不会镂刻宇宙有限性的印记，它也不可能仅仅是一个原则、一部法律，或者什么持久性孤立现象。为使其答案令人折服，就必须用个人化语式告知我们，并要因人而异。那种非个我化现实或者所谓意义，总比自觉的，即至少将自己看作这个世界的漂浮物的我们来说，更加淡漠。而对自觉存在的我们来说，一种解释我们痛苦的精准的答案，也必须是鲜活的、觉悟的，并具有永恒的意义，这种意义能够告知自觉的痛者（self-conscious sufferers）一种更伟大的，而不是渺小的、固定的、现实的存在。为我们的痛苦找到深刻的、持久的目的，为我们的生活找到内在本真、稳定的意义，因此，我们必须认识到人内在于无限的、个我的、恒定的、先验的意义之中的境况。而其他任何事物，都无法与人可能的希望所带来的完整意义相比拟。

在缺乏特别的条件下，一个人怎样去寻求如此恒久的意义？一个人能否成功地实现这样一个对深刻、痛苦叙事的形而上学诉求？一个人又怎么去理解，尤其是对伊曼纽尔·康德（1724—1804）的关于这些问题的思想，以及关于理性超越现实世界能力的怀疑论？康德通过提醒我们无序的理性应该被限制在经验层面，如此来设定我们生命的、痛苦的以及死亡的终极意义的时代问题的范畴。在这样的境况下，寻求深刻的意义并非正当。在康德看来，按此路径去寻求意义不可能实现真正的超越。对他而言，这些问题需要强调的是，具备可能经验的条件、道德的特性以及实践理性情境。在这一点上，它们不再是关于超越现实的问题，而是被局限在其内在本质的界域之中。除非具备超越条件突破我们自身局限，否则我们将绝望地被有限性和内在性所困扰。在世俗语境下，关于终极意义的深刻问题是无法回答的，它们只是神话的资源。并且，在世俗语境下，世界的意义也是一个人通过内在本质的界域方能够得以发现。并不存在深刻的演绎脚本或寰宇之间关于救赎的叙事。世俗生命伦理学在其本性上，早已规避了超越内在性的所有意义，它无法达到超越有限界域更深层的意义。①

即使构筑我们所谓文化的科学，并不能给出终极的意义，但医学却能显示给我们，疼痛是可以控制的、痛苦是可以避免的，甚至死亡也能被推延。而医学的失败，也正在于这些承诺并不能终极地、完满地兑现。痛苦最终无法避免，死亡的悲剧时日终究要来临。正是在这些控制和进步的前提下，这些失败激发我们在面对痛苦、残疾和死亡时，对于意义的苦苦寻求。这一诱惑产生后，如果无法找到意义的所在，至少可以用自己的双手去遮蔽我们的痛苦，然后至少确保，我们自身曾经选择过那个意义。尽管大自然不可避免地安排我们死亡，但一个人却能够选择临终的时间和场景。假定宇宙是漫无目的的，并且人类被无法避免的痛苦和死亡所左右，一个人仍然可以意识到来自自我抉择的那种意义。当代在自由世界主义的精神指导下，对于安乐死的支持与塞涅卡（Seneca，公元前4年—公元65年）的异教世界的斯多葛主义（stoicism）是一致的，这一斯多葛主义体现在他关于自杀的书信中，他认为：自我

---

① 伊曼纽尔·康德在他著名的三大批判书中，最后提出了上帝存在和永生的问题。"我理性的、具有判断力的和实践的所有兴趣，都系于以下这三个问题：1. 我能知道什么？2. 我应该做什么？3. 我能希望什么？"，见伊曼纽尔·康德（Immanuel Kant）《康德纯粹理性批判》（*Immanuel Kant's Critique of Pure Reason*），诺曼·坎普·史密斯（Norman Kemp Smith）译（纽约：圣马丁出版社1964年版），第635页，A804f = B332f。在康德看来，最后一个问题并没有一个真正合理的形而上学答案。他也没有实现真正的超越。康德只允许实践的体验，"类如"上帝和永生的知识。从而，超越就成为一个可以指导我们行动和道德生活的意义的一个意愿。这一意义对于道德行为和知识结构来说是完整的。见《实践理性批判》（*Critique of Practical Reason*）中"纯粹实践理性的辩证法"和《纯粹理性批判》（*Critique of Pure Reason*）中"先验辩证法的附录"。他所发现的意义并没有超越我们有限的研究范畴。当本章涉及关于生命、痛苦和死亡的深刻意义时，就涉及关于永生和上帝问题，以及康德曾重新命名的内在与本体之间的形而上学关系。

残杀的死亡甚至能够让高贵沦为被谴责的犯罪。但他又指出:"一个伟大的人不仅能够掌控自己的死亡,还能够设计自己的死亡。"① 塞涅卡这种直接结束一个人生命的观点是恰适的,与正成为时尚的自由世界主义精神颇为相似。比如,他坚信"生活不是善,却可以很好地生活着,因此,聪明的人,应尽其应当地生活,而不是尽其所能……他将总是按照质量而不是数量去思考生命"。②在决定接受医生协助自杀或者安乐死的方式上,塞涅卡论证到,当"一种死亡方式包含痛苦而另一种方式是简单并且容易时,为何不选择更简单的方式呢?……当我能够规避痛苦并且能够摆脱痛苦时……是否我还必须要忍受疾病的剧痛呢?"③ 塞涅卡的死亡观提供了一幅古代异教世界自主和自治的场景。为了不遭受尼禄可能的酷刑,他和他的妻子一起自杀了。"就这样他们以相同的方式用匕首划开了他们手臂上的动脉……即使到了最后一刻,他的雄辩口才依然毫不逊色;他召集了他的部下并口授他们之前掩藏而没有表达的很多话语,这些话语与意见在提供给所有读者出版的作品集中,可以查阅。"④ 同样,安乐死的宗旨应该与自主和通过自决结束生命的意义寻求联在一起。⑤ 在面对痛苦和耻辱时采取的医生协助自杀和自愿主动安乐死,体现了自我决定与控制权利,不管在理论上它有多么苍白无力。其实,它有利于作为自我标尺的个人尊严精神的提升,而这恰恰处于自由世界主义的普世精神的根基之上。⑥

---

① 塞涅卡(Seneca):《塞涅卡的斯多葛哲学》(*The Stoic Philosophy of Seneca*),摩西·哈达什(Moses Hadas)译,纽约:诺顿出版社1958年版,第70篇,第207页。
② 同上书,第202页。
③ 同上书,第204—205页。
④ 摩西·哈达什(Moses Hadas)编:《塔西陀全集》(*The Complete Works of Tacitus*,纽约:兰登书屋1942年版),第391—392页。
⑤ 关于自主控制(self-control)和安乐死之间历史和文化关系的探索,见厄泽克尔·伊曼纽尔(Ezekiel Emanuel)《安乐死:历史,道德与经验的观点》,载《内科学档案》(*Archives of Internal Medicine*)第154期(1994年9月12日),1890—1901年。
⑥ 关于传统医学职业(希波克拉底)道德所要达到的一个目的的分析,医生协助自杀与这一目的是相符的。见理查德·莫迈尔(Richard Momeyer)《医生协助自杀是否破坏了医学的完整?》,载《医学与哲学》第20期(1995年2月),第13—24页。

按自由世界主义精神，实施医生协助自杀和安乐死似乎再合理不过了。① 有谁不想医生协助自杀能够切实可行，可以想象，至少在某种特定的情况之下？毕竟，虽然注定产生的痛苦通常可以避免，但也总是会有某种例外。对于这些例外来说，医生协助自杀和自愿主动安乐死难道不重要吗？即使有些疼痛可以通过医学手段控制，但是仍有很多痛苦无法摆脱。从因多发性硬化症和肌萎缩侧索硬化所引发的身体控制的丧失，到由于阿尔茨海默氏症引发的精神功能的恶化，许多经验的疾病的特征不仅仅在于无法忍受的痛楚，还在于无法接受的耻辱和自我控制力的丧失。对于身体和精神进行性恶化的盲目干预，将剥夺病人在生命最后按个人意愿行事的权利。为什么大自然允许剥夺人最后确立自主生命权、有尊严的死亡权，以及不增加他人负担的表率的机会？为什么一个人不能自由地按照自己的方式死去，而非得任由自然力量的摆布？如果理性、自由、尊严和自主，是好的生活的特征，它们是否应该也能是好的死亡的特征？这些道德关切与一些诸如"究竟是谁的生命？"、"谁有权支配他人？"、"我的死亡是我自己的事情！"等流行语汇何其相似。

这些问题又是政治的和道德的。它们介入立法议程，这就预示着文化的框架将有巨大的改变。由于美国最高法院在 1997 年认为，在重要的法律史上，禁止医生协助自杀和自愿主动安乐死，可以至少追溯到 673 年的英格兰，所以美国最高法院并不承认医生协助自杀和自愿主动安乐死的宪法权利，至少在目前的案例中是这样。② 在过渡期间，任何关于医生协助自杀和自愿主动安乐死的法律权利都必须经过立法程序，

---

① 罗纳德·德沃金（Ronald Dworkin）：《生命的主权：关于堕胎、安乐死与自由的争论》（*Life's Dominio: An Argument About Abortion, Euthanasia, and Freedom*），纽约：克诺夫诺普夫书局 1993 年版。

② "临终关怀联盟诉华盛顿案"（*Compassion in Dying v. Washington*），79 F. 3d 790（美国第九巡回法院，1996 年），名义修正案。"华盛顿诉克鲁克斯伯格案"（*Washington v. Glucksberg*），117 S. 康涅狄格州，2258（1997 年）；"奎尔诉法考案"（*Quill v. Vacco*），80 F. 3d 716（美国第二巡回法院，1996 年），"修正案"，117 S. 康涅狄格州，2293（1997 年）。

但在美国，这种立法程序已经开始迈出步伐。① 英美法系在医生协助自杀的长期而成熟的处罚规定，形成引人注目的、合法性的文化与道德上的对立，这种对立是一种对构成传统英美法系的宗教信条的背离。然而，从所有的我们已经考虑到的原因来看，一个世俗社会，不可能避免迈出这样一步，去背离自己的宗教传统并遵从一种关于痛苦、临终和死亡的新道德。但荷兰王国却阐明，接受医生协助自杀和安乐死，因为这能够充分发展并符合自由世界主义的普世精神。②

如果我们重视（1）自主以及（2）赞成彼此尊重，那么我们必须超越仅仅是宽容地作出决定，支持医生协助自杀和安乐死。我们必须赞同这些做法，至少是在原则上。宽容只为实现一种平静的生活，尽管有些事的做法不合时宜。宽容并不要求赞同或者不许无理的谴责，而仅仅要求结束压制行为的暴力。宽容是符合公众判断的，"你有自由选择医生协助自杀行为，尽管它是错误的"。像这些宽容理念，实际上采取了

---

① 直到 1972 年，得克萨斯州共和政体与得克萨斯州在自杀问题上，都保持既不禁止自杀、自杀欲望，也不禁止协助及教唆他人自杀，这在英美法律史上也是绝无仅有的。见 H. T. 恩格尔哈特和米歇尔·马洛伊（Michele Malloy）《自杀和协助自杀：一种法律制裁的批判》，载《西南法律评论》（*Southwestern Law Review*）第 36 期（1982 年 11 月），第 1003—1037 页。得克萨斯的历史表明，对得克萨斯人而言要成为虔诚的基督徒是何等困难，并且也表明为什么得克萨斯没有出现知名的基督教圣徒。关于对得克萨斯人意识形态（Texian *weltanschauung*）文化根源的研究，可以参见作者皈依之前的文章，如"得克萨斯：圣训、道德与神话"，载《得克萨斯美国研究学会杂志》（*Jounal of the American Studies Association of Texas*）第 21 期（1990 年 10 月），第 33—49 页。至于提到上帝的恩典，目前在得克萨斯，已经以东正教修道院的建立为标志，得到了特别的确认。或许有一天，得克萨斯也将拥有她自己的圣布巴（Saint Bubba），敬虔愚信于基督。通过在尊严死法案，使医生协助自杀合法化，俄勒冈州的公民投票，在重新制定医生协助自杀的州立法律上迈出了第一步。见俄勒冈州尊严死亡法案，或州立法修正案第 13 款（1996 年），"停止执行案"（*implementation stayed*）；"李诉俄勒冈案"（*Lee v. Oregon*），891 号增刊 1439（1995 年 2 月令 D. Or. 1995），"修正案"107 F. 3d 1382（控诉法庭第九案，CA9 1997 年），"复议动议驳回"（*cert. denied sub nom*）；"李诉哈尔克莱罗德案"（*Lee v. Harcleroad*），118 S. 康涅狄格州 328（1997 年）。

② 关于荷兰安乐死的评论，见凡·德尔·马斯（P. J. M. van der Maas）、凡·德尔登（J. J. M. van Delden）、皮金博尔格（L. Pijnenborg）《安乐死与其他关于生命终结的医学决定》（*Euthanasia and Other Medical Decisions Concerning the End of Life*）（荷兰：奥思维尔 1992 年版）。也可参见凡·德尔·马斯（P. J. M. van der Maas）、凡·德尔·沃（Gvan der Wal）、哈维卡特（I. Haverkate）等人所著《关于荷兰安乐死、医生协助自杀与其他终结生命的医学实践，1990—1995》，载《新英格兰医学杂志》（*New England Journal of Medicine*）第 335 期（1996 年），第 1699—1711 页。

出自政治性的宗教宽容的现代形式，尽管那些宗教宽容在一些特定社会中的推行是虚假的。宽容在其原初意义上要求容忍那些被误导之人的错误观点。相反，"接受"则要求放弃错误的判断："你有权选择医生协助自杀行为；对于许多人来说，这是一个适当的选择，但对于我而言，并不是一个正当的选择"。在这种情况下，将那些涉及医生协助自杀和自愿主动安乐死的人定性为自我谋杀者或谋杀凶手，就变成道义上的攻讦、僵化和政治性错误，如果个人的自由和人的尊严对于世俗道德而言是至关重要的，那么可以得出的结论是：对于世俗医疗保健和教育机构而言，支持接受包括医生协助自杀和安乐死在内的个人的、私下的死亡决定是适当的。如果社会尊重个人选择和自主决定的生活方式，推定它应该尊重个人选择和自我决定死亡。① 在一个自由的实行自治的普世文化中，个人如果无法掌控生命和死亡，将被认定为是人格贬低、异化和人的尊严丧失。

赞赏自主化自由世界主义的普世精神，从以往的专制中获得解放，同时，自我实现的理想，具有超越普遍世俗道德规范的特点，而最后能为道德异乡人辩护。它含有一种企盼颠覆特定固有的基督教传统的精神，也孕育了更宽容地接受自杀与安乐死的观念与方式。这种新的世俗普世文化，必然要求宗教调整它原有的规约与主张。按照这一文化精神，宗教应当帮助照护者和家庭成员，如何去接受病人的自主选择，采取与实施医生协助自杀和自愿主动安乐死。那些一贯语称爱他们邻人的基督徒们，也应该按照自由世界主义的普世化观念，支持他们的邻人选择能体现其生命价值、自由和尊严的死亡方式。事实上，源于高科技社会的死亡特点赋予死亡是否可以自由选择的难题；所以，我们今天应该承认，一门符合自由世界主义普世精神的当代道德神学，能够对医生协助自杀和自愿主动安乐死的行为，从尊严与爱的义务方面予以辩护。对符合自主决定精神的医生，协助自杀和自愿主动安乐死所作出的肯定性

---

① 西尔维娅法（Sylvia Law）引起了关于医生无须声明阻止病人堕胎的世俗道德义务的争论。这些争论足够广泛地涉及医生协助自杀和安乐死等问题。见西尔维娅 A 法（Sylvia A. Law）《再勿沉默：医生让病人堕胎的法律和道德义务》，载《纽约大学法律与社会变化评论》（*New York University Review of Law and Social Change*）第 21 期（1994—1995 年），第 315—321 页。

道德重估，就应该成为人们的正当选择，不仅对当代世俗社会如此，而且对后传统基督教来说，亦属应然。①

美国基督教长老会提供了一个后传统基督教的态度转变的绝好范例，这种转变表现在，对于堕胎、医生协助自杀和安乐死不再表示明确谴责的态度。在对安乐死和医生协助自杀法律判定的案卷中，基督教长老会（美国）再次印证了一位牧师的观点，这位牧师不同意谴责，而是支持对自杀这一结束生命的方式作出肯定性评估。他借以论证的案例包括一位自杀的妇女，②另外还有一个可能有自杀意愿的妇女，她意图放弃所有治疗以便尽快结束生命，尽管如果治疗还可能存活15年到20年。③ "然而，难道我们不应该同情那个戴安娜（Diane）或者那个伊丽莎白（Elizabeth）吗，这显然不是谴责，而是承认一种不同凡响的勇气和真诚？"④基督教长老会本身在1981年也正式表决和通过了如下意见：

"主动安乐死"很难得到道德辩护。然而，在一些极端特殊情

---

① 我们可以设想，存在着为富人寻求一种奢侈的死亡方式的市场商机，即由医生协助自杀和安乐死服务："死亡俱乐部（Club Dead）：按照你曾生活过的奢华方式告别生命！"，"最后的离别：体验你一直想要的死亡！有尊严、愉快地，并富有个性地离开！"，或者"实行死亡：为了那些一直没有自主的人！"

② 有可能这位牧师所说的正是著名的蒂莫西·奎尔（Timothy E. Quill）案例："死亡与尊严——一个自主选择的案例"，《新英格兰医学杂志》（*New England Journal of Medicine*）第324期（1991年3月7日），第691—694页。

③ 很可能，这位牧师所提及的是伊丽莎白·鲍弗雅（Elizabeth Bouvia）的案例。虽然目前尚不清楚，但可预想，鲍弗雅可能不仅希望放弃治疗，因为在道义上承受的压力，也就是因为治疗，分散了她的精力，而且她早已经衍生直接死亡的意愿。参阅《鲍弗雅诉河滨总医院案》（*Bouvia v. Riverside General Hospital*），第159780号（加州高等法院法庭，1983年12月16日）。处理这个案件的上诉法院认明自杀的意图不是放弃治疗的障碍。作为法院三个法官之一的康普顿（Justice Compton）认为，从她的医生那里寻求帮助应属于鲍弗雅权利之内，她理应希望能更快、更小痛苦地死去。在这些少数观点看来，康普顿解释了最低限度的自杀与协助自杀的权利。见"鲍弗雅诉加利福尼亚高等法院法庭"（Bouvia v. Super. Ct. of Cal），见康提（L. A. County）：编号C583828（加州高等法院法庭，1986年4月16日）。

④ 尤金妮·白（Eugene C. Bay）：《基督信仰和安乐死》，载《在生与死中，我们属于上帝》（*In Life and in Death We Belong to God*），基督信仰和生活中心，公理部委司委员会（Congregational Ministries Division），美国基督教长老会（路易斯维尔，肯塔基州：长老会服务部，1995年），第35页。

境下，我们可能必须面临一些在责任上存在根本冲突的难题。其中，在有关胎儿的问题中，像"主动安乐死"这样的案例和堕胎之间就存在相似性。两种情形都伴同质疑结束生命的偏见，因为切勿伤害和防止伤害的冲突涉及到的是同一个个体。但正是在这种情形下的模棱两可的窘境，促使我们去重申那些曾经十分谨慎并经过协商作出的决定。①

在上述意见中，我们可以看到一种明显的转向，即转向对那些为了摆脱疼痛和痛苦而直接结束生命的决定的肯定。②

内在意义背景下的痛苦具有转为直观和有形的可能。不管痛苦在表面上看起来毫无意义，除非我们自己决定放弃，我们都能去追求这个世界上的快乐、美好和享受。我们何尝不希望，直到生命的最后一刻，那些感官的、美妙的、理智的快乐再一并消失。当然，我们也会努力去圆满结束这种追求世界和肉身满足的先验愿望。加缪（1913—1960）在其"阿尔及尔的夏天"（Summer in Algiers）中，就描绘了这样的一条径路，表明通过身体的美能够消除对来世的幻想，并且"也不需要有虚构的神去勾画希望和救赎的图景"。加缪希望为内在的自我找到一个可以依赖的家园。"在天空和面向天空的脸庞之间，高悬着的不是神话、文学、伦理或者宗教，而是石头、肉身、星斗，以及那些用手可以

---

① 第121次美国基督教长老会大会，主题为"人类生命的本质与价值"，见《在生命与死亡中我们属于上帝》（*In Life and in Death We Belong to God*），第41页。

② 这一有关主动结束生命选择的西方基督教神学观念的重要转变，被汉斯·昆（Hans Kung）很敏锐地进行了论述：

因此，作为一名基督徒和神学家，在长时间"利益的考量"之后，我现在颇受鼓舞地按照神学和基督教的方式，为一种中间道路公开讨论哪个是负责任的：即在缺乏责任的反宗教自由主义（anti-religious libertinism）（"自愿死亡的无限权利"）和在缺乏同情心的反动的原教旨主义（reactionary rigorism）（"甚至无法容忍也要在顺从上帝中承受，因为这也是上帝赐予的"）两者之间。我之所以这样做，是因为作为一位基督徒和神学家，我确信，赋予男人和女人自由并对他们生命负责的至善上帝，也会留给临终者一种责任，这种责任使他们可以对其死亡方式和时间作出负责的决定。这种责任，是一种既不是国家也不是教会、既不是神学家也不是医生所能剥夺的责任。这一自主决定也不应视为一种傲慢地冒犯上帝的行为。

汉斯·昆（Hans Küng）、瓦尔特·金斯（Walter Jens）：《有尊严地死亡》（*Dying with Dignity*），约翰·鲍登 John Bowden 译（纽约：连续出版公司1995年版），第38页。

触摸到的真实。"① 尽管一开始肉身是舒适并且感到满足的，但它终将衰败，肉身会朽坏，会变得羸弱多病，会衰老败落，并最终死亡。我们不可避免地会面对痛苦、临终和死亡。问题旋即返回：这所有的一切是否存在一种恒久、终极的意义？亦然，内在的、自然的，那位上帝的法，我们永远无法超越。

死亡、诱惑和罪恶：宇宙的叙事

基督教所揭示的痛苦的深层意义是个我的，且与自由世界主义的普世精神从根本上来说，存在冲突。这种个我化特点所说的是心灵与圣言，"就是你们的头发，也都被数过了。所以不要惧怕，……"（马太福音10：30）对于大多人来说，这种意义也是令人不安的，因为它实际上打破了内在性的界限。如果真理是个人的，那真理将缺乏（或更确切地说，是超出），按照世俗理性的非个人逻辑所寻求的一致普遍性，真理将不再是一个原则、一个公理，或者是一种终极的理性基础，而是一种鲜活的自由理念："我就是我。"②在这种特殊性下，传统基督教对先验意义的解释就与普通愿望背道而驰。基督教对生命、痛苦和死亡的深度解释就是一个涉及特殊的人和在他们之间的一种超越关系，而不是个人与上帝之间关系的特殊故事。基督教对于痛苦的解释也就是一个关于诸多个我化的叙事；痛苦是与罪恶和救赎的故事联系在一起的，这个故事不仅涉及人，还涉及天使、魔鬼和上帝，并且在上帝那里，自

---

① 阿尔伯特·加缪（Albert Camus）：《西西弗斯的神话及其他论文》（*The Myth of Sisyphus and Other Essays*），贾斯汀·奥布莱恩（Justin O'Brien）译（纽约：克诺夫道布尔迪出版集团1961年版），第151页。

② 美国犹太出版协会提供了以下翻译，即上帝回答摩西关于他名字问题的答案："Ehyeh – Asher – Ehyeh"（我就是我——译者注），就像"我是我是的那个"（"I am that I am"），"我是自有永有的"（"I am Who I am"），以及"我将是我将是的"（"I will be What I will be"）（出埃及记4：14）。《律法书：摩西五经》（*The Torah: The Five Books of Moses*，费城：美国犹太出版协会1962年版），第102页。

译者注：按英文圣经（钦定版）、并参阅中文广学会与中国基督教两会新版《圣经》（和合本）"I am Who I am"应译为"我是自有永有的"，与"我就是我"在汉语词义上有一定差异。此经文应为《出埃及记》3：14；原文后注有误。

由选择是至关重要的，宇宙秩序也在其伟力之中。① 对传统基督教而言，疾病、痛苦与死亡被认为是一种罪恶、宽恕与救赎的宇宙论叙事。

我们在最后的章节，核心的关注点就集中到伊甸乐园中的人：亚当和夏娃身上。《创世记》的解释揭示了自由的力量和罪恶的毁灭。乐园一旦失去，其原有的根基就因为亚当而被诅咒（创世记4：11，原文中为"4：17"，此有误——译者注）。人类必须在选择变得险恶、充满荆棘和蒺藜的天地之间辛苦劳作。欲回答为什么存在痛苦的问题，必须从这一宇宙论叙事中寻找。是人类的任性使得亚当和夏娃被逐出美好乐园，并把他们投掷到痛苦的世界历史之中，即使这种痛苦的历史倾向，无尽地伤害那些无辜之人。为了夏娃，亚当本应祈望将所有的创造回报上帝，然后，就此一切都和上帝连在一起。但恰恰相反，亚当和夏娃却联合狂傲的撒旦，与上帝狡黠傲慢地分离，由此将所有的人都禁锢于他们罪恶的后果之中，这后果则包括痛苦和死亡。就像新神学家圣西蒙（Saint Symeon，949—1022）所总结的那样："第一个被创造的亚当，只是因傲慢而不是因其他罪恶失去了神圣的衣袍，从而堕落成凡人，作为亚当后代的所有人，也从其作为孕体和出生开始就沾染了祖传的罪。以这种方式出生的人即使没有过犯任何罪恶，也通过他的祖先的遗传，已经变得有罪。"② 我们生来就充满罪恶的倾向，"因为人从小时心里怀着恶念"（创世记8：21）。痛苦是人类的过错，包括所有带有罪恶的人。

亚当的罪并不是作为一种可遗传的罪而被传承的，倒不如说是一种为整个宇宙所定义的灾难。亚当的罪的后果触及我们所有的人。"这就

---

① 东正教神学认为，堕落并没有剥夺人的自由。除了思想晦暗以至失去与上帝的交流，堕落也使我们堕入激情和不道德倾向。要想重新建立与上帝的交流，只能通过忏悔、净化激越的心灵，以及被上帝的恩典照亮，以便让我们能通过与上帝的合一而醒悟。有关痛苦的意义的知识，并不是为成功完成理性主义的反省。通过从激越中净化我们的心灵，也只有通过上帝的恩典，去领会包括痛苦在内的事物的意义，如此就能获得救赎。例如，参阅赫若狄奥·弗拉乔（Hierotheos Vlachos）《东正教的心理治疗》（*Orthodox Psychotherapy*），埃瑟尔·威廉姆斯（Esther Williams）译（利瓦迪亚，希腊：圣母诞生修院出版社1994年版）和《东正教精神》（*Orthodox Spirituality*），埃菲·马弗洛米凯里（Effie Mavromichali）译（利瓦迪亚，希腊：圣母诞生修院出版社1994年版）。

② 新神学家圣西蒙：《第一个被造的人》（*The First‑Created Man*），神父塞拉芬·罗斯（Fr. Seraphim Rose）译（普拉提纳，美国加利福尼亚州：阿拉斯加兄弟会圣赫尔曼出版社1994年版），第70页。

如罪是从一人入了世界，死又是从罪来的；于是死就临到众人，因为众人都犯了罪。"（罗马书5：12）作为人类的领袖，亚当承担了所有因他的罪所产生的后果，这一点没有人比得上。就像一位有罪的父亲，感染了一种疾病并遗传给他的子女，而他的子女并没有继承他的罪，所有人都继承了亚当之罪的后果，尽管并不属于他的罪。然而，我们的生活也被那种罪扭曲了。亚当和夏娃让有罪的倾向、痛苦和死亡侵蚀了我们的本性，然后，我们每个人都因为自己主动的傲慢和叛逆所增加的后果，而进一步强化了这一处境。我们一个又一个被卷入我们自己所有的罪孽之中。它们成为我们这个世界的特征。①

由此产生的痛苦不仅仅是一种惩罚。它可以成为我们从我们自己傲慢的行为、我们自己的罪中所接受的那种惩罚性医药（chastising medicine）。当我们体验到我们的罪作用到我们自己和他人，尤其是无辜的旁观者身上的时候，那些后果就能带给我们某种感觉，并且帮助我们消除傲慢。痛苦可以提供一种征服傲慢、控制情绪、请求宽恕，并期待超越内在性的机会。痛苦还能帮助我们转向上帝。但是痛苦本身通常也可能被规避。由于这个原因，就如同圣约翰·克里索斯托姆（St. John Chrysostom）的礼拜仪式所祈祷的那样，教会祈盼"能结束我们痛苦生活的基督教，它没有痛苦、没有责备，并且能够安宁"。此外，如果痛苦不能被摆脱，我们就必须谦逊地面对它以便能拥有"在基督作出令人恐惧的审判之前一个很好的拯救机会"②。的确，从灵性的角度看，疼痛和痛苦提供了一条从傲慢转向谦卑的路。就像"一位老修士所说，'对我们而言，生病是一种神圣的探视。疾病是来自上帝最好的礼物。人唯一能给上帝的就是疼痛'"①。又正如圣保罗所教导的，"就是在患难中，也是欢欢喜喜的。因为知道患难生忍耐；忍耐生老练；老练生盼望；盼望不至于羞耻，因为所赐给我们的圣灵将神的爱浇灌在我们心里。"

---

① 亚当的罪的后果表明，人类追求自由是强烈的，并潜藏着巨大的破坏性。在罪恶中，人的自由将我们与撒旦、与世界君王联系起来（约翰福音12：31，14：30，16：11）。《罗马书5：12》中此段翻译源于约翰·迈恩铎尔夫（John Meyendorff）的《拜占庭神学》（Byzantine Theology，纽约：福特汉姆大学出版社1979年版），第144页。

② "圣礼仪式"，载《神圣服务》（The Liturgikon）（纽约：安塔基亚出版社1989年版），第281页。

(罗马书5：3—5）通过谦卑地接受我们无法避免的痛苦，以及为无辜者的痛苦遭遇而悲伤，尽管所有这些在某种程度上都归咎于罪，我们可以给予我们的忏悔以内容，可以放弃傲慢，并可以清除我们心灵中控制我们的欲望。也就是说，我们可以重新疏运我们的能量。如果我们能够谦卑、耐心地承受作为罪的后果的痛苦，就能够平抑我们的欲望和懊悔。尽管耐心地承受我们的痛苦并不能弥补由于犯罪而造成的世俗性惩罚的法律责任，②然而，它却可以帮助我们学会谦卑和治疗原罪带来的后果。因此，痛苦的作用应该理解为治疗意义上的，而不是法律意义上的。

---

① 爱奥尼邱思祭司（Archimandrite Ioannikios）：《圣山神职习语》（*An Athonite Gerontikon*），玛丽亚·梅森（Maria Mayson）与修女谢奥多拉（*Theodora*）译（考伐利亚：圣格利高利·帕拉马斯修院1997年版），第430页。

② 关于拉丁派教义中的炼狱（purgatory），试图强加给痛苦主体以一种似乎是现实的意义：免除因罪而受到现世惩罚。这一教义认为，即使在对于罪的忏悔、改过、赦免和宽恕之后，这些悔过的罪人，仍然要感恩于惩罚。由此，痛苦被赋予一种新的意义：出于公正的考虑，应该允许人们规避以后重复炼狱的痛苦。至少在没有深陷其中时，痛苦能够免除现世的惩罚，否则就依然需要在炼狱之中去重复体验。就如同罗马教会宣判的特兰托公会议（Council of Trent）法规30规定："如果谁认为，在接受赦免罪过的恩典之后，重复犯罪可以赦免，并且对于每一个悔改的罪人永罚的负担可以减轻，以至于直到在地狱之门打开之前，再没有现世惩罚的负担，再无须在这个世界上或者在炼狱中被赦免，那么，就让他被诅咒。"见斯科托得（H. J. Schtoeder）译《特兰托公会议的法规与法令》（*Canons and Decrees of the Council of Trent*）（罗克福德，伊利诺伊州：谭书1978年版），第46页。

早期的教会所教导的是，既不需要那种现世的惩罚，也不存在炼狱问题。当时有一种关于从我们原罪的后果中拯救自己、然后真正的悔罪，并对这一重要性的明确观念。应该并且有这样一种认知，即谦卑地承受痛苦有助于我们的悔罪。无论何时我们真正的悔罪并被宽恕，我们就真正被宽恕了。死后并没有惩罚，只留存上帝的爱，那种惩罚只是因为不断地背叛上帝才经历火一样的炼狱。因为作为人类，我们与上帝在本性上是同一的，在最后的审判乃至在死亡之前，依靠活着时悔罪的特征，就能够有助于我们转向上帝。对于这些观点，以弗所的圣·马克（St. Mark of Ephesus，1392—1444）是给予最好评论的三人之一，他写道："一个事实是，那些有信仰的人毫无疑问会因神圣仪式、祈祷和对他们的施舍而受助，并且这一风俗已经从古代就被顽强地延续下来，对此，有许多人的证言和各导师言论，包括拉丁派和希腊派的，而且在不同时代和地域，以口头和文字的都有。但是精神能够被传承是因为具有确定的炼狱的痛苦和现世遭遇，它们拥有这样一种［炼狱的, a purgatorial］力量，并且有一种能帮助我们的特性，这一特性我们在圣经或者祷文中无法找到，在死亡的赞美诗或者教父的作品中也无法找到。但是我们已经承认，即使精神被打入地狱，也已经终结了长久的痛苦折磨，不管是在具体事实和经验方面，或是在如此令人绝望的希冀之中，精神都能帮助我们，给我们一种真实的尽可能帮助，尽管这不能完全让我们脱离痛苦或者对末日审判以好的希望，如此这样完整的意义之上。"第一个训诫，"关于炼狱的拉丁派的反驳意见"，见谢拉菲姆·罗

第六章　痛苦、疾病、临终与死亡：意义诉求　413

　　我们所犯罪的后果在第二个夏娃和亚当的个人的故事中得以消解。其焦点再次集中在自由选择和谦卑之上。第二个夏娃是一个十几岁的少女，也是像其他人一样在她的谦卑和自愿的服从上帝之中得救，她创造了第二个亚当诞生的可能。就像旧金山的圣约翰（St. John of San Francisco，1896—1966）所提示我们的，"尽管玛利亚是一件被拣选的圣器，但她仍然生性是一个女人，她与其他人并没有一点不同"①。与第一个夏娃不同，作为上帝之母的玛利亚也具有我们被玷污的本性、犯罪的倾向，以及背叛上帝的癖性。她也像我们一样，需要我们的和她的救世主来修正。②尽管她和我们一样脆弱并且也沾染了罪，但她并没有屈从于傲慢，③虽然她只是一位16岁的花季少女，但她自由地选择去完

斯神父（Fr. Seraphim Rose）《死后的灵魂》（*The Soul After Death*，普拉提纳，加利福尼亚州：阿拉斯加兄弟会圣赫尔曼出版集团1980年版），第199页。这种差异从某种程度上可以概括为，在西方基督教和东方正教之间、在作为第一位罪的理解上的律法意义与作为第二位治疗意义之间道德取向的根本差异。

①　圣约翰·马克西莫维奇（St. John Maximovitch）：《东正教对圣母玛利亚的崇拜》（*The Orthodox Veneration of Mary the Birthgiver of God*）（普拉提纳，加利福尼亚州：阿拉斯加兄弟会圣赫尔曼出版集团1994年版），第54页。

②　"圣约翰·克里索斯托姆（St. John Chrysostom）把基督对圣母暂时断弃的意图（马太福音12：48—50）理解为是一种灵性的修正。她对于自己将要完成的事充满了太多的虚荣；因为她想向人们炫耀她拥有超越她儿子的权力和权威，试图脱离圣子独自进行的伟大工作；这根源于她不合时宜的奢望……（因此）当修正她的缺点……基督既医治这种虚荣的疾病，又将应有的荣誉归还给祂的母亲，即使她的要求是不合时宜的。"见圣约翰·克里索斯托姆（St. John Chrysostom）《布道集44：马太福音12.46—49》，载《尼西亚与后尼西亚教父系列I》（*NPNF*1），第10卷，第279—280页。保加利亚圣提奥腓拉（Blessed Theophylact of Bulgaria，1050—1108）断言，耶稣的行为并没有"冒犯祂的母亲，而是纠正她那种虚荣和庶民的思想。"见主教提奥腓拉《圣提奥腓拉对马太福音书的解释》（*The Explanation by Blessed Theophylact of the Holy Gospel According to St. Matthew*）（房子泉，密苏里州：克里索斯托姆出版社1993年版），第109页。

③　旧金山的圣约翰［马克西莫维奇，Maximovitch］认为，承继了亚当和夏娃原罪的所有后果的玛利亚，尽其全力服从上帝的旨意。她的荣耀由此变得更为显赫。"没有智慧或语言来表达她的伟大，尽管她来自于罪孽深重的人类，但她变得'比智天使（Cherubim）更值得尊重，并且相比天使撒拉弗（Seraphim）也更加荣耀'。"见圣约翰·马克西莫维奇（St. John Maximovitch）《东正教对圣母玛利亚的崇拜》（*The Orthodox Veneration of Mary the Birthgiver of God*）（普拉提纳，加利福尼亚州：阿拉斯加兄弟会圣赫尔曼出版集团1994年版），第68页。

成上帝的意愿。由于她抵制住了诱惑和背叛，生下了第二个亚当——唯一一个没有罪的人，她的自由选择使我们与撒旦和死亡这个终极的罪的后果决裂。问题的关键就在于，要认识到自由选择的真实的宇宙力量。就像圣巴西拉的圣礼（the Liturgy of St. Basil）所宣称的："他从死亡中救赎自己，我们正是被死亡控制并在罪恶之中被奴役。他通过十字架委身入地狱，不惜牺牲自己来承担一切，但他从死亡的疼痛中得以解放，并在死后第三天复活，他通过死后复活为所有的肉身创造了一种救赎的方式，因为人类的领袖不应该被玷污。"① 基督也进行了自由的选择，从而脱离了与撒旦、罪恶和死亡的联系，所以，我们才能通过他的受难和复活来超越我们的痛苦和死亡。作为第二个亚当的基督通过第二个夏娃的屈从，已经让我们拯救了我们的本性，并使我们能够脱离撒旦并与上帝结合。

虽然痛苦仍然存在，但其意义却发生改变。即使看似毫无意义的死亡也被置于救赎的故事之中。例如，耶稣的诞生，作为解除人的罪恶和痛苦的人，他拯救了那些无辜者的无限痛苦。圣·马太记录了希律王在伯利恒意在杀死还是个孩童的基督的针对无辜者的杀戮（马太福音 2：16—18）。圣·马太着重描绘了这些无辜孩童父母的痛苦，引用先知耶利米的话来说，"在拉玛听见号啕痛哭的声音，是拉结哭她儿女不肯受安慰，因为他们都不在了"（耶利米书 38［31］：15）。南迦南西哈的圣·尼古拉（St. Nicholas of Zica，1880—1956）也描述了这种暴行："（希律王的）士兵用剑砍下了一些孩子的头颅，把其他孩子扔在石头上，再把一些孩子踩踏在他们的脚下，还有一些孩子被他们用手扔进水里淹死。"② 如此的痛苦，尤其是这些孩子的痛苦曾经是如何被整个制造出来的，或者父母的失去是如何被补偿的？圣·马太（St. Matthew）并没有提及以下耶利米书中的文字，尽管这都是熟知圣经的人能看得见的："耶和华如此说，你禁止声音不要哀哭，禁止眼目不要流泪，因你所作之工必有赏赐，……"（耶利米书 38［31］：16）这些孩子的痛苦

---

① 伊莎贝尔·哈普古德（Isabel Hapgood）译：《圣礼仪式》，载《东仪天主教教会服务手册》（*Servicebook of the Holy Orthodox - Catholic Apostolic Church*，恩格尔伍德，新泽西州：安提阿主教区 1996 年版），第 103 页。

② 圣尼古拉·威利姆洛维奇（St. Nicholas Velimirovich）：《奥赫利德序言：圣徒生活》（*The Prologue from Ochrid: Lives of the Saints*），玛利亚嬷嬷（Mother maliya）译（伯明翰，英国：拉撒路出版社 1986 年版），第 4 卷，第 384 页。

的意义和救赎，就在于以色列的神（the God of Israel），在于上帝的弥赛亚耶稣（His Messiah Jesus），以及归于能体悟到圣日的神圣教会（12月29日）。这些将要死去的孩子由于耶稣受难而得救。他们的痛苦和死亡通过耶稣的痛苦、死亡和复活而改变。但现在所有无辜的孩子的死，都能通过洗礼而被救赎。①

堕落的拯救与后果，超越死亡和痛苦的胜利之源泉，都将在救赎的历史之中获得。每年的复活节，圣约翰·克里索斯托姆（St. John Chrysostom）都会在其布道中宣布救赎的胜利，以及痛苦、死亡和复活的最新愿景。

> 他死亡了也就消灭了死亡！他堕入地狱，成为地狱的俘虏！当他的肉身被吞噬，他憎恨地狱！以赛亚也一起来呼喊："当地狱在底层与你遭遇，地狱将被你憎恨。"地狱被憎恨，是因为它将被毁灭！地狱被憎恨，是因为它将被嘲讽！地狱被憎恨，是因为它被清除！地狱被憎恨，是因为它被掠夺！地狱被憎恨，是因为它被锁链捆缚！
>
> 地狱让人的肉身与上帝直面相遇！它还让大地与天堂相遇！它能看到没有被看到之时就已消失的事物！"哦！死亡，你的刺痛在哪里？哦！地狱，你的胜利在何方？"基督复活了，并且你被打翻在地！基督复活了，并且魔鬼也被打倒！基督复活了，天使将永享快乐！基督复活了，生命将当行其道！基督复活了，没有人将再在坟墓中死去！对于基督而言，生命从死亡中复生，已经作为曾经沉睡的他们的最初成果。这是他的荣耀，并且将一直会拥有这份荣耀。阿门。②

十字架的意义因能够将人引向复活的胜利而更新。这句"上帝啊，

---

① 东正教并未普遍关心那些未经洗礼而死去的儿童的情况。然而，在瓦斯里迪斯（Vassiliadis）对死亡的研究中，他引用了圣约翰·克里索斯托姆（St. John Chrysostom）的话："一只没有加盖洗礼印章的'羊'，会变成撒旦这匹恶狼的美餐。"PG 61786。见尼古拉奥斯·瓦西里迪斯（Nikolaos Vassiliadis）《死亡之谜》（The Mystery of Death，雅典，希腊：基督救主东正教神学家兄弟会1993年版），第322页。

② 圣约翰·克里索斯托姆（St. John Chrysostom）：《复活节宣道》，载《圣事服务》（The Liturgikon）（纽约：安塔基亚出版社1989年版），第392页。

我的上帝,保佑我;为什么背弃我?"(诗篇21:1,七十子译本),验证了十字架上基督的祈祷,从第一行起就贯通了全篇,宣咏"当我哀求他,他便应允我"(诗篇21:24,希腊70译本),并以他向那些将要生于圣洁之水与圣灵的人所揭示的启示结尾。"主所行的事,必传与后代,他们必来把他的公义传给将要生的民,言明这事是他所行的。"(诗篇21:31,70子译本)①

将医学作为偶像:放弃与中止治疗

医学一旦脱却了基督教光泽,重新理解医学的目的就没有了特性。此时,普遍来说,医学的目的原本作为所有人类行为直接被我们面对的这一性质,就发生了变化:即在崇拜上帝这一方面发生了改变。如果失去经过十字架苦难和复活的方式、从而指向上帝这一基本方向,医学将会受到文化的威胁而被歪曲。如果我们不能意识到,我们每人的死亡将会导向复活和末日审判,那么,死亡的推迟也就不能负起阻止厌逼和扭曲的重要责任。如果不承认苦难和伤残可以破坏我们的傲慢和帮助我们转向上帝,那么能够改善痛苦和伤残的科学也不会被认为是善的统领。因为医学能够有效减轻痛苦和延迟死亡,所以医学能够无限要求社会的、政治的和经济的关注和资源提供。由于这些原因,认为医疗中心应承担文化职能的角色,所以西方教会具有这样的作用。医学已经成为文化投资和文化能量的核心。现在,许多国家的医保的投入明显要多于国内生产总值(the Gross Domestic Product,GDP)的1/10。只有很少数人放弃他们原本追求的永远的灵魂拯救,与此相比,更多的人将会放弃他们应该获得的延续生命的机会。医学在当代文化中,占据着指导地位。现在,医学的中心大都成为这样一种机构:去解决性、苦难、临终挣扎和死亡。甚至对医学化健康和幸福的理解而言,属灵和宗教信仰将获得新的诠释。健康的精神将变得有灵性,源于对现世健康和幸福的透

---

① 在对赞美诗21(70子译本)最后一句的注释中,荷马的圣奥古斯丁(Blessed Augustine of Hippo)评论道:"人将通过信仰为上帝重生。"《诗篇论稿》(*Expositions on the Book of Psalms*),载《尼西亚与后尼西亚教父系列第一部》(NPNF1),第8卷,第60页。在卡西奥多拉斯(Cassiodorus)的注释中解释道:"下一代的降生,就意味着他们是赖于上帝慷慨的圣洁之水和神圣精神而生。"见《诗篇解读》(*Explanation of the Book of Psalms*),沃尔什(P. G. Walsh)译(纽约:保利斯特出版社1990年版),第1卷,第233页。

第六章 痛苦、疾病、临终与死亡：意义诉求

悟。当生活、性、生育、临终、死亡和精神仅仅成为内在术语的表达，医学的角色、意义将被根本地歪曲。

反对医学的这种独断观点，基督教起到了先锋的作用。生活并不像本身存在的那样，超越死亡的意义将被我们发现，因此，医学不再是单纯健康所需的一种技艺。相反，所有人类的挑战必须关注超越世界的健康观念。首要的在于精神的健康，这种健康通过基督教苦行主义加以培育。苦行主义通过越来越严酷的训练使之不再被情欲、诱惑甚至是特定的目的和计划所掌握，从而充分信仰上帝的教义。基督教苦行主义与具有科学判断的应用医学相一致，正如圣巴西拉所强调的：

> 上帝赋予我们的每一技能，在于弥补自然的缺陷……我们按照神谕来到这个世界上，将不得不承受注定会消亡的肉体痛苦，这一切源于我们的原罪，或相同的原因，我们同样遭受疾病的缠绕，医学的技能至少在一些程度上能够帮助我们减轻痛苦。[1]

基督教传统的观点是，他们可以进行医学干预，只要这些干预不妨碍精神和灵性家园。但也应该警惕，如果医药明显消解了我们神圣的祷告敬拜生活，或使我们每日沉迷于并维系这种生活方式，这样的医药技艺则不应该使用。正如圣巴西拉所警告的，我们应该避免"任何需要过度迷恋或烦恼的事物，或者任何涉及通过大量努力、并从某种程度上来说，让整个生命都围绕对肉体渴求的事物"[2]。使用这样的医学是不恰当的、不相称的、非常荒诞的，是一种道德上的误导。这说明，不仅这类治疗手段可以放弃与中止，而且是应该放弃与中止。延迟死亡、躲避苦难、矫正残疾等都不应成为人类的最终目的。

医学和疾病的治疗、残疾的修复，以及死亡的推迟都必须出于对上帝的权威的追求。只有当我们掌握控制能力的欲望，不作为我们的目的或不作为主导时，人类的才智、科学技术，才能被恰适地用于医学发展。假如我们的世界，把对健康和生命的追求作为我们所追求的全部时，实际上，医学研究也就背离了人类生存的基本目标，背离了上帝的

---

[1] 圣巴西拉：《基本教规》（*The Long Rules*），修女莫尼卡·瓦格纳姊妹（Sister Monica Wagner）译（华盛顿特区：美国天主教大学出版社 1962 年版），第 55 问，第 330—331 页。

[2] 同上书，第 331 页。

权威，这样，也就使医学成为某种偶像（idol）。只要医学研究背离了上帝的权威，就应当加以干预使其终止或放弃。而背离上帝权威的评价标准不仅包括负担、费用和成功率等其中之一，还要考虑灵性领域的误导。尽管人们不可能被要求接受一项绝对无效的治疗，这个问题并不是完全无用的，而是一种精神或灵性威胁。相反，当生活的质量受到限制、生命的长度有可能缩短、成功预防的概率降低时，无用的语言通常会遮蔽人们对于接受治疗责任程度的接受与判断。尽管前提不同，但最重要的问题，必须通过传统基督教来解决。这里关注的是成本，特别是精神或灵性成本。这个观点是很宝贵的，即使柏拉图只是在描述了希洛底卡斯（Herodicus）如何穷其一生研究，推迟死亡的工作（法典Ⅲ 406a—b）。柏拉图认识到一种道德的扭曲，当人的精力主要致力于保持身体健康时，基督徒应该清楚地认识到因此而出现的灵性变形。为了避免这种来自灵性的威胁，治疗应该适当地放弃或中止，即使可能延迟几年寿命。

　　适当的关注应当是一种生活方式，而不仅仅是拯救或延长生命。正是出于这样的考虑，医疗保健特别是终止生命的决定才有理由完成。医疗保健的决策应集中在身体的苦行，从而达到对于上帝权威的追求。基于这个承诺所作出的中止或撤销治疗的决定，与罗马天主教区分一般或按等级，以及区分特殊或不相称的待遇有很多相似之处：一条基于病人、家庭和社会的负担，以及成功治愈概率的参照标准线被划定，用以区别强制性和非强制性治疗。① 传统基督教观点清楚地证明，在危机关

---

① 对罗马天主教所划分的正当与非正当，即关于一般与过度治疗的界线的历史性系统研究的进展。参见丹尼尔·克罗宁（Daniel A. Cronin）《关于生命保全的正当与非正当行为的道德法则》，格里高利大学为教皇所做的博士学位论文，罗马，1958年。此文以《人的生命保全》（Conserving Human Life）为名再版（布伦特里，马萨诸塞州：教皇约翰23世医学道德教研中心1989年版）。参见 H. T. 恩格尔哈特和托马斯·博尔（Thomas J. Bole）《美国医学伦理学的发展：不惜任何代价，技术诱惑和生命支持的错误》，载《医生和基督》（Arzt und Christ）第36期（1990年）第113—121页。最近罗马天主教，包括教皇庇护十二世（Pope Pius XII）的重要训示：《布鲁诺·海德乐博士》（Le Dr. Bruno Haid）》（1957年11月24日），载《宗座公报》（Acta Apostolicae Sedis）第49期（1957年），第1031页。庇护十二世的英文译本：《麻醉医师国际大会陈谕》（1957年11月24日），载《教皇演讲集》（The Pope Speaks）（1958年春季号），第395—396页；为信奉教义的会众，1980年5月5日宣布的"安乐死宣言"（Declaration on Euthanasia），载《源》（Origins）第10期（1980年8月14日），第154—157页，拉丁文版《梵蒂冈内参》（Enchiridion Vaticanum）第7卷，第332—351页（自然序号346—373）。

第六章 痛苦、疾病、临终与死亡：意义诉求

头并不只是这套基准判定超越表面责任，从而寻求医疗以延续生命。相反，重点是要寻求一个关键，即遵循上帝的权威。需要考虑的是，按照既定目标则不会分散精力或对怀疑正确的目标：圣洁。医疗保健能耗费我们的精力，转移我们的注意，以至于迷惑我们，使我们淡化对正确目标的关注：与上帝相通。

圣巴西拉因避免接受使我们整个生命围绕的医疗保健而担忧。有时，医疗保健将使患者及其家人陷入各种形式医疗技术的无底黑洞。① 有时，这种背离会间接地使他们认为，只有通过医学技术的干预方能维持生命（例如在监护病房），这可能不仅折磨病人及其家属，也包括他们的照顾者。各种这样的医疗干预措施，并不能使人获得人的灵性和精神的生活（例如，脑瘤手术可能挽救一个人的生命，但会使其变得鲁钝）或只是以较大的负担为代价稍微延缓死亡（例如确定化疗协议会引起显著的副作用，且只能延长人几个月的生命而已），所以应当谨慎对待。对药品使用不当可能把患者及其家属、甚至医疗人员带到窘迫两难的境地。如果他们不能接受医生协助自杀和安乐死，他们可能担忧，或者陷入因滥用人类精力与资源而引发的玩世不恭的心理负担。矛盾的是，利用一切现有的资源拯救生命的技术可能导致对"苟且偷生"的迷惑。无论病人还是家属和医疗人员，都不应给予超过他们所能承受的那种负担。医疗保健不惜一切代价拯救生命的做法，将在道德和精神方面花费太多：医疗人员和患者的精神都将受到极大的伤害。那些对于提供与接受围绕我们整个生命的医疗保健以及健康护理干预措施，不仅仅是那些高技术，如高危病的治疗；有时甚至包括人工水化和营养或抗生素，这些很令人担忧。在生命的尽头，即使正常的饮食也可能成为特殊病人的负担。这个问题的讨论，是对于背离与上帝一同永生的信义，而试图延迟死亡引发的医疗保健和健康问题的挂虑。

重要的往往不是是否应采取医学治疗，而是为什么和怎样做。只要一个人的有作为和无作为不是导致死亡的原因，只要病情在此之前已经

---

① 圣巴西拉：《基本教规》（*The Long Rules*），第 55 问，第 333 页。

存在，并且与人的行为无关而最终导致死亡。在推延和中止治疗过程中，至关重要的是，一个人作出这种行为是为了避免有害于病人。这种无作为需要作为精神伤害的辩护。因为它的负担会引起病人或其他人信仰上的缺失，因此治疗应当暂停或终止。全部医疗保健干预必须与照顾病人的灵魂同步，此可显见于圣巴西拉的"圣罗勒礼仪规则55"（Basil's Long Rule 55）① 中的解释。事实上，是引用了圣巴西拉观点："把个人健康的希望放在医生手中是非理性动物的行为。"② 然而，我们最终必须依赖上帝。我们不一定要在一个高技术的环境中无限期推迟死亡，那是上帝所没有恩准的世界，同时也违反了圣巴西拉的医疗为生活服务的警告，在这种情况下，应该允许颠覆错误的内在内容，就如同上帝所希望的，应该顺其自然。

目前，当务之急不仅是避免企图造成过早死亡，而且也须避免因不经意的不恰当干预而影响一个人的生命。此问题不容易在一个偶然因素和事件的一般测试中显现。从某种意义上说，延迟或终止治疗可以像任何疾病过程中的原因一样，最终成为病人死亡的充分原因。③ 任何缓解疼痛的干预也一样，可能会增加早期死亡的可能性。这种行动可以像任何病理过程一样导致病人死亡。要正确地看待问题，不能简单地只顾因果关系的因素，其实它是一个因果关系的描述性解释，自此我们可以应

---

① Basil's Long Rule 为"圣罗勒礼仪规则"，或称"圣巴索规则"、"基本教规"，为天主教的一种礼仪守则。——译者注
② 同上。
③ 关于行动（acting）和不作为（refraining）两者意义的因果解释，参阅乔纳森·本内特（Jonathan Bennett）的意见，他认为两者唯一本质的区别在于，就行动而言，我们能够做的绝大多数事情不会发生问题，只有少数情况下，在仅有的几个案例中，可能出现那样的后果；而关于疏忽（omissions），绝大多数情况下，我们能防止其后果。见本内特："不管结果如何"，载《分析》（Analysis）第26期（1966年1月），第83—102页。关于本内特和他的论点的反思，见丹尼尔·迪耐罗（Daniel Dinello）《关于杀人和允许死亡》，载《分析》第31期（1971年4月），第83—86页。也可参见 P. J. 菲茨杰拉德（P. J. Fitzgerald）《行动与不作为》，载《分析》第27期（1967年3月），第133—39页；以及詹姆斯·雷切尔斯（James Rachels）《积极和消极的安乐死》，载《新英格兰医学杂志》（New England Journal of Medicine）第292期（1975年1月9日），第78—80页。

用哈尔特（Hart）和哈诺尔（Honoré）关于因果定理的具体描述，① 它们提供的例子是花园中的花朵因为园丁的灌溉失误而衰竭死亡；虽然很多失误导致了缺水，像是没有充足的雨水也是和园丁的过错一样导致了花的死亡，园丁的渎职行为在此是主要原因之一。园丁被认定应为花木死亡的渎职行为负责。花的死亡是因为园丁没很好地照看。大多数其他偶然的因素作为这个行为的背景条件将被忽略。类似，基督徒患病、伤残、死亡往往被认为是罪恶的结果，"常常是罪有应得；'对于上帝所爱的人'圣经说，'他必责备'［箴言3：12］"②。因此，在适当的条件下，妥善处置和出于意愿，基督徒可能会放弃治疗，"顺其自然"，从而接受上帝的旨意。因此，他们没有死亡。这种因果关系的解释，特别突出了特殊职责和揭示了灵性的危险。它承认被动自杀和安乐死而产生的生命延迟和中止治疗，与因顺从上帝旨意的延迟生命和中止治疗的区别。即使是传统基督教以外，也可以区分企图提前到达死亡阶段和企图提前死亡的区别。第二类是被动安乐死的实例。同样，在世俗生命伦理领域，人们可以区分直接带来死亡的重要善举和接受实施提前死亡的行为。后者作为主动安乐死，它可以进一步区分为自愿安乐死（也就是说，在被杀病人的要求下进行），非自愿安乐死（即违背被杀病人的原有意愿），以及不涉及自愿与否的安乐死（即不征得病人的同意，尽管考虑是病人的最佳利益和病人的意愿可能）。传统基督教评价方法不完全符合这一分类：它主要（但不限于）关注个人死亡的意愿而回避死亡因果关系。

最后的限定规制也是很重要的。即使是纯粹世俗化解释，也存在普遍意义，就是说一个人不可能参与杀人行动以满足个人愿望，但同时又声称并不存在杀人企图。还记得，据说罗马天主教教义中的双重效应原

---

① 因此，除了园丁之外的其他人栽花"失败"在不利的条件下也属正常，并且不能说他们有意造成了这样的后果所致。然而，园丁栽花的"失败"，是建立在一种不同的基础上。这不仅仅是他的渎职，而且背离了某一体制或规ده。见哈尔特（H. L. A. Hart）、哈诺尔（A. M. Honoré）《法律的因果》（*Causation in the Law*，牛津：牛津大学出版社1959年版），第36页。

② 圣巴西拉：《基本教规》（*The Long Rules*），第55问，第334页。

则，允许一个无罪恶感的人进行具有双效应的行动，一则行善，而另则涉及自然的邪恶。其一是认为无罪，如果采取行动（1）行为本身并不是道德的恶，例如，给予止痛剂；（2）好的效果不是罪恶作用的结果（如，不是企图杀死病人以减轻病人的疼痛）；（3）罪恶的作用不是故意的（例如，由于使用止痛剂生命可能缩短）；（4）有更多好的效果已经达到（例如，必须实现利大于弊）。① 双重效应的辨别看来已经很明显，并不让人满意，因为判定某一特殊作用为主要的，而另一作用为次要的，显然过于武断，经不起推敲。正如哈特（Hart）和哈诺尔（Honoré）所指明的，我们可以解决这个问题，通过区别直接和间接或继发效应，在既定的理解人类对上帝和其他人义务的基础上。在这种框架内，含糊之处可以通过传统观念，即应与承担的义务和善的意愿而解决。

不过，根据传统基督教的观点，人们中止或放弃治疗的目的和做法，起到了至关重要的效果。他们必须做到"面对死亡而不救"，他们必须中止出于爱和关心病人但在精神和灵性上有害的医疗干预。这种意愿与企图，是一个中止或放弃精神保健的关键。然而仅仅拥有正确的意愿（以防止精神和灵性损害）和适当爱的活动（祷告寻求上帝的旨意）是不够的。同样危险的是，应该承认这些涉及他人生命的精神与灵性的威胁，即使这些是完全出于自愿。这种关注在非自愿自杀的经典文献里

---

① Fr. 凯利（Fr. Kelly）提供了一个很好的有关双重效应原理的解释。

顾名思义，双重效应原理意为一种行动产生了两种效应。其中一个效应是可能追求的好事，另一种效应是可能不想获得的坏事。这一预期的主要效应，就是一些好的效应之所以产生，是因为一种行为还会产生坏效应，但那种效应有必要去追求。根据这种关于好坏效应的预设前提，按照这一原理，如果条件能够得到满足，那么这种行为就应该被允许：

（1）这种行为本身及其单独效应绝不能在道德上是恶的……
（2）恶的效应绝不能成为产生好的效应的手段……
（3）恶的效应不能成为真正的主要的目的来追求，而只是容忍……
（4）必须有履行该行为相应的原因，尽管它有恶的效应。

杰拉德·凯利（Gerald Kelly）：《医学道德问题》（Medico - Moral Problems，圣路易斯，密苏里州：天主教医院协会1958年版），第12—14页。

晚近，有关双重效应的两项研究，见约瑟夫·波义耳（Joseph Boyle）编《意图，基督教道德和生命伦理学：双重效应难题》，载《基督教生命伦理学》第3期（1997年8月），第87—180页；以及托马斯 J. 伯尔（Thomas J. Bole III）编《双重效应：理论功能和生命伦理启示》，载《医学与哲学》第16期（1991年10月），第467—585页。

第六章 痛苦、疾病、临终与死亡：意义诉求

有所阐述。这些经典不仅需要分析那些无意中在争议下杀害别人的行为，[1] 还要分析那些在正义战争中剥夺他人性命的人。[2] 在用来解释非自愿自杀的经典使徒教规（Apostolic Canon）的注释里，有着一些反省思考（教规第66条），不仅刽子手要听命于教皇，还有那些为保护财产而杀死强盗者，甚至还包括那些杀死小偷者，都必须忏悔。

> 但无论是谁，在多次被大家鼓励这样做，追捕和抓获小偷，并为市民大众的共同利益杀死他们，他原本应该获得奖励。但是，为了安全稳定，即使其行为是正义的，他也应该受惩罚三年。[3]

一部尼撒的圣·格里高利（St. Gregory of Nyssa,？—394）的经典认为，过失杀人罪也需要忏悔，"因为无法重现当时的具体情境究竟如何"[4]。

由于尼撒的圣·格里高利的这部经典，一位普通基督教信徒会被逐出教会，而神父将会被解职，原因仅仅是一场车祸导致死亡。其经典评论表明，它适用于即使在完全违背自己意愿的各类误杀。那么，为什么放弃或终止治疗不能算过失杀人形式？答案似乎有两个。首先，其中一类行为最好理解为不是过失杀人，但作为一个整体行为，以避免灵性的有害侵蚀，特别是这里所指的，在医学上那些属于有害的过度治疗。一些行为不是杀人，而是延续生命，在这种情况下是指精神和灵性生命。这个不作为（omission）是作为防御精神威胁的一种形式。其次，不是人为杀人，是疾病使其死亡。在圣巴西拉叙事的医学实践中，医生不应充任掌控生死的权力人。上帝才是允许疾病杀人的权威。因此，医生或病人终止与放弃治疗是出于爱，是上帝的信任和从周围希望拯救邻人之

---

[1] 见圣·尼哥德马斯（Sts. Nicodemus）、阿加皮尤斯（Agapius）编《使徒教规》"教规66"，载《东仪天主教会之舵》（*The Rudder of the Orthodox Catholic Church*），D. 库明斯（D. Cummings）译（纽约：月神出版社1983年版），第113—117页。

[2] 见"圣·巴西拉教规"（The Canons of St. Basil the Great），载《舵》（*The Rudder*），教规13，第801—802页。

[3] 同上书，第116页。

[4] "尼萨的圣·格里高利（St. Gregory of Nyssa）教规"，载《舵》，教规5，第874页。

爱，而不是自爱，我们应把离开世界的最后结果谦卑地交予上帝手中。在面临人的有限性并考虑上帝的大能和不朽，当死亡没有被推迟、避免过度医疗的做法不应作为过失杀人。

在此，还有另外的一些问题。如果因为医疗疏忽，或缺乏适当的积极措施和必要的关注，不是因为人的能力和技能的限制的原因，医生的过失导致病人的致命性伤害。这种主动致命伤害将作为误杀。而且与车祸导致的伤害没有什么差异。当然，因为疏忽大意没有及时提供恰当的治疗，最后导致病人死亡，尽管这是不容怀疑的罪过，但也不应该忽视在没有伤害企图的前提下，一概被视为误杀。通过经典观念审议行为的杀人方式与规范化程序（从逐出教会到停止以至于取消任圣职的判定）表现了以暴力和蓄意杀人致命的判定一样的方式，包括渎职罪。① 故意违犯的不作为，尽管有罪，如果不是有意杀人，就不应作为暴力行为来裁决，一般也不应该视为具有相同的有害后果的精神与灵性威胁。还应该在此强调，暴力将使得我们远离神圣，一位神父在任何时候都不应去砍杀他人。② 我们考虑到祭坛的神圣性，神职人员一般应避免手术，③

---

① "对那些将她们的婴儿遗弃在教堂门口的妇女，应像对女杀人犯一样应被严惩，即使有一些人将那些婴儿捡起抚养。"见 "圣约翰教规第35条"，载《舵》，教规26，第947页。

② "至于某主教或长老或执事为信徒赎罪，或者为非信徒避免错误，而对他们进行威吓，我们就应该让他卸职。因为上帝处处教导我们：相反，祂自己当被报复时不会再报复；当被辱骂时不会再去辱骂那些辱骂祂的人；当遭受痛苦时，祂不会惧怕。"见"85条圣教规与诸使徒"（The 85 Canons of the Holy and Renowned Apostles），载《舵》，教规27，第38页。

③ 传统基督教提倡基督教神父必须远离血腥，而认为屠杀是中世纪发生的事件。例如，第四次拉特兰公会议（the Foueth Councils of Lateran, 1215年）的教规18条就要求："任何神职人员都不能听命于雇佣军、弩箭手或类似从事血腥屠戮的人；副执事、执事或者神父也不能从事外科手术，因为外科手术涉及烧灼和切割肉体。"见诺曼·唐纳（Norman Tanner）编《大公议会法令》（Decrees of the Ecumenical Councils，华盛顿，哥伦比亚特区：乔治城大学出版社1990年版），第1卷，第244页。正是由于这些原因，托马斯·阿奎那（Thomas Aquinas）对关于正当防卫的杀人的观点中，就援引了罗马教皇尼古拉一世（Nicholas I, pope of Rome）（其曾受到圣·佛提乌斯（St. Photios）的批评）的话："不管怎么样，你们询问过的那些神职人员，也就是那些在正当防卫中杀死过异教徒的那些人，在自我忏悔的赔罪之后，他们还可能返回过去的生活状态，或者升任更高的地位；要知道，在任何可能的情况下，杀死任何人对他们而言都不是合法的。"见托马斯·阿奎那（Thomas Aquinas）《神学大全》（Summa Theologica）II—IIQ64，文7（威斯敏斯特，马里兰州：基督教经典出版社1981年版），第3卷，

第六章　痛苦、疾病、临终与死亡：意义诉求

不仅是因为血腥，还由于可能被迫引致某病人死亡的风险。对于主持神圣不带血腥的圣事者来说，双手染血确实不合时宜。

如果是出于减轻病人痛苦和给予希望的目的，如果是在并没有疾病的前提下，施以不会导致死亡的干预措施，那么即使这要冒着提前死亡的风险，解除痛苦绝不应判定为暴力行为或者过失杀人。又可以认为，治疗并不一定致命，当然也并非一定以剥夺生命的方式解除痛苦。当然，我们还可以提供止痛剂减轻病人痛苦和去除绝望感，但必须注意，这样会导致提前死亡。在这样的一些限制下，疼痛治疗应该获得认可，就如圣巴西拉所理解的："……医生用曼德拉草给予我们睡眠；用鸦片来抚慰剧烈的疼痛。"① 止痛剂甚至能协助患者参与祈祷。尽管身心痛苦是上帝对我们的一种恩赐，但承受痛苦本身并不是有意义的。② 用药物来避免疼痛应该是合理的。我们不一定一味祈求避免某些人那种所谓痛苦的诱惑，但应该尽量避免苦难所带来的诱惑，而不是以一种苦行主义的态度来对待它们。

总之，高技术、高度创伤性治疗在道德上对一些人是必要的，这些人没有履行自我悔改的义务和对天国追求的意愿。如果病人渴求获得任何能够提升临终生命质量或者增强死亡尊严的治疗，而并不奢盼如何进入上帝之王国，那么，如果道德和医学上允许，就必须给予他们这样的治疗，直到他们到达生命的终结升入天堂。如果在生命的最后病人留恋的是人间而不是天国，进一步的治疗，就应该继续维持，直到病人最后

第1465页。在回应这一反对意见时，阿奎那所采取的立场，并没有明确说明，涉嫌杀人的神职人员的行为偶或有精神治疗的意义，他认为："我的回答是，任何事情都会产生两种后果，其中只有一种是我们所想看到的，而另一种则是我们要回避的。现在如果只是按照我们想追求的而不是按照我们所回避的，那么道德行为会误入穷途，因为就如同上面所述，这一切均属偶然。"（AQ. 43，A. 3；I—II，Q. 72，A. 1）"相应地，正当防卫的行为也有两个后果，一是拯救某人的生命，而另一个后果则是杀死侵犯者……尽管杀人有罪但行为的结果是难以预测的，就像在案例中法官宣判一个人死刑是否公正一样。"见托马斯·阿奎那（Thomas Aquinas）《神学大全》II—II Q 64，文 7，第 3 卷，第 1465 页。

① "创世记"，自《布道集5》，§4，载《尼西亚与后尼西亚教父系列第二部》（NPNF2）第 8 卷，第 78 页。

② 遭受严重疼痛时，放弃止痛剂和保持苦的选择，必须在教父指导下决定。

在自我反省的意念中升入天国那一刻。高科技可以用更多的时间来实现理想的死亡方式，一种在祷告与生命反省状态中结束的死亡。① 在这一方面，应该尽可能避免使用止痛剂，因为它会麻痹感觉中枢，使患者对死亡的祷告和情感准备变得艰难。正是所有这些原因，传统基督教不仅需要利用提前指示来避免可能无效或者增加精神负担的医学干预，还需要当死亡来临时，积极地给予正确的灵性指导。他们不仅需要任命一位合适的代理决策人，还需要指派一名病人的灵性之父，这样对精神和灵性相应的合理关注，就可以选择"顺其自然、自行其道"的死亡方式。这些精神和灵性的关注必须被准确地传达给病人的代理人、家属和医生。这也意味着，被任命为代理决策者的人，不应该是通常所认为的病人家属，而应该是更有能力做出与传统基督教目标一致决定的人。我们要选择那些不会给病人灵魂救赎造成障碍的代理人或代理决策者。他们应该能够为病人追求天国家园提供帮助。

由于对尊严死（death with dignity）的呼吁经常发生误导和引起误解，因此，生命最后一刻，灵魂上的正确抉择并不应以此为道德典范。所谓"尊严死"的口号，原本是为反抗用医学技术来推迟死亡，尤其是对垂死阶段的生命延长而提出，是源于关注生命终点人的自我实现的意义的语境中。它不仅是对有关死亡技术本位霸权的一种反动，也包括反对医院中发生的那些司空见惯的现象。在强大的世俗社会，这将被认为符合自由世界主义思潮，这种思潮强调，控制自我认知和在死亡状况下自我权利与决心：对于这种死亡，人们拥有足够充分的控制权，在这种死亡过程中，人们应获得尽可能多的满意度。但是，这种以个我性方式离去、自主选择、实现个人意愿的社会思潮，会导致糟糕的死亡，因为这种方式、选择和意愿没有关注于如何寻求宽恕以及谦逊的悔改。我们只能通过统辖与净化我们自己，以获取在耶稣十字架前的复活，从而克服亚当原罪带来的死亡。

至于在临终关怀中心而不是医院里的完成的死亡，有很多优点可以

---

① 关于前面的一些思想，我要特别感谢我的教父托马斯·约瑟夫（Rev. Fr. Thomas Joseph）。可以参阅他的《世俗与东正教牧事（Orthodox Chaplaincy）：苦求天国》，载《基督教生命伦理学》(Christian Bioethics) 第3期（1998年），第276—278页。

列举。确实，家庭临终照护可以削减不惜一切代价的医学技术手段延迟死亡的诱惑。我们可以回避错误的所谓技术上的保证，这种保证向我们传达了"就算死亡就在眼下，人还可以继续推迟死亡"的这一错误观念。我们可以避免侵入性的常规的但令人厌恶的医院生活，在家人的陪伴下，在虔敬平和的祷告中升往天国。在一种熟悉的、被我们终其一生尊崇敬祷的圣神陪伴的环境中，我们方可完成面向死亡的准备；所有这些都是善举。如果我们将家庭临终关怀不是设想为用来保证一个更祥和或更有尊严的死亡这个目的，或不是用来作为一种简单的升天仪式，不能从人的傲慢到尊崇神圣抚慰与灵性支持，那么事情将会变得糟糕。我们行动的关键在于确保所有事物都能强调上帝和对邻人之爱，而不是自我沉溺。相比之下，世俗社会的力量，尤其是这些新兴的专制性世俗文化，将所有事物推向直接和固有的内在，让它们远离那些超凡脱俗的精神与灵性世界，尤其是超越性基督教精神。这种世俗文化在试图训化、转变和同化传统的基督教精神的同时，提供一种泛化的、新锐异教精神（neo-pagan spirituality）。与基督教生命伦理学一样，我们的关注点必须汇聚在通过基督教来接近上帝。苦难、疾病、奄奄一息和死亡，被排设和分布在通往天国的漫长途程中。只有到那个时刻，它们的真正含义才会被显表。

"为什么这一切竟如此不同"

传统基督教对生命伦理学决策的观念，已经固化在精神与灵性的追求中：对天国的永恒追求。直观所见，许多反应与其他基督宗教生命伦理学和世俗道德的观点相似；但进而追思，每种选择都与由精神观照所引导的世俗伦理有所差异。传统基督教伦理学和生命伦理学的既定目标终究超越了前世今生。结果，那些决策将因医治灵魂和获得灵魂救赎的关注而有所不同。在与其他基督宗教生命伦理学和生命伦理学比较中发现，传统基督教伦理学和生命伦理学也同样存在分歧，这些分歧是由于对道德知识和道德权威本质理解上的不同而造成的。其他基督宗教主要依赖于道德理性推论或圣经注释（biblical exegesis），然而就智能体验及灵性教父来说，以及灵性关怀，苦行疗法（ascetic therapy）确是传统基督教的核心。

关于终止与放弃治疗，与无意识杀人（involuntary homicide）罪一样，传统基督教观念提供和说明了它们之间的差异。传统基督教视角基于严密的观念之中，这种认识将每一位病人死亡的最终责任归因于上帝。这种责任没有提供权力，即并不应允拒绝和停止治疗以及提供适量止痛剂等疗法来抵御遭受灵性威胁的人。辅以适当的动机（例如按照上帝的旨意）和正当的意愿（例如为了防止精神和灵性威胁）的行动，不能被当作无意识杀人，前提是所患的疾病是死亡的诱因。当我们的意愿与上帝的旨意合一时，我们可以后退一步说"让天意来做裁决吧"。但是，对一个接一个的死亡的大致因果关系的灵性影响力的关注，当我们被卷入一场完全无意识的杀人（例如由于试剂瓶不可预见地被贴错标签，疏忽大意地使用这种药剂施以医疗结果导致病人死亡）时，我们必须寻求补救。病人的死亡并非由于疏忽大意，或者可预见性，而是与寻求灵性救助密切相关，这正是其因果。上文已经指出，传统基督教将无意识的犯罪看得十分严重。其认为，只有清心的人才能见神（马太福音5：8），与人的死亡有密切关联的事件，会损伤这种纯洁的心灵。在此，需要再次指明的要点是，传统基督教没有采用一种类似于罗马天主教教义的双重效应原则。有关无意识杀人和第五章关于堕胎的例子中，很明显这种教义准则被忽略了。双重效应的道德神学教义根植于宗教土壤之中，也就是说即使在最合理的情境下，依然要保留司法裁定。在这种背景下，问题在于一个人是不是对杀人负有责任，而不在于他是否需要灵性医治。如果一个人能表现为（1）不是因坏意图而行动，但（2）根据在此境况下，如果他的义务（3）不是因为疏忽大意，就不必内疚或承担什么责任。如果问题发生基于消灭我们内心的欲望，从而达到和上帝神圣的灵性合一的精神治疗，那么问题将会截然不同。

然而在传统基督教背景下，重点集中在（1）代理人的目的（例如是为了避免灵性威胁），（2）代理人的品行和动机（例如谦卑地使自己服从上帝的旨意），和（3）死亡事件中因果关系的本质（例如某人被卷入致人死亡的暴力或好战事件中，从而寻求灵性治疗）。因此，他可以通过这三种特殊类型的事件获得进一步的认识；（4）他可能会拒绝精神和灵性上的威胁（例如拒绝可能造成精神与灵性压力的医学干预）；（5）在贞洁受威胁的情况中，如我们将要看到的，他的行为将发展到只有上帝才能维系其生命；（6）恰适的状况，加之灵性洞察力，可以允许公示自己的殉道（例如与神的旨意相合，通过自己的死亡来见证大能的神)。

　　传统基督教将犹太教关注的最基本法则确立在和上帝的关系中,我们不仅要做到道德善良还要心怀虔诚,尽管它们与所属的教派密不可分,表现截然不同。基督教对法利赛人的批判,其意是将道德追求与神圣追求分离（例如,马太福音 23∶25—26,马可福音 7∶19 和路加福音 11∶39）。基督掌握着一个安置传染病人的场所。正如雅各·纽斯纳（Jacob Neusner）所指出的那样,当基督净化麻风病人的时候,他将净化与治疗结合起来（见马太福音 8∶14,马可福音 1∶40—44,路加福音 7∶22）。① 纽斯纳（Neusner）同样指出,对于洁净的关注即是对神圣的关注,他正确指出这是属于本体论的,而并不是单纯的道德范畴。② 当同时对神圣表示关注时,才能正确理解对洁净的关注。"不纯洁的对立面是神圣,准确地说,在僧侣的秘密文档中,例如在利未记中,不纯洁的反义词就是圣洁,而并不是仅仅指清洁干净。这是因为只有对美德、对有道义的行为的追求才能达到圣洁。"③（比较顺从 tamé/洁净 tahor,温顺 tamé、圣洁 qaddosh 更为经常出现）④ 另一方面,如果不以神圣为目标,我们就不能卓有成效地追求美德、追求道义。神圣和道义的这种关系在《密西拿》的短文"索塔"（the Mishna tractate Sotah, 9∶15）的文字中有所强调,这正是纽斯纳所引用的。

　　　　深切关注引领我们实现身体的洁净,从身体的洁净变为纯净,从纯净变为自立,从自立变为神圣,从神圣变为谦卑,再由谦卑而免除罪恶,从避免罪恶直到成为圣徒,从圣徒达到至高无上的精神

---

① 雅各·纽斯纳（Jacob Neusner）：《犹太教的历史、伦理、本体论和宗教思想形成》（*Ideas of History, Ethics, Ontology, and Religion in Formative Judaism*,纽约：美国大学出版社 1988 年版）,第 98—106 页。

② "美德与神圣价值区分明显,一种与道德有关,另一种与本体论有关。"雅各·纽斯纳（Jacob Neusner）：《犹太教的历史、伦理、本体论和宗教思想形成》（*Ideas of History, Ethics, Ontology, and Religion in Formative Judaism*,纽约：美国大学出版社 1988 年版）,第 83 页。

③ 同上。

④ 原文中 tamé（温顺）与 qaddosh（圣洁）,以及 tahor（清洁）,为马耳他文。——译者注

世界，从这种精神世界到达耶稣基督那一死而复活的圣界。①

只有心灵的纯洁才能接近上帝的神圣，这种观念是传统基督教灵性与精神治疗的核心，它们重点在于关涉对人类死亡事件的反应。纽斯纳同时指出，越容易附有不纯洁特质的反而越易于接近神圣。② 正因此，一个普通人可能成为外科医生，但神父却不行。僧侣的那种神圣特质必须被刻意保护，从而才能够避免被牵扯进死亡事件的可能，更不要说通常那类血腥的死亡事件。

在传统基督教背景下，这种关注既不是法权的，也不是什么宗教礼仪式洁净（ritual cleanliness）。而我们必须由一种基本认识：罪恶的事，不自觉地犯罪，会因我们毁损的特性把我们逼入坠落的世界，从而对我们的内心造成损伤。我们发现自己憎恨犯罪，因此，我们愿意避免，并急需向上帝敞开心扉。由于某种强大的原因，一旦被牵扯进杀人事件，我们应深切震动，我们应该做出心灵的深刻反省，这包括为其所杀的人祈祷。假如司法的条规被放弃，并重新关注精神和心灵治疗时，作为免除罪孽与免除补偿性苦修的奋斗，如此这种双重效应的企图是十分险恶的。这种司法上的理解，确实不能让人正确认识到，宗教信仰乃是一种通过让我们的心灵从欲念中解放出来、从而与上帝心心相印的根本途径，这需要我们充分认识到，罪恶会影响我们的存在，并且能动摇我们的意志。正由于此，教会让我们祈祷和苦修，尤其是当我们犯有罪过时，会帮我们摆脱污秽，同时使我们摆脱心灵的杂念，从而把我们从不自觉的犯罪造成的结果中获得解脱。这样的精神与灵性治疗的核心在于重建自身，让我们能接近神圣的奥秘（Mysteries），以认识到，如果没有充分的灵性准备就去接近那些事端的危险。在责任性行为的道德范畴

---

① 雅各·纽斯纳（Jacob Neusner）：《犹太教的历史、伦理、本体论和宗教思想形成》（*Ideas of History, Ethics, Ontology, and Religion in Formative Judaism*，纽约：美国大学出版社1988年版），第87页。

② "如果人曾经不洁，就形成了一种抵御能力与方法，成为圣洁，这样一来，越接近污秽，就越易于辨别污秽，因此越易于变得圣洁，就越有能力判断圣洁的水平与层级。"见纽斯纳（Neusner），第83页。

外，除非我们的心灵荡涤了所有污秽，否则这种神圣我们是不配接近的。

复杂的医学决策的精神和灵性关注的要点，我们可以从六个方面来概括，并且举例予以说明：

（1）某人的本意不是杀害无辜者，而被杀者是自愿的，并且是绝对的杀人行为。这种罪恶并不会因为被杀者自愿，甚或其祈求安乐死或者其他形式的死亡，就能够获得辩护。

（2）即使是为了正当防卫而杀害有罪之人也会毁损我们的灵魂，因此需要灵性治疗。所以，正当防卫性杀人、为了正义杀人或者作为行刑者杀人，都需要灵性和精神治疗。

（3）使用药物用于医治、改善纠正缺陷和延迟死亡，是正当的，或者可以认为是必要的。圣巴西拉对完全依赖药物的方法的关注，暗示我们，必须对所有的医学治疗予以谨慎行事。

（4）给予治疗不应该：

a. 过度使用和使病人过度负担，从而伤害病人的精神与属灵生活。心脏移植、需不断重复的复杂手术，以及长期人工水化与人工呼吸皆属于此类，不管是施手自己还是他的子女。一位隐修士就应该避免去血液透析中心治疗肾衰竭。

b. 或者，至少

i. 没能适度使用上帝允许的医药的佑助，充分地保障自己的健康和生活。

比如，一般来说，我们已经习惯了使用胰岛素治疗糖尿病；用抗生素治疗致命的、亚急性细菌性心内膜炎；如果不用这些普遍的治疗方法，应该说是有罪的。

ii. 或者拒绝过早接受苦难十字架的召唤，并为了避免过早死亡，可以使用镇痛剂。

通常，如果某人患有多发性硬化症，而且并不拒绝早期治疗，那么他将是幸运的，因为这样可以避免遭受所谓抑制欲望、净化心灵的那些疾病的折磨。当疾病恶化，并发症出现，相应姑息治疗成为必须，医学处置方式必须改变。

（5）镇痛不仅是安抚病人，也用来帮助病人为死亡进行准备。如果在疾病的最后阶段或者当治疗成为一种多余，或做出放弃人工呼吸机的决定时，使用足够的镇痛剂，

以减轻病人对于氧气依赖的极度痛苦，从而避免病人在生命垂危之时的绝望，这一切都应该是合情合理的。只要这种镇痛剂的药量不超过致死量，即死亡的唯一原因只能是疾病本身。

（6）如果病人还没有开始忏悔或者做好死亡前的必要准备，那么必须用药物继续维持其生命。在此可以举例，一位患有肠癌并已转移到肝脏的病人，如果缺乏有效的支持可能会在几星期内死亡，但如果给予重症特别护理，还可维持生命数月。就是说，该病人还没有忏悔意识，也没有做好临终之前的准备，那么，应用医疗资源的救助是应该的并合理的。

自杀和安乐死

有关痛苦和死亡的观念，在俗世社会和大多基督教中都在逐步发生改变。随着人们逐渐接受安乐死这一死亡方式，罗马天主教和其他基督教派之间将产生新的冲突。对此，大卫·托马斯玛（David Thomasma）如此论道："我认为，以对家人关爱为理由实行的协助自杀和/或安乐死，也许可以被视为正当安乐死的范例，尽管我必须承认，教会不会在近期内很快改变其立场。"[1] 其实，托马斯曼在暗示我们，对罗马天主教而言，关于把安乐死等同于正当杀人范例之中的理念，将会发生变化。他提出这个可能性，是以反对另一个作者的观点为前提的，那位作者认为基督在十字架上的死应该被解释为自杀。[2]

---

[1] 大卫·托马斯玛（David Thomasma）：《协助死亡和殉道》，载《基督教生命伦理学》（*Christian Bioethics*）第4期（1998年），第122页。

[2] 博罗斯（L. Boros）：《死亡之谜》（*The Mystery of Death*），纽约：赫尔德出版社1965年版。

第六章 痛苦、疾病、临终与死亡：意义诉求

当代基督教对自杀的误解的原因是，未能领会早期教会如何区别自杀倾向和真正的自杀，从现代意识看来，自杀倾向所涉及的个人行为有别于自杀行为。甚至有一些人认为，圣徒的殉道行为实际上就是一种自杀。① 另一些人认为，直到基督死了几个世纪之后，基督教才认为自杀是一种犯罪。② 如此关于某些圣徒殉道和死亡的西派教会的当代误解，在《临终关怀联盟诉华盛顿州》(Compassion in Dying v. Washington) 一书中，有所表述。③ 这种观点在早期教会的教规中认为是错误的。④ 早期教会认为，自杀应该被禁止，但对有关个人生死问题上，却持有一种和多数现代观点不太相同的看法，正如文初所述。首先认为，期待和希望殉道的信仰并不构成自杀。作为一名殉道者，实行一定死亡意向的行为并不属于自我谋杀：它是一种对死亡的顺从，像基督一样。关于殉道行为，只有在对基督之死能够充分理解的基础上，才能够被理解。殉道不是自杀，因为殉道者包含了对造物主完全的大爱无私，尽管，不仅仅出于信仰、纯洁或神圣，而将自身置于类似死亡意愿的风险之中，并可能被视为自杀的形式。第一个千禧年的教会认为，只要一个人没有违背上帝意愿，而采用直接暴力的手段攻击自己，甚或有意识地帮助殉道者殉道，都不能算做是自杀。伴随适当的心灵准备、洞察力和引导，实行某种殉道行为，总能被认为是正当的。然而，正如亚历山大的彼得教皇

---

① 对殉教自杀的讨论，参阅达雷尔·阿蒙德森 (Darrel Amundsen)《自杀和早期基督教的价值观》，载巴鲁克·布罗迪 (Baruch Brody) 编《自杀和安乐死》(Suicide and Euthanasia)（多德雷赫特：克伦维尔出版社 1989 年版），第 77—153 页。

② 如可参阅阿尔瓦雷茨 (A. Alvarez)《历史背景》，载巴廷 (M. P. Battin)、梅 (D. J, May) 编《自杀：哲学的争议》(Suicide: The Philosophical Issues)（纽约：圣马丁出版社 1980 年版），第 7—32 页。

③ "临终关怀联盟诉华盛顿州"(Compassion in Dying v. Washington)，CA9，1995 年 (49 F. 3d 586, 63 LW 2569)。

④ "问题 14。如果任何一个对自己没有控制力的人对自身施于暴力或者导致其自身毁灭，那么是否应该对他施以援手，还是不应该？回答：牧师应该在对他的援助中辨识清楚，当他这么做的时候是否他真正地失去了理智。因为，对作为受害者而获得的利益感兴趣、并且想要使他自己得到帮助，以及从为他施助的行动中得到祝福的那些人，经常会故意地说谎，并且宣称他对自己毫无控制力。然而，有时候，他这么做是受他人影响的结果，或者某种程度上是对环境关注太少的结果，那么就不必为其利益而施助。因此，神职人员在任何情况下都有责任正确无误地去调查事情真相，从而避免引起非议。"见"亚历山大的宗座〔教皇，主历 372 年〕提摩太 (Timothy) 18 条教规"，载《舵》(The Rudder)，第 898 页。

(*Pope Peter of Alexandria*) 的第九条教规所指明，① 追求殉道必须首先具备一定的道德判断能力（moral discernment）。

我们在此可以参照，由圣尼古拉斯·维利米罗维奇（St. Nicholas Velimirovich）（1880—1956）所描述的关于 18 世纪早期一位圣徒的殉教实例。

> 我们的圣父，殉教者尼哥底母（Nicodemus）。出生于爱尔巴桑（Elbasan），他曾结过婚并有过孩子。受土耳其人的蒙骗，他投身于伊斯兰教并且强迫他的孩子们也如此做，唯有他的一个儿子例外，他逃到了圣山（the Holy Mountain）并成为了修道士。尼哥底母前往阿陀斯山（Athos）想要将他的儿子带回，但是，该地给他留下了刻骨铭心的印象，从而使他忏悔自己的过错，重新皈依基督教信仰，同时使自己成为修道士。他为自己背叛信仰的行为痛悔了三年，然后决定返回阿尔巴尼亚（Albania），去他犯罪的地方赎罪。于是，他就回来了，告知土耳其人，他是一个基督徒，结果在 1722 年的 7 月 11 日被处以斩首。他的圣骨至今仍被奇迹般地保存得完好无损。②

无论是从活着的还是死去的殉道者身上，我们都可以看到他们追求将生命奉献给天国。这种对于神性的追求导致的结果，可以被称为自杀或自我谋杀的行为，对于最初几个世纪的教会来说，都不能完全地等同于大部分现代人所认为的、那种意义上的自杀。一个人企图实现自己死亡的个别行为并不属于自杀，因为他们通过避免一种特殊形式的灵性威慑，而恰如其分地把生的目的定位于获得永恒生命之上。

基督教把殉道当作是拯救自己灵魂并与上帝同在的一个特殊机会。它同时也认识到某些经历会怎样深刻地伤害心灵。性侵犯，尤其是由施

---

① 亚历山大的彼得教皇（Pope Peter of Alexandria）强烈地告诫寻求自身殉教的行为。这条冗长的教规，为即将成为殉道者之人提供了精神指引。阅 "活在圣徒彼得、亚历山大的至圣主教［教皇，主历 304 年］和一名殉教者之中的、我们圣父的 15 条教规"，载《舵》（*The Rudder*），教规 9，第 746 页。

② 圣尼古拉斯·维利米罗维奇（Nicholas Velimirovich）：《奥赫里德的序言》（*The Prologue from Ochrid*），玛利亚嬷嬷译（伯明翰，英格兰：拉扎里卡出版社 1985 年版），卷 3，第 49 页。

虐者引起的性诱惑，被认为是对精神健康和正直的根本胁迫，当此发生时，人们就被允许采用激进的方式来与之对抗。有目的地将自己置于死地，从而保护贞节，这在过去和现在都不被认为是自杀。从这个角度来看，令许多现代人产生困惑的圣徒们的故事将呈现给我们一个全新视角。再看看圣尼古拉斯·维利米罗维奇对圣马丁尼安（St. Martinian）（主历422年）生命经历的描述：

> 当一个女人过来试探他，他预感到自己将和她一起陷入罪恶之中，于是他赤足跳入熊熊火焰，一直站立其中，直到疼痛使他流下眼泪，并且他已经消除了自己内心的欲望。当其他诱惑出现的时候，他逃避到大海中的一块孤石上并且停留在那里。可是当一艘船只遇难，一个女人游向这块石头的时候，他跳入了大海企图淹死自己。但是受上帝保佑，一只海豚把他驮到背上，将他送到了岸边。①

圣尼古拉斯·维利米罗维奇描述圣马丁尼安的行为，使读者置身于早期教会的精神主旨中，就是说这样的行为不属于自杀而是对生命的肯定：对永恒生命的追求。

另一个和马丁尼安的故事相似的是长老派休斯（Paisios）记录的、由亚历山大·高利钦（Alexander Golitzin）提供的关于20世纪俄国苦行者奥古斯丁（Augustinus）（主历1965年），被上帝的大光照耀下改变自己行为的故事。②

> ［奥古斯丁曾经名为安东尼奥斯（Antonius），直到他披上圣衣后更为此名。］正如他所告诉我的，他曾在一所几乎全部由老人组成的修道院，这个修道院有一个渔场自主，他被派到这个渔场当雇

---

① 圣尼古拉斯·维利米罗维奇（Nicholas Velimirovich）：《奥赫里德的序言》（*The Prologue from Ochrid*），玛利亚嬷嬷译（伯明翰，英格兰：拉扎里卡出版社1985年版），卷1，第168—169页。

② "在晚上，他［俄国的奥古斯丁神父，主历1965年］不需要油灯。'上帝赐予我另一种光'，他经常说，'于是我能看得比白天更清晰'。在他的朴素思想里，他坚信每个人都能够看见上帝的永生之光，正如他一样。"见亚历山大·格里钦（Alexander Golitzin）译《圣山的活见证》（*The Living Witness of the Holy Mountain*）（南迦南，宾夕法尼亚州：圣吉洪东正教神学院出版社1996年版），第140页。

员的助手。有一天，这名雇员的女儿跑来通知她的父亲说家里有急事，之后她便在她父亲的位置上帮他［这名见习修道士］。这位可怜的女人被诱惑所纠扰，怀着罪恶的意图不加思索地将自己投入到见习修道士的怀中。就在那一瞬间，安东尼失去了控制，因为此事发生得太突然。他划了个十字，然后说，"我的上帝，我宁可溺死也不愿犯这罪"，于是纵身跃入深水之中！但是仁慈的上帝看到了这位圣洁青年身上伟大的英雄气概，他为了保持圣洁做出了犹如另一名再生的圣·马丁尼亚诺（St. Martinianos）的壮举，于是上帝将他的头托出水面，甚至都没有让他湿身。正如他告诉我的，"虽然我奋不顾身地把自己投入水中，但是我都没有理解自己如何能站在水面上，甚至连衣服都没有沾湿！"

在那一刻，他也感受到了一种心灵的平静和难以形容的甜美，而这就使他在此之前，被那女人不忠贞行为所挑逗起来的每一个罪恶念头和每一种肉体欲望都消失得无影无踪。当那女人看到安东尼笔直地站立着的时候，她开始悔恨地流泪，不仅是为她自己所犯的罪孽，也为这伟大的神迹本身所感动。①

从教会对他生命的接纳来分析，他这种显而易见的施行死亡的行为，并不被认为是自杀。这些行为，尽管看起来是对某种死亡的追求，但不是自杀。甚至西派教会神父、诸如圣安布罗斯（St. Ambrose,② 339—397）和已安居天国的布雷瑟·杰罗姆（Blessed

---

① 长老派修斯（Geronda Paisius）：《灵性的觉醒》（*Hagioreitai Pateres kai Hagioreitika*，塞隆罗尼基，希腊：圣博爱修女院1993年版），第74—75页。对这个翻译，我要对得州肯达利亚圣天使修院的修士们，致以诚挚的谢意。

② 圣安布罗斯（St. Ambrose）在《关于处女》（*De virginibus*）一书中支持这个观点，即为了保护贞操而欣然接受某种死亡是正当的。尤其是，他认为，考虑到"处女处于有必要保护她们的贞洁的角色之中"，这是很恰当的，因为这是圣徒们已经使用过的死亡模式，"在那里存在着殉教的一个例子"。他继而着手考察圣佩拉贾（St. Pelagia）和她母亲以及姐妹们的殉教行为。后者，为了保护她们自己免于污辱，从桥上跃入激流之中，实现了某种方式的死亡。尽管圣安布罗斯不如我们那样明确，但很清楚，他的观点是，人可以将自身投向死亡，以"作为一种拯救方式去对抗邪恶［即，失去贞操］"，并且"上帝不会为此被冒犯"（7—第32—33节，第386页）。需要强调的是他的观点不只是针对处女，而且针对任何一个保护自己贞操的人。见圣安布罗斯《关于处女》（*Concerning Virgins*）7—35，载《尼西亚与后尼西亚教父系列》第二部（*NPNF2*），卷10，第387页。

Jerome，345—419）也坦承，为了保持贞操而追求某种死亡并没有罪。杰罗姆认为一个人不应该亲手结束自己的生命，"除非贞操受到威胁的时候"①。

圣徒和圣修士们，这些被灌输了神学思想的人，从来没有主动实施自杀行为，即使当他们的垂死状态给他们自身或他人造成一定负担的时候。他们谦卑地接受了死亡的侮辱和痛苦，并且认识到，为逃脱关爱和死亡的负担而杀死自己或他人，在精神与灵性上是有害的。作为高尚的生和死之典范，圣徒们生和死的方式，都没有给医生协助自杀或安乐死留下任何借口与理由，他们从未有过通过自杀或安乐死来避免痛苦的行为。从他们本身和他们的生和死之中，我们学会了怎样在谋杀、自杀和谦逊的自我牺牲之间划分界限。这提供给我们关于如何以与上帝合一为目标的经验性知识。这个经验，使我们从对人的认识上升到人对上帝的认识，为理解人为什么应该自愿接受痛苦的原因，而洞开一道山门。

因此，当今对自杀的普遍俗世理解，从根本上不同于传统基督教观念，正如前文所述，早期基督教教义并不把有目的地促成个人死亡视为自杀死亡的一个充分条件。基督徒们怀着希望殉教的信念采取死亡行动的例子不计其数，正如新殉道者圣·尼哥底姆（St. Nicodemus the New Martyr）的死亡范例所诠释的。还有一些例子，圣徒们在缺乏神的直接干涉的情况下，以将会导致死亡的方式来避免失去贞操，如圣·马丁尼安（St. Martinian）的例子。这些不同类型的行为不被视为自杀行为，是因为它们有益于心灵健康。在传统意义上，他们的行为出于对上帝的爱。而自杀只是指那些不是出于对上帝的追求而故意进行的自杀行为。这类被错误引导的行为与反映神灵引导的教义是相互冲突的。对不起，托马斯玛（Thomasma），② 在生、死和追求神圣的教义上的体验中，基

---

① 《先知约拿述评》（*Commentarius in Ionam Prophetam*）1.6。
② 大卫·托马斯玛（David Thomasma）：《协助死亡和殉教》，载《基督教生命伦理学》（*Christian Bioethics*）第4期（1998年），第122—142页。

督自愿接受他的死，他的行为绝不能被解释为一种自杀行为。① 在生命、真理和追求神圣的经历中，为了不成为他人的负担而促进个人自身的死亡，一直被认为是对基督教苦行主义的一种否定。耐心地忍受重负构成了基督徒生活的一部分。并没有规定将这种杀人以避免重负的行为视为不同于自我谋杀。也许我们已经忽略了这个至关重要的道德争议的限度：如果生命的目的在于崇拜上帝，以至于为了避免失去贞操而自由地接受殉教或忍受死亡痛苦，是对上帝的一种无私奉献，那么关于死亡的区别将会是，那些通过求助于自身或他人自杀行为者，相对于那些通过将自身优先无欲无求地献给上帝、如此完成自杀行为者之间的差别。正当行为的界限是以教会的苦行体验为基础的。什么是被允许的，且这一界限有时是不清晰的，而要求具备心灵的辨别能力（spiritual discernment）。然而，关键一点是很明确的：自杀是一种违背上帝的行为方式，是一位圣徒绝不能有的死亡方式。

对于自杀和某些殉教性死亡的困惑，来源于对道德生活认识上的两种分歧。首先，存在着早期基督教灵性治疗（spiritually therapeutic）和礼仪性愿景（Liturgical Vision）。它是由圣徒的体验构成和规范的，而不是一个演绎推理而成的道德体系。其次，有各种各样的关于道德审判的说明，它们出现在后来的西派教会的基督教教义中。这些是由系统的、可演绎推论的理论所构成的。在第一种例子中，神圣律法并不是法律上的禁令，即关涉某人通过诉诸特殊具有正当性或可原谅的前提，而证明自身是无辜的或有罪的。此外，通过苦行的努力奋斗从而奔向天国是上帝的律法中最重要的一点。它们表明了，如何恰适地进入亲密的圣体崇拜中。上帝的律法使我们从爱自己转向爱上帝和他人。在第二种例子中，上帝的律法被解释成一种世俗的法规，其中具有正当性的和可原

---

① 圣约翰·克利索斯托姆（St. John Chrysostom）在祷告文的开端，重新强调了基督自愿接受他在十字架上的死亡："……是谁，当他降临并执行了对我们所有的赦免，在那个他被出卖的夜晚，在那个夜晚，更确切地说，他以牺牲自己而来换取世界的生命……"；见哈普古德（Hapgood）《东正教圣礼仪式》，载《服务册》（Service Book），第102页。圣巴西拉（St. Basil）的开篇词也很相似："当他即将走向他自愿的、令人难以忘怀的、并且创造生命的终结时，在这个夜晚，他以牺牲自己而来换取世界的生命…"（同上书，第104页）。在圣雅各（St. James）的祷告文中，神父也这样祷告："在他被背叛的夜晚，不仅如此，更确切地是，他将自己奉献给世界的生命和人类的救赎……"载《尼西亚教父系列》（ANF）卷7，第544页。

谅的理由是如此至关重要。相反，在这治疗性的模式中，一个人感兴趣的是什么损害了心灵，什么使一个人远离上帝。理由就和恳求免除用胰岛素治疗糖尿病一样不合适。处于危险之中的是一个人精神与灵性健康的状态，而这必须通过苦行的努力奋斗而不是法律上的辩护来得以实现。

　　作为以上叙述，必须再次强调的是，痛苦本身并非有益。尽管人一直以为应该接受那些不可避免的痛苦，但人也可以祈求上帝，尽快带去垂死过程漫长又充满痛苦的那些人的生命。在灵魂脱离肉体的祷告中，神父这样祈祷，"为此，主啊，请让您的仆人某某的灵魂平静地离开，与您所有已故子民一起安息在永恒的天国里"①。如果这个人已经受尽折磨并且濒临死亡，那么神父就会祈祷道："这个破败的肉体，我们的父神已经用您的神圣意志洗清了它的罪，因此应该被分解了，应该还原成原本形成它的元素，但是他的灵魂应该被带回到天国，在那里栖居直到最后复活的降临。"② 根据耶稣在客西马尼对天父的祈祷（约翰福音17：1—26），人可以通过祈祷得到解脱，但是必须接受神圣意志（the Divine will），而不是个我的。耶稣和圣徒们的死亡倡导了善终（good death）。耶稣对十字架的自愿接受是如何接受痛苦的最好的神圣形象；他的死迎来了复活。令人恐惧的死亡指的是那些发生突然、出人意料之外的，而又没有给予任何忏悔机会的死亡。威胁到永生的死亡是指，提供了很少的机会给以下这些类型的死亡，即原谅自己所有的敌人、向自己曾伤害过的所有人恳求宽恕、为自己做过的所有恶事赔罪、忏悔自己的罪恶，以及乞求上帝的宽恕而彻底转变自己的生活，目的是与上帝同在。正如西派教会曾经祈祷的，*a subitanea et improvisa morte, libera nos, Domine* [主啊，把我们从突如其来且毫无准备的死亡中拯救出来吧]。③

　　有关医生协助自杀的争论，说明了道德神学观念上存在的根本差异。有一神学流派试图去理性地推导出"善终"（good death）的特征。

---

　　① 哈普古德（Hapgood）：《在灵魂脱离身体时的祷告》，载《服务册》（*Service Book*），第366页。
　　② 同上。
　　③ "圣徒连祷"，载《罗马宗教仪式》（*Loman Ritual*），菲利普 T. 韦勒（Philip T. Weller）译（密尔沃基：布鲁斯出版社1952年版），卷2，第454页。

它企望通过合理的论证构建道德理论体系，去证明医生协助自杀和安乐死的合理性，以在逻辑上一视同仁地说服信徒和非信徒。与之相反，另一神学流派，即几个世纪以前的神学，所依赖的辩护是感悟上帝。耶稣和圣徒们，用他们的生死揭示仅凭理性论据难以达到的生与死的道德观念。作为以耶稣对受难恭顺地接受为根基的临终和死亡的道德观念，就没有为医生协助自杀或安乐死的自我辩护留有任何余地。相反，前者将会被不同意见所借用，随着不同的基本预设的充实，使医生协助自杀和安乐死的道德性，以及获得的不同结论都能够被理性论证。以这个论证性神学为基础、在适应新的道德内容的修正中，接受新原则的结果是，教义将以新的方式被推进，朝着尊严死和自我自主决定的价值论道德等目标。照此发展，许多基督宗教很可能将接受医生协助的自杀和安乐死，至少在特定情况下如此。医生协助自杀为我们提供了一个道德上和神学上的罗夏测验（Rorschach test），从而显明了道德和神学的基本责任。进一步的教义发展，很可能发生在许多西派基督教中，从而他们能直接凭借事实，而信奉一个将允许他们接受医生协助自杀和安乐死的全新道德观。①

那么，当面临痛苦、濒临死亡和死亡时，这将置基督徒们于何地？传统基督教教义从根本上反对医生协助自杀和安乐死。传统基督教的生命观，一直将死亡体验视为从耶稣的生与死的谦卑和神圣事件中的分化。② 这种反对自杀、协助自杀和安乐死的观念，是基于基督教的生命

---

① 作者和他的妻子，已经接受罗马天主教的圣礼在荷兰的规定的说明，并作为对自愿积极安乐死和医生协助自杀问题的态度之一。这些事件对他而言，是发生在罗马天主教倡议的对此类问题处理、接受、认可和支持的态度，以及所确立的制度中，这暗示了，在罗马天主教的道德理论进一步发展的新开端。

② 例如，我们可以设想，神父对某位曾有自杀企图者的祷告："哦，万能的上帝，人类的造物主和救世主；赐予我们在这个世界上的生命，并使我们能为降临的生命做好准备的那个人；拯救您的仆人某某某脱离杀人罪过的那人：给他怜悯吧，我们祈求您，给那个鲁莽地忘记您恩赐的人；并且，当您在仁慈中阻止他的企图时，准予他悔罪的时间和恩典吧！仁慈地看着他，并用您的怜悯原谅他，原谅他因死亡这个敌人的邪恶预谋而犯下的错误吧！用您的恩典让他皈依吧；用您的力量让他变得坚强；让他心里流出悲怆的泪水，就此使得他能因违抗您犯下的罪过而哭泣，并用您的仁慈使其获得宽恕。因为您是这些悔罪者的上帝，我们将荣耀归于您：归于圣父，归于圣子，并且归于圣灵，从今而后，直到永远。阿门！"见圣吉洪修道院的修士《信徒必读》（*Book of Needs*）（南迦南，宾夕法尼亚州：圣吉洪神学院出版社1987年版），第28—29页。

第六章 痛苦、疾病、临终与死亡：意义诉求　　441

体验，即作为指向谦卑的一种生命存在。成为一名基督徒就等于就此宣誓跟随耶稣，不仅是跟随他的生，也包括跟随他在十字架上顺从的死亡（罗马书6）。为了避免混淆传统基督教和当代的、后传统（post-traditional）基督教和俗世道德对于谋杀、杀害和自杀的理解，我们必须认识到谦恭的顺从（humble submission），包括道德上和精神上的健康。专有术语能帮助我们标示并划分重要的区别。举例来说，亚伯拉罕（Abraham）并没有亲手施行谋杀，而是把他的儿子以撒（Isaac）当作献给上帝的祭品。① 因为亚伯拉罕顺从了上帝的意志，而不是他自己的意愿，甚至用"杀害"一词来代替"献祭"都是道德上的一种误解。我们必须在自我谋杀、自我杀害和自我牺牲之间也划分出类似的界限，尤其是当最后一种，是指明恰当地献出自己、正当的献身这样的例子。将耶稣的死亡、圣徒们的殉教，或者宁可选择死而不肯失去贞操的行为，作为自杀来描述并不确切：（1）人自我死亡被作为自我谋杀的一种类型与自杀相提并论（也就是，传统的西派教会的惯例），然而另外，（2）甚至术语"自我杀害"使得耶稣的顺从、殉教者和圣徒们对天父意志的服从都变得意义含糊，因为（3）这类术语（例如，自杀和协助自杀）与正当的"自我献身"是格格不入的。当人真正按照上帝意志来行为时，其行为用这些通常定义为罪恶的词语来描述是极其不恰当的。②

---

① 曾经在传统基督教教义的基本体系之外，亚伯拉罕（Abraham）以他的儿子为祭品的事件最富有争议。正如约翰·卡普托（John Caputo）所论述："亚伯拉罕的故事给伦理学制造了一桩丑闻。它属于'神圣的圣经'，但它似乎讲述了一个很不神圣的传说，即犯有谋杀罪如何被允许，只要有合理的理由。"见《失范伦理学》（*Against Ethics*，布卢明顿：印第安纳大学出版社1993年版），第9页。

② 圣约翰·克利索斯托姆（St. John Chrysostom）很清晰地表述了顺从上帝旨意将决定这一行为的特征。"我不应该称非尼哈（Phinehas）是谋杀者，尽管他一击之下夺走了两条生命［民数记25：7—8］，以利亚（Elijah）也不是，不管数以百计的士兵和他们的首领［列王纪下1：10，12］以及他大肆屠杀那些将自己献祭给魔鬼的人，而造成血流成河［列王纪上18：40］。如果我们允许这种叙述，一个人能剥离所有带主体意图的行为，脱离背景来考察它，而且，如果他喜欢，谴责亚伯拉罕杀害他的儿子［创世记22：10］，并且指责他的孙子和他作恶和行骗的后代，由于这个原因意味着，这一个人获得了长子的特权［创世记27］，而另一个人将埃及人的财富传递给以色列的主人［出埃及记11：2］。但这不应如此，它不应如此！应推翻这种假设！我们不仅宣告对他们的谴责不能成立，我们更敬重他们所做的这些事，因为上帝基于他们特别的理由赞扬了他们。"见克利索斯托姆《圣职论》（*On the Priesthood*），格雷厄姆·内维尔（Graham Neville）译（克里斯特坞，纽约：圣弗拉基米尔神学院出版社1984年版），第51页。

基督徒们用耶稣的生和死的行动来理解生命，在根本上，与俗世文化相互冲突。因为，随着一种生机勃勃的、后基督教的、后传统的，甚至新异教文化的出现，时代已经发生很大变化，十字架甚或更像是前进的羁绊。那是一种并不具尊严的死亡，是耻辱的、屈从的死亡事件。传统基督教教义为生命伦理学提供了一套与自我自主选择和自尊的文化不相称的语言。它看待苦难、濒临死亡和死亡的问题，不把注意力集中于对权利、自尊和自我满足的考虑。恰恰相反，其注意力在于耶稣用身体进行生命观教导，即教导我们如何去生存和死亡。这里的问题是让我们朝向超越自由、尊严和美德的目标：通过呈现耶稣的神性与超越的上帝①合一，正如他呈现我们的人性一样。② 可以说，传统基督教信仰的文化，旨在于关注十字架上死亡的耻辱，以此来重新获得生命。

死亡和器官移植

死亡的本质既是先验问题又是一个经验问题。尽管基督徒认为人类不只是指他们的躯体，而是躯体、灵魂和精神的统一；因此，只有身体的复活才能够实现人类生命的完整性，但他们还认为，根据圣徒的行为

---

① 在14世纪中期，阿陀斯山修道院承认了圣格里高利·帕勒马（St. Gregory Palamas）(1296—1359)，从而强调了经院哲学的发展，使西派基督教在正确理解神学知识、天恩和美德上出现了分化。经院哲学宣称，一种在类比理论（analogia entis）中的，即一种介于创造和非创造的存在之间的存在分析，没有对好的生活和神圣的生活、人的神化（theosis）的基本区别进行考量。"因此，神化的天恩超越自然，超越美德和知识。""捍卫静修士的阿陀斯山修院的见证"，见亚历山大·格里钦（Alexander Golitzin）译《圣山的现存见证》（The Living Witness of the Holy Mountain，南迦南，宾夕法尼亚州：圣吉洪神学院出版社1996年版），第114页。此外，美德的生活不能被俗世化，除非上帝允许。"如果上帝没有建造美德之家，那么我们的劳作也徒劳无益；但如果他保卫且维护我们的生活，那么没有人能战胜我们的城市。"见《第二赞美诗：第三部·晨祷》，载纳萨尔（S. Nassar）编《神圣祷告和东仪天主教会的圣事》（Divine Prayers and Services of the catholicorthodox Church，英格伍德，纽约：安蒂奥克东正主教区1979年版），第156页。

② 神化教义认为："由于他能受造成人因此我们也可能受造成神。"见圣亚他那修（St. Athanasius）《道成肉身》（De incarnatione verbi dei），54节—3，载《尼西亚与后尼西亚教父系列》第二部（NPNF2），卷4，第65页，《舵》（The Rudder）注释，第387—390页。

表述判定：存在着介于死亡之后、复活之前的生命。除此之外，基督徒也和其他人一样，了悟针对一个活体的行为，例如谋杀，和针对一个死体的行为，例如对尸体的亵渎，同时了悟这两者之间的区别。虽然身体由于其所属者而保持神圣，但是尸体不再是人物质性躯体的存在了。举例来说，教会的教规明确地规定圣餐只能赐予活着的人，而不能给尸体。① 于是产生的问题是如何确定死亡的时间。一方面，这是个先验的问题：究竟什么时间灵魂脱离身体？另一方面，这是一个涉及躯体化的本体论问题：身体的哪一部分决定灵魂的存在？

某种程度上，这后一个问题必须通过经验的方式才能得以解决。引用圣格里高利·帕勒马斯（St. Gregory Palamas）的话即是：

> 如果我们追问心灵是如何依附于身体的，发生想象和观念的区域在哪里、记忆在哪里被确定、身体的什么部分是最脆弱的等类似相关问题……对这所有问题每人都会提出自己的看法……［它］和心灵并没有给我们明确一致的答案；因为心灵只教导我们去了解参入一切事物内在的真理。②

随着神经生理学信息和移植经验的逐渐丰富，用移植手段或修复术替换一个人的器官，而只要不是大脑就不会改变这个人的身份，这一点已经变得越来越明确。虽然灵魂可以在手上（就如同灵魂遍布整个身体），但是毁坏这只手就等同于杀死这个人。虽然灵魂在心脏中，但是可以切除他们的心脏其人还活着，甚至没有一个心脏器官的人也依然可以是人。近 200 年的历史已经证明了大脑的必要性，即便还没有证明大

---

① 参阅教规第 83，五六会议（Quinisext Council, 691—692）。
② 《静坐派的辩护》（Defence of the Holy Hesychasts）II. 2. 30，引自约翰·梅耶铎夫（John Meyendorff），《圣格里高利·帕勒马斯研究》（A Study of St. Gregory of Palamas，贝德福德郡，英格兰：费斯出版社 1964 年版），第 148 页。正如梅耶铎夫关于这段文章进行评论的："在主张人的成分本体统一这一普遍圣经概念时，帕勒马斯并非期望武断地主张什么哲学体系，如此，就给科学研究以完全的自由。启示仅仅关涉灵魂得救的必要的永恒真理，而不是哲学。"

脑的特定部分对一个人的存在是必需的。① 移植心脏、肺或肝并不会移植这个人。一个四肢瘫痪的人是活着的，并且整个身体被移除和毁坏、只要大脑仍保留的四肢瘫痪的人也还是活着的人。人的世俗存在主要依赖于大脑；其他每个器官都可以在不移植这个人大脑的情况下被移植。当然，移植一个大脑就相当于移植一个身体。正如罗兰·普切蒂（Roland Puccetti）曾经指出，大脑归何处，人则居何所。②

这就引出了关于人的躯体化经验导向的本体论判断：一旦人有了大脑，他们在这个世界上的存在就与那个大脑紧密相关，尽管有人断言，他们或他们的灵魂只存在于他们的大脑中将会是一个错误，除非其余身体全部被毁坏。人也不可以被简化成只是他们的大脑或认知功能。在妊娠早期之后，当人的大脑被损坏时，那人就已死亡，尽管细胞、组织和器官的培养技术，能够使人类某部分生理生命继续维持。余下的身体部分能在不移植这个人大脑的情况下被移植。这种在细胞、组织、器官和甚至被斩首的身体中继续被维持的人类生命并不是一个人的生命。因为（1）这些身体的部分对一个人的存活来说是不够的，即无法感知世界并对这个世界做出反应，（2）这些部分对一个人躯体化的生命而言是不完整的（也就是，人能继续进行理性思考和运用意志，甚至当身体的其他部分而不是大脑已经被损坏或移植的时候），并且（3）其他器官能在不移植这个人的情况下被移植。除了大脑之外，身体的所有部分都显得是可替换的，以至于一个身体至少原则上可以被移植到另一个人的大脑控制下。这一个人不是把两个人结合起来，而是把作为一个人身

---

① 恩格尔哈特（H. T. Engelhardt, Jr.）：《约翰·休林斯·杰克森（John Hughlings Jachson）和身心关系》，载《医学史通报》（*Bulletin of the History of Medicine*）第49期（1975年夏季号），第137—151页；罗伯特·杨（Robert Young）：《19世纪对心、脑的适应性修正》（*Mind, Brain, and Adaptation in the Nineteenth Century*，牛津：牛津大学出版部印刷所1970年版）；恩格尔哈特：《心—身：一种明确的范畴关系》（*Mind - Body: A Categorial Relation*，海牙：马尔蒂尼斯·奈州夫1973年版）。大脑作为生命中心理论不会被这样的观察所推翻，在许多即使不是大部分的案例中，脑细胞可能在大脑作为一个器官死亡之后仍然可以继续存活。参见如下例子，阿米尔·哈勒维（Amir Halevy）、巴鲁克·布罗迪（Baruch Brody）：《脑死亡：妥协定义、标准和检验》，载《内科学年鉴》（*Annals of Internal Medicine*）第119期（1993年9月15日），第519—525页。

② 罗兰·普切蒂（Roland Puccetti）：《大脑移植和人格身份》，载《分析》（*Analysis*）第29期（1969年），第65页。

体的物件连接到另一个活人的大脑控制下。①

为了确定受精卵是否是人或者早期胚胎的什么部分构成了人的躯体,这些关于成年人死亡的思考,不能被转化成关于灵魂何时进入胚胎躯体的猜测。正如上一章所表明的,教会承认有义务去保护源自母亲子宫的生命,而避开了对灵魂化的确切时刻的先验思考。毕竟,直到大脑形成之前,我们很难去讨论一个胚胎的脑死亡。另外,在保护早期生命的问题上还有一个特殊的关注点:出于这个最后的原因,正如前一章所指出的,人应参与任何有关人类受精卵、胚胎或胎儿的非治疗性的实验之中。反对在有生命与无生命的胚胎和婴儿之间划分界限的这些限制,并不排斥,至少在儿童和成人的死亡上,

存在着更确切的"高脑本源"(higher-brain-oriented)定义。我们可以寻找一个标准,以判定什么时间开始,某人已经不在这个世界上了。

当我们了解到在不杀害这个人的情况下,他也能被毁坏时,由此,我们唯一能确定的是,身体的一部分对生命而言并不是必需的。如果特定的大脑结构对感觉或知觉不是必需的,而是只履行类似反射性的功能,这一点变得清楚的话,那么在大脑的剩余部分死亡之后,它们继续存在也将不再是一个人存活的标志。通过某些测定我们可以获得一些经验,如依靠确定大脑的哪些部分能在不影响这个人存在的情况下被移植、或用修复的器官所代替。如果在原则上,没有本质上移植或杀死某人的情况下,身体被移植具有道德判定意义,如此,我们才能确定部分身体对人类整个躯体来说不是必需的。举例而言,我们能在不移植该人本身或原则上不杀死该人的前提下,移植任一器官,以挽救整个大脑。尽管这样,也有可能存在着许多中间模糊的灰色地带,以至于我们通常不能在人生命终结和其临终状态(例如,陷入昏迷的人)之间做出明确的区分。我们只能在一个人的躯体已经被损坏的时候宣告其死亡。同样,由于人是身体、灵魂和精神的统一体,所以只要他们的躯体是完好无损的,就必须把他们当做是存在着的,甚至当他们睡着时、陷入深度麻醉时,或昏迷时都须如此。另外,毫无疑问,新生儿和严重精神障碍者都属于人:他们在遵从传统教义基础上都接受了教会的神圣奥秘(the Mysteries of the Church)。

---

① 在这些问题中将会有重要的道德约束。例如,不能随意将一个人的身体移植到性别相异者的大脑上。

最后，可以证明的是，大脑能够被渐进地替换，而仍然让此人留在这个世界上。也就是说，这个人可以用新材料作为他自己的肉身。如果此事成真，那么关于运用我们的能力赋予物质以生机和灵魂，并使之成为我们自己的躯体，我们将会获得更多的新鲜知识与技能。而尚存的疑点是，关于人类控制权限的这一经验性真理。即便目前我们面对的这个移植案例，从另一个人甚或从动物身上取得的器官或组织，都能够被融合到人体之中，并且因此成为人的躯体一部分。亚当的孩子们仍然维持着对自然的控制权，并且有着虽然有限但能改造世界并将之作为祭品献给上帝的力量。

在确立死亡定义的过程中，至关重要的是要避免将脑死亡或者"高脑"（higher-brain）死亡定为仅仅限于自然呼吸和心脏功能终止这类定义。这种纯粹心肺上的死亡定义也许是一种允许器官移植的策略，而没有优先恰当地确定人在所处世界标志性的躯体死亡：脑死亡。也就是说，为了移除要害器官，仅当心肺功能停止而不是真正的脑死亡就断定一个人已经死亡，这可能涉及对该人的杀害。[①] 这种用"实用主义"的方式对死亡下定义（也就是，心跳停止但未必脑死亡的器官捐赠人）可能依赖于这样的假设，即按照这些惯例被称作死亡的人，即使苏醒也会伴随严重脑损伤，因此等同于已死之人。这一对死亡的定义，并没有认真考虑确定人什么时候不在这个世界上存活这类问题。现在我们知道，脑死亡必须始终直接或间接地成为任何死亡判定的焦点。我们不能允许器官移植中，因为利益需求而忽视这个至关重要的问题核心。

当具备了必要的死亡参数而可以做出正确的死亡判定，甚至可以判定全脑死亡时，即可以做出脑死亡诊断之后，就不应该限制东正教教徒们捐献他们的器官，或不应限制他们家人同意这种捐献，当然，前提是如果他们怀着对他人的爱而接受这么做。当确立了一种可靠的死亡判定时，器官移植就既不涉及杀害一个活人也不涉及残害一个活人。诚然，对于生命存活非必需的器官或组织的活体捐献，就更不具有罪恶的残害

---

① 为了获得更多的移植器官而放宽死亡定义，关于这一问题遭遇的压力问题，可参阅罗伯特·M. 阿诺德（Robert M. Arnold）和斯图尔特·杨诺（Stuart J. Youngner）《死亡捐赠原则：我们应该扩展它，放宽它，还是抛弃它？》，载《肯尼迪研究所伦理学杂志》（Kennedy Institute of Ethics Journal）第 3 期（1993 年），第 263—278 页。同样还可参阅斯托尔特·杨诺（Stuart J. Youngner）、罗伯特·阿诺德（Robert M. Arnold）和夏皮罗（R. Shapiro）编《死亡定义》（The Definition of Death，巴尔的摩：约翰·霍普金斯大学出版社 1999 年版）。

行为的任何特征，对此教规在对非治疗性的阉割的谴责之中描述了这一特征。人不能对上帝赐予的身体忘恩负义，人不能企图去取消男与女之间的差异，人也不能不接受人类躯体的优化，但是，人要发扬仁爱去帮助另一个人，只要这不致引发某种死亡的风险（例如，捐赠其心脏），那么这种爱的行为，取决于特定情境。在那种情境下，这一行为，不仅是可以容许的，更是值得称颂的。

只要这种付出是出于对他人的爱，那么接受甚至索取报酬，原则上也不应有道德禁令。穷人出于他们的需要，或者他们家人的需要，可以在死之前或之后合法提供器官或组织，作为一种交换，应该给予金钱补偿。禁止穷人买卖器官的行为其实是一种剥削。如果穷人只是被允许捐献他们的器官，而不索要报答的酬金，那么就把穷人置于一个非常高的道德地位，对大多数人而言人也许会为因强加于过于沉重的负担，从而感到内疚。特别是，由于更多的财富和更高的社会地位，是和更良好的健康和更长的寿命相联系的，禁止器官买卖的政策也许会使一部分穷人仍处于贫困和短命的状况之中。[①] 医疗保健政策应该一边倡导为穷人提供帮助，一边监督合法的买卖器官行为，从而保护穷人，使他们免于被

[①] 有证据表明富人更长寿，即使是在福利保障网络广泛覆盖的社会也是如此。见约翰·伊格尔哈特（John Iglehart）《加拿大健康保健体系面对其问题》，载《新英格兰医学杂志》（*New England Journal of Medicine*）第 322 期（1990 年），第 562—568 页；威尔金斯（R. Wilkins）、亚当斯（O. Adams）、布兰克（A. Brancker）《加拿大城市人口从 1971 年到 1986 年根据收入不同产生的死亡率变化》，载《由行政、通讯和信息部，加拿大健康和福利部门，以及加拿大卫生信息中心共同合作进行的政策研究》（*Finding of a Joint Study Undertaken by the Policy, Communications, and Information Branch, Health and Welfare Canada, and the Canadian Centre for health Information*）（加拿大，1989 年）。同样，较高社会经济地位与儿童较好的健康水平相关联。加拿大国家犯罪预防委员会："健康的决定因素与儿童"（渥太华，1996 年）。研究已经表明，预期寿命呈现增高，尤其是那些对自己环境有较强控制能的非体力劳动职业阶层人群。如参阅埃德温·洛克（Edwin Locke）和苏珊·泰勒（M. Susan Taylor）《压力、竞争和工作的意义》，载莫纳特（A. Monat）、拉扎勒斯（R. S. Lazarus）编《压力与应对》（*Stress and Coping*，纽约：哥伦比亚大学出版社 1991 年版），第 140—158 页；马莫特（M. G. Marmot）、麦克道尔（M. E. McDowell）：《死亡率下降和扩大社会不平等》，载《柳叶刀》（*The Lancet*）1986 年 8 月 2 日，第 274—276 页；马莫特（M. G. Marmot）等：《英国公务员之中的健康不平等：白厅 II 研究》，载《柳叶刀》（*The Lancet*）第 337 期（1991 年），第 1387—1392 页；马莫特：《工作控制的影响和其它针对引起冠心病发生率变化的社会变量的风险因素》，载《柳叶刀》（*The Lancet*）第 350 期（1997 年），第 235—239 页；以及大卫·戈尔茨坦（David Goldstein）：《应激、儿茶酚胺和心血管病》（*Stress, Catecholamines, and Cardiovascular Disease*，纽约：牛津大学出版社 1995 年版）。

人骗取出卖器官又得不到报酬的危险。① 无论在何种情况之下，器官移植行为本身，都不应被视为罪恶。只要所做的并没有改变男人和女人的性别身份，只要没有通过用他人的生殖腺使之成为人父人母（persons parents）（例如，通过移植睾丸，而参与通奸的行为），或者只要没有改变他们与耶稣具有相似身躯的道德主体的形式，那么，原则上就不应该有任何禁令。

在所有这些情况中，对人类的身体、器官和组织都应该给予尊重。② 虔诚的基督徒在洗礼中宣誓，追随耶稣，把他们自己献给耶稣（加拉太书3∶27），并且在圣餐中把他带到他们自身之中。他们的身体已经成为圣灵的居所。③ 这个也许就为绝不能直接杀害一个脑死亡但其他部分仍活着的人提供了依据（例如，绝不能为了实现生命伦理意义上的死亡而注射致命药物）。所有的身体（由于圣灵去往他所意愿之地），尤其是虔诚的基督徒的身体都应该被尊重，正如尊重圣徒的身体和圣骨一样。虔诚的基督徒们的身体与耶稣是同一的，因此除非出于极端情况（例如，一种危险的传染病），都应该用传统的基督教方式进行安葬并且绝不能被火葬。这种观点也包括反对把身体捐赠用于解剖的行为，但这种反对并不十分激烈，只要最终仍举行了一个恰当规范的葬礼。然而，犹豫的理由是可以理解的。由于身体的捐献，家庭和教会团体，不仅对理性且具有心灵治疗作用的死亡观念，而且对他们为死者而随即进行的安魂祈祷仪式，都给予了否定。但至少，即使身体已经捐献，祈祷也不应该被推迟，更不用说被忽略。对待人类身体永远应该怀

---

① 关于采纳和保护那些企望出卖自己肾脏者政策的考量，可参阅契亚格拉杰（C. M. Thiagarajan）、雷迪（K. C. Reddy）等《印度一所独立医学研究中心非常规肾脏移植实践》，载《移植学会会刊》（*Transplantetion Proceedings*）第22期（1990年6月），第912—914页。同样，参阅雷迪、契亚格拉杰等《非常规肾脏移植在印度》，载《移植学会会刊》第22期（1990年6月），第910—911页。

② 许多人确实认为，基督徒为确保身体的神圣性，埋葬他们被切除的肢体，这一行为是正当的。

③ 圣保罗（St. Paul），以此为例，强调神的殿是圣的，这殿就是我们（哥林多前书3∶16—17，《圣经》原文为"你们"——译者注）。尤其是，他强调神的灵住在我们里头（哥林多前书6∶19，哥林多后书6∶16，《圣经》原文为"你们"——译者注）。

着特别的关心，尤其是一个虔诚的传统基督徒的身体，持有这份特殊的关心不仅是因为通过身体与上帝同在，更是因为一直应该暗暗认为，这是一位圣徒的圣骨。圣徒的身体是神圣的，因为他们（1）通过保护身体免于腐烂和与上帝同在，努力恢复在天国里的无罪状态，如此这些奇迹证实了这一点，同时（2）显示了上帝的无限能量。

神迹、罪恶、魔鬼和宽恕

基督教发生诸多神迹，它以神迹开始，并且神迹一直伴其始终。实际上与高度俗世的科学文化一起，传统基督教提供了一种与之相媲美的观念：上帝是全能的、人格化的、仁慈的。不仅通过复活征服了死亡，而且在末日审判、全人类复活之前，这位复活的人，将伸出援手，奇迹般地带给他们健康。在死亡之前，在我们的苦难之中，上帝部分地恢复了我们在天国状态中的本质，奇迹般地将特定的残疾和苦难置于一边。上帝神迹中凸显的仁慈，以及看来似乎从心所欲的特性，也许会给一些人带来令人不解的困惑，尤其是那些身处苦难中、怀着信仰而祈祷，但其祈祷并未被上帝用拯救回应的人。为什么有些人被治愈而另一些人却没有？对这些困惑的回答，人只能遭遇上帝超然的沉默，即便这是他的超越性仁慈。超然的上帝意志，用何种方式何时恢复我们的生命和这个破碎世界的本质，是没有理由的。面对超越的、人格化的和绝对自由的上帝，哲学的反思只能失败。

圣约翰·克里索斯托姆（St. John Chrysostom）在他的《第二布道》（*Second Homily*）中，对上帝的高深莫测予以强调并指明：

> 为何这人免于惩罚，而其他人却被苦难征服？为何这人得到赦免而其他人却不能获得？这正是他们要寻求和认识的。我们如何得知这些呢？从我在此之前引用的经文中保罗所说的话里，我们可以知晓。我的意思是，当保罗说："如此看来神要怜悯谁，就怜悯谁；要叫谁刚硬，就叫谁刚硬。这样，你必对我说：'他为什么还指责人呢？有谁抗拒他的旨意呢？'"［罗马书 9：18—19］于是保

罗接着说道:"你这个人哪,你是谁,竟敢向神犟嘴呢?"①

克利索斯托姆重申了约伯(Job)的话:人不能指谪上帝的公正(约伯记 40:8)或他的仁慈。无论这对傲慢而深受折磨的人而言有多么艰难,但是当人企图去评判上帝的时候,恰当的回答当属约伯的陈述:"因此我厌恶自己,在尘土和炉灰中懊悔。"(约伯记 42:6)尽管他处于苦难之中,但是约伯为他认为上帝可能有过错这一认识而忏悔。同样,第五十诗篇(the Fiftieth Psalm)中,大卫作为普通人承认,由于他的罪,他没有理由抱怨上帝的惩戒(诗篇 50:4,希腊七十子译本),因此,我们也毫无理由为我们或他人的苦难、残疾和死亡而抱怨——或因仅有限的人获得神迹拯救而抱怨。

耶稣的神迹不仅仅是如我们通常理解的那样,集中在对罪过的宽恕上,其实也集中在神秘的能力上:祂治愈疾患往往与驱逐魔鬼相联系。② 作为现代观念,这显然是一种心灵羁绊。所以,对教会为世界驱魔赶鬼治疗疾病活动,很少有积极正面评价。但是,其实每一洗礼仪式都包括了淳朴古老的驱魔仪式,以及人们都认为,每一次祷告都是通向上帝之城门:教会使人圣洁。所以,所有具有神迹特征的治疗活动,也都含有把世界的一部分恢复为天堂里本真状态的内容:从撒旦和人类堕落的后果中恢复。因为这种还原,最终发生在那些所有修行中的、真正怀有虔诚信仰的、并正规接受过洗礼的基督徒身上,它很少用于辨认受过洗礼者的疾病中是否有魔鬼存在。然而,一旦存在,正如耶稣奇迹般地治愈过的许多疾病,它能在疾病的常见症状中伪装掩藏自己,就似若康德式本体实在隐藏在现象背后一样。③ 它也能改变常规的实在性特

---

① 圣约翰·克利索斯托姆(St. John Chrysostom):《难以理解的上帝本质》(*On the Incomprehensible Nature of God*),保罗·哈金斯(Paul Harkins)译(华盛顿:美国天主教大学出版社 1982 年版),第 86 页。

② 如参阅,马太福音 4:24;9:32;12:22。

③ 正如康德对自由选择和经验现实的因果联系这两者之间的关系的解释一样,自由选择的自发性绝不会明显毁坏经验因果关系结构,所以,也不需要有任何假设认为,病因和病原的预期结构将会被个人魔鬼的罪行明显歪曲。

征，而清晰地昭示其存在的事实。①

因为所有应用经验科学分析现象时，都以物质世界具有规律性的观点，除非灵性的存在须要昭示其主体自身，否则，一般情境下，它很难被发现。非信仰者很容易把大多数无形力量的介入作为不过是一声"噪音"，或作为一种物理现象的组成部分，而并不加以理会。然而，对于信仰者来说，即使是生活的寻常试探，也不仅具有明确的先验性解释，而且它们也被视为是本身罪恶的后果。首先，作为堕落的结果，万物和人类本性都进入邪恶，这就包含了与撒旦的亲密接触。其次，试探的侵扰将被视为魔鬼入侵的结果。正如在科幻小说中，人们想象聪明的外星人颠覆因果关系的逻辑结构，以便串联各种事件，最终产生一个特殊的结局；如此，仁爱和恶势力也可以被设想为暗中潜入各种变动的环境之中。因此，在教义里，试探很容易被视为是魔鬼的产物。②

邪恶最终是个人化的存在，或者是个人选择的结果，或者是个人选择的直接表达。因为对邪恶的这种个人化特质的认识，绝没有用来低估科学的独特作用，所以科学和对魔鬼的认识在传统基督教中是共在的。我们要说，康德，这位优秀的启蒙运动之子，却没有为精神或灵性留有任何空间，如此共在性，在某种程度上，可以理解为康德对本体实在的两重说明相类似的模式：现象和本体的两个世界理论，显在的和隐藏的实体。③ 在看来连续现象的因果联系的网络背后，存在着其他的

---

① 例如，"在他来到加大拉人的地方，就有两个被鬼附的人从坟茔里出来迎着他，极其凶猛，甚至没有人能从那条路上经过。他们喊着说：'神的儿子，我们与你有什么相干？你就上这里来叫我们受苦吗？'"（马太福音 8：28—29）又或换个例子，此例来自路加福音："在会堂里有一个人被污鬼的精气附着；大声喊叫说：'唉！拿撒勒的耶稣，我们与你有什么相干？你来灭我们吗？我知道你是谁，乃是神的圣者。'耶稣责备他说：'不要作声，从这人身上出来吧！'鬼把那人摔倒在众人中间，就出来了，却也没有害他。众人都惊讶，彼此对问说：'这是什么道理呢？因为他用权柄能力吩咐污鬼，污鬼就出来。'"（路加福音 4：33—36）

② "魔鬼们，这些凶手们，把我们推向罪恶。或者即使他们没有做这些，他们也会使我们忽视对那些犯罪之人的审判，因此他们就用我们自己也会彼此谴责的污点来玷污我们。"见圣约翰·克里马库斯（John Climacus）《神圣晋梯》（*The Ladder of Divine Ascent*）（波士顿：圣三一修院1991年版），第91页。

③ 莫尔特克·格兰姆（Moltke Gram）对这些康德模式提出了批判性研究。参阅《先验转向：康德唯心主义基础》（*The Transcendental Turn: The Foundation of Kant's Idealism*，盖恩斯维尔：佛罗里达大学出版社1984年版）。

实体。然而，假定有一俗世任务，要对噪音的信息分类中寻求非通灵性解释，那么所形成的结果发现，通常都不会关注灵性或精神存在的任何标志。另外，恶势力通常也有很充分的缘由，以不致引起人们注意其存在。在任何情况下，应具有圣保罗（St. Paul）那样的认识："因我们并不是与属血气的征战，而是与……天空属灵气的恶魔争战。"（以弗所书6：12）如果不承认魔鬼的存在，就不能完全懂得灵性搏斗的严峻。

有时，必须存在着对神迹介入和神力显现的鲜明的未启蒙（un-Enlightenment,① 且在此意义上是非康德式的）认识。有时，疾病和拯救只能被理解成个人遭遇的善与恶。没有其他方式能够更合理地解释那些奇迹。② 不仅要辨识神迹，而且要为灵性搏斗提供特殊方法。不仅有驱魔术和给病人的涂油礼，而且也有应对邪恶之眼（evil eye）的祈祷，作为对付符咒和诅咒的一种保护手段。③ 传统基督教不赞同用医学方法处理邪恶或使之非个人化。比起在医学上把疾病具体作为某种过失（例如，酗酒和同性恋），教义上，更愿意把所有这种现象归因于堕落和魔鬼的影响，同时，不愿为排除并行发生、完全自然论解释或寻求药物援助等提供任何依据。

因此，传统基督教生命伦理学，建立于坚定地、严肃地认识灵性作用的医学哲学基础之上。疾病的治疗应当采纳平素理所当然的经验进行。康复治疗也必须始终在精神或灵性层面上实施，同时，作为一个承认罪恶、完成忏悔、寻求宽恕的机会，以及为按上帝旨意而接受神迹治疗做好准备。因此，基督教生命伦理学关注的远远不止公开医用商品、伤害、权利、义务、错误决策的情况，以及与健康保健和生物医学中承

---

① un-Enlightenment，该词的中文意义，应为"未启蒙"，日文翻译为"非启蒙"，也有学者认为应为"元启蒙"，一般语境中，形容在黑暗和无知之中。——译者注

② 举例来说，这本书的作者将记述，通过一位在休斯敦圣乔治安提阿东正教会的药剂师和其他读者发生的有关遭遇。读者克里奥帕斯·肯尼迪（Cleopas Kenndy）从流泪的圣像上得到一滴棉球油（cotton ball oil），并把它储存在一个密闭容器里。几个月后，他告诉我发现其中有了一英寸的油，对此他评论道："现在我理解了什么叫无中生有。"

③ "祈祷抵御'凶眼'"，《载圣礼和圣事》（第二册）（Sacraments and Services, Book Two），莱昂尼达斯·孔德斯（Leonidas Contos）译（北岭，加利福尼亚州：前厅出版社1995年版），第147—148页。

诺相关的德行这一系列问题。最重要的是，它必须叙事和说明，健康保健和生物医学如何与上帝、圣徒、天使和魔鬼等上演的灵魂拯救的宇宙大戏相关联。基督教生命伦理学和医学哲学的形而上学体系，从超越性个我化视角重新阐释了疾病、残疾、痛苦和死亡。因为其关系到一个特定圣礼仪式的发展，由此，人从撒旦、疾病和邪恶最后皈依上帝、神圣和终极健康，因此，基督教生命伦理学关于痛苦问题应该具有圣礼仪式的特征。俗世生命伦理学需要仔细考虑医用商品、权利、责任和德行之处，基督教生命伦理学就必须从灵性上追求，与痛苦和死亡相关联的治疗性与圣礼仪式的义务。它必须认识到，健康保健的需求为什么不应与圣礼仪式的需求相分离，实际上，也只有在圣礼仪式的背景下，治疗的问题才能被完全理解。基督教对残疾和疾病的圣礼仪式的反应，既把痛苦定位于拯救的戏剧之中同时又指向心灵治疗，以引导人们的激情转向对上帝的全心全意的爱和崇拜。

正如德兰·赖桑特（Therese Lysaught）所认为的那样，基督教的临终涂油礼是在基督徒的痛苦中铭记耶稣的痛苦。[1] 由于耶稣的痛苦指向了复活，这就更加意味深长。基督徒对痛苦的反应，即是将我们的痛苦、残疾和死亡铭记在从罪和死亡中获得的拯救上，而这种拯救正是伴随着耶稣的复活。如此导致的结果就是，传统基督教关注的对病人的拯救，不只是从痛苦的感受中，更是从罪恶中，因为罪恶是痛苦的始因。疾病、痛苦和死亡的迫近，应该唤起痛苦和罪恶之间的联系。因为罪恶是痛苦的根源，所以教会对病人最重要的应对办法，是宽恕罪过并使之顺从耶稣。这一直是最伟大又最重要的神迹：宽恕。同观福音书回忆了耶稣对罪的宽恕和拯救之间的关系（马太福音 9：1—8；马可福音 2：1—12；路加福音 5：17—26）。即使使徒圣约翰记载，耶稣否认一个出生就眼瞎的人遭受苦难是由于他的罪或他父母的罪（约翰福音 9：1—3），他记载了耶稣对那个在毕士大（Bethesda）被拯救的男人的告诫："你已然痊愈了，不要再犯罪，恐怕你遭遇的更加厉害。"（约翰福音

---

[1] 德兰·赖桑特（M. Therese Lysaught）：《痛苦，伦理学和基督的身体：涂油膏作为拣选者的策略性实践》，载《基督教生命伦理学》（Christian Bioethics）第 2 期（1996 年），第 172—201 页。

5：14）正是出于这个原因，临终涂油礼才是基督教对疾病和病痛①的核心回应，使得圣涂油礼成为构成基督教生命伦理学不可或缺的一部分。圣涂油礼揭示了基督徒们必须思考和分析疾病、痛苦和死亡这一事实。

通过关注罪和对罪的宽恕，礼拜规则使得圣涂油礼与悔改和忏悔结合起来，正如同教会与圣餐仪式的结合一样。灵性治疗是圣体仪式不可缺少的。

> 接受圣礼的病人必须有正教的信仰，必须通过悔改和忏悔准备自己；并且在圣礼之前或之后他将接受圣餐礼仪式。圣涂油礼……当在教堂里举行，须有许多信徒在场，看这个病人是否能够离开他的病榻；或者在家中举行，但应在众人面前。②

尽管病痛也许是属于个人的，并且悔罪也是独自在上帝面前进行的，但是灵魂的拯救却是在团体中完成的。人必须尽最大可能跟随圣徒加入正规崇拜、正规信仰的团契中。举例来说，圣涂油礼的一些赦罪文是宽广无边、包容一切的，并且其核心聚焦于信徒们的团契中，正如第六神父（the Sixth Priest）③的祈祷中引述的一个例子：

> 我们恳求您，乞求您，啊，上帝，请用您的仁慈解脱、赦免、宽恕您的仆人某某某的过错和他（她）的罪过，不管有意还是无意，不管出于有知还是无知，不管毫无节制还是忤逆反叛，不管是黑夜还是白天；不管他（她）是被神父逐出教门，还是囿于父亲或母亲的咒骂之中；不管是通过他（她）的视觉，还是通过他

---

① 圣涂油礼是守《圣经》的训诫，即："你们中间有病了的呢，他就该请教会的长老来，他们可以奉主的名用油抹他，为他祷告。出于信心的祈祷要救那病人，主必叫他起来；他若犯了罪，也必蒙赦免。"《雅各书》5：14—15。

② 哈普古德（Hapgood）：《圣涂油礼的仪式》，见《服务册》（*Service Book*），第332、608页。

③ 强调该祷告的基本性质，以及对圣雅各给予众长老训令的信心（雅各书5：14），教会提供了七位祭司的参与。

（她）的嗅觉；不管是通过通奸行为还是乱伦，或者是通过不管什么样的情欲冲动和心灵冲动，使他（她）违背您的意志和您的圣洁。如果我们也以类似的行为犯了罪，请宽恕我们；因为您是仁慈的上帝，您所念的不是邪恶，而您所最爱的是人类：所以您既不会让他（她）或我们堕入邪恶的生活，也不会让他（她）或我们以这样有害的方式继续下去。①

罪和疾病之间的联系不仅在病人的实例中被觉悟，而且涉及所有人，因为所有人都是罪人。

第七祈祷文（The seventh prayer）不仅承认罪的自我毁灭特征，也承认魔鬼的角色。此外，我们的努力奋斗也伴随着超自然的神力。"因我们并不是与属血气的争战，乃是与那些执政的、掌权的、管辖这幽暗世界的，以及天空属灵气的恶魔争战。"（以弗所书6：12）

倾听我们的祈求吧，把它作为对您的赞美而接受；降福于您的仆人吧；如果他（她）做了任何错事，不管是通过语言，或行动，或想法，不管是在黑夜还是在白天；如果他（她）已经被神父逐出教门，或者置于他（她）自己的诅咒之中；或者已经由于一句渎神言语而受尽折磨，并诅咒他（她）自己；我们恳求您、祈求您：解脱、原谅、宽恕他（她）吧，哦，上帝，宽容他（她）的罪和邪恶吧，不只是那些他（她）有意识所为的，还有那些他（她）无意之中所犯下的。同时，如果他（她）违背了您的律令，或者有了什么过犯，是因为他（她）承受着欲望的重负，居于这世上，或者遭遇魔鬼的欺哄，秉承您，您是最仁慈的上帝，并且您最爱人类，请宽恕吧；因为这世上，还没有人活着却不曾背负罪恶。②

---

① 哈普古德（Hapgood）：《圣涂油礼的圣礼仪式》，见《服务册》（Service Book），第335页。

② 同上书，第357页。

通过宽恕受苦人们的罪而使其康复，对此，在圣涂油礼仪式最后的赦罪文中也有非常重要的叙述：

> 哦，神圣的主，慈悲而仁慈的主耶稣基督，上帝的儿子和福音，您最希求的不是罪人的死亡，而是他（她）应该从罪恶中脱离并生活下去：那些背负着罪行转向您的人，通过我们，请求您宽恕他（她）的罪，放在他们头上的不是我有罪的手，而是您坚强而有力的手，在其之中，您神圣的福音，现在正通过我同行的神父们，降临到您仆人的头上。和他们一起，我再一次恳求并祈求您仁慈的怜悯和对人类的爱，因此，您不再念那些人所犯下的罪恶，哦，上帝，我们的救世主，通过您的手，先知弥敦道（Nathan）确实宽恕了忏悔者大卫他所犯的罪，而且确实接受了玛拿西（Manasses）的悔罪祷告：独一圣主啊，请您也将对人类一贯慈悲的爱赐予您这个仆人吧，接受他（她）对自己令人痛苦罪过的忏悔，而不再念他（她）以往所有的过失。因为您是我们的上帝，您命令我们去宽恕，甚至那些七十个七次陷入罪中的人。因为这既是您的威严，也是您的仁慈：让我们将所有的美誉、荣光和崇拜，献给您；从现在到永远，直到无有穷尽的岁月。阿门。①

健康是身心合一的。因为痛苦和罪涉及我们所有人，所以在许多东正教教堂里，在复活节前一周的周三，所有东正教徒都被约请实行涂油礼。②

基督教教义原本是关涉医治活动的：它是一种彻底根本性治疗。正如西罗塞奥斯主教（Bishop Hierotheos）激进地指出：假若耶稣活在20世纪，基督教与医学的关系，将比与宗教的关系更为密切，至少在非东

---

① 哈普古德（Hapgood）：《圣涂油礼的圣礼仪式》，见《服务册》（*Service Book*），第358页。

② 在俄国，在共产主义革命之前，圣会的一般涂油礼通常在礼拜四的圣餐仪式之后，于莫斯科圣母升天大教堂（Cathedral of the Falling-Asleep of the Theotokos）进行。见哈普古德（Hapgood）《服务册》，第607—608页。

正教的宗教意义上是这样。① 基督教是一种用上帝的永生能量来治愈痛苦、残疾和死亡的形式。痛苦不只是一个锻炼忍耐能力的机会②，更应是使我们与上帝同在的机遇。基督教医生和基督教健康保健机构，必须准备好，应该运用比俗世更多的手段，去援助痛苦中的病人。他们必须在控制疼痛的同时，一边帮助他们的病人，在悔改中和通过灵性治疗来接近教会的神圣奥秘（例如，忏悔、领圣餐和圣涂油礼）。因此，神父的角色是相当特殊和非同一般的：传统基督教对待苦难和罪过的方法不应视为平常，它充满了非常特别的关注，基督教生命伦理学不仅要关注恰适的医疗照护的界限，而且也要关注，如何把医疗照护置于心灵照护的背景之下。

---

① "如果犹太教及其后继基督教，在20世纪才首次产生，那么它们很可能被称为是与精神病学有关的医药科学而不是宗教。"见赫若狄奥·弗拉乔（Hierotheos Vlachos）《东正教心理治疗》（Orthodoxy Psychotherapy），第29页。这里至关重要的不是一个医学或心理治疗的俗世概念，而是灵魂本身的一种治疗。这种治疗基于信仰自身，"信仰使得理智从感觉的范畴中解放出来并通过禁食、冥想上帝和守夜祷告的方式使之清醒"。见贾斯汀·波波维奇（Justin Popovich）《叙利亚人圣以撒的知识理论》，载《东正教信仰和基督教生活》（Orthodox Faith and Life in Christ），阿斯泰利奥斯·格若斯太尔高斯（Asterios Gerostergios）等译（贝尔蒙特，马萨诸塞州：拜占庭和现代希腊研究会1994年版），第125页。这种宗教治疗方式认为，心灵的发育和知识的关系不仅在道德上，而是在人格特征的本体论变化过程中。"知识的本质问题成为了本体论和伦理学问题，归根结底，它应被视作人格的问题。知识的本质和特性在本体上、道德上以及认知上都依赖于人的构造，并尤其依赖于知识器官的结构和状态。在信仰、知识、特别是本质的苦行的人来说，终会转向沉思与冥想。"哈普古德《服务册》，第152页。
② 斯坦利·豪尔瓦斯（Stanley Hauerwas）、查尔斯·平彻斯（Charles Pinches）：《修习忍耐：基督徒们该如何生病》，载《基督教生命伦理学》（Christian Bioethics）第2期（1996年），第202—221页。

第七章

提供卫生保健：同意、利益冲突、医疗资源配置与宗教的整全性[*]

医学的定位：健康与寻求救助

生命总伴随死亡。尽管医疗卫生从来不能认为是绝对安全可靠，然而却可以推迟或抑制迫近的死亡。救助可以战胜死亡。五千年前，埃及在对不朽的追求中开始建造金字塔，中世纪的西方，建筑大教堂以希冀生命的永恒。在第三个千禧年伊始之际，现代文明用于兴建医疗中心并且对卫生保健领域的投入所占国民生产总值的比重持续增加，期盼以此延缓人类的死亡。这些里程碑式的卓越计划无一例外地昭示了文明的重要意义。而每一计划方案都是对有限、痛苦、死亡的一种社会性抗争。在前两个计划方案中，人类社会谋求与神邂逅，他们希望一种超越死亡的永恒生命；最后一种途径是人们试图尽可能地运用人类自身的方式去控制痛苦并延缓死亡。与埃及的异教文化或西欧的基督教文化不同，当代社会的医疗保健至少是在表面上明显强调当下的保健。当代卫生保健仅仅是提供一种救助，以及一些可以预料、设想的康复方式或途径：通过俗世的知识和人的力量来处理。为了确保获得这样水平的治疗，社会越来越愿意支付超过1/10以上的国内生产总值用于卫生保健。虽然很少有人愿意变卖他们的财产去追求永恒的救助，但却有许多人愿意倾其

---

[*] Religious integrity：此处亦译为"宗教的整全性"，旨在于强调宗教对医学的保全和治疗的完整性价值。细读本章全文，作者对于基督教的医学意义的理解以及对其最后解决人的精神、信仰和灵性的不可替代的功能，作了全面、透彻的分析，认为宗教是对于医学完整性的保证，是医学或生命道德的最高境界。与"content-full morality"或"full ethics"有异曲同工之妙。详可见书前的"翻译说明"。——译者注

所有，以使尚存的生命得以几年时间的延续。

基督教即时明瞭了这一现实的存在。当然，卫生保健不过是一种暂时的权宜之计。医学仅仅是可以延缓死亡，它只能缓解而不能完全解除人类的痛苦。在我们心中，我们知道奖赏是对死亡自身的缓解方式。尼采的《查拉图斯特拉如是说》有这样一种认识，"所有的快乐皆欲求获得永恒——而且是获得一种深刻的永恒"①。基督的邀请就是通过接受十字架和参与基督的复活来战胜死亡，通过我们与上帝的结合来应对死亡。传统基督教宣称除通过与上帝、神灵（theosis）或神性结合以获得拯救之外，不存在其他任何目的。② 根据这个至高无上的目的，所有内在的重要事物得以重新排序。毕竟，一旦因此而获得的奖赏不仅仅是不朽的而且是与上帝的结合，那么，还有什么比这更为重要的呢？尽管如此，卫生保健依然是十分重要的。避免痛苦与延缓死亡是一般意义上的普遍善。而且，卫生保健可以在基督教生活秩序中加以定位，以对上帝的爱为目标，医疗卫生事业即具有了奉献上帝与"他者"的激情。但这并非是说俗世的治疗、保健和卫生是最重要的。只有在它们引导拯救这种作为救助死亡的唯一真正途径时，其意义才是永恒的。如果不是面向这样的终极目的，它们就将走向最后的死亡。重新引向世俗的传统基督教目标，理所当然，对医疗保健的重要性理应表示赞同。

减缓痛苦、延迟死亡的承诺以及提供保健，必须限制在传统基督教

---

① 弗里德里希·尼采（Friedrich Nietzsche）：《尼采文选》（*The Portable Nietzsche*），瓦尔特·考夫曼（Walter Kaufmann）编译（纽约：企鹅出版1982年版），《查拉图斯特拉如是说：第三部》（*Thus Spoke Zarathustra: Third Part*），第339f。"但快乐都要永恒，要深刻，深刻的永恒！（Doch alle Lust will Ewigkeit -, - will tiefe, tiefe Ewigkeit!）"，见弗里德里希·尼采《三卷本》（*Werke in Drei Bänden*，慕尼黑：卡尔·翰泽尔1969年版）第2卷，第473页。

② 如前所述，关于基督与拯救，圣·亚他那修（St. Athanasius, 295—373）强调，"作为主的造物，我们可能被神格化"，见亚他那修《在道成肉身》（*De incarnatione verbi dei*），载《尼西亚雨后尼西亚教父系列》第二部，第54章（§54, *NPNF*2），第4卷，第65页。对于神格化或圣化的评论，参见乔治·曼查理蒂斯（Georgios Mantzaridis）《人的神格化》（*The Deification of Man*），李亚达因·谢拉得（Liadain Sherrard）译，（克雷斯特伍德，纽约：圣弗拉基米尔神学院出版社1984年版），以及潘纳尤蒂斯·尼拉斯（Panayiotis Nellas）《神格化的基督》（*Deification in Christ*），诺曼·拉塞尔（Norman Russell）译（克雷斯特伍德，纽约：圣弗拉基米尔神学院出版社1987年版）。在它对神格化的强调中，第一个千禧年教会在圣歌第81首中，有句值得认真注意的文字："你是神，你们所有人都是上帝的儿子"（诗篇81: 6，七十子译本）。

道德及其对天国的追求之中。首先,在这些制约之外,因为对上帝王国的追求,可能产生一种爱的行为的误导。对世俗的人来说,为贫困者提供堕胎服务似乎是一种爱的行为。同样,用捐赠者的精子为一个渴望拥有孩子的未婚女性提供人工授精服务,或者帮助一个正处于痛苦中因而要求被杀死的人实施安乐死,也是一种爱的行为。其次,在这些特殊的情况之外,还有医疗保健的纯消费性质。医疗卫生保健作为一种不充分的对永恒追求的替代方式,依然可以为延缓死亡和避免痛苦激起无限的热情。基督教必须把医疗保健、缓解痛苦以及延缓死亡置于神圣的追求之中。只有以对上帝王国的追求为前提的行动选择行为时,医学职业的使命(vocation of medicine)才能被正确理解。

在对天国的追求中,由于重新对医疗卫生保健予以定位,这就将道德义务和生命伦理学嵌入新的光明前景之中。一旦上帝被认作是存在和意义(being and meaning)的源头,医学的权威性目也将因此而得以重新确立。这就要求我们重新审视医疗卫生职业人员与病人之间的应然关系。这就要求对自由自主和知情同意以及真相告知的义务进行再思考。如果医学主要以追求上帝之国的目标为引导,那么,在保持作为传统基督教的卫生事业以及带有传统基督教使命的卫生保健机构的完整性方面,医学将面临一个严峻的挑战。在后基督时代,人们想当然地认为,提供服务的基督徒们必须受到谴责,人们如何去造就一个具有基督教色彩的卫生事业?是否涉及或与某种罪恶相关联的这样一些问题,可以在不惜一切接受信仰的背景下获得认识。在表明了个体和集团的道德与精神完整性之后,本章转而讨论俗世的卫生保健服务中的资源配置问题。这一章包括通过探索基督徒如何能在俗世中提供卫生保健,对于传统基督教医学道德而言,这一俗世世界即使不是敌对的,也是冷漠无情的。

同意、欺骗和医生:对自由与知情同意的反思

为什么说允许原则是俗世生命伦理学的主要道德原则?为什么它对于基督教生命伦理学而言却并非是最重要的?首先,从某人那里获得允许对生命伦理学来说很重要,因为世俗道德权威没有任何其他的普遍来源。由于对上帝一无所知,在面对棘手的道德多元化问题时,人的权威

就只能源自人自身。毕竟，要选择适恰的道德价值观，需要特定的、有依据的、已有的价值立场（value-informed）统领我们的选择，正如在第一章所说明的，不诉诸问题本身或不能尽可能地反复研究问题，而试图以充分理性论据去解决基本道德争议，几乎是不可能的。① 人必须知道何种价值是应该具有的。为作出那样的决定，人必须重新拥有某种价值观，而这种价值观本身也需要甚或需要难以满足的选择。不同等级序列（different rankings）的价值，其道德内涵存在显著的区别。回顾早些时候的一个案例，如果赋予每一个体不同程度的自由、平等和安全，那么，他们自身也就具有不同的道德价值观念。在缺乏与上帝结合的体验时，道德观之间则会出现分歧和冲突。

对于生命与死亡意义的不同观点之间的冲突，加深了各种不同道德观之间的裂隙，例如，关于堕胎和医生协助自杀。对各种问题的态度选择，则由对善和正当的不同理解引导的。特定道德授权行为，在面对多元和明显道德对抗以及信仰的承诺，以至于在缺失"体验上帝"的情境下，人所赖于的诉求既非上帝也非理性。而在这种情况下，是否应诉诸上帝则是存在分歧的，因为并非所有人都认可上帝的存在，何况某些人崇拜的即或不是虚假的上帝也可能是上帝的虚假幻象。而理性诉求也并不会有什么更好的结果，这种理性要么是空乏的纯粹形而上学的，要么就是在一系列道德合理性中存在着特定的内容。离开抽象理性知识的重建，不需要摆脱道德认识论如此无聊方式，而纯粹理性知识的重建，只有通过苦修和恩宠才能得以完成。如此可以说，可靠的道德知识必须根植于圣灵之中。

面对多元化的道德认识，人仍然能选择对他人做什么或不做什么。面对一些难以处理的道德争议，为调适与道德异乡人的行为，我们必须尽量满足人们的需求，并征得他们的同意。人正是从合作者那里才获得权威地位：通过共同意愿方可确立一致的领域。假如存在基本意见或观点分歧，诉诸允许原则对确立一致领域可作为一种默认策略。在这种情况下，欺骗性地保留信息是为了放弃所谓相互协定而解决争议：此时，

---

① 通过散漫的因由建立一种特殊的整全道德认知，并把它视为权威是不可能的，这一观点在本书第一章以及《生命伦理学基础》（第二版）（纽约：牛津大学 1996 年版）的第二、三章中曾经给予充分阐述。

"欺骗"则具有一种强大的效力。由于错误信息被掩饰，而遮蔽了重要信息，这就使一致意见的达成受到限制。面对这一欺骗的情境，人们如何实现对特定信息获知的权利，这种获得信息以及反对欺骗的权利放弃的理由需要给以更明确的说明。这足以证明世俗道德以人作为权威核心的有限性，而且这一未经同意的欺骗（unconsented‐to deception）是对这种道德以及以允许原则作为权威核心的一种背叛。因此，人们期望，事务应该如同在俗世生命伦理学和卫生保健政策中所规范的：具体现实中获得同意才是最为重要的。他们关注（1）确定谁能够、并且可以赋予权威，以及（2）决定信息是否被有所保留或被迫应用，从而使已经达成的协议失去效力。

正如第三章所表明，这种允许原则的核心价值作为权威之源，常常融入作为有价值的道德理想的自主性个人主义（autonomous individualism）。探求一种价值的根基，即允许原则的根基作为价值目标：人成为自主选择主体。自由论世界主义伦理（libertarian cosmopolitan ethic）转化为自由世界主义特质。因此，给予允许，让渡权威是省略了批准这一环节，这在某种意义上，即是摆脱重大外部干预的一种自主权利。这样，一种关于个人尊严和自主的理想化观点产生了，它把病人描述为适应于任何特定社会的制约之外的一些个体。在这种同意的描述中，它不只是某个个体摆脱了强烈情感化选择：人的选择没有任何其他有力的诱因或强制性的义务驱迫（如："我必须选择这种治疗方式，因为我的丈夫坚持而且我应该服从他"）。理想的病人同意应该是（1）清晰；（2）自主和（3）独立的个体自主同意。相反，一个重要的问题是病人选择医疗保健的思想倾向：（1）某种程度的困惑；（2）其他各种担忧的影响；以及（3）在某一方向上限制其选择的由亲友构成的社会环境状况。人们一般不会超越历史、家庭和社区之外去选择。他们的选择，往往处于由担忧、罪恶感、其他利益以及他人强加的问题所构成的复杂的网络束缚之中。在作出选择时，他们并不能完全出于对自身利益的考虑进行自主选择。其实，他们的选择受到焦虑、欲求以及他人要求的影响。事实上，许多人把他们在信仰、家庭和文化的制约中所作出的选择看作是最本真的选择。此外，基督徒的理想选择应是：（1）摆脱情感冲动的左右；（2）上帝恩典的启示；以及（3）彼此顺服（以弗所书：5∶21）。

传统基督教不是从特殊个体的同意中获取权威性，也并非是从道德哲学论争中得出结论，而是来自上帝要求的经验性启示。也不是理想的基督教决策所依凭的原子论或个人主义（atomistic or individualistic）。而应该是，在基督身体中、共同交流以及教会内的选择，并应由圣灵来引领，以便顺服地、无私地和全身心地转向圣父。尽管人们认为，这一选择是自由地、有力地甚至不是为获得上帝恩泽，而是在善恶之间做出的选择，① 但人们仍然会在激情的支配下被鼓励，因而不能始终自觉地将其生命坚守于上帝的引领。因而可见，人不是并非是平等、真实的自主代理人，而是在其激情中深陷困境（en mired），在极端不平等的关系中，处于对上帝无条件地服从中。

在传统基督教语境中，谎言与欺骗的含义根本不同。首先，谎言并不具有内在的、无法消解的错误决定的特性，因为，这样做不是为屈就世俗自由意志论的道德学家的说教，也不是为了服从圣奥古斯丁。首先，因为传统基督教道德权威本是源于上帝，而不是源于什么允许。因

---

① 罗马的圣约翰·卡西安（St. John Cassian），追附伟大的圣奥古斯丁，认为人即使处于罪恶状态时，也具备自由选择权力，圣约翰认为："如果上帝能够开启而且结束有关我们拯救的任何事情，那么，什么地方存在自由意志的空间，并它如何归功于我们自身的努力，以致我们就应该最终得到上帝的赞许？""会议住持帕弗纳丢斯"（Conference of Abbot Paphnutius）第十一章，《尼西亚与后尼西亚教父系列》第二部（NPNF2），第 11 卷，第 325 页。在圣约翰·卡西安的解释中，他回答这个问题时认为，我们只有转向上帝获得拯救，我们只有靠上帝的恩典才能成功地获得拯救。"而且，圣徒们确实从未说过他们是通过自身的努力而获得提升和完善美德的过程，而是他们通过向上帝祈祷而通达拯救之路，'引领我进入你的真理'以及'指示我进入你的光明之路'"（同上书，第 13 章，第 326 页）。然而，圣约翰·卡西安也清楚，尽管人类堕落了但其仍然是自由的；我们仍然能够凭借我们自身的努力获得最初的拯救，即使从长远来看，意义不大。"而我们依然要仰赖上帝的恩泽继续赐予自由的恩典，在回报我们细微的努力时，恩赐我们这种不朽以及永恒福乐的礼物等等无价的奖赏和荣耀。"见《第三会议住持卡列蒙》（Third Conference of Abbot Chaeremon）（同上书，第 13 章，第 430 页）。这不是一种宿命论。"然而，一个人选择了通往恶的道路，而且确实做出了恶的行为，只能去自责，因为没有谁可以迫使他去实施这种作恶行为，因为上帝创造他时赋予了他自由之意志。因此，当他选择走向善的途径时，他应该获得上帝的称赞；因为他这样做，不是出于任何和动物以及无生命的东西完全是被动行善的情形那样，不过是一种自然本性的需要，而是切合于上帝已赋予其智慧的这样一种理性存在。"见大马士革的圣彼得（St. Peter of Damaskos）《神的知识是一种财富》，载圣哥底姆马卡里奥斯（Sts. Nikodimos and Makarios）编《美丽之爱》（The Philokalia），帕默（G. E. H. Palmer）、菲利普·谢拉德（Philip Sherrard）、吉利斯多斯·维尔（Kallistos Ware）译（波士顿：菲薄与菲薄出版社 1986 年版），第 3 卷，第 80 页。所有这一切中，自由选择是最重要的，如圣·格里高利·帕拉马斯（St. Gregory Palamas）所解释的："他的意愿是要通过他们意志自由，通向他们应该通达与之合一的上帝……"，"自然和神学科学关于道德和苦行生活的主题"。载《美丽之爱》第 4 卷。§ 91，第 389 页。

而，诉诸允许，并不能为他人运用所有未经同意的欺骗，而建立起某一无法纠正的错误决定的理由。而且传统也从未把奥古斯丁所拥有的这样的观点予以发展，即那种蓄意的欺骗，通过陈述谬误构成内在的恶，这种恶不能被其他的理由所抵消（counter-balanced）。其次，尽管欺骗从来都被认为是对行骗者的危害，然而，在这个破碎的现世，它也同时被认为，人可能在追求救助以及与救助密切相关的善业时被迫行骗。①对救助的追求，可能需要与在追求神圣中、曾经运用的欺骗手段所造成的后果作坚决的斗争。最后，传统基督教道德无法拒斥欺骗的自主个人主义理念。它强调，从其因堕落而身陷黑暗以及束缚其激情的意念中获得理智的自由；它强调，如果人有效地与上帝的旨意相统一，通过搏斗和恩典而摆脱激情控制才是根本。传统基督教强调开放的理智意义下的智性自由（即理性），以致使人能够接受上帝的启示。② 它在对拯救的追求中根本不拒斥欺骗。

　　亚伯拉罕和以撒的故事，揭示了世俗和传统道德中基督教形象之间的鸿沟。它也同时强调，上帝的绝对权威以及对我们服从上帝的要求。③ 亚伯拉罕的故事同样也表示，上帝根据即将降临的使命如何调整律令，上帝知道，对我们来说，要做到无条件遵从是何等困难。当撒拉听到主（耶和华）告诉亚伯拉罕，（他的妻子）在一年内将生育儿子时，她心中暗笑，对自己说："一件事，甚至至今都没有发生在我身上，而且我主也老迈。"（创世记 18：12）而当强调需要信仰上帝时，上帝与亚伯拉罕的这次谈话所指的就不是撒拉对年迈的亚伯拉罕（生育）能力的怀疑。"而且主对亚伯拉罕说，'撒拉为什么暗笑，说，'我既已年老，果真能生养吗？''耶和华岂有难成的事吗？'"（创世记 18：13—14）西方世界可能为作出区分，而对亚伯拉罕故事中的这一内容

---

① 关于在通常的俗世道德框架内讨论讲真话的道德问题，参见《生命伦理学基础》，第309—319页。

② 关于亚当智慧原罪的影响的解释说明，参见"理解力的自由"，摘自《圣·西缅译文集》（*St. Symeon Metaphrastis*）[10世纪]中关于埃及圣马卡留斯（St. Makarios, 300—390）的布道释义，载《美丽之爱》（*The Philokalia*）第3卷，第337—353页。

③ 在此，至关重要的是，如何区分上帝的声音和由于精神疾患的幻觉。当上帝真正地命令，正如对亚伯拉罕和以撒那样，他已经超越了通常支配人们行为的作法。造物主可以决定他的造物何时死亡。

达成共识：上帝不撒谎，他只是隐瞒了某一真相。①

圣奥古斯丁（354—430）给西方以这样的观点，谎言不仅是一种精神伤害，而且是一种内在的恶：一个人可能从不撒谎，却需要欺骗。奥古斯丁坚持“谎言是一种话语，这种话语是一个人希望说出他可能实施欺骗的一件不真实的事情”②。奥古斯丁的这种唯一的立场成为西方的观念。③ 这一观念产生变化后，把谎言分为三种流派：（1）带有有

---

① 西方关于谎言问题的道德讨论，源于圣奥古斯丁《论说谎》（*De mendacio*）和《反对说谎》（*Contra mendacium*）。关于这些问题的处理方法，参见博尼费斯·拉姆齐（Boniface Ramsey）《古代教会关于撒谎与欺骗的两个传统》，载《托马斯主义》（*Thomist*）第 49 期（1985 年），第 504—533 页。

② “关于撒谎”，载《尼西亚与后尼西亚教父系列第一部》（*NPNF*1），第 3 卷，第 459 页。

③ 托马斯·阿奎那关于欺骗的观点立场，尽管与圣奥古斯丁相似，但并不是要求用一种有意的欺骗作为说谎的必要条件。参见《神学大全》（*Summa Theologica*，II/II，Q 110，法条 1）。对于这两种立场观点之间区别的主要讨论，参见安东尼·科赫（Antony Koch）《道德神学手册》（*A Handbook of Moral Theology*），亚瑟·普留斯（Arthur Preuss）编（圣路易斯，密苏里州：B. 赫德 1933 年版），第 5 卷，第 60—61 页。罗马天主教道德神学手册则与奥古斯丁或托马斯主义有关撒谎的重要观点持有不同看法。当然，有时，给出的释义也遵循奥古斯丁、包括他的有意欺骗的判定标准。杰尼靠特（Génicot）指出：“与谎言相反的声明，乃是有意的欺骗。”（圣·奥古斯丁：《反对说谎》c. 4），见爱德华·热尼克（Eduardus Génicot）《神学道德》（*Theologiae Moralis*，鲁文：Polleunis et Ceuterick，1902 年版），第四版，第 1 卷，第 413 章，第 390 页。“说谎是心灵的表达（也可定义为欺骗的暴露）”（原文为拉丁文——译者注），见诺尔丁（H. Noldin）、斯科米特（A. Schmidt）《普来谢菩提业会等教会》（*De Praeceptis Dei et Ecclesiae*，欧尼本特：劳赫，1938 年版），第 25 版，第 2 卷，第 636 章，第 577 页。另参考阿尔佛萨斯·里高利（Alphonsus Liguori）对撒谎的部分定义是：“意志或意义的概念与欺骗或谎言的意思相悖”（原文为拉丁文——译者注）；见考宁格斯（A. Konings）《道德神学家圣·阿尔方西》（*Theologia Moralis Sancti Alphonsi*，纽约，本泽杰尔兄弟 1879 年版），第 510 章，第 229 页。奥古斯丁的意见或释义与托马斯的分歧常被我们忽视。阿劳埃西奥·萨波提（Aloysio Sabetti）曾经简洁地引用奥古斯丁的话：“表达的相反的意愿是骗人的，或者如奥古斯丁所说，‘明知不是真话’”，见阿劳埃西奥·萨波提（Aloysio Sabetti）与提摩太·巴雷特（Timotheo Barrett）《道德神学纲要》（*Compendium Theologiae Moralis*）（辛辛那提：弗雷德里克·普斯泰特公司 1931 年版），第 33 版，第 310 章，第 300 页。另一些人的观点并不是遵循奥古斯丁的。例如，费雷罗里斯（J. B. Ferreres）写道：“谎话是一个口语习惯，是说一些虚假的意见。”参考《道德神学纲要》（*Compendium Theologiae Moralis*）（巴塞罗那：奥金尼奥·萨比拉纳 1918 年版），第 9 版，第 1 卷，第 542 章，第 364 页。“谎言对智慧来说，是一个虚假的含义”，见阿尔舍若·沃尔默斯科（Arthurus Vermeersch）：《道德神学》（*Theologiae Moralis*）（罗马：格里高利大学 1937 年版），第 3 版，第 2 卷，第 625 章，第 632 页。“谎言是心灵的陈述”，见约瑟夫·艾尔特尼斯（Joseph Aertnys）《神学道德》（*Theologia Moralis*，加洛佩：M. 阿尔贝茨 1918 年版），第 1 卷，第 994 章，第 388 页。

害意图,旨在于损毁或伤害他人的生命、财产和名誉;(2)过于殷勤和谦恭的谎言,其目的在于防止伤害或不便;以及(3)谎言仅仅是一种玩笑。① 这种分析方法出现了错综复杂的情况,即对无权知晓真相的人可以隐瞒某些真相。结果,这种逻辑允许人欺骗,只要他的话语在明确陈述某事时,并非是严格意义上的虚假,除非是一个人知道什么是真相。尽管撒谎本身被认作是内在本质上的恶,然而,若某事从未被直接地规定如何去进行,那么,人们有权去做一些尚存疑问的事。至少是在某些情况下,人有权故意使用可能被他人误解的、含混的言语表达方式。因为在这种情况下,此人不是撒谎,即使他的意图是欺骗,这样的欺骗也不会被认为是说谎。而过错和缺点归于听者:听话的人应该会更好地知晓或理解。

为了保守一些重要事实的真相,罗马天主教还开发和建立了心理解释范例。有一段时间,人们甚至持这样一种看法,人们可以把一些真相隐藏在心中而不披露,这需要进一步了解表达的观点或命题的背景或语境。当被问及一个问题,讲话人可能会说"不",而不是回答提出的问题。例如,某病人可能会问医生:"我会死于这种病吗?"于是,医生思考"我会死于这种病吗?"这个问题,可能说"不会"。"不会"作为一种回答,只是就关于这一问题回答部分反应者的一些特殊的或特定的解释而言才讲得通。一方面,在讲话者看来,"不会"确实对应于某种真相。另一方面,就讲话者意向之外的话语而言,这种回答完全可以说是欺骗,存在着一种带有欺骗意图的明显虚假陈述。这种心理上有所保留的说话形式受到了教皇英诺森十一世(Pope Innocent XI, 1611—1689)的责难。②

普遍认可的观点是,当某人对一个问题进行陈述时,可以依赖对于这一陈述的任何一般能被接受的解释,即使说话人认识到即将面临的情

---

① "三种不同点在于:(1)破坏性的,这意味着可能造成不公平的损失。(2)管理闲事,作为实用社交工具提供自己的或他人。(3)幽默,这是由豚(nugandi)引发的笑谈,是唯一扯谎的原因。"见弗雷洛里斯(J. B. Ferreres):《道德神学纲要》(*Compendium Theologiae Moralis*)(巴塞罗那:奥金尼奥·萨比拉纳 1918 年版),第 9 版,第 1 卷,第 542 章,第 363 页。

② 见 教皇英诺森十一世(Pope Innocent XI):圣谕 65,谴责该法令。参考秘书处 2 办,1679 年殉道者名册,特别是第 25—27 节。

第七章 提供卫生保健:同意、利益冲突、医疗资源配置与宗教的整全性

境中,听者可能会被欺骗。对于病人"我会死于这种病吗?"这样的问题,医生自始至终知道该病人可能不会康复,他可以回答说,"许多病人很容易地就恢复健康了"。通常的原则是要"让听者小心谨慎"①。就发问者和回应者的话语,至少是就这些话语的意思而言,这种回答并非是虚假。这种精细的、没有谎言的、允许误导的话语,是罗马天主教遵循常理向道德的靠拢。一方面,为了欺骗而说出他明知是不真实的事情,这本身是完全错误的;另一方面,有很多方法可以帮助人们毫无愧意地、错误地诱导话题的参与者。

教会理事会不采纳奥古斯丁关于欺骗的意见。也不参与这样的分析讨论。普遍道德规则应是不欺骗,而且是如基督所命令的那样简洁而直截了当地回答问题(马太福音 5:37)。然而,人们认识到,在特殊的情况下,《旧约》和《新约》的先知和圣徒们直接而故意地进行欺骗。人们意识到,在某些特定情况下,一个人可能被迫去实施欺骗行为。无论先前还是现在,欺骗在如下情形中是可以被接受的:

(1)紧迫(在事态逼迫之下,只有运用欺骗的方式才可能实现重要目的,否则,该目的不可能达到),而且

(2)必需(有意义的道德善是利害攸关的,涉及履行上帝的意愿,尤其是把自身或他人带向上帝,挽救某人的生命,等等)。同时

(3)服丧欺骗(mourning the deception),是为了避免自己内心遭受谎言的伤害,始终恪守某一真相。

(4)一个纯洁的目的(也即是说,某人必须以履行上帝的而非个人意志为目标,以致他不会成为撒谎者,而是为了上帝的真理)。

在这些前提下,欺骗就如同一种有奇效的药物,有保留地、谨慎地以此达到一种恰当、重要的善。自主行为虽则没有欺骗的目的,尽管是普遍意义的善,然而却不是最重要的高于一切的善。从根本上来说,最高意义上的善,应定位于对天国的追求之中。

柏拉图式的隐喻把谎言作为一种强效而危险的药物,在绝望的情况

---

① 关于模棱两可和有所保留的话语的处理方式,参见安东尼·科赫(Antony Koch)《道德神学手册》(*A Handbook of Moral Theology*),亚瑟·普留斯(Arthur Preuss)编(圣路易斯,密苏里州:B. 赫德 1933 年版),第 73—90 页。

下运用是必要的，谎言也被早期神父们广泛运用。柏拉图认为"虚假……如同一种药物的形式，对人们是有用的"（理想国 389 b），特别是被医生所运用时更是如此："很显然，我们必须只允许医生来使用谎言"（理想国 389 b）。① 然而，传统的基督教对于撒谎的道德解释与柏拉图关于谎言的观点并不一致，除医生之外，柏拉图可能不会允许任何城邦公民撒谎。对于神父来说，作为一种治疗形式，医生的谎言，因其广泛的使用而被当作为一种模式。

奥利金（Origen，185—232）宣称："有时运用欺骗方式是允许的，而且在某种程度上，谎言好比通常所说的那样一种药物。"② 奥利金的学生，亚历山大里亚的克莱门特（Clement of Alexandria），同样坚持人应该讲求真理，"除非在医学上，为了患者的利益，医生可以欺骗或说谎"③。克莱门特将其解释作，是智者所为。到 5 世纪，这种合理谎话的医学形式已经很好地确立。正如罗马的圣约翰·卡西安（St. John Cassian，360—432）所强调的：

> 因此，我们应该把谎言及其运用的本质看作是如同食用藜芦那样；当存在着一些致命疾病的威胁时，它确实是有作用的。
>
> 然而，如果不是因巨大危险所迫，食用藜芦可能成为导致直接死亡的原因。④

正如下文所充分言及的那样，圣约翰·卡西安需要一个严肃的运用

---

① 柏拉图：《理想国》（*Republic*），格鲁伯（G. M. A. Grube）译（印第安纳波利斯：哈克特公司 1992 年版），第 64 页。

② 奥利金（Origen）：《奥利金驳塞尔索斯》（*Origen Against Celsus*），第 4 部，第 19 章，《尼西亚教父系列》（*ANF*），第 4 卷，第 504 页。

③ 亚历山德里亚的克莱门特（Clement of Alexandria）：《子座》（*The Stromata*），第 7 部，第 9 章 *ANF*，第 2 卷，第 538 页。

译者注：The Stromata，希腊文为 Στρματα（子座）；克莱门特反映基督徒生活的三部曲的第三部。

④ 卡西安（Cassian）：《隐修会长约瑟夫二次会议》（*Second Conference Of Abbot Joseph*），见《尼西亚与后尼西亚教父系列第二部》（*NPNF*2），第 11 卷，第 465 页。

第七章　提供卫生保健:同意、利益冲突、医疗资源配置与宗教的整全性

欺骗的理由。

如上所述,传统基督教对治疗性(对身心健康有益的)欺骗的认可并非是源于柏拉图。它是来源于《旧约》与《新约》圣经中的重要人物对于运用欺骗的较为恒久的认识(例如,圣保罗的话,见哥林多前书9:20—22)。因此,欺骗不能与神圣相背离,圣约翰·卡西安说道:

> 圣人以及上帝认可的人可以撒谎,这不仅不会引起因违背宗教的恶行而来的罪恶感,甚至可以实现最大善。而且,如果欺骗能够赋予他们以荣耀,那么,另一方面,除了谴责之外,事实真相带给他们的还会是什么?正如喇哈(Rahab)的经文给予的,其中不仅远非是善行,而且实际上是不忠贞的记录。但是如果只谈论欺骗的方式,如果隐瞒能赐予她成为一个融入上帝的子民而进入永恒的上帝恩典之中的话,她更情愿隐瞒撒谎者而不是出卖他们。然而,如果她更愿意讲真话并关注公民的安全,毫无疑问,她和她的房子将幸免于即将来临的毁灭破坏,但她也就不会被赐予,加入我们基督诞生的祖先谱系之列,也不会在主教们的名册中被记载,并且通过她的后代,成为所有救世主的母亲……。为此目的,雅各主教也注意到,当他并不惧怕多毛身体的外观而模仿他的兄弟把自己包裹在毛皮中,并且为了得到信任,在他母亲的诱导下撒谎。因为他看到,与遵循率直的方式相比,通过这样的路径他将会因上帝的馈赠而获得更大的恩典以及正义:因为他不会怀疑,这种撒谎的污点将会立刻被父辈恩宠的潮水所清除,而且通过圣灵的气息,这一污点将会像稍许的云朵一样,迅速消融、飘散;作为对一种功绩的报答,也会借着他做出的掩饰而获得赠与,而与通过自然的说明真相的方式相比,这样的方式获得的报答会更丰厚。[①]

这种立场在某种意义上,并不仅仅说明,撒谎是一个人为了欺骗而

[①] 卡西安(Cassian):《隐修会长约瑟夫二次会议》(*Second Conference Of Abbot Joseph*),见《尼西亚与后尼西亚教父系列第二部》(*NPNF*2)第11卷,第465页。

言说他知道是不真实的东西，这在特定情况下是可以的。这一立场是更有效力的。撒谎在更强烈的意义上可以是合理的，不仅仅是一种德性论的，毋宁说，甚至是某种境遇中的一种应尽义务。①

如上所述，当权衡一个意义重大的善，而且没有任何现存的选择时，欺骗至少是被允许的。圣约翰·卡西安解释说：

> 每当重大危险要揭出真相时，我们必须采取撒谎作为一种回避的方式，然而，这样一种作为我们用以救助的方式，还是会被恭谦、良善引起的罪恶感所困扰。
>
> 因而，除非必需对该方式有所吁求的场合，撒谎应该被当作好像是某种极端的东西，而应尽可能谨慎地予以规避，正如我们说到的藜芦，如果它只是在一种致命的和不可避免的疾病威胁中不得已才服用，并且，它确实是有用的。然而，如果在机体处于健全和完全健康状态下服用，那么，其致命的品性可以立刻击中机体的要害。这一点耶利哥的喇哈（Rahab of Jericho）和雅各布（Jacob）长老清楚地解释道：前者只能通过这种治疗方法去避免死亡，而后

---

① 神父们提供了许多道德上可以接受的欺骗的案例。诺拉的圣保利诺（St. Paulinus of Nola，卒于主历431年）提供了圣菲利克斯（St. Felix，公元3世纪）欺骗他的追随者避免被俘获的事例。"他自己承认基督提供帮助的策略，而且微笑着对询问者讲道：'我不认识你们在寻找的费利克斯。'"见《圣保利诺诗集》（*The Poems of St. Paulinus Of Nola*），华尔士（P. G. Walsh）译（纽约：纽曼出版社1975年版），诗文16集，第97页。

在这种情况下，事实如此含混不清，以至于圣费利克斯回答可能被解释为，是模棱两可的 \ 而不是直截了当的欺骗。然而，都灵的圣马克西姆（St. Maximus of Turin，主历464年）的关于圣尤西比乌斯（St. Eusebius，283—371）如何使来自阿里乌斯派的米兰主教圣戴奥尼休斯（St. Dionysius）摆脱困境的解释说明就包含着赤裸裸的欺骗。圣尤西比尔斯指出，与阿里乌斯派的异端邪说（异教）达成的协议是为了使圣戴奥尼休斯（St. Dionysius）得以从异端者的控制中脱身。"但我不认为这会被漠然忽视，即，可憎的阿里乌斯信徒的背信弃义的行动，使得整个意大利以及世界的其他地方，陷入一片混乱之中。这次骚乱中的神父们抓住并利用圣徒狄奥尼休斯（Dionysius）的率直，并且通过他的签名将其控制。尤西比乌斯巧妙地从他们的手中把他释放出来。因为，正如虔诚的使徒所说：我作为一个犹太教徒要适合于犹太教徒的身份以便赢得他们的支持（*I became a Jew to the Jews in order to win the Jews*）。同样，圣徒尤西比乌斯在异端者面前把自己伪装成异端者是为了从异教手中抢夺他的儿子。"见《都灵圣马克西姆斯布道集》（*The Sermons of St. Maximus of Turin*，博尼费斯·拉姆齐（Boniface Ramsey）译（纽约：纽曼出版社1989年版），《布道文》（*Sermon*）7.3，第244页。

者离开它（欺骗）则不能获得弥赛亚（first-born）的恩典与赐福。①

加沙的托罗塞奥斯（Dorotheos of Gaza）神父同样也强调指出，欺骗仅仅在履行重大义务的必要情景时才准许使用。

> 在出现紧急情况时，除非由一个人独自隐瞒痛苦事实，否则，其真相可能会带来更大的麻烦与痛苦。因此，当这一情况发生时，应该知道在此情境下，当事人可能需要使用恰当的话语方式以避免更大的灾难和危险。例如，神父爱娄尼奥斯（Alonios）对阿卡松（Agathon）神父说："假如两个男子当你面犯有谋杀罪，随后其中一人逃到了你的私人小屋。接着，警察前来搜寻他，问你，'有一个杀人犯和你在一起吗？'此时，除非你有意掩护，否则，你就要把他交出去让他接受死刑判决。"②

托罗塞奥斯的立场是坚定的：为了保护生命，一个人可以实施欺骗，甚至对于法定的权威（即警察）也必须对真的不义行为（如，谋杀）作出相应的反应。

也有一种判断认为，尽管一个人可能被迫或者说不得不去撒谎，然而，这必须是在痛苦中伴随悔改：一个人应该采取必要的步骤以使他的内心情感不受伤害。正如加沙的托罗塞奥斯神父所强调的：

> 然而，如果一个人在特别必要时做了这样的事，让他不无焦虑但让他在上帝面前羞愧与悔改，并如我所说的，不要让这种心灵懊悔成为一种习惯，而是要彻底地去行动，同时，把它看作是末日审判前的考验。……正如一种蛇毒的解毒剂或一种强力清洗剂，当最

---

① 卡西安（Cassian）：《隐修会长约瑟夫二次会议》，见《尼西亚与后尼西亚教父系列第二部》（*NPNF*2）第 11 卷，第 465 页。

② 加沙的托罗塞奥斯（Dorotheos of Gaza）：《布道与真言》（*Discourses and Sayings*），埃里克·惠勒（Eric Wheeler）译（卡拉马祖，密歇根州：西斯特出版社 1977 年版），第 160—161 页。

后关头和万一需要的时候服用是有益的，而若习惯性地、不是在需要时服用则是有害的。在非常必要的时刻偶尔掩盖一下（真相）可能是适当的，但不可经常这样去做；假如这种需要和场景发生，而且，人决定这样的行为时，总会伴随恐惧并且在上帝的注视下战栗，他不会被追究罪过，因为他处于约束之下，否则，他将会伤害到他自身。①

欺骗通常只是在伴随有懊悔的时候被采用，这样一个人才能依然得以被引向与上帝的结合。② 无论是对其他人的欺骗还是对自身的道德关注都应该被置入精神治疗学的背景或境域之中。

在这里，忏悔表现出与西方世界不同的形式，它需要诚挚的决心，人对于所懊悔的事决不允许再做。追随神父圣托罗赛奥斯，人必须真诚地悲苦地诉求自己做了什么。一个人祈求自己将永远不再需要重复这样的欺骗了。然而，人们还认识到，在相似的境遇中他仍将会一再地不得不实施欺骗。忏悔强调的是人内心的态度，人对于所做的欺骗行为的真诚痛悔，以及为获得上帝的宽恕而祈祷，再不需要面对末日审判之前的考验。关键在于治疗而非司法的需要。换言之，关键不是直接或是立即被赦免罪过，而在于消除可能造成远离对上帝之国追求的影响。由于消除使自身陷入邪恶（例如，对正当且重要的善的追求进行欺骗的言行）的行为和意愿的影响则需要宽恕，这样，那种对于罪的挂虑再一次经历或体验。这种对罪的认识以及寻求宽恕的挂虑，将在更强烈的挂虑中予以定义：如何成为那种能全心爱上帝、爱邻人如已并始终趋向上帝的人。一旦欺骗或撒谎被置入这种非司法的追求拯救的治疗之中，欺骗或撒谎行为，从根本上就不再具有奥古斯丁教义的意义。"必须只有在它

---

① 加沙的托罗塞奥斯（Dorotheos of Gaza）：《布道与真言》（*Discourses and Sayings*），埃里克·惠勒（Eric Wheeler）译（卡拉马祖，密歇根州：西斯特出版社 1977 年版），第 160—161 页。

② 派休斯长老（Elder Paisios）警告说："任何人撒谎都是罪过，当他有一个正当理由而撒谎，例如，挽救其他人时，罪因可减半，因为撒谎是为了伙伴（fellow man），而不是为了他自己。然而，这仍然是一种罪过；因此，我们应该把它放在心上，不要养成因一些无意义的事儿说谎的习惯。"见普列斯特蒙克·克里斯通多罗斯（Priestmonk Christodoulos），《圣山长老派修斯》（*Elder Paisios of the Holy Mountain*，圣山社 1998 年版），第 140 页。

不具有危险意图时被运用，欺骗才是一种非同寻常的权力，更确切地说，称这种行为为欺骗，其实是不正确的，然而，良好的管理、机智和技巧足以证明是摆脱绝境的途径，并且可以纠正心灵或精神的缺陷。"①因此，讲真话、遵循（pace）神圣的奥古斯丁和康德的教诲可能成为一种邪恶。

因为人们必须保持心灵的纯洁，这样，一个人的目的意图就是决定性的。一个人的目标必须是达到善，这种善是整体结构所必需的，是对与上帝结合的追求的服从和爱。

> 因为上帝不仅仅是法官和我们言行的督察者，而且他能够窥视、洞察我们的意图和目的。如果上帝看到某人已经做的、或为永恒拯救所承诺的无论什么事，并且显示出神圣沉思的洞察力，即使它对人来说可能显得严厉的和不公平；然而，上帝审视的是内在的善以及对意志欲望的报答，而不是事实的口头话语，因为他必须考虑行动的目的以及实践家的气质天性，借此，如上面所说，某人可能凭借一个谎言而被证明是正当的，而另一个人由于讲了真话而永远有罪。②

圣约翰·克里索斯托姆持有同样观点，这一观点关系到意愿对论证行为意义的重要性。

> 如果允许我们这样去论述，一个人可以不顾代理人的所有行动目的，脱离某种境域去审视，并且，如果他断章取义去武断地埋怨，他将因杀害亲生儿子的行为谴责亚伯拉罕，并批评其子孙后代的恶行与欺诈行为，由于通过这种方式，有人获得了神子（first-born）赐予的特权，而另外的人把埃及人的财富转移给了那些以色

---

① 圣约翰·克里索斯托姆：《圣职六书》（*Six Books on the Priesthood*），格拉汉姆·内维尔（Graham Neville）译（克雷斯特伍德，纽约：圣弗拉基米尔神学院出版社 1984 年版），第 50—51 页。

② 卡西安（Cassian）：《隐修会长约瑟夫二次会议》，见《尼西亚与后尼西亚教父系列第二部》（*NPNF*2）第 11 卷，第 464—465 页。

列人。但，这并非可行，这并不正确！我们也不应如此假定！我们不仅应宣称他们指责的行为无罪，并且我们还应就这些义举而崇敬他们，因为上帝对他们的做法给予了褒奖。①

一方面，我们已经看到，一般说来，尽管某些行为能够含着眼泪去容忍（例如，正当防卫或正义战争中的杀人行为），但通常也不能消除赎罪的必要，以此来治愈引发的内心伤害。另一方面，尽管通常存在精神上的伤害，某些行为仍然可以合乎上帝旨意，而不发生危害。

圣约翰·克里索斯托姆承认很多情况都存在合理欺骗。"丈夫对妻子、妻子对丈夫，父亲对儿子，朋友对朋友甚至有时孩子对他的父亲，都需要某种合理欺骗。如果不用欺骗他的方法，索尔（Saul）的女儿无论用什么办法都不能从她父亲那里营救她的丈夫。"② 圣约翰无疑赞同，在必要时运用欺骗是一种义务或责任。确实在某种情况下，坚持认为不欺骗是有罪的，这种说法也不过分。"这个直率的人给那些他不愿欺骗的人带来极大的伤害。"③ 纵然，欺骗可能是必要的，但表面看来，因此而表示哀告与痛悔也是合理的。

由医生做出的具有治疗意义的（有益于身心健康的）欺骗，在类似语境中经常被认为是恰当的，并且可成为一般意义上的举证：（1）传统上将其作为临床治疗的概念，兼有（2）医生做出的欺骗作为道德范型。从道德圣人的传记中积累的案例，治疗学（对身心健康有益的）欺骗最大限度地体现在医疗行为中。

为论证欺骗是怎样有利，不能仅仅诉诸欺骗者，也要诉诸受骗者，走近任一医生，并询问他们是如何完成治愈他们病人的。你会听他们说，他们并不是仅仅依靠他们的医术，而且有时他们是诉诸欺骗，并且在酊剂的帮助下他们使患者恢复了健康。当医生的治疗

---

① 圣约翰·克里索斯托姆：《圣职六书》（*Six Books on the Priesthood*），格拉汉姆·内维尔（Graham Neville）译（克雷斯特伍德，纽约：圣弗拉基米尔神学院出版社1984年版），第51页。

② 同上书，第48—49页。

③ 同上书，第51页。

第七章 提供卫生保健:同意、利益冲突、医疗资源配置与宗教的整全性

方案被他们病人的突发奇想以及固执的抱怨所阻碍时,那时,戴上欺骗的面具,为了隐瞒正在发生的一切真相,他们就如同演员在舞台上所表演的那样。①

随后,圣约翰·克里索斯托姆提供了一个治疗性欺骗的典型案例。

> 我现在要给你叙述的是我曾听说的医生设计的许多欺骗技巧中的一个案例。一旦高烧突然而凶猛地袭击一个病人,而且其体温持续升高。这位患者拒绝使用退烧的药物,然而,他却希望并坚持向探望他的每一个人提出要求,他应该享用他很想要的。如果无论谁答应给予他这样的帮助,这不仅可能使这个发烧病人发炎伴随病灶红肿,而且可能导致这位不幸的人陷入瘫痪……,于是,医生取了一个刚从窑里制作出的陶瓷器皿并且在里面盛满了酒。随后,他把它拿出去倒掉并盛满了水。接着,他指示用厚窗帘遮掩,使该病人居住的房间几乎近于黑暗,因为担心日光可能把真相揭穿。再后,医生把器皿给了这个病人去饮用,伪装这个器皿里装满了纯酒。这个病人被欺骗了……他并没有停下来仔细检查给他的究竟是什么。香味使他确信了……这个病人立即摆脱了发烧并逃脱了即将发生的危险。②

尽管这个案例符合罗马天主教的那种允许糊涂的模棱两可的标准,但从文本隐含的意义考量,这显然是克里索斯托姆所认可的那种直接而故意的欺骗。

由医生讲真相的方式与一般权威的美国式的生命伦理学相冲突。一方面,克里索斯托姆对他那个时代的医学实践的解释是这样的,人们可以希望如同没有欺骗的扑克游戏那样,尽可能地少去看医生,医学实践

---

① 圣约翰·克里索斯托姆:《圣职六书》(*Six Books on the Priesthood*),格拉汉姆·内维尔(Graham Neville)译(克雷斯特伍德,纽约:圣弗拉基米尔神学院出版社1984年版),第49页。

② 同上书,第49—50页。

由欺骗性的策略所框定。一个人可能极力主张,就克里索斯托姆时代的医生来说,毫无疑问,医生的欺骗行为必须得到病人的默许。另一方面,这种方法对于卫生保健来说,与让患者作为自主决策者的授权是相违背的。他的理想并不是去做一个公正地承诺并授权给患者的道德中立的医生。克里索斯托姆认为,为了病人,医生欺骗他们的病人是很正当合理的。医生应该采用家长式的方法,以此来实现病人的利益。然而,这不是一个被认可的家长制,对于它来说,至少不存在一个明确的警告。而且,默许并不是预先假定的允许欺骗的必要条件。当然,为了完成一个重要的治疗目标,欺骗不仅是被允许的,而且是必需的。派休斯长老(Elder Paisios)对于那些经受明显精神疾病折磨,同时由于更严重的精神紊乱而不愿服药的人,给出如下解释。他建议说:"别人应该在他的食物中放入药物,显示对他的灵性之爱,并且试图纠正他的思想观念。"[1] 很显然,不只是对孩子们、精神病患者或某个家庭中失去方向感的老年人,而且是对任何人,都存在着反对欺骗性提供药物这样一种障碍,都存在着这种特别的道德义务。

对当代道德学家来说,这种欺骗和同意的方式能够产生,即使不是在伦理上失范,至少也是陈旧过时的与在道德上缺乏明智。这种方法从根本上来说,是极其恶劣的。虽然,它限定在一定的道德框架内,且直接用于最终的治疗目的:拯救。在这样的语境或境域中,拯救是在治疗学意义上理解的,而不是一种法律意义上的观念。重要的是,通过这种方法被引导而面向上帝。其结果是,给予同意意味着什么才算是如此复杂的判断,(这一意义在于)最终应该是为转向上帝。首先,全心全意地爱上帝,可能是一种不被限制的自由选择的行为。否则,这种爱将缺少所要求的那种整全性:这种完全、充分的爱不能在胁迫的情况下做出。当全心全意完成时,这种爱要求人要无私地作出选择:十字架上的爱必须摒除功利主义的私念,而且由顺从的意愿所约制朝向上帝。然而,在作出这种自由选择的过程中,人可能在开始时有一些误解,甚至

---

[1] 普列斯特蒙克·克里斯通多罗斯(Priestmonk Christodoulos):《圣山长老派修斯》(*Elder Paisios of the Holy Mountain*,圣山社 1998 年版),第 36 页。

第七章　提供卫生保健：同意、利益冲突、医疗资源配置与宗教的整全性　　477

受到强烈的激情所驱使。①关键的问题是，我们最终必须走出自我而全身心地朝向上帝。一方面，用某种强制力量使人皈依，本来就是被禁止的。②另一方面，温和的欺骗把一个人带到接受拯救的起点，即使不值得赞扬，一般也认为没什么异议。运用暴力对付人是很不恰当的，对于神职人员来说尤其如此。③然而,对于治疗的反应，人们可能遭遇误解

---

①　耶路撒冷的圣·西里尔（St. Cyril）指出，上帝如何运用一些世俗的诱惑来帮助我们走上拯救之途。"或许你伴随着不同的动机或目的：或许你在求偶，这样一个女孩就是你的原因——或者一个男孩。很多情况下，一个奴隶也希望能够让他的主人满意，或者，一个朋友希望他的朋友满意。我允许这样的引诱，而且真诚欢迎你，你的善良愿望不久将会拯救你，尽管这一动机给你带来的并非是令人满意的。或许你不知道自己在走向何处，或者它是一个什么样的陷阱，你可能会深陷其中。你就是被教会这样的网所捕获的一条鱼。让你自己被活捉，不要试图逃脱。这是耶稣以他自己的方式和你游戏，而不是要杀害你，但是运用杀害你的方法让你活着。因为你必须死，而且会死而复生。你没有听到使徒说，'对罪行无动于衷，而一直活到审判'？对罪无动于衷，一直活到正义的实现。"见劳埃·德芙拉里（Roy Deferrari）编《教会的神父们》（*The Fathers of the Church*），里奥·买考利（Leo McCauley）、安东尼·斯蒂芬森（Anthony Stephenson）译（华盛顿，哥伦比亚特区：美国天主教大学出版社1969年版），第61卷，第74—75页。

②　迦太基议会（Council of Carthage, 418/419年）的教规第119条，记载了禁止强制性宗教皈依行为。"已经制定了一种法律，借此，每个人可以自由地选择从事基督徒的训练"，见圣尼克底母（Sts. Nicodemus）、阿加比（Agapius）《东仪天主教会掌权者》（*The Rudder of the Orthodox Catholic Church*，纽约：鲁纳印刷社1983年版），第673页。这一教规作为五六会议的第二条教规（Canon 2 of the Quinisext Council, 692年）被全部教会批准。

③　"至于一个主教，或者神父，或是执事以罪责罚信徒，或是因不道德行为而责罚非信徒，他们怀着某种使对方畏惧的心理，我们则要求把其罢免。因为上帝从来没有这样教导我们：相反，他自身该责罚时并未受到回击；当受到辱骂时，他也不辱骂那些辱骂他的人；当遭受痛苦时他也没有威胁他人。"见《舵》（*The Rudder*），使徒教规第27，第38页（Canon 27 of the Apostles, p. 38）。早期教会对于一些问题的观点与西方中世纪盛期的观点有着显著区别。

然而，绝大多数的主教们（早期教会的）因为异端邪说而确实蒙受了死刑判罚，纵然这样的异端邪说在不经意间引起了社会性骚乱。这就是圣·奥古斯丁、圣·马丁，圣·安布罗斯、许多西班牙主教以及高卢的一个名为谢奥尼托斯（Theognitus）的主教的观点，总而言之，所有这些人都不赞成普里斯西利安（Priscillian）的定罪。一般说来，他们以基督教慈爱的名义抗议；他们支持那种新的基督的福音精神。在天主教世界的另一个极端，圣约翰·克里斯索托姆再次回应他们的教导。"判处异端者死刑"，他说："这是一个不可原谅的罪行"。见E. 瓦坎达德（E. Vacandard）《审判》（*The Inquisition*），伯特兰·康威（Bertrand Conway）译（纽约：朗曼格林出版社1908年版），第28—29页。

和冲动，这种反应可能多少含有欺骗成分，以再次引领某被欺骗者朝向上帝和履行重要的义务，包括使其接受必需的和恰当的治疗。

这种欺骗方式是可能的，因为道德权威的来源的核心不是什么个人的允许，而是源于上帝。假如，理想的道德修为不是在自我导向的自主选择中，而是由他人导向的谦恭的爱而得以求证的，正当决策就要求人服从上帝的旨意，而不是由自我导向、个人选择的那种同意。选择之所以重要不在于因为它是完全自主，而在一定意义上，可能反映如何在人反复无常或犹豫不决时，作出最为恰当的选择。确实，人必须应该自由选择。然而，这里并未要求作出选择时不受他人影响，只是要求在没有使用肉体暴力或胁迫下，而被迫作出选择。后者会因运用暴力伤害选择者的内在情感，而更重要的是，可能因此约制了他们爱上帝的自由。暴力或胁迫与精神治疗相悖。

对医疗决策来说，这意味着什么？首先，在病人理性、自主选择自己的治疗方案并不一定有特别的优点或益处。医疗决策的透明和真实对于追求上帝王国也没有什么特殊作用。重要的是，病人作出的自主医疗选择应该有助于实现拯救。总之，完全和全心地去爱上帝和他人才是最重要的。如果让家庭作出医疗决策，也许更能会（1）获得对生命和健康更为有益的决定；（2）在一定意义上，可以帮助病人实现对拯救的追求，同时，（3）这将是获得病人同意的更恰当方式。例如，如果（1）有一个待选择的医疗决定是有关使用（a）挽救生命的治疗措施，（b）堕胎，或（c）医生协助的自杀；以及（2）如果家庭更有效地影响病人作出富有道德义务的选择；而且（3）是家庭、而不是病人应该成为医疗决策的主要核心。

总之，真正的自主不是反复无常的选择，而是摆脱情感化的具有明确意向的选择。当一个人的意志处于强烈愿望驱使之中的选择，那是一种虚假的自主。甚至即使摆脱了情感化，只要他被误导，他的自主就可能是虚假的。这种被误导的自主，即使完全明确认识到，也确实是仿若

然而，基督教国家并没有因为信仰自由受到约制，如圣约翰·克里斯索托姆在他关于马太福音13：24—30中稗草的寓言故事的评论所认为的那样。"他并不因此禁止我们对异端者的监督，让他们停止讲话并剥夺他们的言论自由，解散他们的集会和同盟，只是禁止处死他们。"见克里斯索托姆《布道集》（Homily）46—1，马太福音，《尼西亚与后尼西亚教父系列》第一部（NPNF1），第10卷，第289页。

恶魔般的极端可怕：它所反映的是背离上帝的撒旦的选择。从完整的意义上考量，自主并非仅仅应该不受情感化影响，而是应该与上帝相关联，那样，通过与他的造物主相结合，由此，而完善了自身的存在。自主和知情同意，当它与拯救的事情相关联时，应该强调的就不仅仅是帮助某人如其所愿地选择，而应该是帮助人们如他应该的那样去选择。考虑到人性的限制，这将包括帮助病人抵制那种可能误导选择的情感化和难以控制的欲望。此外，还包括如何引导病人不仅是选择健康，而是最终选择神圣。于是，自主和知情同意，对于东正教来说，就不是价值中立的，也不是非指导性的。更不会只是试图治疗作为孤立决策者的病人。它将转而寻求把病人置入一种东正教社会背景之中，以便能支持和正确引导病人的选择。这样的决策能够适当引导病人，并帮助他们做出道德上正确的选择。理想的选择应该是摆脱情感化并全心全意地面向上帝。这种观念下的自主，属于美德，属于源于上帝的神圣力量。正如修道院长瓦西雷欧斯（Vasileios）所强调："上帝的礼物是那种发自于自身的原动力：它是那种自主与和谐的力量。'因为它属于那种避免所有担忧和所谓自主的德性。'"①

这种有关恰当医疗决策的观念与自由的普世生命伦理学的概念不相符合，这种生命伦理学旨在于，使成年人甚至一些成熟的未成年人能够进行不受控制的选择。相反，人们应该致力于温和地去引导决定或判断，以致在适当选择中获得病人的默许。而不是企图使病人的医疗选择从温和的家庭约束、强制和操纵所架构的复杂境遇中解脱出来，应该致力于汇集与总结所有能把病人导向道德上恰当选择的因素。医生应该与任何家庭特别是传统基督教意义上的家庭结构中可以交流的人合作，以确保医疗决策的正确，从而达到拯救的目标，即把他们导向对上帝顺从和对他人的爱，而不是自爱。例如，假定父母对未婚子女们拥有权威地位，特别是有关堕胎，父母的决定是赞同保留生命。在这种情况下，存在这样一种合力，子女们有遵从父母的义务和父母有义务阻止子女犯罪：在此案例中，意义在于阻止杀死一个未出生的婴儿。

---

① 阿吉亚马佐尼·瓦西雷欧斯（Archimandrite Vasileos）：《入胜之歌》（Hymn of Entry），伊丽莎白·布里耶尔（Elizabeth Brire）译（克雷斯特伍德，纽约：圣弗拉基米尔神学院出版社1984年版），第111页。引用尼萨的圣·格里高利（St. Gregory of Nyssa）《主祷文》（On the Lord's Prayer, Or）。3；索引44：1156C。

适当的代理人决策，主要是视如下情况而定，即通过参照：谁具有灵性别能力（spiritual insight），以及关注，不至于破坏权威和服从（即妻子对丈夫；子女对父母）的传统界限。如果可能，医生不应该破坏传统家庭权威结构，而是找到某种支持，包括那些信徒团契。一个17岁的病人可能比其40多岁的父母有更多的理解或领悟。然而当他在做医疗决定时，对父母指导的遵从当然是接受了道德考虑的约制。基督教的目标，并不是培育个人主义、利己主义的决定。理想情境应该是，有一种诸多权威的协合作用以及适当的目标作用于人们的选择，以使这些决定能够引导父母避免陷入恶行而始终朝向上帝。此外，有这样一种认识，道德生活应恰当地存在于道德共同体之中。甚至，尤其应肯定的是，落后地域的基督教早期隐修者，被置入已故和健在的圣徒共同体之中，这些圣徒们的生动形象，只有融入谦恭的、服从的、顺从的爱之中，才可能完全地得以彰显。

同意的真正中心是重新塑造。它不是遵从某人固有的观点、适宜的情感以及确定的意向等意义上的真实的自主性。相反，真正的自主性，应存在于受造物（人）对造物主的爱与崇拜中的自主遵从。后者说明，卫生保健的自主性，是在某种程度上帮助病人能作出一个导向拯救的选择。这种选择可能会处于另外的境况中，即远离或放弃自由普世主义观念中的那种所谓美好生活。这种医疗决策的方式或路径，使治疗学意义的选择附属于非医学的优先权。医生、病人和家庭之间的互动作用，在灵性的上帝和宗教团体架构的境遇中被重新定位。这不仅需要正确的医学判断，它更需要灵性的引导。一些选择需要嵌入悔悟、皈依以及对天国的追求之中。在社会性语境中，道德权威的传统界限即使不被破坏，也被削弱了。因此，需要事先明确、并由医学权威来确保决策者选定的不违背心灵健康目标的医学优先次序（medical priorities）。通常情况下，合适的决策者代表或决策代理人不应是家庭中的人。决策代理人应该使自己力求对传统基督教的理解。

医学必须关注，如何服从于避免情感化的灵性追求，并渴求与上帝的结合。在某种程度上，基督教对正确医疗决策的理念与非基督教、传统的、家庭导向的决策具有许多相似之处。这无论在认识上，还是在共性方面，都是真实存在的。两者都强调整全的道德生活社会因素的重要价值。然而，也存在某些显著的区别。尽管基督教可能确认家庭权威的

第七章　提供卫生保健：同意、利益冲突、医疗资源配置与宗教的整全性　　481

一些传统界限，① 它要求对拯救的追求必须拿出最具说服力的根据，以使所有家庭做出承担义务的承诺。② 基督教在对天国的全面和所有目标的追求中，重新定位所有的道德问题，包括病人的同意治疗。这样，相对于灵魂健康而言，肉身的健康问题则退居于其次。

后基督时代的卫生保健

在礼拜仪式中，在准备圣餐台之前的祷词里，神父们常会想起"圣·安梅尔希恩埃列斯（holy Unmercenaries）、创造奇迹的考斯马斯（Cosmas）与达米安（Damian）、塞勒斯（Cyrus）与约翰（John）、潘特雷蒙（Panteleimon）、赫尔莫劳斯（Hermolaus）与所有圣徒们（the holy unmercenaries）"③。这些圣徒是基督教医疗保健的典范：（1）他们把医学和宗教统一起来；（2）在治愈患者的同时，使他们笃信与皈依基督；（3）如此则会经常出现治愈疾病的奇迹。④ 他们本着博爱这个基督教的根本教义，"去变卖你的所有分给穷人，就必有财宝在天上，你还要来跟从我"（马可福音 10：21）。"你们白白地得来，也要白白地舍去。"（马太福音 10：8）即使当别的那些医生、护士以及其他具有医学专业的人们，都不愿以其应有的神圣、无私的爱去治疗的病人，他们

---

① 传统基督教关于家庭中权威的观点，与自由世界主义精神特质存在着强烈的冲突。"你们做妻子的，当顺服自己的丈夫，这在主里面是相宜的；你们做丈夫的，要爱你们的妻子，不可苦待他们；你们做儿女的，要凡事听从父母，因为这是主所喜悦的；你们做父亲的，不要惹儿女的气，恐怕他们失了志气。"（歌罗西书 3：18—21）

② "爱父母过于爱我的，不配作我的门徒，爱儿女过于爱我的，不配做我的门徒；……"（马太福音 10：37）

③ 奉神祭品仪式办事处，见哈普古德（Hapgood）《服务册》（*Service Book*），第 73 页。这些圣徒（ἍγιοιἈνάργυροι）包括：狄俄墨得斯（Diemedes）、特瑞风（Tryphon）、阿尼谢塔斯（Anicetus）、撒雷里奥斯（Thalleleus）、萨姆森（Samson）和莫修斯（Mocius）。

④ 有报道称，信奉基督教的医生被异教政府官员起诉，认为他们利用其医生的地位、权利和影响力，传播福音书并使其病人改变信仰。在其评论中，关于圣潘特雷蒙（St. Panteleimon），圣尼古拉（St. Nicholas）的生平，指出："当他还是一个年轻人时学习医学。神父赫尔莫劳斯（Hermolaus）成为他的朋友，引导他加入基督教并受洗。潘特雷蒙奇迹般治愈了一位其他医生都没医好的盲人：他以耶稣的名义治愈这位盲人并为其施洗。"圣潘特雷蒙于 304 年 7 月 27 日成为殉道者。见尼古来·维利米洛维奇（Nikolai Velimirovich）《来自奥赫利德的序言》（*The Prologue from Ochrid*），玛利亚嬷嬷译（伯明翰，英国：拉扎里卡新闻公司 1986 年版），第 3 卷，第 115 页。

依然如撒马利亚人一样（路加福音10：30—37），响应神的召唤，去救助那些需要他们的人。这样的卫生保健工作是对神圣境界的追求。追求健康和卫生，是基督教义的基本精神，就如同向往天国一样。对天国的向往无论在精神上还是现实中都是高于一切的。"你们要先求他的国和他的义，这些东西都要加给你们了。"（马太福音6：33）

对天国向往的这一宗旨仍旧能改变信奉基督教的医生、护士以及其他卫生保健提供者。作为基督徒，圣徒们把作为医生和保健者（caregivers）的角色融入个人生活。医护人员不能违背基本职业信仰。这对于圣徒医生（the holy unmercenary physicians）将是很大的考验，因为他的职业是殉道的一种方式。在当代的信徒中，卫生保健医生生活在一种世俗的、新异教徒的文化氛围中，很可能要面对这样的问题：为什么他们的卫生保健理念与那些占主流的、世俗的、世界性的文化相冲突。他们的良知拒绝提供一些被认为是必要的服务，并认为这是一种亵渎，尽管这些服务属于医疗保健的标准内容（如产前诊断和流产）。从人工授精、流产到安乐死，在这些领域中，当传统基督教健康保健医护人员，拒绝参加将这些世俗观念作为道德标准的团体时，周围社会则持有偏见地认为他们的选择是不道德的。其实，这种良知的拒绝的主要原因，是直接反抗文化环境的道德观念。对于那些世俗间认为是必要的、恰当的医疗行为，传统基督徒则认为这些行为以及其道德依据，是最严重的误导和最糟糕的歪曲。当一位不幸的妇女婚外受孕并要求堕胎时，传统基督徒必须意识到：提供堕胎，将严重地伤害这位妇女并将杀死未出生的婴儿；同时应尽可能亲情满满、温柔地说明这个不争自明的事实。这是一种仁爱的举措。这种爱需要说明这一事实：罪恶是一种伤害。

同样，当一个人将死于顽固性疼痛、乞求安乐死时，传统教徒必定毅然地拒绝这一要求，随后出于爱心而去尝试缓解这样的疼痛。在这种情况下，无论对于请求人、还是那些有着世俗文化背景的人，即使没有什么不敬或无理，那些拒绝看起来也仿佛是不道德的。当下，这样一个需要互相尊重的文化氛围中，在某种意义上，应避免批判他人的生活方式。但传统基督教教义不可能偏重世俗化自由主义特质的核心内容。当传统基督教医护人员，对世俗化自由世界主义道德意识有关卫生保健观念发生歧义，因而拒绝参与其行动时，而传统基督徒却可能认同周围社会关于医疗保健价值的道德观点。用世俗化自由世界主义的话来说，因

第七章　提供卫生保健：同意、利益冲突、医疗资源配置与宗教的整全性　　483

为只信奉自己的道德理念，传统基督徒即使不是非宗教信仰者的敌人，至少是对他人道德观念生发的见解和内容麻木不仁。

　　假设某小镇上，医生都是传统基督徒，他们拒绝进行堕胎、辅助生殖（人工授精）或安乐死等行为，设想将会有什么样的反应。镇上许多人可能认为到较远的地方去堕胎是一种负担；如果他们发现城市的那些拥有国家颁发执照的医生们不愿意帮助他们去解除痛苦、折磨以及维护死亡的尊严，他们可能认为这些医生违背了职业道德。还有更糟的事情：如果城市里唯一的医院是一所教会医院（religiously—affiliated hospital），出于对生殖和死亡的尊重，而不提供服务去干预人类的命运。或者，更为甚者，就是拒绝将患者转诊到能满足这些强烈要求的从业者或医疗机构那里去，结果，这将会引发众怒。毕竟，己所不欲，勿施于人（自己不去"杀"这些人，同时也不能允许这些人被别人所"杀"）。同样，一些人认为堕胎和安乐死是违法的杀戮，等同于谋杀；对于那些人来说，不仅不去堕胎或实行安乐死，而且也不会将患者分诊到可以进行这些工作的人那里去。① 即使基督徒医生不是唯一的卫生保健提供者或为该地区仅有的卫生保健机构，但是传统基督徒仍可能会成为世俗医疗政策的羁绊。他们不参与流产和安乐死，这就需要重新安排值班人和调整人员配置。至少，传统基督徒的存在会促使对医疗事务进行新的价值评估。从自由世界主义道德意识的角度看，传统基督教将是一种庸负，并会造成道德上的冲突。

　　以基督徒的观点来看，这个问题就是什么样的"罪行"可以参与，参与到什么程度，参与多少仍然能保持无罪？在参与"违法"的诊疗中，到何种程度必须提出"以良知而拒绝"（Conscientious objection）？是否允许这种情况：作为医生，可以在一个诊所参与堕胎或协助堕胎？是否允许护士和其他医务人员去准备用于堕胎、人工授精和安乐死的全部或部分的医疗设备？在什么范围内可以只注重眼前的医疗行为，而不

---

①　在得克萨斯州，不能治愈死亡，布巴如此行为并没有错。只要有良好的同化，世俗的得克萨斯人可以认识道德的力量。然而，一次真正信仰的洗礼，传统得克萨斯的基督徒，不仅不攻击布巴，而且放弃他有意伤害罪这一事件。当 J. R. 史密斯（Smith）来访时，重新给得克萨斯人指明方向，并认为"请把布巴赶走"，这不能够改变得克萨斯人，"我信奉宗教，所以我不能赶走布巴，当然，我知道有人会"。

　　人们也许不能改造这样的"杀人者"。就像人工流产、医生协助自杀和安乐死的应用一样不能一概拒绝。

必担心卷入种种违反宗教道德的医疗计划中？应与那些"作恶"之人保持多远的距离？这是长期悬而未决的问题。葡萄酒商人的葡萄酒可以用于圣餐，可以使人兴奋，也可以使自己或他人放荡不羁。在什么情况下葡萄酒商人应拒绝售酒？葡萄酒商人在什么情况下以及如何扩展地询问购买者如何使用葡萄酒？

与中世纪鼎盛的罗马天主教不同，在第一个黄金时代，基督教并没有详细、清晰划分参与他人罪恶活动程度的标准。① 但是，基督教此时已具有非常明确的观点，参加特定的邪恶活动，尽管不情愿，也绝不能宽恕。例如，当基督教奴隶被迫代表其主人祭祀异教神灵，尽管他们的主人命令他们这么做，教会也不会认为他们清白无辜。在此，人们必须明白，不像战前的南方，② 在希腊罗马社会中，奴隶们随时可能遭受酷刑或被他们的主人杀害。③

关于代他人祭祀的基督教奴隶，他们由于在他人的控制下，自身以某种方式被主人囚禁，受到可怕的威胁，基督教奴隶不允许抵触和逃跑，在一整年内，他们应该表示忏悔，从此学做基督的仆人和奴隶，按

---

① 阿方索·德·里格里奥（Alphonsi de Ligorio）：《道德神学》（*Theologia Moralis*，巴黎：莱克勒1862年版），第三册，短文3，第2章，第3篇，第347—356页。另，举例：

(1) 正式合作，当A以一种犯罪方式帮助了B，也是一种罪恶，似若通奸。

(2) 合作是物质上的，当A以一种道德方式帮助了B完成一项活动，A并不满意B的行为

(a) 这种合作是功利化的，如果是以犯罪行为为主的合作，就像是帮助窃贼偷走所有的珠宝，而他自己的手却伸向窃贼的钱袋。

(b) 功利化合作是间接的，如果一种行为是附属于主体行为的继发行为，就像提供窃贼进行盗窃的工具一样。

(i) 距离间接合作较近，如果给予行动的帮助与其主体行为密切相关，就如同窃贼爬上窗户实施盗窃时，为窃贼扶梯子。

(ii) 距离间接合作较远，如果给予行动的帮助与主体行为关系不密切，就如同为窃贼购买工具。

见亨利·戴维斯（Henry Davis）：《道德与教牧神学》（*Moral and Pastoral Theology*，纽约：希德与沃德出版集团1936年版）第1卷。

② 大多数南部各州的奴隶们，虽然不能用法律起诉他们的主人，但是在信奉基督教的社会，他们在法律上还有一定的身份。在一些州，奴隶甚至有部分合法权利起诉他们的主人。例如，参见纳什（A. E. K. Nash）《得克萨斯州奴隶时代的正义：南北战争前州最高法院与关心黑人的倡议》，载《休斯敦法律评论》（*Houston Law Review*）第8期（1981年），第438—456页。

③ 在罗马社会，主人强制性管制奴隶的权利的审视，见托马斯·魏德曼（Thomas Wiedeman）《希腊和罗马的奴隶制度》（*Greek and Roman Slavery*，巴尔的摩：约翰·霍普金斯大学出版社1981年版）

照上帝的意愿去行事，敬畏上帝；"因为晓得各人所行的善事，不论是为奴的、是自主的，都必按所行的，得主的赏赐。"（以弗所书6：8）①

如崇拜邪教神祇、通奸、乱伦、谋杀等活动本身就是邪恶的，从事这些活动，不能以任何酷刑或死亡以外的威胁为借口而获得原谅。

世俗的医疗文化，接受了许多的邪恶因素，甚至称赞它（如其对于产前诊断和流产，被认为是负责任的父母必行之事）；人生活在其中，须辨明是非，小心谨慎，不要无意中使自己为邪恶事业做事。即使是不知情的参与，也会产生有害影响。我们必须再次指出，即使是过失杀人或流产，也要以苦修和祈祷来补救。因此，人在接近邪恶时，应该冷静并远离它。人可能是不自觉地卷入罪恶，没必要掩盖结果，要像传统的苦行者对过失杀人的反应一样。在了悟于邪恶中陷入几多程度后，而又没有以苦修来保护自己，你至少可以这样祈祷：

（1）人不会自愿地参与邪恶，也就是说，不想或不希望邪恶发生。

（2）人不会直接卷入邪恶的制造中。也就是说，人至少应该脱离产生这一邪恶的机构，而其不应直接受控于人或在权力威逼下。例如，如果酒商明知顾客将用于淫奢放纵，仍将酒出售给顾客，尽管他没有鼓励这种用法，在滥用酒上，商家仍是参与了罪恶。

（3）人必须明确地反对邪恶，发现自己身陷其中，应立即停止。至少，酒商不能宣传酒的不正当用法。当有滥用的嫌疑时，商家至少应该反对该饮用方式。如果可能的话，商家应该宣传反对滥用。

（4）当知道那人从事邪恶活动，可以自由拒绝提供资源给他时，应该拒绝。商人应该拒绝卖酒给宣称将用于自己滥用的人。

（5）当某位卖场服务员或一名雇员，明知他人将不正当使用，还向他人提供法律上允许的某类物品，因而应深切悔恨和有所觉悟。当然，店员依然可以卖酒给顾客，尽管用于邪恶的目的。

（6）带着虔诚的悔恨，一个人可以卷入非常复杂的关系，在其中他不能直接导致、鼓励或赞同罪恶，以及不应和众人一起从事罪恶活动。例如，公民应纳税，明知该资金可能用于不道德的国家目的。毕竟，耶稣曾面对纳税给恺撒的责难。"这样，恺撒的物当归给恺撒，神的物当归给神。"（马太福音22：21）

---

① 教规6："亚历山大里亚圣彼得教规15"，载《舵》（*The Rudder*），第744页。

(7) 人的行动不应该中伤他人。应该以适当的妥协来换取他人坚定地反对邪恶。

(8) 在世上，人们或多或少参与或陷入制造罪恶中（如一个男人为了获得女人的信任，可以陪她访问修道院，随后的目的则是引诱她）。人必须祈祷，不仅为自己也为那些卷入邪恶的人。

总之，基督徒应避免直接参与这些事，如流产、堕胎或安乐死。然而，在这个破碎的社会里，诸如此类的事情已经融入日常生活中，在某种程度上，我们几乎不可能完全摆脱邪恶。像往常一样，每个人需要灵性之父的引导。由于世俗文化的侵扰，每人都需要通过加倍的祈祷和忏悔，向上帝表明其悔恨之心。此外，大众文化，特别是卫生保健，正积极趋于世俗化，基督徒必须尽可能寻觅一些适当的方法提供给卫生保健，借以明晰地彰显基督的圣约。

被隔离的和世俗化的基督教：宗教作为一种私人活动

在最初把基督教作为一种私密活动，并要求个人生活应该遵守世俗道德和正义的标准之前，由传统基督徒给世俗化社会强加以金融、社会和道德的负担，如此，给整个国家排斥传统基督教加添非常大的动力。首先，宗教被解释为是一种私密行为，从某种意义上讲，它不应侵入其他人的生活中。在世俗社会的体制中，宗教应该被封闭在特殊建筑物中（例如教堂）或某些人的家庭里。类似孩子们看禁书一样，应该把门关上。私密感是从拉丁语"私人的"（privo, privare, privotum）获得它的词根，它的第一层意思是丧失、剥夺、抢夺，或意为夺取一些东西，它的第二层意思是自由、释放，它来自形容词私有的（privatus）所衍生的动词，它的第一层意思是和自身所特有的状态相分离。秘密的含义被衍生为独处的人。[1] 实体词私密来源于独处的人，尤其是在帝国时代，私人的，即不是帝国，不属于皇帝或皇室。[2] 因此，在否定词中，私人的被定义为公民的缺席，也就代表他丧失自己的权利。也就是不能或者是不应该进入公共领域。在这个意义上说，宗教是一个私人的事

---

[1] 刘易斯（Lewis）、绍尔特（Short）：《拉丁文辞典》（*A Latin Dictionary*，牛津大学：克雷拉登出版社1980年版），第1447页。

[2] 同上。

第七章 提供卫生保健：同意、利益冲突、医疗资源配置与宗教的整全性

情，不具有地位，也不应该允许闯入公众生活。私人的被理解为一种被公众化否定的观念。

神秘感限制了宗教，在公众强烈要求下，人们对它进行了重新解释。宗教也许可以提供一个历史的或道德来源取向。然而，自由主义思潮不能默许宗教是一种超越世俗正义、公民社会、世俗道德、公众理智的主张。宗教增加许多毋庸置疑的观念，违背其原来的信条。正是出于这种考虑，自由主义社会反对宗教在公众生活中的作用。通常的状况是，如果以公众的观点考量宗教所关注的诸方面，并没有表达清楚，其原因在世俗的、民主政治理念规划的过程中是可以理解的，他们不应该出现在公共场合。公共世俗的原因是为公义、道德和公民社会提供权威观点。在这个过程中，从历史和本身来看，自由主义思潮寻求公民演说以符合其理想，给予人类文字或语言上的自由。公共对话甚至不应该采用不利于自由主义思潮的见解。在这个过程中，一个内容全面的关注自由价值的思潮将发生改变，以至于确定道德权利和正义是根本价值。

约翰·罗尔斯（1921 —）的正义论，[1] 也许是20世纪最重要的关于正义和政治理论的道德基础方面的英文著作，它对自由主义思潮进行系统重建。这是一个基于内在民族精神的道义典范，它肩负着自由和公平，而不是个别人的权力赋予：自由主义思潮。政治自由主义[2]揭示，他是社会民主生活的道德规范，它决心转化社会体系。罗尔斯的解释，特别是自由主义思潮一般不会容忍有疑义的社会结构和机构。这种宽容将包括默许的不公正。出于这些理由，罗尔斯努力割裂家庭隐私感，使家庭道德独立超越社会道德需求。自由主义用公民术语来评价家庭：首先，家庭中的成人成员及其他成员都是平等的公民，是他们基本的身份角色。[3] 它遵循的是，在他们成为宗教成员之前都是平等的公民。

公民比宗教成员具有道德和社会优先权。罗尔斯提供了一个有影响力的典范，关于传统宗教方面的自由主义。在传统的民间社会中，信奉

---

[1] 约翰·罗尔斯（John Rawls）：《正义论》（*A Theory of Justice*，剑桥，马萨诸塞州：哈佛大学出版社1971年版）。

[2] 约翰·罗尔斯：《政治自由主义》（*Political Liberalism*），纽约：哥伦比亚大学出版社1993年版。

[3] 约翰·罗尔斯：《公共理性思想反思》，载《芝加哥大学法律评论》（*University of Chicago Law Review*）第64期（1997年夏季号），第791页。此文转载罗尔斯的文选之《民法》（*The Law of Peoples*，剑桥，马萨诸塞州：哈佛大学出版社1999年版），第131—180页。

基督教的医生、护士、患者发现他们对自己的承诺并不只是中立的。在一般世俗的条件下，如果没有真正基督徒的信仰，它总是要求基督教重申其承诺。一切，包括信念，在改变时都要受到强烈的道德和政治上的限制，这是道义上的首要条件。对于罗尔斯，任何机构或协会［包括教会］都不能侵犯他们作为公民的权利。① 这不仅仅在于公民的权利不得侵犯。一个自然的推论是任何领域都应该首先确认公共基础。这引发出的生活和教育方面的问题，即表达了他对人类生殖、关系、痛苦和死亡等选择上违背现行规范的一些观点。罗尔斯阐明了这一点。"如果所谓的私人领域被说成是司法豁免的地域，那么就等于没有这事发生。"② 在这一立场上，人们可以更好地理解为什么罗尔斯引用了"信仰公民"（citizens of faith）这一短语，以及为什么如此清晰地揭示了自由世界主义精神的承诺。其中首先是公民，其次才是有信仰的人。作为公民的承诺优先于作为有信仰者的承诺。毕竟，对罗尔斯来说，"信仰公民"一定是民主社会的忠诚成员，他赞成民主社会的政治理念和价值，并不默许政治和社会力量的平衡。③ 信仰公民不应该与一般世俗道德和追求正义背道而驰。例如，传统基督教医生在这种情况下，不得拒绝堕胎，因为，宗教认为可以为迫切需要堕胎的妇女提供帮助。试图改变这种观点的人将接受道德再教育。

这些人对罗尔斯而言是原教旨主义者，因为（1）在一般世俗条件下，他们认同道德的不合理性，（2）然而，他们认为影响自己和其他人的活动，（3）甚至是公共场合的活动，（4）他们也认为应通过转换所有对其他道德标准的理解。因此，参考这些宗教观点，宗教观被定义为，"承认宗教或哲学上的真实性，超越政治上的合理性"④。要想成为像罗尔斯式原教旨主义者需要具有的宗教信念，超越作为公民的承诺。对于罗尔斯式的原教旨主义者来说，把上帝看得比社会民主国家更重

---

① 约翰·罗尔斯：《公共理性思想反思》，第791页。
② 同上。
③ 同上书，第781页。
④ 同上书，第806页。在民法中，罗尔斯把正统派基督教定义为：
许多人——称他们为各种宗教或占主导地位的世俗主义的原教旨主义者——不能接受我所描绘的这样的一个世界。对他们来说，如果没有邪恶，政治自由主义所设想的是一个虚假的社会分化和教义的假象。如果接受这个世界，必须把它看做是合乎理性的。和解需要在社会内部和相互关系中承认多元主义这一事实。而且，必须认识到多元主义符合宗教和世俗的传统。总之，正统派基督教否认什么，政治自由主义则赞成什么。（第126—127页）

要。如果某一宗教声称知识和道德权优先于公民，为了批评政治不自由，显然，它是由原教旨主义所释义，为此去批评和倡导改革。一方面，"原教旨主义"采用世俗的词语被他人所诟病，而另一方面他们又拒绝接受世俗社会正义的基本原则，因而成为被指异教罪恶的缘由。政治上的合理必须克服任何宗教要求，也不能降低自己的条件。如果上帝的道路与国家的方式不同，则国家的方式必须是普遍认同的。在这些方面，传统基督教必须是彻底的原教旨主义者。

人们也许还要试图解释自由世界主义特质和罗尔斯的主张，不一定要求宗教的整全（religious integrity），只要求恪守一个宽容、民主社会的法规。然而，如果信仰公民违背对上帝的责任，要求医生做流产及实施安乐死（如果医生自己不愿提供服务），这将是过分的要求。此外，罗尔斯的要求甚至超过法律，他要求政治上必须正确理解民主。通过扩大宽容的含义：一个社会民主政体包括对公共理性的承诺，不仅仅是出于宗教与承诺履行民主程序的默许，以及公众更多地承诺权利，只要这些不违反宗教责任。罗尔斯的附加条件要求出于政治理由而又要求全社会参与。

> 全面的教义，包括宗教的或非宗教的，假如适当的时候、适当的政治原因都有可能会在任何时候的政治讨论中提出——并不只来源于全面的教义，对全面的教义所介绍的内容给予足够的支持。做为附带条件，它提出适当的政治的理由，并详细说明不同文化背景下的公共政治文化。①

通过附带条件，罗尔斯的需要超过他的承认：他不只是简单地从背景文化中区分政治文化。他认定的政治文化被认为是来自批评、修正、改革的背景文化。

这些要求是全面的。不仅采取的行动要符合世俗的正义和道德要求，而且还要出于上述要求。"公民友谊"（civil friendship）需要对公共理性的肯定，它提供民主政治和信仰自由的理由，要求公民肯定和尊重双方观点，包括双方的宗教和道德观点。如果批评不能缩小到可以承受的范围内，当批评别人的宗教信仰时，仅尊重对方是不够的。理想的

---

① 约翰·罗尔斯：《公共理性思想反思》，第783—784页。

状态是实现作为公民的社会民主政策的道德统一性,并在一个自由社会中承认对方是利益关系人。这种理想,在面对他人不能被社会民主道德接受时,常常显得格格不入。特别是,为了不能超越唯一的真神,它也不应批评他人的宗教信仰。一般对于罗尔斯和自由世界主义来说,宗教方面的生活必须让渡于世俗道德诉求。

私人生活中的特区,具有特许的政治独立性,不受公共规则的约束,可以抵制不喜欢的道德标准,这就自然而然地成为社会关注、治理和再教育的焦点。自由世界主义必须保证其辖区内不能有其道德标准的盲区。正是由于缺乏确保按自由世界主义道德标准治理的有效办法,所以约翰·罗尔斯把家庭以及其他潜在的私人团体纳入自由世界主义范畴。罗尔斯坦然,并承认私人团体的存在,因为涉及隐私问题,它们很难轻易地、快速有效地、直接被社会改造。只有在默许情况下,这些区域才部分地摆脱公民规范、公共理性和公义的束缚。隐私权在这里是个残破的概念。它仅仅标示这个区域不完全受控于公民规范、公共理性和公义。这是一个道德阙如的区域。在这里,道德理性是公共的,表现为:(1)作为公民的自由和平等的理由,(2)用于织筑公共社会恰适的组成结构,以及(3)作为公义的基本要素。从这个意义上说,隐私的"自治区"(spheres)是隶属于自由世界主义道德体系,但并非完全受制于公共理性,在这里,人们仅仅需要有一个空间,容纳"自由而蓬勃的内在生活以适合这类团体","与自由和繁荣的生活相关联则是问题的所在"①;也就是说,公义的政治原则不能明确告知我们如何治理这个领域;或者,公义的政治原则,只有间接而不是直接地作用于这类团体,才能成功地履行其职能。

即使这些隐私性自治区因为其背景是以公义构建的,在这里自由世界主义的公义和道德仍然适用。罗尔斯强调指出,一旦个体拥有了相当强烈的公共理性及其治理的概念(即一个社会的民主,也就是自由世界主义概念),私人团体,诸如教会和家庭,就不再游离于公义的政治概念和道德规范之外了。

> 所谓的生活中的领地,或生活"自治区",并不是存在于公义的政治观念之外。领地不是一种空间或地方,而仅仅是结果或结

---

① 约翰·罗尔斯:《公共理性思想反思》,第790页。

局：问题是应该如何运用政治正义原则，在其应用范围内，直接作用于基础结构和间接作用于团体。①

依据这种观点，国家将视宗教组织为狭隘的原教旨主义、极端主义，因此运用教育手段努力纠正其信仰；特别是在遇到以下情况时：他们坚持认为启示的存在，就不会提供一些常规的（医疗）服务，而这些服务被视为公正的社会组成部分（如产前诊断和堕胎）；或坚持认为人与人之间的关系应该有判定的秩序，而这些在世俗道德立场上认为是不公正的（例如，妻子应当恭敬地顺从丈夫）。因此，对（基督徒）医生的回应，有了公共基础；因为（基督徒）医生不仅拒绝做人工流产或堕胎，而且还拒绝分诊给其他能从事这些服务的医生。这种回应同样会指向宗教，因为宗教宣扬：妻子应当顺从丈夫，妇女不能为牧师，同性恋的生活方式（例如，生活方式涉及同性行为）是畸形的，以及私通（consensual fornication）是非常不道德的。

正如罗尔斯所说，自由世界主义道德观念中的私人生活和结社的范围，会因为是否出于自由世界主义道德意识而存在巨大反差，也就是，是否认为政府的权力来源于人民，而不是源于公正的统治。

自由世界主义道德意识，作为基于个体的权利的大众默许道德，需要为个人选择和结社这些方面留有余地。隐私权源于人权，体现了英美法系的特点。隐私权的概念来源于英国法律，早在1890年，沃伦（Warren）和布兰代斯（Brandeis）曾评述道："个人的人身和财产必须得到充分的保护，这是一项基本原则，这早在有普通法时就存在了……"②

在几乎40年后，隐私权的概念，源自侵权法，才出现在美国宪法

---

① 约翰·罗尔斯：《公共理性思想反思》，第791页。

② 塞缪尔·沃伦（Samuel Warren）、路易斯·布兰代斯（Louis Brandeis）：《隐私权》，载《哈佛法律评论》（Harvard Law Review）第4期（1890年），第193页。普通法在"大宪章"（the Magna Carta）中规定，应对人进行法律保护（1215年6月15日），特别是在第39款，一般在古老的日耳曼法律（Germanic Codes）中禁止未经授权的人参与。例如，见凯瑟琳·德鲁（Katherine F. Drew）译《朗巴德法律》（The Lombard Laws，费城：宾夕法尼亚大学出版社1973年版）；以及德鲁译《勃艮第法》（The Burgundian law，费城：宾夕法尼亚大学出版社1972年版）。在古代异教帝国的法律中，法律保护是在政府有限的控制下。例如，见亨利·查尔斯·利（Henry Charles Lea）《酷刑》（Torture，费城：宾夕法尼亚大学出版社1866年版，1973年再版），第24—25页。

中。作为一个美国最高法院的法官，布兰代斯把它转化为一项立宪原则，与自由世界主义道德意识相呼应。

  宪法的制定者们力求提供可靠的条件以有利于追求幸福。他们认识到人的精神的本质、情感和智慧的重大意义。他们知道，仅有部分痛苦、快乐和对生活的满足体现在物质上。他们致力于保护美国人自己的信仰、情绪和感觉。相对统治权，他们拥有不受干预的权利——最广泛的权利和文明人最珍视的权利。①

  沃伦·伯格（Warren Burger）法官在入选美国最高法院之前提出了反对意见。

  在发言中，没有迹象表明布兰代斯大法官认为只拥有明智的信仰、正确的思维、理智的情感或真实可靠的感觉的人才拥有这些权利（隐私权）。我认为他有意包容了很多愚蠢的、非理性的甚至是荒谬的想法，这些想法不应被奉行。诸如对医疗救助的拒绝，即使在冒很大风险的情况下，也不应如此。②

  根据如此理论支持，美国宪法关于隐私权的解释逐渐成形，即明确对政府干预的限制和界定个人取向和结社的区域。③
  在宪法赋予的隐私权的大前提下，当代美国人世俗的性道德观念接纳了两相情愿的私通、避孕、公开的同性恋生活方式和流产，并获得宪

---

  ① 《奥姆斯特德诉联邦政府》（*Olmstead v. United States*），载美国卷第 277，438，478（1928 年）（不同政见者布兰代斯，J.）。
  ② 乔治敦大学校董会主席及董事（*In re President Directors of Georgetown College, Inc.*），331 案.2d 1000, 1017（特区法院）拒绝移审令（*cert. Denied*），美国卷第 337，978（1964 年）（不同政见者伯格，W.）（重点在正本）。
  ③ 有关隐私的法律概念发展的研究，可参见汤姆·格雷蒂（Tom Gerety）《重新定义隐私》，载《哈佛公民权利—公民自由法律评论》（*Harvard Civil Rights - Civil Liberties Law Review*）第 12 期（1977 年春季号），第 233—296 页；又可参见大卫·M. 奥布赖恩（David M. O'Brien）《隐私，法律和公共政策》（*Privacy, Law, and Public Policy*，纽约：普雷格 1979 年版），第 177—199 页。

法保护。① 这种隐私权，允许他们自由结社，建立不受干涉的活动领地，不仅可以追求不道德的东西，还可以寻求救赎。在某种意义上，隐私权意味着违反道德的人可以自由地去做那些不道德的事，而不会受到制止；同时，只要认为是对的，那些与上帝有约的人也可以自由地寻找天国。这种保护隐私权的理念，不仅为不道德行为而且也为神圣的追求提供了安全政治空间。

隐私权主要源于特别是第九宪法修正案（the 9th Amendment），其次是第一和第四宪法修正案（the 1st and 4th Amendments），第九宪法修正案用文字清楚地表明个人的权利凌驾于正义和公德。② "宪法中所列举的权利不能断章取义，用来否定或蔑视人民的权利。"③ 鉴于此，1965 年，阿瑟·戈德堡（Arthur Goldberg）大法官在"格瑞斯沃尔德诉康涅狄格州案"（*Griswold v. Connecticut*）中关于隐私权问题，就援引第九修正案来辩护。正如戈德堡第九修正案所说：

> 几乎完全由詹姆斯·麦迪逊（James Madison）完成，由他本人在美国国会提出，在很少或没有争论的情况下，由众议院和参议院通过，基本上没有文字的改动。但令人暗暗忧虑的是：草案内容中具体列出的权利不能充分广泛的涵盖所有基本权利，某些具体的权利将被解释为对他人保护权利的剥夺。④

事实上，正是第九修正案，对按照自己的道德规范和宗教信仰行事，以宪法权利的概念作出了强有力的表述。

> 除了宪法第九修正案外，宪法中没有其他条款宣扬个人的主权和尊严……

---

① 例如，见《格瑞斯沃尔德诉 康涅狄格州》（*Griswold v. Connecticut*），美国卷第 381，479，85 S. Ct. 1678，14 L. Ed. 2d 510（1965 年）；《艾森斯塔特 诉贝尔德》（*Eisenstadt v. Baird*），美国卷第 405，438，92 S. Ct. 1029，31 L. Ed. 2d 349（1972 年）；《罗伊诉韦德》（*Roe v. Wade*），美国卷第 410，113（1973 年）。

② 约翰·诺瓦克（John E. Nowak）、罗纳德·罗汤达（Ronald D. Rotunda）、J. 小尼尔森（J. Nelson Young）:《国家法》（*Constitutional Law*，明尼苏达州，圣保罗：西方出版社 1983 年版），第 1412—1414 页。

③ 《美国宪法修订版》，第九条。

④ 《格里斯沃尔德 诉康涅狄格州》（*Griswold v. Connecticut*），美国卷第 381，479，488。

第九修正案,在一个单独条款中宣布确认:(1)个人,而不是国家,是我们社会契约和主权存在的源泉和基础,不仅目前是,将来也是;(2)我们的政府之所以存在,是由于每个人捐献出一部分他应该享有的或固有的权利;(3)对美国人民的个人都拥有的、余下的个人权利和自由,再不需要或再不可以移交至国家,但这仍然必须被珍视、被保护和保全;以及(4)个人自由和权利是与生俱来的,而这种权利不是来自宪法,而是源于个人的自然属性。①

在认识到世俗的政治权威是来自个人的赞同后,第九修正案提出了道德权威同样来源个人道德观念的赞同,这里的道德是基于自由论世界主义(libertarian cosmopolitian)道德的。

就自由论世界主义意义上,隐私权并不是简单地指:将个人偏爱与他人相区分、掩盖令人难堪的事实或得到允许后使用他人姓名或肖像。限制公共权利对私人选择和交往进行干预,这是很危险的。只要得到他人的同意,就可以允许邪恶之人在自己的领地内为所欲为,这样的代价是昂贵的。然而,隐私权同时也为传统基督徒提供了一个可能受保护的空间,在这个空间里,他们可以自由地祷告或与他人交往——这样,是为了追求神圣、超越非政治性、和谐统一的上帝。至少在理论上,原教旨主义者可以坚持他们某种结社的意向和行动方针,即使这些观点与周围世俗社会格格不入。此意义上的私权观念,与罗尔斯基于结社和对于行为选择的"私权"解释形成鲜明对照,后者与自由论世界主义特质相一致,它提供的仅仅是一种个人的和被限定的私权的说明。在此,罗尔斯表明自己是启蒙运动之子,他希望通过基于理性的正义来设计人类的生活。相反,基于个人享有的私权,从而又通过社会对个人宗教承诺或宗教社团整体性侵犯予以限制。比较罗尔斯对隐私的等级排序和权限作为温和运动的范畴,其中,甚至公共理性的介入和正义的要求都严格受限,如果不排除别的用意,可以认为,他表达了一种强烈的愿望,即企图引入一种强势的世俗伦理,用以打破自由意志论道德观念(libertarian moral vision)里允许的公私界限。对于罗尔斯和世界主义的自由

---

① 贝内特·帕特森(Bennett B. Patterson):《被遗忘的第九修正案》(*The Forgotten Ninth Amendment*,印第安纳波利斯:鲍勃斯—梅里尔 1955 年版),第 1—2 页。

(cosmopolitan liberal)而言，宗教应该成为私人的事情，与社会民主道德观念不相一致的任何道德内容，不过是信仰的事务，它从来不会体现于具体行动中。

自由世界主义伦理，旨在于通过国家层面有尽可能少的限制、与尽可能多的权威以产生更深刻的影响，这种影响使得美国宪法中予以承认的私权被明显弱化。当然，现行的美国宪法选择"自由利益优先于隐私权"具有根本的意义。自由利益的概念更契合于自由世界主义伦理（liberal cosmopolitan ethic），然而私权更符合一种自由论世界主义观念（libertarian cosmopolitan understanding）。① 原则上，自由利益与自由世界主义特质更加契合，以至于自由权被理解为行为与目标的一致性。自由利益，不像基于第九修正案似的独立于社会自由民主政体的道德权威产生的私权所提供的道德和政治王牌，它在道德上，并不维护偏离主流的孤立领域，而此处就是传统基督教践行它们救赎意旨之地。通过诉诸自由利益而不是私权，证明了国家对那些用公共议事的一般语言，去含糊表述道德意见或批判自由论世界主义伦理的信仰者，并对其进行再教育和再激励等都是正当的。坚持对享有自由权的自由论世界主义观念，解释为反对以超越性上帝的神秘理解为基础的宗教整全性观点，因为这些观点无法在社会民主道德理性诉求的公共话语中得以体现。

因此，这就为进一步关注这些问题的传统基督教医护人员提供了世俗活动的基础：他们可滥用或充分利用宗教价值观，以遮蔽自由世界主义精神特质的方式对待病人的权利。尤其是在那些机构中身居要位，并作为治疗病人的医师们，如果他们是原教旨主义者，那么他们也许会利用不平等的权力差异，将病人从他们自身的承诺中，扭曲和转移到公共理性的理想框架内。他们深知自己的权威作用，一方面，作为卫生保健专业人士；另一方面，也为指导病人远离罪恶走向救赎提供了一个机会。以自由世界主义道德来看，传统基督教医护人员存在一个危险倾向，即利用罹病和濒危死亡病人的焦虑来影响病人的选择，甚至可能把他们转换为基督教信徒。正是这种背景赋予了传教贬义的内涵：利用个人软弱或痛苦的境况使其改变信仰。宗教劝说和改宗应该在自主权不受阻碍的情况下，尽管允许适当利用各种情绪，以及几乎可以利用各种条件，从而增强对苦难和均平的信实。信仰基督教的卫生保健人员的宗教

---

① 《对克鲁赞事件的反思》（*In re Cruzan*），法案第58, 4916（1990年6月25日）。

价值观的干预，在他们过度利用自己职业身份时，一般被视为是不道德的，尤其是与专业性价值中立的承诺冲突的境况下。在此情境中，传统基督教医生和其他卫生保健专业人员，将破坏卫生保健决策者的中立态度。

从开放的自由世界主义伦理的观点来看，基督教医生和其他卫生保健人员为避免患者的一些选择（例如，选择放弃堕胎或通过医学协助自杀）所做的任何尝试，被认为是对专业价值中立观不正当的破坏，因为这些选择所造成的道德危害，只因原本仅在宗教范围内理解的选择被无限扩延。这些干预性指导侵害了专业价值中立的原则，因为病人内在的自我选择并不被认为是真正有害的。专业价值中立中的"价值"是简称，用来确定相关价值的考虑，并不仅仅是意见，而且问题涉及宗教或非世界主义自由道德（non-cosmopolitan liberal moral）承诺的非法干预。在针对病人的专业指导上，各层面都存在着价值侵扰。任何一个疗法，并接受一定副作用，同时避免过早死亡和残疾的最有效的临床决策，都包含着对价值的期待。在可能遭遇痛苦和死亡的各个等级上，什么是明智判断，卫生专业人员将各有不同的观点：从而决定选择一个而不是另一个诊断性或治疗性的干预措施。许多人认为医生在与患者的对话中，该提出自己的观点。医生把患者对自己的依赖与之相对应的卫生保健义务通知病人，并且强化与自由世界主义伦理承诺一致的行为，如此被普遍认为是合适的（例如，安慰患者选择流产具有道德正当性）。当专业指导不符合自由世界主义精神的一般性承诺时，问题有所不同（例如，回答病人关于堕胎决定是否恰当的时候，用"选择堕胎无异于谋杀一个未出生的婴儿"作为答案）。在这两种情况下，道德价值占主导。只是，当符合自由世界主义特质的选择受到威胁时，它们在不偏离主导文化的道德承诺的特殊背景下是中立的。

当然，由传统基督教产生的这个困境，并不忠诚于自由世界主义精神，而是忠诚于神圣的追求。这种特殊的宗教承诺，违反了自由世界主义社会中专业人员的价值中立角色。也就是说，医生和患者在民间社会和国家范围内要实现自己的角色。他们要践行作为公民的特殊职责；作为公民的卫生专业人员治疗作为公民的病人，在此角色范围内，他们并不需要实现宗教承诺。医患关系的结构是与自由世界主义精神一致的。因此，卫生专业人员要对所有价值保持中立，以保存自由世界主义特质的核心精神。自由世界主义伦理有价值的内容就是道德中立，卫生保健专业人员应该据此维持与病人的关系。如果他们的道德不能转化为民主道德的思考，这些承诺就要继续保持私人性，因为在一定意义上，它们不仅排除了公开地表达意见，而且在专业角色上，也不能指导统一的行动，而这都违反了民主社会道德的要求。

在世俗公共理性内容丰富的观念控制之下，产生越多的专业操守和行为，传统基督教信仰和承诺的公开表达就会变得越可疑。自由世界主义精神特质将会要求尽可能温和地同化所有非常规的道德观点，以成为它自己的观点。因此，联系税收政策、公共教育、公共宣传和国家调控从而造成非常规计划，似乎十分正常；也就是，原教旨主义的宗教和道德的观点应符合自由世界主义。甚至在公共语境下表达宗教观点都将违反正义的要求，因为这或许会破坏世俗民主社会赖以为本的平等和公正。对于罗尔斯来说，平等和公正的世俗化观念将改变所有人的生活。

> 回顾一下，公共理性认为公民有文明的职责，这和法官有判案的职责类似。正如法官依据先例、公认的法定解释原则以及其他有关的理由来判决案例，所以只要宪法的基本要素以及基本公正问题受到危害，公民将通过公共理性来推论并且接受互惠原则的指导。①

我们还必须提及，罗尔斯关于家庭的女权主义和民主问题受穆勒影响，②使他得出一个结论，即公正的原则可能禁止"利用一个合理的宪法民主社会引导家庭变革"③。出于这样的传统，如果传统基督教保健工作者不向第三方提供辅助生殖，或以某种形式拒绝治疗同性恋伴侣中间性功能障碍，一个世俗社会可能觉得像违背了基本权利一样令人难以容忍。如果根据上帝真理的神秘体验，而不是根据一般世俗立场，这种宗教道德观点是明智的，那么这种"不容忍"则被认为是更加无法接受的。

---

① 约翰·罗尔斯：《公共理性思想反思》，见《芝加哥大学法律评论》（1997年夏季号），第797页。
② 约翰·斯图尔特·穆勒（John Stuart Mill）：《妇女的屈从地位》（Subjection of Women），第2章。
③ 罗尔斯：《公共理性思想反思》，见《芝加哥大学法律评论》（1997年夏季号），第791页。

虔诚的传统基督教医护人员会发现它们自己再次有理由反对所谓公共理性，主要由于罗尔斯的观念影响。一方面，由于传统基督徒凭良心反对特殊的医疗措施，因而对获得某些医疗保健服务产生阻碍和抵触，如此，许多正当的选择也作为一项基本的世俗权利。另一方面，在不开放的公共世俗社会，他们将对这些特殊服务进行谴责。根据罗尔斯对公共理性的阐释，在社会民主世俗道德问题上，人们将被禁止表达特别的宗教主张，但是传统基督徒卫生保健专业人员追随着第一世纪不求金钱回报的圣徒医生们的精神，彻底地寻找一切机会救治他们的病人。至少，问到其道德承诺来源时，通常他们会承认自己的信仰。毕竟，还有基督的严厉警示：

> 凡在人面前认我的，我在我天上之父面前也必认他。凡在人面前不认我的，我在我天上的父面前也必不认他。你们不要想，我来是叫地上太平；乃是叫地上动刀兵。因为我来是叫 人与父亲生疏，女儿与母亲生疏，媳妇与婆婆生疏。人的仇敌就是自己家里的人。（马太福音10：32—36）

在道德上，传统基督徒是分离的。与自由世界主义伦理相反，他们确实要去寻找机会，就像第一世纪不求金钱回报的那些神圣的医生一样，使他人改信基督教或指导他们远离罪恶。作为民主社会公民的医生职责以及作为传统基督徒医生的职责之间存在一种真实的冲突，自由世界主义在辨别这种冲突上是正确的。传统基督徒的宗教道德的整全性不仅表现在远离任何被禁止的行为（例如，堕胎，接受捐助者进行人工授精，医生辅助自杀），另外，还为基督教真理提供了见证，并以此作为忏悔和悔改的指导。

基督教卫生保健制度的整全性

保存生命和避免痛苦都不是最高的目的。基督劝诫我们是为了探访病人（马太福音25：36），而不是保证给病人最好的医生和卫生保健。在基督的最初的传教时期，公认医生可以提供卓越的服务。在第一世纪，有财力的患者往往大量投资于医疗服务（马可福音5：26）：就像现在通过药物追求健康和长寿，可能会成为所有消费项目，使给予照顾及受到照顾的人远离上帝。圣巴西拉（St. Basil the Great）在他《基本教规》（Long Rules）的第 55 问中明确阐明了这一点：我们不应全心沉迷于通过药物来追求健康。① 在人类实践或人类工程的意义上，对健康保健的任何社会学观念都要有坚实的道德基础，这就使医药成为一种文化干预。在一个单一或多元的国家制度内，传统基督教道德以独立且强大的理由反对提供医疗保健，特别是当某种制度或者道德与传统基督教观念相违背时。一种融合了耽迷于卫生保健文化的、包容一切有关成分的卫生保健体系已经成为我们主要的精神危险，因为医疗涉及生活的各个方面，就像世界主义的自由社会试图建立完整的道德理想。这将作为一种方式，改变对性、生殖及死亡的宗教意义。这种全面的医疗保健体系将是反基督教风格的最为重要的表现。

面对主导地位的世俗社会，传统基督徒往往停留在一个和志同道合者一起追求上帝之国的有限空间里。如此下去，可能陷入对全面世俗保健系统的对抗，尽管卫生保健被传统基督教规划的图景所指导，世俗保健制度并不予以接受。但为了给基督教式的卫生保健保存尽可能多的空间，基督徒们将有充分的理由：

（1）反对多元化国家支持的保健体系和制度，特别是如加拿大的那种唯一支付者、不允许选择私人保险和私人支付的体系；

（2）批判诉诸社会正义来支持健康保健改革。"社会正义"往往使精神承诺转为社会民主党的道德承诺，从而根据社会民主国家的世俗意识形态，低估了其卓越的意义；

（3）并且抵制政治或其他宗教群体和运动的影响力，集中体现社会公众的承诺。因为，至少那些人和群体不由自主地敌视传统基督教。

传统基督教注重对处于困境中个人的态度，即重点集中于上帝及对

---

① "无论给予多么过多的思索或者挂虑，或是付出多么巨大的努力，并且引起我们整个生命的反思，就如同从前一样，对于肉身的关怀依然会被基督徒所漠视。结果，我们就必须谨慎使用这种医学技艺，如果它确有必要，当然也因为它完全可以为我们的健康和疾病状况担当责任，并归于神恩，以及同时体现对于灵魂的关照。" 见圣·巴西拉《苦修文集》（Ascetical Works），M. 莫尼卡·卡瓦格纳（M. Monica Wagner）修女译（华盛顿特区：美国天主教大学出版社 1962 年版），第 331—332 页。

他人的爱。国家和社会对贫困的隐匿干预措施不能代替个别基督徒和基督教社区的意愿。因为常有穷人和你们同在（马太福音26：11），因此，其目标并不能完全消除贫困或其后果。上帝可以随时向那些需要的人提供所需，但对有需求的人必须以个人爱心方式予以表达，即对穷人和上帝的爱。重点要放在慈善和博爱上，以此来激励给予者。如果给予者不是出于在上帝的至高之爱下的对他人的爱来施行给予的话，那么这种给予的报答将不能通往天国。"我若将所有的周济穷人，又舍己身叫人焚烧，却没有爱，仍然与我无益。"（哥林多前书13：3）医疗保健承诺应像不唯利是图者所保证的那样，格外凸显与体现神圣的基督精神。

从道德观念上作对比，人们可能会用第二次梵蒂冈会议之前的卫生保健和当代罗马天主教进行比较。直到梵蒂冈第二次会议以及之前的道德、礼仪、灵性之混乱，罗马天主教徒通过兄弟姐妹对宗教的终身奉献精神，向贫困者提供医疗保健。他们怀揣着爱以影响他人，此爱源自修女及弟兄们自身对上帝的终身奉献。他们提供了有明显基督教特征的医疗保健服务。例如，一些天主教医院，所有的员工都会彼此问候或与病人说明时都会说，"赞美道成肉身的圣言"①。此外，罗马天主教机构极力回避有罪的合作，例如堕胎和协助自杀等。随着梵蒂冈第二次会议和神授天职的戏剧性瓦解，以及宗教誓言的失语，罗马天主教医院也因此失去了提供有明显基督教特征的扶贫的重要资源。并且失去了特有的宗教感的坚定信念。不仅是医务人员和病人不再以"称颂道成肉身的圣言"互致问候；也不仅仅是罗马天主教医院发现自己加入了提供非宗教道德服务的医院协会。而且，他们不再承诺自身的所有行为在各方面，尤其是以基督教精神的自我意识作为其存在的基础。

在后基督教时代，只要不是反基督教的，传统基督徒就应当设法提供保健服务，既要避免被禁止的行为（例如，人工流产），也要提供带有明确宗教性质的照护。在一些濒临死亡的情境下，临终关怀机构的设立可以提供机会帮助他们脱离私我，转向基督救主。提供临终关怀的圣洁无私的医生们，将尽可能地不受周遭社会道德的拘束。这可能使拒绝

---

① 通过与别乌拉·卡巴赫·恩格尔哈特（Beulah Karbach Engelhardt）的个别沟通，上帝给予她灵魂的依赖。在20世纪30年代，当她成为一位新教徒时，她作为圣罗莎（Santa Rosa）一所位于圣安东尼奥罗马天主教医院的一名外科护士。在这里，她受到所有人的欢迎，包括新教护士，当时，就好像我的母亲。

第七章 提供卫生保健：同意、利益冲突、医疗资源配置与宗教的整全性

政府支付服务经费成为必要条件。因为对于这样的医疗保健机构，这些服务具有完全的道德特殊主义（particularist）特质。毕竟，基督教临终关怀必须具备爱心和耐心，来帮助其患者治疗与康复。在这种情况下提供保健服务，需要慈善事业强有力的支持。如果一个人没有尽其所能帮助那些需求者，按照福音要求，将不会有任何坦然与平静的理由。毕竟基督要求我们向那些需要帮助的人提供援助。"有两件衣服的，就分给那没有的。"（路加福音3：11）同时，我们不能把要求平等、全方位的医疗保健系统与慈善混为一谈。基督要求我们行善，要亲自帮助需要帮助的人。基督没有号召我们使用国家的强制力来保证他人受到社会的福利制度照顾。另外，令人羡慕的平均主义，反对一些人过度拥有的提议，要求有一个全方位的卫生保健系统，以达到服务于所有人的、统一的、平等的水平，这样将带来五方面的问题：

（1）基督徒不应关注谁比谁多，除非有些人拥有的远少于他们所需。传统基督徒谴责邪恶，赞扬谦逊。在一些人拥有更多卫生保健的情况下，并不意味着他们必须从自己剩余的健康资源、而不是从其他剩余或所有中，给予那些需要卫生保健的人。

（2）基督徒确实需要抵制和谴责把医疗保健事业变成至高无上、倍加关注的意识形态。为了利用国家力量建立一个全方位的平均主义的卫生保健系统，道德由于对延缓死亡和缓解痛苦的过分关注而发生偏斜。

（3）基督徒应该抵制全方位的世俗化医疗保健系统，它会使患者和医护人员形成一个对传统基督教承诺产生敌意的医疗道德观。

（4）基督徒应当以寻求各种可能机会的方式给予关心，使他们基督教的承诺成为公开的、明确的、不加束缚和不打折扣的保证。

（5）基督徒应当苦修、慈悲和善行，尽可能接近与关爱病人；痛苦、伤残、死亡的方式与爱可以充分表达生命的真理，可引导基督徒对于神圣的感悟。

我们的目标是对他人进行照顾，这并不涉及作为基督徒对承诺所做的妥协或者让步。事实上，人们应该寻找一种境遇，即照顾他人，将玉成而不是威胁到这些承诺。

在自由论世界主义伦理提供的政治结构框架内，基督教对病人卫生保健的提供只能受基督教的慷慨所支撑。与此大为不同的全球健康保健体系则在一种政治结构框架内成形，即严格对待：（1）作为世俗道德权威来源的人，以及（2）区分道德共同体的实质的道德多样性。两种可能性可以提供作为启示的范例：（1）全球性罗马天主教医疗保健系统（也许在梵蒂冈保健的标示之下）以及（2）全球正统的基督教医疗保健系统（也许在东正教保健的标示之下）。罗马天主教会可能传播一种世界性的医疗保健系统：

1. 避免道德上所禁止的医疗服务（例如，人工流产、人工授精以及医生协助自杀等）；
2. 通过内部的征税制度，为穷人提供优先选择，以此来重新分配资源
   a. 在同一家医院从富有的患者到贫困的患者，
   b. 在同一个国家从富人到穷人，
   c. 以及从富裕国家到贫穷国家；
3. 在基督教背景下提供保健，确切的说是在罗马天主教的宗教承诺之下。

对某种具有特殊道德承诺的卫生保健，可以通过只适用于特殊卫生保健体系的特定的刑事和民事法律来得到保护。因此，那些试图在梵蒂冈保健之下提供堕胎或安乐死的人应该受到民事和刑事起诉。根据罗马天主教道德神学原则提供的按比例照护方案（care proportionem status），医疗保健和福利设施分为不同的等级，结果是医疗保健层次不同，例如教皇级照护（Papalcare）、红衣主教级照护（Cardinalcare）、大主教级照护（Monsignor care）和院长级照护（MotherTeresa Care），等等；如此，所提供服务范围从配有所有昂贵诊断和治疗介入的豪华医院，到只提供草垫且只有基本服务的普通大病房。这样一个国际性的天主教医疗系统在某种程度上可能使灵性受益，在某种程度上，它被认为是超越世俗对公正的观念，致力于神圣的梯度。也就是说，关键问题是罗马天主教在多大程度上是后传统的、远离一世纪的基督教。这将决定，这种卫生保健体系，在多大程度上能通过皈依基督教将一切带往神圣的灵性的关注之下，排列从社会正义到避免违背特殊规范的所有道德的阶梯式

第七章　提供卫生保健：同意、利益冲突、医疗资源配置与宗教的整全性

关注。

一个东正教的医疗保健系统应该是世界各地不同的主教协议而获得的。毕竟，主教教区是基本的，也是完整的基督教社区团体。"哪里有主教，哪里就有圣会，就像哪里有耶稣，哪里就有天主教会。"① 这种卫生保健体系应该同时为工作人员和患者提供一种契合于精神生活的基本保健。人们可以想象以共同祷告开始的工作日中的各种变化。所有的病人都将发现他们处在远离罪恶、向往信仰和崇拜上帝的环境之中。一世纪真正的基督教的约束和目标将作为卫生保健机构的存在理由而得以发扬。这种卫生保健体系的整全性，确切地说是这种卫生保健体系的联合，能受到只适用于东正教的刑事和民事法律的支持。不同国家的东正教会提供资源，人们期望出于施舍目的来做各种安排，向那些有所需要的人转让资源。除了提供基本适当的医疗保健，还应该有专门祷告的机会，以通向神圣，比如用圣迹图标的灯油来涂油使之神圣化，并举示圣人遗物一同祈祷。邀请圣徒或长老，并把他们的祝福赐予患者。也可以为有所需要的患者提供疾病和驱魔的专门祈祷。简言之，药物保健通常采取的手段，要在对上帝的追求下重新布施。医疗保健虽然是一个重要的关注点，但首先要指导工作人员，并且保证药物治疗与灵性治疗是一致的。指导所有人首先追寻天国："你们要先求他的国和他的义，这些东西都要加给你们了。"（马太福音6：33）在对身体健康的追求和对死亡的推迟之外，求得救赎应该有其自己的位置。

一种宗教在多大程度上把卫生保健也当作寻求救赎，实际上就表明了它对待超然性的态度达到了什么程度。宗教将越多的精力转移到对世俗道德物质的追求上，人们显然要持有更多的怀疑，是否该宗教已经迷失了方向，或者说，该宗教实际上已经放弃了对超然上帝虔诚追求的特性。弗里德里克·哈耶克（Friedrich Hayek）在他对关注社会正义替代关注超然性的批判中，清楚地认识到这一点。正如他指出，

> ［社会公正］似乎被基督教宗派大部分神职人员所信仰，那些信徒尽管不断失去对超自然启示的信仰但似乎仍在新的"社会"

---

① 圣·伊格内修（St. Ignatius）：《伊格内修致士麦纳》（*Ignatius to the Smyrnaeans*），载《使徒教父》（*Apostolic Fathers*），柯索普·勒科（Kirsopp Lake）译，剑桥，马萨诸塞州：哈佛大学出版社1965年版，VIII. 2，第1卷，第261页。

宗教中寻求庇护和安慰，以此作为天国对正义的承诺的替代品，并且他们希望他们能因此继续努力向善。罗马天主教会特别把"社会正义"作为其正义学说的一部分；但是大多数基督教宗派的神职人员为了更多的世俗目的互相争论，当然，这也为其复兴提供了重要的基础。①

响应圣经的号召，要成为圣洁的基督徒（利未记 11：44），将所有道德关注寄予对天国的追求上。毕竟，"天国好像宝贝藏在地里，人遇见了就把他藏起来，欢欢喜喜地去变卖一切所有的，买这块地"（马太福音 13：44）。

---

① 弗里德里克·哈耶克（Friedrich Hayek）：《社会正义的幻象》（*The Mirage of Social Justice*），芝加哥：芝加哥大学出版社 1976 年版，第 66 页。

第八章

后基督教世界的基督教生命伦理学

生活在后基督教世界

后基督教世界的传统基督徒是文化的离经叛道者,他们处理任何事端都与周遭的社会相脱离,他们把所有事件都框定在统摄一切的唯一目标之中:救赎。他们祈盼久远的以色列弥赛亚已经到来,他就是那位耶稣基督——上帝的儿子。而且,他们深知,耶稣基督使人从恒定死亡的束缚中获得自由:人生的价值就是在场圣化(now theosis),人类因循律令成为神的恩宠。在接受恩宠的实践中,他们知道上帝并不是不可企及的至高无上的圣者:他已经差遣他的十二门徒在教会里宣表他的真理。因此,神学的发展应是个人的成长,这种成长是通过对上帝的信仰、爱他人尤其是道德异乡人之间的爱,从而逐渐扩展到每一位接受恩典的人。然而,在这种实践中,在使徒们的启示完成后,作为今天基督徒的我们,就没有必要在后基督教时代完全接受使徒们的启示(犹大书3)。那些启示从整体和各个部分,就本质上来说,是反文化的。

尽管传统基督徒认为其他的基督教团体也会努力成为纯粹的基督徒,同时也认为,在正当信仰之外的一切尝试都不可能整全。它们是片面的,也是扭曲的。在此重要层面,这些基督徒是一个整体,没有分歧。的确,这是一种信仰。传统基督教一直认为教会是一个整体。① 先前的教会曾经有两叶肺,但是其中一叶后来发展为新信仰的毒瘤,并发展和修改了新的教义,不过这两叶肺的隐喻之中隐含着不变的真理。诚然,西派基督教正在回归到完全的正统信仰(Orthodoxy),恢复自古代

---

① "[我们相信]天主教会和使徒教会,将合为神圣的一体。""150位圣教父神圣信条阐述",见《尼西亚与后尼西亚教父系列》第二部(*NPNF*2),第14卷,第163页。

教会以来的统一信仰。① 在这合流的过程之中,作为团结在正确信仰上的基督教共同体教会,始终维持着完整而健全的传统:圣灵寓于其内。在这种背景下,正如我们所看到的,传统不仅仅是口述历史,也不是伴随口述历史的经文、实践以及神父们的著作。传统是维持教会真理之圣灵的永恒存在,并且,如此所有内容都将代代相传。教会是体现上帝精神的基督的身体(以弗所书4:12,16),因此在那里,身体只有一个,圣灵只有一个(以弗所书4:4)。圣灵去了它所希望去的地方(约翰福音3:8)。但是圣灵只在唯一传统之中,即在东正教信仰的身体之中。正如终极真理(Ultimate Truth)不是是什么的问题而是是谁的问题——三位一体,传统并不是一个是什么的问题而是是谁的问题——圣灵。"圣灵就是真理。"(约翰一书5:7——译者注:原注释"I John 5:6"有误)在圣灵中,世世代代并没有被分离开来,因为"你已经是我们世世代代的庇护"。② 教会通过一代一代的圣礼仪式而团结一致。

在圣灵穿越岁月的永恒存在中,传统基督徒以他们愤世嫉俗的观念,看待人类生命的主要历程,结婚、繁衍、生育的痛苦、残疾和死亡等等。与地中海附近希腊罗马文明中的异教徒相比,最初的基督教也有类似的习规:没有女神职人员、谴责通奸和同性恋行为、不允许堕胎、谴责杀婴、接受不可避免的痛苦、残疾、疾病并将这些作为修习谦逊和容忍耐心的机遇。与塞涅卡(Seneca)相比较,传统基督教更加坚定地反对医生协助自杀和安乐死。他们知道,因为基督复活使死亡不再是生命终结而是生命新的开始。与目前的传统基督徒一样,他们认为对人的奖赏不是长寿、健康和舒适的生活,而是救赎。这种观点揭示了健康和健康关怀的相对性。因此,传统基督徒在当今社会和在异教罗马帝国时代一样都是异教徒。

当代基督徒凭着对基督教世界的记忆,可能没有完全意识到他们所面临的挑战,他们没有注意到他们的文化霸权已经过时了。直到最近,

---

① 现在有多种西派教会的东正教礼仪。这些包括共同祈祷书的扩展文本(圣·吉洪的礼拜仪式),以及恢复的罗马仪式(圣·格里高利的礼拜仪式)。见《圣·安德鲁服务册》(Saint Andrew Service Book,恩格尔伍德,新泽西州:安提阿东正教教区1996年版)。在此甚至有信仰东正教的拉丁信众。

② 晨祷"伟大的赞美辞",载《礼仪书》(The Liturgikon),恩格尔伍德,新泽西州:安塔基亚出版社1989年版,第147页。

第八章 后基督教世界的基督教生命伦理学

基督教在许多欧洲国家成为确立的宗教信仰，但是基督教帝国已不复存在，它业已衰亡。在那个恐怖的星期二的早晨，1453年5月29日，康斯坦丁十一世（Constantine XI，1405—1453），已经背叛了城市精神，他穿越了第二罗马帝国君士坦丁堡的围墙，在战斗中，死于穆罕默德二世（Mohammed II，1431—1481）率领的军队的利剑之下。公元800年，圣诞节的弥撒之后，查理大帝（Charles the Great，842—914）无视最初的及后续的基督教帝国，终于，帝国因弗兰茨二世（Franz II，1768—1835）于1806年8月6日被拿破仑（Napoleon，1769—1821）打败，被迫退位继而王朝覆灭，就此宣告，一个全新的世俗化欧洲的序幕开启。最终，尽管神圣俄罗斯（Holy Russia）由于索菲亚·帕莱奥罗加斯（Sophia Paleologus，1450—1503），也就是康斯坦丁十一世（Constantine XI）的侄女与伊凡三世（Ivan III，1440—1505）的婚姻，保持了君士坦丁堡的血统，但却以殉道的方式而告终。随着圣·尼古拉二世（St. Ncholas II，1868—1918）即俄国沙皇（Czar，拉丁语恺撒的斯拉夫语同源词）在1918年7月4日（古罗日历，7月17日）的残酷杀戮，基督教帝国的王位出现了空缺。基督教世界结束了。在某种程度上说，尽管在一些欧洲国家出现了基督教世界的遗存，但是，其影响与品行已经迅速世俗化了。基督教世界留下的记忆即便不是对人们的误导，可能也会引起混乱。

美国在19世纪到20世纪前半叶，完全没有世俗化，第一修正案（The First Amendment）确保了宗教自由并对宗教建立与发展予以限制，① 直到晚近的战争（通常被认为是国内战争）之后这种规定只约束着联邦法。② 随后，第十四修正案作为第一修正案的具体应用，要求美国公共生活合乎宪法的世俗化。③ 很长时间以来，美国基督教特性被视为正常而理所当然。19世纪美国最高法院坚信，美国人是"信仰基督

---

① 第一篇文章增加了一条对"美国宪法"契约格式的规定："国会不能制定建立宗教的法律，不能制定法律禁止自由信奉宗教，以及不允许制定禁止言论、出版、集会自由、政府请愿以及申诉的法律。"

② 晚近的战争过后，美国国会和最高法院有某种程度的改变。见查尔斯·沃伦（Charles Warren）《立法和对美国最高法院的司法批评——第二十五次司法机构法案历史》，见《美国法律评论》（*American Law Review*）第47期（1913年1月），第1—34页，（1913年3月）第161—189页。

③ 《埃佛森诉教育部》（*Everson v. Board of Education*，1947年），330案，美国卷1号。

教的人"①。基督教——这时是新教,是被美国普遍接受的普遍法不可或缺的部分。②"假如我们认真研究一下的话,就会发现新教是这个社会实用而普遍的宗教,此类佐证铺天盖地。耐人寻味的是,观察者是如何关注美国社会的,如何简单地把该现象当做是理所当然的事情。"③ 美国法律变化的分水岭发生在 20 世纪 50—60 年代,当时,最高法院以完全世俗化的眼光重新解释美国宪法。④

困难在于世俗道德无法提供宗教道德的承诺:宗教努力通过统一信仰来提供统一理性。有多少宗教道德就有多少世俗道德,两者必须首先在基本假设、证明程序和推论规则上达成一致,因此形成一个多元的世俗生命伦理学,同时也形成一个多元的宗教生命伦理学。世俗理性既不能确保能由全能的、超凡的人格神证明是正当道德的统一性,它无法保障正当与善的和谐,世俗理性也不能证明它能一直理性地遵守、并理性上具有正当性的道德。结果,世俗道德在面对痛苦、残疾和死亡时无法提供形而上的指导。世俗道德不能为痛苦和逝去的意义作出个性化的回答:在世俗道德框架内存在的根源是非个人的、无道理的以及缺少关怀的。世俗的道德可能会将多种个性化和普遍化叙事权威化,但这同时也在真实的宇宙之上,保持着审美道德的创构。相比之下,基督教道德叙述了上帝已经告诉全人类,在宇宙中人类和天使般的权力扮演的真实的角色。与基督教道德人格化的超凡的上帝背景相对比,世俗道德自身具有内在的肤浅性。在面对个人死亡和宇宙万物的最终暂存特性时,世俗道德也是短暂的。

---

① 《圣三一教会诉联邦政府》 Church of the Holy v. United States,143 案,美国卷 457 号(1892 年)。

② 例如,《联邦政府诉苹果公司》(United States v. Macintosh),283 案,美国卷 605 号(1931 年)。

③ 约翰·威尔逊(John Wilson):《美国社会的共同宗教》,载《公民宗教和政治神学》(Civil Religion and Political Theology,印第安纳州,圣母院:圣母大学出版社 1986 年版),第 113 页。

④ 例如,见《铁西姆·佐拉克诉安德鲁·G. 克劳森等》(Tessim Zorach v. Andrew G. Clauson et al.),343 案,美国卷 306 号,96 L 版,954,72 S Ct 679(1951 年);《罗伊·托卡索诉克拉托·瓦特金思》(Roy R. Torcaso v. Clayton K. Watkins),367 案,美国卷 488 号,6 L 版,2d 982,81 S Ct1680(1961 年);《阿宾顿镇学区诉爱德华·斯科姆普等》(School District of Abington Township v. Edward L. Schempp et al.),《威廉·J. 穆雷等诉约翰·克雷特等》(William J. Murray et al v. John N Curlett et al.),374 案,美国卷 203 号,10 L 版 2d 844,83 S Ct 1560(1963 年)。

第八章　后基督教世界的基督教生命伦理学

本书已经探讨了以超凡的人格上帝的永恒体验为基础的基督教道德的特性。这一点也通过生命伦理学中有关性、生殖、出生、痛苦、疾病、残疾、健康关怀、死亡、生命维持等话题得以验证。基督教道德试图以苦行主义为背景实现与超凡上帝的统一。这就卷入了对一种神秘的，或者较为恰当地表述为对理性认识论的探索之中，这种理性认识论确保它的真理是在一种迫切而又持续的对上帝显现的体验之中。这种真理首先是通过自我改变从而体验上帝，这种认识论的本质是苦行主义与圣礼仪式。它实现了从自身到上帝的转向，并且它的追随者沉浸在对教堂的圣礼仪式崇拜之中，道德信条依赖于爱和虔敬的祈祷。归根结底，生命伦理学所提供的是治愈，即一个人应该如何按照理想的行为方式来治愈自己的灵魂，以至于他可以走近上帝。

得克萨斯州、奥斯汀，将是第四罗马吗？东正教马队何时将会进入君士坦丁堡并复兴第二罗马？圣奥托诺缪斯（St. Autonomous）应该烧毁堕胎诊所吗？我们该如何教授生命伦理学？

正如每一个得克萨斯州基督教学校的年轻人知道的那样，① 奥斯汀（Austin）的确将是第四罗马，如果不是奥斯汀，那么就是达拉斯（Dallas）或者是阿比林西（Abilene）。或者，当得克萨斯州被恢复到其应有的边界，然后是圣菲（Santa Fe），神圣信仰的城市。在未来的圣菲（Santa Fe）主教管区，所有得克萨斯州德高望重的人，将会优先承担被教会保留下来的圣·彼得大主教（the Primacy of St. Peter）的职位。作为圣得克萨斯州帝国的首都，它将首先关怀所有真正相信和崇拜的教会。第一罗马成为异端，第二成为伊斯兰教徒，第三成为布尔什维克。一旦所有的次序被恢复，帝国可能被重新建立，得克萨斯州的民众在布拉索斯·迪奥斯门口（Brazos de Dios，西班牙语，意为上帝的臂膀——译者注）受洗。然后，东正教的骑警队（Orthodox Mounted Posse）将高擎漂亮的蓝色旗帜和豪迈象征的双头鹰金色帝国大旗，去第二罗马重建圣索菲亚大教堂——基督教世界的最伟大教堂。骑警队必须决定是否从加尔维斯顿（Galveston）或印第安诺拉（Indianola）出发。无须说，当

---

① 正如卫理公会神学家斯坦雷·豪尔瓦斯（Stanley Hauerwas）理解的那样，"在上帝对我们的爱中，我们不能脱离作为犹太人或希腊人，男人或者女人，或者最终的本体论范畴——得克萨斯州人或者任何其他人——上帝对我们的爱只是强化了我们的个性，因为在上帝的生命中我们是宝贵的。"见豪尔瓦斯（Hauerwas）《经文释读》（*Unleashing the Scripture*，纳什维尔：阿宾登出版社1993年版），第96页。

通过欧洲时，他们必须停下来在台伯河水（Tiber）中，接受第一罗马教皇的洗礼，所有这一切，在青年和老者的千年梦想中是鲜明而生动的，当然，所有这些上帝的意愿有一天终会实现。与此同时，基督徒总被要求学会忍耐——末世君王（Last Emperor）到来以及万物再生，将在非常遥远的未来。

此时，我们必须生活在后基督教世界和新异教共存的社会中，这不仅仅需要勇气，而且要求人们在面对希望被延迟时，要有爱好和平的圣爱。基督徒们需要在对他们的生活方式越来越有敌意的社会中，学习成为一名基督徒。这样，不仅是基督教被解离，同时传统的社会结构也将遭到质疑。很多基督教已经陷入内部混乱，与此相关联的宗教生命伦理学也强烈地遭到质疑，并被改造成自由世界主义道德承诺的形象。这种宗教信仰和它的生命伦理学已经被内化。传统基督教发现自己被异教的文化包围，它们甚至只是披饰着基督教的外衣。并不像古代异教那样，基督教首先宣传福音，当代的新异教辩证地反对基督教的过去，这是明显的、经过深入考量的后基督教，它将传统基督教搁置在一边。结果，传统基督徒发现他们自己处于全力以赴地吸纳他们和他们的孩子成为自由主义、后基督教和世界主义伦理的社会中。当他们抵抗时，他们被认为是排斥异己者，而原教旨主义者和核心价值的反对者们塑造了占统治地位的主流文化。

在这种新异教文化的潮流中，传统基督教当然也要生存下去，正如犹太东正教徒和东正教基督徒在长期遭受迫害的岁月中得以生存的那样：他们将不得不区别与核心价值的差异，并恪守其宗教规范。他们必须每时每刻以对上帝和邻人的特殊的爱来改变他们的生活。他们的爱必须是特殊的，因为他们必须理解与接受诸多自由世界主义思潮，必须明白，有时，所谓爱的行为实际上却是造成了伤害。当然，传统基督徒在对待背景文化的要求上并不认为价值的中立性。换句话说，他们不会以一种中立的态度反对在自由世界主义思潮中，将接受的行为选择。相反，他们可能会意识到，这种假定的所谓中立的立场，只是一种欺诈或伪饰；他们也将意识到，将接受的道德选择，可能遭遇世界自由主义道德价值观念的限制。在此背景下，通过和其他人交流，他们将会对他们周围文化的基本原理予以批评，这些批评者将被视为是一些不忠诚的挑衅者。如果说他们还作为什么卫生保健的专家时，人们并不认为他们是精于专业的，他们的行为只会把他们仄逼到自由世界主义文化的对立面一边。

　　与主流文化的敌对与挑战可被称为是一种殉道。这种殉道行为要求反对通常世俗中应该接受的一切，并且要反对那些逐渐涌现的全球文化的逻辑架构的整体设计。这意味着，必须按照文化拒绝的理论进行行动选择。这将是一种相互冲突的生活，这也是一种富有诱惑的生活，这种诱惑要求我们放弃个人的观念选择，投入周遭境遇的伦理。假如有人拒绝这种投入，这种诱惑就会以敌意作为回应，实际上，就会以暴力而不是耐心和爱作为回应。这种最终的诱惑正如邪恶一样的难以改变其性以致根深蒂固。面对这种诱惑，传统基督徒必须牢记传统的警谕，基督徒应通过神圣力量而不是通过暴力改变世界。当然，这并不意味着否定基督教君主可以使用国家暴力。① 但是，在基督教君主不在场时，则要求我们忍耐，记住我们不能将神圣法律掌控于我们自己的手中。唯一我们可以与道德异乡人相统一的法则是自由论世界主义伦理的简单原则。假如可以被接受，这种伦理将为传统基督徒的和平生活提供空间。从外部环境而言，它的正当性也必将获得政权的许可，这将保障传统基督徒们有特定的道德地位，置于其内，能平静地传达对上帝和邻人的爱，这也将提供阐扬《福音》的自由空间；从内部环境而言，这也将与基督徒对爱的郑重承诺相一致，这将会是一种真实的传统基督教生活方式。

　　正如圣·奥托诺缪斯（Autonomous）所教导的那样，我们必须以爱，而不是以暴力作为教育模式。这位殉道者处于戴克里先（Diocletian，统治于284—305年）统治之下，他坚贞不渝地告诫同时代的正在

---

① 传统基督教用神秘的宗教仪式来表达信仰，不仅包括洪水期的神佑、僧侣的剃度以及葬礼等仪式，而且包括主的恩宠。当一个人接受了主的恩宠，就要像古代的犹太人那样去敬奉一位君王。上帝愿赐予人类以派遣大卫，而不是扫罗，因此，我们在任何情况下都必须为他祈祷："以此作为致意，主啊，我们最最尊崇的上帝和无比敬爱基督的统治者某圣者，上帝已经赋予他在地球上掌管的权力。用真理的盔甲为他加冕，披上令人钦羡的华服。在战斗期天保护他的头颅，给他臂膀以力量，强壮他的右手，让他的国家强大，让所有挑起战乱的野蛮人都屈服于他；赋予他持久的安宁，不受侵犯；用善行激励他的心去通达教会，并且面向他所有的子民；通过那和平，将会引导我们过一种静谧、安宁的生活，我们将沐浴在所有的信仰和警醒之中。"见圣巴西拉的祈祷书（Liturgy of St. Basil），载《圣东仪天主教使徒教会服务册》（*Service Book of the Holy Orthodox - Catholic Apostolic Church*），伊莎贝尔·哈普古德（Isabel Hapgood）译（恩格尔伍德，新泽西州：安提阿东正教主教区1996年版），第109页。

被帝国折磨和杀戮的基督徒，不要对异教徒的神庙造成任何破坏。① 基督徒被蒙召去爱，尤其要爱他们的敌人，而不是去回应暴力和杀戮。如同生活在奥托诺缪斯主教下的基督徒一样，生活在后基督教和新异教世界的传统基督徒必须抵制暴力的诱惑，甚至要反对杀害未出世的孩子或者协助病人自杀的那些人。但是，圣·奥托诺缪斯既不会烧毁或炸掉堕胎诊所，也不会威胁堕胎者。相反，我们必须和世纪初的基督徒一样意识到，我们必须关爱需要帮助的怀孕妇女，收养将被杀害的儿童，关爱生命垂危的人，以至于使自杀不再是一种诱惑，并且还要为那些杀人的人祈祷。

我们将通过一种基督徒的生活去认真学习基督教生命伦理学。基督教生命伦理学不仅仅是一种反对日常生活的学术领域，真正的基督教生命伦理学是以一种基督教的方式去生活、经历和参与性、生殖、痛苦、疾病、残疾、健康保健、濒死等过程。基督教生命伦理学以一种生动的方式回应了生命伦理学范畴内所有的挑战，这是一种共同的回应，这种回应将正确的信仰和崇拜，通过彼此的风俗和无形的力量与三位一体联系起来。基督教生命伦理学只能通过一种苦行主义的和圣礼仪式的生活才能够被正确传授，只有这样我们才能够正确地理解它的意义。仅把生命伦理学当做是服从于教条命令的身体学说、一套需要分析的原则或者一系列需要解决的争议，如此对待生命伦理学的态度，是片面并且是不完整的。我们体悟生命伦理学，必须作为前提的是，要把它作为我们追求神圣的一部分，而如果仅仅是学术化的生命伦理学是枯涩而庸俗的，当然，我们这一理念很易于被搁置，人们可以只停留于文本、论文和思考中，当人们置身于轻松快乐的世界中时，这一切将被悬置于一隅。我们说，基督教生命伦理学不仅仅是一种哲学的生命伦理学，如果其外在于基督教哲学，将会产生理论上的误导。大斋节（Lent）第三周，那个周四的晨祷提醒我们：

---

① 以下是圣·奥托诺缪斯（Autonomous）生活的节选（9月12日节日）。"他不仅宣扬耶稣基督的福音，而且提倡非暴力政策……同时，这场冲突［异教徒和基督教徒的冲突］点燃了仇恨的情绪源点，使得即使是温和的基督徒，也会袭击异教徒的庙宇和偶像，以此为受迫害的伙伴复仇。在这些冲突最激烈的时候，他提倡并规劝使用非暴力，认为，这种克制比受迫害的基督徒去行动更加容易。"见乔治·波洛斯（George Poulos）《东正教圣徒》（Orthodox Sains，布鲁克林，马萨诸塞州：圣十字东正教出版社1991年版），第3卷，第189—190页。

第八章　后基督教世界的基督教生命伦理学　513

虽则简洁明了，却是至理名言，他们已经撕碎了哲学家编织的话语之网，演说家狡黠的语言编织的锦缎……彼得在叙说，柏拉图在沉默，保罗在教诲，而毕达哥拉斯不再被我们提及。团契的圣徒，宣表上帝的奥秘，我们已经埋葬了希腊异教徒那逝去的噪音，并且号召全世界都来敬拜我们的基督圣教。①

基督教生命伦理学必须建立在整全的传统神学的实践基础之上，对基督教生命伦理学的正确理解，是上帝对我们的要求，是至高无上的神旨的不可或缺的一个部分，这神圣的律令，必将始终贯穿我们充满希望的一生。

---

① 《四旬斋》(*The Lenten Triodion*)，玛丽嬷嬷 (Mother Mary) 译（布希—ZH—行吟诗人镇，法国：圣母修院1979年版），在大斋节第三周的星期四晨祷，载 "第二教规" (Second Canon)，第147—148页。

索 引

Abbot, Francis 弗兰西斯·阿博特
Abortion 流产
and doctrine of double effect 和双重效应的教条学说
 and miscarriage 和流产
 and premature delivery 和提前分娩
 early vs. late 早期对晚期
 defined 定义明确的
 direct vs. indirect 直接的和间接的
 intentional 故意的
 language of rights 有关权利的话语
 prenatal screening and 产前检查和
 to save mother's life 为拯救母亲的生命
abortifacients 堕胎药
Abraham 亚伯拉罕
Abramtsov, David, F. 大卫·F. 阿布拉姆特索夫
Adam, son of God 亚当, 上帝的儿子
 and Eve 和夏娃
 second 第二位的, 另参见 Christ 基督
Adam's sin 亚当之罪, 另参见 Fall of man 人类堕落
Adler, Adolph 阿道夫·阿德勒
Adronicus and Athanasia, Sts 圣·安德罗尼库斯和亚撒内西亚
adultery 私通
advance directives 预先的指令
Aerakis, N. 艾拉吉斯

Aertnys, Joseph 约瑟夫·艾特尼斯
aesthetics as higher truth of morality 美学作为更高的道德真谛
Aeterni Patris 帕特里斯
Agapius, St. 圣·阿卡匹奥斯
Agathon, Abba 阿加申神父
aggiornamento 现代化改革
agnosticism 不可知论者
AIDS 艾滋病
Alberti 阿尔贝蒂 M. A.
Albertus Magnus 阿尔伯图斯·麦格努斯
Aldridge, D. 奥尔德里奇
Alexander, Richard 理查德·亚历山大
Alexander VI, pope of Rome 罗马教皇亚历山大六世
Alexander the Great 亚历山大大帝
Alexis of Wilkes–Barre, St. 威尔克斯-巴里的圣·亚历克西斯
Allen, Joseph Henry 约瑟夫·亨利·艾仑
Alonios, Abba 阿诺尼神父
Alvarez., A. 阿尔瓦雷茨
Ambrose, St. 圣·安布罗斯
American Medical Association 美国医学会
American Medical Assoc. v. Federal Trade Comm'n 美国医学会起诉联邦贸易委员会
Amphilochius, St. 圣·阿姆菲劳修斯
Amundsen, Darrel 达雷尔·阿蒙德森
anal intercourse 鸡奸
analogia entis 类比理论
Andreae, J. V 安德烈埃
Anicetus, St 圣·阿尼谢塔斯
animation of the soul 灵魂的活力，另参见 soul 灵魂
Anselm of Canterbury 坎特伯雷的安瑟伦
Anticlimacus, Johannes 约翰尼斯·安提—克里马库斯
Antony the Great St. 大圣·安东尼
Apostolic Canon (s) 使徒教规

Aquinas, Thomas 托马斯·阿奎那
Aristotle 亚里士多德
Arnold, Robert M. 罗伯特·M. 阿诺德
Arsenios, Geronda 杰隆达·艾尔森尼奥斯
Artemy, Bishop 阿特梅主教
artificial insemination 人工授精
 by donor 由供精人
 from husband 由丈夫
asceticism/ascetic life 苦行主义/苦行生活
 worship and 崇拜与
assumptions, framing/fundamental moral 假定框架/基本道德规范，另参见 moral standard 道德标准
 Athanagoras, Patriarch 牧首阿萨纳格拉斯
 Athanasius the Great, St. 大圣·阿萨纳休斯
atheism 无神论
 Aubert, J. -M. 让·奥巴特
 Audi, Robert 罗伯特·奥迪
 Augustine of Hippo 圣·奥古斯丁
  on lying 论说谎
 Augustinus the Russian, Fr. 俄罗斯奥古斯丁神父
authority 权威
 an 与
 ecclesial, moral, spiritual 教会的，道德的，灵性的
 in 在……中的
 moral, within Orthodoxy 道德的，在东正教内的
 papal 教皇的
 secular 世俗的
 theological 神学的
 另参见 magisterium 教权
Autonomous, St. 圣·奥托诺马斯
autonomous individual 个人自主权，另见 person 人
autonomy, individual 个人自主 27, 142, 310, 364f
Bachman, Jerald 杰拉德·巴克曼

Bacon, Roger 罗杰·培根 203

Baez, Domingo 多明哥·巴内茨 46, 51

Barsukov, Ioann 伊奥恩·巴尔苏阔夫 215

Barth, Karl 卡尔·巴特 57, 62

Bartholomeus, Patriarch 巴塞洛缪牧首 207, 223f, 230f

Bartlett, Elisha 艾丽莎·巴尔特雷特 65

Basil the Great, St. 大圣·巴西拉 xvii, 171f, 213, 218, 223f, 255, 261, 293, 297, 304f, 317ff, 321, 326, 344ff, 389

Baur, Chrysostomos 克里索斯托马斯·保尔 221

Bay, Eugene C. 尤金妮·白 342

Bayer, Ronald 罗纳德·拜耳 294

Bayle, Pierre 皮尔·贝利 21, 61

Beauchamp, Tom L. 汤姆·比彻姆 27, 30ff, 66, 69

begging thequestion 苦求问题 xiii, 2, 36

belief, religious 宗教信仰，另参见 religious 宗教

Bellingham, RR. 贝林厄姆 154

Benedict XII, pope of Rome 罗马教皇本笃十二世 60f

Benedict of Aniane 圣本笃阿尼亚纳, 227

beneficence 善行 27

Berger, Peter L. 皮特·伯杰 xx, 11, 55

Bergman, Ingmar 英格玛·伯格曼 107, 125

Berkman, John 约翰·波尔克曼 8f, 52

Berlinghieri, Francesco 弗兰西斯科·伯令黑利 65

Bernard of Clairvaux 克莱尔沃克斯的伯纳德 51

bestiality 兽性 246f, 293f

Bible or Scripture (s) 圣经或者经文 192ff, 215
    and liturgy 和圣礼仪式, 161, 188f, 192ff
    as center of Christian faith 作为基督教信仰核心 xvf, 193, 214
    traditional Christianity's 传统基督教的 213f

Bichat, Xavier 科萨维尔·比沙 8, 50

Bieber, Irving 欧文·比伯 294

Bieganski, W. 别甘斯基 65

Biggers, John D. 约翰·D. 比格斯 297

bioethics 生命伦理学 xviii, 47
  canonical content 按教规内容，另参见 canonical 教规的
  religious 宗教的 1, 3f
  secular 世俗的 1f, 4, 22, 29, 44, 209
  as founding health care policy 作为制定卫生保健政策的 14, 27
  as scholarly field 作为学术领域的 16ff
  content – full 内容整全性 3
  contrasted with traditional Christian 与传统基督教比 284ff
  material equivalence of 材料等效的 14ff, 57, 287
bishop（s）主教 51, 53f, 187, 189, 191, 194f, 198, 222
bishop of Rome 罗马主教 另见 pope of Rome 罗马教皇
Blackstone, William 威廉·布莱克斯通 173, 219
Blane, Gilbert 吉尔伯特·布兰尼 65
Bökle, F 博克勒 57
Bole, Thomas J 托马斯·博尔 III, 345
Bolsheviks 布尔什维克 xxi
Bonaventure 博纳旺蒂尔 203
Bonet, Theophil 歇奥菲尔·博内特 50
Bonnar, Alphonsus 阿尔封苏斯·伯纳尔 52
Book of Needs 必备之书 277, 306, 308, 359
Boros, L. 博罗斯 47
Botkin, Jeffrey 杰弗里·鲍特金 306
Boudewyns, Michael 米盖尔·波多弗茵斯 51
Bouillauds, Jean 简·包埃劳德斯 65
Bouma, Hessel 赫塞尔·鲍马 III, 56
Bouscaren, Timothy Lincoln 提摩太·林肯因·鲍思卡任 52
Bouvia, Elizabeth 伊丽莎白·鲍维雅 342
Bouvia v. Riverside General Hospital 鲍弗雅诉河滨总医院案 342
Bouvia v. Super. Ct. of Cal. 鲍弗雅诉加利福尼亚高等法院法庭 342
Bouyer, Louis 路易斯·拜耳 54
Braaten, J. 布拉滕 67
Bradley, Denis J. 丹尼斯·布拉德雷 220
Brady, Joseph V. 约瑟夫·V. 布雷迪 66

Brandeis, Louis3 路易斯·布兰代斯 74
Braverman, E. 布雷弗曼 154
Breck, V. Rev. John 约翰·布雷克 220, 288
Bresnahan, James F., S. J. 詹姆斯·莱斯纳罕 57
Brody, Baruch A.4 巴鲁克·布罗迪 5, 70, 304
Brosnan, William J. 威廉姆·布鲁南 215
Bruce, Steve 斯蒂夫·布鲁斯 55, 211
Bryan, Willian Jennings 威廉·詹宁斯·布赖恩 212
Bryce, James 詹姆斯·布瑞斯 60
Bubba of Texas 得克萨斯州的布巴 341
Buber, Martin 马丁·布伯 21
Buckley, Michael, S. J. 迈克尔·布克雷 49, 155
Bulger, Roger J. 罗杰·巴格 67
Bullough, Donald A. 唐纳德·A. 巴罗夫 60
Burger, Warren 沃伦·伯格 374
Burman, Edward 爱德华·伯曼 60
Burns, Chester R. 切斯特·R. 伯恩斯 63
Butterfield, Herbert 赫伯特·巴特菲尔德 21, 61
Cajetan, Thomas de Vio 托马斯·科赫坦 51
Calvin, John 约翰·加尔文 160
Calvinism 加尔文主义，另见 Christianity 基督教
Cameron, Nigel 奈杰尔·卡梅伦 67
Camus, Albert 阿尔伯特·加缪 112, 214, 313, 342
Cangiamila, Francesco Emanuello 弗朗西斯科·伊曼纽尔·坎加米拉 51

canon（s）教规

Orthodox Christian 东正教的 94f, 200f, 213, 224, 248f, 261, 268, 276, 278, 280, 293f, 295, 297, 300ff, 304f, 321, 327f, 332, 345, 349

Roman Catholic 罗马天主教的 295, 305, 343, 346

canonical morality or ethics 教规的道德或伦理 xi, 2f, 4f, 24, 2840, 44, 46, 75, 84, 209, 213

contingent because particular 因为特殊而偶然出现 1f

impossible 不可能的 128, 158, 168, 170, 181, 183

Canterbury v. Spence 坎特伯雷诉斯彭斯 58

Capaldi, Nicholas 尼古拉·卡帕尔迪 xxiii

Capellmann, Carl Franz Nicolaus 卡尔·弗兰茨·尼克劳斯·卡佩尔曼 52

Caputo, John3 约翰·卡普托 48

Carey v. Population Services Int' l 2 凯里诉国际人口组织 97

carnal sexuality 世俗的性行为 238f, 246, 249

Cartwright, Samuel A. 塞缪尔·A. 卡特赖特 64

Cassiodorus 卡西奥多拉斯 344

castration 阉割 268f, 272, 293

Castro, Rodericus 罗德林克斯·卡斯特罗 64

casuistry 决疑法 32f, 36f, 69f, 209

category/categorial account 分类/范畴框架 92, 94f, 97, 119f, 122

Catholicity 大公性 222f

Causation 成因 319ff, 345

Cavarnos, Constantine 康斯坦丁·伽瓦诺斯 292

Cavell, Stanley1 斯坦利·卡威尔 14

Caws, Peter 彼得·卡弗斯 66

Charles V 查尔斯 五世 110

Charles the Great 查尔斯大帝 24, 60, 119, 202

children, limiting 限制孩子（数量）264—268

　and marital fast 和婚姻斋戒 264

　not condemned 不被谴责的 265

Childress, James F. 詹姆斯·丘卓斯 27, 30, 66

Christ, the Son of God 上帝之子，基督 xv, xvii, xx, 1, 11f,
　15f, 21f, 87f, 101f, 144, 162, 169, 183,
　191, 196, 223, 208, 240ff, 303

　as second Adam 作为第二亚当 237, 239f, 288, 290, 315f, 337, 350

　incarnation, and Kierkegaard 变身，和克尔凯郭尔 100—105

Christianity 基督教

　biblical《圣经》的 160f

　Calvinist 加尔文主义者 161

grounds of 为由 230

Lutheran 路德会信徒 161

Orthodox 东正教 x, xvi, xvii, xxi, 6, 49. 另见 Christianity, traditional 传统的基督教

post-traditional 后传统的 xvii, 13, 144, 148f, 150, 157, 312

Protestant 新教 xv, xx, 23, 49, 75, 87, 93f, 96, 119f, 228f

rationally reconstructed, secularized 理性重建, 世俗化 86—89, 94, 97f, 109, 119, 149

Roman Catholic 罗马天主教 xv, xx, 49, 202—206, 227—230

  discursive reason 种种理由, 229

  its centralization 其集中 119, 227f

  reproduction 生殖, 另见 reproduction 生殖

  traditional/conservative 传统的/保守的 xv, xx

traditional 传统的 xii, xiv, xvi, 11, 13, 159f, 213, 223

  as transforming 作为改革 106, 108

  exemplar of 范例的 159f

  hierarchical 分级的 13f, 189

  senses of 感官的 49, 160

  spiritual medicine 精神医学 340

theology of 神学的 xvi

Western 西方 xvii, 2, 6, 10, 37f, 49, 73

  development of 发展的, 227—230

  its rationalism 其理性主义, 134, 149

  its synthesis of faith and reason 其信仰和理性的结合, 44f, 49, 58, 155

Western medieva 中世纪的西方 l, xvii, 24, 38, 93, 212, 217

  its synthesis of faith and reason 其信仰与理性结合, 18, 38

Chrysostom of Athens, Archbishop 雅典的克利索斯托姆, 大主教, 298

Church as body of Christ 教会如同基督的身体, 206, 227, 229

Church of the Holy Trinity v. United States 圣三一教会诉联邦政府, 396

Church unity 统一教会,

Orthodox 东正教,

as synodal 如同教会会议的, 189
of the Holy Spirit 圣灵的, 226
Roman Catholic 罗马天主教, 227f
Cieszkowski, August von 奥古斯特·冯·契思考夫斯基, 62
Cipolla, Carlo 卡洛·奇波拉, 64
circumcision 包皮环切, 272, 303
Clement, pope of Rome 克莱门特, 罗马教皇, 213
Clement of Alexandri 亚历山大利亚的克莱门特 a, 165f, 172, 214ff, 221, 268, 358, 385
Climacus, Johannes 约翰尼斯·克里马库斯 105, 124
cloning 克隆, 6
Cobb v. Grant, 考布诉格兰特 58
Codronchi, Giovanni 乔万尼·科隆芝, 6
Cohen, Hermann 赫尔曼·科恩, 116, 120f
L. Colish, Marcia L. 玛西娅·柯里希, 227
Collins, Anthony 安东尼·柯林斯, 52
commandments 戒条, 180, 182
Communion, Holy 圣餐, 191f, 222, 282, 307
communion of saints 圣徒社会, 另见 community of saints 圣徒共融
communism. 共产主义, 另见 International Socialism 国际社会主义
community 社区, 51
as necessary 必要时, 92
moral/ethical 道德的/伦理的, 44
"morally thick" "道德氛围浓厚", 135, 137
of belief 信仰的 136
of saints 圣徒的, 5, 97f, 103f, 231
religious 宗教的, 136f
vs. the state 与国家的, 5, 44, 92, 108f, 135f
Compassion in Dying v. Washington 临终关怀联盟诉华盛顿州, 327, 347
Congar, Yves 康加·伊维斯, 60
Conrad of Marburg 马尔堡的康拉德, 59
consensus 一致同意, 29, 31, 67, 68

consent 同意, 364
 by children and proxie 由儿童和代理人, 7
 free and informed 自由和知情, 40, 135
 informed 知情的, 7, 17
 as morally authoritative 作为道德权威, 另见 permission 允许
 consequences, appeal to 后果, 求助于 32
Constantelos, Demetrios 康斯坦特勒斯·戴米奇斯, 298f, 301
Constantine XI 康斯坦丁十一世, 392
Constantine the Great, St. 康斯坦丁大主教, 227
Constitution, United States 美国宪法规定, 375, 396
content of natural theolog 自然神学的内容 y, 166ff
contraception, voluntary 避孕, 自愿的, 6, 297
 and abortifacients 和堕胎药, 268, 299
 as aesthetic concern 作为审美关注, 262f
 natural law approach to 自然法方法, 263
 Orthodox vs. Roman Catholic 东正教与罗马天主教, 266, 299f
 traditional Christian. 传统基督教, 另见 See reproductive ethos 生育时尚潮流
 contraceptive ethos 避孕习俗, 13f, 238, 267f, 298f, 300f
 as oriented to self 以自己为导向, 263f
contract, health care 契约, 卫生保健, 40
controversy 论战
 moral 道德上的, 39, 355
 resolution of 的解决, 37, 50, 52, 132, 355
Conyers, A. J. 孔耶尔斯 xx
J. Cook, Captain J. 库克船长., xix
Copernican Revolution, Kant's 康德的哥白尼式革命, 81, 113
 and religion 和宗教, 133f
 and secular morality 与世俗道德, 129, 131ff
Copernicus, Nikolaus 哥白尼·尼格劳斯 49
Coppens, Charles 查尔雷斯·考本斯, 52
cosmopolis, secular 国际都市, 俗世的, 133—144
 Enlightenment aspiration to 启蒙运动的愿望, 134

libertarian 自由意志论者，另见 libertarian 自由意志论者

Cosmas and Damian, Sts 圣考斯马斯与圣达米安, 366

Council 大公会议,

 Ecumenical 普世的, 199f

 First – and – Second – Council（in 861）第一次和第二次大公会议（于 861 年）, 224, 269, 272, 302

 Fourth Lateran（in 1215）第四次拉特兰会议（于 1215 年）, 59, 225, 346

 of Ankyra（in 314 – 315）安可拉的（于 314—315 年）, 194, 224, 305

 of Antioch（in 341）安提阿的（于 341 年）, 224

 of Carthage（ca. 258）迦太基的（约 258 年）, 194, 224

 of Carthage（in 418 – 419）迦太基的（于 418—419 年）, 192, 213, 300

 of Chalcedon（in 451）卡尔西登的（于 451 年）, 48f, 194, 195, 224

 of Constantinople I（in 381）君士坦丁堡第一次（于 381 年）, 195, 224f, 292, 302

 of Constantinople II（in 553）君士坦丁堡第二次（于 553 年）, 48f, 224f

 of Constantinople III（in 680）君士坦丁堡第三次（于 680 年）), 49, 224, 305

 of Constantinople（in 14th century）君士坦丁堡的（于 14 世纪）, 48, 60, 225

 of Ephesus（in 431）以弗所的（于 431 年）, 48, 222, 224

 of Ephesus（in 439）以弗所的（于 439 年）, 195, 199

 of Gangra（in 340）岗革拉的（于 340 年）, 224, 244

 of Jerusalem（in 46）耶路撒冷的（于 46 年）, 206

 of Laodicea（in 364）老底加（于 364 年）, 192, 213, 224

 of Nicea I（in 325）尼西亚一次, 194f, 224, 268

 of Nicea II（in 787）尼西亚二次（于 787 年）, 224f

 of Neocaesarea（in 315）新凯撒利亚的（于 315 年）, 224, 297

 of Sardica（in 347）撒狄卡的（于 347 年）, 224

 of Trent（1545 – 1563）特兰托的（1545—1563 年）, 8, 51f, 343

of Trullo 特伦多的，另见 Council, Quinisext 见昆尼色克特会议

Quinisext（in 692）尼色克特（于 692 年），192, 224f, 292, 300, 349

Vatican I 梵蒂冈第一次大公会议，54, 58

Vatican II 梵蒂冈第二次大公会议，4, 9ff, 24, 51f, 53f, 70, 121, 204, 225, 228

Cox, Harvey 考克斯·哈维，55

A. Cronin, Daniel A. 克罗宁·丹尼尔 49, 65, 345

Cronk, S. 克龙科，154

Cross of Christ 基督的十字架，332

Cupitt, Don 敦·库比特，155

Curlender v. Bio – Science Laboratories 克伦德尔诉生命科学实验室与自动化实验科学实验室，306

Curran, Charles 查尔斯·科伦，15, 53, 57

culture wars 文化战争，7, 13, 49

custodians of tradition 传统守护者，194—199

Cyril of Alexandria, St. 亚历山大利亚的圣西里尔，224

Cyril of Jerusalem, St. 耶路撒冷的圣西里尔，386

Cyrus and John, Sts. 圣塞勒斯与圣约翰，366

David the Psalmist 诗人大卫，127, 169, 195, 336, 362

Davidoff, Frank 达维多夫·弗兰克 58

Davies, Michael 戴维斯·米盖尔，xx

Davis, Henry 戴维斯·亨利，388

death 死亡，6, 293. See also evil，另见邪恶

cure for 照护，353f

definition of 的定义，7, 333

declaration of 宣告中，334

moment of 瞬间，332f

with dignity 和尊严，323

deception 欺骗，289, 296, 355—364

and Augustine 和奥古斯丁，357

justified 合理的，362

obligatory 必须的，356, 359f, 385f

peaceable 和平的, 363, 386f
repentance for 悔改, 360f
Roman Catholic position 罗马天主教地位, 357f, 385
Therapeutic 治疗的, 362f
decision – making 决策的, 17, 323—327, 364
proxy 代理人, 365
DeGrazia, David 德哥拉贾, 37, 70
deism 自然神论, 52f, 87
Delkeskamp – Hayes, Corinna 科琳娜·德尔克斯坎普－海斯
democracy 民主, 36, 46
limited 有限的, 40f, 44, 135f, 152
deontology 义务论, 30f
Derrick, Michael 德里克·米盖尔 1, 47
Descartes, René 勒内·笛卡尔, 8,
Deuser, Hermann 赫尔曼·丢瑟尔 122
devil (s) 魔鬼, 190, 208, 315, 336—339, 350
dialectic 辩证的, 98, 107, 109, 128, 160
Dickey, Laurence 迪基·劳伦斯 119
Didache, the 十二使徒遗训, 239
Diderot, Denis 德尼斯·狄德罗 47
Diogenes Laertius 迪奥戈尼斯·莱尔提犹斯, 113
Diomedes, St. 圣狄俄墨得斯, 387
Dionysius the Alexandrian, St. 亚历山大里亚的圣·狄奥尼修斯, 224, 243, 301, 307
disability 无能力, 6
disbelief 怀疑, 164 – 168
diversity of moral understandings 道德建立的多样化, 另见 diversity/plurality 道德多样化/多元化
dogma 教义, 192, 200
Donations of Constantine 康斯坦丁的捐赠, 203, 227
Donceel, J. 东泽尔, 304
Dorlodot, Canon Henry de 佳能·亨利·德多伦得, 305
Dorotheos of Gaza, St. 加沙的圣·托罗塞奥斯, 289, 296, 360, 386

索 引　527

Dossey, L. 多西, 154
Dostoevsky, Fyodor 菲奥多尔·陀思妥耶夫斯基, 138, 155
double effect, doctrine of 双倍效应, 教义的, 277f, 306, 320, 324ff, 345
Douglas – Smith, B. 道格拉斯 – 史密斯, 154
Duns Scotus 邓斯·司各特, 203f
Dupleix, Scipion 塞皮安·杜普莱克斯, 67
Dworkin, Ronald 德沃金·罗纳尔多 341
ecclesiology 教会学, 54, 103, 119, 205, 228
ecumenism, ecumenist 泛基督教主义, 泛基督教主义者, xx, 146—148, 157, 162
Edelstein, Ludwig 埃德尔斯坦·卢德维格 50
Eden, Garden of 伊甸, 伊甸园的, 6, 239—242, 290
egalitarian/egalitarianism 平等的/平等主义, 37, 143
Eichendorff, Joseph Freiherr von 约瑟夫·弗雷赫尔·冯·艾森多尔夫, 62
Eichner v. Dillon 埃克内尔诉狄龙, 65
Eisenstadt v. Baird 艾森斯塔特 诉贝尔德, 389
elder, or geronda or staretz 长老, 或至尊的精神父母, 189, 196, 218, 222, 273, 302
Elijah 以利亚, 348
Elio t, T. S. 埃利奥特, 67
Emanuel, Ezekiel, 伊曼纽尔·依齐基尔 71, 341
Embodiment 化身, 333f
embryo (s) 胚胎, 45
and fetuses, dead 和胎儿, 死亡, 261
experimentation on 对……实验, 6, 261
formed vs. unformed 成形的和不成形的, 304f
transfer 转移, 6, 256
energies, God's uncreated 活力, 上帝创造的, xiii, xx, 48, 123
Engelhardt, Beulah Karbach 比尤拉·丽丽·卡尔芭·恩格尔哈特, 389
Engelhardt, Dietrich von 迪特里希·冯·恩格尔哈特, 63

Engelhardt, H. Tristram, Jr. 祁斯特拉姆·恩格尔哈特, iii, xviii, xxi, 45f, 65f, 71, 112, 117ff, 122, 152f, 294, 341, 345, 349

Engels, Friedrich 弗里德里希·恩格斯, 23

Enlightenment 启蒙, xvii, xxif, 4, 22ff, 25, 27, 35, 38, 44f, 47f, 61, 71, 74, 84, 86, 88, 91, 93, 95f, 119, 129ff, 134

 and rationalism 和理性主义, 134

ensoulment 灵魂, 另见 soul 魂

Ephraim, Geronda 伊弗雷姆, 杰隆达 103f

Ephraim the Syrian, St. 叙利亚的圣伊弗雷姆, xvii

epistemology 认识论, 161f, 168, 176—179, 183, 188, 190, 210

Epistle of Barnabas 巴拿巴书信, 239

equality 平等, 28, 43, 141ff, 264

Erickson, Stephen 埃里克森, 斯捷番 xxiii

Eucharist, Holy 圣餐, 神圣的, 见 Communion, Holy 圣餐, 神圣

Eucharistic liturgy 圣餐礼, 见 liturgy, Orthodox 见礼拜仪式, 东正教

eunuch 太监, 249, 295, 302

Eusebius, St. 圣尤西比乌斯, 386

euthanasia 安乐死, 7, 310–313, 342, 366f, 369

Evagrios the Solitary, St. 苦修者圣·伊凡格里奥斯, 197, 226

Evans, C. Stephen 斯蒂芬·埃文斯, 99, 122f

Evdokimov, Paul 保尔·伊夫多基莫夫, 166, 215

Eve 夏娃, 6

Everson v. Board of Education 埃佛森诉教育部, 396

evil 邪恶的, 89f, 337

 cooperation in 合作, 368f, 388

evolution 进化, 139

Exodus 出埃及记, 304

Ewart, Wendy R 文迪·埃瓦尔特. 212

exemplar knowers 模范的学者, 50, 172

experientially knowing God 经验性地体悟上帝, xiii, xvi, 3, 5, 20, 48, 104, 124, 162f, 169, 173f, 177f, 180f, 183, 186, 190, 206, 210, 215 and Kierkegaard 和克尔凯郭尔, 100ff, 124

as goal of bioethics 作为生命伦理学目标, 236f, 285

as securing moral content 作为传统道德内容, 158, 163, 169, 190, 217

fairness 公正, 28

faith, religious 信仰, 宗教的, 165f, 168f, 176f

Kierkegaard's 克尔凯郭尔的, 98—108, 124

and experientially knowing God 并经验性地体悟上帝, 124f, 165f

and reason 与理由, 109, 214

Fall of man 人类的堕落, 6, 174, 176, 181, 196, 202, 220, 225, 239, 290f, 293

and cure 和治愈, 315f

and man's freedom 和人类的自由, 343

and pleasure and pain 与愉快和疼痛, 292f

and suffering 与苦难, 314ff

family 家庭, 142, 365, 371, 373

family planning 家庭计划生育, 268

Fan, Ruiping 范瑞平, xxiii, 69

fast/fasting 快速/空腹

from food 从食物, 54, 226, 228, 292

marital 婚姻的, 264, 292, 298

father (s) and mothers, holy 教父与教母, 另见 elder of the Church 教会长老, 192, 195

spiritual 灵性的, 47, 86, 172, 264, 266, 267, 280, 296, 299, 302, 322, 365

Faustinus, Bishop 弗斯提那斯主教, 300

Felix, St. 圣菲利克斯, 385

fellatio 口交, 295

Ferreres, J. 费雷罗里斯, 385

Ferry, Jules 朱尔·费, 62, 154

fertilization, *in vitro* 体外受精, 另见 *in vitro* fertilization fetus, 试管婴儿 45, 114

formed and unformed 成形的和未成形的, 304f

Ficarra, Bernard J. 伯纳德·费卡拉, 52
Fides et Ratio 信仰与理性, 58, 204f, 221
Final Judgment 最后审判, 239f
Findlay, John N. 约翰·N. 芬德利, 151
Finney, Patrick A. 帕特里克·芬尼, 52
Fitzgerald, Thomas 托马斯·菲茨杰拉德, 49
Fleck, Ludwik 路德维克·弗莱克, 51f
Fletcher, Joseph 约瑟夫·弗莱彻, 12, 53, 55
Flexner, Abraham 亚伯拉罕-弗莱克斯纳, 58, 65
Flood, Peter 彼得·弗拉德, 52
Florovsky, Georges 乔吉斯·弗罗洛夫斯基, 226
Folz, Robert 罗伯特·弗尔兹, 60
fornication 私通, 246, 249, 252, 293f
Foucault, Michel 米歇尔·福柯, 50
foundational disagreements 基本分歧, xi, xiii, xviii, 3
Fowl, Stephen 斯捷番·弗尔, 215
Franco's Spain 佛朗哥的西班牙, 2, 47
Frank, Chrysostom 克里索斯托姆·弗兰克, 51
Frank, Johann Peter 约翰·彼得·弗兰克, 64
Frankfurt, Harry 亨利·弗兰克福, 286, 295
Freedom 自由, 47
    as moral authority's source 作为道德权威来源, 131, 138, 151
    as side-constraint 作为负面限制, 另见 as moral authority's source 作为道德权威的来源
    as value 作为价值, 131, 138, 142f, 151
French Revolution 法国革命, 2, 4, 22f, 62, 134, 138
Fuchs, Joseph, S. J. 约瑟夫·福克斯, 14f, 56, 57
Fukuyama, Francis 弗朗西斯·福山, 154
Fundamentalist 原教旨主义者, xv, 7, 157f, 211f
    Rawls' notion of 罗尔斯的概念, 371f, 388
Gabriel, George S. 乔治 S. 加布里埃尔, 301
Gaius 盖乌斯, 58f, 172
Galeriu, Parintele 帕林泰勒·加勒留, 222

索　引　531

Gametes 配子, 258, 259, 261
Ganshof, Franois 弗朗希斯·甘索夫, 60
Gartner, J. D 加特纳, 154
Gay, Peter 彼得·盖伊, 47f
Gellius, Aulus 奥拉斯·杰留斯, 153
gender, meaning of 性别, 意味着, 288f
　selection of 选择的, 见 sex selection 性别选择
Genesis 创世记, 247, 303
genetic engineering 遗传工程, 6, 259, 272f
　and hybrid human species 与杂交人类种系, 272f, 303
germlin 种系 273
Génicot, Eduardus 爱德华·热尼克, 385
Gennadius, St. 圣吉纳底斯, 224
Gerety, Tom 汤姆·格雷蒂, 389
Gert, Bernard 伯纳德·哥特, 64, 68, 70
Gerwood, J. 杰·格伍德, 154
Gilbert, Alan D. 艾伦·吉尔伯特, 55f
Gillquist, Peter E. 皮特 E. 伊尔奎斯特, xxi
God 上帝, 161—184, 186, 208, 213, 240, 290f
　as ground of morality 作为道德域的, 35, 40, 74, 79f, 162, 177, 210
　in Kant 在康德那里, 4, 85f, 117f, 129, 151
　knowing the existence of 知道存在的, 164—168
　the Father 神父, xxi, 183, 201
　transcendent 超验的, xii, xvi, 5, 95ff, 162, 173, 183f, 203
　union with 与……联合, 210, 284
Goldberg, Arthur 亚瑟·哥德堡, 375
Golitzin, Fr. Alexander 亚历山大·格力钦神父, 215, 329
good life 良善生活, 28, 43
Gospel 福音, 192, 223, 247, 265
Gram, Moltke 莫尔特克·格兰姆, 151, 350
Grand Inquisitor 大检察官, 155
Gray, John 约翰·格雷, 154
Greeley, Andrew M. 安德鲁·M. 格里利, 54

Gregorius, Abba 格里高利奥斯神父, 231
Gregory, John 约翰·格里高利, 63
Gregory VII, pope of Rome 罗马教皇格里高利七世, 119, 227f
Gregory Nazianzen 格里高利·纳简珍, 见 Gregory the Theologian 神学家格里高利
Gregory of Neocaesarea, St. 新凯撒利亚的圣格里高利, 224
Gregory of Nyssa, St. 尼撒的圣·格里高利, 224, 321, 346
Gregory Palamas, St. 圣格里高利·帕勒马, 183, 216, 221, 225, 332, 349, 384
Gregory the Theologian, St. 神学家圣格里高利, xvii, 198, 213, 224, 248, 293
Griswold v. Connecticut 格里斯沃尔德诉康涅狄格州, 375, 389
Guénon, René 洛内·格农, 229
Guroian, Vigen 维根, xxiv
Gustafson, James 詹姆斯·古斯塔夫森, 12, 57
Haase, J. E. 哈瑟, 154
Habib el Masri, Iris 艾里斯·哈比卜与马斯里, 231
Halevy, Amir 阿米尔·哈勒维, 349
Hamartia 悲剧, 287
Hanke, Lewis 汉克, 115
Hapgood, Isabel Florence 伊莎贝尔·哈普古德, 214, 222f, 225, 291, 295f, 297f, 300f, 304, 308, 348, 351, 389, 397
Harakas, Stanley 司坦利·哈拉卡斯, xxi, 300
Harbeson v. Parke – Davis, Inc. 哈尔贝松诉帕尔克-戴维斯公司, 306
Häring, Bernard 伯纳德·哈令, 57
Hart, H. L. A. 哈尔特, 319, 345
Hartmann, Eduard von 爱德华·冯·哈特曼, 56
Hartmann, Klaus 克劳斯·哈特曼, 62, 119f
Harvey, William 威廉·哈维, 8, 50
Hatch, R. 哈奇, 154
Hauerwas, Stanley 斯坦利·豪尔瓦斯, 12, 56, 351, 396f
Have, Henk ten 亨克·腾·海夫, 66

索 引

Hayek, Friedrich 弗里德里克·哈耶克, 383, 389
Hayes, Edward 爱德华·海耶斯, 52
health care 卫生保健,
　　policy, public 公共政策, 14, 20, 27, 29
　　providers, Christian 基督徒提供人, 366—369
　　　and abortion 和流产, 366, 367, 369
　　　and involuntary homicide or miscarriage 与非故意的杀人犯合流 368
　　　and physician – assisted suicide or euthanasia 与由医生协助的自杀和安乐死 366, 367, 369
　　　and third – party – assisted reproduction 与第三方协助的生殖 367, 369
　　　involvement in secular medical culture 卷入世俗的医学文化,
　　　that accepts much evil, guidelines for 接受更大的邪恶,导致……, 368—369
　　　pursuit of kingdom of heaven (i. e., holiness, or union with God) should be primary 追求天堂的王国（即神圣，或与上帝合一）应该是首要的, 366
　　provision of 提供的
　　　by all – encompassing secular, state – supported 全面的世俗化，国家支持
　　　system 系统, 379—380
　　　excludes room for traditional Christian 不包括传统基督教空间
　　　approach 方法, 380
　　　charity, requirement of, contrasted with call for egalitarianism 慈善团体,要求的,与均平主义相比, 381
　　　Christian, within an ideal libertarian cosmopolitan political structure 基督教,在理想的自由论世界主义政治结构中, 382—383
　　　　Orthodox version 东正教观点, 382—383
　　　　(traditional) Roman Catholic version （传统的）罗马天主教观点, 382
　　　egalitarianism of envy, why evil 嫉妒性平均主义,恶之由, 381
Healy, Edwin F. 埃德·F. 夏利, 52, 56f
heart 心, 165, 166, 168f, 171, 172, 189, 216 – 218
Hegel, Georg Wilhelm Friedrich 格奥尔格·威廉·弗里德里希·黑

格尔, 4—5, 23, 48, 62, 74f, 87, 90—99, 111f, 118—122, 175
 and contingency 与应变, 91f
 non-metaphysically interpreted 非形而上学解释, 119f, 122
 philosophy and religion 哲学和宗教, 95ff, 120f
 state and moral diversity 情境与道德多态, 92-96
Heidegger, Martin 马丁·海德格尔, 214
Heine, Heinrich 亨利希·海涅, 53, 122
Hellegers, Andr 安德烈·赫里格斯, xviii, 47
Henry VI, emperor 皇帝亨利六世, 119, 227
Herman of Alaska, St. 阿拉斯加的圣赫尔曼, xxiv
Hermolaus, St 圣赫尔莫劳斯, 366, 387
Herod the Great 希律王, 315
Hertig, Arthur 亚瑟·赫尔提格, 297
Hierotheos (Vlachos), Methropolitan 西罗塞奥斯（弗拉考斯）, 梅斯洛坡里坦, 另见 Vlachos 弗拉考斯
Hildebrand. 希尔德布兰, 见 GregoryⅦ 教皇格里高利七世
Himes, Norman 诺尔曼·希莫斯, 295
Hippocrates 希波克拉底, 65
Hittinger, Russell 拉塞尔·西丁格尔, 219
HIV 艾滋病病毒, 274
Hodes, Audrey 奥德雷·霍兹, 121
Hoeveler, J.D., Jr. 豪维勒尔, 65
Holbach, Baron Paul Henri Thiry d' 保罗·亨利·霍尔巴赫男爵, 52
R. Holder, Angela R. 安哥拉·郝德尔, 306
holiness 神圣, 6f, 26, 179, 186, 206, 210, 286, 300, 325, 347
Holy Ghost 圣灵, 见 Holy Spirit 圣灵
Holy Spirit 圣灵, ix, xvii, 49, 61, 167, 169, 180, 183, 185, 193, 196f, 198f, 201f, 205f, 215, 226, 267f, 391f
 acquisition of 所要求的, 231
Holy Unction 圣涂油礼, 338—340
holy unmercenaries 神圣的, 274, 366, 387
homicide 杀人犯, 275

involuntary 非故意的, 277f, 321f
penance for 对……忏悔, 278
homosexual acts 同性恋行为, 246f
Hopkins, Keith 凯斯·霍普金斯, 299
Horkheimer, Max 马科斯·霍克海默, 23, 62
Hoshino, Kazumasa 和正星野, 63
hospice care 临终关怀, 323
Hughes, V. Rev. Edward 爱德华·休斯, 155
Humanae Vitae 人类生命, 299
humanism 人文主义, 25, 65
humanitas 人性, xviii, 25, 152f
humanities 人文学, xviii, xxii, 24, 25f, 152f
medical 医学的, 17, 25f
Hume, David 大卫·休谟, 18, 22, 71, 74
Hunter, James Davison 詹姆斯·戴维森·亨特, 49
husband and wife 丈夫和妻子,
as Christ to the Church 作为基督教会的, 241
equals 平等的, 264
hysterectomy 子宫切除术, 270
ideology 思想意识, 68
Iglehart, John 约翰·伊格尔哈特, 349
Ignatius of Antioch, St. 安提阿的圣·依格那丢斯, 155, 191, 194, 222f, 389
illnes 疾病 s, 6,
immanence 内在的, xi, xiii, xv, 5ff, 81f, 102f, 169, 181, 310
as neutral 作为中立, 129
as precluding God 作为阻止神的, 127f, 129
for bioethics 为生命伦理学, 133, 287
Inre Cruzan 对克罗赞事件反思, 389
Inre President Directors of Georgetown College 对乔治敦学院校董会主席和董事, 389
Incarnation 道成肉身, 239
individuals 个人, 见 permission 允许

infanticide 杀婴者, 49

Innocent IV, pope of Rome 罗马教皇因诺森特四世, 59

Innocent XI, pope of Rome 罗马教皇因诺森特十一世, 357, 385

Innocent of Alaska, St. 阿拉斯加的圣因诺森特, 215

Inquisition, Holy 宗教法庭, 神圣的, 59

integrity of health care professionals 健康保健专业人员的忠诚, 7

International Socialism, 国际社会主义 23

intrauterine devices 子宫内置, 281

intuitions, appeal to 直觉, 吸引, 32, 33

in vitro fertilization 体外受精, 6, 254—256, 258, 260

Ioannidis, Klitos 克里托斯·尤安尼迪斯, 218, 301

Ioannikios, Archimandrite 尤安尼秋斯院长, 343

Irenaeus of Lyons, St. 里昂的圣艾任纽, 290

Isaac, son of Abraham 以撒, 亚伯拉罕之子, 332, 357, 361, 384

Isaac the Syrian, St. 叙利亚圣·艾萨克, xvii, 162, 170, 171f, 174, 176—179, 180, 216—221

Islam 伊斯兰教信徒, 11, 55

IUDs 宫内避孕器, 见 intrauterine devices, 见子宫内避孕器

Jacob, son of Isaac 雅各, 以撒之子, 359ff

Jakobowits, Isaac 伊萨克·雅克布维茨, 53

James, St. 圣詹姆斯, 351

Jenkinson, Jacqueline 杰奎琳·詹金森, 63

Jennings, Bruce 布鲁克·詹宁斯, 66

Jeremiah 耶利米, 315

Jerome, Blessed 布雷瑟·杰罗姆, 299, 329

Jesus Christ 耶稣基督, 见 Christ 基督

Job 职业, 167, 168, 183, 336

John XXII, pope of Rome 罗马教皇约翰二十二世, 61

John XXIII, pope of Rome 罗马教皇约翰二十三世, 9, 54, 121

John Cassian, St. 圣约翰·卡西安, 358f, 384ff

John Chrysostom, St. 圣约翰·克利索斯托姆 xvii, 162, 167f, 170, 172, 177, 184—187, 197, 205, 213ff, 218, 221f, 225, 237, 240—243, 245, 252, 256,

260, 264, 265f, 287f, 291ff, 296—299, 301, 316, 344, 348, 350, 361ff, 386f

John Climacus (of the Ladder), St. 圣约翰·克里马库斯（先前的）, 104ff, 123ff, 350

John of Damascus, St. 大马士革的圣约翰, 242

John of Kronstadt, St. 喀琅施塔得的圣约翰, 296

John of San Francisco, St. 旧金山的圣约翰, 197, 315, 344

John Paul II, pope of Rome 教皇约翰·保罗二世, 10, 55, 58, 204f, 221, 230f

John the Baptist 施洗者约翰, 104

John the Faster, St 圣约翰便捷宝典, 224, 248f, 302, 305, 307f, 346

John the Theologian (Evangelist), St. 神学家约翰（福音传道者）, 101f, 112, 169, 196, 338

Jone, Heribert 赫伯·琼, 295, 306

Jones, Kenneth 肯尼斯·琼斯, 54f

Jones, L. Gregory 格里高利·琼斯, 56

Jonsen, Albert 阿尔伯特·琼森, xxii, 66, 69

Joseph, Rev. Thomas 列夫·托马斯·约瑟夫, 155, 346

Joseph, St. 圣约瑟夫, 290, 297

Joseph the Hesychast 修士约瑟夫, 104, 124, 197, 226, 231

Judaism 犹太教,

Orthodox 东正教, 11

rabbinical reflections of 犹太教拉比的反应, 45, 53

Reformed 改革的, 97, 120f

justice 司法, 27, 28, 30

Rawls' notion of 罗尔斯的概念 370—374, 376, 378

justification of morality 道德理由, 78, 79f, 111, 210

Justinian 查士丁尼, 172f, 218

Juvenal 韦纳尔, 295

Kant, Immanuel 伊曼纽尔·康德, viii, xxi, 4f, 21ff, 47, 56, 61, 71, 73ff, 80—91, 97—99, 111—121, 151f, 155, 164, 175, 218f, 310, 337, 341, 350f, 361

grounds science and morality 源于科学和道德, 80—83, 112ff,

129, 151f
 kingdom of ends 王国之末, 61
 morality's content 道德的内容, 83f, 89
 religion grounded in reason alone 单独理性限度内的宗教, 86—89, 94, 116
 transcendental knowledge 超验知识, 81, 113f
 Kapp, Christian 基督徒卡普, 97, 122
 Katz, Jacob 雅克布·卡茨, 118
 Kaufmann, Walter 瓦尔特·考夫曼, 120, 122
 Kehoe, N. 库奥, 154
 F. Kelly, David F. 戴维·凯利, 52
 Kelly, Gerald 杰拉德·凯利, 52, 59, 345
 Kennedy, Reader C. L. 读者李德·肯尼迪, xxiv, 350
 Kenny, John P. 约翰·肯尼, 52, 303
 Khomeini, Ayatollah 阿亚图拉·霍梅尼, 11
 Kierkegaard, Sren 索伦·克尔凯郭尔, 4f, 74f, 97—109, 122—125, 144, 164
 and Christianity 与基督教, 123, 203, 230
 and faith 与信仰 123
 and incarnation 与道成肉身, 101—105
 knowledge 知识,
 moral 道德的, 179, 188f
 natural 自然的, 177ff, 180
 soul's, 灵魂的 176ff
 supernatural 超然的, 176ff
 theological 神学的, 180f
 through the body 肉身的, 176ff
 Koch, Anthony 安东尼·考契, 218, 385
 Koenig, H. G. 凯尼格, 154
 Kokkinakis, Athenagoras 埃瑟纳格拉斯·库金纳吉斯, 296f, 300f
 Konings, A. 康宁斯, 385
 Konold, Donald E. 唐纳德·E. 卡诺尔德, 64
 Kopelman, Loretta 罗莱塔·科佩尔曼, 303

Koryagen, A. 卡瑞根, 112
Kotva, Joseph J., Jr. 约瑟夫·考特瓦, 155
Kuhn, Thomas 托马斯·库恩, 8, 32, 50ff, 69f
Kühne, Walter 瓦尔特·昆尼, 62
Küng, Hans 汉斯·昆, 54f, 342
Laicisme 政教分离运动, 154
La Rochelle, Stanislaus A. 拉·罗谢尔, 52
Lao Tzu 老子, 215
Lasky, Melvin J. 梅尔文·拉斯基, 48
Latreille, André 安德鲁·拉彻勒, 62
law 法律,
as politically uniting 在政治上团结, 95
canon 教规, 305
Jewish, 犹太人的 118
Natural 自然的，见 natural law 自然法
Law, Sylvia A. 西尔维娅法, 342
Lawrence, Raymond J., Jr. 来蒙德·劳伦斯, 56, 298
Laymann, Paul 保尔·莱曼, 46
Lea, Henry Charles 亨利·查尔斯·利, 389
Lee, Melinda 梅琳达·李, xx
Lee v. Harcleroad 李诉哈尔克莱罗德案, 341
Lee v. Oregon 李诉奥列金案, 341
Leetun, M. 李顿, 154
Lefevre, Archbishop Marcel 大主教马塞尔·勒菲甫尔, xv, 54
Lehr, G. M. 雷尔, 306
Leibniz, Gottfried Wilhelm, 莱布尼兹 214
Lenten Triodion, *The* 四旬节, 397
Leo IX, pope of Rome 罗马教皇利奥九世, 227
Leo XIII, pope of Rom 罗马主教利奥十三世 e, 51, 228
Lerner, Daniel 丹尼尔·雷纳, 55
Levin, Eve 夏娃·列文, 296
Levin, J. S. 莱文, 154
Leviticus 利未记, 325

Lewis, Charlton T. 查尔顿·刘易斯, 289
liberal cosmopolitan (bio) ethics 自由世界主义（生命）伦理学, xii, 1, 4, 40—44, 71, 75, 155, 178f, 370—374, 376—379
 as endorsing suicide 为赞同自杀, 310—313
 as global, dominant 作为全球性，占主导的, xiii, xviii, 4, 44, 138
 as grounding bioethics 作为生命伦理学基础, 146—149, 287
 its liberality defined 其明确的定义, 142
 its ranking of values 其价值序列, 141f
libertarian/libertarianism 自由意志论者/自由意志主义, 4, 37, 40
 as procedural 作为程序上的, 42f
 by default 默示情境下, 40f, 170
 cosmopolis as a framework 国际都市构架, 134—137
 defined 定义明确的, 135
 vs. way of life 与生活方式, 137f
liberty 自由, 43
liberty interests 自由权益, 376
Liddell, Henry George 亨利·乔治·利德, 287, 289
lie 谎话, 见 lying intentionally 故意说谎
Liguori, Alphonsus 阿勒封苏斯·里果利, 51
limiting children 限制儿童, 见 children 孩童
Lindeboom, G. A. 林德伯姆, 49
Liturgikon, *The* 礼仪之书, 213, 343f, 396
Liturgy/liturgy 圣礼/礼拜仪式, 54, 231
 and Bible 和圣经, 161, 192f, 223f
 Orthodox 东正教, xx, 162, 187, 189, 191ff, 210, 214, 223, 225, 255, 280, 304, 314, 347
 Roman Catholic 罗马天主教, 9, 228. See also mass
Locke, John 约翰·洛克, 71, 136, 152
Lossky, Vladimir 弗拉基米尔·洛斯基, 61
Lucifer 撒旦, 见 devil 魔鬼
Lugo, John Cardinal de 约翰·鲁格红衣主教, 46, 51
Lutheranism 路德会的, 另见 Christianity 基督教
lying intentionally 故意说谎, 289f, 296

Lyotard, Jean-Franois 让-弗兰西斯·利奥塔德, 38, 63, 71

Lysaught, M. Therese 德兰·赖桑特, 351

Maas, P. J. M. van der 凡·德尔·马斯, 342

MacIntyre, Alasdair 阿拉斯戴尔·麦金太尔, xi, xviiif, xxi, 3, 46, 70, 112

Macquarrie, John 约翰·麦奎利, 57

Magisterium 教会训导, 53f, 198

Makarios of Egypt, St 埃及的圣·马卡留斯, 174, 220

male and female 男性和女性, 302

as equals 平等相待, 237, 287f

difference 区别, 237

See also husband and wife 还可见 丈夫和妻子

maleness of priestly order 神职的男性秩序, 237, 287f

man and woman 男人和女人, 见 male and female 雌与雄

Mandeville, Bernard 伯纳德·曼德维尔, 153

Mantzaridis, Georgios 乔治·曼查理蒂斯, 384

Maritain, Jacques 雅克·马里坦, 57f

marital companionship 婚姻关系, 238—241

marital sexuality 婚内性行为, 242—245, 301

and natural law 与自然法, 245

and sexual asceticism 与性禁欲主义, 243, 301

Mark of Ephesus, St. 以弗所圣·马克, 343

market 市场, 38, 41f, 140, 153f

Marmot, M. G. 马莫特, 350

Marriage 婚姻,

and companionship 和关系, 见 marital companionship 婚姻关系

and remarriage 和再婚, 297

and reproduction 与生殖, 见 reproduction 生殖

and sexuality 和性行为, 238；另可见 marital sexuality 婚内性行为

as a Mystery 作为一个奥秘, 238—241, 296

as pursuit of holiness 以追求圣洁, 238

Martinian, St. 圣·马丁尼安, 328

martyrdom 殉教, 327f, 330, 347

and Christ's death 与基督之死, 327, 331
vs. suicide 与自杀比 327
Marx, Karl 卡尔·马克思, 23, 68, 92
Mary 玛利亚, 237, 296f, 308
as the second Eve 作为第二个夏娃, 239, 290, 315
mass 群众,
attendance on Sundays 做礼拜, 54
Novus Ordo 教会历书, xxf
Tridentine 特兰托, 54
Masterman, Margaret 玛格丽特·马斯特曼, 52
masturbation 手淫, 246ff, 252, 296
Mathew, R. R·马太, 154
Mathieu, Deborah 德博雷赫·马修, 306
Mathiez, Albert 阿尔伯特·马迪厄, 62
Matt El – Meskeen, Fr 马特·埃尔—蒙斯肯神父, 见 Matthew the Poor 穷人马太
Matthew the Evangelist, St. 传道者圣马太, 315
Matthew the Poor, Fr. 穷人马太神父, 299
Maximos the Confessor, St. 忏悔者圣·马克西姆, 163, 183, 214, 220f, 242, 286
Maximus of Turin, St. 都灵的圣马克西姆, 386
McCullough, Laurence B. 劳伦斯·B. 麦卡洛, 63
McCormick, Richard, S. J. 理查德·麦克考米克, 53, 57
McFadden, Charles J. 查尔斯·麦克法登, 52, 218, 303
McHugh, J. A. 麦克修, 69
medical 医学的
ethics 伦理学, 16ff, 25, 63f
humanities 人文学, 见 See humanities 人文学
medicine 医学, 317
cannot prevent death 不可避免的死亡, 310
practice of 实践中, 17f
rapid advances in 迅速发展, 8f
spiritual 灵性的, 340

Meilaender, Gilbert 吉尔伯特·梅兰德, 56
Melchizedek 麦基洗德, 168
Mendelsohn, Moses 摩西·门德尔松, 87, 116
Merleau-Ponty, Maurice 莫里斯·梅尔里奥-庞蒂, 29, 67
Mersky, Harold 哈罗尔德·摩尔斯基, 112
Methodius, St. 圣梅索丢斯, 299
Meyendorff, John 约翰·迈恩铎尔夫, 297, 349
Middle Ages 中世纪, 见 Christianity 基督教
Mill, John Stuart 约翰·斯图尔特·穆勒, 378, 389
Miller, David, L. 戴维·米勒, 63
miracles 奇迹, 11, 87, 102, 208, 336ff
miscarriage 流产, 277
Mitchell, Brian 布里安·米盖尔, 287
Mitchell, Patrick 帕特里克·米盖尔迈克, 287f
Mocius, St. 圣莫修斯, 387
Moldovan, Sebastian 塞巴斯蒂安·摩尔多瓦, xxiii
Molina, Luis de 路易斯·德·墨迪纳, 115
Momeyer, Richard 理查德·莫迈尔, 341
monasticism, monks 修道, 修道士, 104f, 124, 185, 203, 227f
monophysites 基督一性论, 48f
Moore, Lazarus 拉撒路·摩尔, 231
moral authority 道德权威, 见 moral 道德
moral diversity/plurality 道德多样化/多元, xi, xii, 3, 13, 20, 23f, 29, 35, 38, 92—96, 118, 143
and deadly force 与致命的力量, 59
moral expert 道德专家, 见 exemplar knowers 模范认知人
moral friends 道德朋友, xxi, 129, 131f, 152
moral standard 道德标准, 33
as common background 共同背景, 2, 8, 28ff, 32, 36
moral strangers 道德异乡人, xxi, 3, 38, 41f, 46, 152, 209
and metaphysical strangers 与形而上异乡人, 129, 131f
moral theology, Christian 道德神学, 基督教, 210
moral truth 道德真理, xi, 163

transcendent 超验, 43
moral vision (s) 道德观念, xii, xvii, xxi, 24, 38, 143f
morality 道德, xxi, 73
  Christian 基督教, 44, 393, 395f
  Kantian 康德主义, 114, 117f, 129. 见 Kant 康德
  Secular 世俗的, 127, 151
    agent – centered by default 默认代理, 130f
    difference from traditional Christian 源自传统基督教的差异, 90
    elements not in harmony 并非和谐的元素, 75—80
    as governing 作为执政, 138
    as procedural 作为程序上的, xvi, 40f
  universal 全体的, 44, 64
Moreland, J. P. 莫兰德, 56
Moreno, Jonathan D. 乔纳森·莫雷诺, 66
Morgagni, Giovanni 莫干尼, 8, 51
Morreim, E. Haavi 哈维·莫瑞姆, 306
Morris, L., L. 莫里斯 154
Moses 摩西, 267
Motzkin, Gabriel 玛奇津·加布里埃尔, 55
mourning sin 哀悼罪过, 289, 296
Mouw, Richard, J. 理查德·J. 莫弗, 56
murder 谋杀, 332
Mysteries, the Christian 基督教之奥秘, 223, 289, 397
mysticism, the mystical 神秘主义, 神秘的 xixf
Napoleon 拿破仑, 22, 62, 134, 392
Narrative 叙事, 37f
  Moral 道德的, 138
  traditional Christian 传统的基督教, 1, 6, 21f, 80
  universal and secular 普遍的与世俗的, 24
  Western Christian 西方基督教, 24, 37f
Nash, A. E. K. 纳什, 388
Nassar, Fr. Seraphim 纳赛尔·谢拉菲姆, 213, 226, 231, 349
National Commission for the Protection of Human Subjects of Biomedical

and Behavioral Research 为保护人类受试者的生物医学和行为学研究全国委员会 27f, 65f

 natural law 自然法, 172f, 218ff, 293
 account of morality 道德的考虑, 15, 18, 56f, 84, 168, 183, 263
 and sexuality 和性, 245—248, 300
 as natural knowledge 作为自然知识, 170ff, 174, 176, 178, 188
 understandable 可以理解, 279
 nature 自然, 139, 172—176
 Nectarios, St. 圣尼克塔留斯, 304
 Neilos the Ascetic, St. 苦修士圣·内罗斯, 182, 221
 Nellas, Panayiotis 潘纳尤蒂斯·尼拉斯, 384
 neo‐pagan, 新异教徒 xii, xix, 133
 Nestorians 聂斯托里派, 48f
 Netherlands, Kingdom of 荷兰, 王国, 311, 342, 348
 Neusner, Jacob 雅各·留斯尼, 308, 325, 346f
 neutrality 中立, 7
 New Testament 新约, viii, 193
 Nicholas I, pope of Rome 罗马教皇尼古拉一世, 119, 225, 346
 Nicholas (Velimirovich) of Zica, St 契卡的圣尼古拉（维利米洛维奇）, 304, 315, 344, 347, 387
 Nicodemus, St. 圣·尼哥德马斯 213, 216, 223f, 248, 291, 346, 386
 Nicodemus the New Martyr, St 新殉道者圣·尼克德马斯, 328, 330
 Nicolosi, J 约翰·尼可劳西., 294
 Nicopherus, St 圣·尼克菲拉斯, 224
 Niethammer, Friedrich I 弗雷德里克·I. 涅萨梅尔, 65
 Nietzsche, Friederich 弗里德里希·尼采, 353, 383
 Nikodimos, St. 圣·尼哥底姆, 216, 286
 Nikon, Patriarch 牧首尼康, 48
 Noah 诺亚, 267
 noetic experience 理性经验, 见 experientially knowing God 经验地领悟上帝
 noetic foundation 理性基础, 217

noetic theology 理性神学, xiii

Noldin, H. 诺尔丁, 385

non-Chalcedonians. 非查勒歇敦大公会议派, 见 monophysites, 基督一性论

non-maleficence 并非无害, 27

nous, noesis, 灵魂, 理智, 168*f*, 176, 216—218

E. Nowack, John E. 约翰·诺瓦克, 389

Nozick, Robert 罗伯特·诺齐克, 153

Nussbaum, Martha 马萨·纳斯保姆, 297

Oakley, Francis 弗朗西斯·奥克雷, 230

objectivity as intersubjectivity 将客观性作为主体间性, 128

and morality/bioethics 与道德/生命伦理学, 128, 151

O'Brien, David M. 贾斯汀·奥布莱恩, 389

October Revolution 十月革命, 4, 23, 138

O'Callaghan, Paul D 保罗·奥·卡拉汉., 301

O'Donnell, Thomas J 托马斯 J·奥·唐奈, 52

Oenology 酿酒学, 180

Old Believers 老信徒, 48

Old Testament 旧约, viii, 193, 239

Olmstead v. United States 奥姆斯特德诉美国, 389

oophorectomy 卵巢切除术, 270

ordinary and extraordinary treatment 普通的和特殊治疗, 318, 345

Oregon Death with Dignity Act 俄勒冈州尊严死亡法案, 341

organ (s) 器官, 335f

donation of 捐赠的, 335

sales of 出卖, 335, 350

Origen of Alexandria 亚历山大利亚的奥利金, 268, 358, 385

original sin 原罪, 另见 Fall of man 人类堕落

Orlans, F. Barbara 芭尔芭拉·奥兰, 153

Osterlen, F. 奥斯特伦, 65

Oviedo, Gonzalo Fernández de 冈扎罗·费尔南德斯·德·奥维多, 115

pagan (s) 异教徒, 168, 215, 217, 311

Pagden, Anthony 安东尼·帕格丹, 115
paideia 教育, 25, 153
pain, treatment of 疼痛，治疗, 322, 326f
Paine, Thomas, 托马斯·潘恩 52
Paisios of Romani 罗马尼亚的帕西奥斯 a, 197
Paisios of Mt. Athos 阿托斯山的帕西奥斯, 197, 226, 303, 328, 347, 363, 386
Palmer, G. E. H. 帕尔玛, 216
Panteleimon, St. 圣·潘特雷蒙, 366, 387
pantheism 泛神论, 53
papacy 教皇, 203, 227f
Paphnutius, St 圣·帕纳提斯, 292
Paraclete, 圣灵，见 Holy Spirit 圣灵
paradigm 范例, 8, 52
Paradise 天堂，见 Eden 伊甸园
particularity 特性
of bioethics 生命伦理学的, 12, 14, 16
of culture 文化的, 22
passions 激情, 14, 18, 186
Patrinacos, Nicon 尼克·帕翠纳克, 292
Patterson, Bennett B. 贝内特·帕特森, 389
Paul, St. 圣保罗, 13, 18, 101f, 105, 168f, 178, 185, 189, 193, 197, 206, 215, 218, 243, 246, 264, 287f, 292ff, 314, 336f, 350
Paul VI, pope of Rome 罗马教皇保罗六世, 225, 299
Paulinus of Nola, St 诺拉的圣保利诺, 385
Payer, Pier 鸡奸 re E. 彼尔·J. 拜尔, 295f
Payne, Franklin E. 富兰克·E. 佩恩, Jr., 56
pederasty 鸡奸, 294
Pelagia, St., 圣佩拉贾 347
Pelikan, Jaroslav 加罗斯拉夫·坡利坎, 214
Pellegrino, Edmund 埃德蒙德·佩里格雷诺, xviii, xxii, 26, 65
Percival, Thomas 托马斯·珀西瓦尔, 63
Percy, Walter 沃尔特·珀西, xx, 23, 63

permission 允许, 3, 5, 39f, 41ff, 71, 132, 135, 354ff
person (s) 人, 61, 112f, 208f, 285, 309
 as source of permission 作为允许的因由。见 permission 允许
 as source of value 作为价值的因由, 140
 existence of……的存在, 304
Persons, Stow 斯托夫·佩尔森, 53
Peter, Pope of Alexandria, St 亚历山大利亚的教皇圣彼得, 328, 347
Peter of Damaskos, St. 大马士革的圣彼得, 218, 384
Peter of Verona 维若纳的彼得, 59
Peter the Apostle, St 使徒圣彼得, 101f, 195
Peter the Martyr, St. 殉教者圣彼得, 224
petitio principii. 乞讨的问题, 见 begging the question 祈求问题
philanthropia 博爱, 25
Philip, Metropolitan 大都会菲利普, xxi
philosophes 哲学家, 47f
philosophical argument 哲学的论点, 25f, 164, 204ff, 216f, 221
 as higher truth of religion 作为更高的宗教真理, 95ff, 120
 secular vs. Christian, 世俗与基督教的 181-186
Phinehas 非尼哈, 348
Photius the Great, St. 圣佛提乌斯大牧首, 225f, 346
Pieper, Jose 约瑟夫·皮培尔 f, 217
Pietism 敬虔主义, 119
Pius V, pope of Rome 罗马教皇庇护五世, 54
Pius VI, pope of Rome 罗马教皇庇护六世, 62
Pius VII, pope of Rome 罗马教皇庇护七世, 62
Pius XII, pope of Rome 罗马教皇庇护十二世, 55, 345
Plantings, Alvi 阿尔文·普兰廷 n, 56
plastic surger 整形手术 y, 27
Plato 柏拉图, 182, 318, 358f, 385
plurality of moral visions 道德观念多元, xi, xii, 另见 moral diversity/ plurality 道德多样/多元化
Poemen, Abba 牧羊人, 神父, 287
polis 城邦, 见 state 州

polytheism 多神论, xvii, 24
pope of Rome 罗马教皇, xvii, 8, 51, 53f, 60, 62, 187
and centralized unity 与中央单元, 227f
Popovich, Fr. Justin 贾斯汀·波波维奇, 211, 220, 351
Porphyrios, Elder 长老包尔菲留斯, 197, 218, 267f, 301
post – Christian culture 后基督教文化, xii
post – Enlightenment culture 后启蒙运动文化, 5
post – modernity 后现代, 35, 38, 73, 91
post – traditional Christian 后传统基督教, 144, 297
Potter, Van Rensselaer 凡·伦塞勒·波特, xviii, 47
Poulos, George 乔治·波洛斯, 397
prayer 祈祷, 211
pre – implantation genetic diagnosis 胚胎植入前遗传学诊断, 281
pre – natal screening 产前筛查, 276
Presbyterian Church (USA) 长老会（美国）, 312f
priest 神父,
and celibacy 与独身, 301
and gender 与性, 287f
principle(s) 原则
of autonomy 尊重自主的, 27
of beneficence 行善的, 27
of justice 公平正义的, 27
of non – maleficence 最小伤害的, 27
of permission 允许的, 见 permission 允许
of totality 总体性, 303
privacy 隐私, 370—376
Proclus 普罗克洛斯, 168, 217
Procreation 生殖, 6, 另见 reproduction 生殖
professional value neutrality 专业化价值中立, 274, 377f
prophet 预言家, 见 elder 长老
prophylactics 避孕药物 274f
Protagoras of Abdera 阿布德拉的普罗泰哥拉, 81, 113
Protestant Reformation 新教改革, 13, 20f, 24, 38, 48, 75, 88, 93f,

119, 301
　　Protoevangelium of James 雅各的原福音书, 308
　　Psalms 诗篇, viii
　　public institutions/policy 公共制度/政策, 14
　　Puccetti, Roland 罗兰·普切蒂, 349
　　Pulcheria, Empress, St. 圣普西利亚女王, 194
　　purgatory 炼狱, 343f
　　puzzle 难题,
　　Christian bioethics as 作为……的基督教生命伦理学, 1
　　philosophical 哲学的, xi, xiii
　　Quill, Timothy E 蒂莫西·奎尔, 342
　　Quill v. Vacco 奎尔诉法考案, 341
　　Quo Primum 首次宗座诏书, 54
　　Rae, Scott 斯科特·赖, 56
　　Rahab of Jericho 耶利哥的喇哈, 359f
　　Raleigh, E. E·罗利, 155
　　Ramsey, Boniface 博尼费斯·拉姆齐, 385
　　Ramsey, Paul 保罗·拉姆塞, 12, 53, 56, 112
　　Rau, Wolfgang Thomas 沃尔夫冈·托马斯·劳, 64
　　Rawls, John 约翰·罗尔斯, 46, 61, 68, 144, 153f, 212f, 370374, 376, 388f
　　ranking/ordering of values 排序/价值序列, 2f, 31f, 36, 37, 39, 43, 46, 130
　　reason/rationality, discursive 原因/合理性, 话语, xvii, xxii, 23, 36, 216f
　　as fundamental to theology 作为神学基础, xv, 18ff, 45, 49, 58, 134, 149
　　as grounding morality 为道德基础, 20, 25, 35, 64, 73, 89
　　Reclus, Maurice 毛里斯·热克鲁斯, 62
　　Reddy, K. C. 雷迪, 350
　　Reich, Warren 沃伦·雷茨, xxii
　　Reign of Terror 恐怖统治, 22
　　religion and public life 宗教与公共生活, 370, 379

Renaissance 文艺复兴, xvii, xviii, 20, 24
Reproduction, human 人类生殖
　　after death of spouse 配偶亡故后, 258f
　　and cloning 与克隆, 260
　　and obligation to fill the earth 和义务以补充地球, 266
　　and union with God 与上帝同一, 226—237
　　as primary purpose of marriage 为婚姻的主要目的, 239
　　avoiding within marriage 避免在婚内, 266, 301
　　of human‑animal hybrid 人兽杂交, 259f
　　Roman Catholic understanding of 罗马天主教观念, 300
　　third‑party‑assisted 第三方辅助, 254, 369
reproductive ethos 生育的世风, 263f
revelation, Judeo‑Christian 启示, 犹太教—基督教的, 67, 205, 286, 308
revolution 革命, 48, 54
Rhymes, David 大卫·莱莫斯, 56
Richardson, H. S. 理查德森, 37, 70
right and the good, the 正当与善, 75—79, 84—86, 111f, 115, 209f
right worship and right belief 正确崇拜和正信, 51, 194f, 196, 201f
rights/right 权利
　　claim 诉求, 140
　　forbearance 宽容, 27, 135
　　human 人类, 28, 84, 115
　　privacy 隐私, 40, 42, 135
　　to do wrong 做错事, 41
Robinson, John A. T. 约翰·罗宾逊, 56
Roe v. Wade 罗埃诉威德, 304
Roman Catholic moral theological reflections 罗马天主教道德神学思考, 8‑11
　　dependent on rational argument 赖于理性争论, 19f, 49
　　handbook 手册, 9, 53, 385
　　in Scholastic period 在学校期间, 8, 119, 172
　　scientific revolution in 以……科学革命, 8ff, 50f

Romanides, John S. 约翰·罗曼尼德斯, 227
Romanus, St. 圣·罗马纳斯, 330
Rome 罗马,
New 新, xxi, 195
Old 旧, xviii, 195
Rommen, Heinrich A. 亨里克·罗蒙, 220
Rorty, Richard 理查德·罗蒂, 3, 36, 70, 92, 129, 151
Rose, Fr. Seraphim 谢拉菲姆·罗斯神父, 226, 343
Rosen, George 乔治·罗森, 64
Rosenberg, Harold 哈罗尔德·卢森堡, 63
Rosenkranz, Karl 卡尔·罗森克朗茨, 120
Rosenzweig, Franz 弗朗茨·罗森茨魏格, 121
Rublyov, St. Andrey 圣安德烈·鲁布留夫, 221
Rüdiger, Horst 霍尔斯特·罗迪杰尔, 65
Rudder, The 舵, 213, 223ff, 291f, 293ff, 297f, 300ff, 305f, 307f, 346f, 349, 386ff
Ryan, John A. 约翰·A. 赖安, 46
Sabetti, Aloysio 阿劳埃西奥·萨波提, 385
sacraments 圣礼, 289
saints 圣徒, 123
communion of 共融, 见 community of saints 社区众圣徒
Salazar's Portugal 萨拉扎的葡萄牙, 2, 46
Samson, St. 圣萨姆森, 387
Sanchez, Thomas 托马斯·桑切斯, 46
Sanford, Alexander 亚历山大·桑福德, 52
Sarah 莎拉, 357
Sard v. Hardy, 萨迪诉哈迪 58
Sass, Hans – Martin 汉斯-马丁·萨斯, 58
Satz v. Perlmutter 萨斯诉珀尔穆特 65
Saundby, R. R · 桑德比, 64
Sayrus, Gregory 格里高利·塞洛斯, 46
Scanlon, Thomas M. 托马斯·M. 斯坎伦, 154, 286
Schillebeeckx, Edward 爱德华·施恩贝克, xiv, xx, 10, 55

Schism of 分裂的 1054, 227
Schmemann, Alexander 亚历山大·舒梅曼, 55, 222
Schmidt, Kurt W. 库尔特·W. 施密特, 155
Schneewind, J. B. J. B. 斯尼温, xxii, 47f, 67
Scholastic 学术的
 philosophy 哲学, 215, 348
 theology 神学, 见 theology 神学
School District of Abington Township v. Schempp, 阿宾顿学区诉斯科姆普 71, 396
 scientific revolution 科学革命, 23, 50
 Scripture, Sacred 圣经, 197, 见 Bible 圣经, 197
 sect and cult 教派和邪教, 157f, 211
secularization 世俗化,
 of Christianity 基督教的, 见 Christianity 基督教
 of Protestantism 新教的, 56, 93, 229
 of Western culture 西方文化, 10, 13, 20f, 22
 in Western Europe 在西欧, 55
self-determination 自决权,
 as source of meaning 意义之源, 310f
 as reason for suicide 作为自杀的原因, 310ff
Seneca 塞涅卡, 310f, 351
Septuagint 圣经七十子译本, viii, 304
Seraphim of Sarov, St. 萨洛夫的圣·瑟拉菲姆, 215, 231
Severus Alexander 亚历山大·塞维鲁, 133
Severus, Septimus 塞普蒂默斯·塞维鲁, 133
sex 性,
 meaning of……的意义, 288f
 selection of, in offspring……的选择, 后代, 273, 303f
sex-change 变性,
 and sacramental marriage 与作为圣事的婚姻, 271f
 operations 操作, 270f
Sextus V, pope of Rome 罗马教皇西克斯特五世, 114
sexual acts, unnatural 性行为, 非自然的, 见 unnatural sexual acts 非

自然的性行为
    sexual identity 性身份, 302
        genotypic 基因的, 271
        phenotypic 表现型的, 270f, 302
    sexual mores 性习俗, 6, 233—236
    sexual revolution 性革命, 13f
    Sherrard, Philip 菲利普·谢拉尔德, 290—291
    Sigfusson, Saemund 塞蒙德·西格富逊, 31, 68
    Silouan the Athonite, St. 阿陀斯山的圣·西吕安, 183, 190, 193, 197, 223
    Simon, R. 理查德·西蒙, 57
    sin (s), human 人之罪, 6, 287
        involuntary 非自愿, 249, 278
    Singer, Peter 彼得·辛格, 153
    sinners, proper attitude toward 罪人, 适当的态度, 249f
    Sixtus III, pope of Rome 罗马教皇西克斯特三世, 222
    Sixtus V, pope of Rome 罗马教皇西克斯特五世, 305
    skepticism, about suffering 持怀疑态度, 关于痛苦, 310
    metaphysical moral 道德形而上学, xiii, xix, 38
    moral epistemic 道德认识论, xiiii, xix, 38f
    Slater, Thomas 托马斯·斯拉特尔, 69
    slaves 奴隶, 368, 388
    Smith, Harmon 哈尔曼·史密斯, 53
    Smith, Norman Kemp 诺曼·坎普·史密斯, 118
    Socarides, C. W 索卡利德斯, 294
    society 社会, 44, 92
        secular pluralist 世俗多元主义, 14
    Society of St. Pius X 圣庇护十世会, xv
    Socrates 苏格拉底, 47
    Socrates Scholasticus 经院学者苏格拉底, 292
    sodomy 鸡奸, 293, 295
    Sophists 诡辩家, 47, 358
    Sophrony of Essex 艾塞克斯的索弗罗尼, 183, 197, 221ff, 226

Soto, Dominic 多米尼克·索托, 46, 51, 115
soul, human 灵魂，人类, 82, 113f
    mediate vs. immediate 调节纷争, 304
    when enters the body 当进入身体, 305, 333
Sozomen 苏泽曼, 292
Spener, Philipp Jakob 菲利普·雅各布·斯彭内尔, 119
Spinoza, Baruch 巴鲁·斯宾诺莎, 120
Spirit 灵性，见 Holy Spirit 圣灵
spiritual life 灵性生活, 289
    defined 明确的, 286
Spitzer, Robert L. 罗伯特·L. 斯比彻尔, 294
Spong, John Shelby 约翰·舍拜·斯邦, 56, 298
Staniloae, Dumitru 德米特里·斯塔尼罗阿, 215
state/political society 国家/政治社会, 92—96, 118f
sterilization 杀菌, 6, 270
Stoics 斯多葛学派, 18, 58, 172
Stout, Jeffrey 杰弗雷·斯都特, 12, 56
Strauss, David Friedrich 大卫·弗里德里希·施特劳斯, 105, 120
Strauss, Leo 里奥·斯特劳斯 Strauss, Leo, 120
Stringfellow, W. 斯特灵费劳, 56
Strong, Carson 卡尔森·斯特朗, 37, 70
Sturlason, Snorre 斯诺雷·斯特拉森, 69
Suarez, Francisco 弗朗西斯科·苏瓦雷兹, 46, 51, 115
suffering 苦难, 6, 338f. 另见 evil 恶
    its enduring meaning 其持久的意义, 309f
        answer 答复, 309ff
        traditional answer 传统答案, 313–316
    its meaning transformed 其意义转化, 315f
suicide 自杀, 117, 151f, 310—313, 327—333, 366f, 369
    in Texas 在得克萨斯, 341
    physician-assisted 医生协助, 7, 310—313, 331
    proposal to justify 建议的理由, 327
surgical interventions 外科手术干预, 268—273

surrogate motherhood，代理母亲 255ff
Sylvester I, pope of Rome 罗马教皇西尔维斯特一世，227
Symeon Metaphrastis, St. 圣·西蒙·麦特富思特，174，219，384
Symeon the New Theologian 新神学家圣·西蒙，123，164，180，198f，214ff，219f，225f，290f，302，314，343
Symeon the Stylite, St. 苦修者圣西蒙，14，xiv，xx
Symons, David 大卫·西蒙斯，70
Szumowski, W. 朱莫夫斯基，65
Talmud，塔木德（犹太法典）308
Tarasius, St 圣塔拉修斯，224
Tarazi, Paul Nadim 保罗·纳迪姆·塔瑞兹，288
Taylor, Charles 查尔斯·泰勒，97，121
Telesco, Patricia 帕特里夏·特莱斯科，xix
Tertullian 特尔图良，289
Tessim Zorach v. Clauson 西姆·佐拉克诉·克劳森，71，396
Thalberg, Irving 埃尔文·萨尔伯格，286，295
Thalleleus, St. 圣·撒雷里奥斯，387
Theodosius the Great 狄奥多西大帝，289
theologian 神学家，196—199，202
theology, pursuit of theologians, 神学，神学家的追求，
    as academic 作为学术的，54，60f，187，198，202—207，229
    Eastern vs. Western 东部与西部，308
    Roman Catholic 罗马天主教，228，349
    traditional Christian 传统基督教，6，60f，169，186f，189，198，200，206f，211
    primary and secondary meanings 主要和次要的意义，186f，199，207
Theophilus, St. 圣·西奥菲勒，224
theosis 神化，349
Theotokos 圣母，见 Mary 玛丽亚
Thiagarajan, C. M. 契亚格拉杰，350
Thomasma, David 大卫·托马斯玛，327，330，347f
Thulstrup, Niels 尼尔斯·图尔斯特鲁普，124

Thunberg, Lars 拉尔斯·桑伯格, 293

Timothy, St., Pope of Alexandria 教皇亚历山大·圣提摩太, 224, 292, 301, 307, 347

Toews, John Edward 约翰·爱德华·陶斯, 122

Tollefsen, Christopher 克里斯托弗·托雷弗森, 155

Torah 托拉（律法书）, 1, 308

Torcaso v. Watkins 托卡索诉瓦特金思, 71, 396

Toulmin, Stephen 斯蒂芬·托尔敏, 66

tradition 传统, 43, 54, 142, 144, 193f, 201f, 205, 223f, 226, 229f, 39

transplantation 移植, 7, 333f

Trinity, the Blessed 三位一体，有福的, 221, 285

Trivers, Robert L 罗伯特·特里弗斯, 294

Trotsky, Leon 利昂·托洛茨基, 29

truth 真理, xiii

the personal God 人格神, 313

truth-telling 讲真话, 7, 363

Trygvason, Olaf 奥拉夫·特里格瓦松, 68f

Tryphon, St. 圣·特瑞风, 387

Tsirpanlis, Constantine 康斯坦丁·塞潘里斯, 60, 224

tubal ligation 输卵管结扎术, 270

Turner, R. R 特纳, 155

Turpin v. Sortini 塔品诉索尔提尼, 306

union with God 与神同一，见 God 上帝

United States of America v. American Medical Association, 美利坚合众国诉美国医学会 58

United States v. Macintosh 联邦政府诉马新多士, 71, 396

universal perspective in morality 道德的世界性观念, 77f, 111f

unnatural sexual acts 非自然性行为, 246—248, 293

utilitarianism 功利主义, 30f, 32

Vacandard, E. E. 瓦坎达德, 387

Varro, Marcus Terentius 马尔邱思·泰伦提乌斯·瓦罗, 138, 153

vasectomy 输精管结扎术, 270

Vasileios, Archimandrite 阿基曼德利特·瓦西雷欧斯, 223, 364, 387

Vassiliadis, Nikolaos 尼古拉斯·瓦西里阿迪斯, 344

Vassiliadis, Petros 皮德罗斯·瓦西里阿迪斯, 222

Vatican I 梵蒂冈第一次大公会议, 见 Council, Vatican I 梵蒂冈第一次大公会议

Vatopaidi, on Mt. Athos 阿陀斯山的万多派帝, 215

Vaux, Kenneth 肯尼斯·沃克斯, 53

Veatch, Robert 罗伯特·威奇, 64

Velimirovich, Nicholas 尼古拉斯·维里密诺维奇, 见 Nicholas of Zica, St. 契卡的圣·尼古拉

Verhey, Allen 阿伦·韦尔赫, 56, 215

Veritatis Splendor 真理的光辉, 204, 231

Vermeersch, Arthurus 阿尔舍若·沃尔默斯科, 385

Vesalius, Andreas 安德烈亚斯·维萨里, 8, 49f

Vincent of Lerins, St. 勒林斯的圣·文森特, 190, 197, 202, 222

violence 暴力, 28f

Virchow, Rudolf 鲁道夫·维尔啸, 8, 50

Virgilius, pope of Rome 维吉尔, 罗马教皇, 194

virtue, moral 美德, 道德, 209f, 349

Vitoria, Francisco de 弗兰西斯科·德·维多利亚, 46, 51, 84, 115

Vlachos, Bishop Hierotheos 弗拉乔·西罗塞奥斯主教, 123, 218, 220, 287, 308, 340, 343, 351

Vogel, Christian 克里斯汀·沃格尔, 70

Wallerstein, Edward 爱德华·华伦斯坦, 303

Walsh, William Thomas 威廉·托马斯·威尔士, 59, 119

Walter, James 詹姆斯·瓦尔特, 15, 56

Walters, LeRoy 里罗·瓦特斯, 303

Warren, Charles 查尔斯·沃伦, 396

Warren, Samuel 塞缪尔·沃伦, 374, 389

Washington v. Glucksberg 华盛顿诉克鲁克斯伯格案, 341

Wesche, Kenneth 肯尼斯·卫士奇, 287

Weidemann, Siggi 西吉·魏德曼, 54

Wertz, Dorothy C. 多若西·威茨, 303f

Westphal, Merold 维斯特法·默罗尔德, 123
Whitbeck, Caroline 卡罗琳·怀特伯克, 286
Wiedeman, Thomas 托马斯·魏德曼, 388
Wildes, Kevin Wm., S. J. 凯文·乌姆·怀尔兹, 68f, 71
Wilkins, R. 威尔金斯, 349
Williams, George C. 乔治·威廉姆斯, 70
Wilson, Edward O 埃德瓦尔德·奥·威尔逊, 70
withholding/withdrawing treatment 姑息/放弃治疗, 7, 65, 317—323
Wittgenstein, Ludwig 维特根斯坦·路德维格, 114
Wivel, Nelson 内尔森·威吾尔, 303
Wolfe, Christopher 克里斯托弗·沃尔夫, 294
Wolterstorff, Nicholas 尼古拉斯·沃尔特斯多夫, 56
World War I 第一次世界大战, 23
worship 崇拜, 9, 186f
    and asceticism 和禁欲主义, 48
    and dogma 和教条式的, 192
    and theology 与神学, 192, 211
Xenophon 色诺芬, 47
Young, Robert 罗伯特·杨, 349
Zaphiris, Chrysostomos 扎菲利斯·克利索斯托姆, 296
Zervakos, Fr. Philotheos 神父菲劳歇奥斯·杰尔瓦考斯, 304
Zion, William Basil 为威廉·巴西尔·锡安, 300
zygote 受精卵, 254—257, 258

致　　谢

　　我应该深切地去感激许多人，没有他们的爱、友情支持和指导，本书不可能最后得以完成。如果我能继续遵循他们的建议我将会写出更为成功的佳作。本书中任何有价值的内容都应归功于他们。尚存的缺陷也是因为我个人的固执而没有听从他们的建议。首先我要终生感激的是我的妻子苏珊（Susan），她用永恒的爱支持着我超过 1/3 个世纪之久。她为书稿做了大量的打字、编辑和整理工作，具体有多少次我都已经难以记忆。我也深深地感激我的女儿克里斯提娜·祁斯特拉姆·恩格尔哈特·巴尔翠洁（Christina Tristram Engelhardt Partridge）和朵罗缇娅·祁斯特拉姆·恩格尔哈特·安尼迪（Dorothea Tristram Engelhardt Anitei），她们曾提出了富有见地的宝贵建议和编辑意见。我还要特别要感谢我的女婿艾·朱利安·安尼迪（I. Julian Anitei）。我要深切地感谢我的精神之父列夫·托马斯·约瑟夫（Rev. Thomas Joseph），我将会因未能达到他对这本书和我个人生命的指引而恳请他的祈祷和宽恕。上帝啊，原谅我在书中无意留下的缺憾，对此我该真诚地忏悔。

　　有许多人花费了相当多的时间来审阅本书的原始书稿，他们包括大祭司约翰·布雷克（Archpriest John Breck）、康斯坦丁·基里拉修士（Archimandrite Constantin Chirila）、约瑟夫·科普兰德修士（Fr. Joseph Copeland）、科琳娜·德尔克斯坎普－海斯（Corinna Delkeskamp-Hayes）、克里斯托弗·伊尔勒尔（Christopher Earler）、大司祭乔治·埃伯（Archpriest George Eber）、大司祭爱德华·休斯（Archpriest Edward Hughes）、保尔·雅罗斯拉夫修士（Fr. Paul Jaroslaw）、维根·谷幼安（Vigen Guroian）、大祭司斯坦烈·哈拉卡斯（Archpriest Stanley Harakas）、B. 安德鲁·鲁斯蒂格（B. Andrew Lustig）、劳伦斯·B. 麦卡洛

（Laurence B McCullough）、提摩太·F. 马利干（Timothy F. Mulligan）、约翰·F. 佩平（John F. Peppin）、约瑟夫·塞弗特（Josef Seifert）、列夫·阿里尼·L. 史密斯（Rev. Allyne L. Smith, Jr.）、斯图亚特·F. 斯皮克（Stuart F. Spicker），以及塞巴斯蒂安·摩尔多瓦（Sebastian Moldovan），他们通过电子书信十分认真地给予我很多建议，只是我并没有很精确地利用这些有价值的意见。在超过1/3个世纪的时间里，在构建论文主体的过程中，一个多年来相伴的同道托马斯·J. 伯乐爵士（Thomas J. Bole, III）已经成为我的朋友。我要专门感谢我的学生和以前的学生们，在此特别要提到的是马克·J. 彻丽（Mark J. Cherry）、范瑞平，安娜·史密斯·伊尔蒂斯（Ana Smith Iltis），乔治·古施弗（George Khushf），莉萨·拉斯穆森（Lisa Rasmussen），斯蒂芬·E. 瓦尔（Stephen E. Wear）和凯文·怀尔兹·S. J（Kevin Wm. Wildes, S. J），他们的思考、建议和我们就这些问题的讨论使得这部作品更为多彩。我从他们那里获得了丰富的收获，他们已经成为我的良师。我尤其要着重感谢伊尔蒂斯（Iltis）和拉斯穆森（Rasmussen），他们在制作和编辑书稿方面做出了卓越贡献。我还要特别感谢巴鲁克·A. 布罗迪（Baruch A. Brody）的友情、协同劳作、研习和祈祷。还有其他一些人也认真耐心地审阅、重读了关于本书的各种参考书，他们中包括我仁慈、坚毅的朋友史蒂芬·埃里克森（Stephen Erickson）。其他使我思想更加明晰透悟的对话伙伴，最重要的友人是约瑟夫·波义耳（Joseph Boyle）、尼古拉·卡帕尔迪（Nicholas Capaldi）以及艾米利奥·帕切科（Emilio Pacheco）。

从某种意义上说，这本书开始成形始于1991年4月6日，可以说是一个伟大的星期六，那天上午我走进了东正教教堂，我要永远感激那些将我引向那个上午的人们，就像感激这么多年来已经成为向导的人们，即使我并没有完全遵循他们的指引。在此我也特别要提及的是圣天使修院的杰隆达·达塞奥斯（Geronda Dositheos of Holy Archangels Monastery），尊敬的圣瓦陶派底修道院（Great and Holy Monastery of Vatopaidi）的蒙克·埃西多雷修士（Monk Issidore），读者C. L. 肯尼迪（Reader C. L. Kennedy），以及大司祭约瑟夫·萨赫达（Archpriest Joseph Shahda）。此外，我在本书中所遗留的严重疏漏和过失都由我本人负责。

在那个星期六之后的九年时间里,我所做的许多报告也成为本书的内容。一些尘封已久的原始书稿在基督教生命伦理学这本书中以各种形式成为部分章节,当然,这些内容如果没有施瓦茨与杰特林格尔出版人(Swets and Zeitlinger Publishers)马丁·斯克里夫纳(Martin Scrivener)的鼓励,也不会存在了。我要特别感谢列支敦士登公国国际哲学学院(Internationale Akademie für Philosophie im Fürstentum Liechtenstein),在那里恩泽于约瑟夫·塞弗特(Josef Seifert)的异常慷慨,1997年的秋天,我愉快地参与了长达六个月的关于本书书稿进展的激烈讨论。同样,我也要感谢自由基金会(Liberty Fund, Inc.),我于1998年春,作为一位访问学者在这里旅居,那一次访问让我有机会和一批优秀的学术同道探究与讨论由本书引发的思想,后来T.艾伦·拉塞尔(T. Alan Russell)和乔治·B.马丁(George B. Martin)接续了我的学术访问。库尔特·施密特(Kurt Schmidt)尤为厚道,1999年11月23日,在缅因河畔法兰克福的医学伦理学中心(Zentrum für Ethik in der Medizin),他召集了一群德国神学家参加关于书稿的研讨会。我与贝勒医学院和赖斯大学哲学系的同事们,以及与来自宗教研究所的杰拉尔德·麦克肯尼(Gerald McKenny)之间的讨论,这一切,对我后来形成本书的构架以至最后结尾写作,都给予了至关重要的帮助。杰尼·巴姆巴吉德斯(Jenny Bambakidis)非常认真精细地完成了最后的校对工作。

后来者理应感激那些照亮路程的人。在这里我要说明的是凡·列夫·斯坦烈·哈拉卡斯(V. Rev. Stanley Harakas)的著作,尤其是《东正教传统中的健康与医学》(*Health and Medicine in the Eastern Orthodox Tradition*,1990年版)和《生活信仰》(*Living the Faith*,1992年版),维根·谷幼安(Vigen Guroian)的著作,特别是《道成肉身之爱》(*Incarnate Love*,1989年版)与《生命向死而生》(*Life's Living Toward Dying*,1996年版),另外,还有凡·列夫·约翰·布瑞克(V. Rev. John Breck)的《生命的神圣礼物:东正教与生命伦理学》(*The Sacred Gift of Life: Orthodox Christianity and Bioethics*,1998年版)。

最后但绝不是不重要的,我要感谢所有在我创作过程中为我祈祷的人们,其中主要的是我的赞助人,阿拉斯加的圣·赫尔曼(St. Herman of Alaska),一个让我铭记于心的名字。

翻译琐记、出版的说明与致谢

　　人生要完成的要务甚多，而真正能够留给历史和知识智库的却极其有限，我和我的伙伴其实很在意我的这一学术工程，但对我来说，这确实是一次不平常的经历，不仅是因为时间与精力对我的限度，还有很多其他的障碍。可是，恩格尔哈特的这部留给历史的作品，不仅是对我、对于我们的后人，都可称其为罕有的精品，因为稀少，所以弥足珍贵；它能够给我们的启示，只有喜爱学术生活的人可以深明了悟，也就是能把人生的一部分作为理性和信仰追求的那些人，希望把这本书，作为他们的一部分营养，使其信仰、精神和心理有所皈依和慰藉，不再为身边的琐事所干预，立志献身于我们应该奉献的豪迈事业。

　　在此，我谨代表以我的学生为主体构成的团队，就翻译的技术问题和学术挂虑，做一下必要的说明。

　　本书于2009年6月组织策划翻译，遴选译者团队；2009年7月29日，由祁斯特拉姆·恩格尔哈特（Engelhardt, H. Tristram）教授正式授权给我，8月启动，2010年12月完成原始译稿，进行最初快速校对后，发现译稿较为粗糙，错译、漏译、误译之处颇多；与境内外相关学者商议后，2011年3月，由我本人，又开始第二次复译或重译；对文字做了很大的修正，有些段落与长句，是撇开原始译稿进行的，并在译作风格上，力求再现原著的风骨格力以及磅礴的行文气势。恩教授在美国，除思想自由、精神独立之外，一直以学科知识贯通、视域开阔、学养厚重著称；其在语言文字上的宣表，向来潇洒奔放，如果该个性不能于中文译稿中彰显，我如何能心志安谧。重译过程中，对于大量的拉丁文书名与基督教（特别是东正教）的专有术语、礼仪用词、晚祷词、教阶神职人员称谓、圣经经文以及哲学作品的习惯译文等，进行了全面精细的修订与纠正，并且对格式和体例做了必要的统一与调整。本书因恩教授的语言、宗教背景和文化修养的特殊性，涉及一些东、北欧地区的神话、民间寓言与典故，译者花费了大量的精力，检索、考察、咨询，为了读者的阅读，尽可能加注了说明。本书除德文、法文、西班牙文、拉丁文、意大利文外，还有一些希腊文、罗马尼亚文、捷克文、俄文等东正教国家与民族的文字，甚至还有挪威、冰岛、马耳他、希伯来、波兰、叙利亚、立陶宛、巴斯克、斯洛文尼亚文等少许语汇出现，这给我们的翻译工作造成了很大困难；因之，我本人在2011年10月至2012年9月，在第二稿的基础上，开始第三阶段的复译、复校，在披阅全文的过程中，有意放缓了进度；同时，对错译、漏译之处再次进行了仔细更正和补译，并对全书文字进行了润色；这一年中，在作者具有语言冲击力和宗教感染力以及哲学启示的文字中徜徉，经常若通达忘我之境，沉浸于乐华清沐之中，心地开敞而胸襟疏阔，这在我以往的学术历练中，很难有此感受与之相比。

当然，我同意"不同语言的翻译始终是一件极困难的事"这样的说法，我们所能做到的，尽量避免不妥、疏漏甚至讹误发生，如有之，请读者谅解批评，以便修订再版时予以改正。

1. 本书的宗教术语的翻译和著名人名以及基督教著名学术著作译名说明

本书的人名与学术著作，凡已经在学界公认和各权威辞书收录的，均沿袭传统公认的用词；对于尚无中文译本以及汉语界至今还没有统一译名者，本书采用美国英语流行译音的中文对译；如，St. John Chrysostom，是从希腊文音译为英文，流行的译法多为"约翰金口"，由于这位出生于安提阿4—5世纪的君士坦丁堡大主教的身份与影响，也有译成"赫利索斯托莫斯"、"克利索斯顿"和"屈梭多模"者，本书采用"圣约翰·克利索斯托姆"，认为较妥。另外，东正教与天主教的书籍繁多，译名各异，因为文献毕竟限制，欲口头请教个别先辈，而中国哈尔滨东正教会本来尚在的资深基督教学者，也于晚近静卧，只有暂时如此处理。至于书名，译法更为散漫自由，差别更大，或直译其名，或根据国人习惯，或依译者个人偏爱，实乃百花齐放。如，Philokalia，源于希腊文 φιλοκαλα，海外译为"爱之美丽"，也有译为"美丽之爱"，更有译为"慕善集"者，本书认为以"美丽之爱"为妥。另外有些拉丁文、法文、意大利文的原文，还有少数马耳他文、巴斯克文的书名，如 Liturgikon，源自希腊文，是西班牙的一种非印欧语的官方语言，本书无法查考原文，只能暂时译成"礼仪之书"。

关于基督教的教阶制以及神职人员的称谓，是翻译工作中的一大难点，但因为恩教授的东正教背景，我们从不同的语境和角度，判断是天主教、东正教，还是基督新教，或者是东仪天主教等不同的叙事环境，分别译成"神父"（Father）、"牧师"（Pastor）、"圣徒"（Saint）、"长老"（Elder）、主教（Bishop）、静修士（hesychast）、神职人员（clergy）等，如 Patriach 就不能译成"宗主教"，因为是东正教最高级别的主教，只能译为"牧首"。至于诸如"Chaplain"和"chaplaincy"一词，显然应译为"院校牧师"，而如加注定词"Orthodox chaplaincy"，本书译为"东正教教牧"，就没有再译为"东正教神父"或"东正教神甫"。

关于教派、教宗、基督教节日、礼仪以及对圣父、圣子、圣灵、圣母的神圣称谓，十分复杂多变，有些在文字中，有些在口语中，有些在经文解释中，有些在各种不同的教会中，称谓各有变化，本书尽可能尊重宗教传统，也尽量做到符合中国读者的阅读和接受习惯。如：The Lenten Triodion 为"四旬节"，而 Lent 就译为"大斋节"；Pentecostal 译为"圣灵降临节"（不译为"五旬节"）、Him 译为"祂"或"神"、"基督"等。还比如，first–born（基督或弥赛亚）、Abba（上帝或父亲、神父）。至于教宗教派，为便于读者阅读一律因意而行，如，Garmelite Order 有人译为"加尔默罗会"，我们坚持用"圣衣会"这个名称。

还要提及的，本书凡是遭遇宗教语境，我们力求使用宗教用语或转换为基督教习语，例如：蒙召或招叫（invitation 或 Called to）；律令（commandment）；蒙恩（grace）；佑助（assistance）；精进（growth）；彰显（highlight）；拣选（Chosen）；顺从（invetation），等等。还有诸如 stylites（高柱修士，即中世纪在高柱顶上修道的基督教修道者）、The anphorae of the Liturgies（照应礼仪）、Meichizedek（仁义王，不译为"麦基洗德"）；Maranatha（沉思咒，不译为"马拉拿撒"）。

书中凡 catholic–orthodox 一般译为"天主教东正教"，而"orthodox–

catholic"则译为"东仪天主教",曾请教相关学者与基督教人士,可能存有异议,如有误,修订版时,再做更正。

2. 本书关于哲学词汇和文化与语言方面的说明、生命伦理学及其相关专有或特有词汇的说明

本书 p.31 页中,The High One's Lay,译为"天主之歌",源于"Edda";其 指《古代冰岛著名文学作品集》,The Elder Adda 是《老埃达》,亦称《诗体埃达》(The Poetic Edda)或《新埃达》(The Younger Edda),亦称《散文埃达》,诗体埃达分为神话诗与英雄诗,本篇是已经找到的皇家藏本之一。

本书 p.53 页中的"bnai Noah",意为"圣约诺亚"之意,即指"诺亚的儿童",指全人类的塔木德方式;希伯来文 BENE Noach 适用于所有非犹太人,原文 Bnai Noach 在希伯来文中概指"诺亚的后代"。为慎重起见,就该词我们曾与恩格尔哈特教授本人沟通,他原意想用 Ben Noah(诺亚之子),后来认为使用这个词较为满意。

本书中使用的"overlaping consensus"一词,十分耀眼,这是恩教授独有的创造,对于多元文化背景下的后现代社会和面临发达的医学技术的临床关系,特别是面临如此众多的复杂的伦理选择,如果没有宽容和相对的接纳,我们无法在生命抉择的危急时刻,做出当机立断的医疗决策,与"道德异乡人"(moral strangers)有异曲同工之妙的这个词汇,可以帮助我们脱释困惑与窘境;本书译为"部分共认意识"(即"重叠共识")。本书出现的基督教—希波克拉底共认意识(Christian - Hippocratic consensus),就是在探究医学伦理学传统精神渊源过程中,恩格尔哈特所具有的独特思考,这一"共认意识",实际上已经融进西方医学文化与医学人文精神之中,已经成为医学文化精神或思想的共同体,作为一种传统,是极其宝贵的;但是,西方学者对于这一点,存在很大的歧义和争论,因为就基督教伦理学来说,很长一段历史时段内,不承认作为异教的希波克拉底誓言崇奉希腊神祇的誓言,而对于汉语文化圈学者和医学界,对此已经在泛泛的语义上,接受了这种人文传统,并没有考量与关注西方思想界和神学界的这种精致、微细的争论。本书译者认为,恩格尔哈特的"基督教—希波克拉底共认意识"(Christian - Hippocratic consensus)作为一个富有意味的生命伦理学词汇,对于中

国生命伦理学界的学者来说,值得我们深入思考与探究,可以帮助我们更好地、深刻而不是肤浅和表面化地理解西方医学人文精神。

最应说明的是,内容整全伦理(content-full ethics)或内容整全道德(content-full moral),是经过充分讨论与论证,查阅相关翻译文献,采用"整全"为中心的意义对译;曾与恩格尔哈特教授交流,其意对中文读者来说,为最恰适的词汇,最后译为"整全伦理"或"整全道德",旨在以此译词,作为生命伦理学或汉语伦理学经典词语。实际上,就"整全"来说,英语语境下,"integrity"或"wholeness"、"full"等,都具有此意,如孙尚扬先生即把"integrity of life"译为"生命的整全性"(见《追寻生命的整全》,华东师范大学出版社2011年版);再比如,本书中,我们也把"religious integrity"译为"宗教的整全性"等。关键是,作者的内在意指,是最重要的译解依据。当然,在范瑞平的《生命伦理学基础》的译本中,使用了"充满内容的"直译方式,也自有道理。余下,当请英语熟谙的读者在阅读本书时,予以评说。

至于"libertarian cosmopolitan",本书一律译为"自由论世界主义"而不译为"自由意志论世界主义";而"liberal cosmopolitan"则译为"自由世界主义";另外,真全生活(entire lives)、信仰公民(citizens of faith)、形而上异乡人(metaphysical strangers)、特殊主义(particularist)、危机决疑法(crisis casuistry)、反教权主义(anti-clericism)等等,诸如此类,我们都经过反复思考、筛选和比较,最后选择一个最佳的统一译法。

本书(第一稿)主要翻译与校对人员分工如下:前言 p.xii—p.xxi,程国斌(东南大学)、孙慕义初译(孙慕义、王洪奇、孙力鸥初校);第一章 pp.1—14,程国斌初译(孙慕义、王洪奇 初校);pp.15—24,邵永生(东南大学)、孙慕义 初译(王占宇 初校);pp.25—35,钟文娜(上海新侨职业技术学院)初译,孙慕义复译(刘剑初校);pp.36—45,胡娜(沧州干部培训中心)初译,孙慕义复译(刘剑初校);注释 pp.46—71,王洪奇(山西医科大学)、孙慕义初译(孙慕义、程国斌 初校);第二章 pp.72—84,王洪奇、孙力鸥(美国南伊利诺伊大学)初译(孙慕义、程国斌 初校);pp.85—96,王占宇(山西医科大学)初译(孙慕义、邵永生初校);pp.97—110,马晶（温州医学院）初译（陈劲红、孙力鸥初校）；注释 pp. 111—125，陈劲红（北京大学）、孙力鸥 初译（万旭、孙慕义 初校）；第三章 pp. 127—141，陈劲红 初译（万旭、孙慕义 初校）；pp. 142—150，孙慕义、阿赛·古丽（西北民族学院）初译（万旭、孙慕义 初校）；注释 pp. 151—155，郭玉宇（南京医科大学）、孙慕义初译（鲁琳、孙力鸥初校）；第四章 pp. 157—172，郭玉宇、孙慕义初译（鲁琳初校）；pp. 173—190，刘剑（新疆医科大学）初译（包玉颖、孙慕义 初校）；pp. 191—200，赵金萍（河北医科大学）初译（周煜 初校）；pp. 201—211，戴晓晖（河北医科大学）初译（张轶瑶初校）；注释 pp212—231，鲁琳（上海中医药大学）、孙慕义 初译（郭玉宇、孙慕义 初校）；第五章 pp. 233—245，鲁琳 初译（郭玉宇、孙慕义 初校）；pp. 246—259，包玉颖（南京中医药大学）初译（赵金萍 初校）；pp. 260—272，周煜（南通大学）、孙力鸥初译（阿赛·古丽、孙慕义初校）；pp. 273—285，张轶瑶（东南大学）初译（孙慕义、钟文娜 初校）；注释 pp. 286—308，许启彬（东南大学）初译（马晶、孙慕义初校）；第六章 pp. 309—316，许启彬、孙慕义初译（马晶初校）；pp. 317—326，刘璟洁（南京大学）、孙慕义初译（江璇初校）；pp. 327—340，周冏（清华大学）初译（谢欣、孙慕义初校）；注释 pp. 341—351，张挺干（盐城师范学院）、孙慕义初译（梁飞、孙慕义 初校）；第七章 pp. 353—365，张挺干初译（梁飞初校）；pp. 366—383，窦立春（南京林业大学）初译（周冏初校）；注释 pp. 384—389，窦立春、孙慕义 初译（周冏、孙力鸥初校）；第八章 pp. 391—395，窦立春初译（周冏、孙慕义初校）；注释 pp. 396—397，窦立春初译（周冏初校）；索引 pp. 399—414，马晶、孙慕义译（孙慕义校），中文版序言，郭宇玉初译，孙慕义复译与校正；目录、扉页与其余附加文字，孙慕义译。

本书翻译的项目策划人：孙慕义、范瑞平（香港城市大学）、孙力鸥、边林（河北医科大学）、王洪奇；本书翻译小组联络人：许启彬（中国）、孙力鸥（美国）。

我还要感谢几位热心的帮助者和赞助人，比如，我的朋友、新西兰长老会的虔诚信徒、世界卫生组织驻亚太地区代表达利·梅歇尔（Darryl R. J. Macer）博士；著名生命伦理学学者、恩格尔哈特《生命伦理学基础》的译者和学生、香港城市大学范瑞平教授；哈尔滨师范大学远东科技哲学研究所所长、著名哲学家、我的胞兄孙慕天教授；美国北卡罗来纳大学华人基督教会都本光牧师；圣彼得堡神学院圣经研究中心伊莲娜·库斯涅佐娃（ЕлеНа куэНеиоВа）博士；美国加州大学约翰·博雷克（John Boleike）博士；密歇根大学与南伊利诺伊大学孙力鸥博士；南京金陵协和神学院汪维藩教授、王芃教授；黑龙江基督教三自爱国运动委员会主委、神学博士吕德志牧师；中国人民大学姚云帆博士等；他们或参与了几种文字的对译，或解决了个别小语种、古文字文献和引文的翻译，或对基督教知识方面的疑问进行解答，或参加部分译稿的复校，或就此书的翻译和出版替我做了很多幕后的工作。中方小组初译负责人和联络人、我的学生许启彬博士，做了很重要的基础组织工作和通讯联络事宜，编排和搭建了原始的译稿框架，这对我来说，是很大的解脱。

还有东南大学樊和平教授、田海平教授，在翻译过程中曾经给予我很大的支持；山西医科大学王洪奇教授，除认真参与翻译工作，还提出了许多宝贵的建议；河北医科大学的边林教授除具体的关心外，还指派两名身边的青年学者积极参加我的团队；另外，我的朋友苏州大学附属常州人民医院的著名胸外科专家张晓膺教授、《医学与哲学》杂志社赵明杰教授、南京市第一人民医院著名骨科专家王黎明教授；中国社会科学院的王延光教授、湖南师范大学李伦教授、上海中医药大学樊民胜教授、复旦大学徐宗良教授、南京医科大学刘虹教授、清华大学肖巍教授、东南大学生命伦理学研究中心与人文学院伦理学研究所董群、徐嘉、王珏、林辉、邵永生、何伦、王俊等教授，都给予了我热情的各种形式的支持与帮助；还有江苏省医学伦理学会、江苏省卫生法学会和江苏省医学哲学学会、《蛇与杖》网站的同仁，也给予了最直接的关心与帮助。

本书的出版，不能忘记以上所有人的积极鼓励与参与；他们在艰苦漫长的翻译与校对、重译以及收索文献的过程中，都为这项工程付出了辛勤的劳动，在此，予以诚挚的谢意，他们为此学术工程和汉语生命伦理学学科的发展，做出了特别的贡献，历史会记录他们为之奋斗的业绩。

此外，我还要格外感谢我的妻子尹莲芳教授，这段时间内，她两次住院、两次手术，宝贵的爱心支撑着她，她不仅非但没有离开她心仪的日常临床工作与等待她救治的病人，还要负担我那份烦琐的家务，支持我的事业；此刻，我心怀无比的歉疚和感激；还有远在美国的儿子孙力鸥博士，作为这个项目组的成员和美方联系人，除承受繁重的科学研究、教学工作和家庭负担之外，为此书花费了很多心血，为我解决了很多难题。

此书为东南大学"道德哲学与中国道德发展研究所"成果之一；同时，得到江苏医学人文社会科学基金委员会的支持。

本书的主要参考书目与汉译术语标准来源：（1）《基督教词典》（修订版），文庸、乐峰等编著，商务印书馆 2008 年版；（2）《西方哲学英汉对照辞典》，尼古拉斯·布宁 、余纪元编著，人民出版社 2001 年版；（3）《圣经》（和合本），中国基督教三自爱国运动委员会、中国基督教协会出版发行，南京爱德印刷公司 2003 年版；（4）《生命伦理学基础》，恩格尔哈特著，范瑞平译（第二版），北京大学出版社 2006 年版；（5）《基督教文化百科全书》，丁光训等主编，济南出版社 1991 年版；（6）《圣经百科全书》（简化字本）I—III 册，中国基督教协会印发，1999 年版；（7）《世界宗教总览》，宗教研究中心编，东方出版社 1993 年版；（8）《汉语神学术语辞典》，雷立柏编，宗教文化出版社 2007 年版；（9）《基督教会史》，威利斯顿·沃尔克著，孙善玲等译，中国社会科学出版社 1991 年版；（10）《东正教史》，乐峰著，中国社会科学出版社 1999 年版；（11）《当代东正教神学思想》，张百春著，上海三联书店 2000 年版；（12）FROM CRIST TO THE WORLD *Introductory Readings in Christian Ethics*，Ed. by Wayne G.，Boulton，Thomas D. Kennedy，and Allen Verhey，William B. Eerdmans Publishing Company Grand Rapids，Michigan，1994；（13）The Holy Bible（concordance）（IN THE King James Version）Word Aflame Press，1973；14）The Birth of Bioethics，Albert R，Jonsen，*New York Oxford*，Oxford University Press，1998 。

孙慕义
2013 年 1 月 31 日 南京贰浸斋